U0180809

21世纪经典工程结构设计解析丛书

经典回眸

中南建筑设计院股份有限公司篇

中南建筑设计院股份有限公司　编

中国建筑工业出版社

图书在版编目（CIP）数据

经典回眸. 中南建筑设计院股份有限公司篇 / 中南建筑设计院股份有限公司编. — 北京：中国建筑工业出版社，2023.8
（21世纪经典工程结构设计解析丛书）
ISBN 978-7-112-29033-8

Ⅰ. ①经… Ⅱ. ①中… Ⅲ. ①建筑结构—结构设计—作品集—中国—现代 Ⅳ. ①TU318

中国国家版本馆CIP数据核字（2023）第150619号

责任编辑：刘瑞霞　郭　栋
责任校对：张　颖

21世纪经典工程结构设计解析丛书
经典回眸　中南建筑设计院股份有限公司篇
中南建筑设计院股份有限公司　编
*
中国建筑工业出版社出版、发行（北京海淀三里河路9号）
各地新华书店、建筑书店经销
国排高科（北京）信息技术有限公司制版
天津图文方嘉印刷有限公司印刷
*
开本：880毫米×1230毫米　1/16　印张：28½　字数：832千字
2023年9月第一版　　2023年9月第一次印刷
定价：**298.00**元
ISBN 978-7-112-29033-8
（41697）

如有内容及印装质量问题，请联系本社读者服务中心退换
电话：（010）58337283　　QQ：2885381756
（地址：北京海淀三里河路9号中国建筑工业出版社604室　邮政编码：100037）

丛书编委会

主编单位：北京市建筑设计研究院有限公司

参编单位：中国建筑设计研究院有限公司

华东建筑设计研究院有限公司

上海建筑设计研究院有限公司

同济大学建筑设计研究院（集团）有限公司

中国建筑西南设计研究院有限公司

中国建筑西北设计研究院有限公司

中南建筑设计院股份有限公司

广东省建筑设计研究院有限公司

启迪设计集团股份有限公司

丛书总序

伴随着中国的城市化进程，我国土木与建筑工程领域经历了高速发展时期，行业技术水平在大量工程实践中得到了长足发展。工程结构设计作为土木与建筑工程领域的重要组成部分，不仅关乎建筑物的安全与稳定，更直接影响着建筑的功能和可持续性。21 世纪以来，随着社会经济发展和人们生活需求的逐步提升，一大批超高层办公楼、体育场馆、会展中心、剧院、机场、火车站相继建成。在这些大型复杂项目的设计建造过程中，研发的先进技术得以推广应用，显著提升了项目品质。如今，我国建筑业发展总体上仍处于重要战略机遇期，但也面临着市场风险增多、发展速度受限的挑战，总结既往成功经验，继续保持创新意识，加强新技术推广，才能适应市场需求，促进建筑业的高质量发展。

为了更好地实现专业知识与经验的集成和共享，推动行业发展，国内十家处于领军地位的建筑设计研究院汇聚了 21 世纪以来经典工程项目的设计研究成果，编撰成系列丛书，以记录、总结团队在长期实践过程中积累的宝贵经验和取得的卓越成绩。丛书编委会由十家大院的勘察设计大师和总工程师组成，经过悉心筛选，从数千个项目中选拔出 200 余项代表性大型复杂项目，全面展现了我国工程结构设计在各个方向的创新与突破。丛书所涉及的项目难度高、规模大、技术精，具有普通工程无法比拟的复杂性。这些案例均由在一线工作的项目负责人主笔撰写，因此描述细致深入，从最初的结构方案选型，到设计过程中的结构布置思考与优化，再到结构专项技术分析、构造设计和试验研究等，进行了系统性的梳理归纳，力求呈现大型复杂工程在设计全过程中的思维方式和处理策略。

理论研究与工程实践相结合，数值分析与结构试验相结合，是丛书中经典工程的设计特点。土木工程是实践性很强的学科，只有经得起工程检验的研究成果才是有生命力、有潜力的。在大型复杂工程的设计建造过程中，对新技术、新工艺的需求更高，对设计人员也是很大的考验，要求在充分理解规范的基础上，大胆创新，严谨验证，才能保证研发成果圆满落地，进而推动行业的发展进步。理论与实践的结合，在本套丛书中得到了很好的体现，研究团队的技术成果在其中多项工程得到应用，比如大兴国际机场、雄安站、上海中心大厦、中央电视台新台址 CCTV 主楼等项目，加快了建造速度，提升了建筑品质，取到了良好的效果。

本套丛书开创了国内大型建筑设计院合作著书的先河，每个大院以一册的形式总结自己的杰出工程案例，不仅是对各大院在工程结构设计领域成就的展示，也是对我国工程结构设计整体实力的展示。随着结构材料性能提高、组合结构发展、分析手段完善、设计方法进步，新型高性能材料、构件和结构体系不断涌现，这些新材料、新技术和新工艺对推动建筑行业科技进步起到了重要作用，在向工程技术人员提出了更高挑战的同时也提供了创新空间。未来的土木工程学科将是追求高性能、高质量发展的学科，工程结构设计领域的发展需要不断的学习、积累和创新。希望这套丛书能够为广大结构工程师和相关从业人员提供有价值的参考，激发他们的灵感和创造力。同时，也希望通过这套丛书的分享和传播，进一步推动我国工程结构设计领域的创新和进步，为我国城镇建设和高质量发展贡献更多的智慧和力量。

中国工程院院士

清华大学土木工程系教授

2023 年 8 月

本书编委会

顾　问：李　霆　杨剑华

主　编：周德良

副主编：许　敏　李宏胜

编　委：（按姓氏拼音排序）

曹登武　陈晓强　陈焰周　纪　晗　刘炳清

骆顺心　彭林立　王　杰　王小南　汪秋风

汪永结　魏　剑　吴逸枫　肖　飞　熊　森

徐国洲　袁理明　张　慎　张　卫　郑　瑾

周　翔

序　一

建筑是感性与理性的交织与对话，是功能、技术与艺术“三位一体”的集中呈现。建筑之美离不开建筑结构的诠释与表达。建筑结构作为承担建筑物各种正常荷载作用的安全载体，通过平衡、内敛的方式，实现建筑对场所、空间的深度思考，这便是建筑结构的理性之美。

古往今来的诸多经典作品中，建筑结构的理性之美不仅有着“如鸟斯革”的灵动，“纤云弄巧”的婉约；也有“鹏俯沧溟”的雄壮，“皓月千里”的大气。结构工程师们用严谨的手法，精细地梳理着城市空间结构，含蓄地表达着他们对时代的敬意。中国建筑结构因其独特性，经历了漫长的发展和变革，从木结构到石结构，再到现代的钢筋混凝土结构、钢结构，中国建筑结构的理性之美在技术的更迭中不断演进。

中南建筑设计院建于 1952 年，是中国最早成立的六大区域综合建筑设计院之一，入选国务院国资委国有重点企业管理标杆创建行动“标杆企业”，国务院国资委国有企业数字化转型典型案例、国务院国资委“双百企业”典型案例。连续多年被美国《工程新闻记录》（ENR）评为“中国工程设计企业 60 强”；荣获“全国抗击新冠肺炎疫情先进集体”“全国先进基层党组织”荣誉称号。

在 71 年的岁月洗练中，中南建筑设计院股份有限公司坚守专业初心，保持前沿技术的敏锐，坚持本土设计，上下求索，匠心耕耘，助力中国建筑事业的探索与发展。海内外设计完成了 20000 余项工程，其中 1200 余项获国际、国家、省部级大奖。黄鹤楼、武汉歌剧院荣获建国七十周年、建国六十周年建筑创作大奖；广东科学中心、延安火车站、湖北省博物馆、深圳国贸中心荣获建国六十周年建筑创作大奖。其中，广东科学中心还获得全国优秀工程勘察设计金奖和国际咨询工程师联合会（FIDIC）百年重大建筑项目杰出奖；厦门北站项目获得国际桥梁及结构工程界公认的最高奖项—国际桥梁与结构工程协会（IABSE）杰出结构奖（Finalist）；杭州东站项目获詹天佑大奖，被誉为全球最美的火车站之一。

步入 21 世纪以来，中南建筑设计院在时代浪潮中，秉承薪火相传的工匠精神，用建筑的独特叙事，弘扬中国文化、彰显中国风格、中国气派，让中国设计的风采绽放在世界建筑舞台。

近年来，中南建筑设计院积极响应国家“数字经济与实体经济深度融合，赋能传统产业转型升级”的政策要求，对标世界一流企业，以新城建为中心，以数字经济和双碳经济为基本点，首创建筑全生命周期管理 PLM 平台，完成了国内首批“一模到底、无图建造”项目，首提城市全生命周期管理 CLM 理念，引领行业数字化革命，开辟了建筑结构设计的新道路。

本书重点介绍了以全国工程勘察设计大师李霆和中南建筑设计院执行总工程师周德良为代表，中南建筑设计院副总工程师许敏、李宏胜、翟新民、郑小庆、王小南等资深技术专家和公司优秀结构设计才俊在项目实践中对结构设计的探索与解读。内容涵盖了中南建筑设计院在交通枢纽、公共建筑、工业建筑等领域的重点项目。

传承历史、缔造精品，心怀使命、奉献家国，既是中南建筑设计院的奋进底色，也是全体结构设计师一往无前的信仰。希望能以此书为媒，共寻建筑结构的理性之美，共谋建筑设计新技术新运用，共谱中国建筑结构发展新篇章。

李霆

中南建筑设计院股份有限公司党委书记、董事长

2023 年 9 月

序　二

结构，是力学和美学交织的艺术。它既着眼于建筑的形态、功能、尺度，撑起建筑“骨骼”，赋予建筑灵魂，又立足于结构体系、力学逻辑，保证建筑的安全。中南建筑设计院股份有限公司（简称中南院）成立71年来，把20000多幅作品写在海内外40多个国家的版图上，每一栋建筑都离不开结构设计的成就，都蕴含着科学而又独特的力学之美。

结构成就建筑之美。建筑的独特性和文化表达依赖于建筑师的想象力，而建筑师想象力的落地离不开结构等专业的努力。如，中南院设计的杭州东站体现“钱塘潮”意象，彰显杭州精致而大气的城市形象，结构上，它采用轻盈而富有张力的钢结构，国内外首创一种新型的巨型复杂大面积空间框架结构，完美体现了“钱塘潮”意象，荣获詹天佑大奖，成为全球最美火车站之一。广东科学中心是吉尼斯认证的世界最大科技馆，其设计突破科学馆的常规模式，采用放射状的向心布局，以“木棉花”造型在珠江之畔绽放，像一艘“科技航母”走向世界，结构上应用创新隔震技术，完美满足了结构抗震、抗风、精密仪器等各方面的复杂要求，助力建筑师的想象力完美落地。

结构助力技术进步。进入新世纪以来，中南院设计了一大批枢纽高铁站房、机场航站楼、大型公共建筑、超高层建筑，项目实践中，大力推动先进工程技术研发与工程实践综合集成应用，致力于大跨度空间结构技术、减隔震技术、“桥建合一”技术、超高层设计技术的前沿研究，有效提升设计品质，取得突破性成就。如，中南院设计的厦门北站以新颖流畅的形体、极具地域特色的“燕尾脊”造型成为厦门城市门户；在结构上，它还是世界上最大的无柱高铁候车厅、世界上首次在大型铁路客运站房中采用双向巨型混合框架结构体系、世界上首次在屋盖中应用双向不等高交叉桁架组成的新型网络结构，荣获国际桥梁与结构工程界公认的最高奖项IABSE杰出结构奖。又如，郑州东站首次将“钢骨混凝土柱+双向预应力混凝土箱形框架梁”结构应用于大型枢纽站房轨道层桥梁结构中，为国内规模最大的全新的“站桥合一”的结构形式，不仅改善了空间使用效果，还有效缩短工期、减少工程投资。

结构造就大师人才。结构设计作为一项强技术性、综合性、复杂性的实践，非常能锻造工程设计人才。中南院历史上共有4位全国工程勘察设计大师，其中两位是结构专业的大师。今天，中南院形成了由全国工程勘察设计大师李霆和中南院执行总工程师周德良领衔的一大批结构设计人才。其中，副总工程师许敏、李宏胜、翟新民、郑小庆、王小南等专家也都是国内结构工程领域富有影响力的领军人才。此外，还有一大批毕业于同济大学、清华大学、东南大学等结构专业顶尖院校的青年才俊，在结构设计领域发光发热，推动着结构技术的进步。

结构技术与社会技术的进步始终同频共振。在绿色低碳转型、数字革命深入推进的当下，中南院敢为人先、大胆创新，率先打造工程全生命周期管理平台，推行“一模到底、无图建造”，完成了国内首批建筑工程领域无图建造工程，也推动了结构设计的创新。

结构的发展永无止境。技术的进步、建筑品质的提升、美丽中国建设的推进，需要我们结构人共同努力。本书既希望为结构专业交流提供一个载体，也希望成为结构专业发展、技术进步的一个引子，为结构的发展贡献力量。

中南建筑设计院党委副书记、总经理

2023 年 9 月于武汉

前言

中南建筑设计院股份有限公司（CSADI）从1952年建院以来，一直紧跟国家建设步伐，秉持“创新创意、至诚至精”的设计理念，坚持“服务中国、走向世界”的发展目标，在全国及世界近40个国家完成了两万余项工程设计，涌现出包括黄鹤楼、武汉歌剧院、深圳国贸中心、广东科学中心、延安火车站、湖北省博物馆和中国人民军事博物馆扩建等项目在内的众多标志性建筑。21世纪以来，中南建筑设计院股份有限公司在多个建筑工程设计领域取得了长足的发展，特别是在高铁站房、会展、博览建筑等领域。

“21世纪经典工程结构设计解析丛书”由国内建筑工程领域有较大影响力的10家设计单位共同完成，《经典回眸　中南建筑设计院股份有限公司篇》分册介绍了本世纪以来中南建筑设计院股份有限公司设计完成的部分经典工程，体现中南建筑设计院股份有限公司在大型、复杂建筑工程设计领域建筑方案的原创性、结构设计创新性以及建筑与结构高度结合的特点。

本分册共17章。第1章～第7章为交通枢纽建筑，包括厦门北站、郑州东站、太原南站、杭州东站、长沙南站等高铁站房、武汉天河机场和呼和浩特国家公路运输枢纽汽车客运东枢纽站；第8章～第12章为会展、博览建筑，包括广东科学中心、中国光谷科技会展中心、中国动漫博物馆、军博展览大楼和山东省科技馆新馆；第13章和第14章则分别为武汉保利广场和湖北国展中心广场，属办公建筑；第15章援哥斯达黎加国家体育馆；第16章和17章分别为长江防洪模型大厅和鄱阳湖模型试验大厅，属大跨度工业建筑。分册内容主要涉及大跨度结构、“桥建合一”站房结构、超高层结构、减隔震结构以及其他复杂工程结构的设计创新成果，体现了建筑结构设计中新技术、新材料和新工艺的研究与应用。项目均获行业重要奖项；部分科研成果达到国际领先水平，并获得省部级科技进步奖一等奖和二等奖。以期为建筑工程领域的工程技术人员、科研工作者和学生提供参考。

参加本册编写的人员均为中南建筑设计院股份有限公司的技术骨干及专家，他们具有丰富的结构工程设计和实践经验，他们为本册的编写付出了艰辛的努力和辛勤的工作。编写工作得到了中南建筑设计院股份有限公司各级领导的大力支持，中国建筑工业出版社的刘瑞霞、郭栋两位编审给予我们悉心指导和帮助，在此，谨向他们表示衷心的感谢！

编写中不妥、疏漏之处在所难免，希望广大读者批评指正。

中南建筑设计院股份有限公司执行总工程师

2023年9月于武汉

目　录

全书延伸阅读扫码观看

第 1 章

厦门北站

1.1 工程概况

1.1.1 建筑概况

厦门北站（图 1.1-1）位于中国福建省厦门市集美区北部的后溪镇岩内村境内，总建筑面积 113576m^2，总投资 2.5 亿美元，为福厦、厦深、龙厦和鹰厦 4 条铁路线交会点，是中国国家高速铁路网沿海大通道上的重要客运站房。厦门北站总长 453m，总宽 287m，总高 57m，由站房、高架桥及无柱站台雨棚组成（图 1.1-2），站房屋盖双向跨度 132m × 220m。A 区为主站房，分为三层：首层为出站层，层高 10m；二层为站台层，由铁轨线路、站台及设备用房组成，层高 9m；三层为高架候车层，层高为 18.8～48m，平面投影为工字形，建筑物长 220m（垂直于铁轨方向），上、下两翼宽 270.6m（顺轨向），中间腹部部分宽 132.0m（顺轨向），候车层结构不设缝。

图 1.1-1 厦门北站全景图

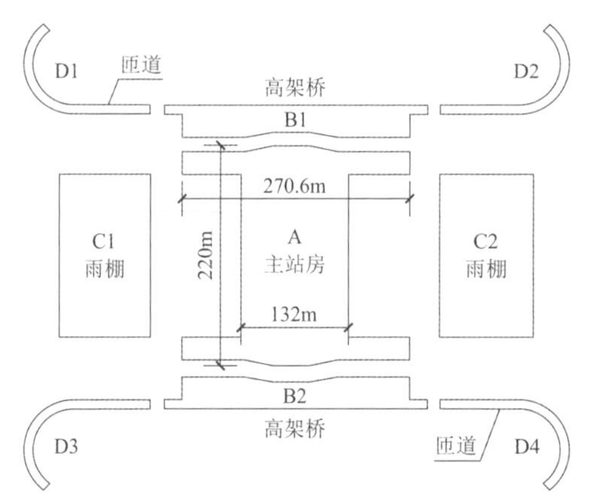

图 1.1-2 厦门北站单元分区

中南建筑设计院股份有限公司完成了从建筑方案到施工图的全过程设计，本站房采用双向巨型混合框架体系和双向不等高交叉桁架屋盖构成世界最大无柱候车厅高速铁路站房；平面采取铁路线上高架候车的形式，旅客流线采用"上进下出"的设计构思，将车站功能空间划分为高架候车层、站台层和广场层三个层面。候车大厅大跨无柱空间视线通透且有强烈的视觉导向性，旅客在站内可以明确车站布局，掌握自己的行进方向。

在保证结构受力合理性的同时，为体现地域文化特色，主站房屋盖由十二片高低错落的曲面组成（图 1.1-3），屋面最高点标高为 57.000m，最低点标高为 27.800m，双向跨度为 132m × 220m，不设缝，采用巨型立体桁架支撑曲面网格的结构体系，使建筑造型与结构完美结合，巧妙体现了中国福建省传统闽南民居的特点（图 1.1-4）。建筑典型平面图和剖面图如图 1.1-5～图 1.1-7 所示。

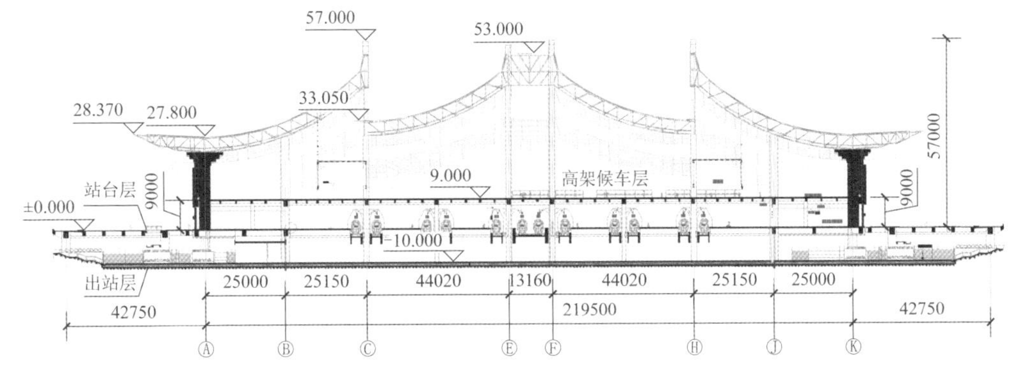

图 1.1-3　厦门北站垂直轨道方向剖面

图 1.1-4　传统闽南民居

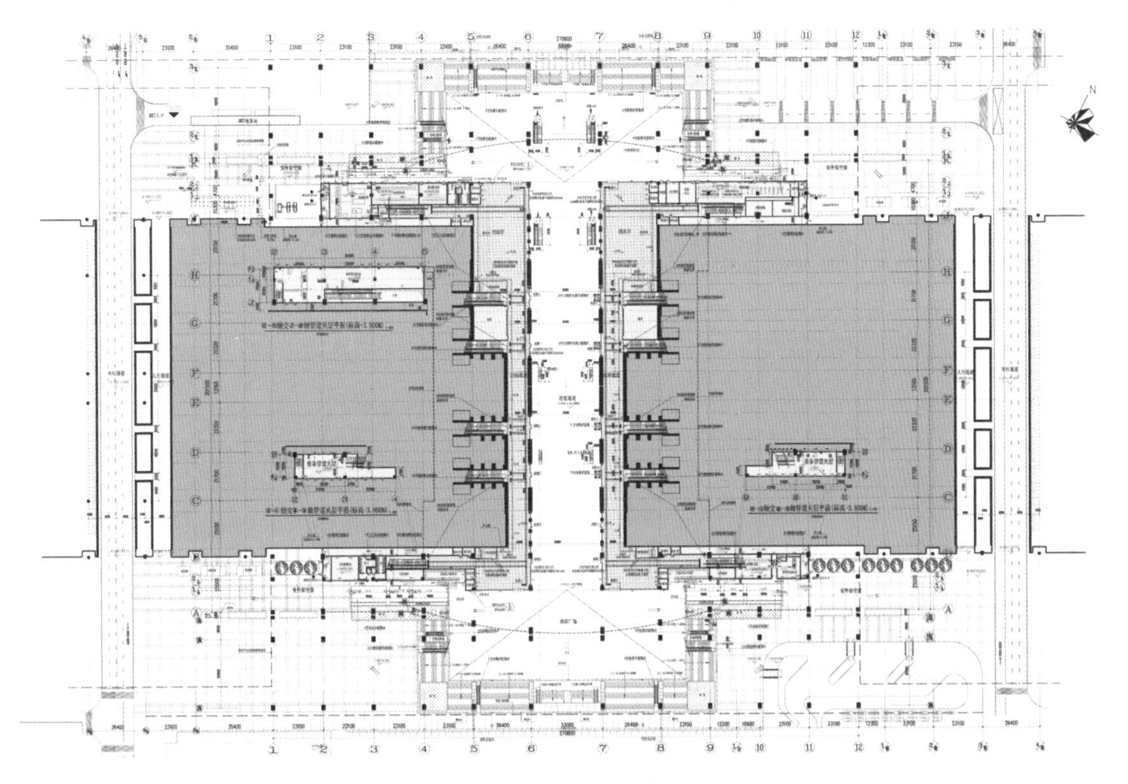

图 1.1-5　出站层平面图

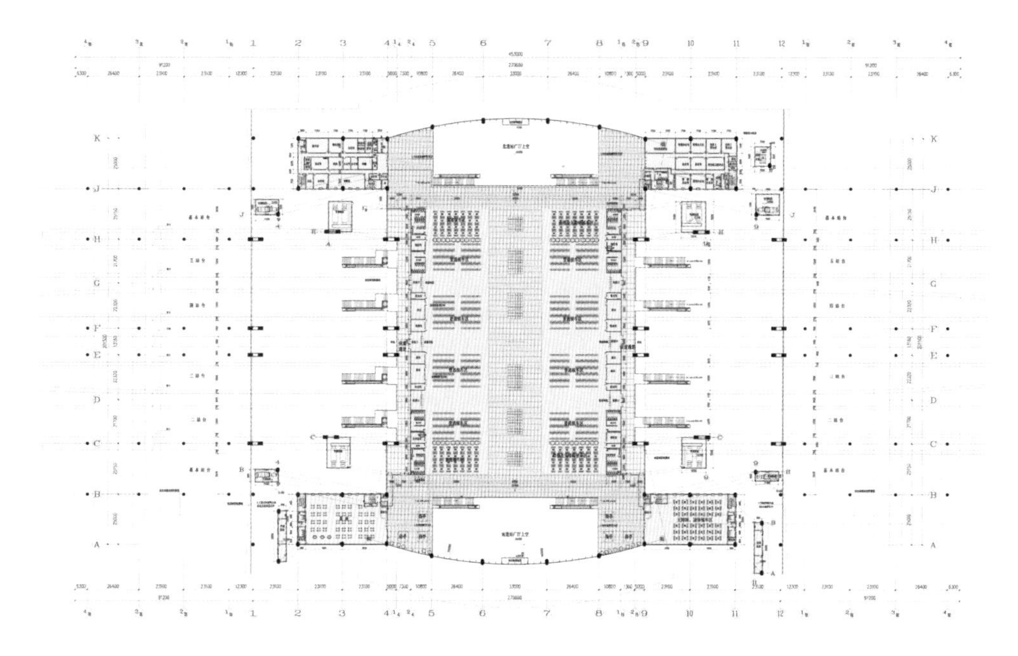
图 1.1-6　高架层平面图

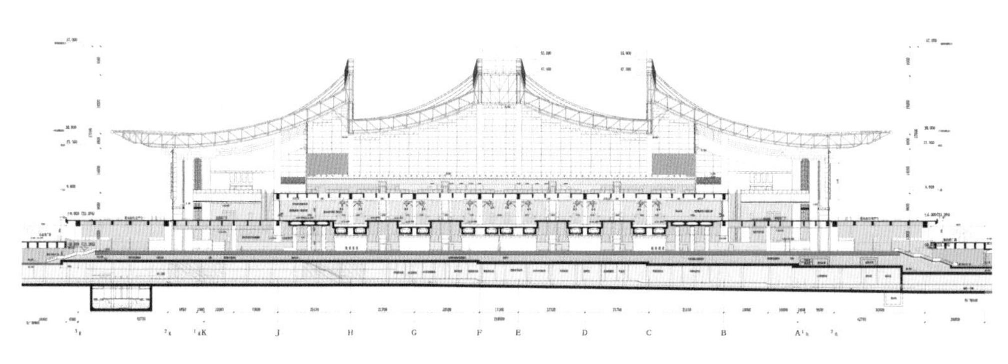
图 1.1-7　剖面图

1.1.2　设计条件

本工程建筑结构安全等级为一级，结构设计使用年限为 50 年，建筑抗震设防分类为丙类，地基基础设计等级为甲级。

设计地震动参数：抗震设防烈度 7 度，设计地震分组一组，场地类别Ⅱ类，小震场地特征周期 0.42s（安全评价报告），大震场地特征周期 0.5s（安全评价报告），基本地震加速度 0.15g。水平地震影响系数最大值，多遇地震 0.12，设防烈度 0.34，罕遇地震 0.72。

基本风压为 0.8kN/m^2（50 年一遇），0.95kN/m^2（100 年一遇），场地粗糙度类别为 B 类。项目开展了风洞试验，模型缩尺比例为 1∶250。设计中采用了规范风荷载和风洞试验结果进行位移和强度包络验算。

1.2　建筑特点

1.2.1　巨型混合框架结构体系

常规铁路客运站房主要有两种结构形式：

（1）普通框架柱加空间结构形式的屋盖（桁架、网壳），如中国的上海南火车站、郑州东火车站、西安北火车站等；

（2）拱或拱壳，如中国的天津西火车站、武汉火车站，法国里昂火车站等。

本工程结合建筑造型，沿顺轨方向在轴线 C、E、F、H 设置四榀大跨度立体钢桁架（图 1.2-1），钢桁架两端支撑于 16 根巨型 A 形钢骨混凝土塔柱上，在屋脊之间及屋脊与边柱之间设置曲面网格结构；沿垂直轨道方向在塔柱与相邻柱间设置弧线预应力箱梁（隐藏在站房低屋面内）。由 A 形塔柱、南北面边柱、弧线箱梁及大跨度钢桁架构成双向巨型混合框架，形成了屋盖的主承重体系及双向抗侧力体系。采用巨型框架结构体系，不仅实现了建筑造型要求及较理想的经济指标，还实现了候车厅 132m × 220m 内无柱大空间。主站房屋盖平面图如图 1.2-2 所示。

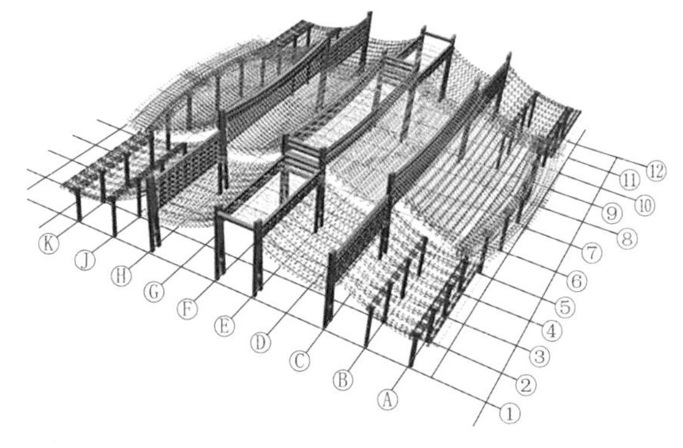

图 1.2-1　主体结构轴测图

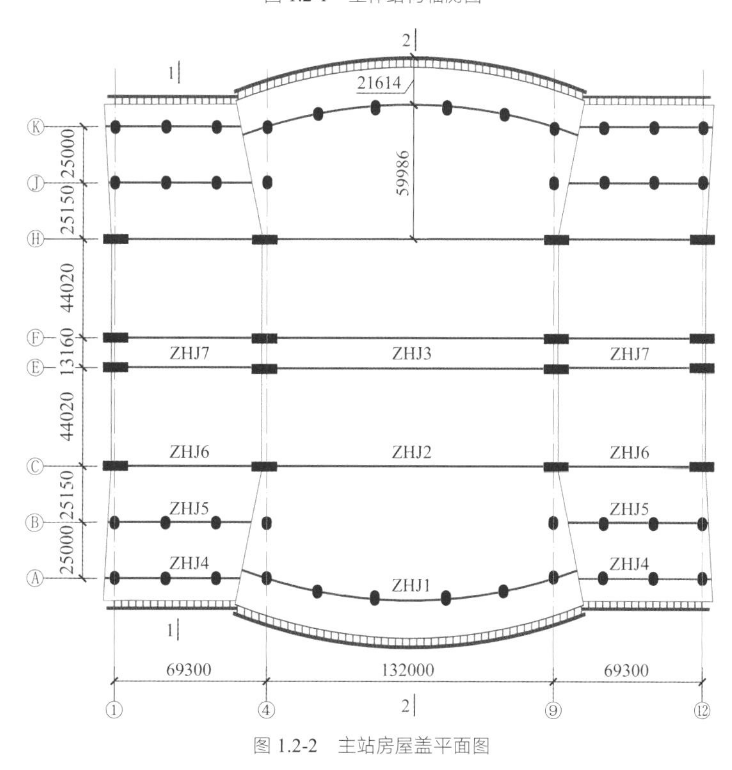

图 1.2-2　主站房屋盖平面图

1.2.2　双向不等高交叉桁架新型屋盖

主站房高屋面，最低点标高为 27.800m，最高点标高为 57m，双向跨度 132m × 220m，为配合建筑室内效果，首次采用了双向不等高正交桁架组成的双曲面空间网格结构，双向正交桁架高差约为 0.9m（图 1.2-3）。

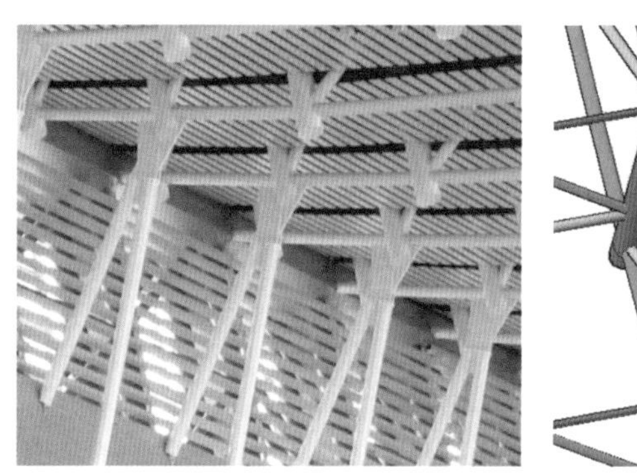
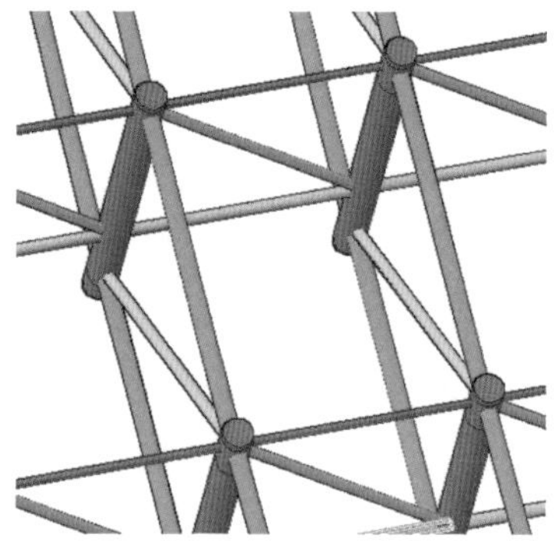

图 1.2-3　双向不等高交叉桁架

如图 1.2-4 和图 1.2-5 所示，主站房高屋面轴线 A、K 上设置 ZHJ1，高度为 4m；轴线 C、H 上设置 ZHJ2，桁架高度在跨中为 18.95m，支座处为 23.8m；轴线 E、F 上设置 ZHJ3，桁架高度在跨中为 8.983m，支座为 9.085m。ZHJ1 是宽度为 7m 的六管矩形桁架，最大跨度 33m；ZHJ2、ZHJ3 跨度为 132m，其弦杆及竖腹杆为哑铃形组合截面。

主站房高屋面主桁架之间采用双向不等高正交桁架组成的网格结构。为保证屋盖的整体刚度，在屋盖上、下弦平面内设置斜向 W 形支撑，将边柱与塔柱直接连接，如图 1.2-5 中粗实线所示。经计算，屋盖在设支撑前后在垂直于轨道的风荷载作用下，边柱 A 层间位移角由 1/486 减少为 1/701，塔柱 B 层间位移角由 1/1705 增加为 1/1263。在增设支撑后，有效地减少了边柱柱顶位移，增加了屋盖的整体性，受力性能更为合理，支撑节点如图 1.2-6 所示。

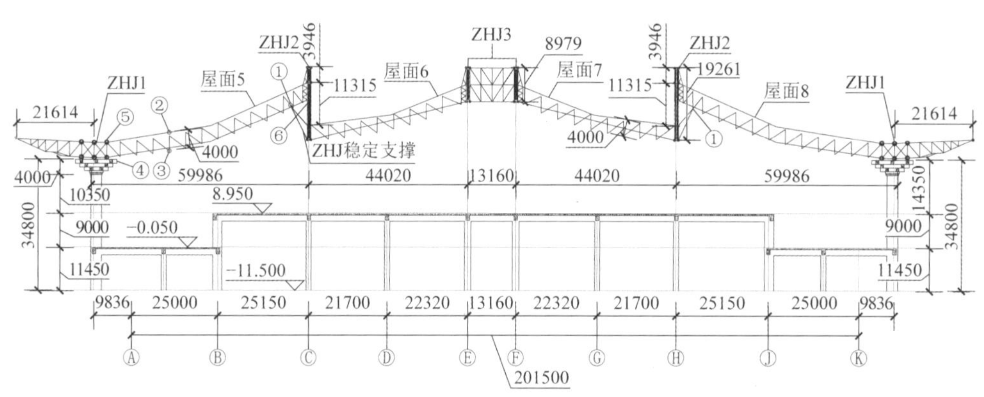

图 1.2-4　剖面 2-2（高跨屋面）

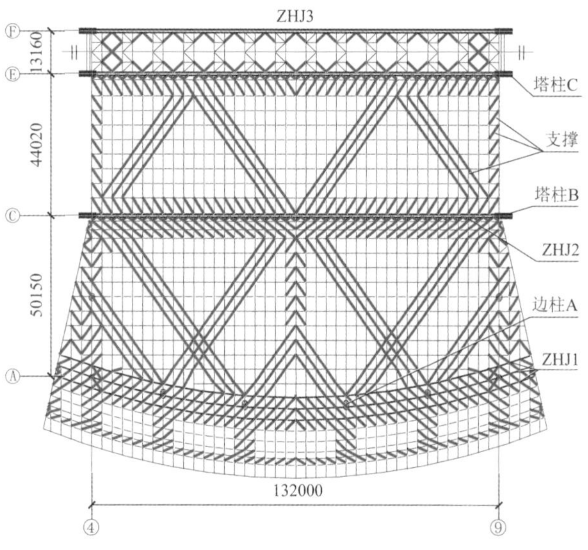

图 1.2-5　高屋面布置图

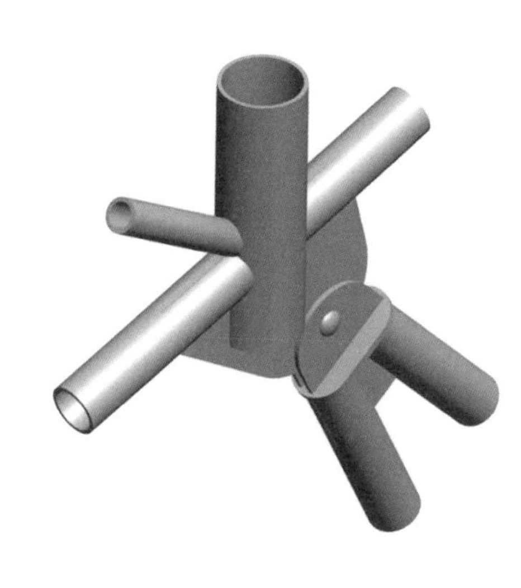

图 1.2-6　稳定支撑同屋面连接（图 1.2-4 中节点①）

1.3 体系与分析

1.3.1 结构体系

站房一、二层楼面采用现浇钢筋混凝土双向有粘结预应力框架结构，大跨度的次梁为有粘结预应力梁。屋盖采用钢结构，沿平行于铁轨方向的轴 C、E、F、H 设置四榀大跨度空间钢桁架，钢桁架支承在两端的钢筋混凝土塔柱上，在屋脊之间及屋脊与边柱之间设置双向正交钢管桁架。柱有钢筋混凝土柱和钢骨混凝土柱，梁有普通钢筋混凝土梁、预应力钢筋混凝土梁和大跨度钢桁架，共同形成巨型混合框架体系。

1.3.2 性能目标

根据现行有关规范和文件要求，参考有关文献资料，结构抗震性能目标确定为“C”，具体如下：

（1）小震作用下，结构完好、无损伤，一般不需修理即可继续使用。设计要求：满足弹性设计要求，包括构件的抗震承载力和层间位移均满足现行规范要求，计算考虑作用分项系数、材料分项系数和抗震承载力调整系数。

（2）中震作用下，结构的薄弱部位和关键部位的构件完好、无损伤，其他部位有部分选定的具有一定延性的构件出现明显的裂缝，修理后可继续使用。设计要求：结构的薄弱部位或关键部位构件的抗震承载力满足弹性设计要求，整个结构按非线性分析计算，允许部分选定的构件接近屈服，但不应发生脆性破坏，各构件的细部抗震构造至少要满足低延性的要求。

（3）大震作用下，结构的薄弱部位和关键部位的构件轻微损坏，出现轻微裂缝，其他部位有部分选定的具有延性的构件发生中等损坏，出现明显的裂缝，进入屈服阶段，需要修理并采取一些安全措施才可继续使用。设计要求：结构的薄弱部位或关键部位构件不屈服，即不考虑内力调整的地震作用效应和抗震承载力按强度标准值计算（作用分项系数、材料分项系数和抗震承载力调整系数均取 1.0）满足要求，结构应进行非线性计算，允许有些选定的部位进入屈服阶段但不得发生脆性破坏，各构件的细部抗震构造至少要满足中等延性的要求。

1.3.3 结构分析

屋盖钢桁架的最大跨度 130m，大于 120m 且屋盖结构为双向不等高交叉桁架网架，超出常用空间结构形式；根据住房和城乡建设部颁布的《超限高层建筑工程抗震设防专项审查技术要点》，本项目屋盖属超限大跨空间结构。

计算分析采用多个程序校核，计算结果按多个模型分别计算并采用包络设计。除常规计算分析外，还补充了大量专项技术分析，确保计算分析的可靠性及安全性。

1. 弹塑性动力时程分析

分析软件：ANSYS 和 ABAQUS。

（1）材料模型

结构采用钢材和混凝土两种材料。其中钢材选择经典双线性随动强化模型，考虑包辛格效应，在循环过程中，无刚度退化；混凝土材料采用多线性等向强化模型，材料的抗压应力-应变曲线按《混凝土结构设计规范》GB 50010—2010 附录 C 采用。

（2）单元模型

常规构件：在结构的整体模型中，除塔柱外，其他支承网架的柱和塔柱连梁、楼面梁等均采用BEAM188单元模拟。

塔柱：混凝土塔柱在地震作用下的材料非线性受力过程是本次动力分析的重点。结构ANSYS整体模型中采用SOLID65单元模拟钢筋混凝土塔柱。在塔柱的实体模型中，纵筋按照面积等同的原则，在截面四周布置钢筋层（壳单元SHELL181模拟），考虑到纵筋只受拉压，钢筋层采用正交异性的材料本构。箍筋采用弥散的整体式钢筋模型，设置与体积配箍率一致的实常数来模拟。在ABAQUS中建立塔柱模型时，钢筋采用双线性随动强化模型，混凝土采用损伤塑性本构模型，可考虑材料拉压强度的差异，刚度、强度的退化和拉压循环的刚度恢复。

地震动输入时程选用两条天然波和一条人工波，大震作用时的地面运动最大峰值加速度310gal，数据取自《建筑抗震设计规范》GB 50011—2010和《厦门北站工程场地地震安全性评价报告》两者中的大值。

在3条地震波作用下，结构的整体反应差异较大，以人工波引起的结构反应最为强烈，塔柱顶部的最大位移与柱高的比值为1/210，满足规范对大震限值1/100的要求。人工波的能量比两条天然波大，其覆盖的频率范围宽，易引起结构高阶振型的反应。在考虑重力二阶效应和大变形及材料非线性的情况下，结构最终仍保持直立，满足“大震不倒”的设防要求。塔柱未出现大面积塑性损伤，大跨度屋盖的主桁架钢管构件基本处于弹性工作状态。屋盖高、低跨错层部位的塔柱及南、北立面处的结构边柱，在大震作用下混凝土的主应力未超过强度标准值。

在分析结构的整体动力响应之后，对重点部位的弹塑性发展情况也进行了研究，从而较完备地评估整体结构在罕遇地震作用下的安全性。整体结构中，主塔柱和边柱是重点分析研究的对象，图1.3-1为实体显示的模型，塔柱连接着主桁架，边柱柱顶连接网壳构件，在变截面处连接着楼层梁板。

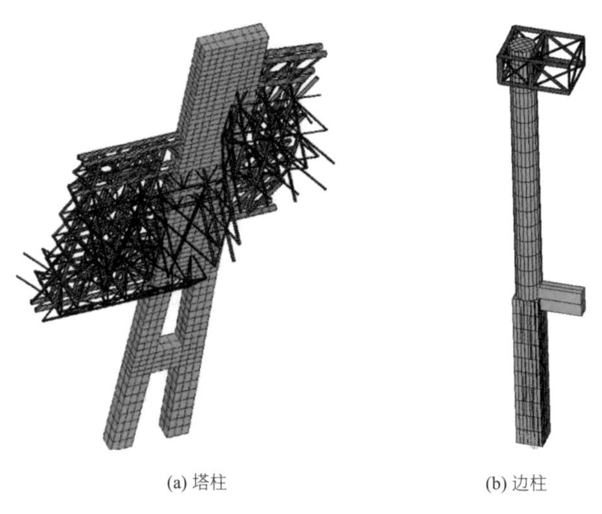

(a) 塔柱　　(b) 边柱

图1.3-1　关键结构柱

下面以中跨的塔柱B为对象，分析柱的抗震性能。

图1.3-2给出柱顶Y向位移最大时刻塔柱B混凝土的应力分布情况。由图可见，该时刻塔柱B的柱腿根部处，混凝土的最大拉应力为1.7MPa，小于f_{tk}；混凝土的最大压应力为27.8MPa，小于f_{ck}。关键设计截面，如横梁、塔腿合并部位和塔身与网架的连接部位，混凝土的拉、压主应力均小于设计标准值。

塔柱ABAQUS独立分析结果与ANSYS整体分析结果基本吻合。由于混凝土材料本构模型差异，ABAQUS独立分析结果偏大；总体来说，主塔柱B没有出现大面积的塑性损伤，结构是安全的。

图1.3-3为塔柱纵筋层的主应力分布，可见整体钢筋层处于弹性工作状态，在柱腿根部处纵筋的最大受拉应力为244MPa，受压应力为−293MPa，没有超过HRB400钢筋的屈服强度360MPa。

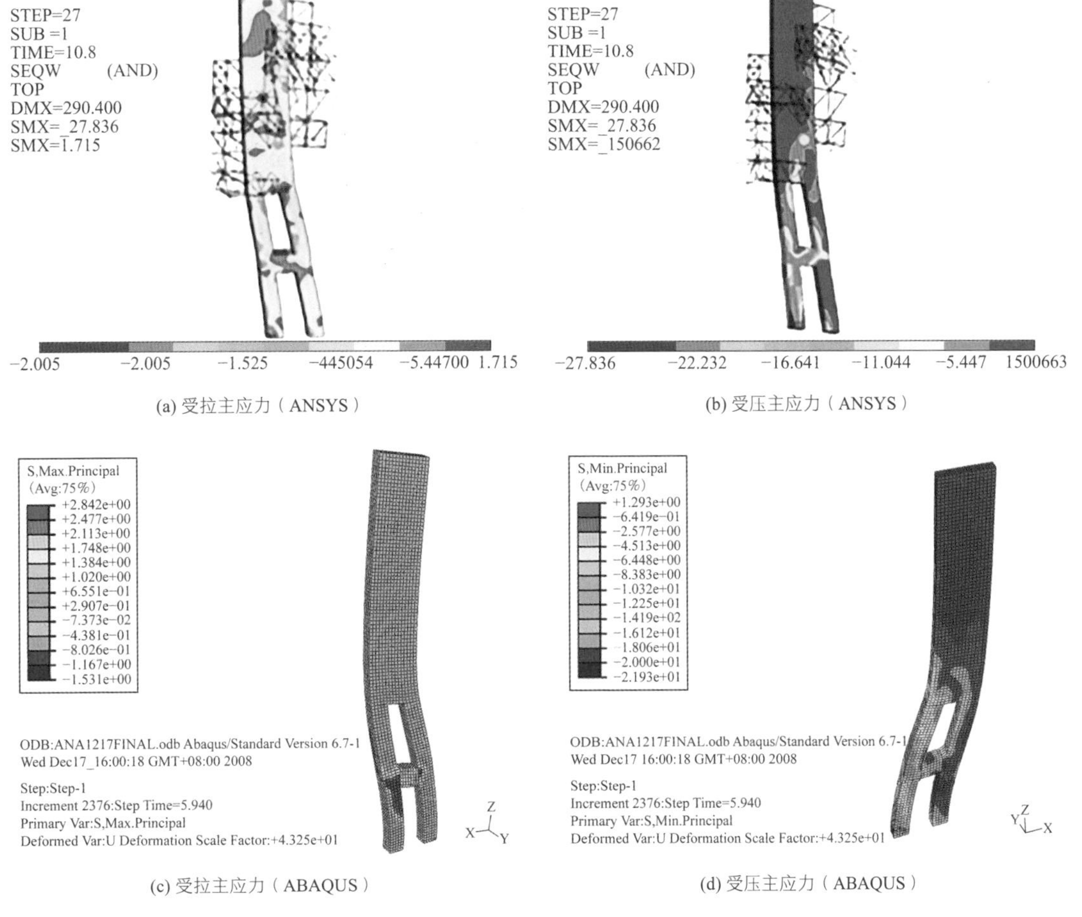

(a) 受拉主应力（ANSYS） (b) 受压主应力（ANSYS）

(c) 受拉主应力（ABAQUS） (d) 受压主应力（ABAQUS）

图 1.3-2 塔柱混凝土的主应力分布

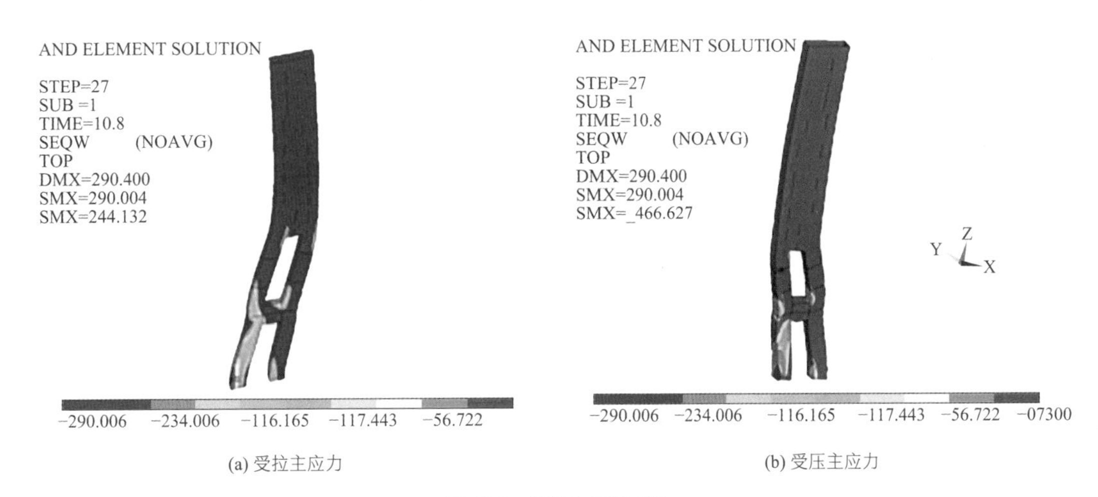

(a) 受拉主应力 (b) 受压主应力

图 1.3-3 钢筋主应力云图

图 1.3-4 为塔柱 B 混凝土的裂缝显示图。可见，由于与中柱相连接的两边主桁架的跨度差异大，构件在竖向和水平地震作用下，处于双向拉（压）弯的受力状态，受拉侧柱身混凝土出现水平裂缝。塔柱 B 由于柱身部分长，柱腿较短，抗剪主要由柱身来提供。最大剪力出现于塔身下部与分肢柱腿的连接部位，该区域出现了一批 45°左右的斜向受剪裂缝。

图 1.3-5 为与塔柱 B 连接部位网架构件的等效应力。可见，钢结构主桁架杆件的 Mises 应力小于材料的屈服强度 345MPa；与主桁架方向正交的次桁架，虽部分弦杆在振动过程中应力达到了屈服强度，但考虑到钢材的强化特性和次桁架的作用，可认为结构是安全的。

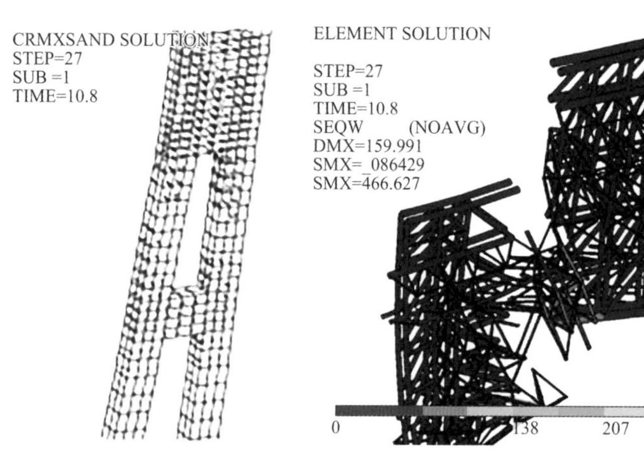

图 1.3-4 混凝土裂缝显示　　图 1.3-5 网架构件应力

屋盖钢结构在大震作用下的稳定性也是值得关注的问题，可通过全过程的动力响应来分析判断。图 1.3-6 列出了 E、F 轴主桁架弦杆跨中的位移时程。由图 1.3-6（a）可见网架弦杆的位移基本上与塔柱相同，两者之间的相对位移不大，桁架没有出现侧向失稳的情况；由图 1.3-6（b）可以看出，弦杆跨中竖向位移的最大值为 0.18m，主桁架的跨度 130m，挠跨比为 1/720，满足规范限值的要求。总体说来，屋盖钢桁架的刚度大，在动力荷载作用下具有很好的稳定性。

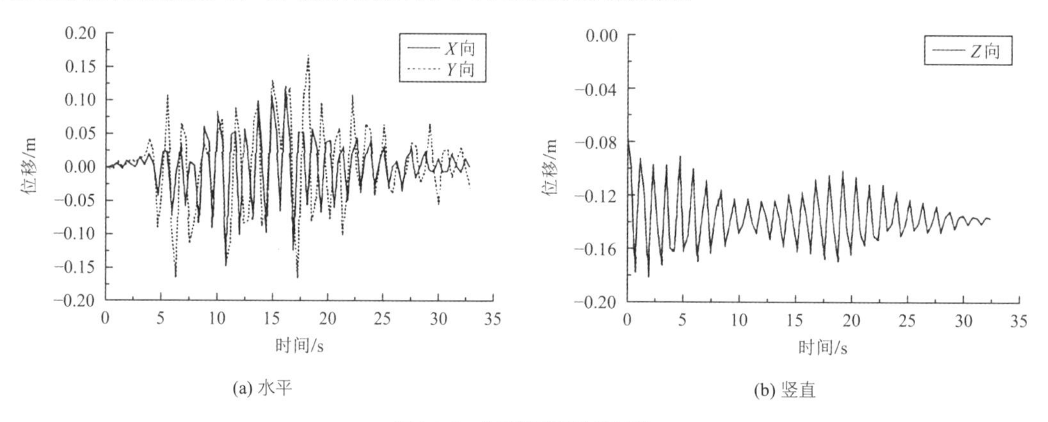

图 1.3-6 主桁架弦杆位移时程

2. **屋盖整体稳定分析**

采用 MIDAS 软件对屋盖做线性稳定分析和荷载-位移全过程的几何非线性稳定分析。对屋盖进行荷载-位移全过程几何非线性分析时，取结构第一振型模态作为初始缺陷分布模态，最大位移值为屋盖最大跨度 132m 的 1/300，即 440mm。考虑以下六种组合：1）1.0 × 恒荷载 + 1.0 × 活荷载；2）1.0 × 恒荷载 + 1.0 × 风荷载（+*X*向）；3）1.0 × 恒荷载 + 1.0 × 活荷载 + 1.0 × 风荷载（+*X*向）；4）1.0 × 恒荷载 + 1.0 × 活荷载 + 1.0 × 风荷载（−*X*向）；5）1.0 × 恒荷载 + 1.0 × 活荷载 + 1.0 × 风荷载（+*Y*向）；6）1.0 × 恒荷载 + 1.0 × 活荷载 + 1.0 × 风荷载（−*Y*向）。分析模型如图 1.3-7 所示。

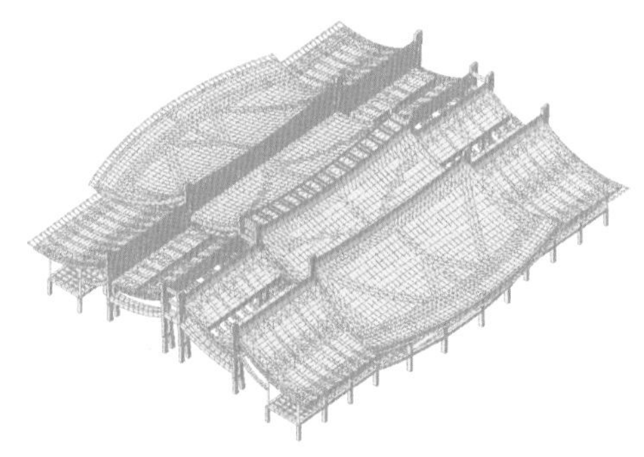

图 1.3-7 三维图

计算结果见表 1.3-1。

屋盖整体稳定分析结果　　表 1.3-1

序号	荷载工况	线弹性稳定分析特征值	几何非线性整体稳定系数
1	1.0 × 恒荷载 + 1.0 × 活荷载	29.1	17
2	1.0 × 恒荷载 + 1.0 × 风荷载（+*X*向）	34.6	20
3	1.0 × 恒荷载 + 1.0 × 活荷载 + 1.0 × 风荷载（+*X*向）	28.2	16
4	1.0 × 恒荷载 + 1.0 × 活荷载 + 1.0 × 风荷载2（−*X*向）	27.4	15
5	1.0 × 恒荷载 + 1.0 × 活荷载 + 1.0 × 风荷载3（+*Y*向）	22.3	15
6	1.0 × 恒荷载 + 1.0 × 活荷载 + 1.0 × 风荷载4（−*Y*向）	21.2	15

由以上结果可知，在 6 种工况下，整体稳定均满足规范要求。

3. 巨型 A 形塔柱有限元分析

节点连接作为形成结构体系和传递杆件内力的关键，发挥着重要的作用。主塔柱在设计中采用了预应力钢筋混凝土结构，节点分析采用了空间实体模型。

主塔柱的分析采用通用有限元分析软件 ANSYS。为准确模拟其受力性能，建模主要采用了三维实体单元。其中，三维实体单元 SOLID65 模拟钢筋混凝土，可以考虑普通钢筋配筋率；三维实体单元 SOLID45 模拟钢板，LINK8 模拟预应力钢绞线，预应力通过初应变或降温法模拟，另外还采用了 BEAM4 单元、接触单元等分析单元。

有限元节点分析选用的荷载组合工况以主桁架上、下弦杆轴力最大为原则。

塔柱为预应力钢筋混凝土连肢柱，上端两肢合并到一起。在 8 个中塔柱中，轴 4 交轴 C 塔柱相连的杆件数量最多，弦杆的轴力最大，故选择该塔柱作节点有限元分析，见图 1.3-8。

由于中主塔柱高达 60.50m，分析中对其上部 38.00m 采用了实体单元模拟，而下部 22.50m 采用了 BEAM4 三维梁单元模拟，见图 1.3-9。

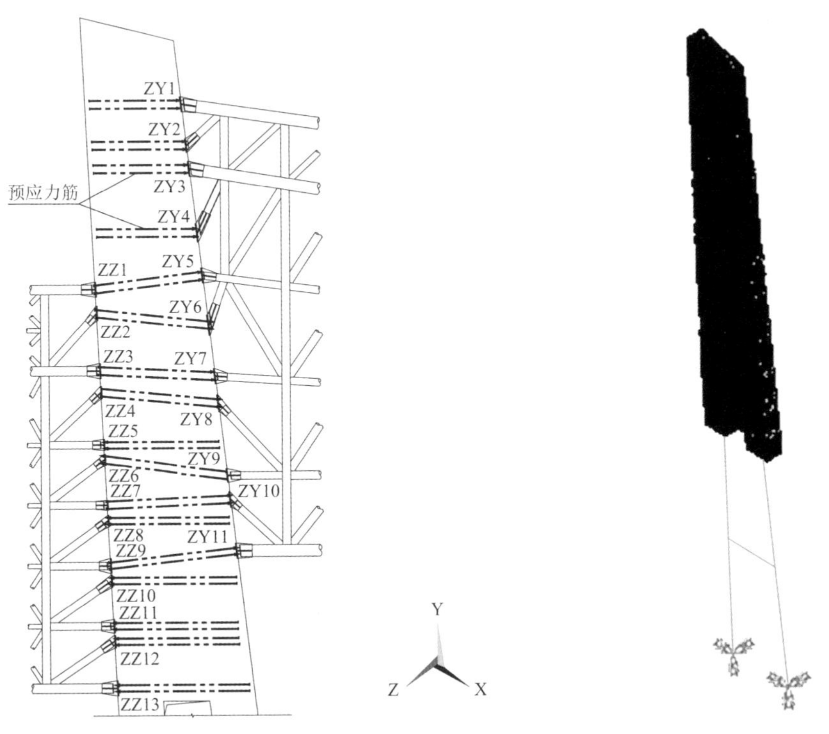

图 1.3-8　中主塔柱示意图　　图 1.3-9　边界约束示意图

通过对中主塔柱的有限元分析，可以得出如下结论：

（1）混凝土的主拉应力、主压应力均小于《混凝土结构设计规范》GB 50010—2010 的限值，符合规范要求；

（2）混凝土中的钢板最大 von Mises 应力小于 Q345 钢应力设计值，符合规范要求。

4．施工过程模拟分析

利用有限元分析软件 ANSYS 和 MIDAS 对厦门北站钢结构工程主桁架和屋面桁架的提升过程及其余部分钢结构的吊装过程进行了仿真模拟分析，分析内容包括：两侧劲性混凝土、支撑牛腿、主桁架、导向构架、屋面桁架及吊装结构的内力、变形、稳定性分析等。

计算分析结果表明，在提升、吊装过程中，结构体系处于安全状态，满足要求。

1.4 专项设计

1.4.1 钢骨混凝土塔柱

因顺轨向长 270.6m 不设缝，为减小温度作用，巨型塔柱在屋架 ZHJ 下弦标高以下做成双肢柱，以上双肢合一，如图 1.4-1、图 1.4-2 所示，图 1.4-3 为主桁架弦杆典型截面。塔柱立在铁轨线之间，由于线间距要求，塔柱垂直于铁轨线方向的截面尺寸最大只有 1.8m，如图 1.4-5 所示。

塔柱的抗震性能目标是：中震正截面不屈服，抗剪弹性；大震正截面不屈服，抗剪满足最小受剪截面要求，故采用钢骨混凝土柱，截面如图 1.4-7、图 1.4-8 所示。图 1.4-9 为塔柱柱脚详图，图 1.4-10 为塔柱柱脚施工照片。

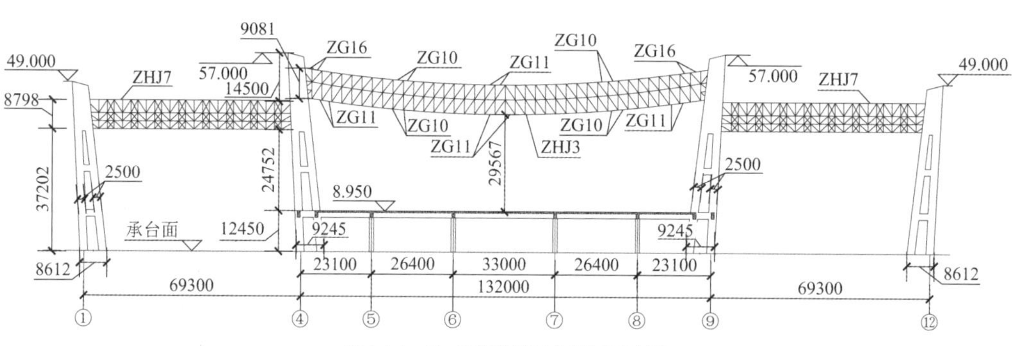

图 1.4-1　E、F 轴塔柱及主桁架示意图

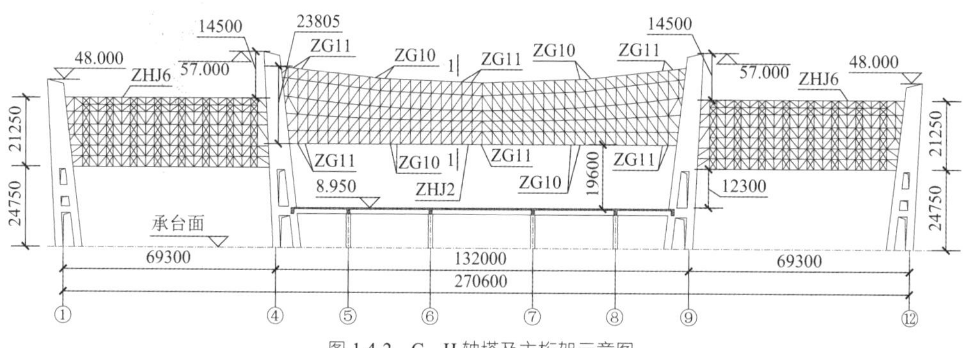

图 1.4-2　C、H 轴塔及主桁架示意图

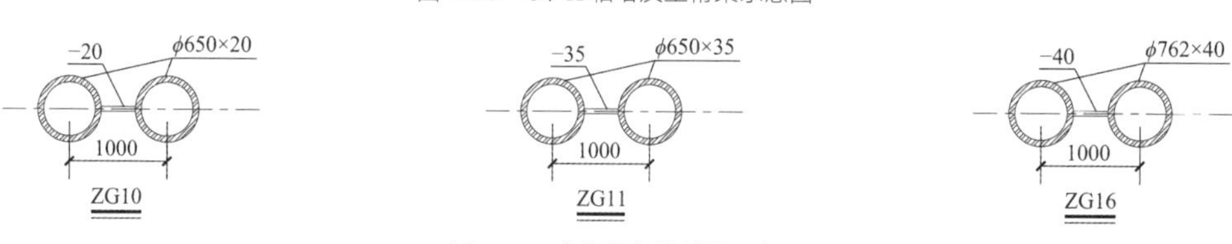

图 1.4-3　主桁架杆件截面示意

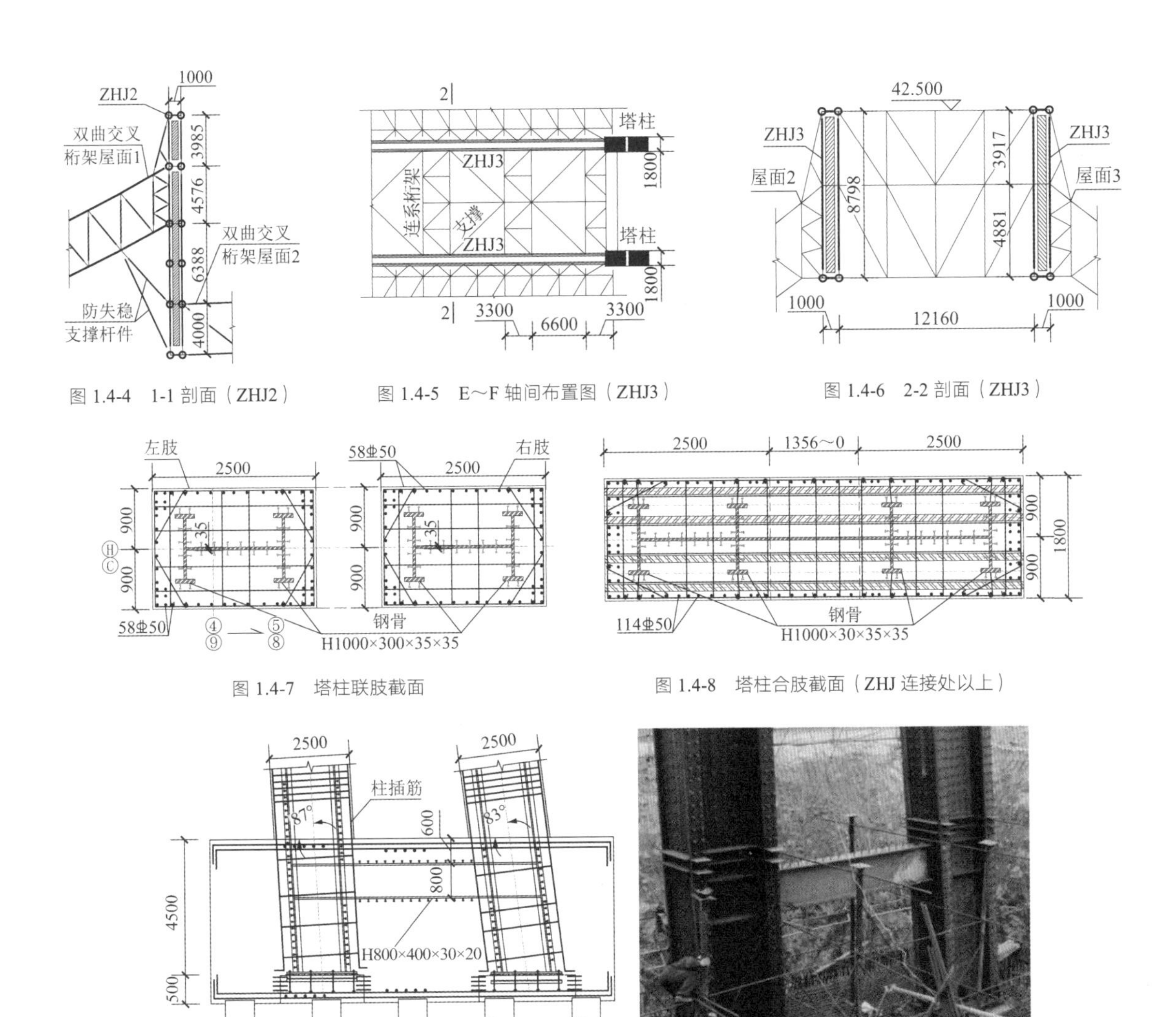

图 1.4-4　1-1 剖面（ZHJ2）

图 1.4-5　E～F 轴间布置图（ZHJ3）

图 1.4-6　2-2 剖面（ZHJ3）

图 1.4-7　塔柱联肢截面

图 1.4-8　塔柱合肢截面（ZHJ 连接处以上）

图 1.4-9　塔柱柱脚详图

图 1.4-10　塔柱柱脚施工照片

1.4.2　巨型钢桁架梁

轴线 C、E、F、H 上设置四榀支撑于巨型塔柱上的钢桁架，如图 1.4-1～图 1.4-6 所示。ZHJ2、ZHJ3 跨度达 132m，配合建筑造型，ZHJ2 高度在跨中为 18.95m，支座处为 23.8m；ZHJ3 高度在跨中为 8.983m，支座为 9.085m。因塔柱宽度为 1.8m，ZHJ2、ZHJ3 的弦杆中心距仅为 1m，因此弦杆及竖腹杆截面采用哑铃形组合截面，即采用中心距为 1m 的两个并排圆钢管，并用钢板将圆钢管连接起来，如图 1.4-3 所示。

由于建筑造型需要，ZHJ2 高度最大为 23.8m，截面宽度最大仅为 1.76m，整个截面最大高宽比为 13.2，如何保证桁架在平面外不失稳，是设计的关键之处。在 ZHJ2 上、下端两侧，均有间隔 3.3m 的次桁架与之相连，次桁架与 ZHJ2 一起构成折板网架。同时，在 ZHJ2 与屋面 1 间每隔 3.3m 设置防失稳支撑（图 1.4-4），将屋面 1 与屋面 2 直接连接起来。

ZHJ3 在轴线 E、F 上，沿跨度方向为三层弦杆桁架，两端伸入塔柱锚固，两榀主桁架之间，在垂直跨度方向，每隔 9.9m 设置一榀宽 3.3m、高约 9m 的连系桁架。两榀大跨度主桁架和连系次桁架一起，构成了空间立体桁架，如图 1.4-5、图 1.4-6 所示。屋面 2、3 每隔 3.3m 设置次桁架与 ZHJ3 连接。

厦门北站钢结构工程结构形式新颖、构造复杂，针对结构的特点和施工现场条件，钢结构工程采用提升和吊装相结合的方案施工。其中，站房屋盖钢结构中主桁架 ZHJ2、ZHJ3、ZHJ6 和 ZHJ7 采用场外小拼、场内整拼，然后分别提升到设计位置进行合龙的方法进行安装。

1.4.3 巨型薄腹钢桁架梁液压同步提升技术

主桁架跨度 132m，高度 23.8m，厚度 1.8m，质量 800t，为超大跨度、超高高度且厚度很小的巨型桁架。由于提升结构长度长、宽度窄，要求在主桁架提升过程中，各吊点必须严格同步，确保各吊点受力均衡。为了确保提升系统的安全，在每个提升吊点都布置了油压传感器，主控计算机可以通过油压传感器实时监测每个提升吊点的荷载变化情况，如有异常变化，计算机将会自动停机并报警提示（图 1.4-11、图 1.4-12）。

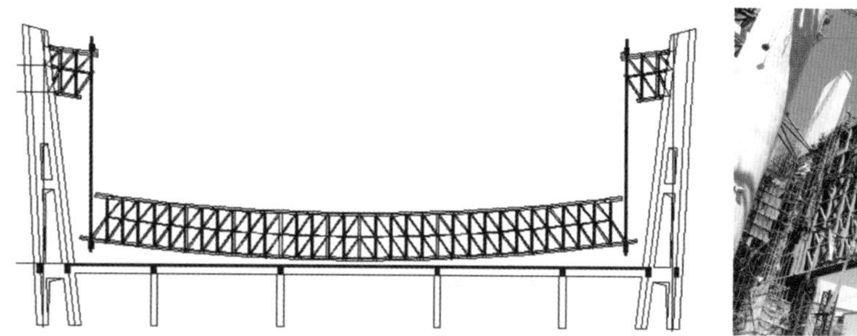

图 1.4-11　主桁架液压同步提升示意图

图 1.4-12　主桁架提升照片

为了防止在整体拼装和提升过程中主桁架发生偏心倾覆，在拼装过程中设置了足够的侧向支护措施，在提升过程中设置了足够的侧向导向措施，以保证桁架整体拼装和提升过程中平面外的稳定性。在主桁架提升就位后，支护构架顶部与主桁架下弦主钢管加固连接，确保主桁架合龙过程中和后续屋面桁架安装过程中主桁架的侧向稳定（图 1.4-13、图 1.4-14）。

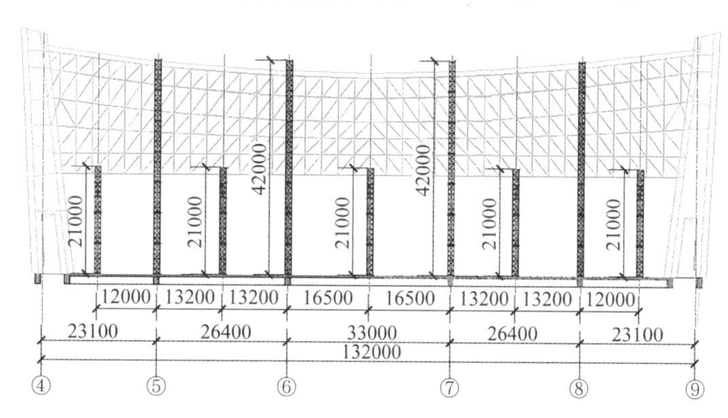

图 1.4-13　提升支护结构立面布置

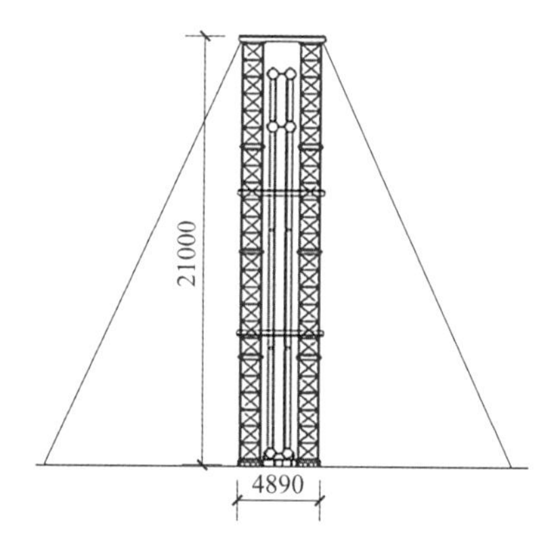

图 1.4-14　提升支护结构侧立面布置

1.4.4 塔柱间预应力箱梁

按正常施工顺序，先将钢筋混凝土构件施工完毕，再安装屋面的钢结构。塔柱垂直于铁轨线方向的截面尺寸只有 1.8m，但中塔柱顶标高为 57.000m。为避免塔柱的施工脚手架妨碍屋盖的吊装，塔柱施工完毕后、屋盖吊装前，需要拆除塔柱的施工脚手架。这样，在屋盖形成前，塔柱竖向是一个细高的悬臂构件，从二层楼面到柱顶悬臂高度达 48m，高宽比达 48/1.8 = 26.7，自身的稳定性不够。为解决此问题并保证垂直轨道方向的抗震性能，塔柱与相邻柱间设置了箱形截面曲线预应力框架梁。该梁的作用是提供竖向构件的连系，沿垂直轨道方向形成巨型框架，保证抗侧刚度，形成完整的抗震体系。设置该梁后，塔柱悬臂高度由 48m 降低到 19.185m，如图 1.4-15、图 1.4-16 所示。由于预应力箱形梁为曲线形，为防止预应力筋张拉后，混凝土出现崩落，在对应预应力筋处设置 U 形防崩落筋，如图 1.4-17 所示。

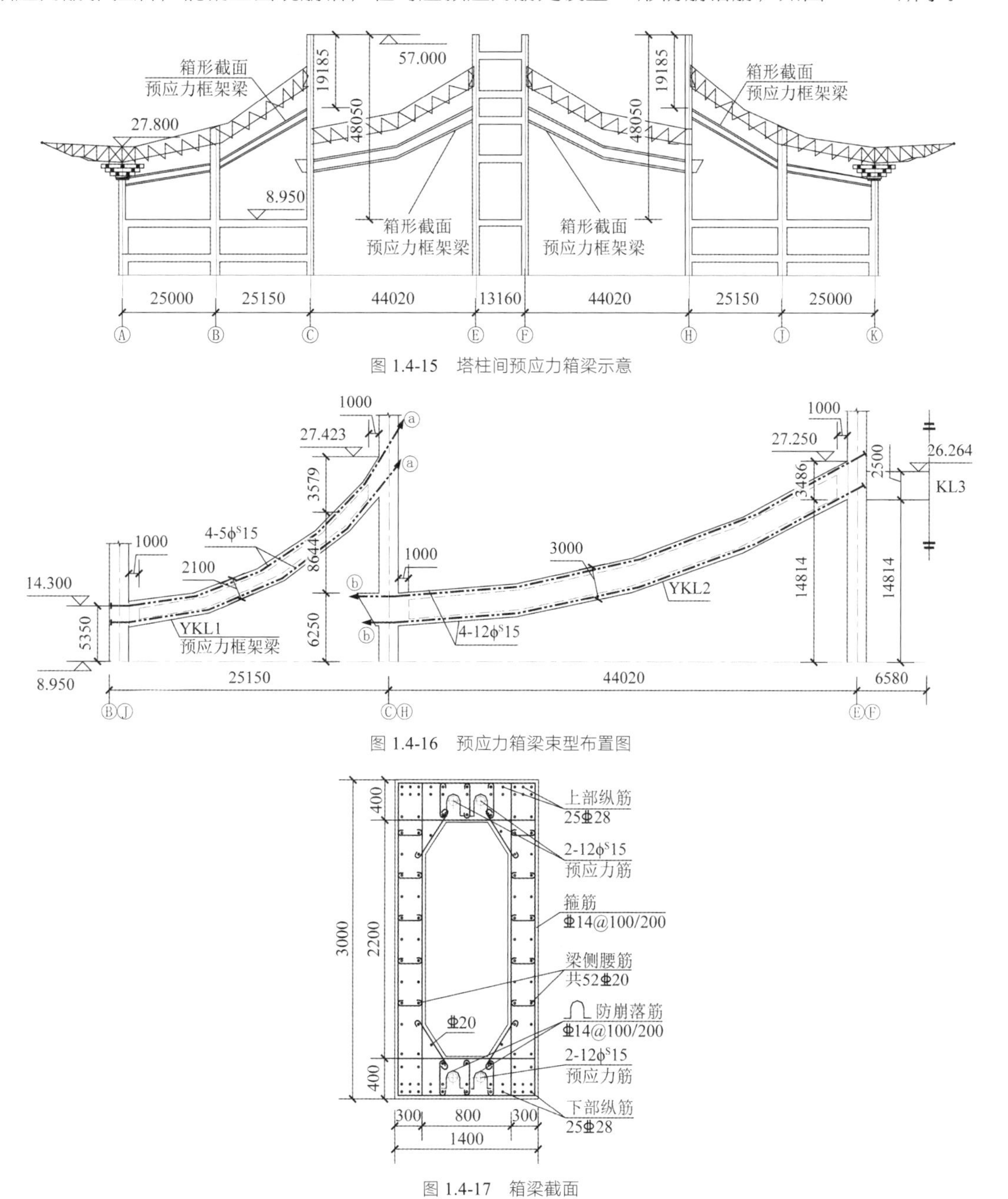

图 1.4-15　塔柱间预应力箱梁示意

图 1.4-16　预应力箱梁束型布置图

图 1.4-17　箱梁截面

1.4.5　塔柱同巨型钢桁架的连接节点

ZHJ2、ZHJ3 跨度为 132m，哑铃形组合截面弦杆最大内力为 15000kN。杆件内力大，节点设计困难。为此，本项目做了以下新型节点：

主桁架杆件以十字板同预埋锚板连接，如图 1.4-18 所示，为保证传力直接、可靠，在对应十字板中的 3 道竖板处（节点板 A1），增加节点板 1、2，使弦杆的轴力能够有效地传递至钢骨柱。在弦杆为拉杆的情况下，钢板在极限状态下会将混凝土拉裂，为避免混凝土开裂，除利用连接钢板直接连接外，另布置预应力筋（图 1.4-18b）。在哑铃形组合截面的每个圆管对应塔柱相应位置设置的四孔预应力筋，如

图 1.4-19、图 1.4-20 所示。预应力筋主要解决正常使用极限状态（抗裂）问题，而连接钢板（节点板 1、2）主要解决大震下的承载能力极限状态问题。钢桁架与塔柱连接节点如图 1.4-21 所示。

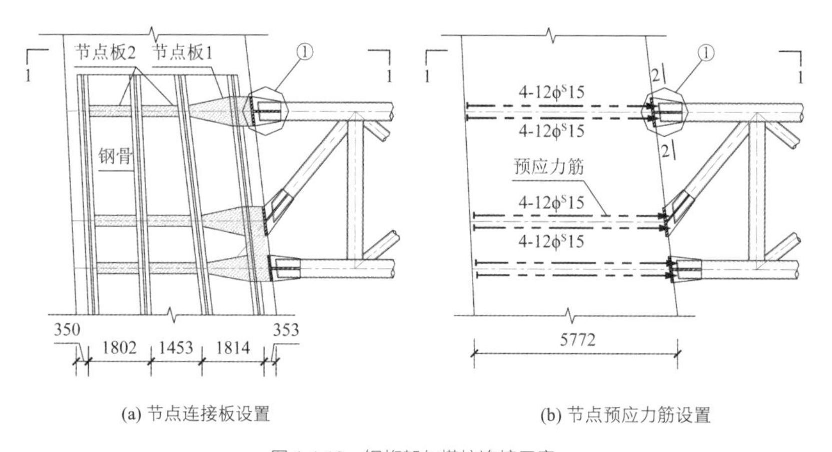

(a) 节点连接板设置　　(b) 节点预应力筋设置

图 1.4-18　钢桁架与塔柱连接示意

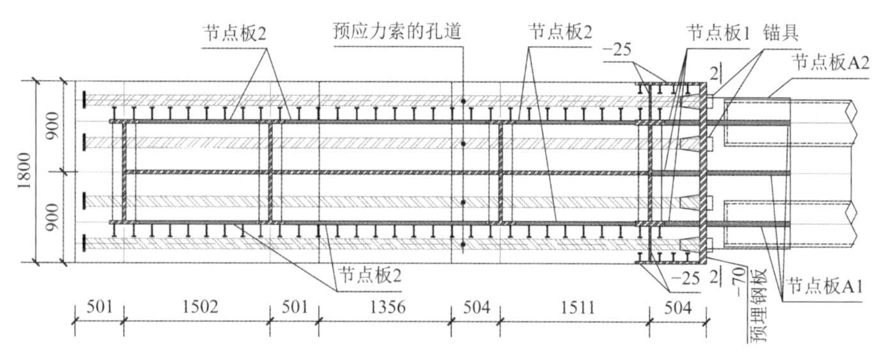

图 1.4-19　1-1 剖面

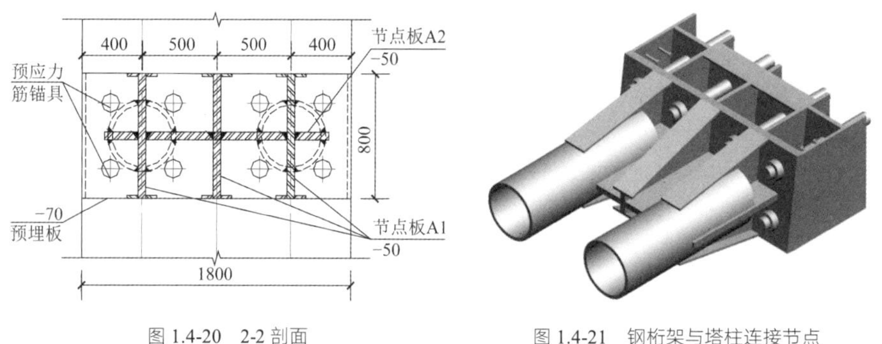

图 1.4-20　2-2 剖面　　图 1.4-21　钢桁架与塔柱连接节点

1.4.6　新型圆钢筒节点

站房高屋面采用双向不等高正交桁架组成的网格结构，下弦处双向弦杆高差为 0.9m，为保证受压下弦杆的侧向稳定性，采用竖腹杆（ϕ400）贯通的圆钢筒节点，圆钢筒壁厚为 8mm。下弦圆钢筒节点如图图 1.4-22 所示。不等高正交桁架上弦节点处，弦杆、斜腹杆及支撑与竖腹杆端部圆钢筒节点直接相贯焊连接。节点区竖腹杆壁厚加厚为 16mm，并且为增加筒身刚度，避免产生局部屈曲破坏，在节点区筒身内部采用加劲隔板加强，如图 1.4-23 所示（图 1.2-4 中节点②）。正交桁架下弦节点处，在竖腹杆上开洞，让正交桁架下弦杆从开洞处连续穿过竖腹杆，而斜腹杆通过相贯焊同竖腹杆连接，如图 1.4-24、图 1.4-25 所示（图 1.2-4 中节点③）。不等高正交桁架的下弦节点属国内首创，既简化了节点计算，保证了节点连接强度的可靠性；同时，又满足了建筑造型的要求，实现了建筑与结构的完美统一。

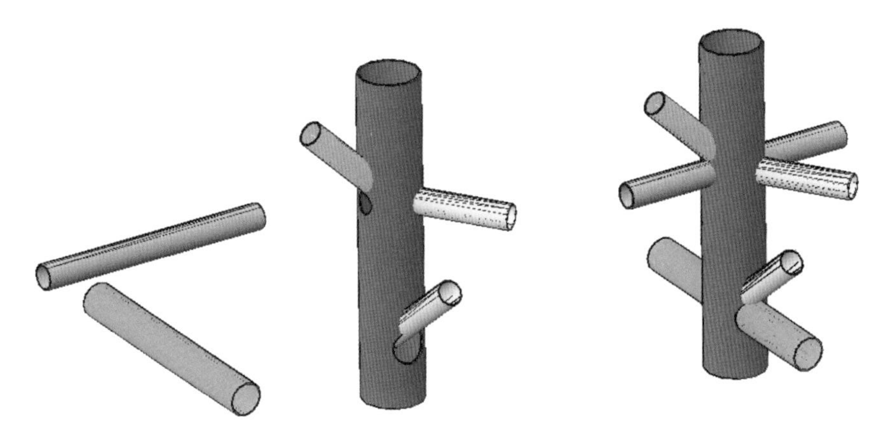

图 1.4-22　下弦圆钢筒节点示意

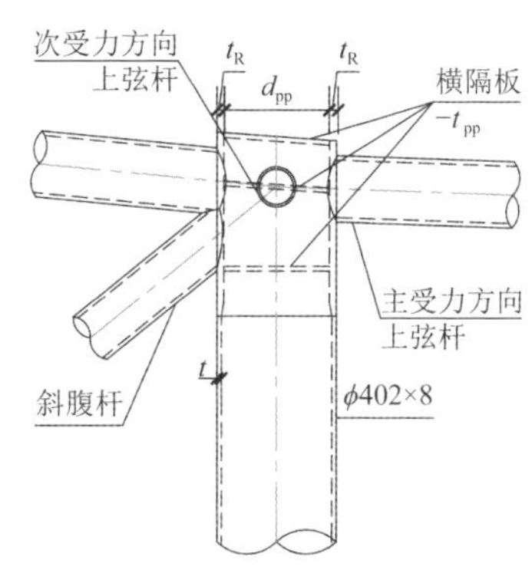

图 1.4-23　圆钢筒上弦节点（②）

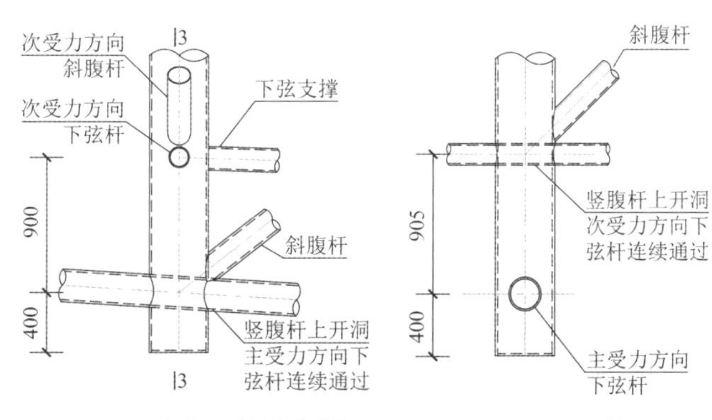

图 1.4-24　圆钢筒下弦节点（③）　　　　图 1.4-25　3-3 剖面

对这类圆钢筒节点进行有限元分析和足尺试验，按照主受力方向桁架弦杆内力最大为原则，选择节点并进行节点极限荷载试验与有限元理论计算对比，得出在 1.6 倍设计荷载作用下，节点在线弹性范围内；在 2 倍设计荷载作用下，节点亦在线弹性范围内，如图 1.4-26、图 1.4-27 所示。

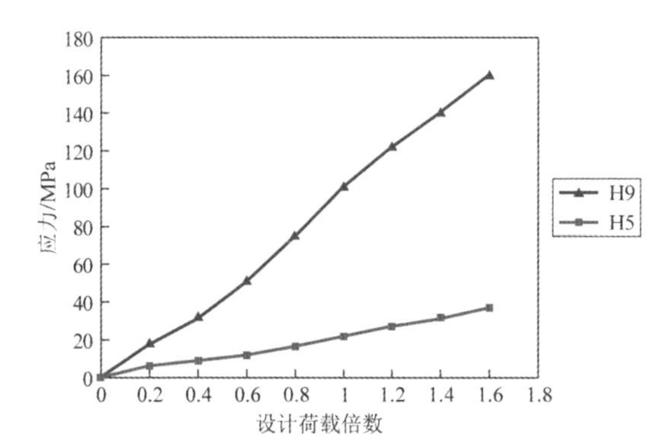

图 1.4-26　节点②上应力最大两点应力-荷载曲线

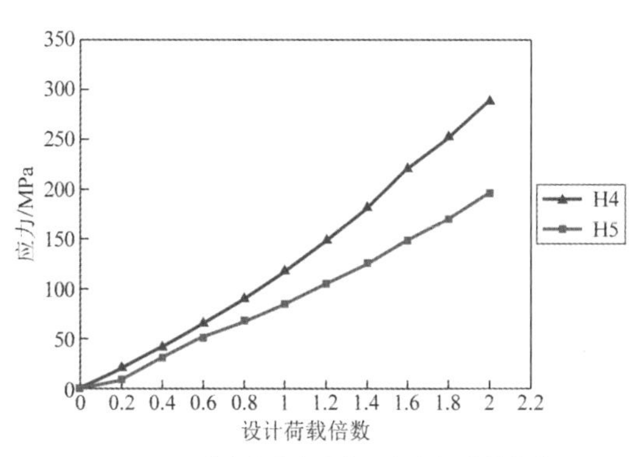

图 1.4-27　节点③应力最大两点应力-荷载曲线

1.4.7 ZHJ1 支座节点设计

如图 1.2-4 所示，ZHJ1 为支承在边柱上的六管矩形桁架，站房高屋面 5（图 1.2-4）为对边支承的网格结构，一边支承在 ZHJ2 上，另一边支承在 ZHJ1 上。支承 ZHJ1 的钢骨混凝土框架柱柱顶采用中国传统的“斗栱”，0.8m × 1.0m 的矩形混凝土梁层层重叠，钢骨柱伸至“斗栱”顶部，并让“斗栱”顶层梁作为 ZHJ1 的支座，支座详图如图 1.4-28～图 1.4-30 所示，图 1.4-31 为节点模型，图 1.4-32～图 1.4-33 为施工时的照片（图 1.2-4 中节点④）。

ZHJ1 为等高双向正交六管矩形桁架，负荷面积大，杆件内力大，且上、下弦节点处相交杆件多达 10 根，为保证传力直接可靠，对于上、下弦节点，工程采用竖腹杆贯通，并用十字形暗节点板加强的相贯焊节点，如图 1.4-34～图 1.4-36 所示。图 1.4-37 为“斗栱”施工完成后的照片。图 1.4-38 为节点⑤试验照片。

设计时对节点进行了有限元分析和足尺试验，由图 1.4-39～图 1.4-40 可知，节点极限荷载试验与有限元理论计算比较吻合；且在 1.4 倍设计荷载作用下，节点承载力仍在线弹性范围内。

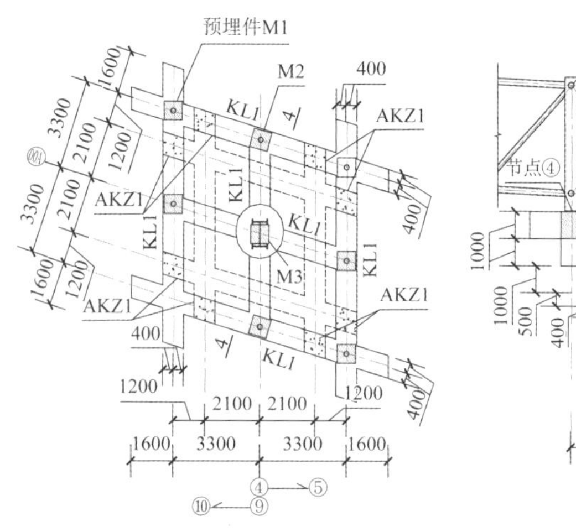

图 1.4-28 “斗栱”顶层布置图

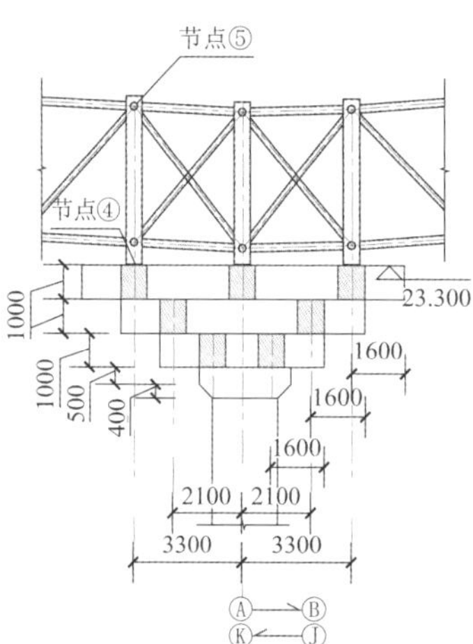

图 1.4-29 “斗栱”剖面图

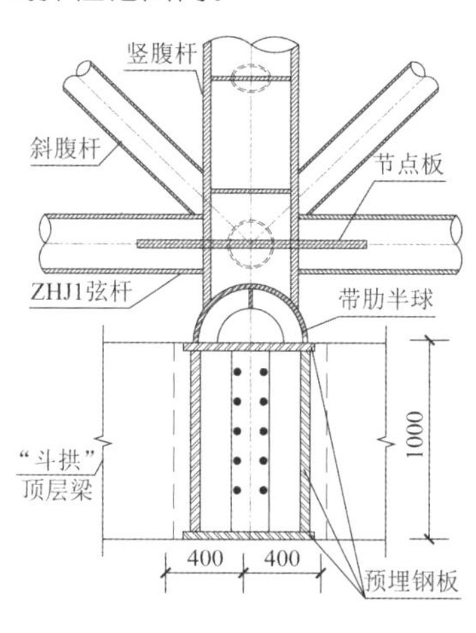

图 1.4-30 节点④详图

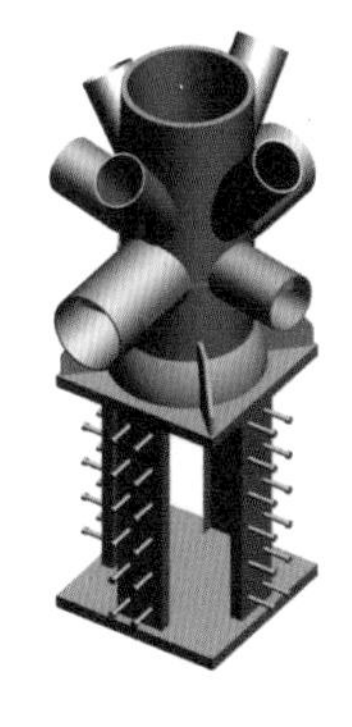

图 1.4-31 节点④模型图

图 1.4-32 “斗栱”照片

图 1.4-33 暗节点板补强照片

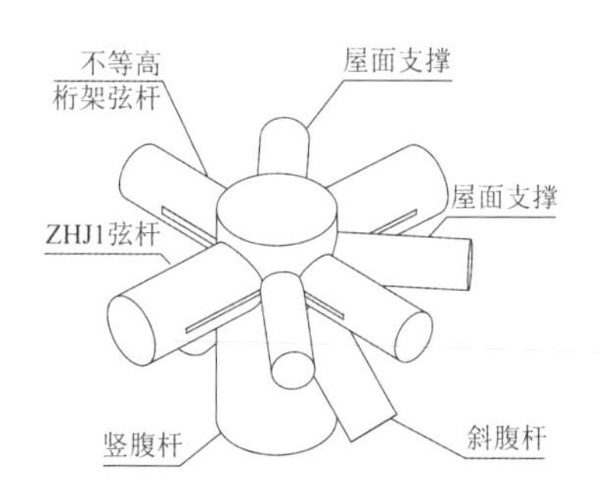

图 1.4-34 ZHJ1 上弦节点轴测图（⑤）

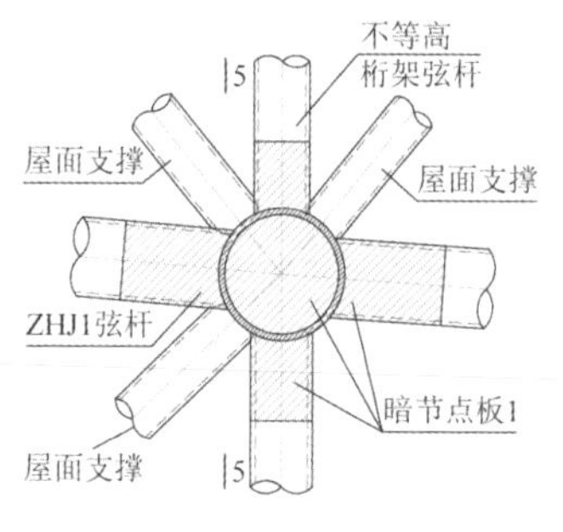

图 1.4-35 ZHJ1 上弦节点俯视图

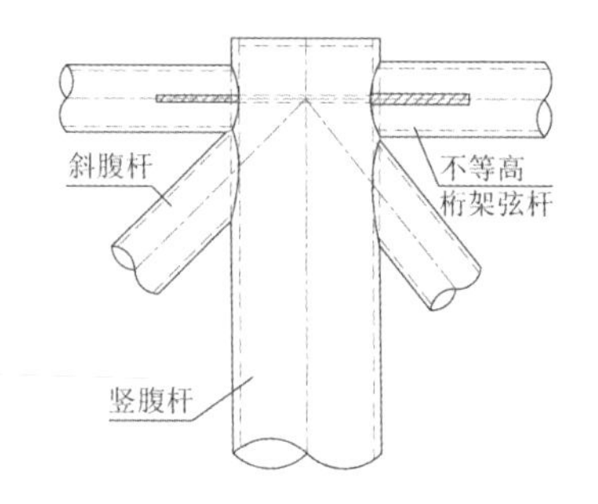

图 1.4-36 5-5 剖面

图 1.4-37　施工完后“斗栱”照片

图 1.4-38　节点⑤试验照片

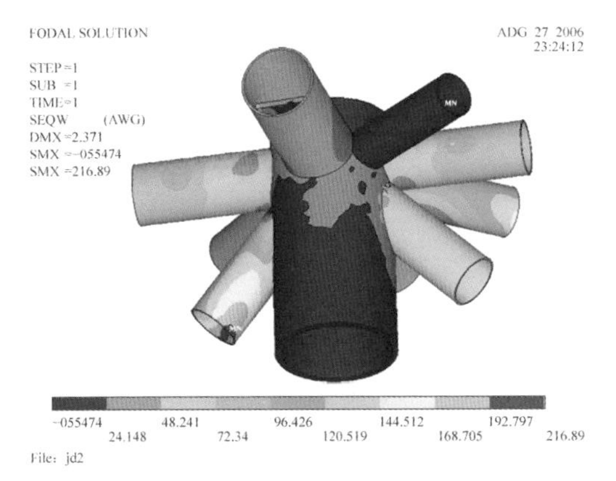

图 1.4-39　节点⑤等效应力云图（MPa）

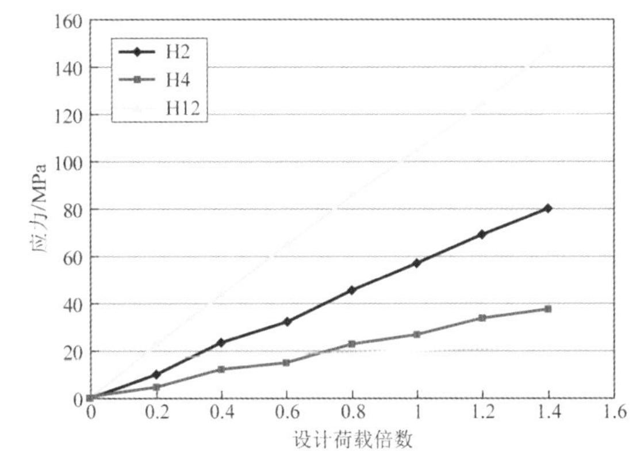

图 1.4-40　节点⑤应力最大三点应力-荷载曲线

1.5 试验研究

1.5.1　风洞试验及风致振动分析

厦门北站工程站房形状独特、新颖，是典型的风敏感结构，尤其是厦门市位于我国东南沿海，经常受到台风的袭击，基本风压高。我国现行建筑结构荷载规范中的风荷载条文尚不能涵盖厦门北站工程这类体型较复杂的大型建筑结构，该工程进行风洞试验，对其抗风性能进行分析是完全必要的，是进行抗风设计、保证其抗风安全性与可靠性必不可少的技术手段与设计步骤。图 1.5-1 是风洞试验照片。

图 1.5-1　风洞试验照片

站房的风洞试验研究主要包括以下内容：

（1）通过刚性模型测压风洞试验，确定站房屋盖、雨棚上下表面的平均压力系数、脉动压力系数及极值压力系数，并确定屋盖、雨棚合压力分布；

（2）通过刚性模型测压风洞试验，确定站房玻璃幕墙的风压分布特征。

风洞试验结果表明，屋面上表面的大部分区域分布为负压，迎风面的屋脊处局部区域为正压，背风区域的负压基本均匀且逐渐减少。屋盖悬挑部分在迎风时，“上吸下顶”作用明显，负压最大；悬挑部分背风时，由于气流分离，上、下表面风压部分可以抵消。

对整体结构进行风振分析表明，在垂直于轨道的风向角下，屋盖的风振系数大都在 1.3～2.0 之间，局部悬挑部分达到 2.5；在平行于轨道的风向角下，屋盖的风振系数大都在 2.0～3.5 之间，且迎风面风振系数大于背风面。

1.5.2 双向不等高交叉桁架试验研究

厦门北站主站房高屋盖设计采用了双向不等高交叉桁架体系，为大跨度双曲面空间钢屋盖结构（双向跨度达 132m × 220m），属于超限结构。这种双向不等高交叉桁架体系在国内是首次应用，目前尚未见关于此类空间结构形式的文献研究报告。为了考察这种新颖的结构形式在静力荷载作用下的力学性能，尤其是纵向桁架的竖向腹杆和下弦杆的出平面稳定性能，抽取*Y*方向 8 号轴线上节段制作模型，在实验室内进行 1∶4 大尺寸模型试验。

通过网架的模型试验，检验结构性能，总体上得出其在设计荷载作用下的受力性能。

试验模型的实际结构长 19.19m，高 5.88m。考虑试验室的试验条件（包括场地条件及加载条件等），同时考虑经济性及模型的相似性，本试验模型按照相似理论，抽取*Y*方向 8 号轴线上节段进行 1∶4 缩尺制作。模型杆件尺寸的选取原则是：①加载条件下模型结构受力性能反映原型结构受力特性；②原型杆件缩尺；③保证与支座连接处具有足够强度。模型构件的材质、施工工艺及制作安装，均须严格按照现场实际工程的材质、施工工艺及施工安装顺序。

图 1.5-2 为 CAD 三维模型图（支座在图中未表示），图 1.5-3 为试验现场加载照片。

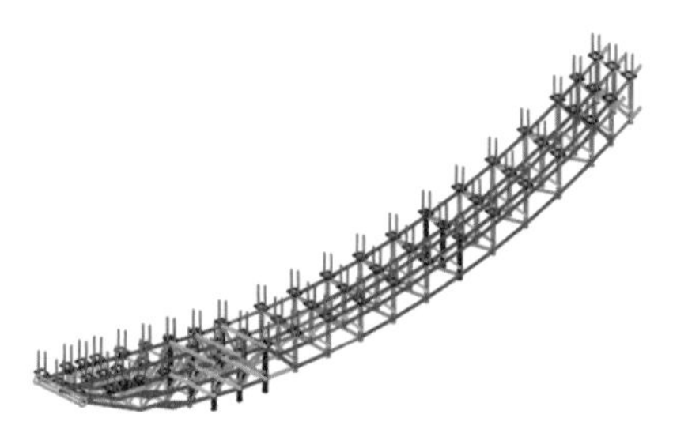

图 1.5-2 三维模型图

图 1.5-3 加载试验

图 1.5-4 给出了网架悬挑及跨中处的三根受力较大的杆件的轴向应力-荷载曲线。可以看出，应力和荷载大致呈线性关系。

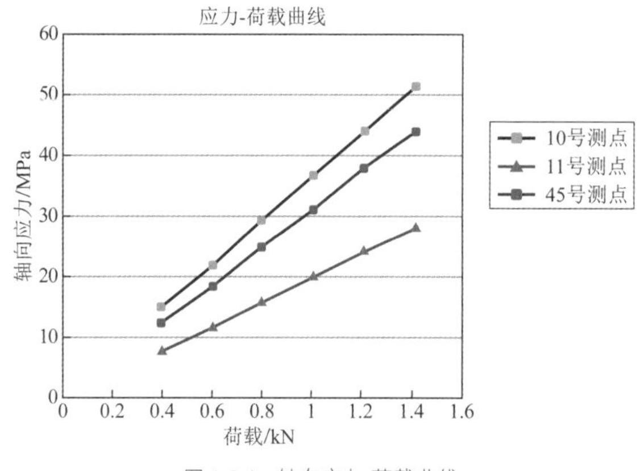

图 1.5-4 轴向应力-荷载曲线

（应力值均取绝对值；荷载等于 0.4kN 的应力为配重质量作用下的初始应力）

在 ANSYS 中建立网架三维有限元模型，施加与试验条件相符的约束条件和载荷进行分析。由于实际模型中支座均为焊接，所以在分析中分别考虑所有支座均为固接和铰接两种状况。图 1.5-5 和图 1.5-6 给出了两种状况的结构在设计荷载作用下网架各杆件的应力分布图。由图可知：支座均为固接时，最大应力为 47.622MPa；支座均为铰接时，最大应力为 47.726MPa。

试验结果表明：在设计荷载作用下，所有杆件测点应力均在弹性范围内，有较好的安全储备。

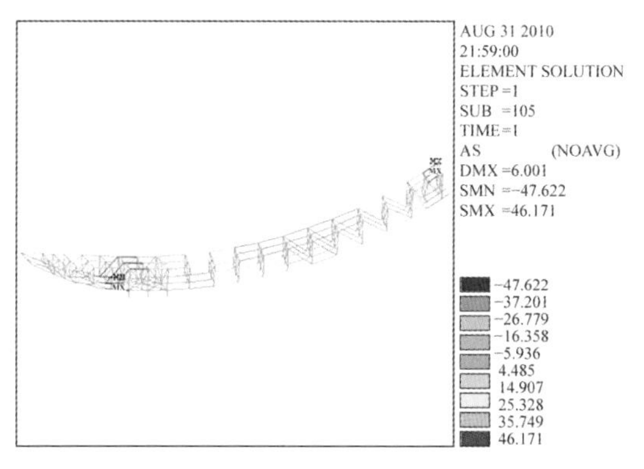

图 1.5-5 轴向应力云图（支座均为固接）

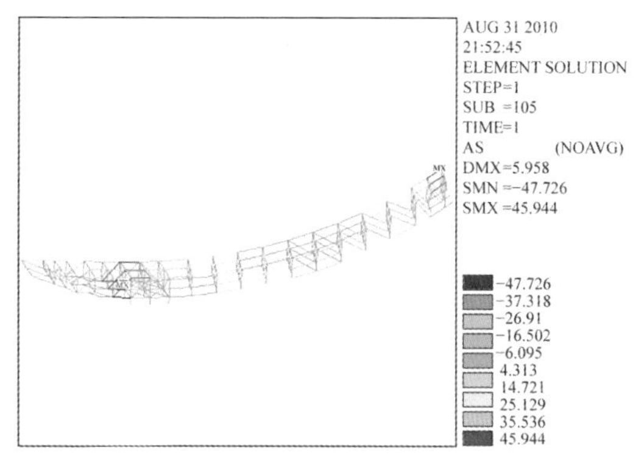

图 1.5-6 轴向应力云图（支座均为铰接）

1.6 结语

厦门北站结构选型结合闽南传统民居建筑造型，在世界上首次采用了由巨型钢骨混凝土塔柱、弧形预应力箱梁和大跨钢桁架梁构成的双向巨型混合框架，作为屋盖的主抗侧力体系及主承重体系，并实现了候车厅内无柱大空间。塔柱与跨度达 132m 的巨型钢桁架连接采用钢板及预应力筋的双重连接，成功解决了大跨钢桁架支座连接问题。

屋盖结合闽南传统民居室内单向檩条的建筑效果，在世界上首次采用了双向不等高交叉桁架组成的新型网格结构，设计了新型圆钢筒节点，实现了建筑与结构的完美统一。在取得良好经济效益的同时，屋盖用钢量仅为 110kg/m^2。

参考资料

[1] 李霆, 许敏, 熊森, 等. 厦门北站巨型混合框架结构设计与分析[J]. 建筑结构, 2011, 41(7): 1-6.

[2] 熊森, 李霆, 许敏, 等. 厦门北站双向不等高交叉桁架屋盖结构设计与分析[J]. 建筑结构, 2011, 41(7): 7-11.

设计团队

李 霆、许 敏、熊 森、万海洋、袁波峰、周 翔。

获奖信息

2015 年度 IABSE 国际桥梁与结构工程协会杰出结构 FINALIST 奖；

2013 年度全国优秀工程勘察设计行业奖建筑工程公建二等奖；

2013 年度湖北省勘察设计行业优秀建筑工程设计一等奖。

第 2 章

郑州东站

2.1 工程概况

2.1.1 建筑概况

郑州东站由主站房与站台雨棚组成，总建筑面积约为 42 万 m^2，站场规模为 16 台 32 线，为国内高铁枢纽站房。郑州东站是京广和徐兰高速铁路的中间站，也是郑开城际、郑机城际铁路的始发枢纽站。站房设计高峰每小时旅客发送量为 7400 人，最高聚集人数为 5000 人。郑州东站主站房为地上 3 层（局部 4 层）钢框架和预应力混凝土框架结构，其最大平面尺寸为 239.8m × 490.7m，采用全高架“桥建合一”结构；站台雨棚与桥梁结构形成整体结构，为全高架的站台雨棚。主站房出站厅下为郑州地铁，地铁结构与主站房结构完全脱开。

建筑方案体现了中原文化和中华文明的底蕴，包含国宝“莲鹤方壶”和“双连壶”的和谐构图，采用郑州“城市之门”造型。郑州东站方案、初步设计及施工图设计均由中南建筑设计院股份有限公司完成，该站于 2012 年 9 月 28 日建成投入正式运营，建成后的郑州东站如图 2.1-1 所示，顺轨向剖面如图 2.1-2 所示。

图 2.1-1 郑州东站鸟瞰（实景照片）

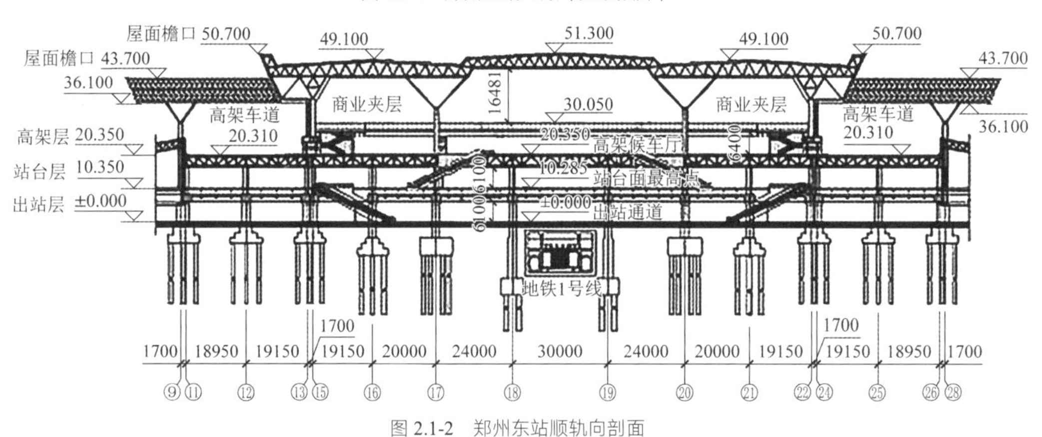

图 2.1-2 郑州东站顺轨向剖面

郑州东站各楼层的建筑功能如下：

1）首层为出站层，主要为出站通道、售票厅、设备和商业用房以及停车场，为地面层，地面标高为 ±0.000，在线侧局部区域设置小夹层，其楼面标高为 5.000m，主要为办公用房，如图 2.1-3 所示。

2）二层为站台层，由承轨层和线侧站房组成，楼面标高为 10.250m，其顶面标高为 20.250m，层高为 10m，如图 2.1-4 所示。

3）三层为候车厅层，楼面标高为 20.250m，其屋面标高为 44.250～52.050m，如图 2.1-5 所示。

4）四层为商业夹层，平面呈 U 形，夹层楼面标高为 30.450m，如图 2.1-6 所示。

5）建筑立面如图 2.1-7 所示。

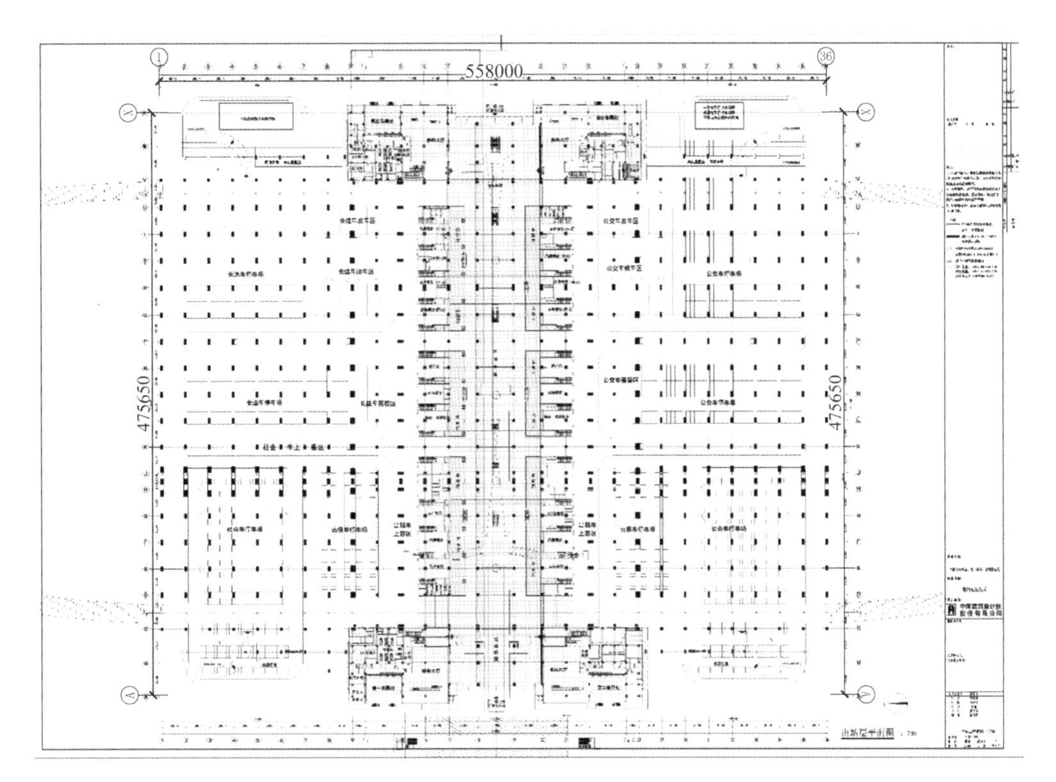

图 2.1-3　出站层平面

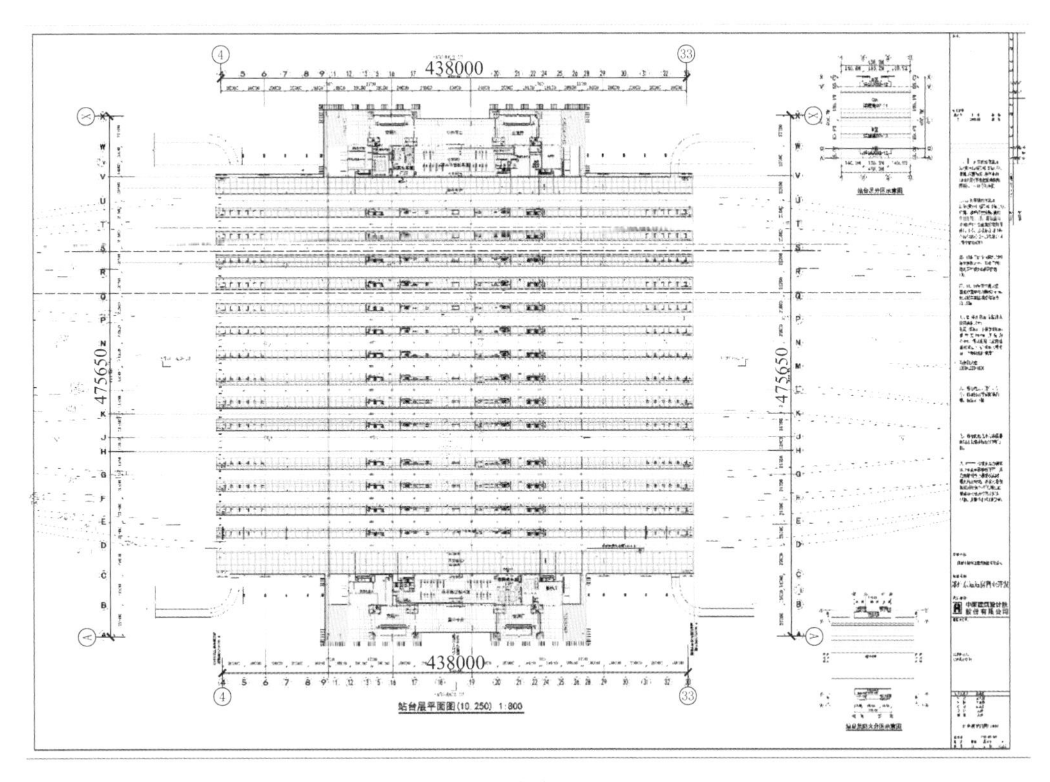

图 2.1-4　站台层平面图

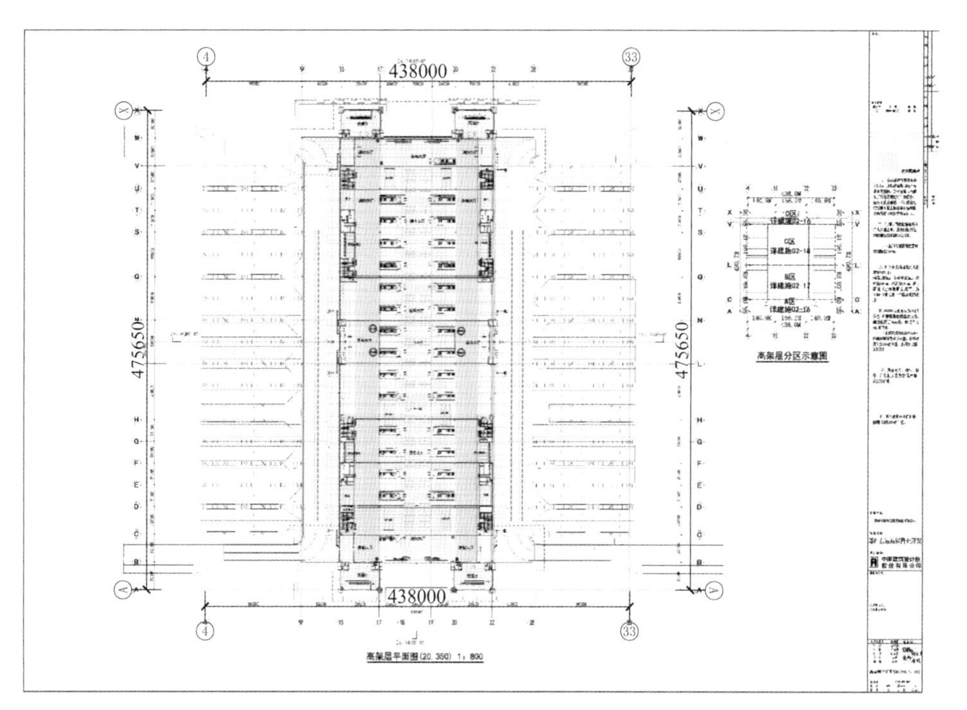

图 2.1-5　高架层平面图

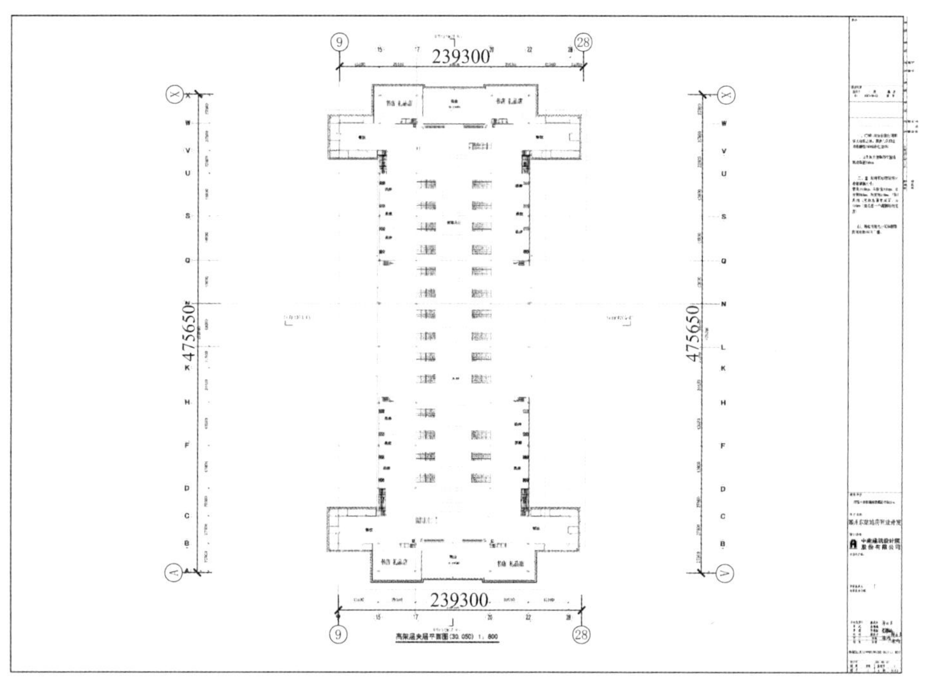

图 2.1-6　商业夹层（高架夹层）平面图

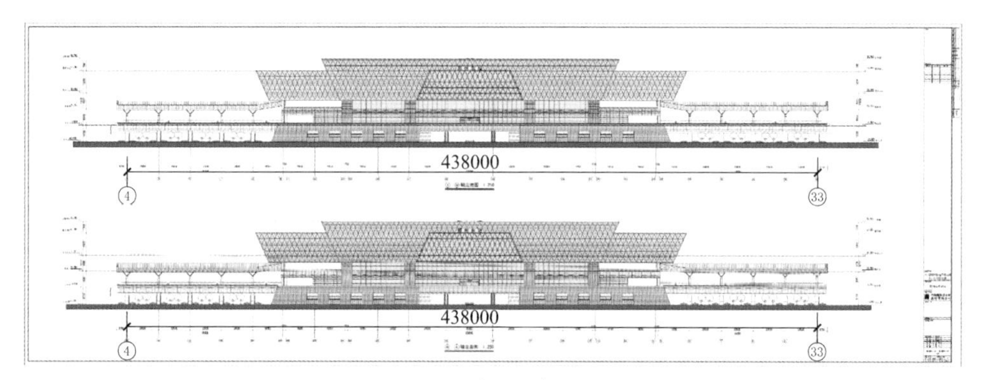

图 2.1-7　东、西立面图

2.1.2 设计条件

1. 主体控制参数

主体控制参数如表 2.1-1 所示。

控制参数表 表 2.1-1

<table>
<tr><th colspan="3">项目</th><th>标准</th></tr>
<tr><td colspan="3">设计使用年限</td><td>50 年（耐久性 100 年）</td></tr>
<tr><td colspan="3">建筑结构安全等级</td><td>一级</td></tr>
<tr><td colspan="3">结构重要性系数</td><td>1.1</td></tr>
<tr><td colspan="3">建筑抗震设防分类</td><td>重点设防类</td></tr>
<tr><td colspan="3">地基基础设计等级</td><td>甲级</td></tr>
<tr><td colspan="3">抗震设防烈度</td><td>7</td></tr>
<tr><td colspan="3">设计地震分组</td><td>第一组</td></tr>
<tr><td colspan="3">场地类别</td><td>Ⅲ类</td></tr>
<tr><td colspan="3">基本地震加速度</td><td>0.15g</td></tr>
<tr><td rowspan="8">设计地震动参数</td><td rowspan="2">特征周期</td><td>小震</td><td>0.45s</td></tr>
<tr><td>大震</td><td>0.50s</td></tr>
<tr><td rowspan="3">地震峰值加速度</td><td>小震</td><td>55gal</td></tr>
<tr><td>中震</td><td>150gal</td></tr>
<tr><td>大震</td><td>310gal</td></tr>
<tr><td rowspan="3">水平地震影响系数最大值</td><td>小震</td><td>0.12</td></tr>
<tr><td>中震</td><td>0.34</td></tr>
<tr><td>大震</td><td>0.72</td></tr>
<tr><td colspan="2" rowspan="2">结构阻尼比</td><td>小震</td><td>0.02（钢结构）、0.03（预应力混凝土）</td></tr>
<tr><td>大震</td><td>0.05</td></tr>
</table>

地震动参数根据中国地震局地球物理勘探中心与郑州基础工程勘察研究院提供的《郑州东站站房工程场地地震安全性评价工作报告》和《建筑抗震设计规范》GB 50011—2010 确定。

2. 风荷载

基本风压为 0.50kN/m^2（100 年一遇），根据浙江大学建筑工程学院完成的风洞试验及风致响应研究，得到对应的等效静荷载确定风荷载，并采用《建筑结构荷载规范》GB 50009—2012 复核，包络设计。风洞试验中几何缩尺比为 1：300，地面粗糙度为 B 类，在 0°～360°内每隔 15°取一个风向角，共有 24 个风向角。

3. 雪荷载

基本雪压按 100 年一遇取值：0.45kN/m^2，按《建筑结构荷载规范》GB 50009—2012 确定雪荷载。

4. 温度作用

根据郑州市的气象资料，郑州市的极端气温分别为 43℃和−19.7℃，考虑结构合拢环境温度为 10～23℃，结构设计中温度作用取值如下：主站房钢结构屋盖：正温差$\Delta T = 30$℃，负温差$\Delta T = -40$℃；主站房高架层钢结构：正温差$\Delta T = 30$℃，负温差$\Delta T = -40$℃；主站房高架层混凝土楼板：正温差$\Delta T = 15$℃，负温差$\Delta T = -20$℃；承轨层线侧混凝土结构：正温差$\Delta T = 15$℃，负温差$\Delta T = -20$℃。

2.2 建筑特点

2.2.1 国内外首创的“桥建合一”承轨层结构

为了在建筑层高一定的条件下，尽可能地减小桥梁的结构高度和桥墩（柱）的截面尺寸，增加出站层的净空高度和使用面积，主站房中承轨层以上站房的结构柱在承轨层范围内与承轨层柱重合，且承轨层采用双向刚接框架结构，形成“桥建合一”的站房结构。承轨层结构既是桥梁结构，又是站房的底层结构（属于建筑结构），承轨层结构设计需同时满足铁路桥梁结构和建筑结构相关标准，但两个行业标准无论在设计基准期、设计荷载和设计方法上差异较大。郑州东站承轨层桥梁结构采用当时属国内外首创的“钢骨混凝土柱 + 双向预应力混凝土箱型框架梁 + 现浇混凝土板”结构体系，该结构体系具有良好的结构承载力、刚度、抗震性能和抗疲劳性能，且具有突出的经济技术指标。为确保结构安全、可靠，在进行全面结构理论分析的基础上，通过 3 年的结构健康监测，对新型承轨层结构在列车荷载作用下的受力特性及结构动力响应开展研究。

2.2.2 大跨度钢结构楼盖竖向舒适度研究

主站房高架层部分楼盖柱距大于 40m，商业夹层最大柱距为 78m，采用钢桁架楼盖结构。楼盖荷载大且楼盖结构高度受限，楼盖竖向刚度较弱。作为“桥建合一”大型高铁站房，需对列车和人行荷载作用下大跨度钢结构楼盖及承轨层楼盖的竖向振动舒适度开展研究。

当时，建筑楼盖舒适度在国内无相关规范规定。至于高铁站房候车厅，则国内外规范均无具体规定。为此，开展了专项研究。研究成果应用于郑州东站，获得了良好的经济效益。

2.2.3 结构楼层错缝设置

作为特大型枢纽高铁站房，郑州东站主站房建筑功能复杂、双向平面尺寸均很大，且位于地震高烈度区。温度作用和地震作用均为其主要作用，根据建筑功能、结构刚度和经济性的要求，各楼层在不同部位设置防震缝（兼伸缩缝）。站台层（含线侧站房）根据到发线与正线布置，在垂轨方向共为设置 6 道顺轨向防震缝。其中，承轨层结构与线侧站房设缝脱开（共 2 道），承轨层结构平面内设置 4 道。承轨层结构单元在垂轨方向多为 2 跨或 3 跨框架结构，相应平面尺寸为 49～72m，使承轨层在温度作用下结构侧向变形不大；同时，又有足够的侧向刚度，满足地震作用侧向变形要求。承轨层结构缝的设置如图 2.3-1 所示。

在垂轨方向，高架候车厅层结构和屋盖结构分别在轴 N、轴 M 设置一道结构缝，楼（屋）盖结构单元在该方向的平面尺寸为 200～300m，降低温度作用和提高结构的抗震性能。

承轨层、高架层和屋盖结构缝均错位设置，为确保结构抗震性能满足规范及设计要求，结构分析中按防震缝设置确定各结构单元，在小震弹性分析的基础上，进行结构中、大震抗震性能化分析、设计。

2.2.4 复杂钢结构节点的承载力研究

屋盖采用双向空间相贯钢管桁架结构，钢管桁架在顺轨向为折线形，部分复杂相贯节点杆件数量多、连接复杂；根据钢结构安装工艺的要求，复杂相贯节点的部分隐蔽焊缝无法焊接。关于该类节点的承载力计算，国内外规范均无相关规定。设计中采取以下措施：

（1）在进行节点有限元分析的基础上，选取重要和复杂节点进行足尺节点试验，对节点承载力和破坏模式加以分析与验证；

（2）通过30个足尺（部分缩尺）节点试验，较为全面地研究多维空间相贯节点的受力特点，特别是隐蔽焊缝焊接与否对节点承载力的影响。通过试验及其他研究成果，提出了复杂多维相贯节点的承载力计算方法。

2.3 体系与分析

2.3.1 方案对比

1.“桥建合一”承轨层结构

1）承轨层结构缝设置

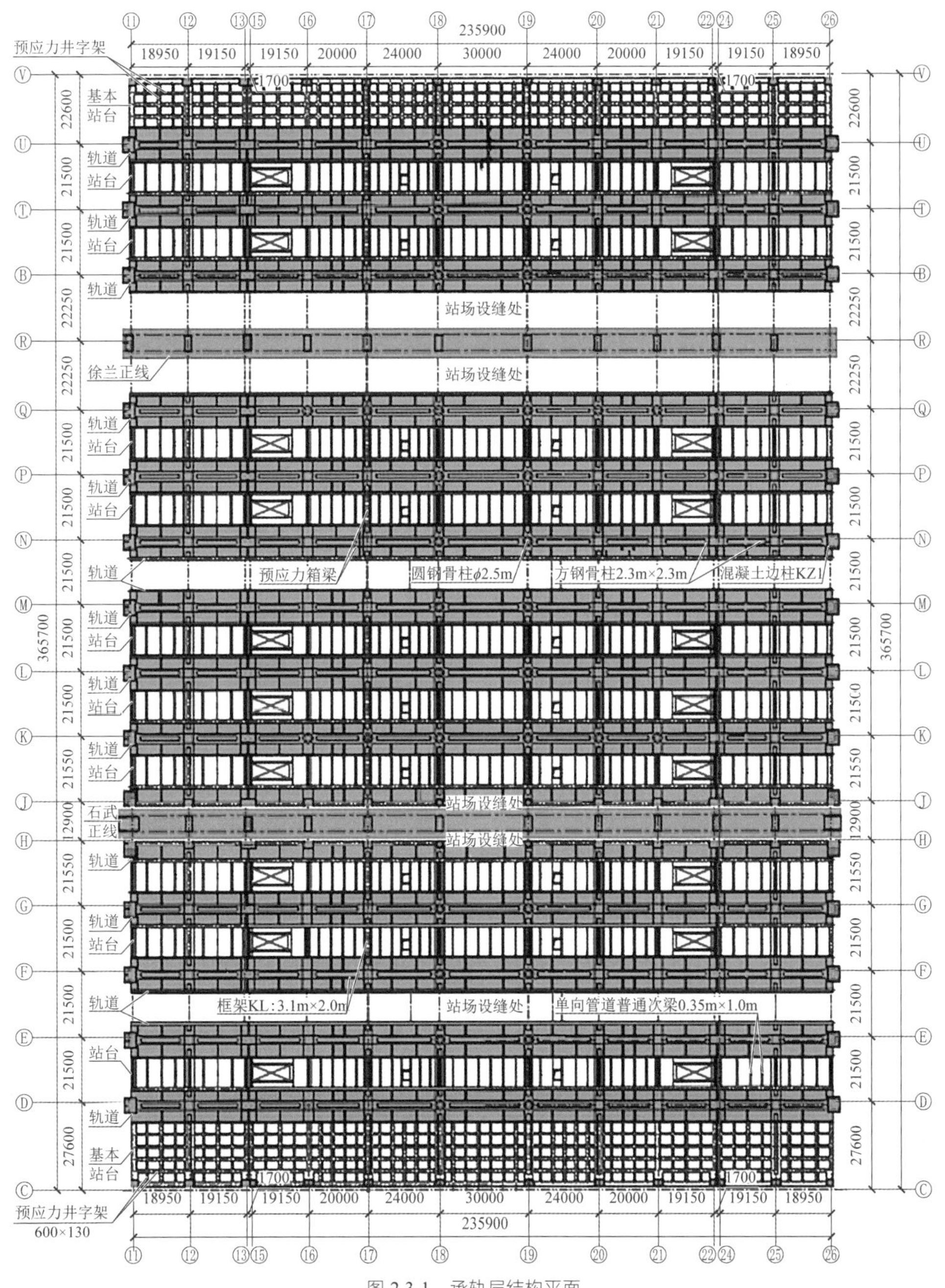

图 2.3-1 承轨层结构平面

承轨层（轴 C—V）的楼面标高为 10.250m，顺轨向柱距为 19.1m + 20m + 24m + 30m + 24m + 20m + 19.1m，垂轨向柱距为 14.8～22m。根据承轨层结构选型和布置、结构侧向变形和抗震要求，在垂轨向设置 4 道防震缝，顺轨向分别在轴 13～15、轴 22～24 之间设 2 道防震缝，如图 2.3-1 所示。承轨层中间区域各结构单元的平面尺寸如下：（1）轴 C—E 区域，54m × 156.3m；（2）轴 F—H 区域，49.65m × 156.3m；（3）轴 J—M 区域，71.15m × 156.3m；（4）轴 N—Q 区域，54.8m × 156.3m；（5）轴 S—V 区域，平面尺寸 70.5m × 156.3m。防震缝（兼变形缝）较大幅度地降低了结构双向温度作用，满足铁路桥梁在最不利荷载作用下，横向位移引起的梁端水平折角不大于 1‰的要求。

2）“桥建合一”承轨层新型结构体系

在郑州东站建设前，“桥建合一”高铁站房承轨层结构一般采用两种类型结构：

（1）“型钢梁（钢骨梁）+ 型钢柱（钢骨柱）框架”，该结构的优点是结构承载力高，抗震性能好；缺点是造价高，施工复杂，梁截面尺寸也偏大；

（2）铁路连续梁桥 + 桥墩结构，该结构主要存在梁构件和桥墩尺寸过大的问题。经初步计算，若郑州东站承轨层采用该结构形式，桥墩最小截面为 2.6m × 5.2m，箱梁截面高度为 2.6m，影响出站层使用性能。

通过反复研究和多次技术咨询和论证，郑州东站承轨层采用国内外首创的“钢骨混凝土柱 + 双向预应力混凝土箱形框架梁 + 现浇混凝土板”结构，该结构有以下特点：

（1）充分利用预应力筋的高强度和预应力箱梁具有抗弯、抗扭和抗剪承载力高的特点，将方便施工与结构受力高度结合，采用钢骨柱与双向预应力箱梁框架结构，如图 2.3-2、图 2.3-3 所示。预应力箱梁为“宽扁箱梁”，框架梁内大部分纵筋（包括预应力筋和非预应力筋）不穿越柱中钢骨，方便施工，确保梁柱节点的施工质量。

图 2.3-2　承轨层轴测模型

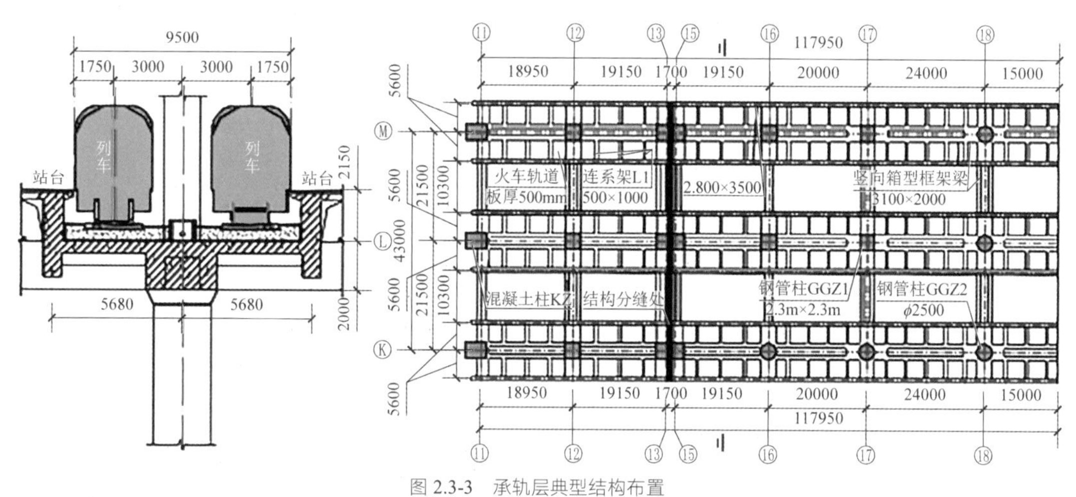

图 2.3-3　承轨层典型结构布置

（2）楼盖梁、柱截面尺寸小：顺轨向柱距为 20m、24m 和 30m，垂直轨道方向柱距为 21.5m，双向框架梁均为 3.1m × 2.0m 预应力箱梁，肋梁截面为 0.8m × 2.0m，如图 2.3-5、图 2.3-6 所示。梁下净空高度（即出站层净空高度）为 6.1m，有效地提高了出站厅层的净空。框架梁在距柱边 3m 的范围内为截面为 3.1m × 2.0m 的矩形梁，以提高框架梁在梁端区域的抗剪、抗弯承载力和结构的抗震性能。

（3）充分利用轨道与站台的高差，沿轨道边设置上翻的预应力混凝土次梁 L2（兼起挡渣作用），梁截面为 0.8m × 3.5m，如图 2.3-4 所示。L2 将站台及部分列车荷载直接传至跨度相对较小的垂轨向框架梁上，减小跨度较大的顺轨向框架梁所承担的竖向荷载，使双向框架梁具有相同的梁高，这是减小承轨层梁高至关重要的一点。

（4）站台采用一层普通混凝土梁板结构，站台混凝土梁支承于梁 L2 上，如图 2.3-3、图 2.3-4 所示。次梁数量少，较大幅度地减小结构自重，不仅降低承轨层结构造价，而且降低了基础造价。

（5）承轨层的框架柱采用钢骨混凝土柱，截面尺寸为 2.3m × 2.3m 或ϕ2.5m，减小了柱在出站层中所占的空间；同时，作为“桥建合一”结构，与承轨层上部高架层的钢管混凝土柱连接直接、方便，传力可靠。

（6）承轨层框架结构楼盖整体刚度较好，有利于水平力的传递和结构抗震。

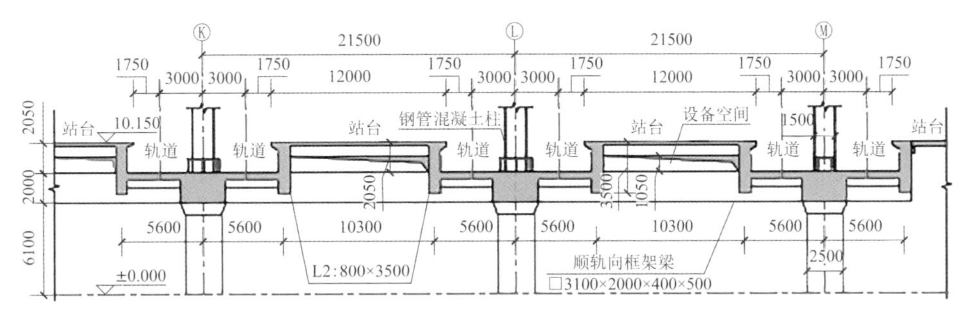

图 2.3-4　承轨层垂轨向典型结构布置

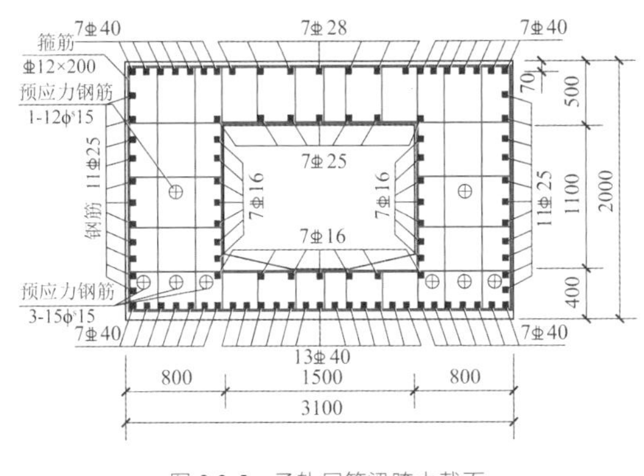

图 2.3-5　承轨层箱梁跨中截面

图 2.3-6　施工中的箱梁

（7）承轨层的经济技术指标在国内同类站房中名列前茅，见表 2.3-1。经施工图检算，与“型钢梁 + 型钢柱”方案相比，该结构体系降低工程造价不小于 20%，郑州东站承轨层降低工程造价达 2 亿元。近年来，该结构已在全国 10 余个大型高铁站房得到应用，节约了大量的工程造价，获得了良好的经济效益和社会效益。

郑州东站站台层结构经济技术指标　　表 2.3-1

梁高/m	柱截面/m	楼盖混凝土折算厚度/m	混凝土用量/m^3	普通钢筋用量/（kg/m^2）	预应力筋用量/（kg/m^2）
2.0	2.3 × 2.3（ϕ2.5）	0.882	71975	184	23

承轨层结构材料：混凝土强度等级为 C50，预应力筋采用f_{ptk} = 1860MPa 的低松弛钢绞线，非预应力筋为 HRB400 的热轧钢筋，钢骨柱内钢骨为 Q345GJC。

2.3.2　结构布置

1. 基础

基础采用钻孔灌注后压浆桩，桥梁结构的桩径为 1000mm 和 1200mm，线侧站房结构的桩径则为 800mm 和 1000mm，桩长 50～70m，桩端持力层为黏土或细砂层。

2．高架层结构

1）高架层候车厅的最大平面尺寸为 475.7m（垂轨向）和 156.3m（顺轨向），为了减小横向温度作用的影响并提高结构的抗震性能，在高架层中 N 轴处设置伸缩缝（兼防震缝）一道，使单元平面尺寸分别为 208.1m × 156.3m 和 267.6m × 156.3m。相应的柱网尺寸（m）：纵向：19.1 + 20 + 24 + 30 + 24 + 20 + 19.1；横向：27.5 × 2 + 27.6 + 21.5 × 3 + 21.55 + 12.9 + 21.55 + 21.5 × 3（西侧）；21.5 × 2 + 44.5 + 21.5 × 2 + 22.6 + 27.5 × 2（东侧）。

根据柱网尺寸、结构抗震性能、设备使用要求并结合施工要求，经过多方案分析、比选和优化，高架层楼盖结构采用“钢管混凝土柱 + 钢桁架 + 钢次梁 + 混凝土板（压型钢板作模板）”结构，楼盖钢桁架上下弦之间的中心距为 2.9m。

2）桁架上下弦杆截面高均为 400mm，钢桁架的净空高度为 2.5m，在桁架下弦平面内布置高架层的设备用房及相应的检修马道，桁架净空满足设备布置的要求。高架层楼盖的结构布置单元见图 2.3-7。

次桁架一般沿长跨方向布置，钢次梁跨度为 6～9m，截面高度为 400mm，连接简单、方便，经济性好。

3）钢桁架构件及节点连接

（1）弦杆采用箱形截面或倒放的 H 形截面，腹杆一般采用 H 形截面或箱形截面，在受力较小处则采用圆钢管，以资节约。弦杆的宽度与腹杆截面高度相同，以便弦杆与腹杆之间采用焊接连接，减小节点用钢量，且内力传递更均匀、可靠。典型楼盖钢桁架见图 2.3-8。该桁架节点连接方式在铁路桥梁设计中较为常见，所不同的是铁路桥梁一般采用高强度螺栓连接。

（2）弦杆采用 H 形或箱形截面，根据多个工程的分析对比和优化，弦杆的平面内高度选用 400～500mm 较经济、合理，优先选用 400mm。该截面高度与钢次梁的截面高度较为匹配。

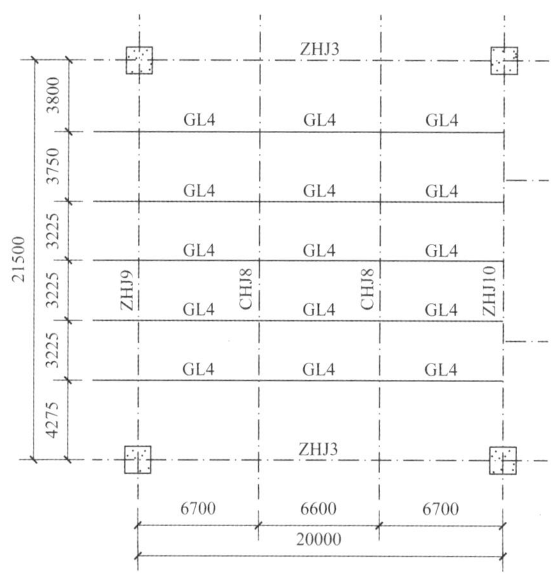

图 2.3-7　高架层典型柱网结构布置

图 2.3-8　施工中的郑州东站高架层钢桁架

4）钢构件材料：圆钢管采用 Q235C；其余均采用 Q345C 或 Q345GJC。根据施工图检算，楼盖结构用钢量为 189kg/m^2（含节点用量），经济指标良好。

3．商业夹层

该层结构楼面标高为 30.050m，布置于站房东、西两侧，每侧楼面呈 U 形布置。最大柱网尺寸为 27.5m（横向）× 78.0m（纵向）。在 78m 跨及其相邻跨区域楼盖采用钢桁架 + 钢次梁结构，根据建筑立面要求，桁架上下弦的中心距为 3.35m，桁架高跨比为 1/23.3；其余楼盖采用实腹钢框架梁 + 钢次梁结构。

4．屋盖结构

屋盖结构平面尺寸为 272.15m（顺轨向）× 510.5m（垂直轨道方向），顺轨向柱距为 40m、78m，垂轨向的柱距为 43～56m。通过结构方案比选，屋盖结构平面布置如图 2.3-9 所示。在轴 M 处设置 200mm 宽的防震缝（兼伸缩缝），将屋盖结构分成东、西两部分。屋盖在 L 轴与 N 轴处各悬挑 21.5m，分缝后屋盖结构在垂轨向的最大尺寸分别为 247m 和 263m，顺轨向为 272m，如图 2.3-11 所示。

整个屋盖由 32 根树形柱和 36 根直柱支撑，如图 2.3-12 所示。根据屋盖柱距、形态、屋盖采光和吊顶设置要求，站房屋盖采用截面为三角形或菱形双向空间管桁架结构，大跨钢管混凝土柱设置分叉钢管支撑与钢管桁架铰接连接，有效地减小了屋盖结构的跨度，提高了屋盖的经济性。

屋盖主桁架支承于钢柱或分叉钢管支撑上，如图 2.3-13 所示。主桁架采用变截面高度，与屋面结构找坡相吻合：沿南北向（也即顺轨向）两侧低屋面处，桁架跨中截面高度为 2.325m，支座处为 3.5m；沿南北向中间高屋面处，桁架截面高度支座处为 2.6m，跨中则为 4m；采光天窗范围内桁架向上折起 2.425m，成为折线形桁架，如图 2.3-10 所示。屋盖次桁架根据建筑采光及结构受力特点，沿双向布置，与主桁架共同形成双向交叉桁架结构体系。

在屋盖中间区域有较大面积的采光窗区域，采用倒三角形钢管桁架，如图 2.3-14 所示；其余非采光区域均设有吊顶，采用正放和倒放三角形管桁架组合结构，以减小吊顶檩条跨度，降低吊顶檩条用钢量。

屋盖结构材料：钢柱均为 Q345C 或 Q345GJC，屋盖钢管直径 203mm 及以上为 Q345C；其余为 Q235C。屋盖主体结构用钢量为 88kg/m^2。

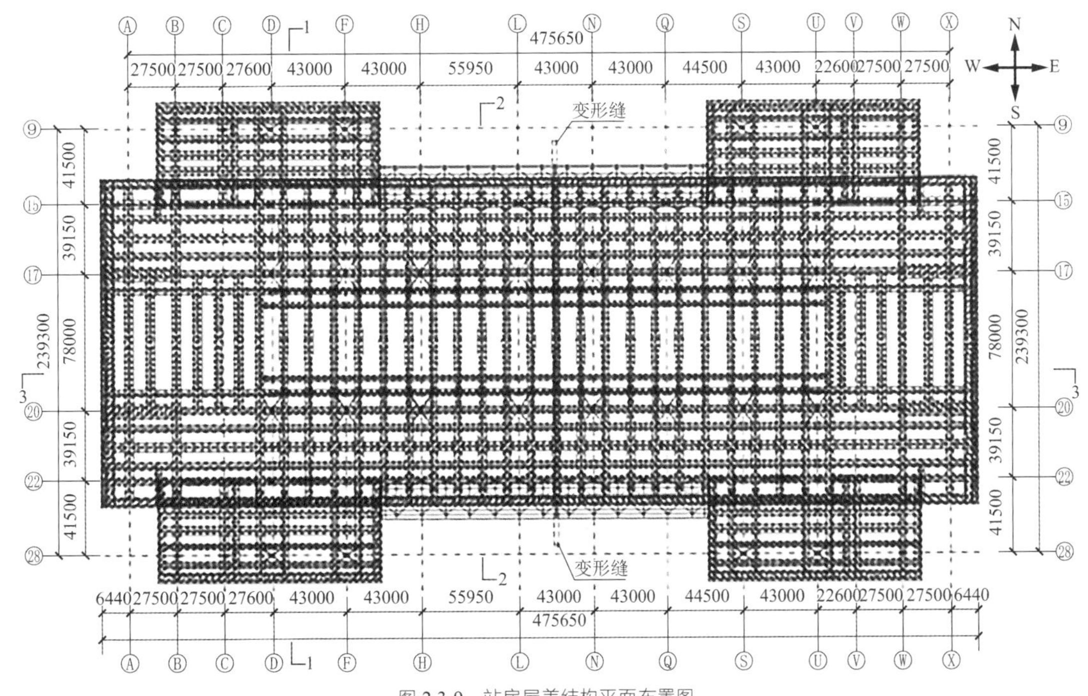

图 2.3-9　站房屋盖结构平面布置图

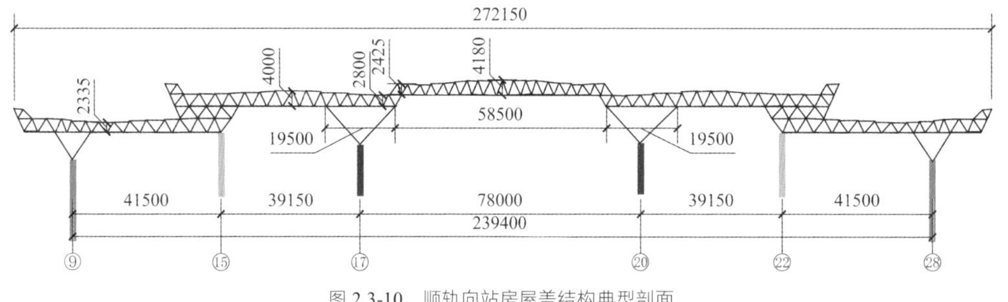

图 2.3-10　顺轨向站房屋盖结构典型剖面

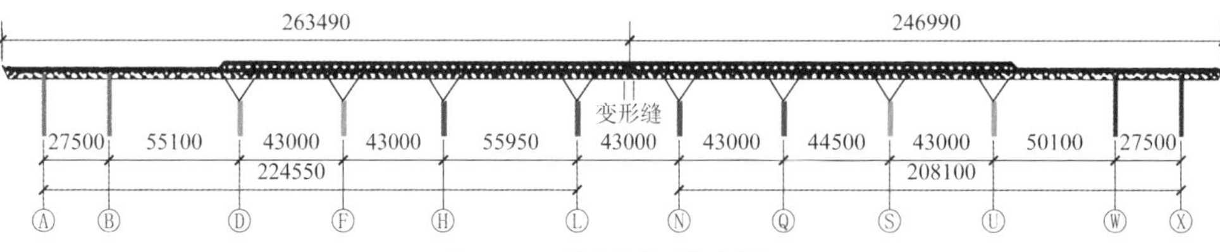

图 2.3-11　站房屋盖垂轨向剖面

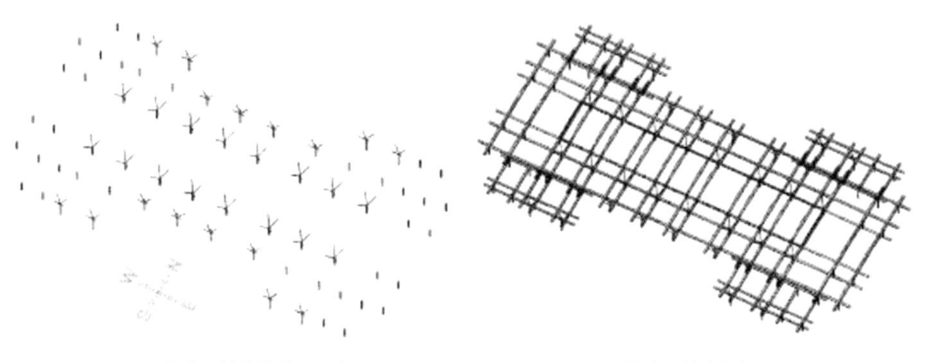

图 2.3-12　站房屋盖结构柱平面布置图　　　图 2.3-13　站房屋盖主桁架平面布置图

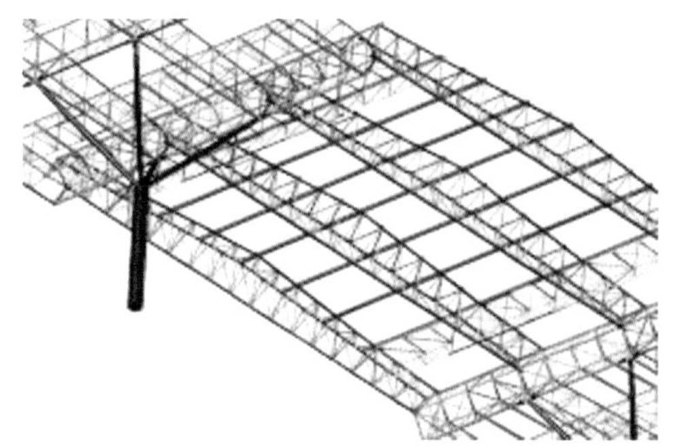

图 2.3-14　站房屋盖 78m 跨采光区域结构布置

2.3.3　主站房结构抗震性能化设计

1．抗震性能目标

综合考虑站房结构的重要性、结构布置的规则性，站房整体结构抗震性能目标为 C 级，其中大震（罕遇地震）下满足《抗规》性能水准 3 要求：

1）层间位移角限值：钢筋混凝土框架：1/138；钢框架：1/62.5。

2）结构构件承载力：

（1）承轨层钢筋混凝土柱及钢骨混凝土柱、框架梁大震不屈服；

（2）承轨层以上的钢管混凝土柱和钢框架桁架大震不屈服，部分钢框架梁大震屈服，抗剪不屈服；

（3）屋盖钢管桁架构件：大震作用下允许部分钢管桁架弦杆发生屈服，但应控制进入塑性形成塑性铰的构件数量，不允许局部集中出现大量塑性铰；斜腹杆不屈服。

2．大震（罕遇地震）弹塑性时程分析主要结果

根据中国地震局地球物理勘探中心与郑州基础工程勘察研究院提供的《郑州东站站房工程场地地震安全性评价工作报告》及《抗规》确定地震动参数，采用 ANSYS12.0 对郑州东站结构进行大震弹塑性时程分析。分析中考虑材料非线性和几何非线性，混凝土采用弹塑性多线性等向强化模型；钢材采用双线性随动强化模型。

大震弹塑性时程分析的主要结论如下：

1）结构整体变形指标：楼层最大层间位移角为 1/122，位于屋盖层的顺轨向，小于 1/62.5（钢框架）；承轨层框架最大层间位移角为 1/222 < 1/138（混凝土框架），满足抗震性能目标要求。

2）屋盖钢管桁架大部分构件仍处于弹性状态，仅少量屈服；楼盖中大部分钢框架梁、钢框架桁架大震不屈服；承轨层及以下的钢筋混凝土梁均不屈服（这与小震下地震作用乘以放大系数 1.4 有一定关系）；所有结构柱大震不屈服。

3）站房结构满足抗震性能目标，结构具有良好的抗震性能。

2.3.4 结构分析

1．分析模型

作为“桥建合一”结构，将主站房桥梁结构和站房结构整体建模进行分析，为了更准确地模拟基础的约束作用，采用 m 法，考虑桩-土的共同作用。

2．分析软件

1）整体结构分析计算采用 SAP2000（version11）程序及 MIDAS-Gen（version7.12）程序。

2）承轨层桥梁结构采用 Midas Civil 2006 V7.41 版本中的铁路桥梁模块进行设计，以确保构件设计与铁路桥梁标准相吻合。

3）采用软件 ANSYS 进行以下分析：

（1）车致和人行活动致振动力的相应分析；

（2）钢结构节点如销轴和铸钢节点的应力分析。

3．主要控制荷载组合

1）钢管混凝土柱

1.2D + 0.6L + 1.3EX + 0.5EZ + 0.84T+；1.2D + 0.6L + 1.3EY + 0.5EZ + 0.84T +；1.2D + 0.6L + 1.3EX + 0.5EZ + 0.28W02 + 0.84T−； 1.2D + 0.6L + 1.3EY + 0.5EZ + 0.28W03 + 0.84T

2）屋盖桁架结构

1.2D + 1.4L + 0.84T−；1.35D + 0.98L + 0.84W03；1.35D + 0.98L；1.2D + 1.4L；1.2D + 1.4L + 0.84W03 + 0.84T−。

其中 D 为恒荷载，L 为活荷载，EX、EY 和 EZ 分别为X向、Y向和Z向的地震作用，W 为风荷载，T+和 T−分别为正温差和负温差。

4．抗震计算

1）地震作用

主站房在多遇地震作用下进行抗震计算时，承轨层以上的站房结构按 7 度（0.15g）进行计算；承轨层结构按重要桥梁结构加以考虑，根据桥梁抗震规范的规定，在多遇地震作用下，地震作用乘以重要性系数 1.4。主站房结构中，承轨层以上基本为钢结构，阻尼比为 0.02；承轨层框架结构主要为预应力混凝

土结构，阻尼比为 0.03。抗震计算时，按楼层结构分别选用不同的阻尼比。

2）抗震措施

承轨层预应力钢筋混凝土框架结构的抗震等级为一级；站房钢框架抗震等级为二级。

3）主站房多遇地震作用下计算结果

主站房在多遇地震作用下的计算结果见表 2.3-2 和表 2.3-3，其中顺轨向为X方向，垂轨向为Y方向。

地震作用下主站房侧向变形　　表 2.3-2

楼层	最大弹性层间位移角		最大位移与层平均位移比	最大层间位移与平均层间位移比
站台层（标高 10.250m）	X方向	1/7600	1.13	1.31
	Y方向	1/7350	1.35	1.12
高架层（标高 20.250m）	X方向	1/2450	1.31	1.37
	Y方向	1/2405	1.15	1.35
屋面	X方向	1/482	1.26	1.32
	Y方向	1/443	1.34	1.25

主站房基底剪力系数　　表 2.3-3

	剪力		重力荷载代表值	剪力系数
基底处	X方向	272815kN	6499894kN	0.042
	Y方向	316775kN	6499894kN	0.049

4）主站房主要位移计算结果

主站房楼盖结构的竖向挠度见表 2.3-4。

高架层及屋盖结构竖向挠度　　表 2.3-4

位置	活荷载挠度（挠跨比）	规范限值	恒＋活荷载挠度（挠跨比）	规范限值
高架层 43.05m 跨	26mm（1/1650）	1/500	63mm（1/683）	1/400
屋 78m 跨	55mm（1/1418）	1/500	192mm（1/406）	1/400
屋盖悬挑 21.3m	27mm（1/1517）	1/500	74mm（1/575）	1/400

上述计算结果均满足规范的要求。

2.4 专项设计

2.4.1 “桥建合一”承轨层新型结构设计

1. 承轨层结构设计原则和方法

承轨层在使用功能上为铁路桥梁结构，同时又作为站房结构的一部分，属于建筑结构。承轨层结构在设计上，需同时满足铁路桥梁和建筑结构相关标准的规定。铁路桥梁标准与建筑结构标准的主要不同点体现在：

1）桥梁结构的设计基准期和设计使用年限均为 100 年，而建筑结构则均为 50 年，荷载取值、工况、组合不同，材料强度取值也有一定的差异。

2）铁路桥梁结构采用允许应力法进行设计，而建筑结构则采用极限状态法进行设计。

3）铁路桥梁要考虑动荷载引起的结构疲劳问题，而建筑结构则基本不考虑疲劳问题。

4）铁路桥梁结构安全度要高于建筑结构，根据《铁路桥涵钢筋混凝土和预应力混凝土结构设计规范》TB 10002.3—2005，构件截面强度的安全系数和构件的抗裂系数如表 2.4-1 所示。

按铁路规范确定的设计安全系数　　表 2.4-1

检算项目			控制条件
设计安全系数	强度安全系数	运营荷载下	$K_{主} \geqslant 2.2$
		安装荷载下	$K_{主+附} \geqslant 1.98$
	抗裂安全系数	运营荷载下	$K_{主} \geqslant 1.2$；$K_{主+附} \geqslant 1.2$
		安装荷载下	$K_{主+附} \geqslant 1.1$

通过分析与比较，承轨层结构按铁路桥梁相关标准进行设计时满足建筑结构相关标准的要求。

2．承轨层结构主要荷载

1）恒荷载（主力）：结构自重及附加设备重；混凝土收缩与徐变作用；基础变位作用；预应力荷载。

（1）混凝土收缩与徐变作用，鉴于结构设置施工后浇带，按分段灌注考虑，相当于降温 10℃；

（2）基础变位根据桩基变形情况，按相邻柱差异变形 5mm 计。

2）活荷载（主力）：竖向静活荷载；列车竖向动力作用；长钢轨纵向水平力；横向摇摆力；站台层人群荷载。

（1）竖向静活荷载：采用 ZK 活荷载，到发线的每个车场最多考虑一对列车进站、出站，即每个车场考虑两线动载，其余按照有无静活荷载作用进行最不利荷载组合。

（2）伸缩力：纵向阻力取 70N/cm；挠曲力：轨面无载时，纵向阻力取 70N/cm；轨面有载时，机车下纵向阻力取 110N/cm。

（3）横向摇摆力取 100kN，作为一个集中荷载取最不利位置，以水平方向垂直线路中心线作用于钢轨顶面。

（4）承轨层人群荷载 5kN/m^2（基本站台则按消防车荷载考虑）。

3）附加力：制动力或牵引力；风荷载；温度作用。

（1）制动力或牵引力：按列车竖向静荷载的 10%计。

（2）风荷载：考虑列车运行风荷载对桥梁结构的影响。

（3）温度作用：郑州地区一月份平均气温为−2℃，七月份平均气温 26℃，考虑合拢温度为 10～22℃，整体升降温分别为+20℃和−24℃，由于结构基本处于室内环境，不均匀温度不予考虑。

4）特殊荷载：地震作用；长钢轨断轨力（110N/cm）；消防荷载。

3．荷载组合

荷载组合按桥梁规范执行，采用桥上无缝线路纵向力组合原则：

1）同一根钢轨的伸缩力、挠曲力、断轨力相互独立，不作叠加；

2）伸缩力、挠曲力、断轨力不与同线的离心力、牵引力或制动力等组合；

3）伸缩力、挠曲力按主力考虑，断轨力按特殊荷载考虑；

4）主要荷载组合：（1）恒荷载＋人群；（2）恒荷载＋静活荷载；（3）恒荷载＋动活荷载；（4）恒荷载＋人群＋动活荷载；（5）恒荷载＋人群＋长钢轨力；（6）恒荷载＋静活荷载＋长钢轨力；（7）恒荷载＋动活荷载＋长钢轨力；（8）恒荷载＋静活荷载＋人群＋长钢轨力；（9）恒荷载＋动活荷载＋人群＋长钢轨力；（10）恒荷载＋动活荷载＋附加力（风、温度等）；（11）恒荷载＋动活荷载＋长钢轨力＋附加力；（12）恒荷载＋静活荷载＋地震；（13）恒荷载＋静活荷载＋人群＋地震；（14）恒荷载＋动活荷载＋地震；（15）恒荷载＋动活荷载＋人群＋地震。组合系数及分项系数均为 1.0。

设计控制工况为：恒荷载＋动活荷载＋人群＋降温。

4. 主要计算结果

1）站房采用整体结构模型，无地震工况组合的承轨层结构主要计算结果如表 2.4-2 所示。

承轨层桥梁结构主要计算结果　　表 2.4-2

	最大竖向挠度/mm		最大竖向挠跨比		最大水平挠度/mm		最大水平挠跨比	
	L = 24m	L = 30m	L = 24m	L = 30m	L = 24m	L = 30m	L = 24m	L = 30m
计算值	10.3	16.2	1/2330	1/1852	1.8	2.4	1/13333	1/12500
规范限值	13.3	20	1/1800	1/1500	6	7.5	1/4000	1/4000

注：表 2.4-2 所示为位移包络值。

柱顶顺桥向最大弹性水平位移为 14mm < 27.4mm（规范限值），计算结果均满足桥规的要求。

2）大震弹塑性时程分析表明：大震作用下承轨层X、Y向最大层间位移角分别为 1/232、1/222，均小于 1/138，大震下承轨层框架梁、柱均不屈服。

5. 承轨层超长无缝结构温度作用分析、设计

1）郑州东站站房为无地下室的全高架站房，基础采用钻孔灌注后压浆桩。结构分析计算时，嵌固端为基础面。承轨层最大结构单元的平面尺寸为 156.3m × 71.15m，承轨层为刚度较大的预应力混凝土框架结构，同时又作为站房首层结构，温度作用对承轨层结构的影响较大。

2）温度作用及取值：

如前所述，承轨层结构的整体升、降温分别为+16℃和−24℃，温度作用分项系数为 1.4，基本组合系数取 0.7；与地震作用组合时，组合系数则为 0.4。

3）基础弹性嵌固：

对比分析计算表明：若按基础面完全嵌固考虑，大部分承轨层框架结构中产生较大的温度内力，计算结果不合理、结构也不经济。根据《建筑桩基技术规范》JGJ 94—2008 的规定，考虑桩-土共同作用，将桩、承台一同建进整体模型，在桩底嵌固并采用 m 法，考虑土对桩基的约束作用。

4）基础弹性嵌固对温度作用的影响：

按上部结构在基础完全嵌固和考虑桩土共同作用的弹性约束，分别计算降温 24℃时的承轨层框架结构，计算结果表明：与基础完全嵌固相比，考虑桩土共同作用时，温度作用下柱底弯矩和剪力最大可分别减少 37%和 76%，较大幅度地降低基础及承轨层的工程造价。

5）郑州东站 10 年的运营，包括 3 年的承轨层结构健康监测均表明：承轨层结构在温度作用下结构变形基本符合考虑桩土共同作用的基础弹性约束分析计算结果，结构安全、可靠。说明采用该计算模型分析结构温度作用可行、安全。

2.4.2 大跨度三向网格腹杆与钢桁架弦杆组成的跨层桁架结构

1. 楼盖竖向振动舒适度

如前所述，根据建筑立面要求，商业夹层在站房东西向立面处柱距为 78m 的楼盖钢桁架上下弦的中心距为 3.35m，桁架高跨比为 1/23.3，竖向刚度较小，同时受荷面积又很大，见图 2.4-1。计算表明，楼盖竖向振动舒适度不满足设计要求。

2．柱距为 27.5m（横向）× 78.0m（纵向）楼盖结构布置

（1）按间距为 5.5m 左右，布置跨度为 78m 的楼盖钢桁架，支承于 27.5m 跨的框架桁架上并延伸至相邻短跨（跨度为 39.15m），提高楼盖的竖向刚度，如图 2.4-1 所示。

（2）为提高轴 A（X）处 78m 跨框架桁架的承载力和结构竖向刚度，根据宽扁梁的受力特性，加大该轴处与柱相连的两榀 78m 跨框架桁架（桁架水平间距为 3.25m）的构件截面，并通过刚系杆和桁架间的垂直支撑将该两榀桁架相连，形成刚度较大的空间钢桁架结构。

（3）鉴于在轴 18、轴 19 交轴 B（W）处有落地的柱，在轴 18、轴 19 处设置两榀跨度为 27.5m 的横向主桁架（ZHJ-9），将部分楼盖荷载传至轴 A（X）处的空间钢桁架和轴 18、19 交轴 B（W）处的柱上，有利于提高楼盖竖向刚度。ZHJ-9 在 A（X）空间桁架外水平分叉，以便与边桁架（BHJ-1）相连，如图 2.4-1 所示。

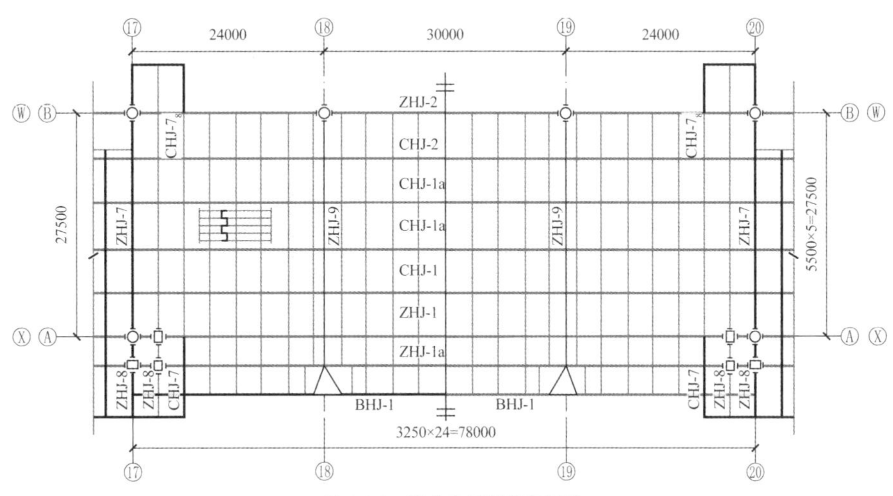

图 2.4-1　商业夹层楼盖布置图

3．沿竖向（高度）方向设置外倾跨层钢桁架

为了使夹层 78m 跨楼盖的竖向振动舒适度满足设计要求，利用建筑立面布置特点，将立面幕墙的三向网格结构作为腹杆，高架层夹层楼面钢桁架（即图 2.4-1 中的 BHJ-1）和屋盖钢管桁架分别作为下弦和上弦，形成跨层桁架，立面如图 2.4-2 所示。跨层桁架构件布置及截面形态、尺寸与建筑形态一致。这样，一方面解决了夹层 78m 跨钢桁架楼盖的竖向舒适度问题；另一方面，使幕墙支承结构与主体结构合二为一，节约用钢量，结构与建筑形态高度统一。

跨层桁架结构布置特点如下：

（1）根据建筑幕墙布置要求，78m 跨层钢桁架两端支座处无斜腹杆，见图 2.4-2。为此，根据空腹桁架的受力原理，将端部无斜腹杆部位的下弦（即弦杆之间中心距为 3.35m 的桁架），通过设置腹板，变成高为 3.75m 的目字形实腹截面，见图 2.4-2 涂灰构件，以提高下弦杆的抗剪和抗弯能力。

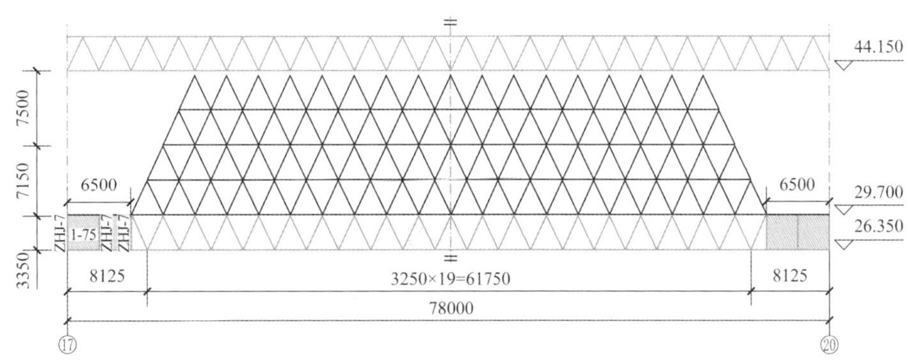

图 2.4-2　跨层桁架立面图

（2）78m 跨层桁架的两端上、下弦分别与横向框架桁架的悬挑端相连，横向框架桁架的跨度分别为：下弦杆处：27.5m（单跨）+ 6.5m（悬挑）；上弦杆处：27.5m（单跨）+ 14m（悬挑）。为提高悬挑桁架的承载力并减小跨层桁架支座处的变形，在下弦标高处横向框架桁架的悬挑段及单跨桁架与柱连接区域的几个节间处，同样采用高为 3.75m 的目字形实腹截面。由于上下弦处横向桁架悬挑长度及刚度相差较大，跨层桁架的端部剪力大部分由下弦标高处的横向桁架承担。跨层桁架及夹层楼盖桁架线实体模型如图 2.4-3 所示。

（3）跨层桁架平面向外倾斜角约为 25°，桁架平面外受恒荷载、风荷载和地震作用，受力较大，屋盖及楼盖桁架结构作为其面外受力结构的支座，确保传力直接、可靠，如图 2.4-4 所示。

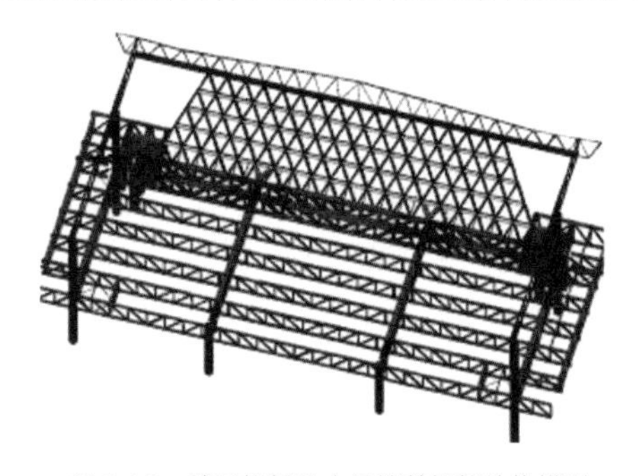

图 2.4-3　跨层桁架及夹层楼盖桁架结构模型

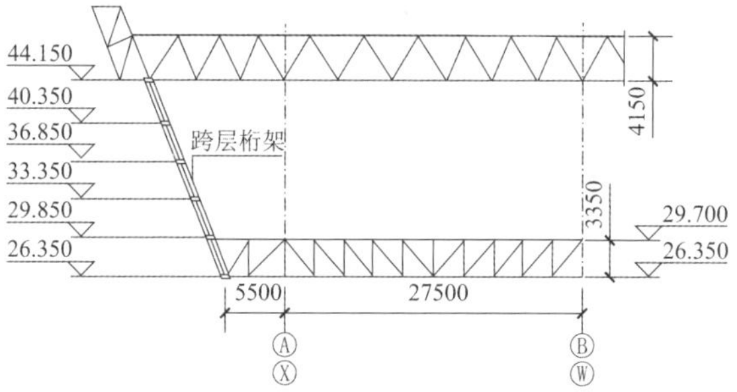

图 2.4-4　跨层桁架横剖面图

（4）跨层桁架腹杆在重力分力和风荷载作用下的挠跨比 ≤ 1/400，确保玻璃幕墙的安全。

（5）跨层桁架上下弦之间三向网格结构中的构件均采用类似菱形截面，如图 2.4-5、图 2.4-6 所示，杆件用钢板焊接而成。采用该截面形式，一方面是由于跨层桁架向外倾斜，需要提高平面外强度和刚度以满足幕墙承载力的要求；另一方面是作为外露结构，需满足建筑外形的要求，达到“结构即建筑”的目标。

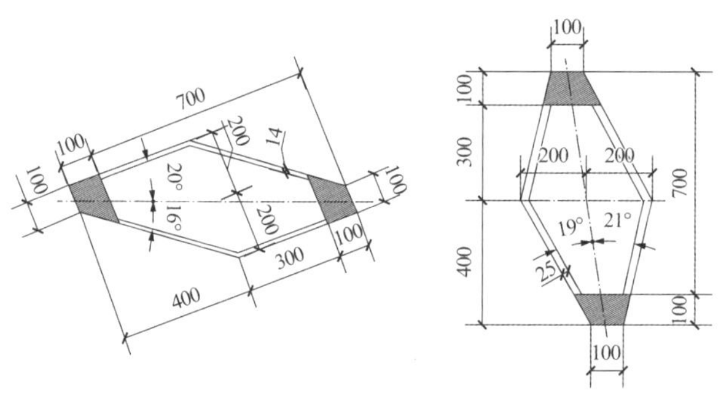

图 2.4-5　三向网格水平腹杆　　图 2.4-6　三向网格斜腹杆

（6）为确保跨层结构安全，在结构设计时，分别按考虑跨层桁架共同作用和不考虑共同作用进行分析、计算，包络设计。

建成后的幕墙结构如图 2.4-7 所示。

图 2.4-7　郑州东站东、西立面幕墙

2.4.3 “桥建合一”大跨度钢结构楼盖竖向振动舒适度分析与研究

1. 理论分析

作为“桥建合一”站房结构，武汉理工大学谢伟平教授团队采用通用有限元程序 ANSYS 对列车以 80km/h 通过站房到发线和候车厅层人员活动（主要是人群集体起立和集体移动）等荷载工况作用下的站房结构动力响应进行分析，得到各楼层（高架候车厅层、商业夹层和承轨层）上各测点的竖向位移、加速度和速度时程曲线，初步确定各层楼盖竖向舒适度是否满足要求。

（1）根据恒载 + 人群活载（高架候车厅及站台层）+ 不同车道上的列车荷载的组合，采用 9 种荷载工况对站台层、高架候车厅层和商业夹层的大跨度楼盖竖向振动加速度进行分析。

（2）竖向振动舒适度采用竖向加速度峰值作为评价指标：候车厅和商业夹层限值为 $0.15m/s^2$，承轨层限值为 $0.50m/s^2$，经分析，控制工况如下：

工况一：结构自重及附加设备重、承轨层和候车厅人群荷载 + 19、20、21、22 股道承受移动（列车速度 80km/h）的列车荷载；

工况二：结构自重及附加设备重、承轨层和候车厅人群荷载 + 19、20、27、28 股道承受移动（列车速度 80km/h）的列车荷载。

上述两工况下楼盖竖向加速度峰值计算结果如表 2.4-3 所示。

各层楼盖竖向速度峰值汇总表　　表 2.4-3

荷载工况	站台层/（m/s^2）	候车层/（m/s^2）	商业夹层/（m/s^2）
工况一	0.0902	−0.0454	−0.0098
工况二	−0.0958	0.0449	0.0268

计算结果均小于评价指标，初步判定楼盖竖向舒适度满足设计要求。

2. 人行荷载和列车荷载作用下楼盖竖向振动的实测结果

由于人行荷载具有低频、窄带分布的特点（正常行走时人的步频约在 1.6～2.4Hz，跑步时频率在 3.0Hz 左右），考虑人行荷载前几阶主要频率对结构的振动贡献，对站房各层大跨度楼盖在人行荷载和列车荷载作用下的竖向振动进行现场测试，测试结果在 0.1～20Hz 频带内进行滤波处理。人行荷载和列车荷载作用下楼层竖向振动峰值加速度检测结果分别如表 2.4-4 和表 2.4-5 所示。

装修前后各楼板的人致振动峰值加速度　　表 2.4-4

测试阶段	楼板编号	楼板竖向基频/Hz	人致振动工况	楼板竖向峰值加速度/gal
装修前	D1（商业夹层）	4.58	9 × 2 人散步行走	3.74～5.60
			9 × 2 人齐步行走	5.12～7.69
			9 × 2 人跑步走	14.12～19.43
	B4（高架层）	3.72	4 × 2 人散步行走	1.14～1.31
			4 × 2 人齐步行走	1.28～1.49
			4 × 2 人跑步走	3.43～6.33
装修后	D1（商业夹层）	3.63	5 × 2 人散步行走	2.50～2.93
			5 × 2 人跑步走	12.86～13.84
	C1（商业夹层）	—	5 × 2 人散步行走	3.20
			5 × 2 人跑步走	8.66～0.06
	B4（高架层）	3.21	3 × 2 人散步行走	2.13～3.24
			3 × 2 人跑步走	10.23～10.84
	A4（高架层）	4.43	3 × 2 人散步行走	5.68～5.86
			3 × 2 人跑步走	11.30～13.46

注：楼板竖向峰值加速度为同一工况下各组次所有测点中的最大值。

站房结构各区域的车致振动峰值加速度 表 2.4-5

测试区域	测点位置	测点对应轴线	工况（列车运行轴线）	峰值加速度/gal		
				竖向	垂轨水平向	顺轨水平向
商业夹层	D1 区楼板	17-20/W-X 轴	9 车道（H 轴）列车到/发	1.80	—	—
	C1 区楼板	17-20/A-B 轴	9 车道（H 轴）列车到/发	2.19	—	—
候车层	A4 区楼板	18-19/E-F 轴	14 车道（K 轴）列车到/发	4.76	—	—
			6 车道（F 轴）列车到/发	14.44	—	—
	A5 区楼板	16-17/M-N 轴	—	2.96	—	—
	B4 区楼板	18-19/Q-S 轴	14 车道（K 轴）列车到/发	3.08	—	—
站台层	7 站台	7 站台（G 轴）	7 车道（G 轴）列车到/发	8.76	7.32	4.30
	14 站台	14 站台（K 轴）	14 车道（K 轴）列车到/发	10.74	10.47	-
			13 车道（K 轴）列车到/发	4.46	6.53	2.59
地面层	K 轴柱底	K 轴	13 车道（K 轴）列车到/发	2.65	3.96	3.33
	L 轴柱底	L 轴	15 车道（L 轴）列车到/发	2.10	3.87	2.96
	19 轴柱底	H、J、K 轴	13 车道（K 轴）列车到/发	1.37	1.62	—
	19 轴柱底	H、J、K 轴	12 车道（J 轴）列车到/发	1.58	1.77	—

注：本表检测结果均为装修后站房结构各区域的车致振动测试结果。

实测结果表明：人行荷载和列车荷载作用下，装修后楼盖结构竖向振动舒适度均满足相关标准的要求。

3．楼盖结构人致振动和车行振动的特点

1）人致振动

（1）人员散步行走时，候车层和商业层楼板的振动响应均较小。

（2）人群跑步情况下，楼板的振动响应相比于步行前进显著增大，体现了显著的局部振动和强迫振动特点。楼板振动响应主要取决于跑步前进步频、人群规模以及测点与人行激励作用位置的距离。

（3）对于同一楼板、同一工况下，试验对象活动方式的差异对楼盖振动有一定的影响，但总体比较稳定。

（4）楼板的人致振动响应与人群规模、人员的活动方式（行走、跑步行进）等因素有关。与散步行走激励相比，相同规模的人流跑步前进时楼板的竖向振动响应显著增加。跑步前进时，楼板表现出明显的强迫振动特点。

（5）装修后楼板的自振频率略有降低，同一工况下（人员规模、运动方式类似）楼板的人致振动响应有所增加，表明结构的人致振动响应与楼板自振频率关系密切。同一工况下，楼板的竖向振动基频越接近步频，振动响应越剧烈。

（6）同一工况下，楼板的人致振动响应比较接近。这进一步说明，对于给定的人员规模和人员活动方式，楼板的竖向振动响应主要取决于结构自振频率。

2）车致振动

（1）对于商业夹层，列车到/发时测试区域的楼板车致振动响应较小，其量值与环境振动量值相当，主要原因是由于测试条件所限（列车试运行期间，并非所有轴线均有列车开通），列车运行轴线远离测试区域。

（2）对于高架候车层，列车到/发时测试区域楼板的最大竖向加速度为 14.44gal，小于规范规定的限值（15gal）。当列车运行轴线远离楼板所在区域时，楼板的竖向振动幅值迅速衰减。如 A4 板的最大竖向振动加速度由 14.44gal（列车在楼板正下方运行）降低至 4.76gal（列车在楼板区域以外运行）。

（3）对于站台层，列车到/发时站台面的竖向振动加速度峰值为10.74gal，垂轨水平向振动加速度峰值为10.47gal。且列车到/发时站台层的顺轨水平向振动加速度小于其他两个方向的加速度分量。随着振源距离的增加，振动幅值衰减很快。

（4）对于地面层，列车到/发时柱底的振动量值相对较小，其竖向最大振动加速度为2.65gal，垂轨水平向最大振动加速度为3.96gal，顺轨水平向最大振动加速度为3.33gal。各工况下的测试结果均表明，列车到/发时柱底的垂轨水平向加速度最大，顺轨水平向加速度次之，竖向加速度最小。随着振源距离的增加，振动幅值迅速衰减。

2.5 试验研究

2.5.1 屋盖空间桁架复杂相贯节点试验研究

1. 节点形式

郑州东站屋盖管桁架腹杆与弦杆之间主要采用相贯焊接连接，节点形式多样、复杂，部分节点存在插板和隐蔽焊缝焊接与否的问题。为此，在屋盖结构中选择以下代表性的五类节点形式进行节点试验，如图2.5-1所示。节点试验研究由同济大学赵宪忠教授的团队完成，以下内容来自相应的试验研究报告。

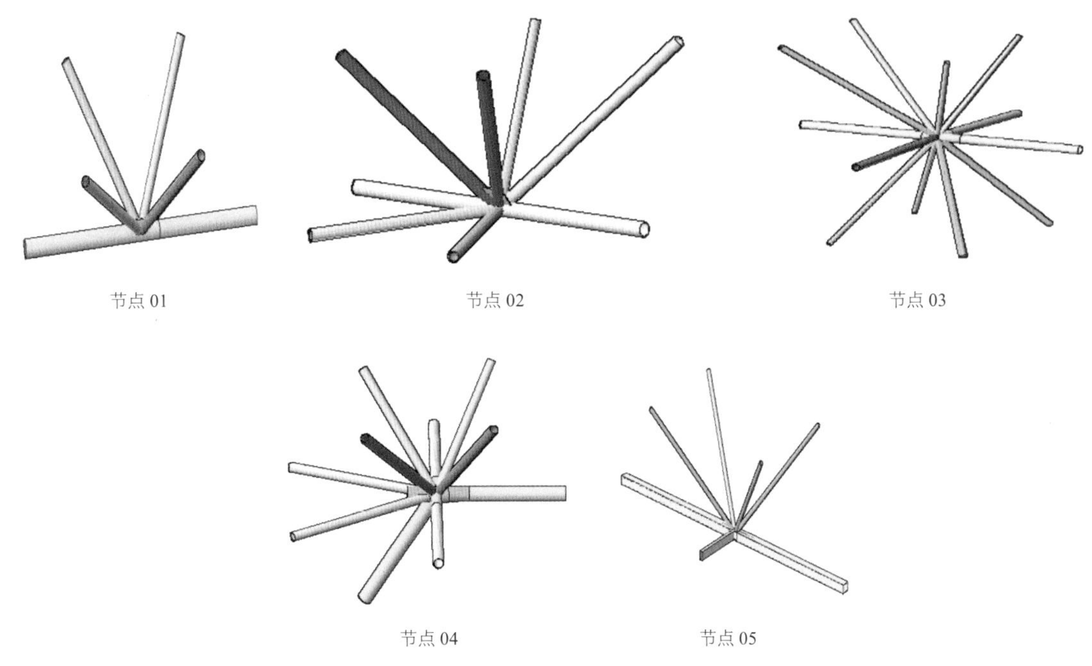

图2.5-1 五类节点形式示意图

节点01：空间KK型节点，加节点板，隐蔽焊缝焊接。

节点02：空间KKK型节点，加节点板，中间面层的腹杆中插入节点板并与主管焊接，隐蔽焊缝焊接。

节点03：多维复杂空间节点，中间面加插板，隐蔽焊缝焊接。

节点04：多维复杂空间节点，主管中设置横隔板，次桁架弦杆中加插板，隐蔽焊缝焊接。

节点05：主方支圆节点，节点附近主管加厚，设置横隔板。

节点试验中模型比例为1：1（足尺），材料与原节点一致。

2. 节点有限元分析

有限元分析采用ABAQUS6.11，单元为S4R三维薄壳单元，材料强度采用试验中实际节点管材的实测材料数据，遵循von Mises屈服准则及随动强化流动法则，分析中考虑结构的几何非线性。

3. 节点试验结果及与有限元分析结果的对比

试验结果及与有限元分析结果对比见表2.5-1。

部分节点有限元分析及试验结果 表2.5-1

节点号	极限承载力/设计荷载	节点破坏形式	有限元分析结果与试验结果对比
节点01	2.6（3.1）	受拉腹杆在焊缝热影响区断裂	节点塑性发展与试验吻合良好，在同一级荷载下发生拐点，有限元未考虑焊缝的热影响，试验值低于有限元分析结果
节点02	2.7（2.5）	三根应力较高的主要腹杆（2根压杆、1根拉杆）屈服	有限元计算结果与试验发展趋势相似，在同一级荷载下发生拐点，有限元计算结果与试验结果吻合，插板最后部分屈服
节点03	3.0（3.9）	节点试验未有杆件进入全截面屈服	有限元计算结果与试验发展趋势相似，有限元分析中，加载至3.9倍设计荷载时，部分腹杆和弦杆全截面屈服，节点失效
节点04	2.7（3.4）	加载至2.7倍设计荷载时，滑动支座套筒顺坏，试验结束	有限元计算结果与试验发展趋势相似，有限元分析中，加载至3.4倍设计荷载时，节点失效
节点05	2.8（3.4）	应力最高的腹杆（FG2）全截面屈服，其余杆件处于弹性	有限元计算结果与试验发展趋势相似，在同一级荷载下发生拐点，有限元计算结果与试验结果吻合，插板最后部分屈服

注：括号内为有限元分析结果

所有节点有限元分析及节点试验中，节点或杆件的屈服顺序均有以下规律：节点三集点首先屈服，而后节点区域塑性区扩展和加大；应力大的腹杆在靠近节点三集点处开始屈服；弦杆上屈服区域向两边扩展，腹杆全截面屈服，插板部分屈服。节点承载力满足规范及设计要求。

2.5.2 空间KK型节点承载力试验研究

1. 空间KK型节点形式

根据节点腹杆搭接情况的不同，空间KK型搭接节点可分为4种，见表2.5-2。其中，K型平面是指组成空间KK型节点的单K平面，如图2.5-2所示。

节点形式 表2.5-2

编号	节点腹杆搭接情况	简称
a	K型平面内平面外腹杆均不搭接	KK-Gap
b	K型平面内不搭接平面外搭接	KK-OPOv
c	K型平面内搭接平面外不搭接	KK-IPOv
d	K型平面内平面外腹杆均搭接	KK-Ov

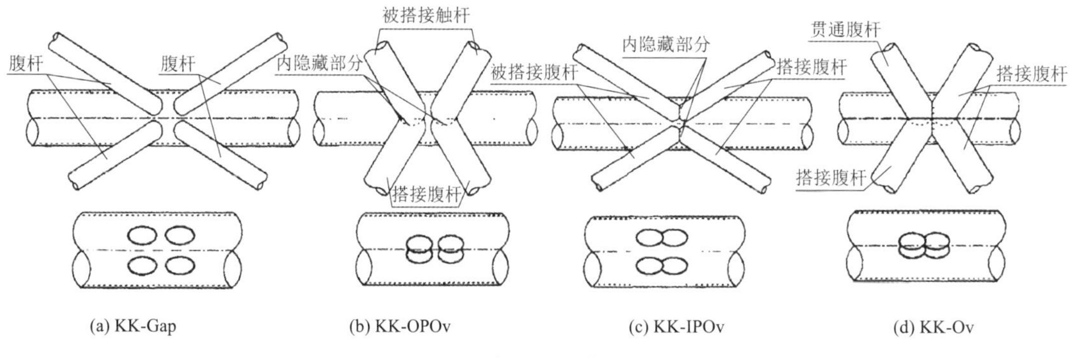

图2.5-2 空间KK型节点分类

空间 KK 型节点的破坏模式共有 5 种，见表 2.5-3。

空间 KK 型节点的破坏模式　　表 2.5-3

编号	破坏模式	简称
1	弦杆管壁塑性破坏且两受压腹杆之间的弦杆管壁无局部变形	CLD1
2	弦杆管壁塑性破坏且两受压腹杆之间的弦杆管壁变形显著	CLD2
3	腹杆局部屈曲破坏	BLB
4	腹杆轴向屈曲破坏	BY
5	受拉腹杆与弦杆相贯处的焊缝拉断或开裂	BC 或 CC

2．空间 KK-OPOv 型圆管节点试验研究

1）节点试件

节点试件为 4 个，除隐蔽焊缝和插板不同外，其余节点参数均相同，见表 2.5-4。

节点试件编号　　表 2.5-4

节点试件编号	隐蔽焊缝焊接与否	插板设置方式	示意图
OPOv-W	焊接	无	图 2.5-3
OPOv-N	不焊接	无	
OPOv-ZC	无	不贯通弦杆纵向插板	
OPOv-ZTC	无	贯通弦杆纵向插板	

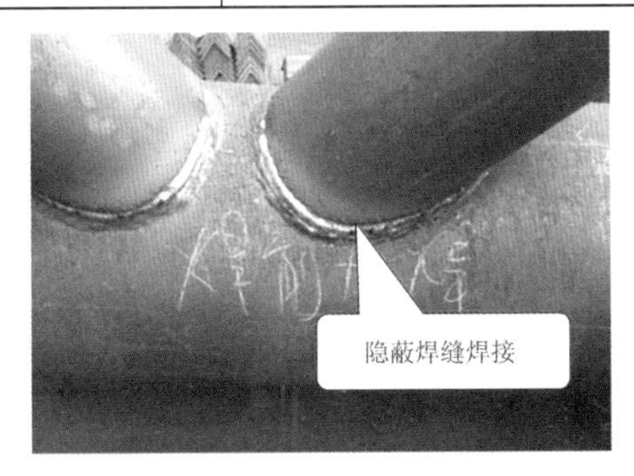

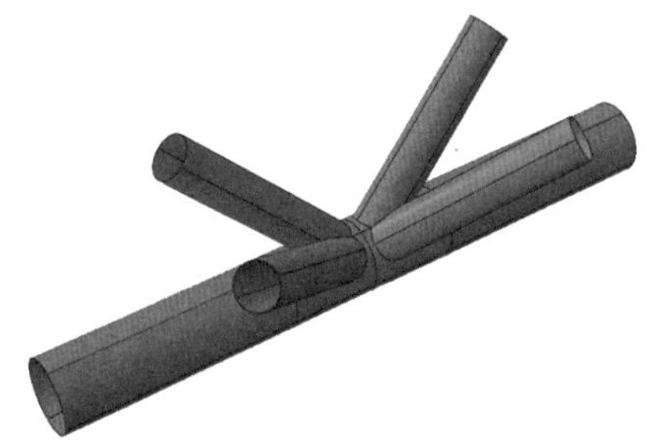

图 2.5-3　OPOv-W（隐蔽焊缝焊接）

2）OPOv-W 节点试验最终破坏形态

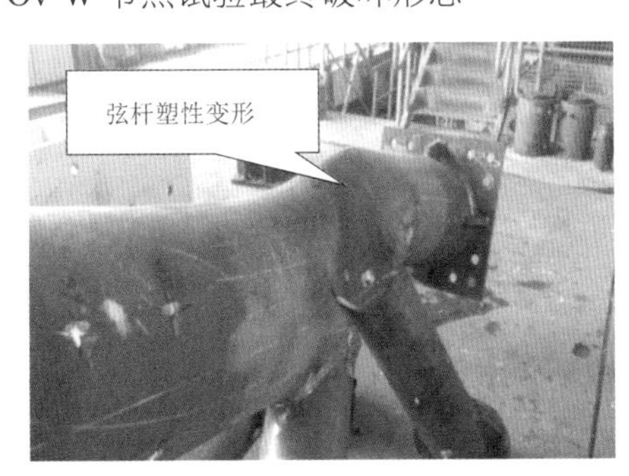

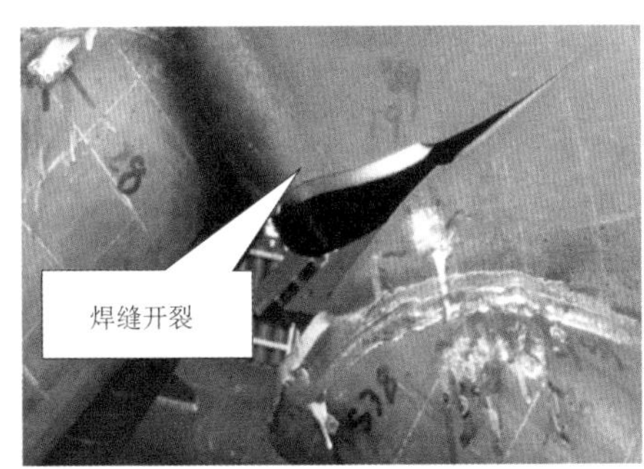

图 2.5-4　OPOv-W 破坏照片

弦杆管壁变形急剧加快，受拉腹杆与弦杆连接焊缝因变形而开裂并进一步将弦杆拉开撕裂，受压腹杆压入弦杆中，见图 2.5-4。

3）结论

（1）空间 KK-OPOv 型圆管节点破坏模式为弦杆管壁塑性破坏。

（2）隐蔽焊缝不焊接，对于空间 KK-OPOv 型圆管节点应变分布、破坏模式、极限承载力等的影响均很小。

（3）加纵向不贯通插板，对于空间 KK-OPOv 型圆管节点承载力有较大的提高，破坏模式仍是弦杆管壁塑性破坏。

（4）加纵向贯通插板，对于空间 KK-OPOv 型圆管节点承载力有很大的提高。但由于纵向贯通插板的设置改变了节点的传力路径，使得破坏模式变为弦杆固定端的全截面屈服，杆件先于节点发生破坏，节点延性有一定的降低。

3．空间 KK-IPOv 型圆管节点试验

1）节点试件

IPOv 类节点试件共 4 个，除了采用不同的构造措施和加载方式，其余条件（钢管材料、几何参数等）均保证相同，见表 2.5-5。隐蔽焊缝不焊节点见图 2.5-5。

节点试件编号　　表 2.5-5

节点试件编号	隐蔽焊缝焊接与否	插板设置方式	加载方式	示意图
IPOv-W	焊接	无	正对称	
IPOv-N	不焊接	无	正对称	图 2.5-5
IPOv-HC	无	横向插板	正对称	
IPOv-N-A	不焊接	无	反对称	

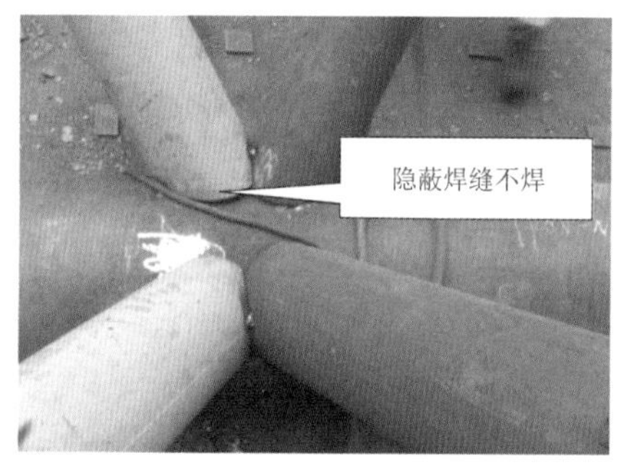

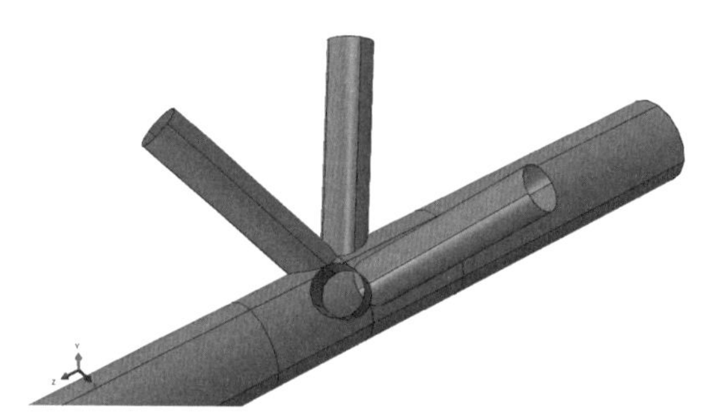

图 2.5-5　隐蔽焊缝不焊节点（IPOv-N）

2）结论

（1）空间 KK-IPOv 节点隐蔽焊缝不焊接对于节点区应力分布和承载力的影响很小，隐蔽焊缝可以不焊。

（2）横向插板的设置对于节点区应力分布和承载力的影响很小，不建议采用横向插板。

（3）反对称加载方式下节点传力机制、弦杆表面应力分布和节点破坏模式都与正对称加载时有较大的不同，节点承载力也有一定程度的降低。应在节点承载力设计公式中考虑加载方式的影响。

（4）焊脚尺寸以及焊缝质量对于 KK-IPOv 型节点承载力影响较大，焊缝需加强。

4．KK-Ov 型节点（面内面外均搭接）

1）节点试验

9 个节点试验编号和相关几何特性见表 2.5-6。

节点试件编号　　表 2.5-6

节点试件编号	隐蔽焊缝焊接与否	插板设置方式
Ov-W	全焊接	无

续表

节点试件编号	隐蔽焊缝焊接与否	插板设置方式
Ov-N	全不焊接	无
Ov-PW1	①、②、③区域隐蔽焊缝焊接，④区域不焊	无
Ov-PW2	②、③、④区域隐蔽焊缝焊接，①区域不焊	无
Ov-PW3	②、③区域隐蔽焊缝焊接，①、④区域不焊	无
Ov-ZTC-W	焊接	纵向插板（贯通）
Ov-ZTC-N	不焊接	纵向插板（贯通）
Ov-ZHC	无	横纵向插板（纵向插板不贯通）
Ov-ZHTC	无	横纵向插板（纵向插板贯通）

2）Ov-W 节点破坏最终形态

试件 Ov-W 最终破坏形态：为弦杆受压侧管面凸出，受拉侧管面凹陷，见图 2.5-6、图 2.5-7；受压搭接腹杆在近三集点区域出现明显的局部屈曲、受压搭接腹杆近加载端的严重弯曲（图 2.5-8）。

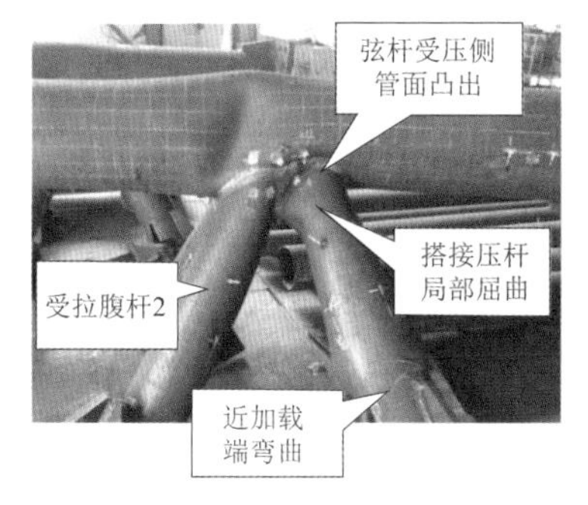

图 2.5-6　Ov-W 搭接腹杆侧破坏图

图 2.5-7　Ov-W 贯通腹杆侧破坏图

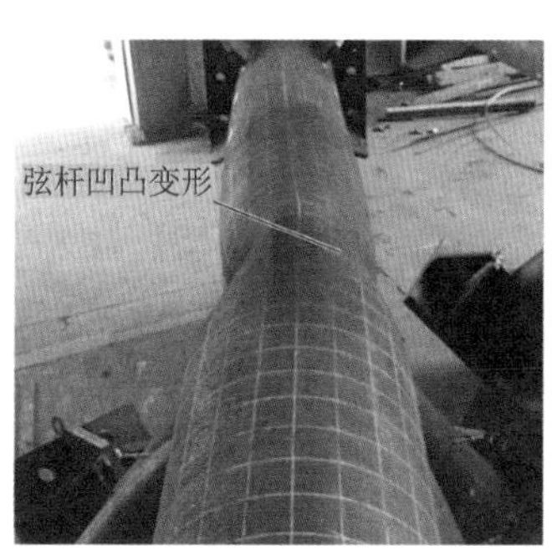

图 2.5-8　Ov-W 上侧区变形图

3）结论

（1）内隐蔽焊缝可以不焊接；当节点受拉腹杆内隐蔽区域较大时，应考虑对该部分施焊，而受压腹杆内隐蔽区可不予施焊。

（2）焊缝易出现开裂，对于夹角大于 120°的区域应保证有良好的剖口，以进行剖口焊。若条件允许，可适当加大焊脚尺寸。

（3）横向插板对节点的承载力影响很小。

（4）纵向不贯通插板对节点承载力影响不大，但施工便捷并可规避面外搭接内隐蔽区，可在受拉腹杆内隐蔽区较大的节点中采用。

（5）纵向贯通插板对弦杆整体的加强效果显著，且使受拉及受压腹杆的传力更为均匀，因而对节点承载力有较大提升；但降低了节点延性、施工复杂，应根据腹杆承载力的大小综合考虑。

2.6　结构健康监测

2.6.1　郑州东站承轨层结构健康监测

1．结构健康监测

2011—2013 年对郑州东站承轨层进行了 3 年的结构健康监测，对新型承轨层结构在列车动荷载作用下的受力特性和耐久性作出评价。主要针对承轨层主要受力梁的跨中和支座截面在不同列车荷载工况下的应力进行检测，检测部位如图 2.6-1 所示。

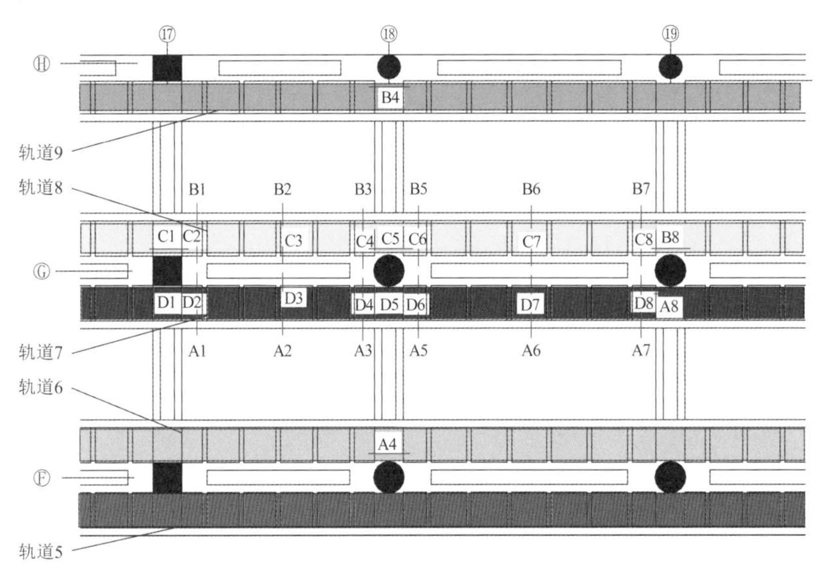

图 2.6-1　承轨层梁截面应力监测点布置图

2. 监测采用列车荷载工况

共监测了不同时间段单模 5、单模 6、单模 7、单模 8、单模 9、双模 57、双模 58、双模 68、双模 79，这九种模式。表 2.6-1 为各个阶段监测的列车荷载工况。

监测列车荷载工况　　表 2.6-1

监测日期	列车荷载工况								
	5	6	7	8	9	57	58	68	79
2012-10			√	√				√	
2013-01	√			√	√	√	√	√	√
2013-04	√		√		√	√	√	√	
2013-08		√	√	√	√	√			
2013-10		√	√	√		√			√

单模 5 表示只有轨道 5 上有列车经过，双模 57 表示只有轨道 5 和轨道 7 上有列车经过，其他模态表示的含义以此类推。各个工况的示意如图 2.6-2 所示，这样可以考虑相邻列车对结构的相互作用。

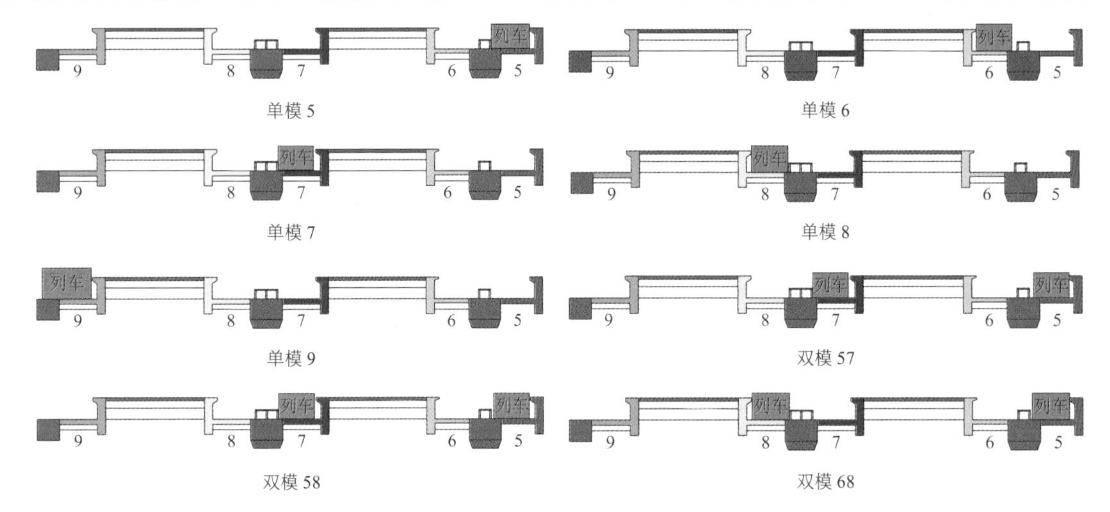

图 2.6-2　监测列车荷载工况

3．单模列车作用下的监测

1）梁跨中截面应变时程

图 2.6-3 为次梁 L2 跨中截面 B6（具体位置见图 2.6-1）下翼缘处在火车进出站前后的应变时程。从图中可以看出，列车在 100s 左右的时刻进站，在 800s 左右的时刻出站，截面应变在列车进站和出站过程有明显的对称关系。根据对称性，后面仅分析列车进站过程。

梁截面 B6 的上翼缘处在列车进出过程中的应变时程 B6s，如图 2.6-4 所示。

列车 250s 左右进站，然后停靠站台，到 500s 左右列车开出站台。

对进站过程进行局部放大（250～330s），如图 2.6-5 所示。图中，可以看到列车进站过程中传感器的周期性变化。火车荷载是分布式的移动荷载，那么作用在 B6 截面的荷载及应变就必然存在最大值和最小值。而火车荷载以一定速度缓慢进站，那么此荷载在移动的过程中就必然导致截面 B6 上部和下部应变出现周期性变化过程，并且处于连续变化状态。而每个周期内最大值和最小值主要由每节车厢及乘客重量决定。随着列车停靠站台速度不断减缓，周期性变化过程中周期不断变大。接近 320s 时刻，列车停靠站台。

图 2.6-6 是该截面下部的传感器 B6x 测量到的列车进出站应变时程。

对比图 2.6-4 和图 2.6-6，梁截面上下应变明显对称。同样，将列车进站过程进一步放大，可以得到局部应变放大图，如图 2.6-7 所示。可以看到，列车进站过程中应变呈周期性变化。随着列车停靠站台速度不断减缓，周期性变化过程中周期不断变大。接近 320s 时刻，列车停靠站台，B6x 与 B6s 有明显的对称关系。

同一截面位于截面高度中间部位的 B6z 传感器应变时程，如图 2.6-8 所示。

B6z 传感器布置接近截面中间，监测到的应变图没有明显变化，说明该位置靠近中和轴位置。同样，对列车进站过程段进行放大，如图 2.6-9 所示。

根据以上的应变图和截面的抗弯刚度，可以得到以下呈周期性变化的弯矩图，如图 2.6-10 所示。

从 B6 截面在跨中位置监测到的弯矩图可以看到，列车进站过程，截面 B6 承受正弯矩，最大弯矩大致为 50kN • m。列车停靠在站台，截面弯矩基本没有变化；列车开出站台，截面弯矩基本恢复到列车未进站时的状态。

同样对列车进站过程放大后，可以得到周期性变化的弯矩，如图 2.6-11 所示，跨中截面承担正弯矩。

2）梁支座截面应变时程

由于篇幅限制，不在此列出梁支座在列车荷载作用下的应变监测结果。监测结果表明：支座截面应变变化规律与跨中截面基本一致。两者之间比较明显的差别是：由于支座截面受到的约束复杂，支座截面上翼缘应变绝对值大于截面下翼缘处的应变，即截面中性轴偏下。支座截面承受负弯矩。

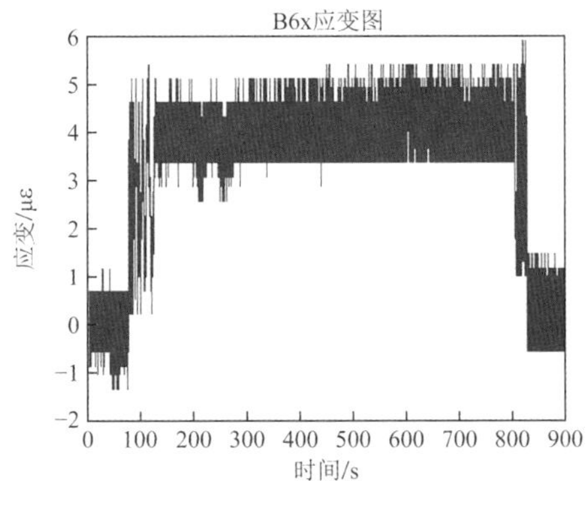

图 2.6-3　B6x 传感器截面应变图

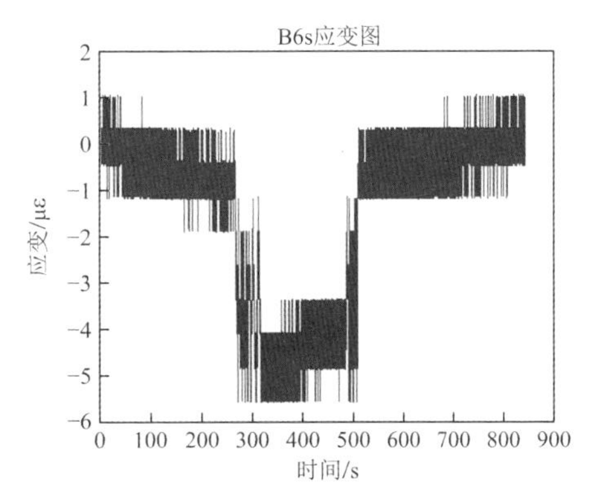

图 2.6-4　B6s 传感器应变图

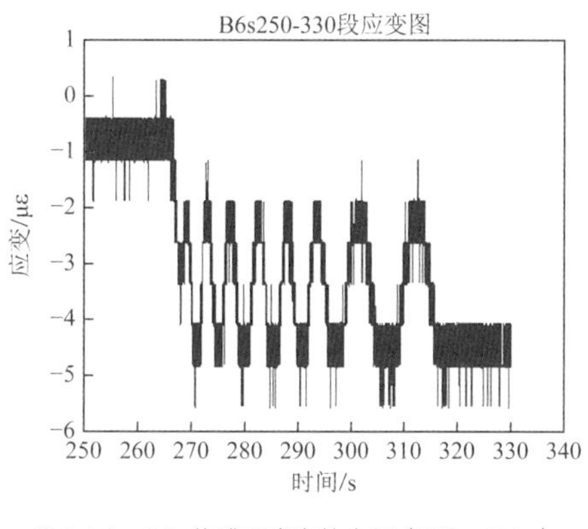

图 2.6-5　B6s 传感器应变放大图（250～330s）

B6x应变图
应变/με
时间/s

图 2.6-6　B6x 传感器应变图

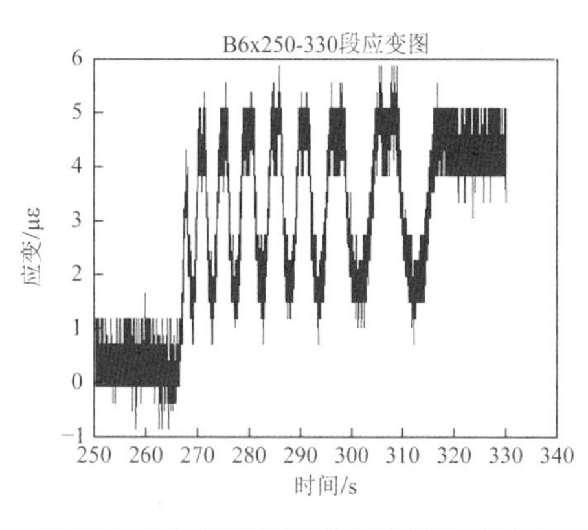

图 2.6-7　B6x 传感器应变放大图（250～330s）

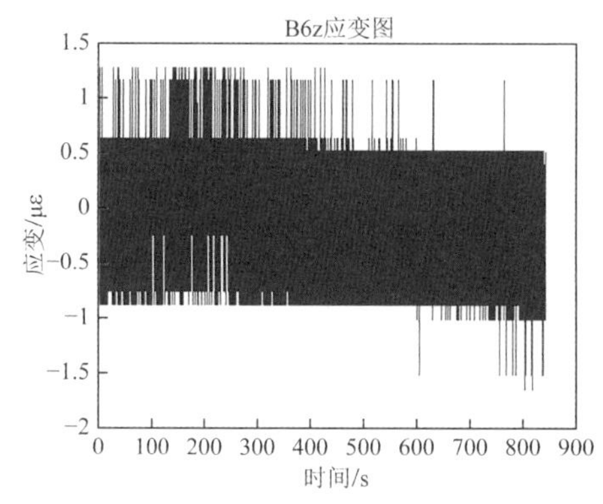

图 2.6-8　B6z 传感器应变图

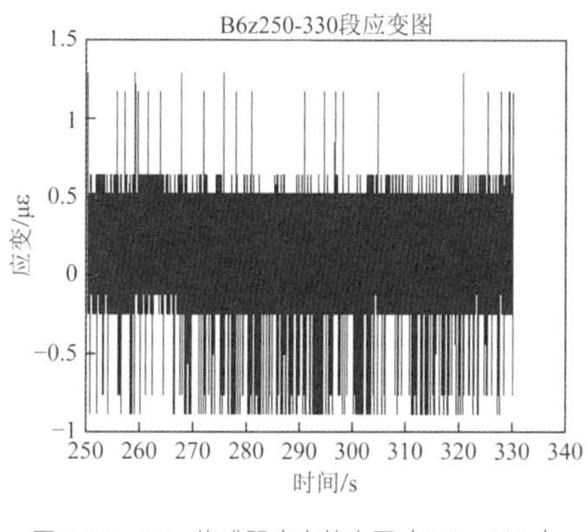

图 2.6-9　B6z 传感器应变放大图（250～330s）

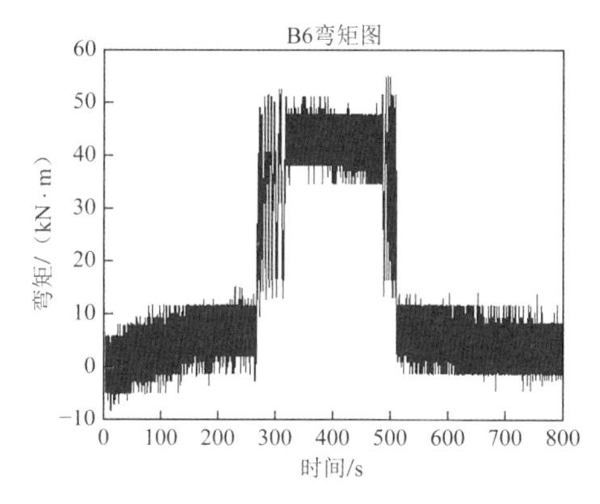

图 2.6-10　B6 截面弯矩图

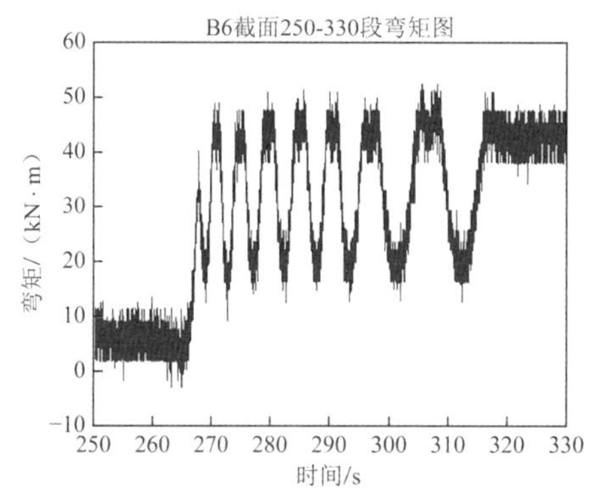

图 2.6-11　B6 截面弯矩放大图（250～330s）

4．双模列车荷载作用

进行了按图 2.6-2 所示的两列列车共同作用（双模）下次梁和框架梁截面应变时程的监测。

5．温度作用监测

监测表明：温度作用在承轨层梁截面产生的最大压应变为 300με，最大拉应变为 100με。

6．承轨层结构监测结论

1）单模和双模列车荷载作用下的相关结论如下：

（1）列车荷载作用下，梁截面应变沿截面高度方向呈线性变化，应变满足平截面假定，最大应变不大于 15με，处于弹性状态。

（2）应变变化周期随列车的速度而变化。

（3）跨中截面中和轴接近截面形心，支座截面中和轴偏向截面下部。

（4）跨中截面产生的弯矩为正值，支座截面产生的弯矩为负值。

（5）同一断面处主梁截面和次梁截面应变及弯矩变化类似，大小也基本一致，说明荷载往两个方向传递效果较好。

（6）在间隔的不同轨道之间列车荷载对梁应力的相互影响较小。

相邻轨道间列车荷载相互影响均不大，主要原因如下：承轨层楼盖结构布置特点，使列车荷载全部由顺轨向的框架梁及次梁 L2（800mm × 3500mm）承担，框架梁荷载直接传给框架柱，而次梁虽然支承于垂轨向框架梁上，但支承点距柱中心不到该方向梁跨度的 1/4，即靠近柱；同时，垂轨向框架梁在该区段的截面为 3100mm × 2000mm 的预应力混凝土梁，刚度极大，对 L2 而言，该段梁作用类似于牛腿，直接将 L2 传来的力传至框架柱；而垂轨向跨中则为预应力箱形截面，刚度小于支座处，从而对列车荷载而言，垂轨向框架梁的空间作用相对较弱，减小了列车荷载在该方向的传递。

（7）列车进出站过程，截面应变及弯矩图呈明显的周期性变化，而周期性变化中最大值接近列车停靠站台时的数值，该变化由列车车轮移动位置导致，列车荷载的动力效应并不明显。

动力效应不明显的原因：

①到发线列车进出站过程最大车速基本不超过 50km/h，车速较慢且为减速过程，因此荷载动力响应不明显。

②郑州东站轨道层的站场结构采用有砟轨道，有一定的减振效应。

2）运营阶段季节性温度作用效应远大于列车荷载效应。

3）郑州东站轨道梁结构具有较好的结构性能，安全、可靠。

2.7 结语

（1）“桥建合一”承轨层结构采用国内外首创的钢骨混凝土柱 + 双向预应力混凝土箱形框架梁 + 钢筋混凝土板的结构，按铁路桥梁规范进行设计，按建筑结构规范复核。计算分析、3 年结构健康监测和 10 年的运营均表明：新型承轨层桥梁结构不仅经济技术指标在同类站房中名列前茅，而且结构安全、可靠，具有良好的抗震性能、抗疲劳性能和适用性。

（2）“桥建合一”站房中大跨度钢结构候车厅楼盖和商业夹层楼盖由于列车振动和人行活动所致的楼盖舒适度应通过精细化微振模型加以分析，并结合现场实测加以验证；将幕墙结构作为主体结构的一部分，形成跨层桁架结构，巧妙且成功解决了跨度为 78m 的商业夹层的楼盖舒适度问题，且提高了建筑形态和完成度，获得了良好的经济效益和社会效益。

（3）考虑桩基的桩土共同作用，有效降低超长无缝结构的温度作用，经济效益明显。

（4）通过合理的结构选型和适当的防震缝设置，本项目在地震高烈度区具有良好的抗震性能，结构具有良好的经济技术指标。

参考资料

[1] 中国地震局地球物理勘探中心与郑州基础工程勘察研究院《郑州东站站房工程场地地震安全性评价工作报告》

[2] 浙江大学《郑州东站风洞试验和风致振动报告》

[3] 同济大学《郑州东站节点试验研究》

[4] 武汉理工大学《郑州东站振动测试报告》《郑州东站振动舒适度评价报告》

[5] 中南建筑设计院、南京理工大学等《石武客专郑州东站光纤监测系统研究与应用》

设计团队

中南建筑设计院股份有限公司：周德良、李　霆、魏　剑、李功标、熊　森、王　毓、万海洋、袁波峰、江　红、敖晓钦、谭　赟、陈晓强、张　慎。

主要执笔人：周德良。

获奖信息

2017 年第十四届中国土木工程詹天佑奖；

2017 年全国优秀工程勘察设计行业奖优秀建筑结构专业一等奖；

2015 年湖北省勘察设计行业优秀建筑结构专项设计一等奖；

2015 年湖北省勘察设计行业优秀建筑工程设计一等奖。

第 3 章

太原南站

3.1 工程概况

3.1.1 建筑概况

太原南站是石太铁路客运专线上最重要的枢纽站之一，是一座集铁路、城市轨道、交通换乘功能于一体的现代化大型交通枢纽。太原南站车场规模为 10 台 22 线，设计最高聚集人数为 6500 人。总建筑面积为 20.12 万 m^2。

太原南站通过以旅客动态流线为本的空间布置和流线组织，与城市各类交通体系紧密结合、无缝衔接，使旅客换乘流线明确便捷，体现综合交通枢纽“效率第一”的功能设计原则。

中国现存最完整的唐朝木构建筑，超过 80%集中在山西省。中国木构建筑中灿烂辉煌的篇章——“唐风建筑”分布在太原四周。太原南站的设计传承这一历史文脉，体现了“唐风晋韵”的建筑风格。

站房主体采用独树一帜的钢结构单元体结构体系，将“唐风晋韵”的历史文脉与当代先进建筑技术巧妙结合，是国内少有的、典型的钢结构单元体大空间交通建筑。

站房设计前瞻性地采用新材料、新设备、新技术，实现生态、绿色、环保，达到国家现行绿色建筑三星级标准。大量绿色建筑技术的应用，使太原南站成为一个具有示范效应的绿色生态型客站。

站房为“线侧 + 高架”式站房，为地上 2 层（有商业夹层处为 3 层），地下 1 层，屋面结构最高标高为 35.600m。由中南建筑设计院股份有限公司完成全过程的设计工作，2012 年建成，2014 年全面投入使用。建成后的太原南站立面如图 3.1-1 所示。

图 3.1-1 太原南站正立面（西侧）

（1）地下一层为出站厅层：主要为东、西侧出站大厅以及配套设施、设备用房。东、西侧出站厅的平面尺寸分别为 34.2m（垂轨向）× 134m（顺轨向）和 54.45m（垂轨向）× 204m（顺轨向），东、西侧出站厅由地下通道相连。地面标高为−8.000m，层高为 8m。

（2）一层楼面为线侧站台及承轨层：由线路、站台、基本站台、进站广厅、售票厅、候车厅和办公用房组成。楼面标高为±0.000，层高为 10.5m。线路与站台均位于地面；该层结构为位于线侧的地下东、西侧出站厅层的顶板结构（称为线侧结构）以及地下通道结构。

（3）二层楼面为高架候车厅：由普通候车厅及相关设施用房、办公用房等组成。楼面标高为 10.500m，平面尺寸为 282.31m（垂轨向）× 112m（顺轨向）。

（4）商业夹层（局部三层）：位于站房南、北两侧，平面尺寸均为 220.16m（垂轨向）× 18m（顺轨向）。

（5）屋盖标高：为 29.300～35.600m，主要形成高低错落的 2 个屋盖标高，根据标高，屋盖可分为三个结构单元：西侧单元的屋面标高为 29.800～30.800m；中间屋盖单元的屋面标高 34.600～

35.600m；东侧屋盖单元的屋面标高为 29.300m～30.800m。主站房垂轨向（即东、西向）剖面如图 3.1-2 所示。屋盖总水平投影尺寸为 372.46m（垂轨向）× 225.912m（顺轨向）。建筑平面、剖面如图 3.1-3～图 3.1-6 所示。

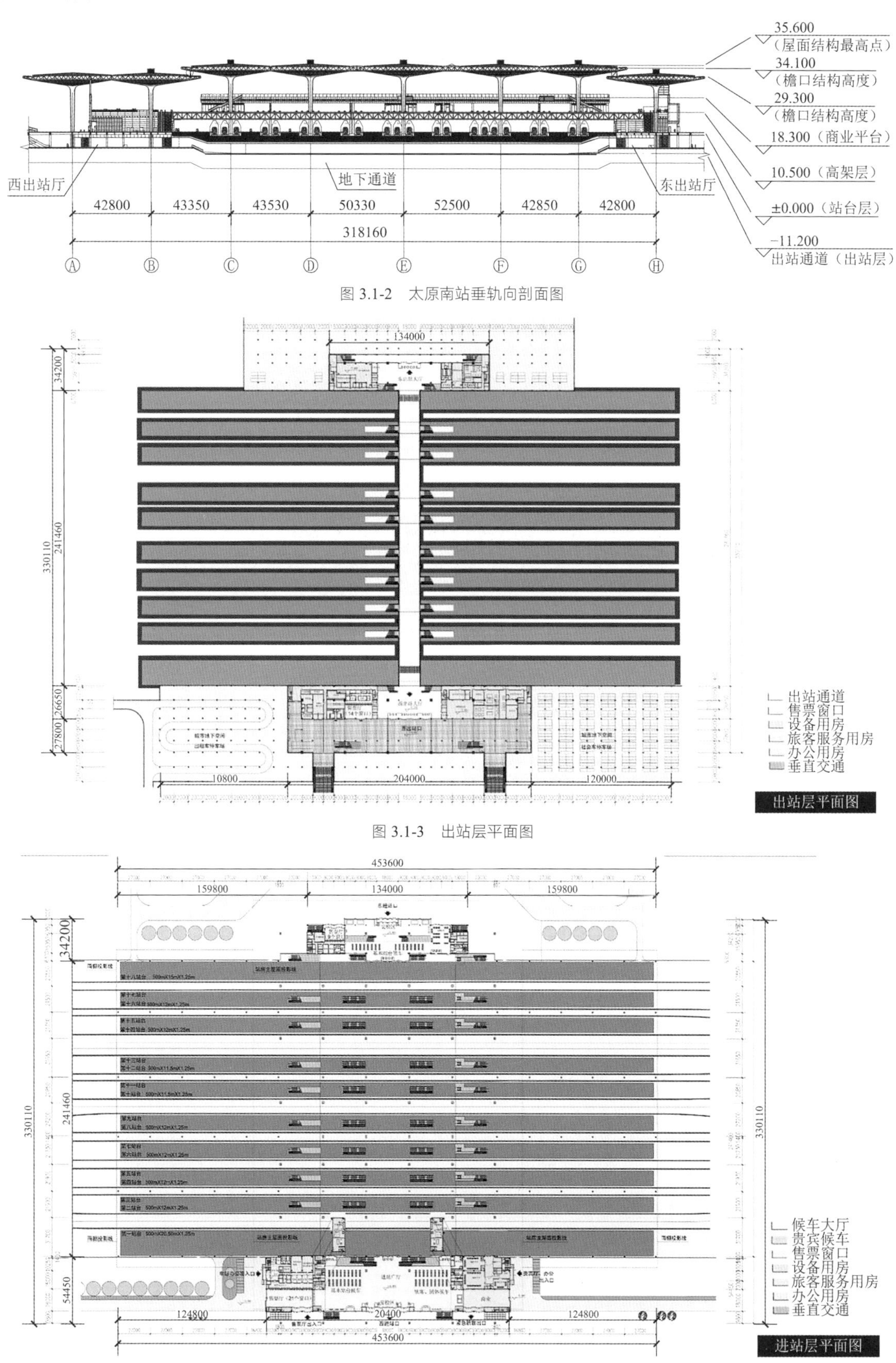

图 3.1-2　太原南站垂轨向剖面图

图 3.1-3　出站层平面图

图 3.1-4　站台层平面图

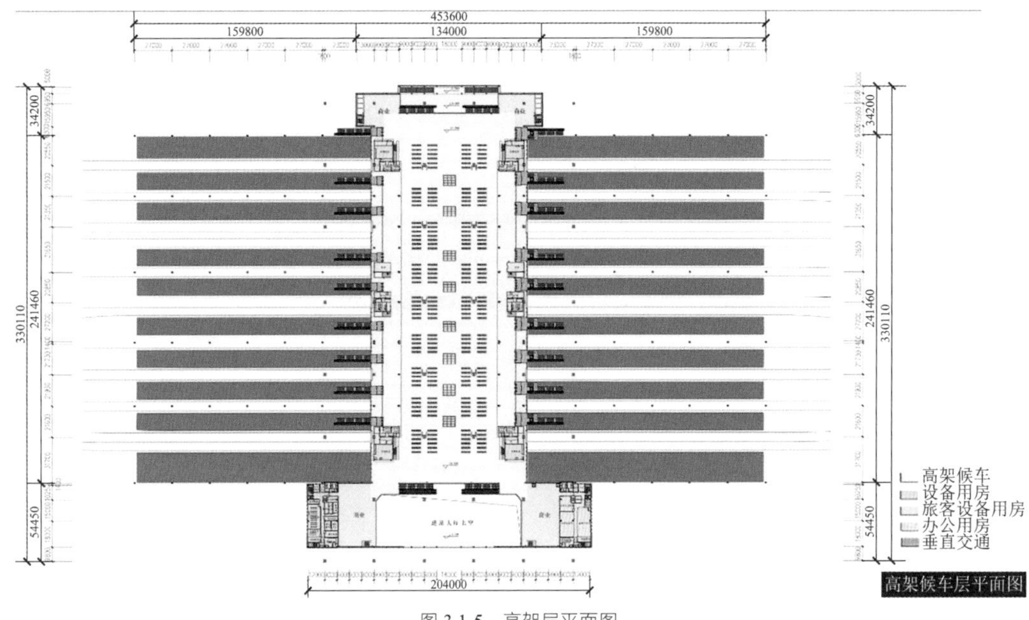

图 3.1-5　高架层平面图

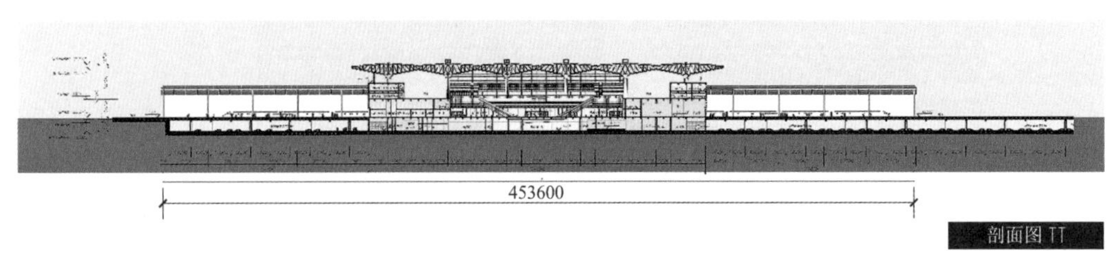

图 3.1-6　顺轨向剖面图

3.1.2　设计条件

1. 主体控制参数

主体控制参数见表 3.1-1。

控制参数　　表 3.1-1

项目		标准
设计使用（工作）年限		50 年（耐久性 100 年）
建筑结构安全等级		一级
结构重要性系数		1.1
建筑抗震设防分类		高架候车厅为重点设防类；其余为标准设防类
地基基础设计等级		甲级
设计地震动参数	抗震设防烈度	8 度
	设计地震分组	第一组
	场地类别	Ⅲ类
	小震特征周期	0.45s
	大震特征周期	0.50s
	基本地震加速度	0.20g
建筑结构阻尼比	小震	0.03
	大震	0.05

水平地震影响系数最大值	小震	0.16
	中震	0.45
	大震	0.90
地震峰值加速度/（cm/s^2）	小震	70
	中震	200
	大震	400

2．风荷载

基本风压按 100 年一遇取值：$0.45kN/m^2$，按照《建筑结构荷载规范》GB 50009—2012 及风洞试验结果分别进行分析、计算，包络设计。

3．雪荷载

基本雪压按 100 年一遇取值：$0.40kN/m^2$，积雪分布系数按《建筑结构荷载规范》GB 50009—2012 确定。

3.2 建筑特点

3.2.1 主站房新型屋盖结构

根据建筑形态，屋盖结构由 48 个（顺轨向 6 个 × 垂轨向 8 个）平面投影尺寸为 36m × 42.8m 的“伞”状结构单元组合而成，图 3.1-2 和图 3.1-6 所示分别为垂轨向和顺轨向的屋盖单元布置情况。每个“伞”状结构单元完全相同，主要受力结构为“X 形钢管柱 + 沿 X 形柱肢布置的变截面悬挑主钢桁架”，主钢桁架的沿柱每侧悬挑长度均为 28m；桁架截面高度从端部的 1.3m 至根部的 6.19m 均匀变化，屋盖沿主桁架方向设置采光带，结构单元建筑构成如图 3.2-1 所示。屋盖单元体受力特点如下：

（1）屋盖“伞”状结构单元在竖向荷载作用下，受力为单柱四向对称悬挑结构，X 形柱中弯矩较小。

（2）“伞”状结构单元悬挑主桁架上弦受拉为主，下弦受压为主，上下弦均采用箱形截面，上弦截面较小，下弦截面较大，下弦箱型截面宽度与 X 形柱肢宽相同，与 X 形柱形成整体结构，下弦及 X 形柱完全外露，结构与建筑形态高度一致。

（3）各“伞”状单元体之间在端部 1.3m 高桁架处连接，形成具有变截面高度的屋盖桁架结构；单元端部设置水平支撑，使屋盖结构具有良好的整体性和抗扭转能力，抗震性能好。

该项目屋盖结构选型和布置时，将建筑形态与结构受力特点充分结合，使结构受力合理、经济的同时，最大限度地满足建筑室内外形态和采光的要求。

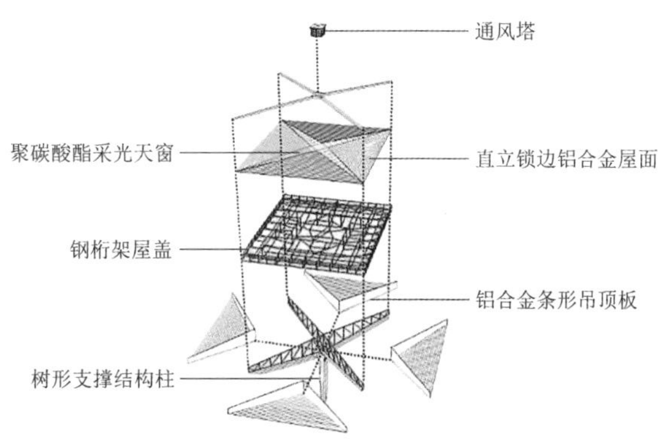

图 3.2-1 “伞”状屋盖单元体建筑构成

3.3 结构体系与分析

3.3.1 大跨度高架层楼盖结构方案比选

高架候车厅层楼面标高为 10.500m，平面尺寸和柱距均较大，为减小温度作用，高架层和屋盖结构在垂轨向的 1/D 轴处设置平行于顺轨向的防震缝一道，高架层在防震缝两侧设置双柱。高架层分为两个独立结构单元，其平面尺寸分别为 108.25m（垂轨向）× 112m（顺轨向）和 172.3m（垂轨向）× 112m（顺轨向）。相应的柱网尺寸：顺轨向为 36m；垂直于轨道方向为 20.85～31.7m，大部分为 21.5～22m。

根据柱距、荷载、抗震设防要求，结合“大跨度钢结构楼盖选型”项目研究成果，高架层楼盖采用“钢管混凝土柱 + 钢桁架 + 钢次梁 + 混凝土板（压型钢板作模板）”结构，钢桁架的上下弦杆中心距为 3.0m。弦杆采用箱型截面或倒置的 H 形截面，腹杆采用 H 形截面或箱型截面。弦杆的宽度与腹杆截面高度相同，以便弦杆与腹杆之间采用焊接连接，节点受力直接、合理，且减小节点用钢量。桁架上下弦杆高均为 400mm，钢桁架的净空高度为 2.6m，在桁架下弦平面内布置高架层的设备用房及相应的检修马道，桁架净空满足设备布置和检修要求。高架层楼盖的局部布置如图 3.3-1 所示。

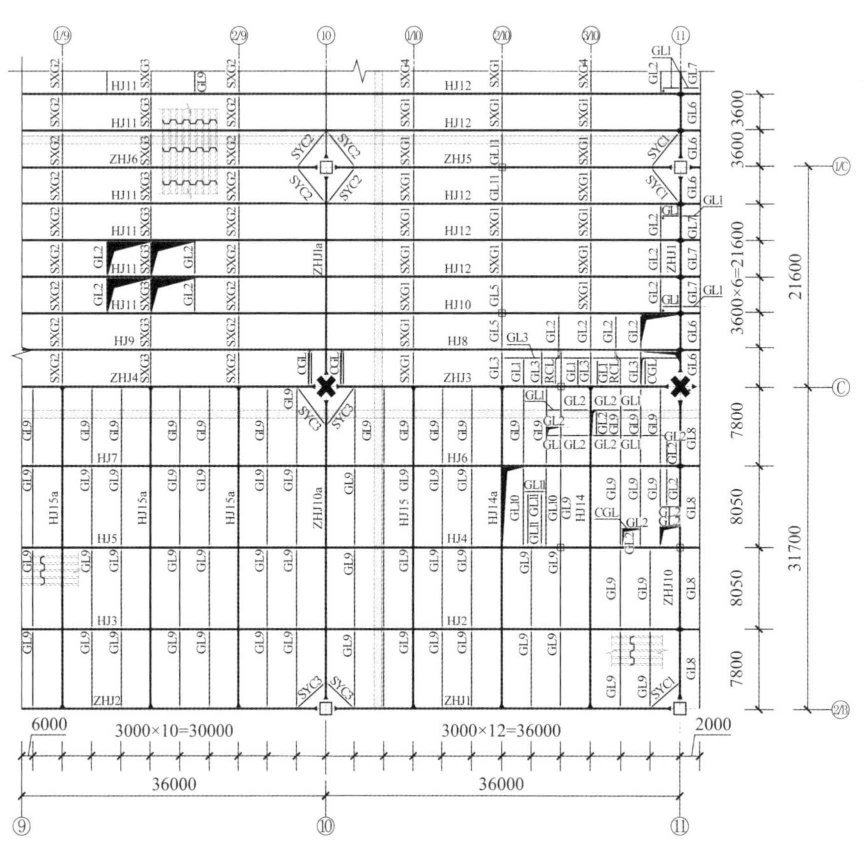

图 3.3-1　高架层楼盖结构布置（局部）

楼盖次桁架布置采用两种形式：

（1）顺轨向柱距均为 36m 而垂轨向柱距 ≥ 26.8m 的区域：双向柱距较为接近，楼盖次桁架均双向布置，双向框架桁架受力均匀。次桁架间距：垂轨向为 6.8～8.6m；顺轨向为 9m。钢次梁沿垂轨向布置，以减小梁跨度。

（2）其余区域：沿顺轨向布置次桁架（即次桁架跨度为 36m），次桁架间距为 3.6m 左右，使楼盖的大部分竖向荷载通过次桁架传至跨度≤22m相对跨度较小的框架桁架上，框架结构受力合理；同时，有利于提高大跨度钢桁架楼盖的竖向振动舒适度。

（3）钢次梁一般与桁架弦杆铰接连接，若桁架上弦杆设置上部商业夹层的钢框架柱，则采用刚接连接以平衡桁架上立柱的在桁架平面外的弯矩。

（4）楼盖钢结构的材料一般为Q345C或Q345GJC，根据施工图检算，楼盖用钢量为240kg/m^2（含15%的节点用量），指标良好。

3.3.2 主站房结构布置

主站房采用框架结构，±0.000以上为钢结构，±0.000以下（含线侧站台层结构）基本为（预应力）钢筋混凝土结构。站房与站前地下广场相连，部分区域具有半地下室的特性，混凝土框架结构的抗震等级为一级。

1．基础

采用直径为800mm的钻孔灌注桩，在线侧出站厅层底板下有7～23m不等的湿陷性粉土，湿陷性等级为Ⅱ级或Ⅲ级自重湿陷性，桩基需要考虑负摩阻力的作用，桩长48～64m不等。

2．出站厅层结构

出站厅层位于站房东、西侧，采用基础梁和结构底板的结构形式。根据工程地质勘察报告，本工程地下水位在结构底板下40多米，底板结构不必考虑水浮力的作用。但底板下为湿陷性粉土，考虑到底板下土遇水后易沉降，使底板脱空，因而采用结构底板。

3．站台层线侧结构

站台层线侧结构主要柱距如下：（1）顺轨向中间区域：18m（顺轨向）×18（15）m（垂轨向）；（2）其余区域：9m（顺轨向）×18（15）m（垂轨向）。

1）楼盖结构布置特点

（1）在柱距为9m（顺轨方向）×18（15）m（垂直轨道方向）的区域内，次梁沿长跨方向（垂直于轨道方向）按间距4.5m左右布置，框架梁与次梁均采用有粘结预应力梁，截面尺寸分别为500mm×1200mm和400mm×1200mm；在顺轨方向，框架梁截面为500mm×1400mm的钢筋混凝土梁。

（2）在柱距为18m×18（15）m区域内，采用井字梁布置，双向井字次梁均采用400mm×1200mm的预应力梁；框架梁则为700mm×1400mm的预应力梁。

2）超长无缝结构抗裂措施

（1）每侧站台层结构均不设缝，顺轨方向为超长结构，温度作用很大。预应力梁中的预应力对结构抗裂有利，但大部分楼盖区域内，预应力梁沿平面短向布置，对长向抗裂作用不大。为提高结构在平面长向的抗裂能力，根据温度作用在结构内产生轴力的规律，在平面长向中间区域（长度约为126m）的板中沿长向布置无粘结预应力筋，在板中建立1.8～2.0MPa的平均预压力。

（2）考虑温度作用的荷载工况，并与其他荷载进行组合进行结构设计，加强长向梁腰筋的配筋。

（3）结合预应力筋张拉要求，沿双向布置楼盖结构施工后浇带，释放混凝土养护过程中因收缩而产生的内力。

4．商业夹层结构

商业夹层结构楼面标高为18.275m，布置于站房南、北两侧，每侧平面尺寸相同。柱距为（15.85～

27.2）m（垂轨向）× 16m（顺轨向），顺轨向为单跨框架，且有一排柱与下部高架层的桁架相连，为梁上柱。将风管布置与楼盖结构高度综合考虑，尽量减小楼盖高度和用钢量，商业夹层楼盖采用钢桁架 + 钢次梁结构。钢桁架上下弦杆中心距均为 1.8m，次桁架沿长跨布置，最大跨度为 27.2m，弦杆截面高均为 250mm。桁架弦杆和腹杆大多为 H 形截面，腹杆呈 K 形或 N 形设置，局部采用空腹桁架以满足管道布置要求。楼盖结构布置局部和空腹钢桁架见图 3.3-2。

商业夹层楼盖用钢量为 185kg/m²，较经济、合理。

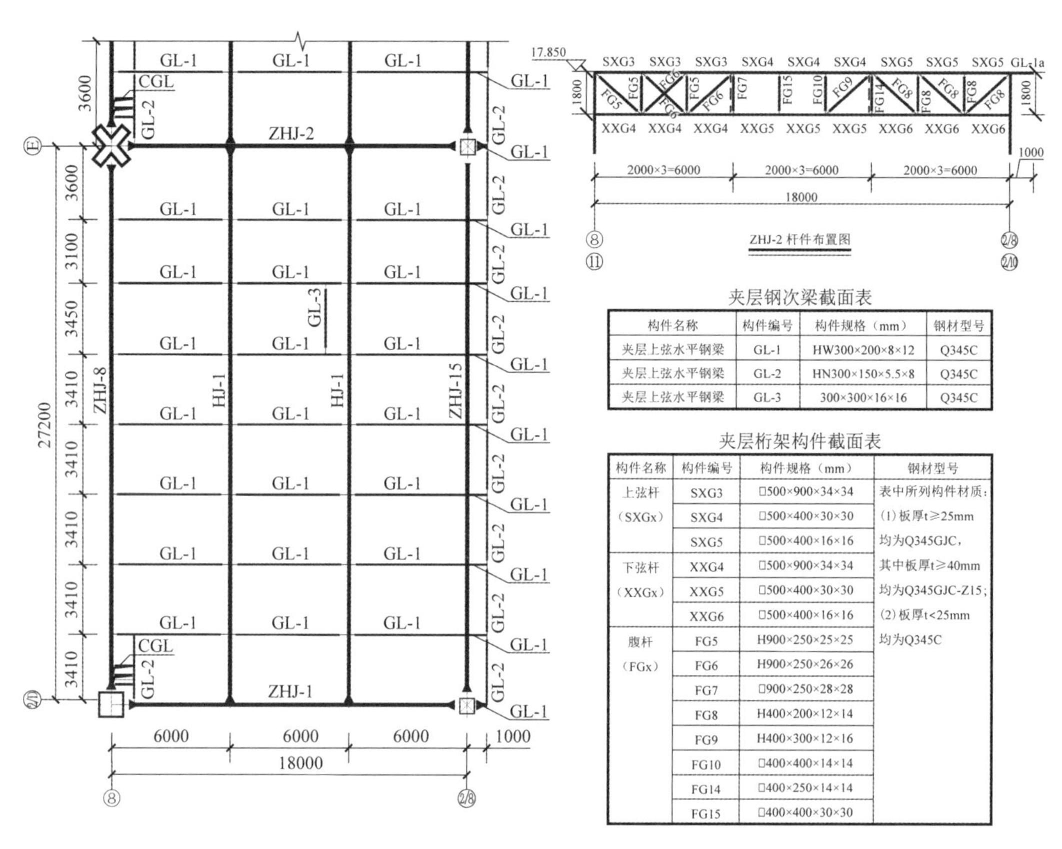

夹层钢次梁截面表

构件名称	构件编号	构件规格（mm）	钢材型号
夹层上弦水平钢梁	GL-1	HW300×200×8×12	Q345C
夹层上弦水平钢梁	GL-2	HN300×150×5.5×8	Q345C
夹层上弦水平钢梁	GL-3	300×300×16×16	Q345C

夹层桁架构件截面表

构件名称	构件编号	构件规格（mm）	钢材型号
上弦杆（SXGx）	SXG3	□500×900×34×34	表中所列构件材质：(1) 板厚t≥25mm均为Q345GJC，其中板厚t≥40mm均为Q345GJC-Z15；(2) 板厚t<25mm均为Q345C
	SXG4	□500×400×30×30	
	SXG5	□500×400×16×16	
下弦杆（XXGx）	XXG4	□500×900×34×34	
	XXG5	□500×400×30×30	
	XXG6	□500×400×16×16	
腹杆（FGx）	FG5	H900×250×25×25	
	FG6	H900×250×26×26	
	FG7	□900×250×28×28	
	FG8	H400×200×12×14	
	FG9	H400×300×12×16	
	FG10	□400×400×14×14	
	FG14	□400×250×14×14	
	FG15	□400×400×30×30	

图 3.3-2　商业夹层楼盖布置局部图

5．屋盖结构

屋盖结构由平面投影尺寸为 36m × 42.8m 的“伞”状结构单元组合而成，见图 3.3-3。图 3.1-2 所示为垂直于轨道方向的单元布置情况；在顺轨方向由 6 个“伞”状结构单元组成。屋盖结构选型时将建筑形态与结构受力特点相结合，使结构受力合理、经济；同时，满足建筑室内外形态的要求，将两者完美地结合在一起。

结构单元的构成呈以下 3 个层次：

（1）由 1 根截面呈 X 形变截面钢柱和 2 榀平面布置呈 X 形的变高度平面主钢桁架组成，主桁架布置方向与 X 形钢柱的肢方向相同且主桁架下弦与 X 形柱肢宽度相同，为刚接连接；主桁架的一侧悬挑长度为 28m；主桁架的高度从端部的 1.3m 至根部的 6.19m 均匀变化，见图 3.3-4。

（2）X 形主桁架之间设置次桁架，与主桁架相连构成互为支撑的稳定屋盖结构体系。

（3）在桁架上弦平面和下弦平面内设置钢次梁以支承屋面板及吊顶，钢次梁兼作钢桁架的侧向支撑。

屋盖采光带沿主桁架上弦杆布置，平面呈 X 形，见图 3.3-5。布置屋盖次梁和次桁架时，尽可能减小结构对屋盖采光的影响。

屋盖结构单元类似于“伞”状，以后简称伞单元。伞单元之间的边桁架（桁架上下弦之间中心距为1.3m）通过上下弦平面内的水平支撑和竖向支撑相连，将各个伞单元连成一个整体屋盖，局部平面见图 3.3-6。

伞状结构单元在对称竖向荷载作用下屋盖平面变形对称均匀，但在非对称荷载作用下由于屋盖悬挑长度大，竖向变形差异较大。在屋盖结构平面布置时，应确保屋盖结构的侧向刚度和控制屋盖竖向变形。如前所述，屋盖平面顺轨向均为 6 个伞单元，即有 6 根柱；在垂直于轨道方向，根据屋盖面标高的不同，可分为三部分：西侧站房低屋面为 2 个单元（2 排柱），分缝后在该方向形成单跨的“框架结构”，结构侧向和竖向刚度均易满足设计要求；东侧站房低屋面（轴 H 处，见图 3.1-2）则只有一排柱，屋盖结构在竖向地震、风荷载或活载作用下水平和竖向变形均难以满足设计要求，因此通过在高低屋盖交界处设置空间钢桁架与中间屋盖连成整体，见图 3.3-7。空间钢桁架的截面宽为 3m，高为 3.5m，东侧站房高低屋面之间竖向力和水平力通过此桁架传递，协调高低屋面的变形。对比计算表明：连接桁架较明显地减小了低屋面的水平和竖向变形。

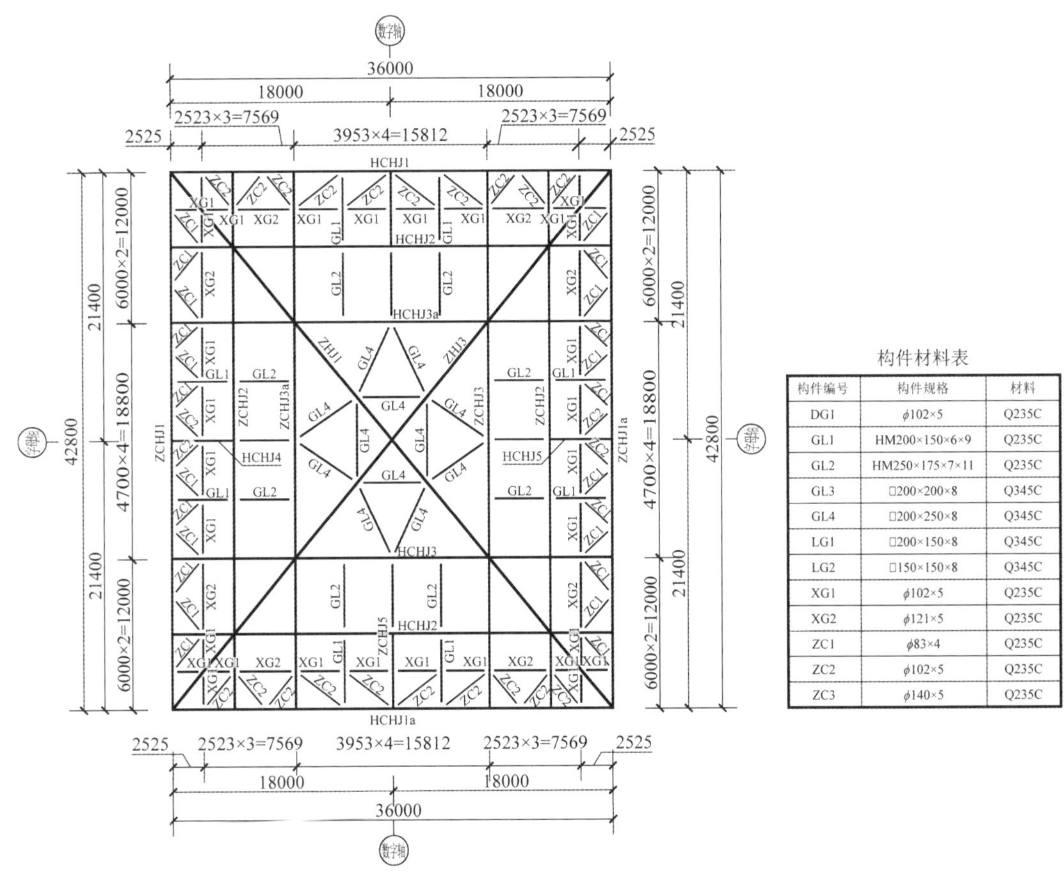

构件材料表

构件编号	构件规格	材料
DG1	ϕ102×5	Q235C
GL1	HM200×150×6×9	Q235C
GL2	HM250×175×7×11	Q235C
GL3	□200×200×8	Q345C
GL4	□200×250×8	Q345C
LG1	□200×150×8	Q345C
LG2	□150×150×8	Q345C
XG1	ϕ102×5	Q235C
XG2	ϕ121×5	Q235C
ZC1	ϕ83×4	Q235C
ZC2	ϕ102×5	Q235C
ZC3	ϕ140×5	Q235C

图 3.3-3　屋盖结构单元布置平面图

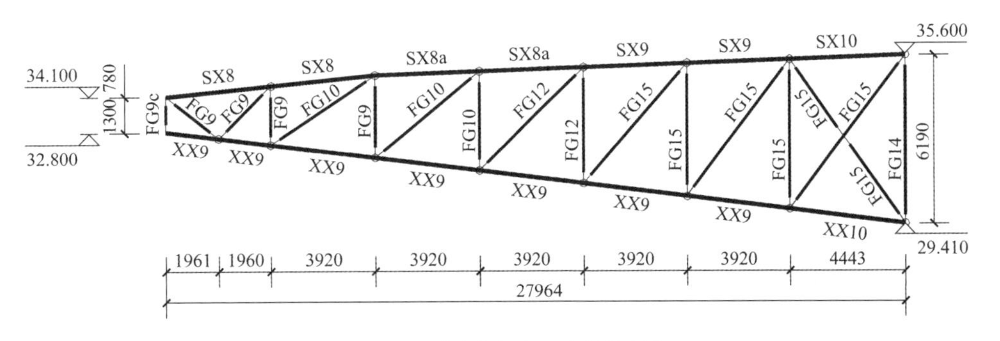

图 3.3-4　屋盖主桁架（ZHJ）构件布置

图 3.3-5　屋盖单元采光带布置图

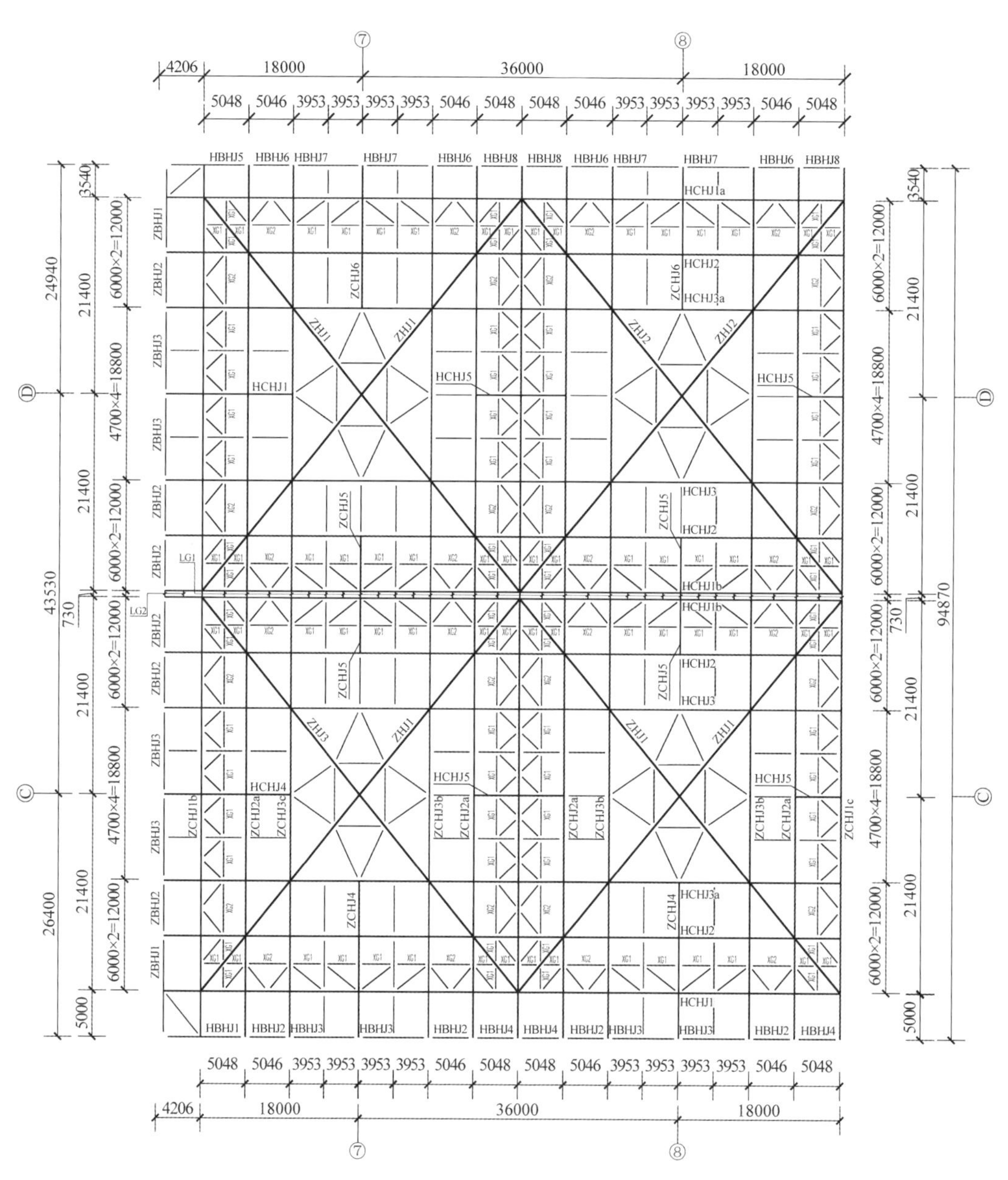

图 3.3-6　屋盖结构局部布置图

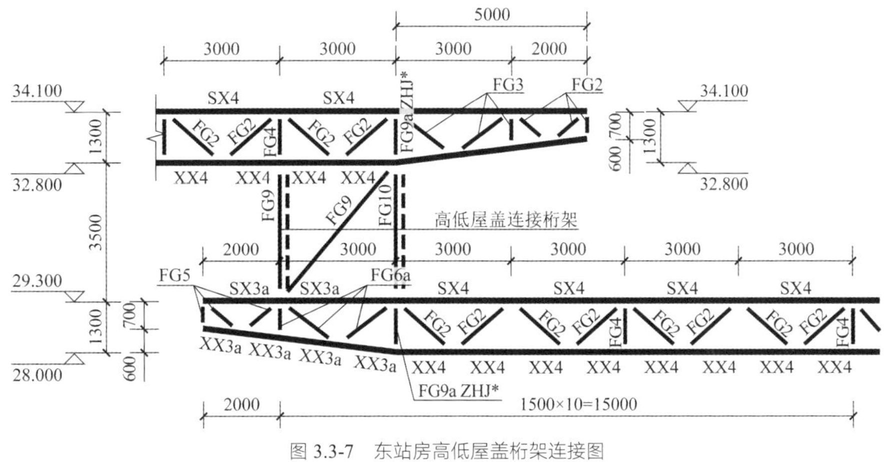

图 3.3-7　东站房高低屋盖桁架连接图

主桁架的构件均采用矩形截面；次桁架弦杆采用矩形截面，腹杆采用圆钢管。

3.3.3　抗震性能化设计

1. 抗震性能目标

主要为：

（1）大震下钢框架层间位移角限值为 1/62.5；

（2）柱和屋盖主桁架弦杆及根部腹杆大震不屈服、抗剪弹性；

（3）楼盖部分钢框架梁可正截面屈服、抗剪不屈服。

2. 计算方法

小震弹性，中、大震等效弹性分析方法。

3. 计算结果

最大层间位移角为 1/105（屋盖）< 1/62.5，构件损伤满足抗震性能目标。

3.3.4　结构分析

1. 计算模型

如图 3.3-8 所示。

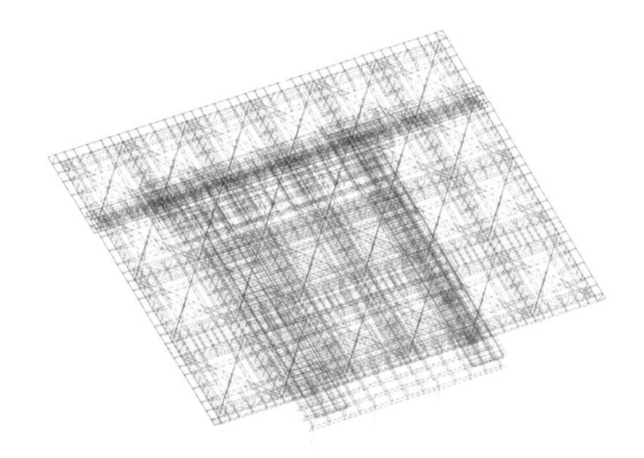

图 3.3-8　中间及东侧站房整体分析模型

2. 分析软件

（1）结构整体计算分析采用 SAP2000（version11）程序及 MIDAS Gen（version7.12）程序。

（2）PKPM 系列中的 SATWE 和 PREC 对混凝土结构进行配筋复核。

（3）ANSYS 和 ABAQUS 进行复杂节点应力分析。

3. 主要荷载和作用

（1）温度作用：温度作用是本工程的主要荷载作用之一，而《建筑结构荷载规范》GB 50009—2001（2006 年版）中并无温度作用和组合的相关规定。我国的公路桥涵规范采用极限状态法进行设计，与建筑结构设计原则一致或接近。在《公路桥涵设计通用规范》JTG D60—2004 中，对桥梁结构的温度作用取值和组合有具体规定。参照此规范以及太原南站使用环境，太原历史最高和最低气温，并考虑结构合拢环境温度为 10～20℃，结构设计中温度作用取值如下：

主站房钢结构楼、屋盖：正温度差$\Delta T = 30℃$，负温度差$\Delta T = -30℃$；

室外混凝土结构：正温度差$\Delta T = 15℃$，负温度差$\Delta T = -20℃$；

室内混凝土结构：正温度差$\Delta T = 10℃$，负温度差$\Delta T = -15℃$。

荷载分项系数为 1.4，组合系数为 0.6。

（2）其他荷载见前述。

4. 站房整体弹性分析计算结果

本工程中地震作用和温度作用对结构的侧向位移影响最大，根据计算结果，正温差与负温差作用下结构楼层侧向位移基本相同，取较大者。结构弹性层间位移角见表 3.3-1。

楼层结构弹性层间位移角　　表 3.3-1

楼层或部位	水平地震作用		温度作用	
	平均	最大	平均	最大
高架候车层	1/1250	1/962	1/911	1/777
西侧低屋盖	1/772	1/660	1/847	1/745
中间屋盖	1/821	1/777	1/1106	1/1095
东侧低屋盖	1/657	1/573	1/819	1/764

计算结果均满足设计要求。

中间及东站房结构前三阶周期和振型如表 3.3-2 所示，结构布置较合理。

中间及东站房结构前三阶振型　　表 3.3-2

振形周期/s	振型描述
1.059311	Y向（垂直轨道方向）平动
0.995824	X向（顺轨向）平动
0.903576	扭转

3.4 专项设计

3.4.1 X 形柱与矩形钢管混凝土柱的转换节点

高架层楼盖结构的框架柱均为矩形钢管混凝土柱，楼盖采用钢桁架结构，高架层以上屋盖柱则为 X 形钢柱。为此，将 X 形柱截面在高架层楼盖结构高度范围内进行转换，在 X 形柱外增设竖向钢板，将上部 X 形柱的部分翼缘板内力通过传力焊缝逐渐传至新加的竖向钢板上，再传至矩形钢管混凝土柱的钢管侧壁上，转换节点如图 3.4-1 所示。对转换节点采用 ABAQUS 有限元应力分析并进行应力监测，现场应力监测结果表明有限元分析结果合理、可靠。

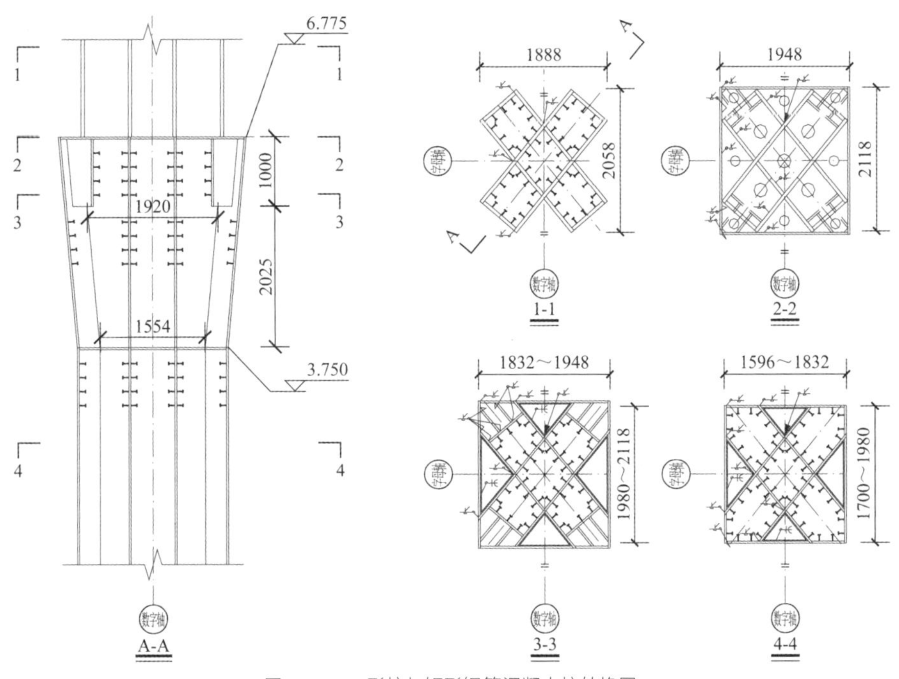

图 3.4-1　X 形柱与矩形钢管混凝土柱转换图

3.4.2　钢桁架与 X 形钢管混凝土柱的连接节点

钢桁架与 X 形钢管混凝土柱的连接节点见图 3.4-2，节点传力特点如下：

（1）高架层楼盖钢桁架上、下弦杆均为箱形截面，在与上、下弦杆翼缘板和 H 形腹杆的腹板连接部位的 X 形柱内设置横隔板，一方面将翼缘板或腹板的力通过横隔板直接传至柱内；另一方面，可加强柱壁板在水平面内的变形协调能力，提高节点的抗扭承载力。

（2）在 X 形柱的阳角处加设竖向钢板，使节点区域内柱截面形成较光滑的闭合截面，以利于截面剪应力的传递，并减小节点区域的变形量。

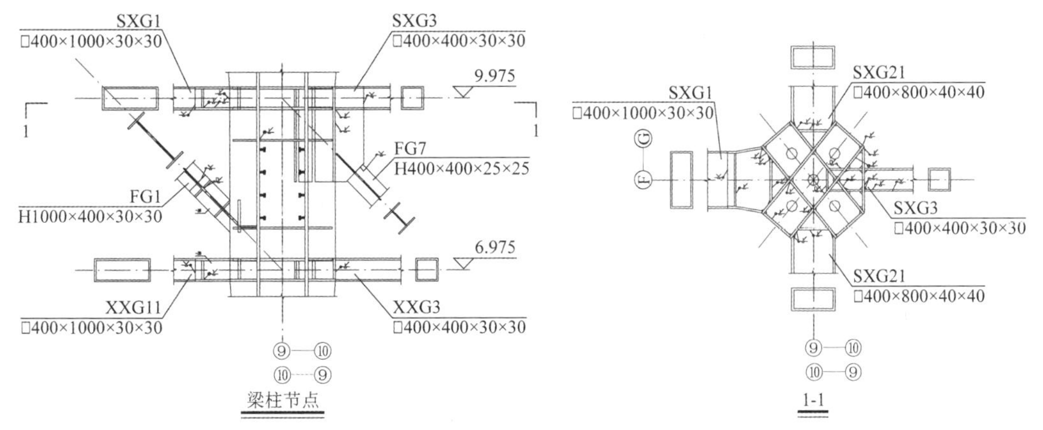

图 3.4-2　桁架与 X 形柱连接节点

3.4.3　X 形钢管混凝土柱与预应力混凝土梁的刚接连接节点

节点设计原则：确保节点处传力直接，同时做到“强节点、弱杆件”的抗震要求。

（1）在梁柱节点高度范围内，将 X 形钢管柱阳角处用竖向钢板相连，形成八边形截面，预应力混凝土梁在阳角处与柱相连，在梁面与梁底处在钢管柱内设置横隔板，竖向钢板使钢管柱与环梁结合面较平缓，有利于环梁内环向力的传递（即梁端弯矩的传递），减小钢管柱截面扭转变形；横隔板有利于加强柱在水平方向刚度，使环梁与柱之间在弯矩作用下变形更协调，形成梁柱刚接节点。

（2）在柱与框架梁连接部位，在梁截面下部设置钢牛腿，确保梁端剪力的传递，见图 3.4-3 中 1-1 截面；在其余部位（无框架梁处）的环梁截面下部区域，将直径为 25mm 的钢筋焊于钢管柱上，以传递竖向剪力。

（3）采用 ABAQUS 对该梁柱节点进行有限元分析，节点区域材料的应力云图如图 3.4-4、图 3.4-5 所示。

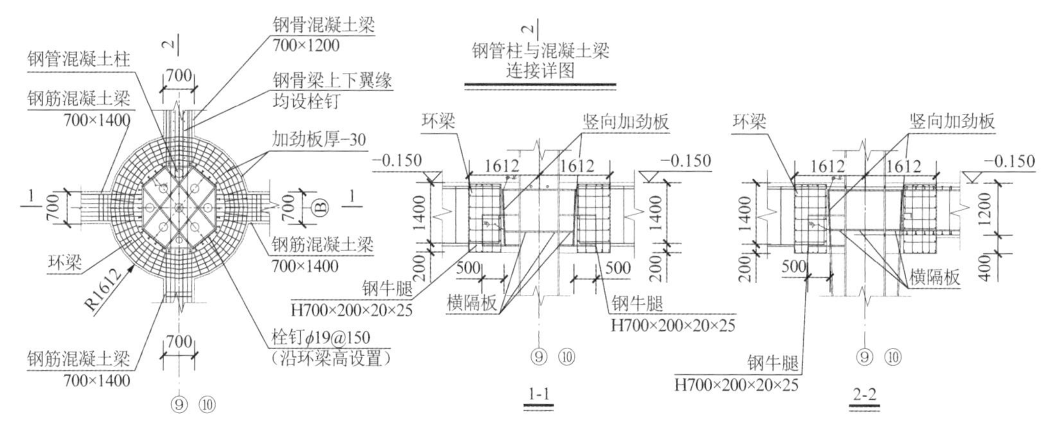

图 3.4-3　X 形钢管混凝土柱与混凝土梁连接节点

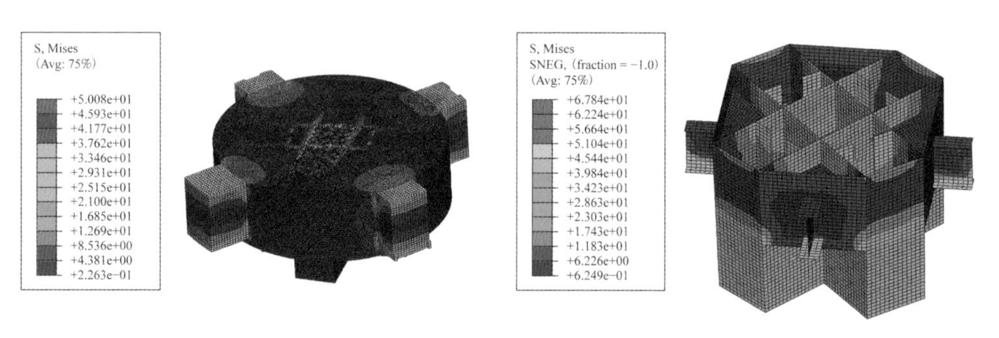

图 3.4-4　梁柱节点混凝土应力云图　　　　图 3.4-5　梁柱节点钢构件应力云图

从图 3.4-4、图 3.4-5 可以看出：

（1）混凝土环梁具有闭合的传力途径，内力传递较均匀、有效；受压区最大 Mises 应力为 23.4MPa，小于混凝土的抗压强度标准值。

（2）X 形钢构件的最大 Mises 应力为 67.8MPa，受力较均匀。

（3）由于内外混凝土的共同作用，梁中的弯矩基本上通过环梁传递，2000 节点内部钢构件的截面形状关系不大，钢管混凝土柱中的混凝土承担了大部分柱轴力。

（4）结论：该节点的设计安全、合理。

3.4.4　屋盖结构复杂节点

1. 主桁架与 X 形柱连接节点

根据建筑室内装饰要求，屋盖主桁架下弦杆外露并与 X 形柱的箱形肢等宽，形成一整体，见图 3.4-6。主桁架下弦杆截面尺寸为 700mm × 700mm × 30mm（根部）和 700（500）mm × 700mm × 12mm；上弦杆截面尺寸为 350mm × 300mm × 16mm（根部）和 350mm × 300mm × 12mm（350～250mm × 200mm × 10mm）；根部腹杆为 250mm × 250mm × 10mm。柱与桁架的连接节点如图 3.4-6 所示。

柱与桁架下弦杆连接部位设置弧形变化的钢牛腿，如图 3.4-6 所示。牛腿端部区域应力集中，尤其是与下弦杆的下翼缘相交处。为减小牛腿部位的应力集中，在牛腿长度范围内设置多道 20mm 厚的加劲板，以便将桁架端部剪力传至柱内并加强牛腿的竖向刚度。采用 ANSYS 软件对对柱顶实体模型进行有限元分析，考虑材料非线性和几何非线性，柱顶部局部模型如图 3.4-7 所示。

牛腿若采用在结构受力前焊接连接，分析显示：虽然设置加劲板，改善了牛腿的受力状态，但牛腿下翼缘端部局部区域内仍出现屈服区域，应力云图如图 3.4-8 所示。实际工程中，牛腿采用后焊接，即在屋盖桁架结构安装就位后，再与桁架及柱焊接，牛腿无屈服区域，如图 3.4-9 所示。

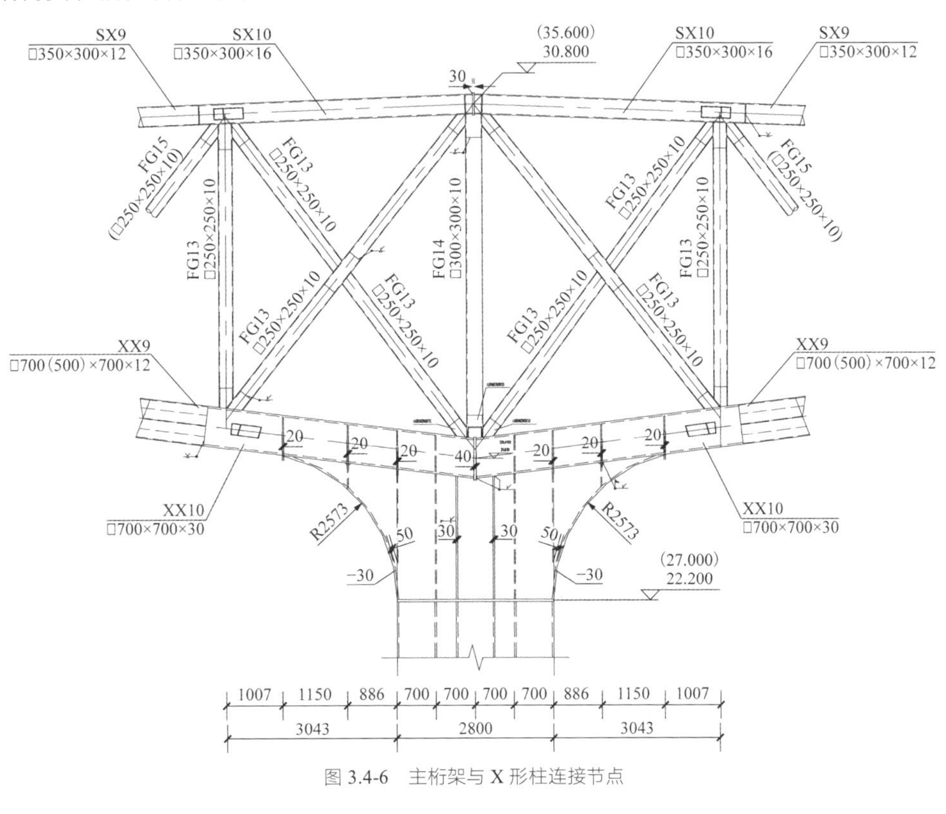

图 3.4-6　主桁架与 X 形柱连接节点

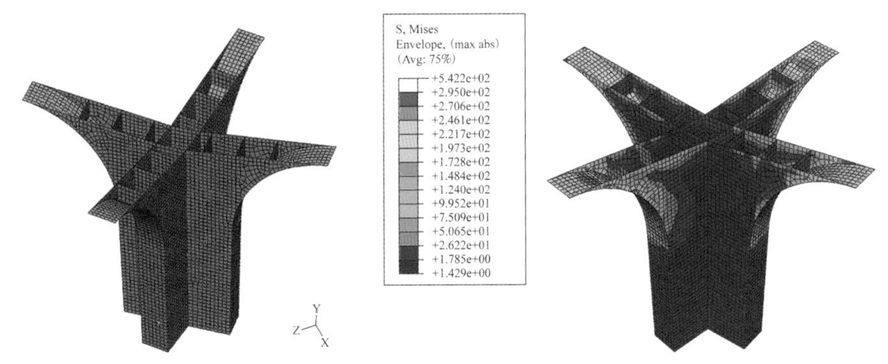

图 3.4-7　柱顶部局部模型　　　　图 3.4-8　牛腿一次性焊接柱应力云图

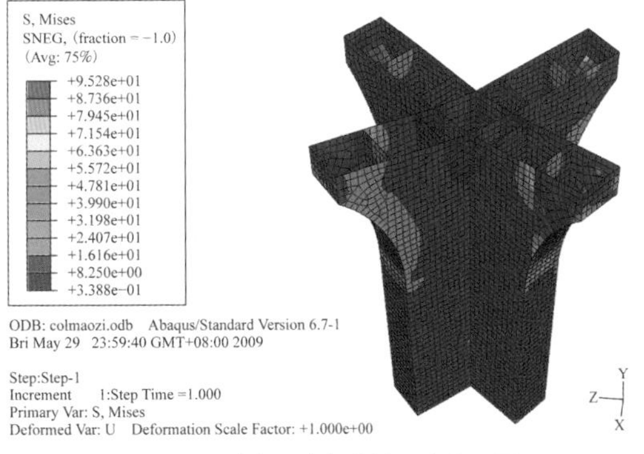

图 3.4-9　牛腿二次焊接柱顶应力云图

2. 主桁架与次桁架相交处下弦节点

由图 3.4-10 可知，主桁架平面外两个方向均与次桁架相交，节点处节点杆件数量多且次桁架弦杆内力较大；下弦杆截面尺寸大。若采用相贯焊节点，则节点区域必须进行加强，才能满足节点承载力的要求。

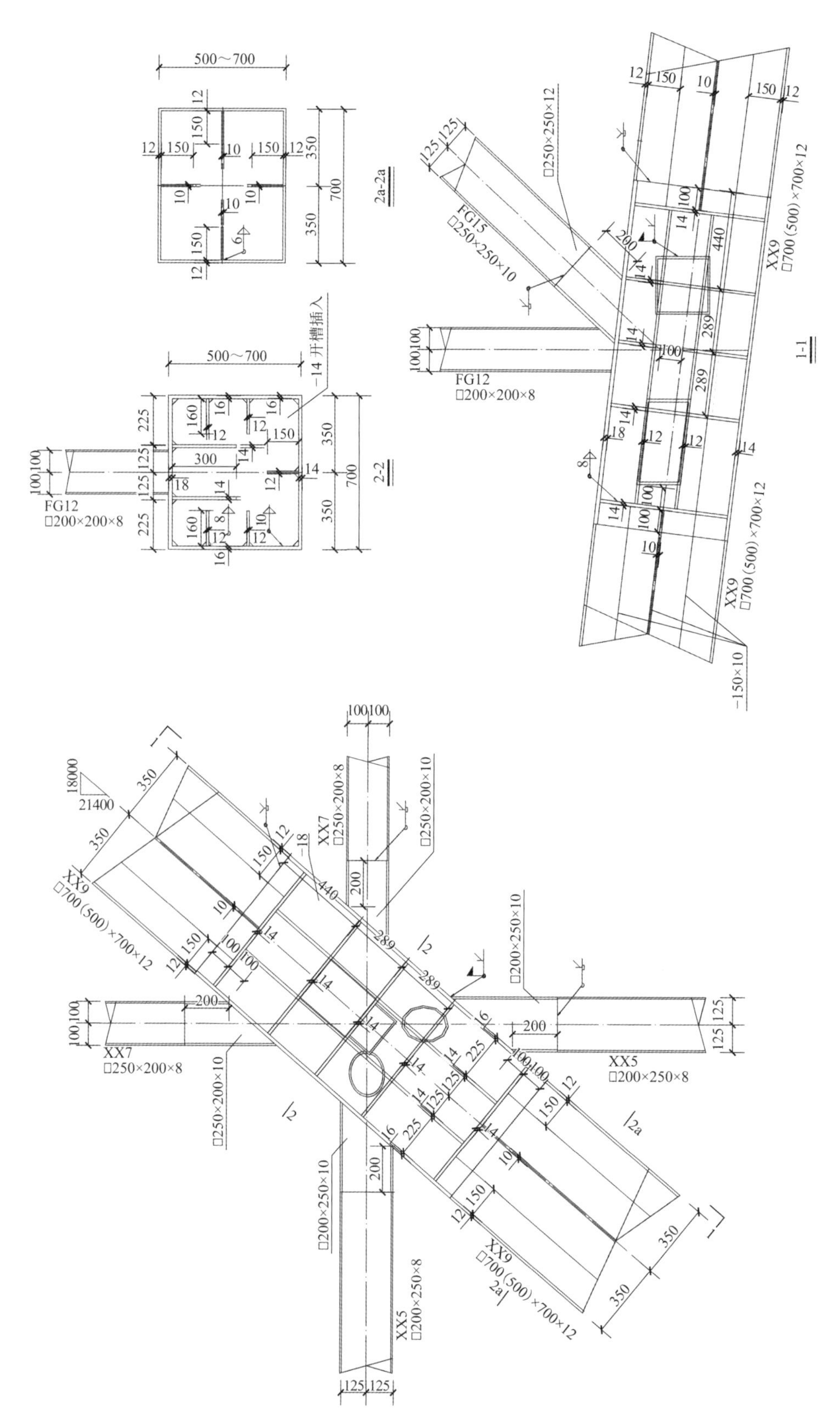

图 3.4-10　主桁架与次桁架相交处下弦节点

经过多次分析与优化，从有效提高节点承载力和方便施工两方面考虑，节点区域的加强措施如下：

（1）根据节点各平面上杆件内力大小，节点区域主桁架下弦杆采用不同厚度的板件：上翼缘为18mm；腹板均为16mm；下翼缘板为14mm。

（2）节点区域纵向加劲肋设置如下：上翼缘板：300mm × 14mm（2块）；腹板：160mm × 12mm（每侧2块）；下翼缘板：−150mm × 12mm（1块）。见图3.4-10中的2-2剖面。

（3）14mm厚的横隔板与纵向加劲板焊接连接，布置于次桁架弦杆与主桁架下弦相交处。

由于无法采用规范方法计算节点承载力，采用有限元进行节点应力分析，典型节点有限元分析结果如图3.4-11所示。

分析显示，节点区域基本处于弹性阶段，节点承载力满足要求。该节点采用节点足尺试验进行节点承载力的检测。

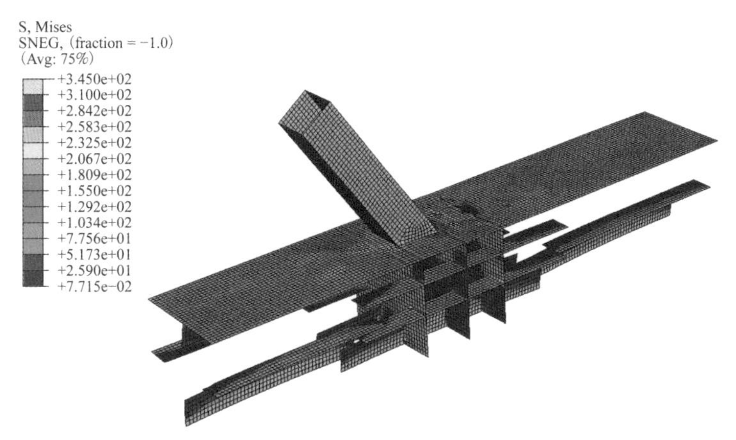

图3.4-11 下弦节点内部加劲肋应力图形

3．四个伞形单元交汇处下弦节点

该节点处有8根弦杆相交，且不在同一平面内，连接复杂。采用的节点如图3.4-12所示。

连接节点处采用十字形的连接板，相交桁架的弦杆均与此十字板相连，传力直接且焊接方便；竖腹杆则插入连接板，与之焊接连接。该节点传力直接，施工简单。

4．X形柱应力分析

与商业夹层及屋盖结构相连的X形钢柱受力大，截面复杂，且在高架层结构高度范围内进行部分截面转换，柱应力分析极为重要。

1）用SAP2000和ANSYS分别对结构进行整体弹性分析和有限元弹性分析，构件设计的控制工况为1.2D + 0.98L + 0.84W0 + 1.3T+。

2）采用该控制工况的内力，用ABAQUS对X形柱进行整体非线性有限元分析。分析时，考虑几何非线性和材料非线性（采用双线性随动强化模型，考虑材料的包辛格效应），不考虑高架层以下的钢管混凝土柱中的混凝土，将其作为安全储备。主杆件的应力云图如图3.4-13所示，柱高方向各控制截面分析结果见表3.4-1。

X形柱有限元应力分析结果　　表3.4-1

部位	最大应力/MPa	
	主杆件	加劲板
商业夹层处	139	57.1
高架层处	200	应力较小
柱截面转换处	220	160
柱底	295	207.1

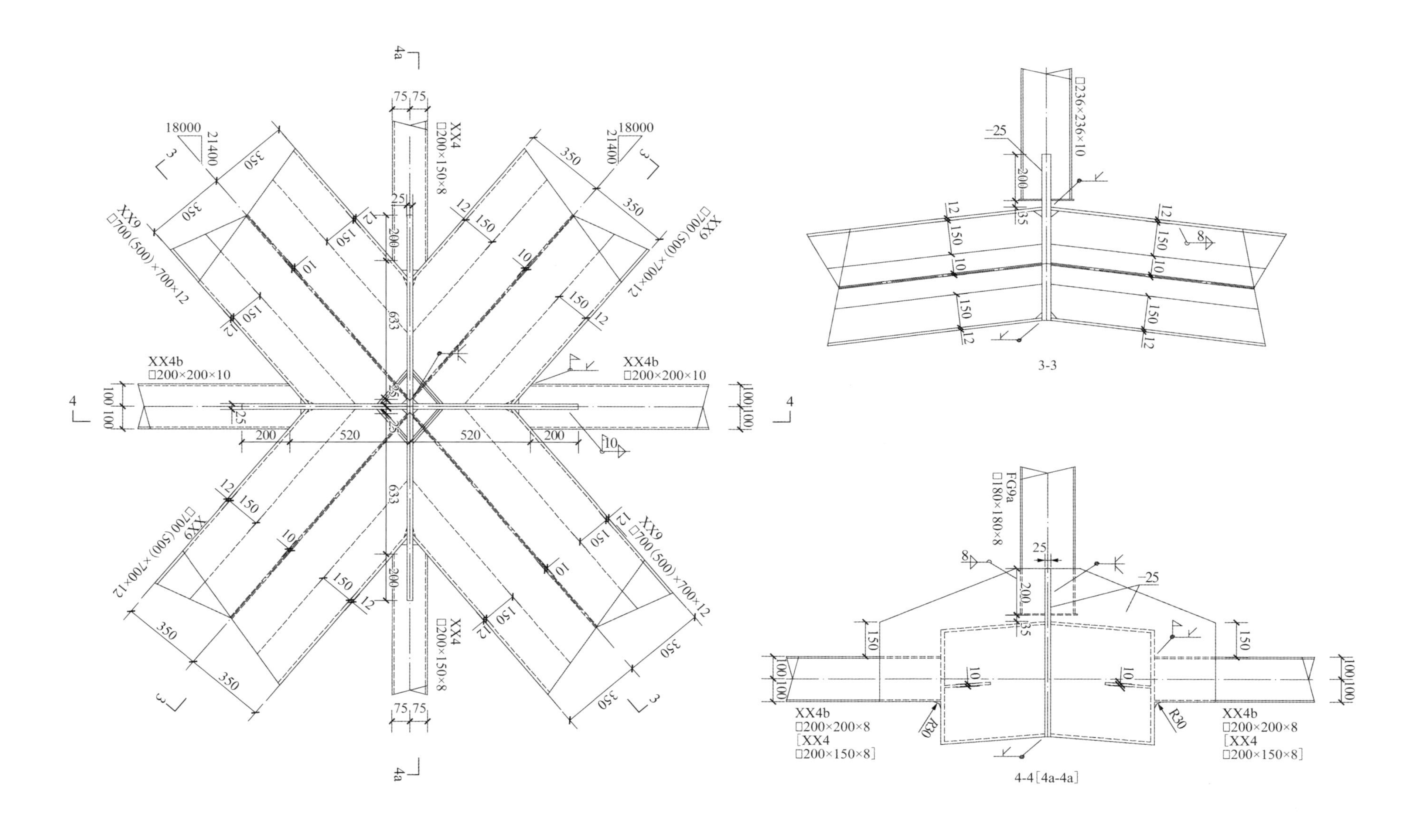

图 3.4-12　四个伞形单元交汇处下弦节点连接图

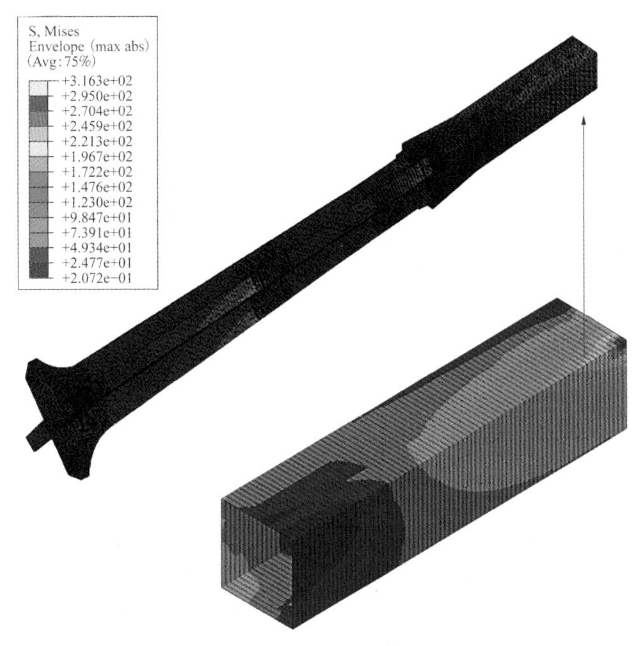

图 3.4-13 X 形钢管柱主杆件应力云图

3）非线性分析结果

（1）柱底部（矩形钢柱）在没有考虑混凝土作用的情况下，屈服范围很小，柱截面大部分处于弹性状态。

（2）与高架层与商业夹层水平构件连接部位，柱杆件整体应力水平较低。

（3）柱截面转换区域应力处于弹性状态，从外侧转换钢板的应力可知，内部加劲肋有效地将上部需转换的板件内力传至了外侧转换钢板上，达到了设计目的。

（4）柱底内部加劲肋处于弹性受力状态，在承受荷载的同时，可以抑制外侧钢板平面外屈曲。

（5）高架层钢桁架与柱连接处弦杆最大应力为 184MPa，斜腹杆、弦杆基本上处于弹性受力状态，与 SAP2000 的计算结果较吻合。

3.5 结构试验

3.5.1 试验目的

选取有代表性的复杂屋盖主桁架和次桁架相交的下弦节点（节点内设置加劲肋的矩形截面相贯节点）进行足尺试验，节点类型为 2 种，分别为 8 号、68 号节点，如图 3.5-1 和图 3.5-2 所示。每种节点数量均为 2 个，共计为 4 个足尺节点。该节点的特点是：主管为大截面方管（700mm × 700mm × 12mm），支管则为截面较小的方管和圆管，如 200mm × 200（250）mm × 8（10）mm 或ϕ168mm × 8mm，且在多面与主管“相贯”焊接。为提高节点承载力，在主管节点区内，设置多道横隔板和纵向隔板。通过节点试验和 ABAQUS 理论分析确定主管与支管尺寸差异大、支管截面为矩形或圆形杆件，以及加劲板等对节点承载力的影响。

3.5.2 试验设计

采用足尺节点模型，单调加载方式，试验中量测项目包括各杆件单向应变、节点域三向应变花和杆件的相对位移等，如图 3.5-3 所示。

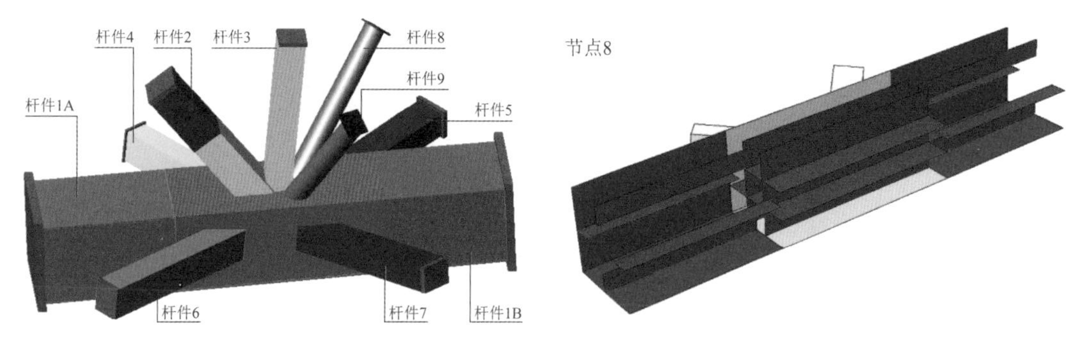

图 3.5-1　8 号节点杆件编号及节点域构造示意图

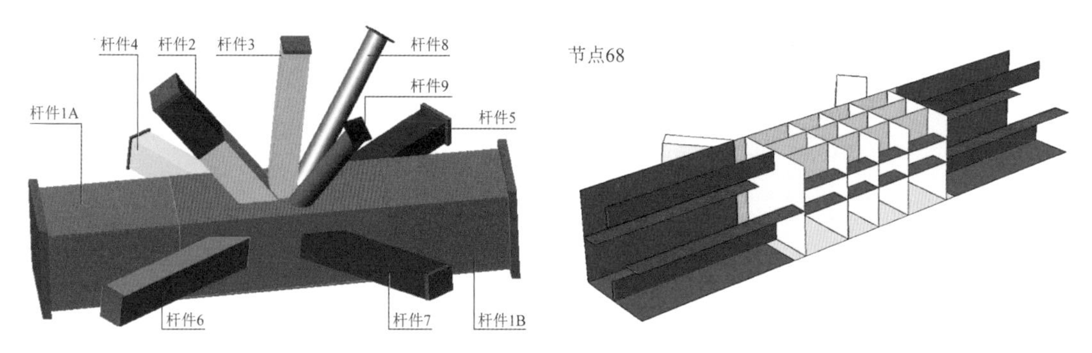

图 3.5-2　68 号节点杆件编号及节点域构造示意图

图 3.5-3　足尺节点试验照片

3.5.3　试验现象和结果

（1）两种节点（68 号、8 号节点）主要差别为主管内部加劲板设置的不同，在 1.0 倍设计荷载和 1.3 倍设计荷载作用下节点处于弹性状态，节点变形很小，小于 0.2mm。

（2）两种节点首先出现屈服点均为同一圆管（编号为杆件 8）与主管相交处。

（3）两种类型节点在 1 倍和 1.3 倍设计荷载作用下，节点域并未出现明显的宏观变形，故该类型节点并未存在严重的应力集中。

3.5.4　结论

1. 试验结论

（1）两种类型的节点（8 号、68 号节点），在 1.0 倍设计荷载作用下，杆件 8（圆管）与主管节点区域局部个别测点均首先进入塑性。但整体而言，杆件 8 并无明显的宏观塑性变形。

（2）两种类型的节点（8 号、68 号节点），在 1.3 倍设计荷载作用下，杆件 8 与主管节点区域局部个别测点均首先进入塑性，其余杆件除局部个别测点随之进入塑性外，其余测点均保持弹性。但整体而言节点域内杆件并没有明显的宏观塑性变形，表明节点的极限承载力高于杆件名义承载力，节点承载力满足规范及设计要求。

（3）试件节点区域内不同构造措施对节点关键位置的应力影响较大，尤其是内加劲的作用不可忽视。

2．理论分析结论

（1）两种类型的节点（8 号、68 号节点）在 1.0 倍设计荷载作用下，节点单向应变仪测点的平均应变值与理论分析结果规律一致，误差较小。

（2）对两种类型的节点（8 号、68 号节点）在其他设计荷载倍数（1.2~1.6 倍）的作用下，节点主管不同区域连接处为薄弱环节，可能由不同区域加劲肋构造措施不一致引起；在节点空间加载同时作用下，对杆件相贯连接处，各个杆件之间存在一定的空间影响，致使节点域内不同杆件处，应力出现不同程度的增减。

3.6 结语

太原南站结构设计的主要创新点：

（1）屋盖结构采用“伞”状单元体组合而成，“伞”状单元体的平面投影尺寸为 36m × 42.8m，单边悬挑长度近 30m，为现有国内外类似结构最大尺寸，且首次用于高烈度区（抗震设防烈度为 8 度）。

（2）X 形钢柱及与之对应的悬挑钢桁架的结构单元组合结构形式为世界首创。

（3）屋盖结构设计使结构形态与建筑形态完全拟合，减小建筑装饰工程与造价，提高建筑的整体装饰和采光效果；而且结构受力合理、直接，降低结构的工程造价，经济指标良好，为整个站房的“点睛之作”，使太原南站成为太原市的地标性建筑，受到社会各界的好评，被称官方媒体为“山西客厅”。

参考资料

[1]《太原南站风洞试验报告》

[2] 太原理工大学《太原南站屋盖节点试验报告》

设计团队

中南建筑设计院股份有限公司：周德良、曹登武、张　卫、李功标、杨雪荔、梁　净、王　毓、汪秋风、徐　波、张可可。

主要执笔人：周德良。

获奖信息

2017 年全国优秀工程勘察设计行业奖优秀建筑工程一等奖；

2016 第九届全国优秀建筑结构设计二等奖；

2016 年湖北省勘察设计行业优秀建筑工程设计一等奖。

第 4 章

杭州东站

4.1 工程概况

4.1.1 建筑概况

铁路杭州东站为国内铁路枢纽站房，由主站房和站台雨棚组成，是国内唯一一座集站房、国铁、地铁及磁悬浮（预留）于一体的“桥建合一”枢纽高铁站房，屋顶 10MW 光伏电站和站房建筑一体化，是国内外最大光伏单体建筑发电系统，总建筑面积约为 32 万 m^2。杭州东站方案、初步设计及施工图设计均由中南建筑设计院完成。杭州东站于 2013 年 7 月 1 日正式投入使用，如图 4.1-1 所示。

图 4.1-1 杭州东站鸟瞰（实景）

主站房最大平面尺寸为 285m（顺轨向）× 550m（垂轨向），为地上 2 层（局部 3 层）、地下 1 层（局部 3 层，含地铁结构）的框架结构，其顺轨向（为南北向）结构剖面如图 4.1-2 所示。

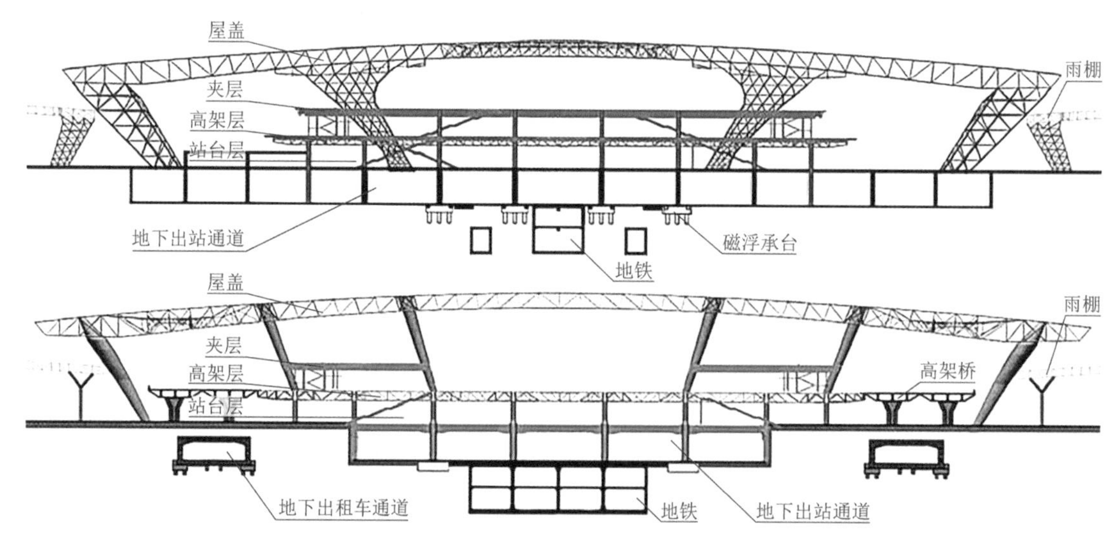

图 4.1-2 杭州东站沿顺轨向立面和剖面

地下一层以下为地铁结构，地铁结构与主站房部分共柱，将站房结构与地铁结构连为整体。地下一层为国铁出站厅、联系通道以及设备和商业用房，建筑地面标高为–11.200m，层高为 11.2m；首层为站台层，由国铁承轨层、磁悬浮和线侧站房组成，层高为 10.0m；二层为候车厅层，其上部大部分为屋面，局部为三层商业夹层；商业夹层位于站房东侧、西侧，平面均呈 U 形，楼面标高为 18.300m；屋面为圆弧形，最高点标高为 39.900m，最低点标高为 22.050m。站房主要建筑平面、立面和剖面如图 4.1-3～图 4.1-8 所示。

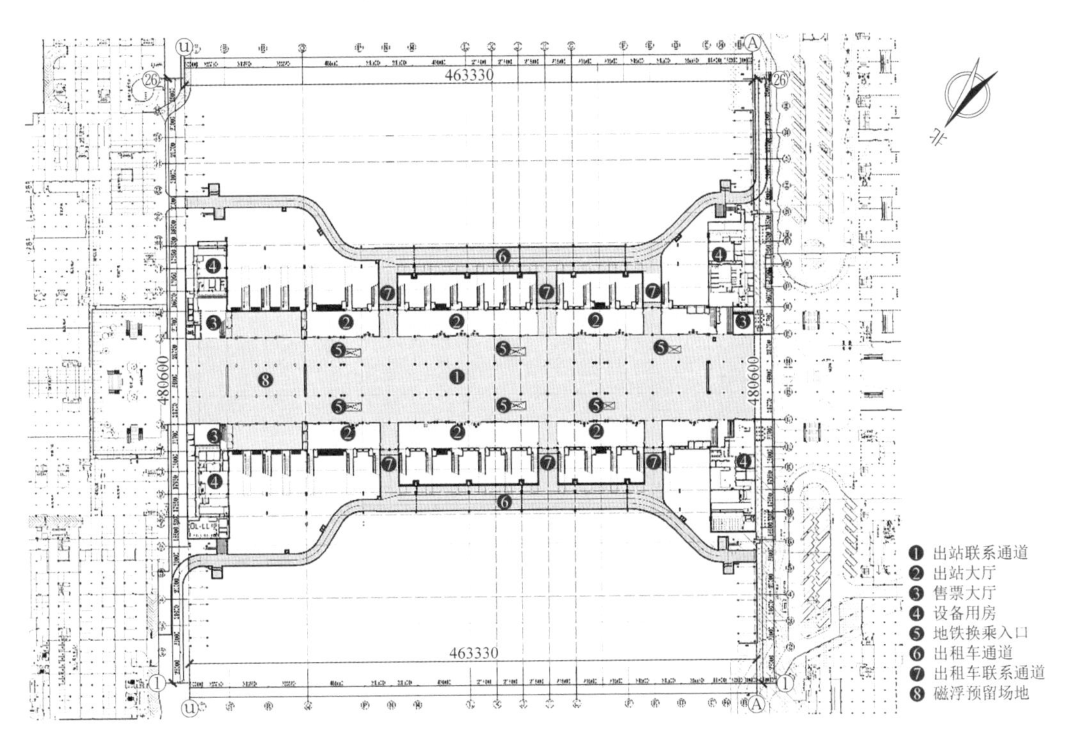

图 4.1-3　出站层平面图

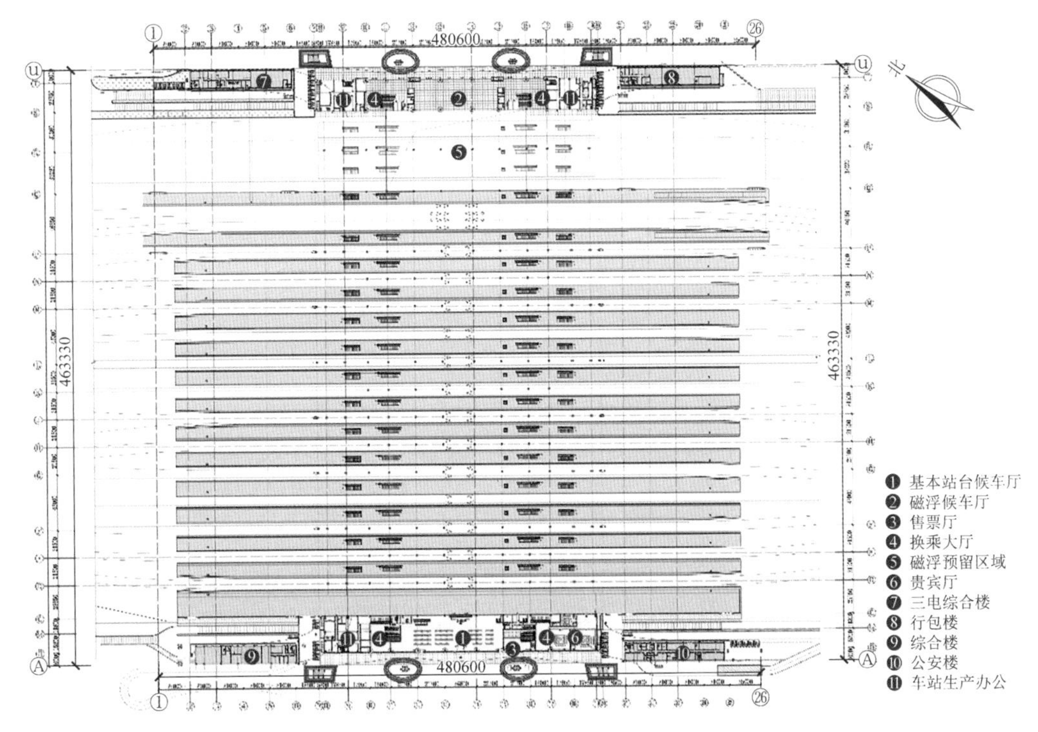

图 4.1-4　站台层平面图

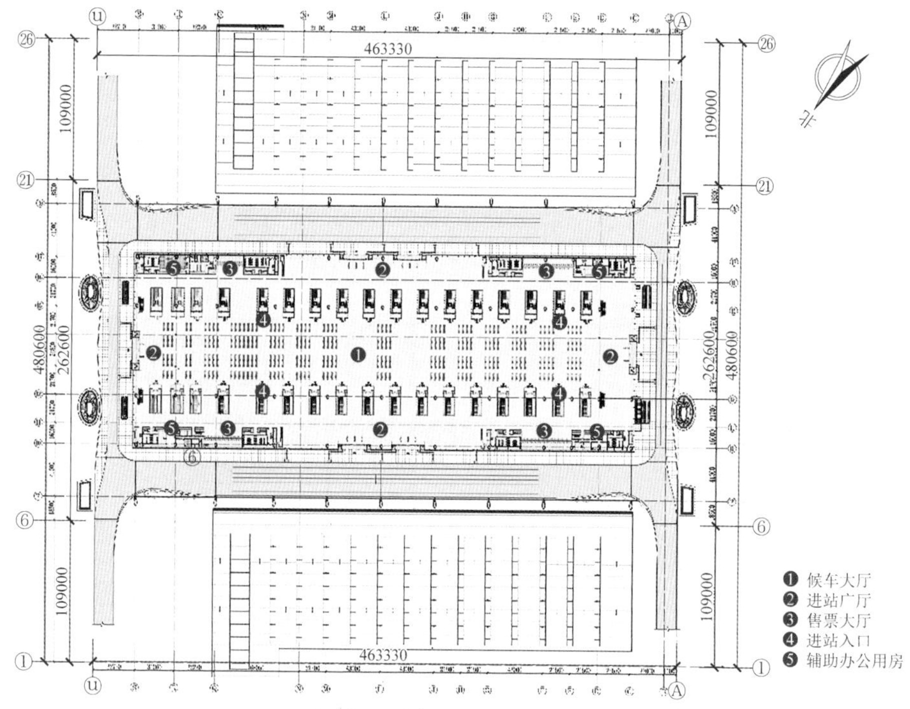

图 4.1-5　高架候车厅层平面图

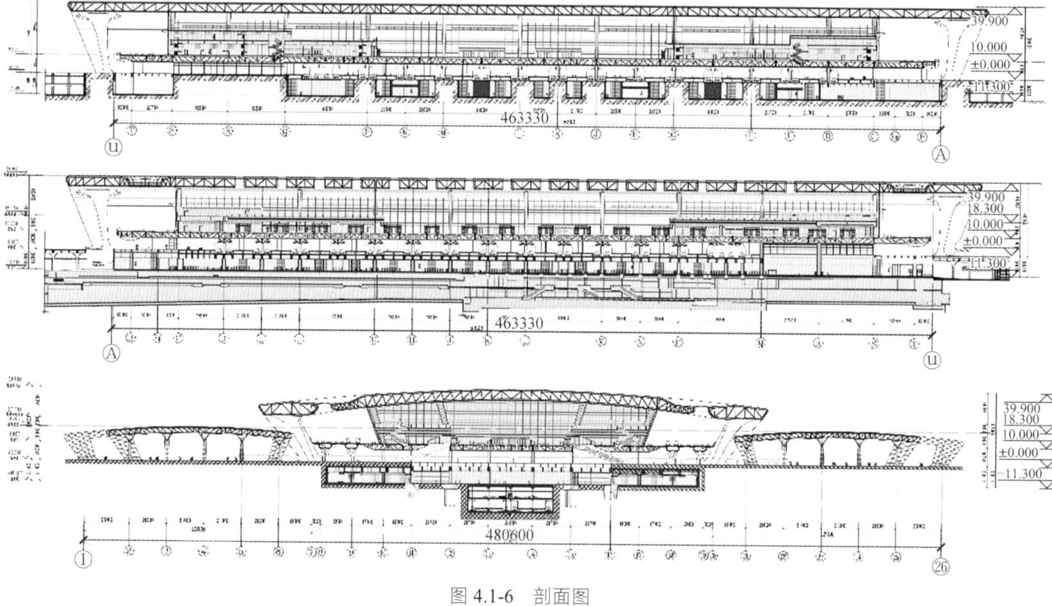

图 4.1-6　剖面图

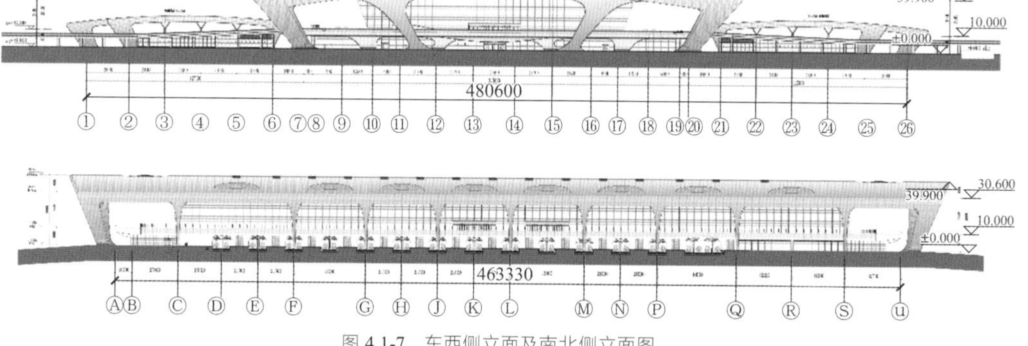

图 4.1-7　东西侧立面及南北侧立面图

图 4.1-8　模型照片

4.1.2　设计条件

1. 主体控制参数

主体控制参数见表 4.1-1。

控制参数　　表 4.1-1

项目	标准	
设计使用年限	50 年（耐久性 100 年）	
建筑结构安全等级	一级	
结构重要性系数	1.1	
建筑抗震设防分类	重点设防类	
地基基础设计等级	甲级	
设计地震动参数	抗震设防烈度	6 度
	设计地震分组	第一组
	场地类别	Ⅲ类
	小震特征周期	0.45s
	大震特征周期	0.50s
	基本地震加速度	0.05g
建筑结构阻尼比	多遇地震	0.03
	罕遇地震	0.05
水平地震影响系数最大值	多遇地震	0.04
	设防地震	0.12
	罕遇地震	0.28
地震峰值加速度/（cm/s^2）	多遇地震	18
	设防地震	50
	罕遇地震	125

2. 风荷载

基本风压为 0.50kN/m^2（100 年一遇），按照浙江大学于 2009 年 7 月提供的《杭州火车东站风洞试验报告》，风洞试验的几何缩尺比为 1：250，B 类地貌，在 0°～360°范围内每隔 15°取一个风向角，共有 24 个风向角。风荷载按风洞试验报告确定，并按照《建筑结构荷载规范》GB 50009 确定的风荷载进行复核，包络设计。

3. 雪荷载

基本雪压为 0.50kN/m^2（100 年一遇），按《建筑结构荷载规范》GB 50009 确定雪荷载。

4. 温度作用

根据杭州市的气候状况，考虑结构合拢环境温度为 15～25℃，结构设计中温度作用取值如下：

（1）主站房钢结构屋盖和站台雨棚：正温差$\Delta T = 30℃$，负温差$\Delta T = -30℃$。

（2）主站房高架层钢结构：正温差$\Delta T = 25℃$，负温差$\Delta T = -30℃$。

（3）主站房高架层混凝土楼板：正温差$\Delta T = 15℃$，负温差$\Delta T = -15℃$。

（4）站台层混凝土结构：室内：正温差$\Delta T = 10℃$，负温差$\Delta T = -10℃$；室外：$\Delta T = \pm 15℃$。

4.2 建筑特点

4.2.1 新型站房屋盖钢结构

（1）屋盖平面尺寸为 285m（顺轨向）× 550m（垂轨向），屋盖柱均为斜柱，柱倾斜度（与竖直垂线之间的夹角）为 16°～36°不等，截面为下小上大的异形柱，柱距：顺轨向为 35～84～111m；垂轨向为 25.55～43～68.55m，柱高为 27.47～32.67m 不等。

（2）本工程为国内外最大光伏单体建筑，除屋面板体系荷载外，绝大部分屋盖上布置自重为 0.2kN/m^2 的太阳能板；屋盖均匀、对称布置 18 个下凹椭圆形采光顶，采光顶区域积水荷载（活荷载）为 3kN/m^2，远大于一般屋盖 0.5～0.7kN/m^2 的活荷载。

（3）屋盖结构采用“下小上大异形变截面超长斜格构柱和斜钢管柱 + 双向矩形大跨度拱形钢管桁架和单层网壳组合的巨型复杂大面积空间框架结构”，属国内外首创。

4.2.2 新型双向大跨重载钢结构楼面结构

主站房商业夹层双向最大跨度为 46.55m × 38.262m，绝大部分柱距大于 30m，根据建筑层高及下部候车厅层净空要求，通过多方案比选，楼盖结构采用“双向井字蜂窝钢梁 + 下小上大变截面异形斜钢管柱”框架结构。除框架边梁为 2.5m 外，其余楼盖蜂窝梁高均为 1.85m，所有设备管道在蜂窝梁内穿越，有效降低楼层结构高度。

利用相邻楼层结构刚度，研发了一种一端铰接、一端可在受力达到限值后可滑动摇摆柱作为减振构件，提出了新型大跨度重型钢结构楼盖减振方法，提高了大跨度钢结构楼盖的竖向振动舒适度。

4.2.3 先进结构健康监测技术的研发与应用

研发了基于无线智能组网技术的铁路站房结构健康监测系统，开展长达 8 年（2011—2019 年）、涵盖施工和运营阶段的站房结构连续健康监测，为国内监测时间最长、监测内容全面的建筑结构健康监测。

通过结构健康监测，系统地验证了特大型（枢纽）“桥建合一”高铁站房新型结构的受力特性及安全性、风和温度作用的规律。

4.3 体系与分析

4.3.1 结构方案选型

1．站房屋盖结构

根据建筑形态、采光设计，站房屋盖设置 18 个下凹采光顶以及 15 条顺轨向采光带，屋盖整体空间作用较弱，不宜采用网架结构；结合屋盖柱网尺寸、下小上大斜柱以及高铁站房运维的特殊要求，在方案及初步设计阶段，屋盖结构方案主要包括：①等截面斜柱 + 空间双向钢管桁架结构方案；②变截面斜柱 + 空间双向钢管桁架结构方案。变截面斜柱中包括下部为异形钢管与上部大截面区域钢管格构柱组合以及“下小上大”异形钢管柱两种类型。

采用建筑数字技术，将建筑形态和结构合理受力充分结合，经过多次比选，屋盖结构采用“下小上大异形变截面超长斜格构柱和斜钢管柱 + 双向矩形大跨度拱形钢管桁架和单层网壳组合的巨型复杂大面积空间框架结构”，属国内外首创，如图 4.3-1、图 4.3-2 所示。

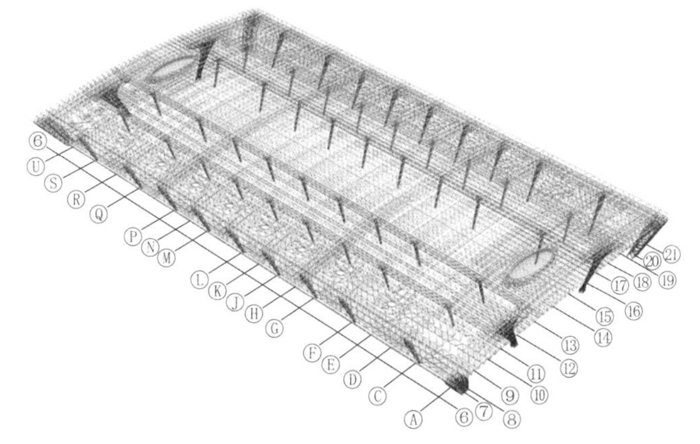

图 4.3-1　屋盖结构鸟瞰

图 4.3-2　施工中的屋盖结构（立面）

2．商业夹层楼盖

商业夹层层高为 8.3m，商业夹层平面呈 U 形，两个平面尺寸接近，约为 152.24m（顺轨向）× 114.2m

(垂轨向);柱距:顺轨向为 38.262m + 21.7m + 24.8m + 21.7m + 38.262m;垂轨向为 46.55m + 32.22m + 31.26m,最大双向柱距为 46.55m × 38.262m。根据柱距、荷载大小,该楼盖采用钢桁架楼盖,桁架上下弦中心距为 2.8m,钢桁架上下翼缘之间高度为 3.2m,楼盖用钢量约为 175kg/m²,比较经济。

根据建筑使用要求,除平面周边梁梁高为 2.5m,其余框架梁、次梁梁高均为 1.85m,且设备管道从梁高范围内穿越,上述梁高远远小于钢桁架结构所需的 3.2m。

为此,经多方案比选,除框架梁采用蜂窝梁外,楼盖次梁采用双向井字梁布置,次梁截面为 H1850mm × 300mm × 14mm × (20~30)mm,为蜂窝梁(双向连续蜂窝梁),腹板采用正六边孔,孔高 850mm。井字次梁双向间距为 3~5m,次梁相交处为刚接,次梁与箱形框架梁刚接连接,以提高楼盖的竖向刚度。楼板采用 100mm 厚的钢筋混凝土平板,以减小楼盖结构高度,降低结构自重。楼盖的局部结构布置如图 4.3-3、图 4.3-4 所示。

材料截面表

截面编号	截面规格	截面材料
GKL1	II 2500×1200×18×50–200	Q420GJC
GKL1a	II 2500×1700×30×60–450	Q420GJC
GKL3	II 1850×1200×16×40–200	Q420GJC
GKL3a	II 1850×1750×30×60–475	Q420GJC
GL1	H1850×400×14×35	Q345C
GL3	H1850×300×14×20	Q345C
GL7	H450×200×8×20	Q345C
GL9	H200×100×5×10	Q345C

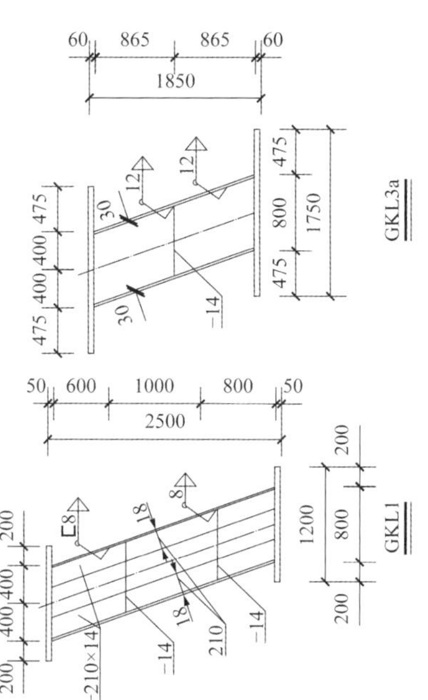

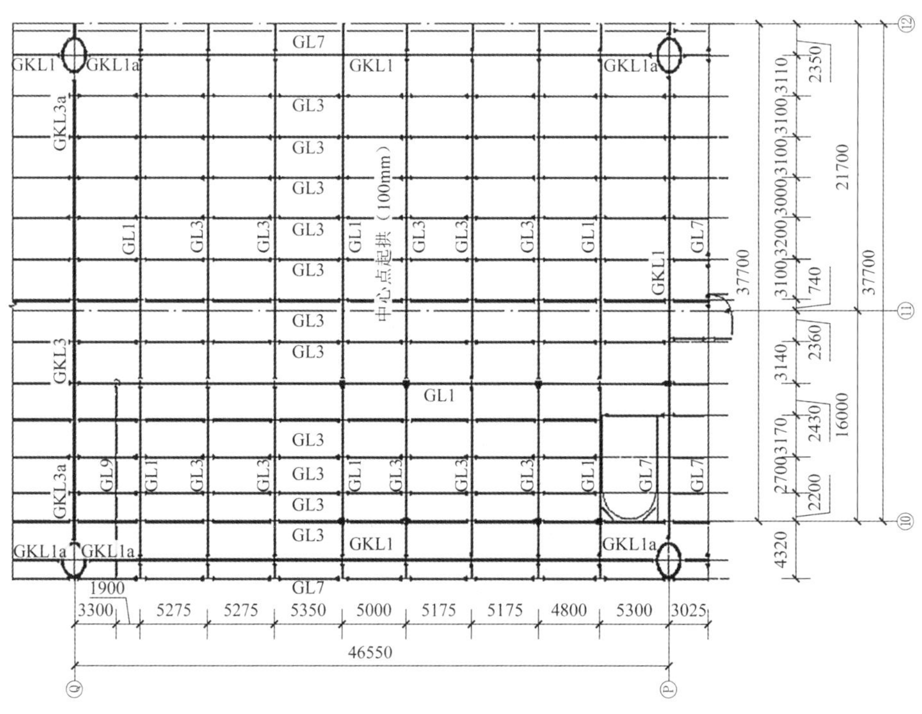

图 4.3-3 商业夹层局部平面结构布置

图 4.3-4　施工中的商业夹层楼盖

由于梁高跨比较小，虽然采用井字梁楼盖，楼盖竖向刚度仍偏小。结果分析表明，夹层楼盖的最小竖向振动频率为 2.0Hz，楼盖竖向振动舒适度难以满足设计要求。为此，根据跨层结构减振原理，研发了一种一端铰接、一端轴力达到设计限值后可滑动摇摆柱，将商业夹层与下部竖向刚度相对较大的高架层楼盖相连，形成了新型大跨度重型钢结构楼盖减振技术。采用该技术后，商业夹层楼盖最小竖向振动频率为 2.44Hz。通过现场检测，楼盖竖向舒适度满足设计及规范要求。

4.3.2　结构布置

主体结构为框架结构，在站台层以上均为钢结构，承轨层到发线区域采用钢骨柱 + 钢骨梁结构，站台层的线侧结构为（预应力）钢筋混凝土结构。

1. 地下一层（即出站厅层）

该层地面结构标高为−11.700m，为站房、国铁、地铁和磁悬浮的交界面，各功能区对结构要求不同，尤其是位于该层地面结构以下的地铁结构布置及其基坑支护均较复杂，使站房出站厅层结构布置变化较大。按受力状况，本层结构可分为以下三部分。

（1）地铁顶板区域

该区域内出站层底板标高和地铁顶板面标高相差约为 1m，底板无法也不必与地铁结构脱开。为此，将地铁顶板四周的地下连续墙与出站层底板相连，底板与地铁顶板之间填土压实。底板厚 250mm，采用构造配筋。

（2）其余区域（地铁风道区域除外）

在该区域内，出站层底板与土直接接触，大部分区域采用 600mm 厚结构底板 + 直径 800mm 钻孔灌注桩（抗拔桩）结构，并与上部结构柱的桩基承台相连。该部分底板结构主要受水浮力的作用，所受地下水水头高为 10.15m，采用底板下均布抗拔桩结构。

（3）在地铁风道区域

在该区域因无法设置底板抗拔桩，底板与桥梁结构的桩基承台相连，桩基承台为底板抗浮的支座。根据底板跨度的不同，底板厚取 800～1100mm 不等。

2. 站台层结构

站台层结构按照使用功能的不同，可分为以下四部分：国铁正线桥梁、国铁到发线桥梁、线侧站房结构和磁悬浮结构。线侧站房均设防震缝与承轨层结构脱开，而在承轨层结构中，国铁正线与国铁到发线、国铁与磁悬浮之间结构均设防震缝分开。各部分结构选型如下：

（1）国铁正线采用预应力混凝土梁式桥。

（2）国铁到发线桥梁结构采用钢管混凝土柱 + 双向框架钢骨梁框架结构，上部站房高架层的柱也为钢管混凝土柱，与桥梁的钢管混凝土柱直接相连。

（3）线侧站台层结构基本由两部分组成：轴 A～C 区域和轴 S～U 区域，每部分平面尺寸基本均为 246.4m × 47.25m，主要柱网尺寸均为(10～14.7)m × (16～24.8)m，楼盖不设缝。该层楼盖结构采用预应力梁 + 普通混凝土板。框架梁和井字次梁均采用后张有粘结预应力筋，在纵向（顺轨方向）板中部区域设置无粘结预应力筋作为板中温度筋，局部结构布置如图 4.3-5 所示。

（4）预留磁悬浮结构。

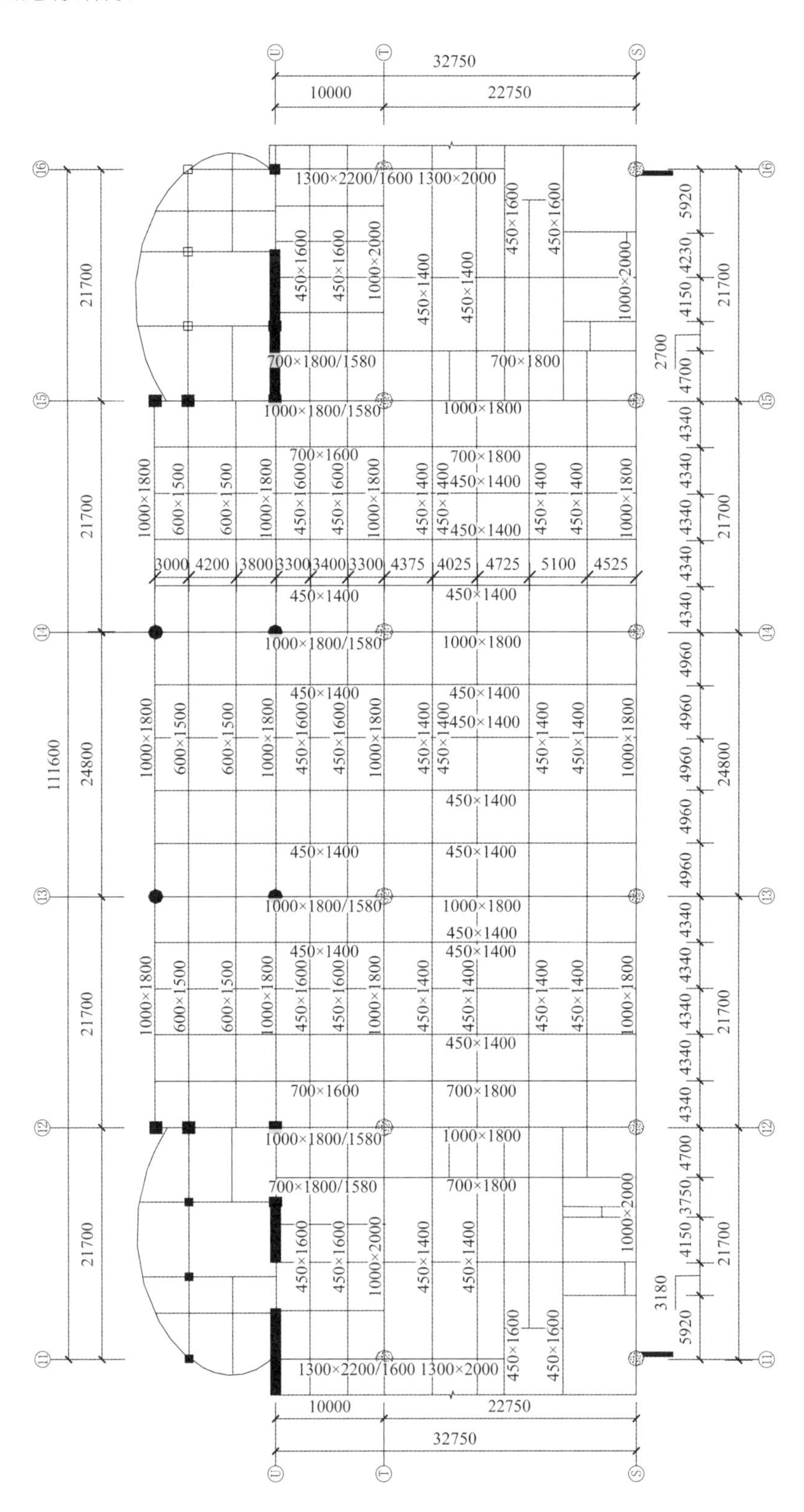

图 4.3-5　站台层线侧局部结构布置平面

3．高架候车厅层结构

高架层为旅客候车层，其最大平面尺寸为 463.45m（垂轨向）和 143.6m（顺轨向）。

为减小温度作用所产生的结构内力，设置防震缝，以减小结构的单元平面尺寸。顺轨向：两侧的高架车道与候车厅之间设防震缝分开；垂轨向：沿轴 H 和轴 N 各设一道缝，缝设置于高架层楼面的柱轴线处，在柱顶缝两侧主桁架底分别设置滑动支座，支座受力明确、经济合理。垂轨向的无缝结构平面尺寸均小于 160m，温度作用产生的内力得到较大幅度的降低。

柱网尺寸（m）：顺轨向为 $16+21.7\times2+24.8+21.7\times2+16$；垂轨向为 $27+25.55+21.5\times2+43.06+21.5\times4+43.06+21.5\times2+46.55+32.22+31.26+22.75$。

顺轨向柱间距较均匀且 $\leqslant 25$m；垂轨向柱距变化大，且大、小跨间隔布置。

经过多方案经济技术比较（包括施工工期和设备布置要求），并经专家论证，整个楼盖结构均采用“钢管混凝土柱＋钢桁架＋钢次梁＋钢筋混凝土板（压型钢板为模板）”的结构体系，钢桁架上下弦杆的中心距为 2.8m。弦杆采用箱型截面或倒置放置的 H 形截面，腹杆一般采用 H 形截面或箱形截面，在受力较小部位的腹杆采用圆钢管以降低用钢量。弦杆的宽度与腹杆截面高度相同，弦杆与腹杆之间采用焊接连接，以减小节点用钢量。

桁架上下弦杆高均为 400mm，钢桁架的净空高度为 2.4m，在桁架下弦平面内布置高架层的设备用房及相应的检修马道，桁架净空满足设备布置的要求。

除楼梯间区域外，次桁架基本沿长跨方向单向布置（即沿垂直于轨道方向），间距约为 5.1～7.3m。

楼盖钢结构材料基本采用 Q345C 或 Q345GJC。局部平面布置见图 4.3-6。

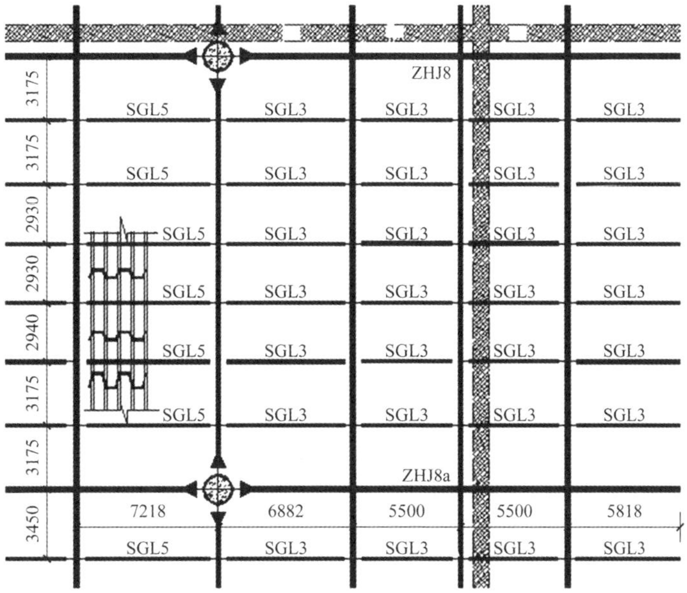

图 4.3-6　高架层结构局部布置图

高架层楼盖用钢量为 218kg/m^2（含节点用量），鉴于垂直于轨道方向跨度 > 30m 的柱距较多，而且站房东、西侧均设有消防车道，荷载大，楼盖经济指标仍为良好。

4．屋盖结构

站房屋盖及楼层钢结构如图 4.3-7 所示，屋盖柱的无支长度为 30m 左右，具体几何参数详见表 4.3-1。

采用非线性理论分析方法对异形钢管柱及钢管格构柱进行承载力力验算，验算结果表明：两种类型柱的整体稳定性和局部稳定性均满足要求，且有较大富余。另外，通过屋盖结构试验进一步验证屋盖结构的受力特点、屋盖整体结构承载力和关键构件的承载力。

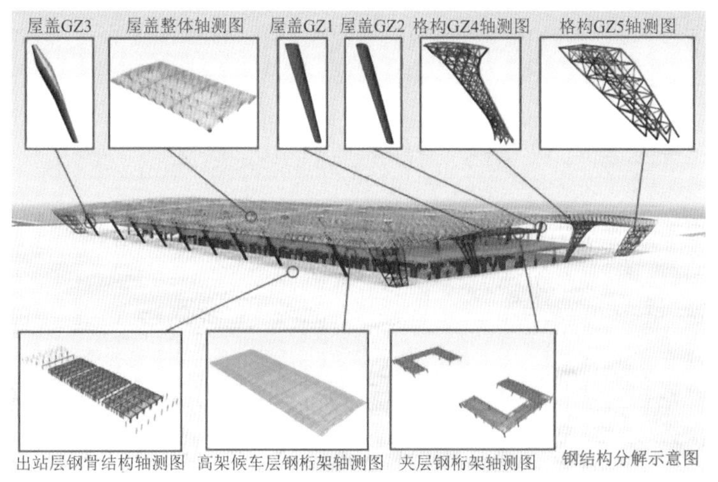

图 4.3-7　站房钢结构分解示意图

屋盖柱形式及相关参数　　表 4.3-1

柱编号及类型	柱中心线与垂直线（Z向）的夹角	柱截面基本形状	柱截面尺寸/mm		柱无支长度/m
			柱底	柱顶	
GKZ1（实腹钢管柱）	16°	准椭圆形	$\phi2192\times1512\times50$	$\phi3600\times2692\times40$	29.42
GKZ2（实腹钢管柱）	19°	准椭圆形	$\phi2192\times1524\times50$	$\phi3360\times2554\times40$	27.47
GKZ3（实腹钢管柱）	30°	准椭圆形	$\phi2144\times1170\times40$	$\phi5808\times4928\times25$	32.67
GKZ4（钢管格构柱）	36°	橄榄形	5603（纵）× 1761（横）	18492（纵）× 6680（横）	31.93
GKZ5（钢管格构柱）	34°	准矩形	8685（9602）（纵）× 5987（5862）（横）	14137（16335）（纵）× 9392（9608）（横）	30.72

屋盖结构平面东、西两侧柱距最大部位设置下凹的椭圆形的采光顶，其长轴、短轴尺寸分别为 52.5m 和 18.55m，采用单层网壳结构，构件截面均为 250mm × 120mm × 16mm，单层网壳支承于周边钢桁架结构上，如图 4.3-8、图 4.3-9 所示。设计中采用溢流装置（积水高度最大为 300mm），该区域的活荷载标准值为 $3kN/m^2$。

图 4.3-8　椭圆形采光单层网壳结构

图 4.3-9　椭圆形采光单层网壳区域结构

4.4 专项设计

4.4.1 站房新型屋盖结构非线性分析

1. 结构布置及受力特点

如前所述，屋盖采用“下小上大异形变截面超长斜格构柱和斜钢管柱 + 双向矩形大跨度拱形钢管桁架和单层网壳组合的巨型复杂大面积空间框架结构”，属国内外首创。该屋盖结构受力合理，与建筑形态高度吻合，获得良好的经济效益和社会效益。结构布置及受力特点如下：

（1）框架柱采用“下小上大”异形变截面超长斜格构柱与斜钢管柱，屋盖双向框架采用由两榀竖向平面钢管桁架组成的矩形空间钢桁架，空间框架桁架的宽度均为 5m，形成类似“宽梁”的空间框架桁架，如图 4.4-1 所示。根据建筑形态，顺轨向跨度为 111m 处空间钢桁架高度从跨中区域的 3.5～4.4m 逐渐变为端部框架柱处的 7m 左右，变截面高度框架桁架类似于“端部竖向加腋”梁，与截面尺寸较大的框架斜柱构成“巨型框架梁柱节点”，可以有效提高屋盖结构竖向刚度和侧向刚度，如图 4.1-2 所示。

对比计算表明：若框架桁架高度均为 3.5m，跨度为 111～84m，则框架梁跨高比为 31.7∶1～24∶1，其竖向及结构侧向刚度均难以满足规范要求。

图 4.4-1　屋盖钢管柱与钢桁架典型节点

（2）根据柱网尺寸、顺轨向条状采光带布置，结合施工中既有浙赣铁路线不停运等要求，屋盖主要受力桁架沿顺轨向（长跨）布置，顺轨向桁架支承于跨度相对较小的垂轨向框架桁架上，受力直接，经济、合理，施工中结构单元受力更加合理、可靠，与施工期间既有浙赣线铁路 1 次转场＋3 次转线的施工组织方案高度吻合，既降低了施工措施费，又有利于既有铁路线和站房的施工安全。施工中屋盖结构局部如图 4.4-2 所示。

图 4.4-2　施工中的站房屋盖钢桁架

（3）屋盖所有柱均为斜柱，且斜柱关于屋盖平面呈双轴对称布置，屋盖结构斜柱在屋盖水平结构内产生“张力效应”，有利于提高屋盖的竖向刚度。

（4）屋盖结构与建筑形态完全拟合，将建筑装饰构件减至最少，降低装饰难度、造价及建筑综合造价，确保建筑形态的稳定性和耐久性，提高建筑形态的完成度和建筑使用安全度，降低站房运行维护成本，结构具有良好的经济效益和社会效益。

2. 屋盖整体结构荷载敏感性分析

对于大跨度钢结构屋盖而言，结构承载力主要由整体稳定决定，鉴于屋盖结构组成及其空间作用机理较为复杂，需充分考虑屋盖活荷载不均匀分布对屋盖结构整体稳定性的影响。为此，进行屋盖在各种初始缺陷下的结构整体稳定分析，通过不同的屈曲模态，模拟不同活荷载分布对屋盖整体稳定性的影响，确定屋盖结构对局部荷载作用的敏感性。

在整体稳定分析中，将屋盖结构不同屈曲模态和重力荷载代表值下的结构变形作为结构初始缺陷，初始缺陷最大值则按照相关规范规定的$L/300$（L为最大跨度）确定。

整体稳定分析采用 ABAQUS 软件，结构分析模型如图 4.4-3 所示，各种不同初始缺陷下结构整体稳定性分析如下。

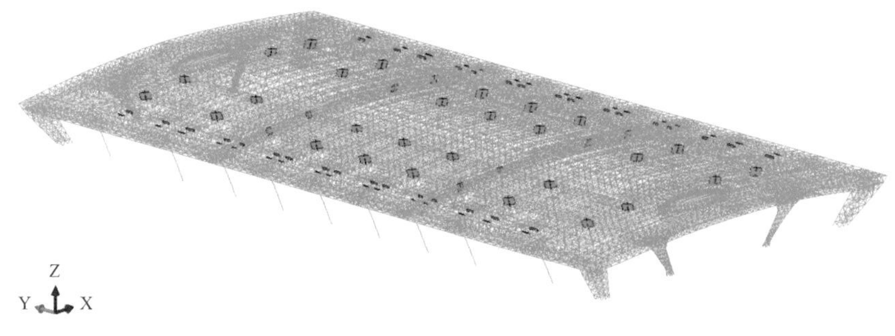

图 4.4-3　钢结构屋盖分析模型

1）线性屈曲分析

线性屈曲分析的荷载工况为“1.0 × 恒荷载 + 1.0 × 活荷载”，前 3 阶整体屈曲模态的屈曲因子如表 4.4-1 所示，第 1 阶屈曲模态如图 4.4-4 所示。

前 3 阶整体屈曲模态的屈曲因子　　表 4.4-1

屈曲模态	屈曲因子
第 1 阶	29.934
第 2 阶	33.988
第 3 阶	38.553

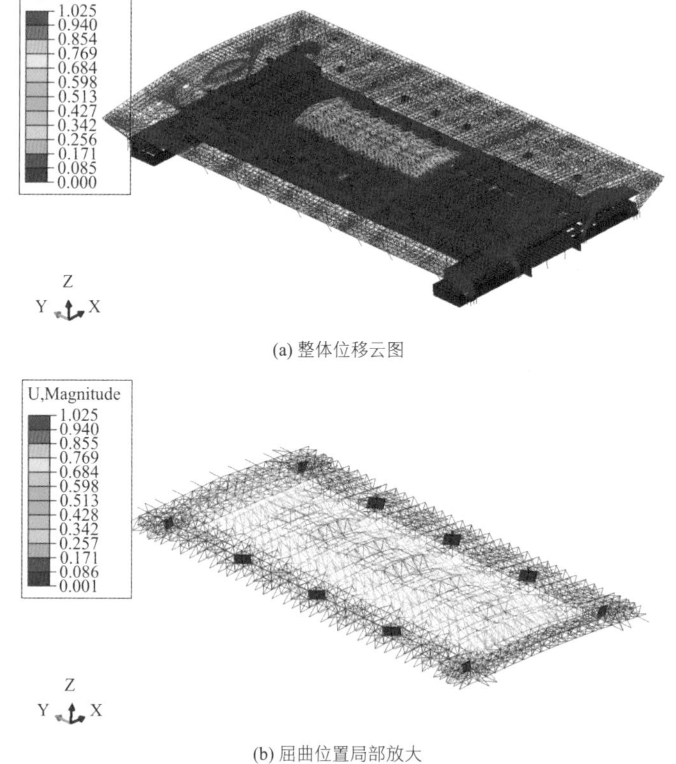

(a) 整体位移云图

(b) 屈曲位置局部放大

图 4.4-4　第 1 阶整体屈曲模态

2）考虑几何非线性、材料非线性的全过程稳定分析

以无初始缺陷、多种整体屈曲模态和重力荷载代表值下的位移模态作为初始缺陷，考虑几何非线性和材料非线性，屋盖整体结构弹塑性全过程分析的荷载因子-位移曲线对比如表 4.4-2 所示，荷载因子-位移曲线对比如图 4.4-5 所示。

不同初始缺陷的荷载因子-位移曲线表　　表 4.4-2

缺陷类型	荷载因子
无缺陷	2.72
第 1 阶整体屈曲模态	2.68
第 2 阶整体屈曲模态	2.67
第 3 阶整体屈曲模态	2.67
重力荷载代表值下的位移模态	2.67

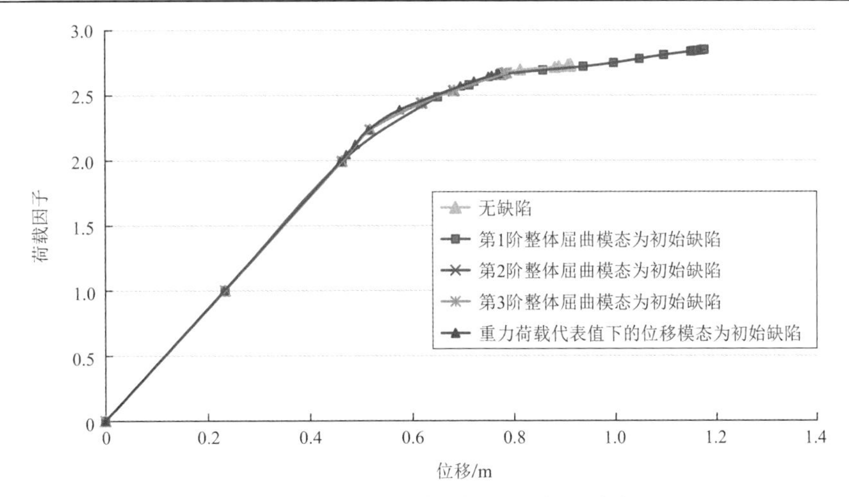

图 4.4-5　不同初始缺陷的荷载因子—位移曲线对比

由表 4.4-2 和图 4.4-5 可知，在四种不同初始缺陷的情况下，荷载因子—位移曲线基本重合，可以得出以下结论：

（1）屋盖结构整体稳定性满足规范要求，且具有良好的承载力。

（2）屋盖结构对初始缺陷不敏感。若用局部荷载作用效应表征结构的初始荷载缺陷，则表示屋盖结构对局部荷载作用不敏感，这种结构特性于大跨度结构而言非常重要。

（3）屋盖结构整体稳定分析中，既有线性屈曲分析，也有考虑初始缺陷和不考虑初始缺陷的全过程非线性分析，线性屈曲因子（约为 30）远大于非线性屈曲因子（约为 2.7），这表明结构的非线性效应（P-Δ效应和弹塑性）明显，其中P-Δ效应更加明显，也说明异形长斜柱（柱无支长度约为 30m）的二阶效应明显。

3. 屋盖结构的抗倒塌性能分析

1）为了对屋盖结构（以平面桁架为主的大跨结构）的极限承载力和抗倒塌能力作出评价，采用拆除构件法对屋盖结构进行抗连续倒塌分析，确定其抗倒塌性能。

屋盖管桁架采用相贯节点连接，采用拆除构件法时，考虑到桁架结构的薄弱部位为相贯节点，节点失效导致腹板失效的概率远大于弦杆失效的概率，为此进行抗连续倒塌分析时，将框架桁架靠近框架柱处的受拉斜腹杆作为拆除的构件。根据弹性静力分析结果，选择支承大跨度屋盖次桁架、受力最大的垂轨向框架桁架作为研究对象。具体而言，选取轴 15 框架桁架 ZZHJ3-1 在轴 C—F 之间（跨度为 68.55m，为该方向最大跨度且受荷面积大）在靠近 C 轴支座处的腹杆 FG7（$\phi273\times16$）作为拆除构件，以此考察大跨度屋盖结构在支座处腹杆（主要承受较大轴拉力）拆除时屋盖结构的变形和承载力特性。该榀桁架

及失效腹杆的平面位置如图 4.4-6 所示。

2）分析方法：采用 ABAQUS 多尺度非线性有限元分析方法。

在弹塑性分析过程中，考虑以下非线性因素：

（1）几何非线性：根据结构变形后的位置建立结构平衡方程，考虑P-Δ效应、非线性屈曲效应、大变形效应等；同时，细分拆除杆件附近区域的相关杆件单元。

（2）材料非线性：采用材料非线性应力-应变本构关系模拟钢材的弹塑性特性，模拟构件的弹塑性发生、发展及破坏全过程。

（3）全过程非线性：根据结构荷载施加及构件拆除的实际情况，分析按三个荷载步进行，即先施加主体结构自重，再施加屋盖其余恒荷载，最后利用“单元生死”技术进行模拟构件的拆除，整个分析步骤如表 4.4-3 所示。

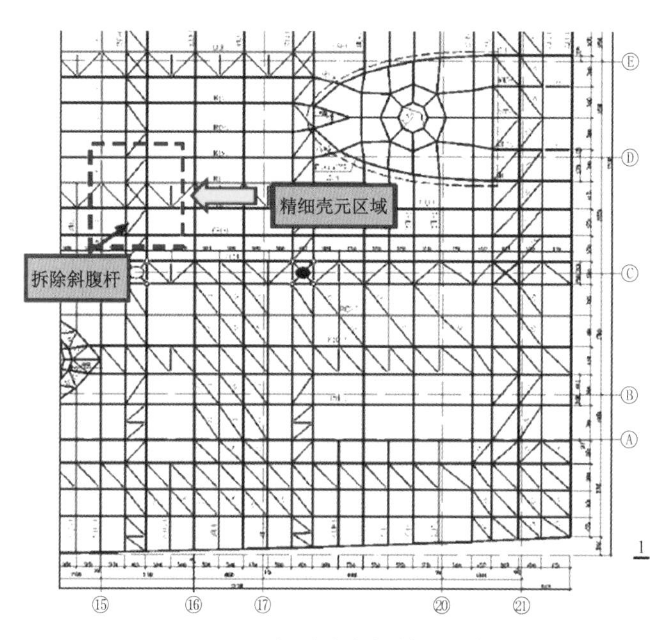

图 4.4-6　拆除框架桁架腹杆平面位置

全过程分析步骤　　表 4.4-3

荷载步分析	全过程模拟	备注
1	结构主体结构自重	结构主体施工完工
2	屋盖其余恒荷载	屋面板自重及吊顶荷载等
3	腹杆拆除	当前结构最终受力状态

3）材料本构关系

结构钢屋盖主要采用 Q345 和 Q235 两种材料，钢材本构关系采用双折线弹塑性模型，屈服强度分别为 345MPa 和 235MPa。计算模型中，材料密度考虑 1.1 倍的放大系数。

4）多尺度有限元模型

多尺度有限元模型可以根据结构的受力状况，将结构的不同部位采用不同类型及尺度的单元进行模拟，即在比较重要的计算区域采用高阶单元模拟，而其余部分采用低阶单元进行模拟，并通过有效的多尺度耦合技术将高阶单元与低阶单元的自由度耦合起来，从而得到较高精度的结构力学响应以及局部区域的力学性质。分析中，腹杆拆除处附近的构件均采用壳单元（S4R/S3R 单元）模拟，其余构件采用梁单元（B31 单元）进行模拟，采用动态耦合（Kinematic Coupling）的方式将两种单元关联节点进行耦合。具体而言，选取拆除构件两跨范围内构件按精细壳元（S4R/S3R）模拟，其余构件按梁单元（B31）模拟。钢屋盖及相应的多尺度壳元模型如图 4.4-7、图 4.4-8 所示。

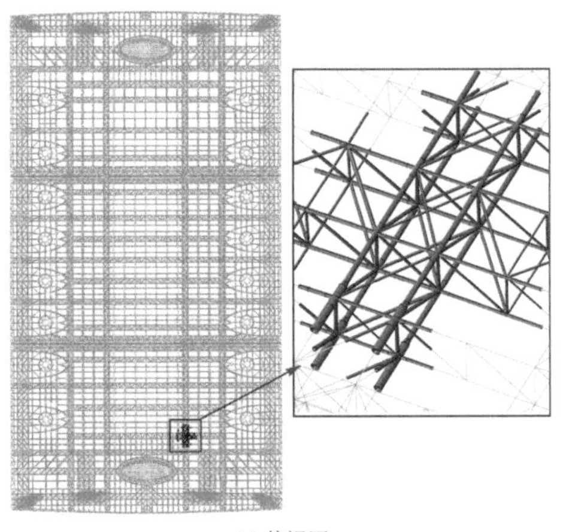

(a) 俯视图

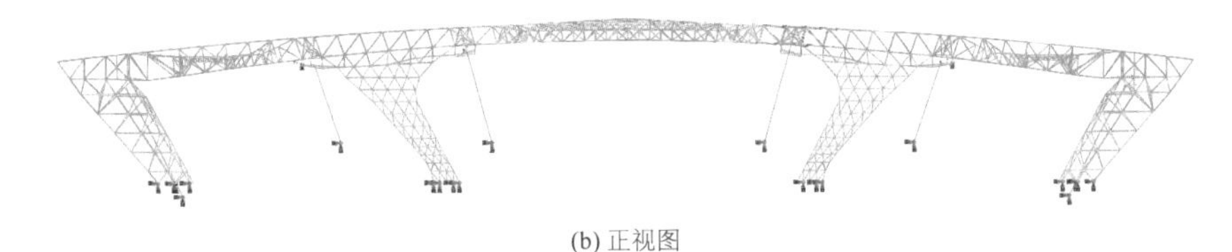

(b) 正视图

图 4.4-7　结构多尺度有限元分析模型

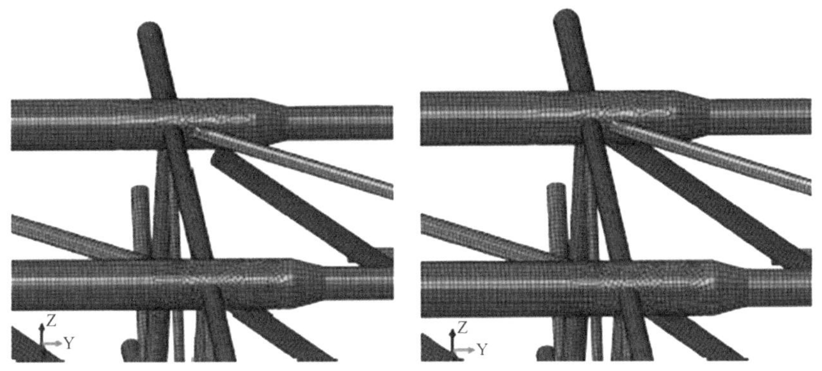

图 4.4-8　壳单元模型拆除杆件前后示意图

5）主要分析计算结果

（1）结构总质量与自振特性

利用中南建筑设计院股份有限公司自主开发的 CSEPA 软件，将结构屋盖模型从 SAP2000 导入 ABAQUS 软件中，得到的结构 ABAQUS 模型与 SAP2000 模型结构总质量如表 4.4-4 所示，周期对比如表 4.4-5 所示。计算表明，两种软件具有良好的吻合度。

结构质量对比　　表 4.4-4

软件	ABAQUS	SAP2000	误差
恒荷载/t	33115.7	32875.1	0.73%
活荷载/t	7253.5	7403.9	−2.03%
总荷载/t	40369.2	40279	0.22%

结构前 3 阶周期对比　　表 4.4-5

振型	周期/s		误差
	ABAQUS	SAP2000	
1	1.595	1.636	−2.51%
2	1.563	1.607	−2.74%
3	1.515	1.600	−5.31%

（2）弹塑性分析结果

①在指定的斜腹杆拆除前

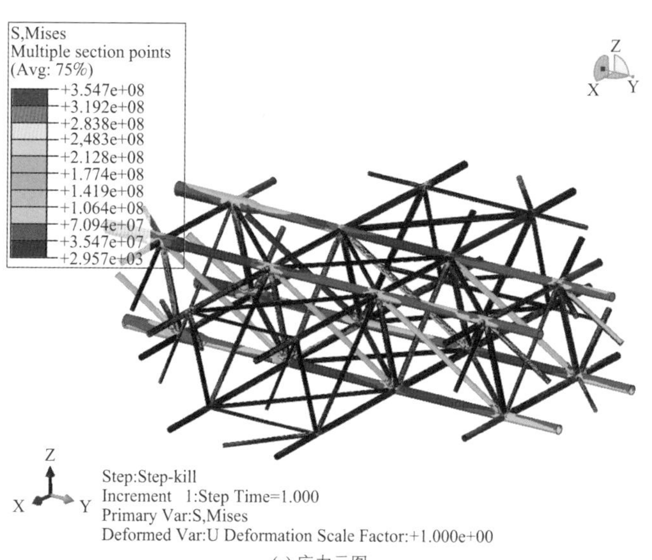

(a) 应力云图

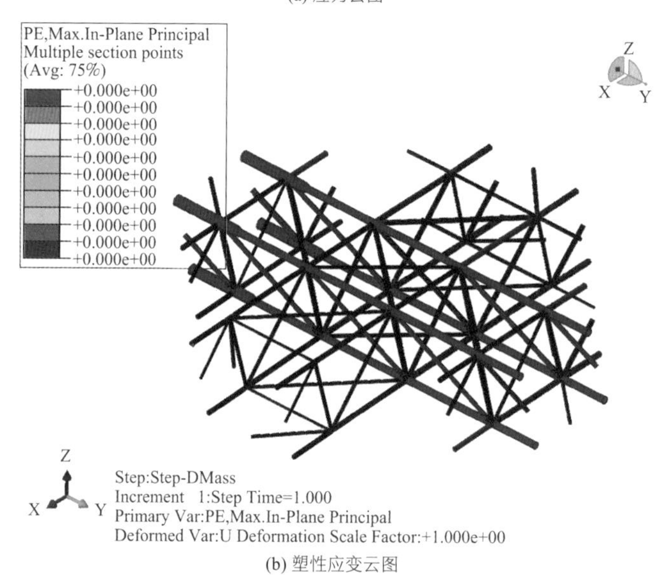

(b) 塑性应变云图

图 4.4-9　斜腹杆拆除前壳模型应力及塑性应变云图

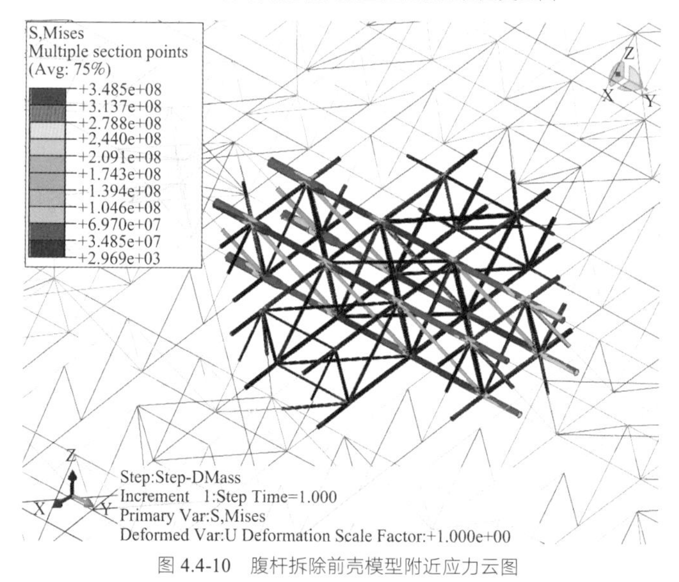

图 4.4-10　腹杆拆除前壳模型附近应力云图

图 4.4-9、图 4.4-10 表明：腹杆拆除前的精细化壳模型区域及附近杆件均处于弹性受力状态。

②指定的斜腹杆拆除后

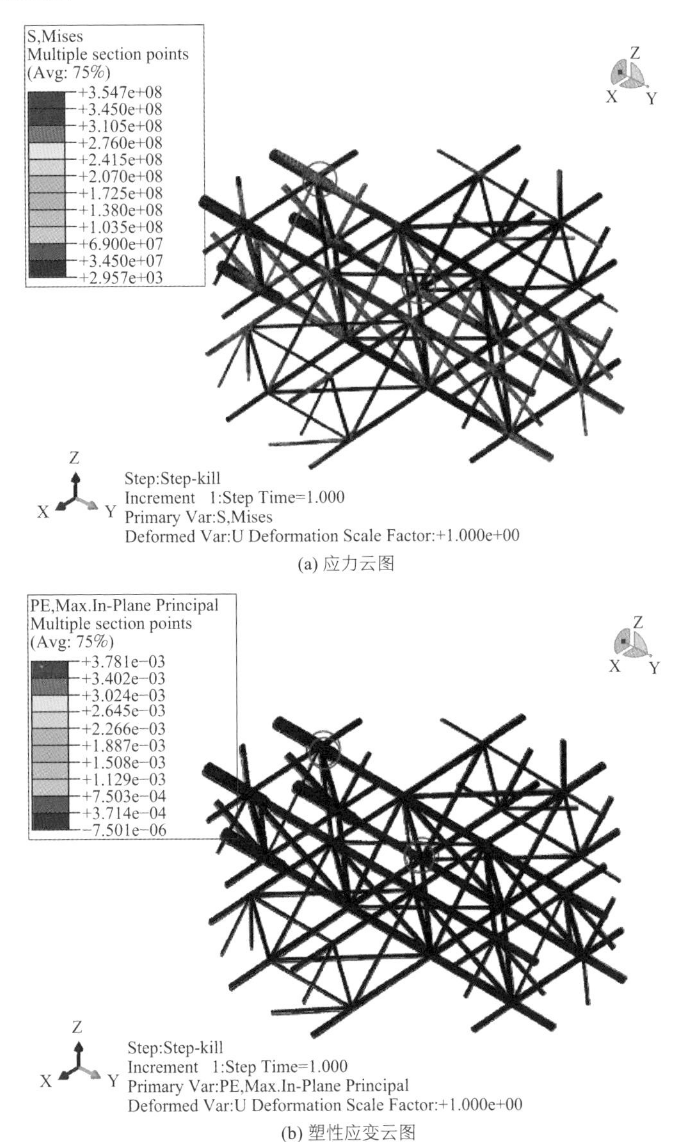

(a) 应力云图

(b) 塑性应变云图

图 4.4-11　斜腹杆拆除后壳模型应力及塑性应变云图

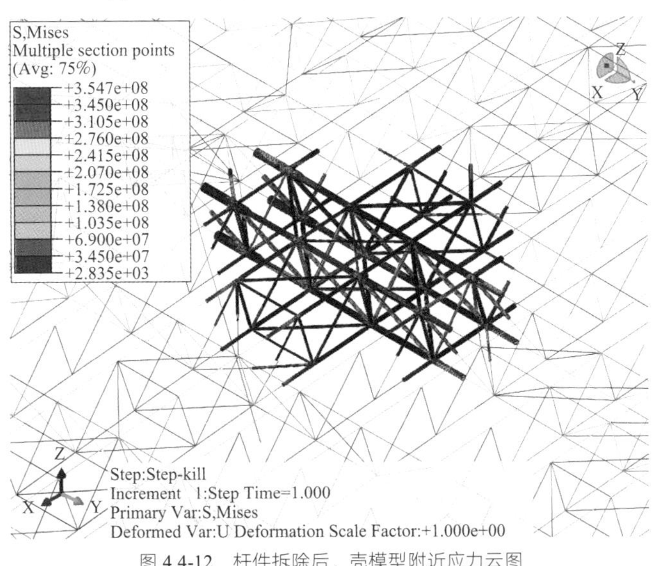

图 4.4-12　杆件拆除后，壳模型附近应力云图

图 4.4-11 表明，杆件拆除后的壳模型在绝大部分区域没有屈服，仅有少部分节点应力集中，应力水平较高。其中，用红圈标出的部分为拆除的斜腹杆位置。图 4.4-12 表明，杆件拆除后精细化壳模型附近的杆件模型应力水平较低，均未超过 200MPa，保持弹性状态。

（3）支座腹杆拆除分析结论

拆除构件弹塑性分析表明：该结构具有良好的抗倒塌能力，采用空间框架结构与平面桁架相结合的结构布置方法，充分体现了结构受力与建筑采光、建筑形态的高度统一，符合“结构即建筑”的设计理念；同时，结构具有很高的抗倒塌能力和极限承载力。

4.4.2 新型结构减振技术

1. 商业夹层区域新型结构减振技术

建筑结构大跨度楼盖竖向减振大多采用黏滞型阻尼器（TMD）减振技术，在高铁站房领域，长沙南站跨度为 49m 的高架候车厅层钢桁架楼盖就采用 TMD 减振技术。理论分析与现场实测表明，采用 TMD 减振，楼盖减振率大于 40%，减振效果明显。采用 TMD 减振时，在楼盖结构梁下需要提供一定的空间用于 TMD 的安装。杭州东站商业夹层蜂窝梁中布置大量设备管道，特别是风管，吊顶基本平结构梁底，布置 TMD 极为困难。另外，初步分析表明：采用 TMD 减振，相当于楼盖用钢量增加约 12kg/m^2，工程造价增加明显。通过研究，充分利用相邻高架层楼盖具有相对较好的竖向刚度和结构空间作用，采用跨层结构减振技术，提高商业夹层楼盖的舒适度。

2. 新型跨层结构减振技术

（1）在夹层结构施工完成后，在商业夹层大跨度楼盖区域对应的高架层楼盖处设有墙体的适当部位设置小截面钢柱（200mm × 200mm × 10mm），将商业夹层与下部高架层楼盖连接起来，该箱形钢柱与商业夹层楼盖梁之间采用摩擦型高强度螺栓铰接连接，与高架层结构之间也采用摩擦型高强度螺栓（M12、M16、M20）连接，但采用沿柱长方向设置长圆孔，尺寸为 30mm × 150mm，柱只承担轴力。当轴力超过高强度螺栓摩擦力时，柱端产生滑动，轴力减小或消除，该钢柱相当于一端可竖向滑动的摇摆柱。

（2）可滑动摇摆柱作用原理

楼盖人行荷载和下部站台层列车振动引起的大跨度钢楼盖的竖向振动属于微振，在进行楼盖舒适度分析时，商业夹层楼盖人行荷载为 0.70kN/m^2，楼盖结构承载力设计时所采用的活荷载标准值为 4kN/m^2，该摇摆柱下部可滑动高强度螺栓连接的承载力可以承受商业夹层楼盖约 1.5kN/m^2 的楼盖活荷载。当楼盖活荷载超过 1.5kN/m^2 时，摇摆柱与下部楼盖连接端会产生滑动，减小或消除摇摆柱内力，从而避免将过大的商业夹层楼盖活荷载传至下部支承楼盖（即高架层楼盖）。在下部高架层楼盖结构设计中，考虑附加的 1.5kN/m^2 的活荷载（该活荷载对高架层楼盖用钢量影响不大）；而商业夹层结构承载力设计中，则不考虑摇摆柱的作用。摇摆柱的设置不影响大震下楼层的侧向变形。

（3）理论分析表明：在不考虑楼板作用的前提下，设置小截面钢柱后，考虑楼盖活荷载 4kN/m^2，商业夹层楼盖竖向振动最低频率由 2.0Hz 提高至 2.44Hz。

（4）高架候车厅层、商业夹层楼盖动力特性实测

对高架候车厅层和商业夹层柱距大于 40m 的钢结构楼盖，在楼盖建筑面层未完成时的楼盖竖向一阶振动频率进行检测，楼盖的一阶竖向振动频率为 3.44～3.775Hz，大于 3.0Hz，满足楼盖竖向振动舒适度限值为 0.015g的要求。楼盖舒适度检测也表明，楼盖舒适度满足要求，见图 4.4-13。

图 4.4-13　装修前人群步行商业夹层楼盖舒适度检测

4.5　试验研究

1．屋盖缩尺结构试验

1）结构模型及加载

对屋盖结构单元 1∶20 缩尺模型进行了竖向荷载加载结构试验，采用整体加载、半跨加载和局部关键构件区域集中加载方法，对屋盖整体结构及关键构件在竖向荷载作用下的受力特点和性能做出评价，结构模型及加载如图 4.5-1 所示。

图 4.5-1　屋盖整体模型试验

2）屋盖结构试验主要结论：

（1）所有工况的整个加载过程中，结构处于弹性工作阶段，整体结构具有良好的受力特性。

（2）全跨荷载试验：屋盖管桁架、格构式斜柱的大部分杆件内力以轴向力为主，所受弯矩很小，结构受力合理，能较好地利用杆件截面；单层椭球壳结构长轴方向杆件的轴向应力明显大于弯曲应力，短轴方向杆件弯曲应力明显大于轴向应力；格构式斜柱和变椭圆截面钢斜柱存在双向受弯，受力情况复杂。整体结构具有较好的刚度。

（3）半跨荷载试验：各应变测点和位移测点求得的应力和位移均较小，表明大跨度屋盖结构对半跨荷载不具有敏感性。

（4）局部加载试验中各测点应力、位移随荷载的变化规律与全跨加载试验基本一致，表明可用局部加载试验来研究各构件在全跨均布荷载作用下的受力特性。

（5）单层椭球壳周边支承环梁对网壳的约束与计算假定基本一致，网壳结构具有较好的竖向刚度。

（6）椭圆斜柱的平面内弯矩图的反弯点处于柱高度范围内，椭圆柱处于轴压与双向受弯的受力状态，受力情况复杂，柱刚度满足要求。

（7）格构柱（即 GKZ4 和 GKZ5）存在双向受弯，且各主要杆件的轴向应力明显大于弯曲应力，格构柱杆件以承受轴向力为主，柱刚度满足要求。

（8）有限元分析结果与试验结果总体上吻合良好，有限元模型及结果合理、可靠。

试验不仅验证了屋盖结构具有良好的整体结构承载力和结构刚度；而且验证了屋盖结构对局部荷载不敏感，结论（3）和（4）与屋盖结构整体稳定理论分析分析结论相一致；异形斜钢管柱的试验结果与该柱的承载力分析结果基本一致，说明结构分析合理、可靠。

2．复杂节点试验

1）试验节点

屋盖结构采用相贯节点的钢管桁架结构，部分节点的形式和受力均极为复杂，节点制作和安装工艺对节点承载力影响大。在节点有限元数值分析的基础上，通过节点试验对节点承载力进行复核和验证。

在屋盖单层网壳、格构柱和桁架中选择了 7 种有代表性的关键节点，进行足尺或缩尺节点试验。节点数量为 10 个，其中 3 个节点为进行插板对比试验。在所有试验节点中，2 个节点为 1∶2 缩尺，其余节点均为足尺。节点模型如图 4.5-2 所示。

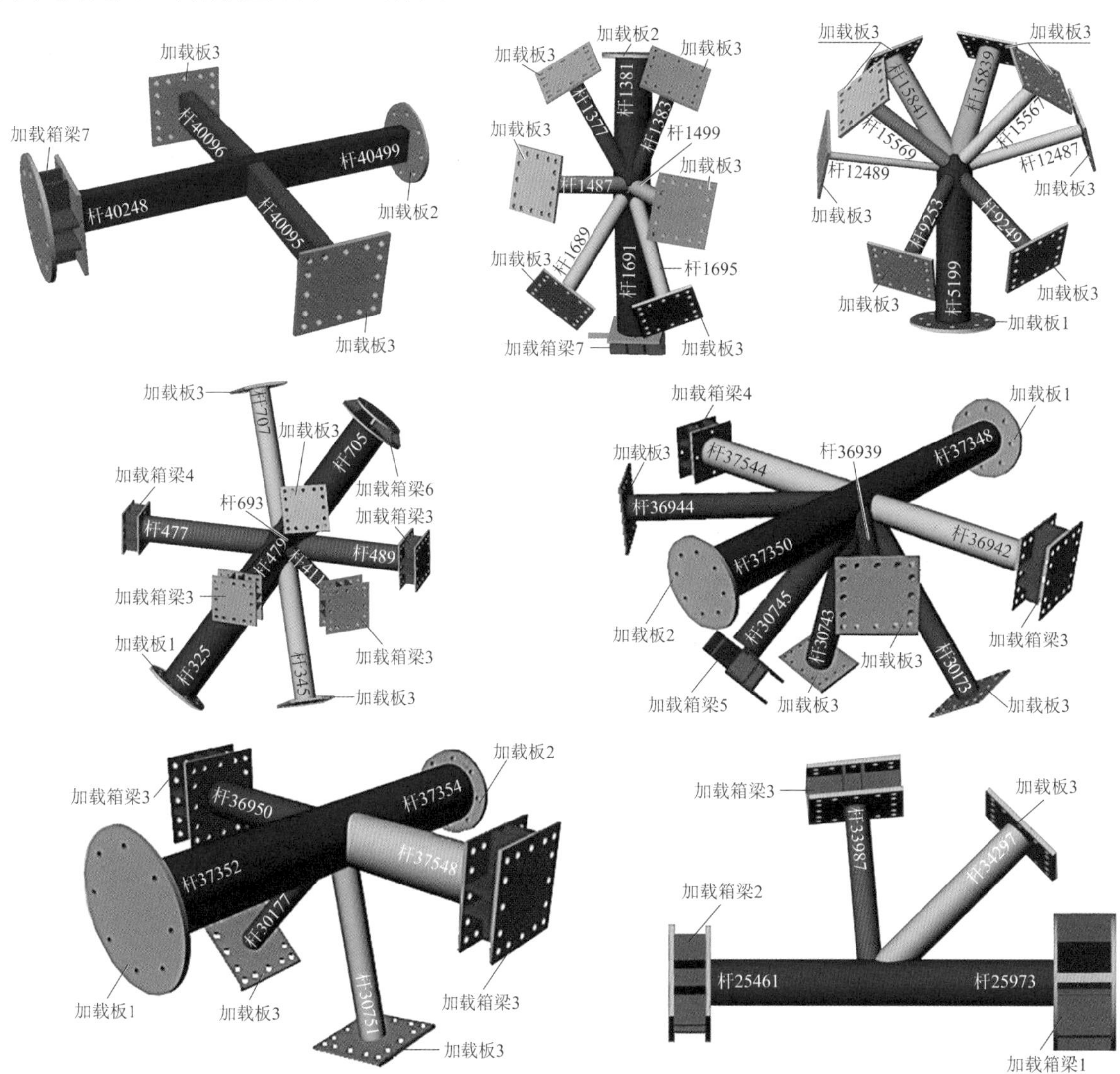

图 4.5-2　试验节点（共 7 类、10 个节点）

2）节点承载力试验结果

（1）各类节点均具有良好的承载能力及足够的安全储备，节点设计安全、可靠。

（2）节点区域弯折主管在受压和受弯共同作用时节点承载力相对较低，这是一个重要的发现。

（3）对比试验结果表明：节点插板对提高节点的承载能力及刚度均能起到一定作用。

4.6 结构健康监测

1）对站房结构进行施工阶段和运营阶段的系统性结构连续监测。主站房结构施工期间完成了既有运营铁路的 1 次铁路转场 + 3 次铁路转线，在铁路枢纽站房建设中属首次。施工阶段的结构受力状态与最终运营阶段结构受力状态相差较大。为此，在国内首次研发了基于无线智能组网技术的铁路站房结构健康监测系统，如图 4.6-1 所示，并开展了连续 8 年的结构健康监测。

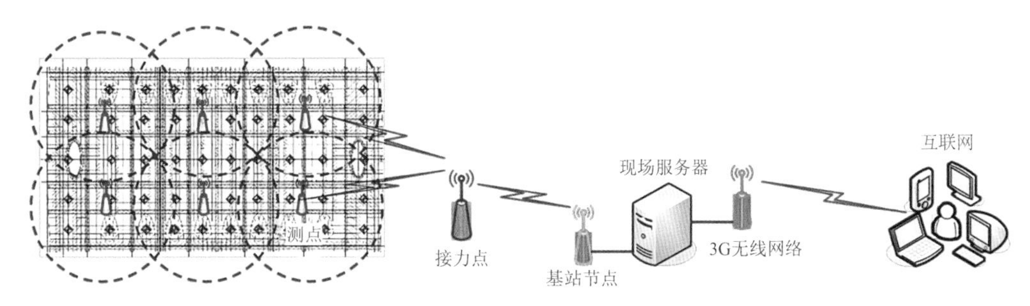

图 4.6-1　杭州东站结构健康监测系统

2）对钢结构施工全过程进行了长达两年应力-应变、变形、加速度等的结构性能监测，对施工阶段结构受温度和铁路既有线正常运行的影响进行监测与评估，如图 4.6-2 所示，为准确把握结构重要受力构件在整个施工过程中的工作状态提供了重要的技术手段。

3）完成施工阶段的结构性能监测的基础上，接续进行了长达 6 年的运营阶段结构健康监测，结构健康总监测时间长达 8 年，实属国内首次。

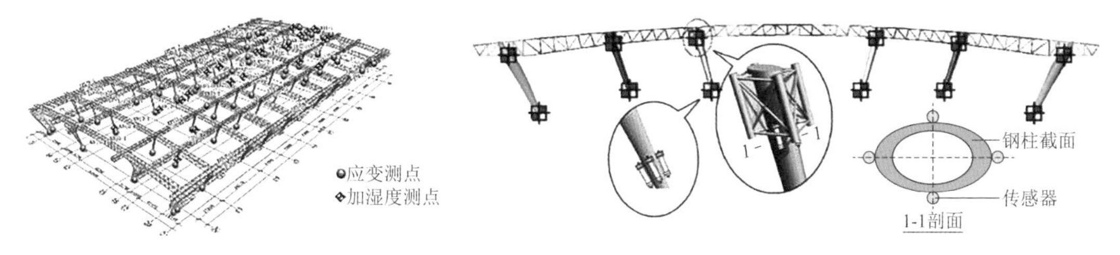

(a) 测点布置及结构健康监测系统架构

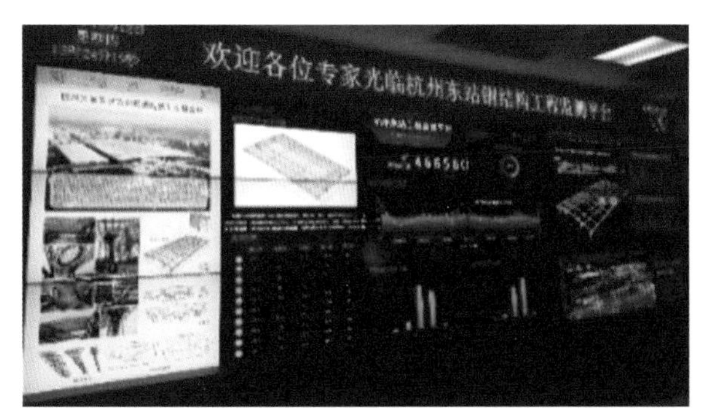

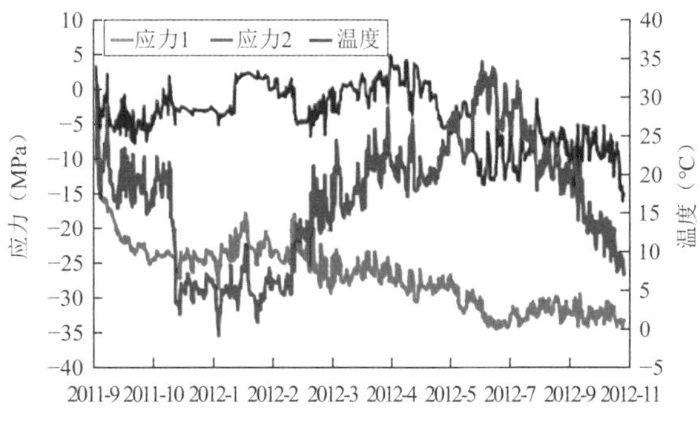

图 4.6-2　施工阶段结构监测（一）

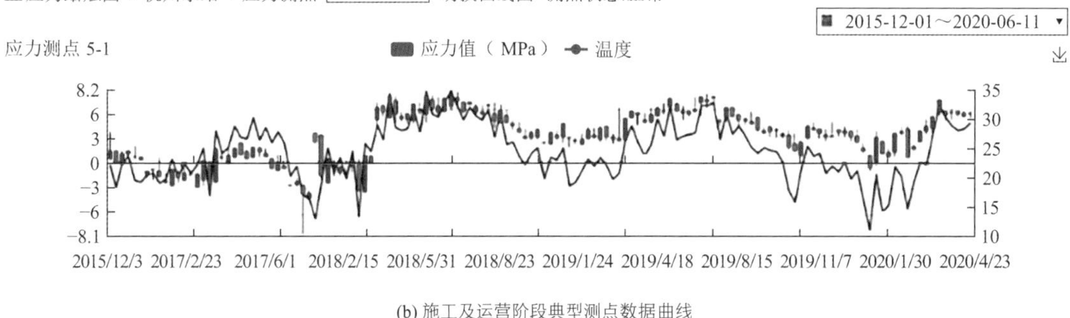

(b) 施工及运营阶段典型测点数据曲线

图 4.6-2 施工阶段结构监测（二）

在运营阶段进行应力—应变、变形、加速度、温度、风压等监测，各类测点总数为 329 个，如表 4.6-1 所示。为把握结构日常运营期间与极端自然条件如台风、暴雪、极端环境温度下的结构响应提供了翔实的实测数据资料，同时为管理部门的应急处置与管控、相关技术标准的编制提供了科学依据。

结构健康监测的测点布置 表 4.6-1

序号	监测项目	测点数量		备注
1	屋面主桁架弦杆应力-应变（温度）	96	144	结构主要受力构件的内力、温度变化
	变椭圆截面斜柱应力-应变（温度）	24		
	巨型格构斜柱应力-应变（温度）	24		
2	伸缩缝、幕墙桁架变形	15		温差引起的结构变形
3	屋盖振动加速度	18	60	结构振动特性、人群舒适度
	高架层振动加速度（楼板）	10		
	商业夹层振动加速度（楼板）	32		
4	屋面风载特性	100	110	实测屋面风压分析结构体型系数及风振特性
	屋面温度	10		
合计		329		

4）主要监测结果及结论

（1）屋盖结构温度的健康监测结果

①屋盖结构温度基本上处于 15～30℃的范围内，最大温差达到近 15℃。结构的最低温度大于设计最低基本气温、最高气温低于设计最高气温，与极端气温相差较大，原因分析如下：

A. 杭州东站自 2013 年 7 月以来一直处于运营阶段，屋盖下部为高架旅客候车厅，冬季的设计采暖温度为 16～18℃，候车厅层至屋面的四周均为全封闭的玻璃幕墙，屋盖结构设有保温层，在冬季与室外大气环境温度相差较大。根据热工原理，在冬季采暖和夏季空调降温的条件下，屋盖结构屋盖结构温度始终要高于高架层的环境温度，从而使屋盖结构在监测期间正负温差均价低于设计取值。

B. 规范中的温度取值为 100 年一遇，而健康监测的时间相对较短，达到规范值的概率较低。

②温度作用的影响非常显著，结构温度场分布总体冬季比夏季均匀，夜间比日间均匀。

③实测温度变化引起的结构内力变化的理论分析结果与相应监测结果对比表明：两者的误差值在 10%以内，屋盖钢桁架结构按均匀温度考虑计算温度内力是合理、可行的。

④结构不同部位对温度作用的敏感性不同，在温度变化幅度接近的情况下，温度敏感部位与非敏感部位的应力响应曲线在同一段时间监测到的结构温度变化趋势基本一致，最大温差幅度均为 15℃左右，温度敏感构件的应力响应变化幅度达到 10MPa，而温度非敏感构件的应力响应变化幅度仅为不到 2MPa，有一定的差异。

（2）风荷载作用监测结果

①根据 13 次的风速风压实测，其中 2 次出现了较大的风速，风速最大达到 12.19m/s，属于 6 级强风，大部分风速仍为微风级别。

②风向以东北方向为主，同时大风主要集中于东北方向，其余方向的风速相对较低，风速整体较小，并未出现极端天气情况。

③屋盖表面风压较小，屋盖表面均承受负压，压力最大值出现在风速最大值，最大负压出现在迎风边缘处，极值负压达到−100Pa，基本风压为 0.5kPa，根据风洞试验结果，迎风边缘处的风压系数为 0.74，因此设计风压约为 370Pa，风压分布与风洞试验结果较为吻合。实测风荷载小于设计风压，主体结构和屋盖系统是安全的。

（3）结论

①钢结构温度场基本是均匀的，设计中采用均匀温度是合适、符合实际情况的；

②温度作用在结构中引起的应力变化最大；对于一直处于运营阶段的大型高铁站房而言，周边设置围护结构的屋盖，可以适当考虑空调对钢结构最低温度取值的影响，从而适当降低负温差的取值；

③屋盖保温层设置对屋盖结构最高温取值有较大影响，可以适当降低钢结构正温差的取值；

④风洞试验的结果与实际监测结果基本吻合，取 100 年一遇基本风压得到的风荷载是安全的；

⑤结构关键构件应力变化较小，整体结构处于正常工作状态。

4.7 结语

杭州东站结构设计的主要创新如下：

1）站房屋盖结构采用新型的“下小上大异形变截面超长斜格构柱和斜钢管柱 + 双向矩形大跨度拱形钢管桁架和单层网壳组合的巨型复杂大面积空间框架结构”，属国内外首创，结构受力合理，与建筑形态高度吻合，达到“结构即建筑”的效果，获得良好的经济效益和社会效益。

（1）在同规模、柱距接近的国内外高铁站房结构中，其用钢量是最低的；相比用钢量相近的深圳北、郑州东、广州南、上海虹桥、西安北、重庆西、兰州西等大型站房，杭州东站获得了明显更大的柱距，屋盖结构技术经济指标最优。

（2）将建筑形态与结构合理受力相结合，将大尺寸建筑装饰结构转化为主体结构，节约工程造价约 5000 万元。

2）主站房双向最大跨度为 46.55m × 38.262m 的商业夹层楼盖结构采用“双向井字蜂窝钢梁 + 下小上大变截面异形斜钢管柱”框架结构；采用可滑动摇摆柱与相邻的高架层楼盖连接，利用结构空间作用，提高人行荷载和列车动荷载作用下竖向刚度较弱的商业夹层楼盖微振竖向刚度，使其舒适度满足规范要求。

3）在国内首次研发的基于无线智能组网技术的铁路站房结构健康监测系统，开展长达 8 年施工与运营阶段相结合的系统性结构健康监测。

采用施工阶段与运营阶段结构健康监测相结合的方法，解决了确定由于既有线在施工阶段运营造成的结构分块施工、既有线 1 次转场、3 次转线对结构影响的问题。同时，长达 8 年的结构健康监测，为站房结构监测技术的发展提供了支撑。这是国内监测时间最长、监测内容最为全面的建筑结构健康监测。监测结果表明，站房结构性能良好，安全、可靠，达到了预期的“结构即建筑”的和谐、统一效果，提升了建筑品质。

4）另外，站房屋顶 10MW 光伏电站，是国内最大单体建筑光伏发电系统，年发电量 1047 万度，与相同发电量的火电厂相比，每年可节约标煤约 2769t，减少二氧化碳排放 7108t，有利于双碳目标的实现。杭州东站是真正意义上的绿色建筑。

参考资料

[1] 浙江大学《杭州火车东站风洞试验报告》

[2] 浙江大学《杭州火车东站站房工程钢结构模型试验报告》

[3] 浙江大学《杭州火车东站主站房大跨度屋盖结构节点试验》

[4] 浙江大学《杭州火车东站站房工程钢结构施工阶段结构性能监测报告》

[5] 浙江大学《杭州火车东站工程运营阶段监测报告》

[6] 武汉理工大学《杭州东站振动测试报告》

设计团队

中南建筑设计院股份有限公司：周德良、李　霆、曹登武、钱　屹、张　卫、熊　森、汪心旺、杨世钊、汪秋风、谭　赟、赵福令、梁　净。

主要执笔人：周德良。

获奖信息

2017 年第十五届中国土木工程詹天佑奖；

2015 年全国优秀工程勘察设计行业奖优秀建筑工程一等奖；

2019—2020 年中国建筑学会建筑结构二等奖；

2016 年中国钢结构协会工程大奖；

2014 年湖北省勘察设计行业优秀建筑工程设计一等奖。

第 5 章

长沙南站

5.1 工程概况

5.1.1 建筑概况

长沙南站是武广客运专线上的大型“桥建合一”枢纽站，站房含武广场和沪昆场，设有 13 站台，26 条到发线和 2 条正线，总建筑面积约 28 万 m^2。站房分为半地下出站层、地面站台层及高架候车层，建筑总高度为 41.9m。

1）在建筑方案上，该站具有如下特点：

（1）采用“线侧”与“高架”相结合的功能流线，体现“效率第一”的原则。站房设计体现以人为本，以流线为主的思想，充分考虑旅客进站、出站、换乘、候车等活动规律，合理组织站内外各类交通流线，使旅客在车站内的活动以最小的步行距离，最短的时间来进行。

（2）建筑特色——长沙作为一个创建中的国家生态园林城市，凸显“山水洲城”的地域特征。位于浏阳河与湘江之间的长沙站，具有灵动的外观特征，山与水的波形曲线，形成建筑形式与内部空间的主题——“山与水的交响”。

（3）创造性——在与地域环境相融合的同时，新长沙站更表现出建筑形式与使用功能、内部空间与结构形式的完美融合：像“树”一样生长的钢结构体系为建筑空间提供了自由的可能性，在功能与形式、建筑与环境、浪漫与理性之间，对新一代铁路站房类建筑重新进行了诠释。

2）在建造技术上，该站沿垂轨向分三期建设，如图 5.1-1 所示。其中，武广场（即轴 A—轴 R）在 2009.12.26 日建成通车，沪昆场（轴 R—轴 W）和东线侧站房（轴 W—轴 c）分别在 2014 年 8 月和 2016 年 11 月建成通车，为 21 世纪初期第一个采用该建设方式的大型枢纽站房。

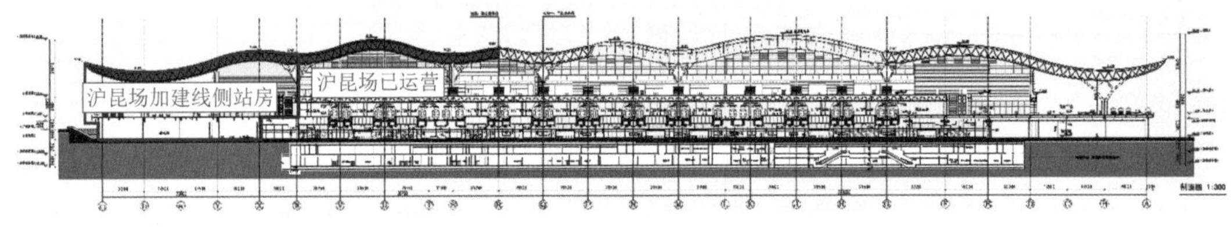

图 5.1-1　长沙南站三期建设分界图（垂轨向剖面）

长沙南站由中南建筑设计院股份有限公司完成方案、初步设计及施工图设计工作，建成后的长沙南站如图 5.1-2～图 5.1-5 所示。

长沙南站从下至上依次为出站厅层、站台层、高架候车厅层、商业夹层及屋盖。其中，出站层及高架层的建筑平面如图 5.1-6、图 5.1-7 所示。

图 5.1-2　长沙南站鸟瞰（效果图）

图 5.1-3　长沙南站西广场立面（多级分叉树状钢管支撑）

图 5.1-4　长沙南站候车厅局部

图 5.1-5　长沙南站站台雨棚

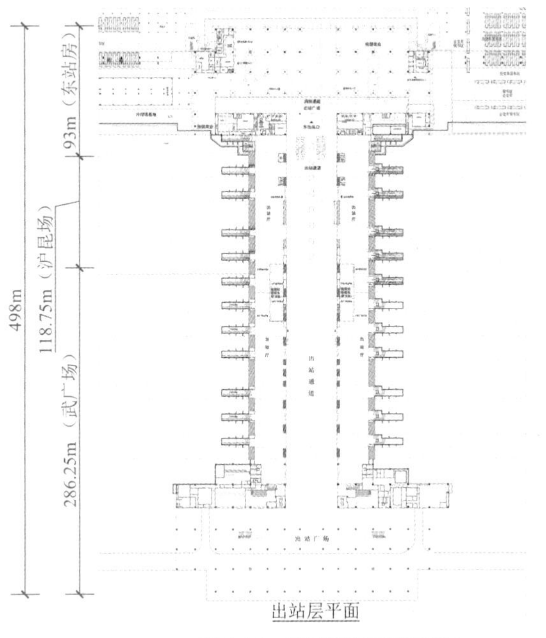

图 5.1-6　沪昆场及东广场平面

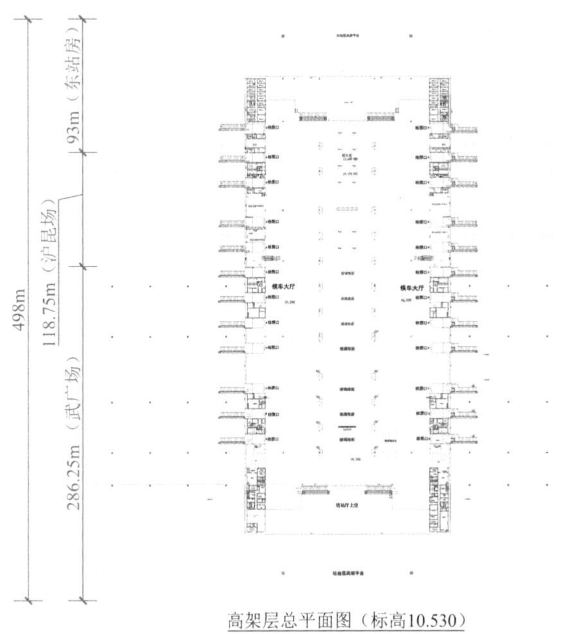

图 5.1-7　沪昆场及线侧站房站台层平面

5.1.2　设计条件

1. 主体控制参数

控制参数表　　表 5.1-1

项目	标准
设计使用年限	50 年（耐久性 100 年）
建筑结构安全等级	一级
结构重要性系数	1.1
建筑抗震设防分类	主站房为重点设防类
地基基础设计等级	甲级

续表

设计地震动参数	抗震设防烈度	6 度
	设计地震分组	第一组
	场地类别	Ⅱ类
	小震特征周期	0.35s
	大震特征周期	0.40s
	基本地震加速度	0.05g
建筑结构阻尼比	小震	0.03
	大震	0.05
水平地震影响系数最大值	小震	0.04
	中震	0.12
	大震	0.28
地震峰值加速度	小震	18cm/s^2
	中震	50cm/s^2
	大震	125cm/s^2

2. 风荷载

基本风压按 100 年一遇取值：0.40kN/m^2，按照《建筑结构荷载规范》GB 50009 及风洞试验结果分别进行计算，包络设计。

3. 雪荷载

基本雪压按 100 年一遇取值：0.50kN/m^2，积雪分布系数同样按《建筑结构荷载规范》GB 50009 确定。

4. 温度作用

站房钢结构屋盖和站台雨棚：正温度差$\Delta T = 30$℃；负温度差$\Delta T = -30$℃。混凝土结构：$\Delta T = \pm 20$℃（室内），± 25℃（室外）。

5.2 建筑特点

5.2.1 多级分叉树状钢管柱＋钢网架及张弦结构组合屋盖结构

主站房屋面结构由曲面钢网架（网架高度为 3.5m）+ 49m 跨张弦梁组成，结合建筑形态，屋盖支承柱除采用钢管直柱外，在顺轨向高架层柱距为 49m 及东西立面落客平台处柱距为 133m 处，分别设置两级分叉树状钢管柱，一方面满足建筑形态要求，另一方面从受力上，分叉柱在作为柱的同时，也可看作刚度及承载力均较大的屋盖空间网架结构，起到传递竖向荷载和水平荷载的作用，从而有效减小结构高度为 3.5m 的屋盖网架结构的跨度。如：落客平台处网架跨度由 113m 减至 81m，室内在垂直轨道方向网架跨度由 102.75m 处减至 82.75m。分叉柱有效提高屋盖结构的刚度和经济性。整体屋盖网架结构的用钢量为 60kg/m^2，经济指标优良。例如，室外树状柱和室内树状支撑如图 5.2-1 和图 5.2-2 所示。

长沙南站站台雨棚同样采用多级分叉树状钢管柱，降低屋盖实腹钢梁的跨度，提高其经济性。

图 5.2-1　室外分叉柱

图 5.2-2　室内分叉柱

5.2.2 “桥建合一”高铁站房楼盖舒适度及减振技术研究和应用

站房在施工图设计即将完成时，根据需要，将高架候车厅层顺轨向柱距为 49m 的区域由原楼盖挑空调整为候车厅楼盖。受已有建筑层高及列车使用净空要求，该区域楼盖结构采用沿 49m 跨布置的钢桁架结构，经多方案比选，该钢桁架的上下弦杆高度均为 400mm，钢桁架上、下弦杆中心距为 2.45m，高跨比为 1/20，钢桁架内净空高度为 2.05m，结构满足桁架高度范围内设备安装和检修要求。

该区域楼盖竖向刚度较弱。高架层楼面为旅客候车厅，人员密集，且有一些特定的活动规律；同时需考虑承轨层列车运行对高架候车厅层的影响，为此开展人行荷载和列车荷载作用下候车厅竖向振动舒适度开展研究，并提出必要的处理措施。

1）高架层有一部分柱直接与国铁正线的桥墩相连，中南大学对长沙南站进行了车桥振动理论分析和现场检测，理论分析和现场检测均表明，列车振动所产生的楼盖竖向舒适度满足设计要求。

2）中南大学及东南大学进行的理论分析和现场检测还表明：某些人行活动产生的该区域楼盖竖向舒适度难以满足设计要求。为此，在该跨钢桁架跨中区域布置多点黏滞型阻尼器（TMD），进行结构减振。安装 TMD 后的理论分析和现场检测均表明，楼盖竖向舒适度满足设计要求，楼盖具有良好的经济性。关于“桥建合一”高铁站房大跨度钢结构楼盖竖向振动舒适度研究获得 2013 年湖北省科技进步一等奖。

5.2.3 分期建设的超长结构设计

1）主站房在武广场和沪昆场之间结构之间设置防震缝（兼伸缩缝）

长沙南站武广场（简称一期）于 2009 年 12 月建成并投入使用，而沪昆场（简称二期）和东线侧站房（简称三期）结构相连形成一个结构单元，并分别与 2014 和 2016 年建成并投入使用。一期垂直于轨道方向的平面尺寸：高架层为 231.25m，屋盖为 286.25m；二期高架层沿垂轨向则为 193.75m。作为超长无缝钢结构，温度作用为结构的主要荷载之一。若一、二期结构相连形成一个结构单元，则存在以下问题：

①形成长度为 425m 的超长无缝结构，温度作用产生的内力很大，不利于结构的抗震，结构经济性差；

②沪昆场建设时，武广场已投入使用，结构连接施工较为困难，对铁路运营影响较大。

为此，主站房武广场（一期）和沪昆场（二期）高架层和屋盖结构沿垂轨向 R 轴处设置一道防震缝，武广场（一期）和沪昆场（二期）高架层楼盖钢桁架与 R 轴柱分别采用刚接连接及滑动支座连接，两部分屋盖则设缝完全脱开。这样，可显著降低温度作用，有利于结构抗震。

2）在进行沪昆场（二期）（至 W 轴）设计时，东线侧站房（三期）方案及是否建设并无明确结论，唯一明确的是二期和三期将分期建设。根据三期的初步建筑方案，二期和三期结构无法分开。在二期结构设计时，按有、无三期结构分别进行分析，包络设计。设计中充分考虑二期、三期之间的连接对已建成的二期站房运营的影响。

三期工程施工表明：由于二期结构设计中充分考虑三期结构，使三期建设对已建成的二期结构影响降至最低，充分利旧且无废弃工程，这在大型铁路站房建设中实属罕见。

5.2.4 正线列车风数值分析

1）长沙南站在轴 K 和轴 L 之间为列车正线，列车以 250km/h 在正线通过时，高速列车所形成的活塞风对其周边结构和人造成一定的影响，主要分析内容如下：

①列车风在站台雨棚屋面、主站房与轨道垂直方向的玻璃幕墙上产生的风载大小、方向及作用规律；

②列车风对站台人员安全性和舒适性的影响。

2）列车风的分析采用数值模拟的方法分析高速列车进出站列车风的问题，数值模拟即采用计算流体力学——CFD（Computational Fluid Dynamics）技术进行模拟研究。CFD 的基本思想可归结为：把原来时间域及空间域上连续的物理量的场，如速度场和压力场，用一系列有限个离散点上的变量值的集合来代替，通过一定的原则和方式建立起关于这些离散点上场变量之间关系的代数方程组，然后求解代数方程组获得场变量的近似值。

采用的分析软件为 FLUENT，该软件基于“CFD 计算机软件群的概念”，针对每一种流动的物理问题的特点，采用适合于它的数值解法，在计算速度、稳定性和精度等各方面达到最佳。为此，委托中国建研院采用 FLUENT6 对长沙南站进行列车风的分析、研究。

3）计算分析结果

①列车高速通过雨棚时，列车风压力场的空间分布情况如下：在列车头部前方，由于列车对空气的挤压作用，形成一个强正压区；在列车头部后方，空气绕流的气流在此分离，形成一个强负压区。

列车头部压力场控制时，正压区在前，负压区在后；尾部压力场控制时，负压区在前，正压区在后。

②综合各个时刻的雨棚压力分布图，可以看出列车风压力场对雨棚的影响主要是在轨道两侧的雨棚边缘，随着列车的运行，雨棚上的压力分布和强度都在不断变化，为动态荷载，其中正压最大值达到 21.9Pa，负压最大值达到–21.3Pa。

③综合各个时刻的幕墙压力分布图，可以看出随着列车的运行，幕墙上的压力分布和强度都在不断变化，为动态荷载，其中正压最大值达到 55Pa，负压最大值达到–60Pa。

5.3 体系与分析

5.3.1 方案比选

1. 东线侧站台层楼盖结构方案比选

线侧站台层楼盖结构具有以下特点：

1）东线侧站房为图 5.3-1 中轴 W—轴 c 处区域，其中轴 W—轴 X 区域内在标高–3.750m 和 1.250m 处均有已建结构，结构均为钢结构（钢管混凝土柱 + 钢梁 + 钢筋混凝土楼板），且在–3.750 处原挑空楼盖处增设楼盖，用作生产用房，1.250 处楼盖改为进站广厅。与原设计相比，楼盖荷载增加。为减少楼盖重量增加对基础的影响（基础已施工完成且加固困难），减少对已有楼盖结构的影响，便于新建结构与已有结构构件连接，进站广厅区域应采用钢结构楼盖。

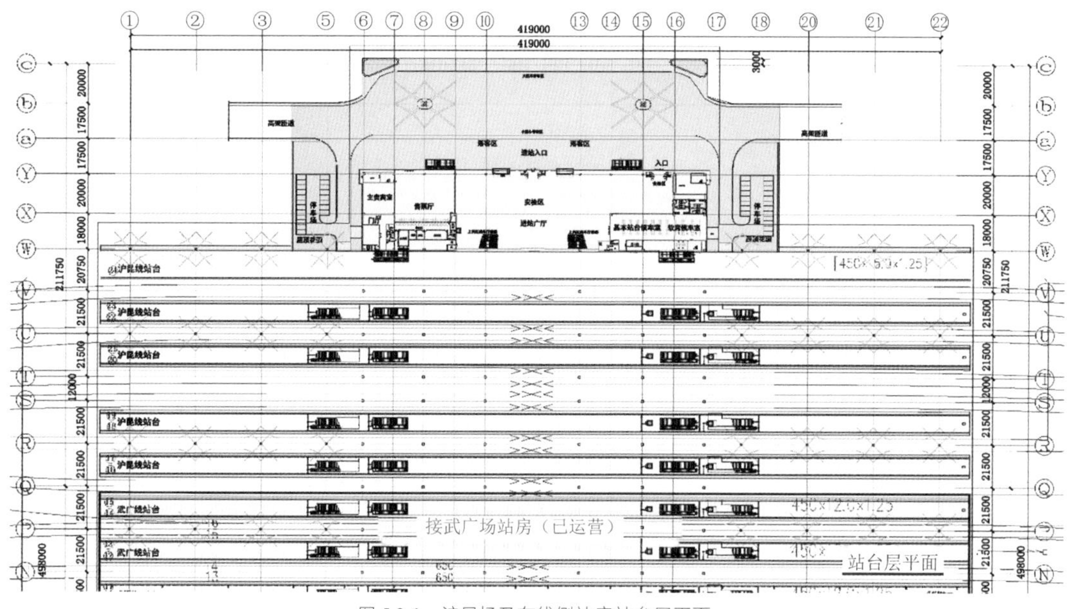

图 5.3-1　沪昆场及东线侧站房站台层平面

2）轴 10—轴 14 区域（图 5.3-2 中平面中间区域），楼盖柱距均为大跨度，最大跨度为 35m，且车道区域需考虑消防车的荷载（35kN/m²），荷载大，应采用钢结构楼盖。

3）其他区域的柱距基本在 16～20m 左右（图 5.3-2 中红色柱帽所围区域），同样需考虑消防车荷载，即有两种方案可以采用：

（1）方案一、钢筋混凝土楼盖结构方案

根据荷载大小，鉴于双向柱距较接近，通过方案比较，楼盖结构采用带柱帽的钢筋混凝土柱 + 双向密肋钢筋混凝土梁楼盖，双向梁间距均为 3.6～4.0m，靠近柱的钢筋混凝土框架梁采用后张有粘结预应力梁，其余梁均为普通钢筋混凝土梁，楼盖所有钢筋混凝土梁（含预应力混凝土梁）的梁高均为 1400mm。

优点：

①楼盖具有良好的经济性，同时楼盖结构梁双向设置均匀，梁宽、梁高相同，富于韵律感，美观。

②在梁上均匀设备管道洞口，使水管和电管在梁中有规律穿越，吊顶取消，结构外露，

③梁未直接与柱相连，降低柱与梁连接节点的难度。

缺点是钢筋混凝土结构与钢结构交接处连接节点复杂。

（2）方案二、采用钢结构楼盖方案

优点：梁柱节点连接简单，方便，有利于加快施工进度。

缺点：造价较高，结构维护费用高。

与方案二相比，方案一节约工程造价约 3600 万元（包括取消吊顶的费用）。

最终采用方案一，楼盖结构分析模型如图 5.3-2 所示。

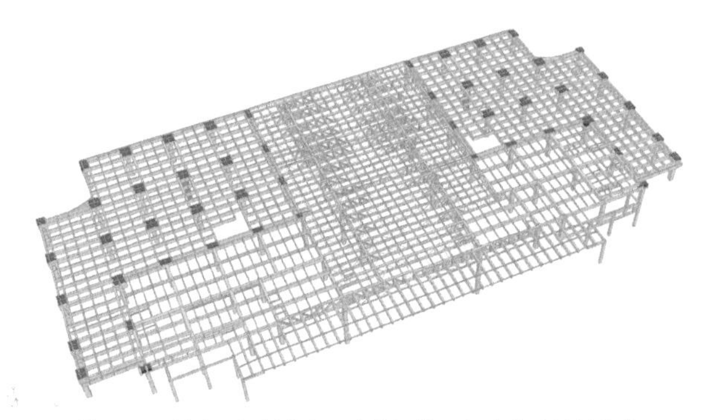
图 5.3-2　站台层钢结构和预应力钢筋混凝土密肋楼盖结构

施工中的东线侧站台层预应力密肋楼盖结构如图 5.3-3 所示。

图 5.3-3　施工中的双向密肋梁楼盖结构

在钢桁架结构与预应力混凝土结构相交处，采用钢管混凝土柱 + 钢桁架 + 预应力混凝土密肋梁柱帽新型节点，如图 5.3-4 所示。

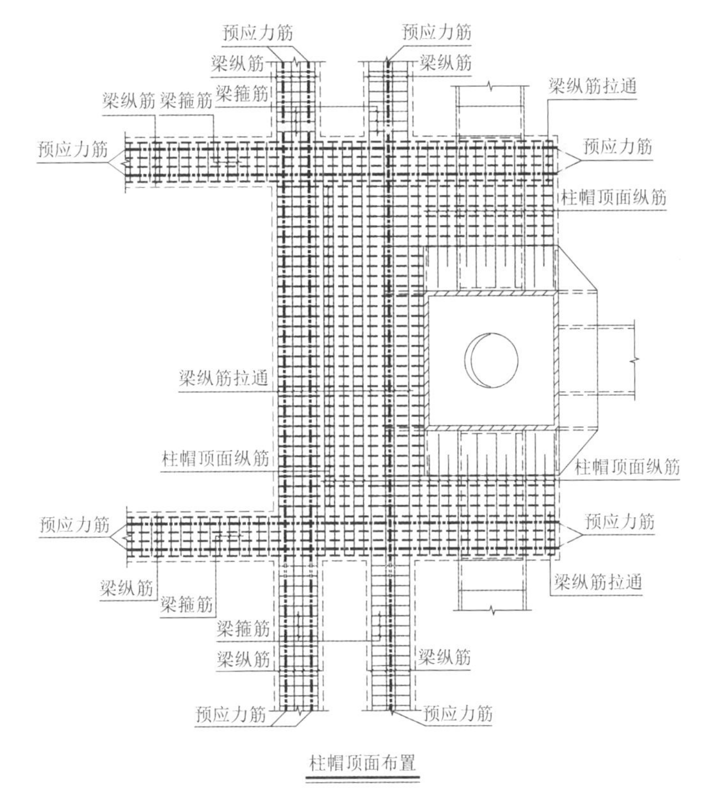

图 5.3-4　钢管混凝土柱 + 钢桁架 + 预应力混凝土密肋梁柱帽

2. 沪昆场（二期）和东线侧站房（三期）分期建设的结构设计

如前所述，在沪昆场结构设计时分别考虑无线侧站房和有线侧站房工况，进行包络设计，以满足分期实施的可行性，特别是东线侧站房（后建）与沪昆场（先建）之间的连接。

两种结构方案屋盖和高架层楼盖处双向最大和最小层间位移角分别见表 5.3-1、表 5.3-2。无线侧站房的结构分析模型见图 5.3-5、图 5.3-6，有线侧站房的结构分析模型见图 5.3-7、图 5.3-8。

位移满足规范要求，结构刚度较大，层间位移角极小，两种结构方案均适用。

屋盖结构最大和最小层间位移角　　表 5.3-1

方向	无线侧站房		有线侧站房	
X向层间位移角	1/2939	1/4545	1/2765	1/9108
Y向层间位移角	1/2985	1/4658	1/4635	1/9404

高架层结构最大和最小层间位移角　　表 5.3-2

方向	无线侧站房		有线侧站房	
X向地震作用层间位移角	1/3686	1/28167	1/3144	1/19797
Y向地震作用层间位移角	1/5334	1/12843	1/6112	1/19739

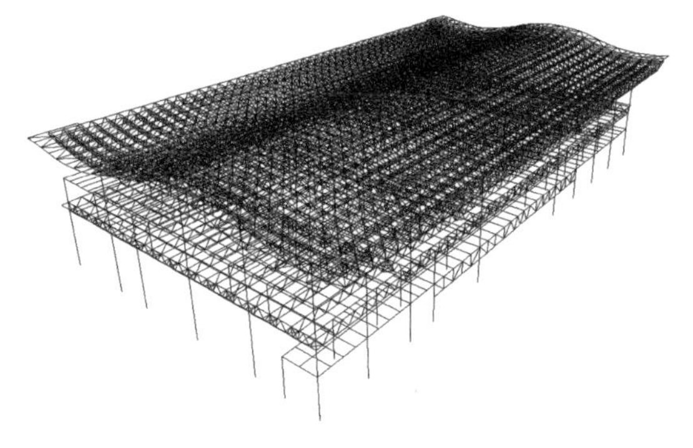

图 5.3-5　无线侧站房的主站房整体结构分析模型

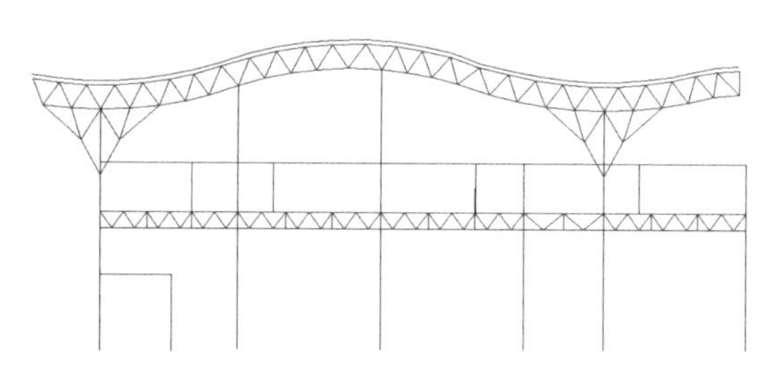

图 5.3-6　无线侧站房垂直于轨道方向剖面结构分析图

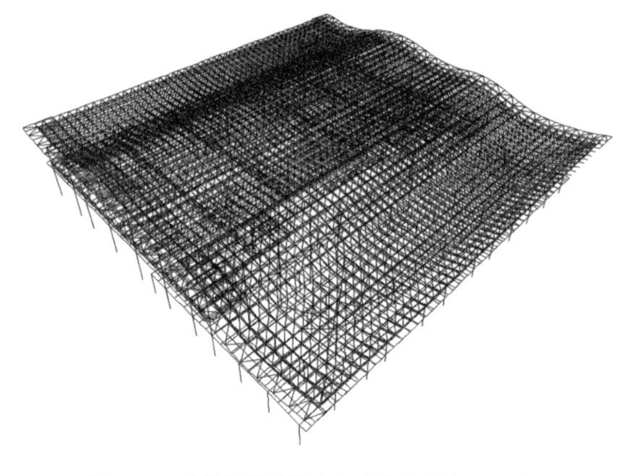

图 5.3-7　有线侧站房的主站房整体结构分析模型

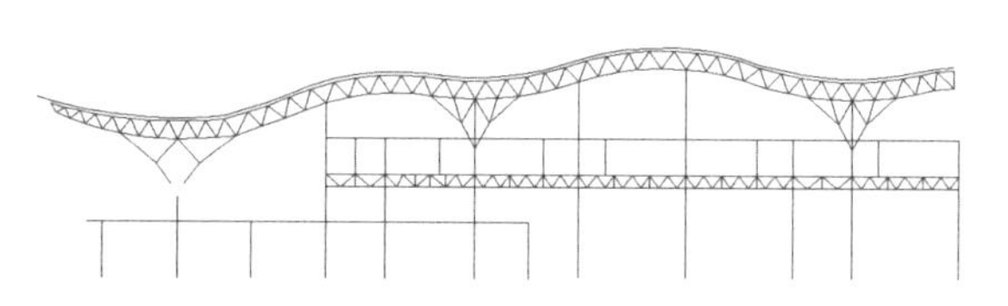

图 5.3-8　有线侧站房垂直于轨道方向剖面结构分析图

5.3.2　主站房结构布置

主站房采用框架结构，一层楼面以上基本为钢结构，一层楼面及以下则基本为钢筋混凝土结构。

1. 地下一层结构

地下一层为出站厅层，结构底板面标高为–9.700，顺轨方向结构长度为 113m，底板结构按受力特性的不同可分为三部分：

（1）49m 跨的地铁顶板区域：该区域下为长沙地铁，因地铁顶板面标高与出站层结构面仅有 1m 左右的高差，而该区域的结构跨度为 49m，从结构受力和经济性考虑，在地铁顶板上设置构造底板，构造底板与地铁顶板相连。

（2）在站场范围内两侧（顺轨向长度均为 32m）区域：底板主要受浮力作用，利用桥墩（台）及其桩基，采用钢筋混凝土梁板结构，为减小梁跨度，集中布置抗拔桩（兼作抗压桩）作为梁的支座。底板厚为 500mm，抗拔桩为直径 600mm 的钻孔灌注桩。抗浮水位相当于相对标高–6.500m。

（3）线侧站房区域：

采用柱下桩基 + 基础梁 + 500mm 厚结构底板的布置方式，基础采用直径为 800mm 的钻孔灌注桩。

跨度为 49m 的出站厅层如图 5.3-9 所示。

图 5.3-9　跨度为 49m 的地下出站厅

2. 站台层结构

站台层由线侧站房（分别位于站房东、西两侧）和承轨层（位于站房中间区域）组成，线侧结构与承轨层结构（即铁路桥梁结构）之间设置防震缝分开。承轨层结构的平面尺寸为 169m（垂轨向）× 113m（顺轨向），采用预应力混凝土连续箱梁桥 + 桥墩结构，此部分由铁四院设计。承轨层上部高架层的柱与承轨层桥墩连接，经与铁四院协商、配合，在预应力混凝土连续箱梁桥上预留上部高架层柱的洞口，使高架层柱穿越箱梁，直接与桥墩相连，将承轨层与高架层结构之间的相互影响降至最低。

线侧结构楼面标高为 1.200m，每侧线侧平面尺寸为 121.75m × 249m。柱网尺寸：垂轨向为 17.5～20m；顺轨向：16m、17m、19m、21m、32m 和 49m。

根据柱网尺寸，线侧楼盖采用预应力钢筋混凝土梁 + 钢筋混凝土柱（钢管柱）结构，其中跨度为 49m 的框架梁及与之相邻的 32m 或 16m 的框架梁采用钢桁架结构，混凝土结构布置见图 5.3-10。

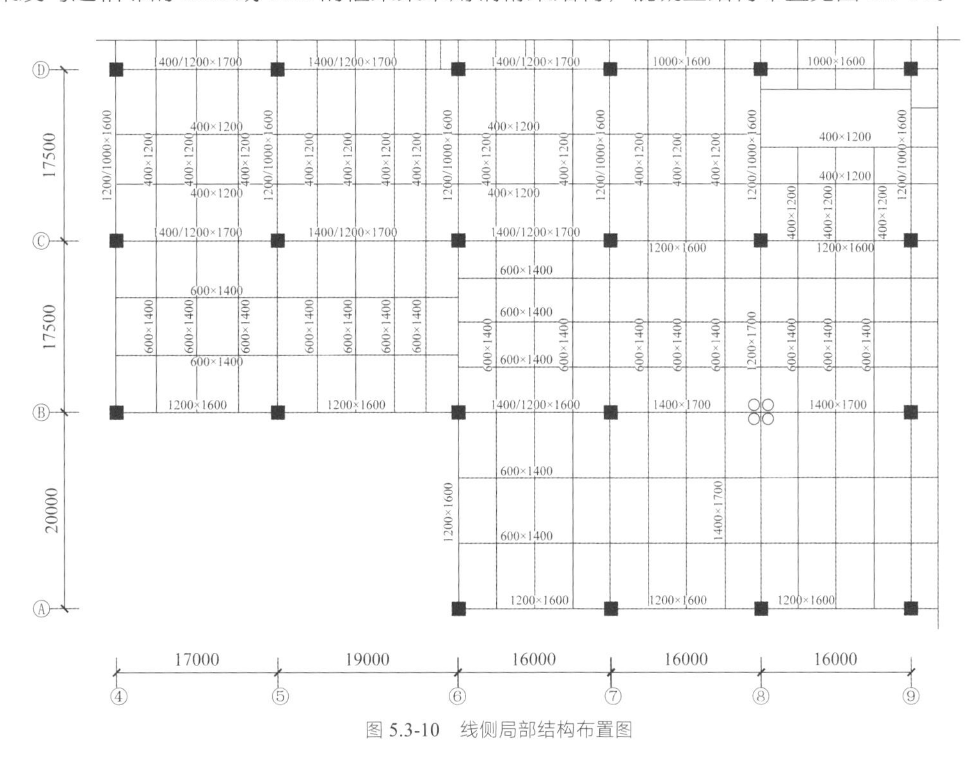

图 5.3-10　线侧局部结构布置图

3. 高架层结构

高架层为旅客候车厅层，平面尺寸为 177m（顺轨向）× 231.25m，其典型柱距为 20m、21.5m、27.75m（垂轨向）× 32m、49m（顺轨向），楼盖结构不分缝。

结构采用钢管混凝土柱 + 钢框架桁架 + 钢次桁架 + 钢次梁 + 钢筋混凝土板（压型钢板作模板）。图5.3-11 为高架层典型柱距结构布置图。

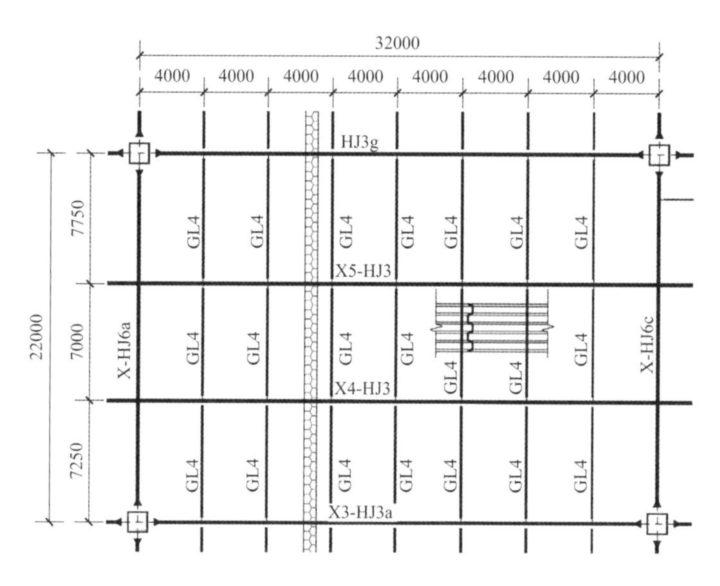

图 5.3-11　高架层典型柱网结构布置

结构布置特点：

（1）鉴于顺轨向柱距远大于垂轨向的柱距，且桁架高度受到限制。次钢桁架沿长跨方向布置，使楼盖结构的大部分荷载传至短跨框架桁架上。

（2）钢桁架上、下弦杆中心距为 2.45m，弦杆采用倒置的 H 形截面或箱形截面，腹杆同样采用 H 形截面或箱形截面。弦杆与腹杆之间采用焊接连接以减小节点用钢量，因而弦杆的宽度（相当于 H 形截面的高）与腹杆截面高度相同。这种连接方式在铁路桥梁上采用较多，采用工字形截面的两个翼缘直接传力，直接传力性能好。

在桁架高度范围内布置设备和检修马道，桁架上下弦的高度均为 400mm，钢桁架内净空高度为 2.05m，以满足设备安装及检修要求。

（3）顺轨向跨度为 49m 的钢桁架的高跨比为 1/20，楼盖竖向刚度较弱。高架层楼面为旅客候车厅，人员密集，且有一些特定的活动规律。因高架层有一部分柱直接与国铁正线的桥墩相连（与预应力箱梁脱开），中南大学对长沙南站进行了车桥振动理论分析和现场检测。理论分析和现场检测均表明，列车振动所产生的高架层楼盖竖向舒适度满足设计要求。

中南大学及东南大学进行的理论分析和现场检测还表明：某些人行活动产生的该区域楼盖竖向舒适度难以满足设计要求。为此，在该跨钢桁架跨中区域布置多点黏滞型阻尼器（TMD），进行结构减振。安装 TMD 后的理论分析和现场检测均表明，楼盖竖向舒适度满足设计要求，楼盖具有良好的经济性。

4．屋盖结构

屋盖平面投影尺寸为 177m（顺轨向）× 286.25m（垂轨向），为波浪曲面形状，中间为采光区域，采光区域平面投影尺寸为 49m（顺轨向）× 138m（垂轨向）。

屋盖柱距变化较大，顺轨向主要柱距为 32m，49m，最大至 113m（在东、西侧落客平台处）；垂轨向柱距：周边为 21.5～27.75m；中间区域则为 64.5m，99m，102.75m，屋盖单方向最大悬挑长度为 16m。

根据建筑形态、柱距、结构经济性，结合建筑形态、采光要求，非采光区域采用曲面焊接球钢网架结构，网架结构高度为 3.5m；在采光区域，则采用张弦结构，张弦结构的跨度为 45.4m，采用鱼腹式结构，最大矢高为 4.5m，每榀张弦梁的弦杆由三根截面为 250 × 450 × 20 × 20 或 250 × 450 × 12 × 16 的箱形钢管组成，张拉索采用 $f_{\mathrm{ptk}} = 1670\mathrm{MPa}$ 的 $\phi 5 \times 121$ 半平行钢丝索。张弦结构一端与网架结构铰接连接，另一端为滑动连接，与网架结构之间只有荷载的传递，基本无刚度贡献。这相当于在网架结构中间部位设置一个大洞口，使网架结构的空间作用减弱。屋盖结构如图 5.3-12、图 5.3-13 所示。

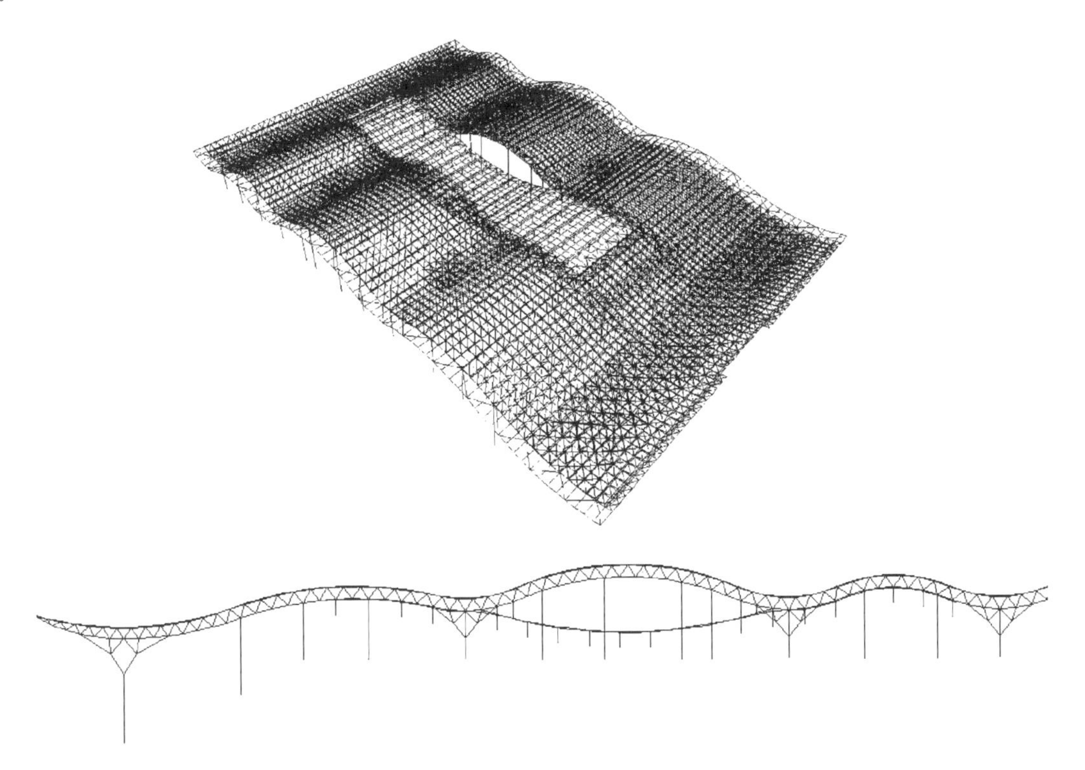

图 5.3-12　屋盖结构布置图

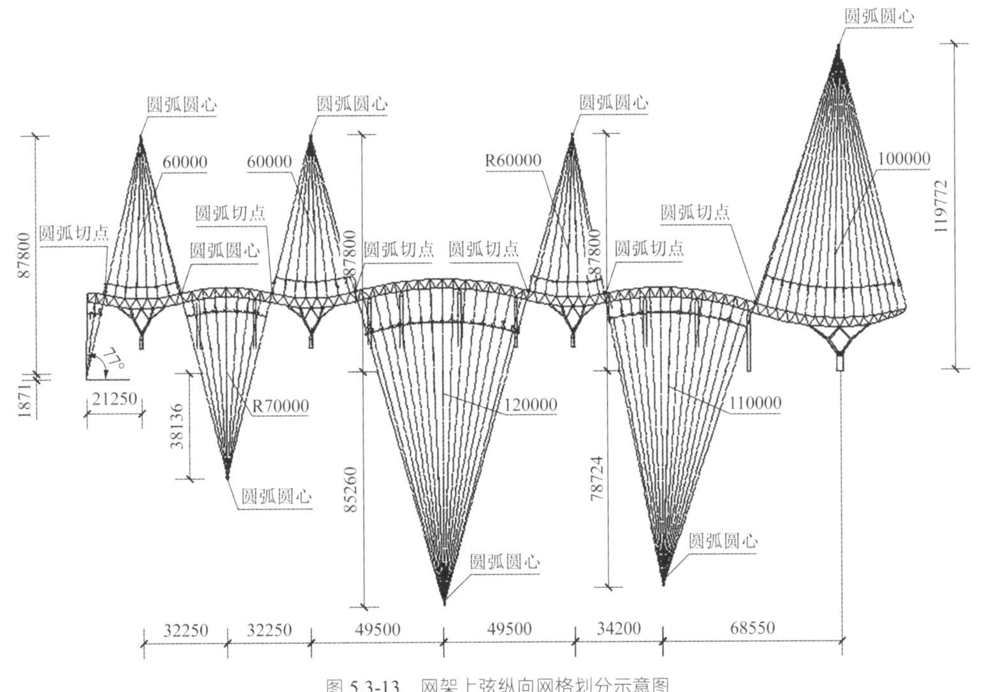

图 5.3-13　网架上弦纵向网格划分示意图

5．站台雨棚

站台雨棚的基本柱网尺寸为 43m（垂轨向）× 34m（顺轨向），悬挑长度 8.5m，采用两级分叉树状钢管柱 + 实腹曲线钢梁结构体系。次梁为弧形 H 型钢，主梁为焊接箱形截面，采用分叉树状柱后，框架主梁跨度为 25.5m（垂轨向）× 17m（顺轨向），梁高均为 850mm，刚度良好，如图 5.3-14～图 5.3-16 所示。主体结构总用钢量为 121kg/m^2（含柱）。

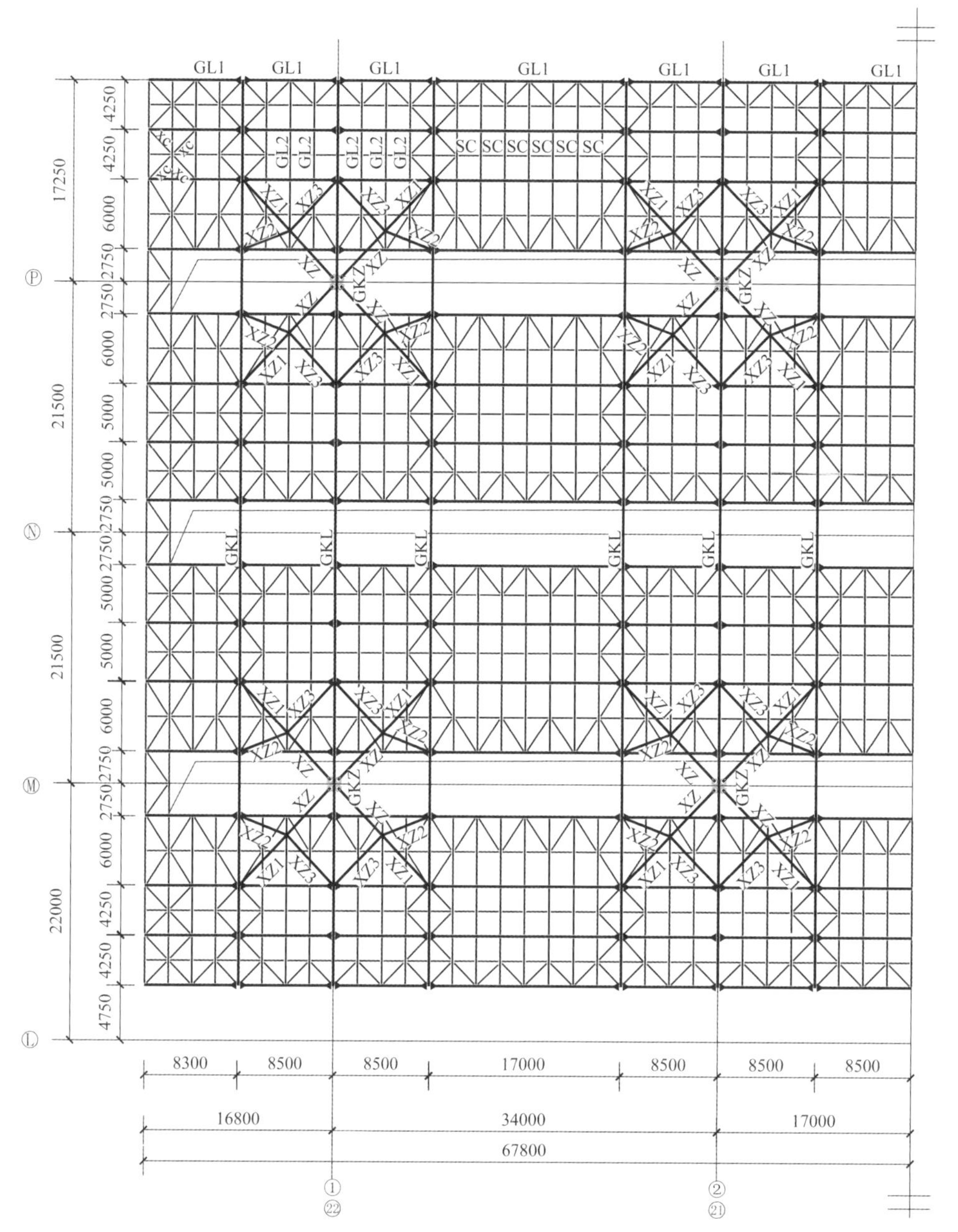

图 5.3-14　站台钢雨棚典型结构平面布置（水平投影）

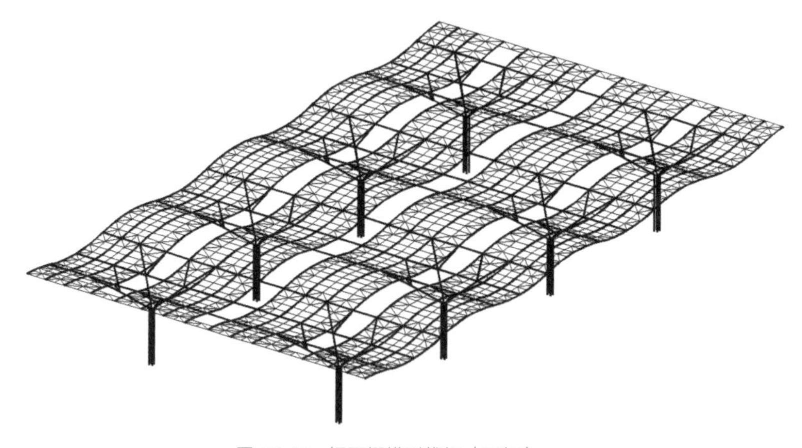

图 5.3-15　钢雨棚模型线框（局部）

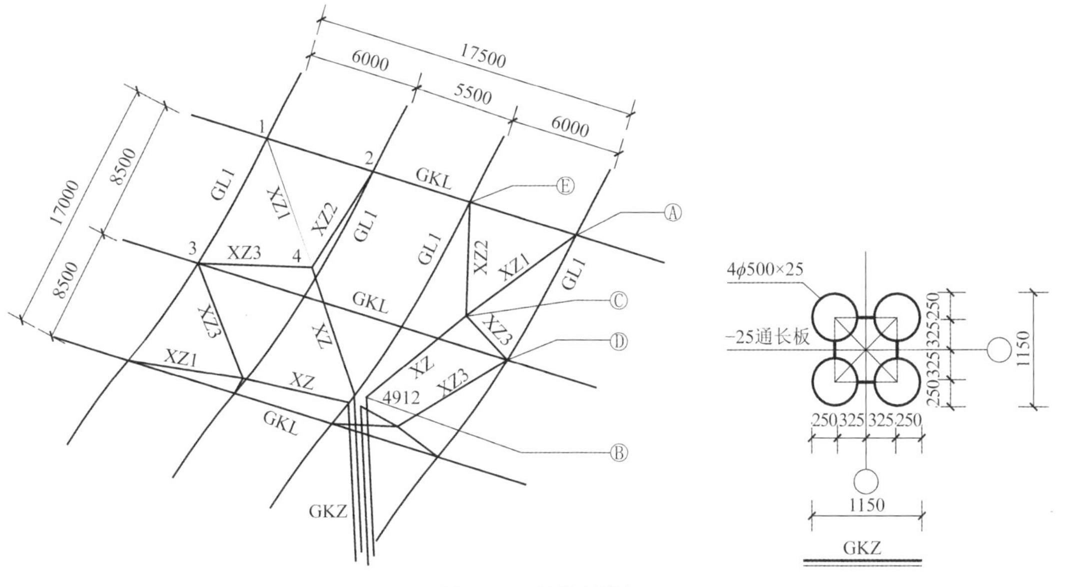

图 5.3-16　树状支撑柱

该结构的最主要特点是：构轻盈美观，结构构件全部外露，结构与建筑形态完全吻合，结构具有良好的经济性。

5.3.3　结构分析软件

1）结构整体计算分析采用 SAP2000（version11）程序及 MIDAS Gen（version7.12）程序。

2）PKPM 系列中的 SATWE 和 PREC 对混凝土结构进行配筋复核。

3）ANSYS 软件进行稳定分析及节点分析。

5.4　专项设计

5.4.1　“桥建合一”大跨度钢结构楼盖舒适度研究

如前所述，长沙南站高架层顺轨向 49m 跨的钢桁架的上下弦中心距为 2.45m，高跨比为 1/20，竖向刚度较弱，楼盖结构竖向振动最小频率计算值为 2.24Hz，且最小的几个频率较接近，需进行竖向振动舒适度的分析与研究，以武广场高架层进行论述，该区域建筑平面如图 5.4-1 所示。

1．高铁站房竖向振动舒适度判断标准

在 2007 年进行长沙南站设计时，国内外尚无相关的站房旅客候车厅竖向振动舒适度判断标准。为此，在设计时确定舒适度标准所采用的依据包括：

1）参照国外标准类似环境的楼盖标准，确定采用竖向加速度峰值作为舒适度评价指标。

2）竖向加速度峰值的限值

（1）参照美国 AISC（Floor Vibrations Due to Human Activity, 1997）和 ATC（Minimizing Floor Vibration, 1999）等规范中规定的商场和室内人行天桥的竖向加速度峰值指标值，该限值均为 0.015g（g为重力加速度，下同）；

（2）根据先期开展的大跨度楼盖舒适度研究的中间成果。

最终设计中确定竖向加速度峰值指标值 0.015g作为竖向振动舒适度限值。

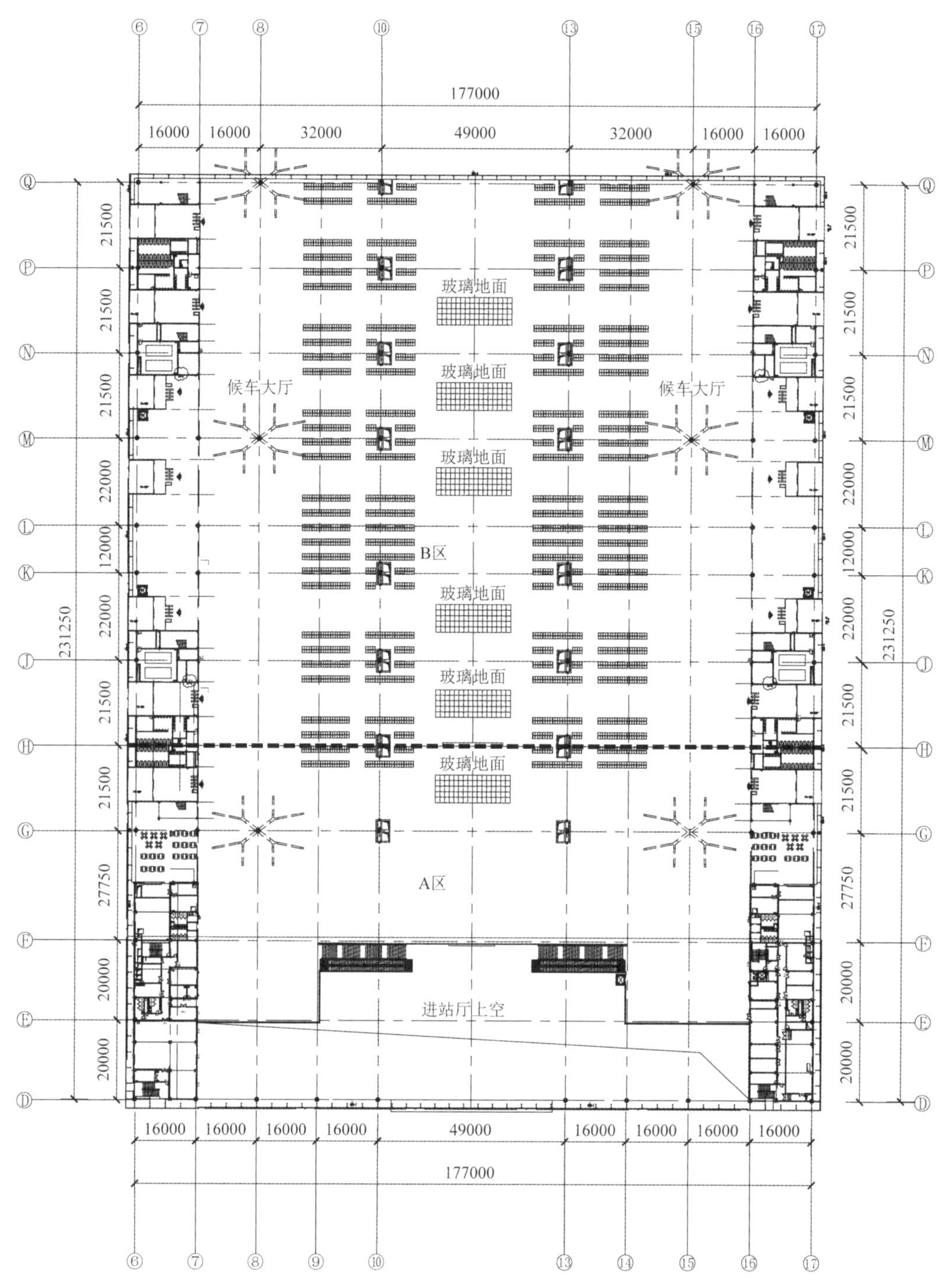

图 5.4-1 长沙南站高架候车厅建筑平面图

2. “桥建合一”站房车致振动下高架层大跨度楼盖竖向振动舒适度分析与研究

在大型“桥建合一”高架站房中，列车高速通过的正线区域结构与承轨层其他结构设结构缝分开，且在正线上不设上部高架层的结构柱，因而只需考虑到发线列车的振动对高架层的影响。长沙南站在正线桥墩上设置高架层结构柱，需考虑列车以 350m/h 在正线通过站房时承轨层振动对高架层的影响。为此，采用考虑车-桥-站耦合振动的理论分析与现场实测相结合的研究方法进行列车荷载作用下的结构振动分析与研究。

1）承轨层正线列车已不同速度及组合通过站房时高架层楼盖竖向振动加速度理论分析结果如表 5.4-1 所示。

列车正线通过时高架层楼盖竖向加速度最大值（mm/s²） 表 5.4-1

工况	工况说明	竖向加速度最大值
工况 1	单线 ICE3 高速列车以 300km/h 通过正线轨道梁	53
工况 2	双线 ICE3 高速列车以 300km/h 通过正线轨道梁	47
工况 3	单线 ICE3 高速列车以 350km/h 通过正线轨道梁	70
工况 4	双线 ICE3 高速列车以 350km/h 通过正线轨道梁	52
工况 5	单线 ICE3 高速列车以 420km/h 通过正线轨道梁	79
工况 6	双线 ICE3 高速列车以 420km/h 通过正线轨道梁	73
工况 7	双线 ICE3 高速列车以 350km/h 通过正线轨道梁 + 双线 ICE3 以 80km/h 通过 G、H、J、M、N、P、Q 轴线处的到发线轨道梁 + 单线 ICE3 以 80km/h 通过 K 轴和 L 轴线处的到发线轨道梁	95

2）现场实测

（1）测点布置：在国铁正线通过处的轴 K—L（垂轨向、柱距为 12m）和轴 10—13（顺轨向、柱距为 49m）的楼盖区域设置 5 个测点，如图 5.4-2（a）所示；到发线区域的轴 P—Q（垂轨向、柱距为 21.5m）和轴 10—13 区域同样设置 5 个测点，如图 5.4-2（b）所示。

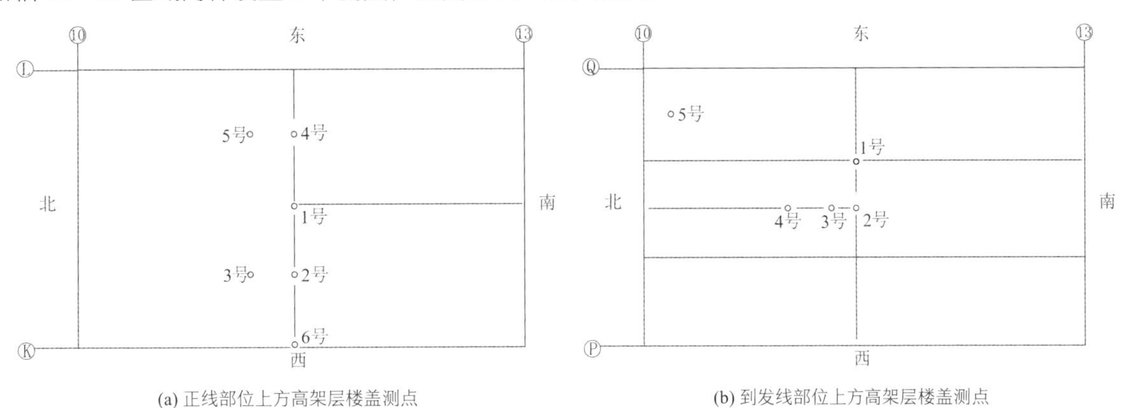

(a) 正线部位上方高架层楼盖测点

(b) 到发线部位上方高架层楼盖测点

图 5.4-2 高架层楼盖测点布置

（2）列车致振高架层楼盖竖向峰值加速度实测值

列车在承轨层正线高速通过时，位于正线上方的高架层楼盖各测点的竖向振动加速度的最大峰值如表 5.4-2、表 5.4-3 所示。

正线区域列车激励下高架层竖向振动加速度时程的最大峰值（mm/s²） 表 5.4-2

工况	测点 1	测点 2	测点 3	测点 4	测点 5
列车上行 340km/h	70	62	75	76	93
列车下行 340km/h	65	66	/	56	71
列车上行 350km/h	66	57	72	64	79

从表 5.4-2 中可以看出，正线区域楼盖振动加速度峰值的最大值为 93mm/s²，满足舒适度要求。

在运营阶段，于 2010 年 3 月 7 日下午 4 时左右，测得各测点的列车致振楼盖加速度时程曲线，当时正线区域楼盖约有 100 人（准备作人振测试），该工况属于不利工况，各测点的结果如表 5.4-3 所示。

运营阶段正线列车通过时列车致振楼盖竖向加速度最大幅值（mm/s²） 表 5.4-3

工况	测点 1	测点 2	测点 3	测点 4	测点 5	测点 6
工况 1	71	93	89	73	91	71
工况 2	66	79	69	62	90	82

注：列车通过时的速度不详。

检测结果表明，在列车高速通过时，正线区域楼盖的振动加速度最大幅值为 $93mm/s^2$，满足舒适度的要求（此时已设置 TMD 减振器）。

3. 人行荷载下楼盖竖向振动舒适度分析与研究

1）理论分析

采用结构动力学的方法进行铁路站房大跨度候车厅楼盖在人行荷载作用下的振动响应分析，相关计算参数如下：

（1）采用 Rayleigh 阻尼；

（2）质量除一般的恒载外，需考虑楼面活载的质量，活载根据人行荷载确定；

（3）人步行激励曲线取 IABSE（International Association for Bridge and Structural Engineering）的曲线，公式如下：

$$F_{\mathrm{p}}(t)=G\left[1+\sum_{i=1}^{3}\alpha_i\sin(2i\pi f_{\mathrm{s}}t-\phi_i)\right]$$

式中：F_{p}为行人激励；t为时间；G为体重；f_{s}为步行频率；$\alpha_1=0.4+0.25(f_{\mathrm{s}}-2)$，$\alpha_2=\alpha_3=0.1$；$\phi_1=1$，$\phi_2=\phi_3=\pi/2$。

人快速走动频率为 2.3Hz，人慢速走动频率为 1.7Hz，所有人的走动不同相位、同频率。人的重量根据 AISC Steel Design Guide Series 11，取 70kg/人。

（4）人行荷载工况如下：

工况 A：行人慢走（走动频率 1.7Hz）和快走（走动频率 2.3Hz），所有人具有相同频率和相位，沿上车通道按 1 人/m^2 考虑。

工况 B：集体起立，某进站通道附近所有座椅上坐满了人并同时起立，起立持续时间 1s，起立时的冲击荷载按一个正弦波考虑，人体加速度最大幅值 $2.512m/s^2$，即动力系数为 0.251，等效均布荷载为 0.7kPa。

工况 C：20 人在 49m 桁架跨中 20m × 7m 区域内按 2.1Hz（接近结构自振频率）跳跃，动力系数 1.5，等效均布荷载为 0.10kPa。

工况 D：100 人在 49m 桁架跨中 20m × 21m 按 2.5Hz 慢跑和 3.2Hz 快跑分别考虑，等效均布荷载为 0.17kPa。

上述工况下楼盖在减振前后楼盖竖向振动加速度最大值的理论值如表 5.4-4 所示。

减振前后由人行荷载引起的楼盖结构竖向加速度最大值（理论值，mm/s^2）　　表 5.4-4

人行荷载工况	工况 A（人行走）			工况 B（集体起立）	工况 C	D 类（100 人奔跑）	
频率	1.7Hz	2.0Hz	2.3Hz		2.1Hz	2.5Hz	3.2Hz
减振前	33～107	78～225	206～319	30～48	172～279	165～180	92～98
减振后	12～99	12～124	68～129	19～41	94～137	63～124	46～75

从表 5.4-4 中可以看出，楼盖减振前，行人快速行走（2.3Hz），跳跃和 100 人奔跑（2.5Hz）时楼盖竖向舒适度不满足设计要求，人行荷载的频率和动力系数对结构的动力响应影响较大。

2）TMD 布置及相关参数

经多次分析与计算，在武广场 49m × 191.25m 区域内高架层楼盖共布置 56 套多点黏滞型阻尼器（TMD）减振装置，每套减振装置主要由 4 根弹簧、质量块和黏滞流体阻尼器组成，其结构简图如图 5.4-3 所示。减振装置布置于每榀 49m 跨桁架的跨中部位，如图 5.4-4 所示；减振装置参数见表 5.4-5。

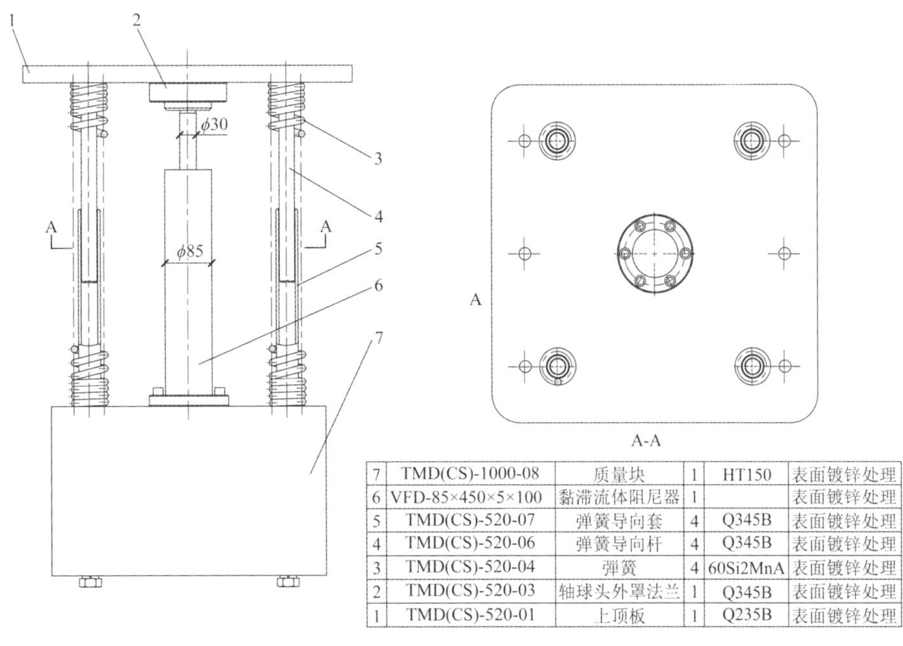

7	TMD(CS)-1000-08	质量块	1	HT150	表面镀锌处理
6	VFD-85×450×5×100	黏滞流体阻尼器	1		表面镀锌处理
5	TMD(CS)-520-07	弹簧导向套	4	Q345B	表面镀锌处理
4	TMD(CS)-520-06	弹簧导向杆	4	Q345B	表面镀锌处理
3	TMD(CS)-520-04	弹簧	4	60Si2MnA	表面镀锌处理
2	TMD(CS)-520-03	轴球头外罩法兰	1	Q345B	表面镀锌处理
1	TMD(CS)-520-01	上顶板	1	Q235B	表面镀锌处理

图 5.4-3 可调节刚度调谐质量阻尼器

减振系统计算参数 表 5.4-5

减振系统编号	弹簧刚度（N/m）（单根弹簧）	质量块质量/kg	调频频率/Hz	阻尼器参数			
				阻尼指数	阻尼系数/（N·s/m）	最大行程/mm	最大输出力/kN
TMD1	40644 ± 15%	800	2.27	1	$C = 1000$	±50	8
TMD2	57501 ± 15%	800	2.7				
TMD3	34784 ± 15%	800	2.1				
TMD4	61622 ± 15%	1000	2.5				
TMD5	43480 ± 15%	1000	2.1				

注：表 5.4-5 中弹簧刚度考虑理论与实际的误差，预留±15%的调整范围。

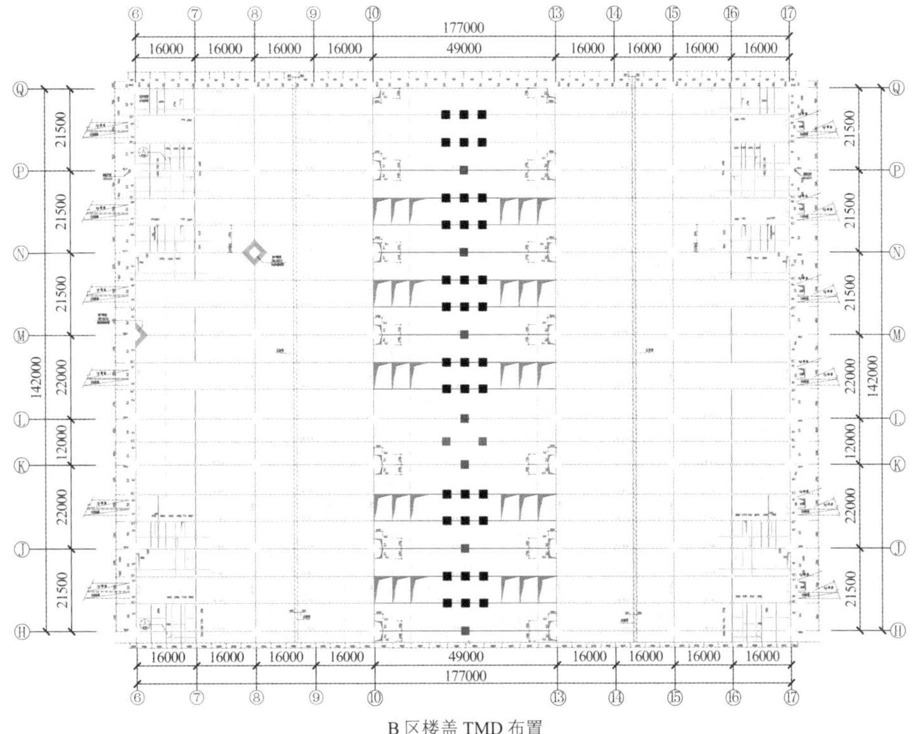

B 区楼盖 TMD 布置

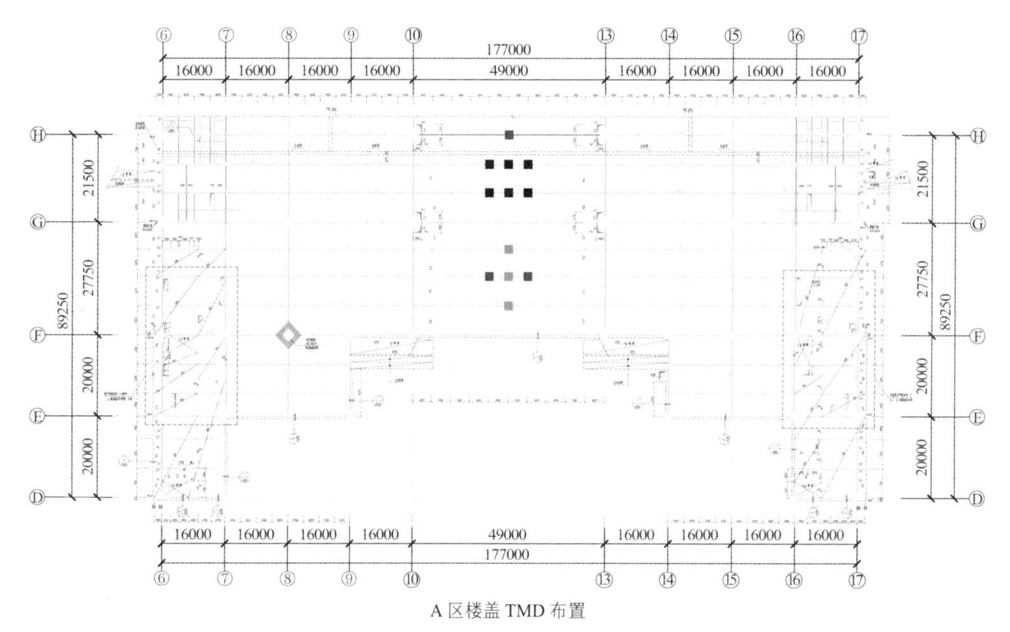

A 区楼盖 TMD 布置

图 5.4-4　武广场高架层 49m 跨楼盖 TMD 布置图

3）人行荷载作用下楼盖竖向振动舒适度现场检测

在结构减振前后，对人群以原地踏步、齐步走和起步跑等工况作用下的楼盖测点的竖向振动加速度检测结果如表 5.4-6～表 5.4-8 所示，括号内为减振后的数值。

人行荷载作用下轴（K—L）高架层楼盖竖向振动加速度最大幅值（mm/s^2）　　表 5.4-6

工况	测点 1	测点 2	测点 3	测点 4	测点 5	测点 6
12 × 8 人原地踏步 1.5Hz	28（33）	25（56）	（68）	21（51）	32（46）	（40）
12 × 8 人原地踏步 2.0Hz	36（44）	35（60）	（75）	25（48）	63（60）	（52）
12 × 8 人原地踏步 2.5Hz	43（51）	41（69）	（71）	53（46）	68（65）	（54）
12 × 8 人原地踏步 3.0Hz	125（81）	122（99）	（101）	（71）	139（79）	（91）

注：检测时该区域已铺设建筑面层。

人行荷载作用下轴（P—Q）高架层楼盖竖向振动加速度最大幅值（mm/s^2）　　表 5.4-7

工况	测点 1	测点 2	测点 3	测点 4	测点 5
9 × 10 人原地踏步 1.5Hz	40（48）	57（79）	126（115）	62（82）	19（44）
9 × 10 人原地踏步 2.0Hz	33（59）	76（77）	196（108）	95（82）	23（48）
9 × 10 人原地踏步 2.5Hz	52（69）	69（102）	225（133）	111（101）	35（67）
9 × 10 人齐步走 1.5Hz	29（28）	44（27）	126（38）	49（34）	18（43）
9 × 10 人齐步走 2.0Hz	34（70）	56（71）	189（89）	95（68）	29（59）
9 × 10 人齐步走 2.5Hz	38（54）	72（57）	293（78）	134（70）	38（41）
2 × 49 人原地踏步 1.5Hz	21（23）	42（44）	91（60）	76（67）	30（40）
2 × 49 人原地踏步 2.0Hz	23（26）	55（41）	164（75）	118（69）	37（59）
2 × 49 人原地踏步 2.5Hz	37（38）	70（59）	171（87）	186（79）	55（52）
2 × 10 人齐步跑 3.0Hz	107（141）	180（122）	385（133）	277（119）	81（45）

注：在减振前检测时该区域楼盖尚未铺设建筑面层；减振后检测时已铺设建筑面层。

在结构减振后，增加了 2 × 49 人齐步走和齐步跑等几个工况的检测，其结果如表 5.4-8 所示。

减振后人行荷载作用下轴（P—Q）高架层楼盖竖向振动加速度最大幅值（mm/s^2）　表 5.4-8

工况	测点 1	测点 2	测点 3	测点 4	测点 5
2 × 49 人齐步走 1.5Hz	18	25	42	35	18
2 × 49 人齐步跑 3.0Hz	235	209	247	240	115
2 × 10 齐步走 1.5Hz	13	12	24	17	15

需要指出的是，在使用过程中，一般不会出现 2 × 49 以 3.0Hz 齐步跑的工况（即在人数多时，不可能以较快速度跑），该工况检测的主要目的是了解结构振动的极端情况。

减振前后各工况下典型的结构竖向振动加速度时程如图 5.4-5 所示，可以直观地显示 TMD 的减振效果。

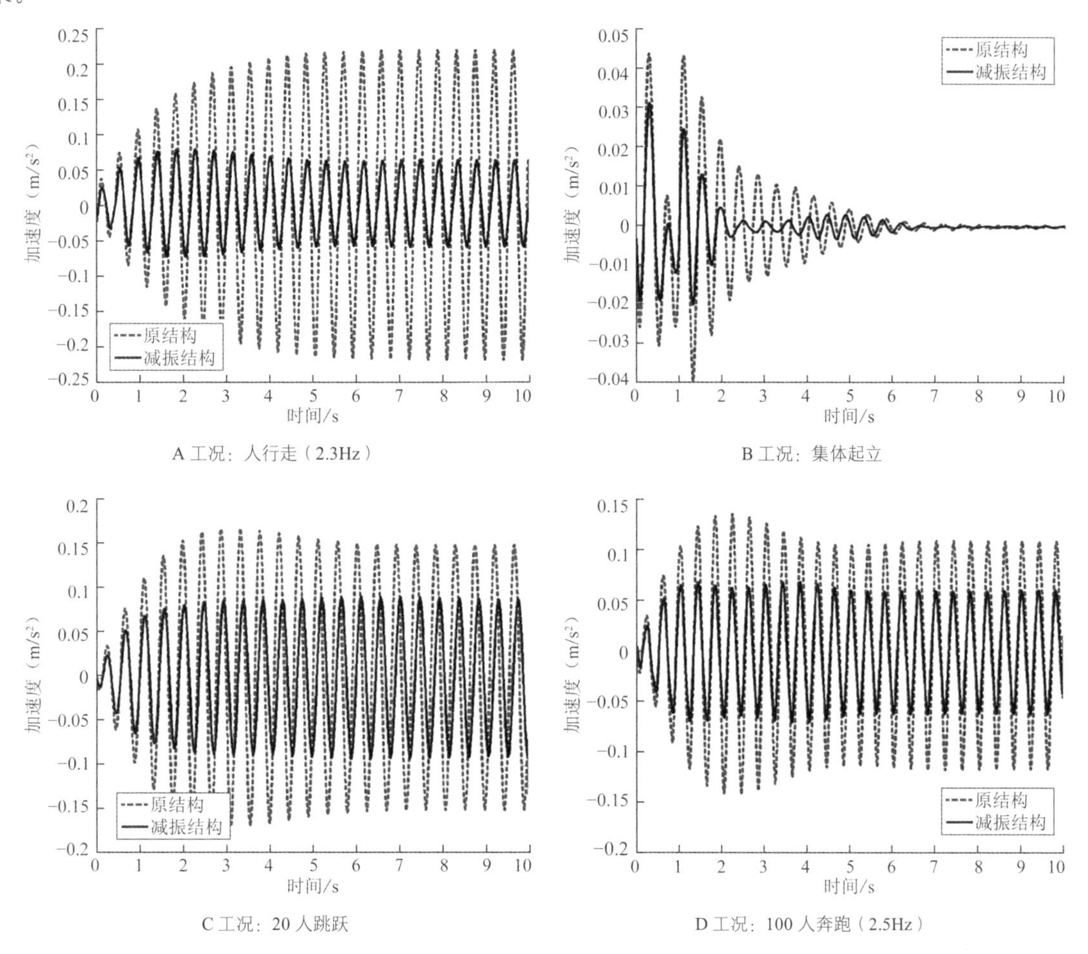

图 5.4-5　减振前后楼盖加速度时程曲线对比

4）人行荷载下楼盖 TMD 减振分析结论

（1）安装 TMD 后，各种人行荷载工况下，激励的步频越接近结构的固有频率，加速度峰值降低越多。

（2）工况 A（人行荷载）：减振前，步行频率为 1.7Hz 和 2.0Hz 时加速度最大幅值较小，小于人体舒适度限值；步行频率为 2.3Hz 时加速度最大幅值较大，最大达到 $319mm/s^2$；减振后，加速度最大幅值为 $129mm/s^2$，小于舒适度限值，满足设计要求。不同步行频率的减振效果不同，步行频率为 1.7Hz 和 2Hz 时加速度减振率变化较大，但平均减振率相对较低；步行频率为 2.3Hz 时加速度最大幅值减振率较均匀，减振率为 43%～69%，平均减振率达 50%以上。其中减振率 = (原结构数值−减振结构数值)/原结构数值。

（3）工况 B（起立荷载），加速度最大幅值较小；减振效果较小，但最大亦可达 53%。

（4）工况 C（20 人跳跃），加速度最大幅值较大，减振率为 42%～54%。

（5）工况 D（100 跑），在加载频率为 2.5Hz 时加速度最大幅值较大，减振效果亦较好，平均减振效果达 40%。

各种工况下，楼盖最大加速度最大幅值仅为 137mm/s^2，满足楼盖舒适度的要求。

5）现场检测结论

（1）采用 TMD 减振前，楼盖在多种人行荷载工况作用下，大跨度楼盖竖向振动加速度最大幅值超过 0.015g，不能满足楼盖舒适度的要求。

（2）采用 TMD 减振后，楼盖在多种人行荷载工况作用下，大跨度楼盖竖向振动加速度最大幅值均小于 0.015g（150mm/s^2），满足楼盖舒适度的要求。

（3）采用 TMD 减振后，楼盖各测点振动加速度最大幅值较减振前更加均匀，且减振前幅值越大，减振率也越大，符合 TMD 减振原理，表明 TMD 能有效地发挥作用。

（4）TMD 减振效果明显。减振前多工况下楼盖振动加速度最大幅值大于 150mm/s^2，最大为 385mm/s^2（2×10 人齐步跑 3.0Hz）；减振后，最大加速度幅值均小于 150mm/s^2，除 9×10 人 2.5Hz 原地踏步时最大为 133mm/s^2、2×10 人 3.0Hz 齐步跑时最大为 141mm/s^2 外，其余均小于 100mm/s^2。说明 TMD 设计达到了预期的效果。

（5）在减振区域 TMD 的总造价相当于 11.5kg/m^2 的用钢量，具有良好的经济效益和社会效益。

（6）理论分析和现场实测均表明：控制楼盖竖向舒适度的控制工况为：①接近楼盖竖向自振频率的齐步走和齐步跑；②接近楼盖竖向自振频率的集体跳跃；③集体起立不起控制作用。

5.4.2 站台雨棚结构的屈曲分析

1. 站台雨棚结构的线性屈曲分析

站台雨棚结构的线性屈曲分析采用 ANSYS 软件。杆件采用 Beam188 单元模拟。荷载采用恒载 + 活载，计算得到的结构第一阶整体屈曲因子为 22.5，其余各阶屈曲因子均接近。失稳形式表现为次结构的局部失稳，树状分叉支撑结构不屈曲。

2. 主体结构的非线性屈曲分析

线性稳定分析忽略了屈曲前变形的影响，常常导致过高估计了结构的临界荷载。而实际结构总存在着各种缺陷和偏差，非线性稳定（屈曲）分析能够考虑物体的位置和形状（位形）的影响，由其得到的结果更为真实、全面、可靠。

钢材按理想弹塑性材料考虑，在 ANSYS 中选用双线性随动强化模型 BKIN。设材料的屈服强度为 300MPa。在整体结构的屈曲分析中，考虑几何和材料非线性，计算结构的实际极限承载力。通过此分析，跟踪加载的全过程，可以全面、综合地评价结构的稳定性和承载能力。

首先，进行特征屈曲分析，然后在第一阶屈曲模态的基础上，通过更新节点的几何坐标引入初始几何缺陷。本处初始缺陷最大值按跨度的 1/300 取值。荷载仍采用恒载 + 活载。监测位移点 4912 设在 XZ 与 GKZ 交点处。失稳时，结构变形如图 5.4-6 所示，荷载-位移曲线如图 5.4-7 所示。

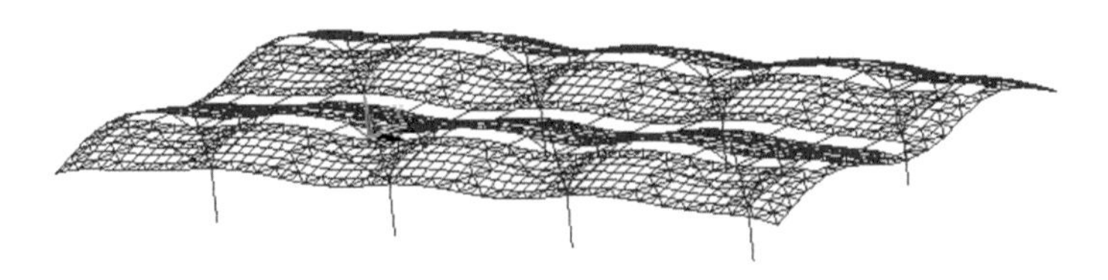

图 5.4-6 非线性屈曲失稳时的结构变形

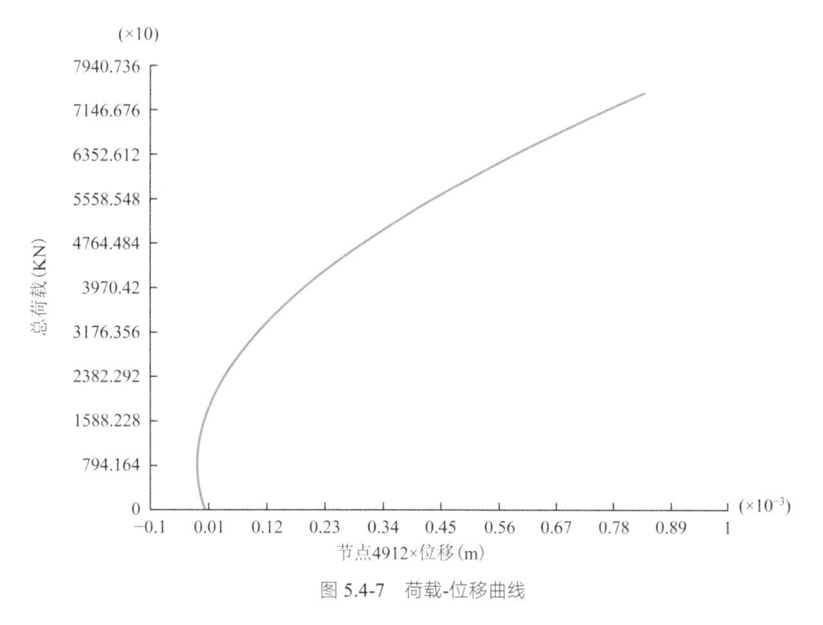

图 5.4-7　荷载-位移曲线

由图 5.4-6 可见，失稳时，屋盖结构 GKL 的悬挑段端部和大跨段中部发生较大变形，而树状结构变形较小。失稳原因为 GKL 的上述受力较大的部位已达到承载力极限状态，而此时的树状结构却仍有着较大的承载力富余。由图 5.4-7 可见，失稳时，树状结构的分叉点水平（单向）位移仅为 1mm 左右，树状结构作为整体受力单元，有着较强的整体刚度。最大荷载约为 77422kN，相当于恒载＋活载之和的 4 倍，满足规范要求且有较大富余。

5.4.3　多级分叉树状钢管斜撑杆件的计算长度

雨棚柱为多级分叉树状柱，下段竖直 GKZ 为 4 根圆钢管和 4 块钢板构成的组合截面；GKZ 往上分叉为 4 根 XZ，每根 XZ 又分叉为 XZ1～3，经过两次分叉后，共分成 12 根单根的圆钢管柱（XZ1～3），如图 5.3-16 所示。树状结构中各杆件的计算长度的确定十分关键，规范中未规定此类结构计算长度的取值方法。采用 SAP2000 进行线性屈曲分析，分别在各杆件两端加载，求解出各杆件的屈曲临界荷载P_{cr}，根据公式$P_{cr}=\pi^2EI/(\mu L)^2$，从而反算出杆件的计算长度系数。依此方法，依次求出 GKZ、XZ、XZ1～3 的计算长度系数μ分别为 1.7、1.2、1.0，设计取为 2.0、1.5、1.2，以策安全。

5.5　结语

长沙南站结构设计的主要创新点

（1）跨度为 49m 的候车厅楼盖，由于受建筑高度及净空限制，楼盖钢桁架的跨高比为 20∶1，作为“桥建合一”站房，在人行荷载和列车荷载作用下竖向振动舒适度不满足要求，开展相关研究，采用 TMD 减振技术，是目前国内减振面积最大的单体建筑，科研成果获湖北省科技进步一等奖。

（2）大型钢管多级分叉树状支撑在站房大跨度钢网架屋盖和站台雨棚中的大量应用，不仅使结构与建筑形态高度吻合；而且较大幅度降低屋盖结构跨度，屋盖结构受力更趋合理、结构经济技术指标良好。

（3）项目分三期建设，在结构上，将武广场与沪昆场（含东线侧站房）设防震缝分开，不仅在沪昆场建设时对已投入运营的武广场影响降至最低；而且在沪昆场设计时，充分考虑与沪昆场相连但分期建设东线侧站房的影响，使东线侧站房建设时对沪昆场运营基本无影响且无废弃工程，大大节约了工程造价，在国内分期建设高铁站房中实属罕见。

参考资料

[1] 武汉大学《新长沙站风洞试验报告》

[2] 中南大学《长沙南站楼盖振动分析》

设计团队

中南建筑设计院股份有限公司：周德良、李　霆、魏　剑、陈　兴、周佳冲、袁波峰、王　毓、江　红、钱　屹、谭　赟。

主要执笔人：周德良。

获奖信息

2013 年全国优秀工程勘察设计行业奖优秀建筑结构专业二等奖；

2011 年湖北省勘察设计行业优秀建筑结构设计一等奖；

2011 年湖北省勘察设计行业优秀建筑工程设计一等奖。

第 6 章

呼和浩特国家公路运输枢纽汽车客运东枢纽站

6.1 工程概况

6.1.1 建筑概况

呼和浩特国家公路运输枢纽汽车客运东枢纽站是国家一级客运汽车枢纽中心，是公路、铁路、航空、城市公交等多方式联运的枢纽重要节点。项目位于呼和浩特市东北部，南临铁路客运东站，东侧与建设中的铁路客运东站北广场及地下城市交通换乘枢纽相连接（上述项目均由我们负责设计、整体规划），西侧为南北向的车站西街，北侧为车站北街、海拉尔东街，可直接通往市区，并连接京藏高速公路、国道110线、机场高速公路，交通十分便利。

呼和浩特汽车客运东站地上两层（局部设有夹层），局部半边设置一层地下室，结构总高度为22.1m，建筑面积约为2.4万m^2；主要功能是为旅客提供舒适的候车环境，便捷、快速的进出站条件，配套相应的旅客服务用房。建筑外景照片见图6.1-1。

图6.1-1 建筑外景照片

屋盖拱结构与二层候车大厅楼盖之间通过两道室内纵向防震缝分开。与主体拱结构分开的二层候车大厅采用现浇钢筋混凝土框架结构，长162.6m、宽69m，主要柱网尺寸为7.2m × 9.0m和10.8m × 9.0m。屋盖采用组合拱结构，室内部分采用圆钢管混凝土拱结构，室外部分采用带斜撑的现浇钢筋混凝土拱架结构。屋面钢结构总量为1621t，投影面积用钢量为137.4kg/m^2，展开面积用钢量为76.2kg/m^2。

土层分布如表6.1-1所示，地下室四周为杂填土和细砂、砾砂层。地下室部分采用考虑底板分担作用的柱（墙）下扩展基础，其他部分采用独立扩展基础，选取第3层砾砂层f_{ak} = 220kPa为基础持力层，基础埋深约为5.2～6.5m。

地基土层分布情况 表6.1-1

地层编号	岩土名称	层厚/m	E_s（E_0）/MPa	f_{ak}/kPa
1	杂填土	1.8～4.5	/	/
2	细砂	0.5～3.4	（20）	140
3	砾砂	0.4～11.3	（30）	220
4	粉质黏土	0.8～4.2	6.34	160
5	细砂	揭露最大厚度4.8	（20）	160
6	粉质黏土	揭露最大厚度2.2	6.21	180
7	粉质黏土	揭露最大厚度4.4	5.87	160
8	细砂	揭露最大厚度4.4	（25）	180

地下室外墙与混凝土拱之间、无地下室部分均浇筑250mm厚刚性地坪（双层双向配筋，取单层配筋率为0.3%）。

6.1.2 设计条件

1. 主体控制参数

根据我国现行规范，本工程建筑结构分类等级如表 6.1-2 所示。相关图见图 6.1-2～图 6.1-7。

建筑结构分类等级　　表 6.1-2

项目	标准
结构设计基准期	50 年
结构重要性系数	1.1
建筑结构安全等级	一级
地基基础设计等级	乙级
建筑抗震设防类别	重点设防类（乙类）
抗震等级	钢筋混凝土框架、钢筋混凝土拱、钢筋混凝土斜撑：一级；钢结构：二级
防水等级	地下室：一级；屋面防水：二级
防火分类和耐火等级	一级
混凝土结构环境分类分级	处在地面以上室内正常环境：一类；处在地面以上露天环境、室内潮湿环境以及处在地面以下：二（a）类

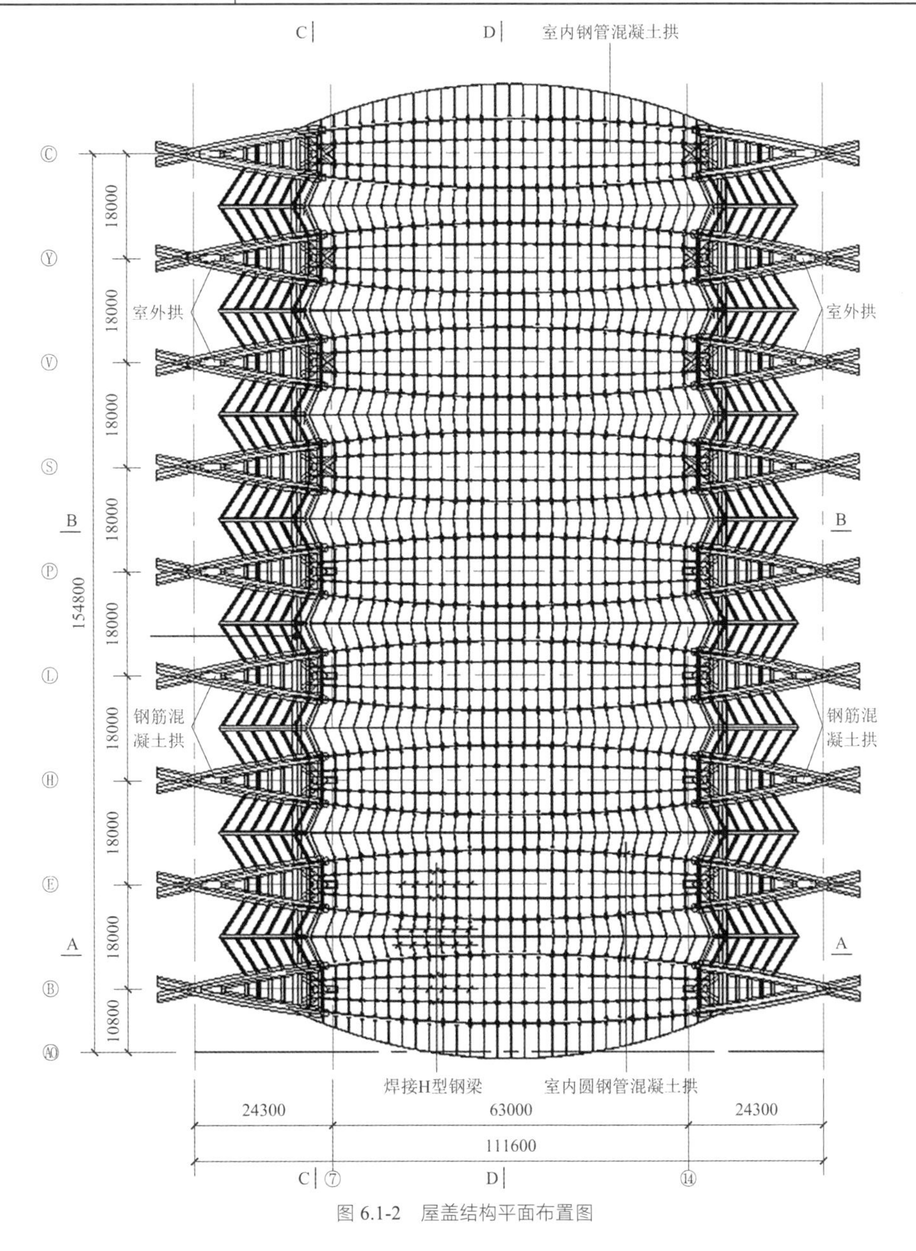

图 6.1-2　屋盖结构平面布置图

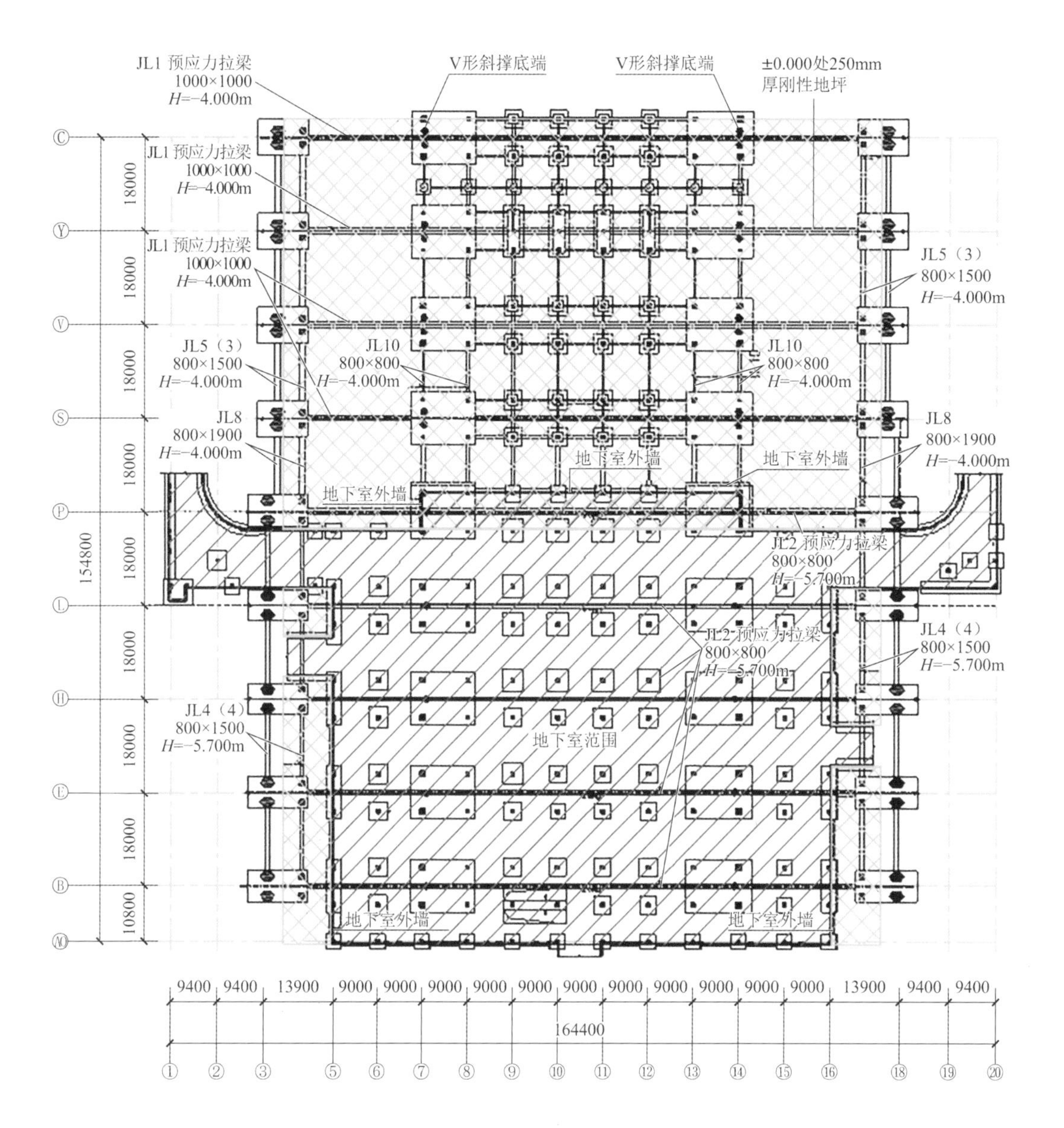

图 6.1-3　基础平面图

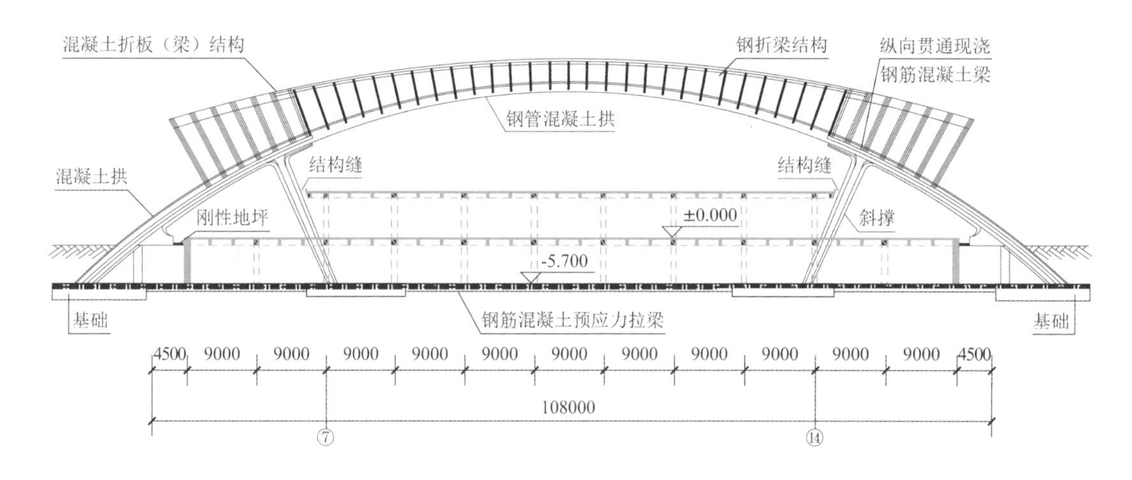

图 6.1-4　有地下室部分的横剖面图（A-A）

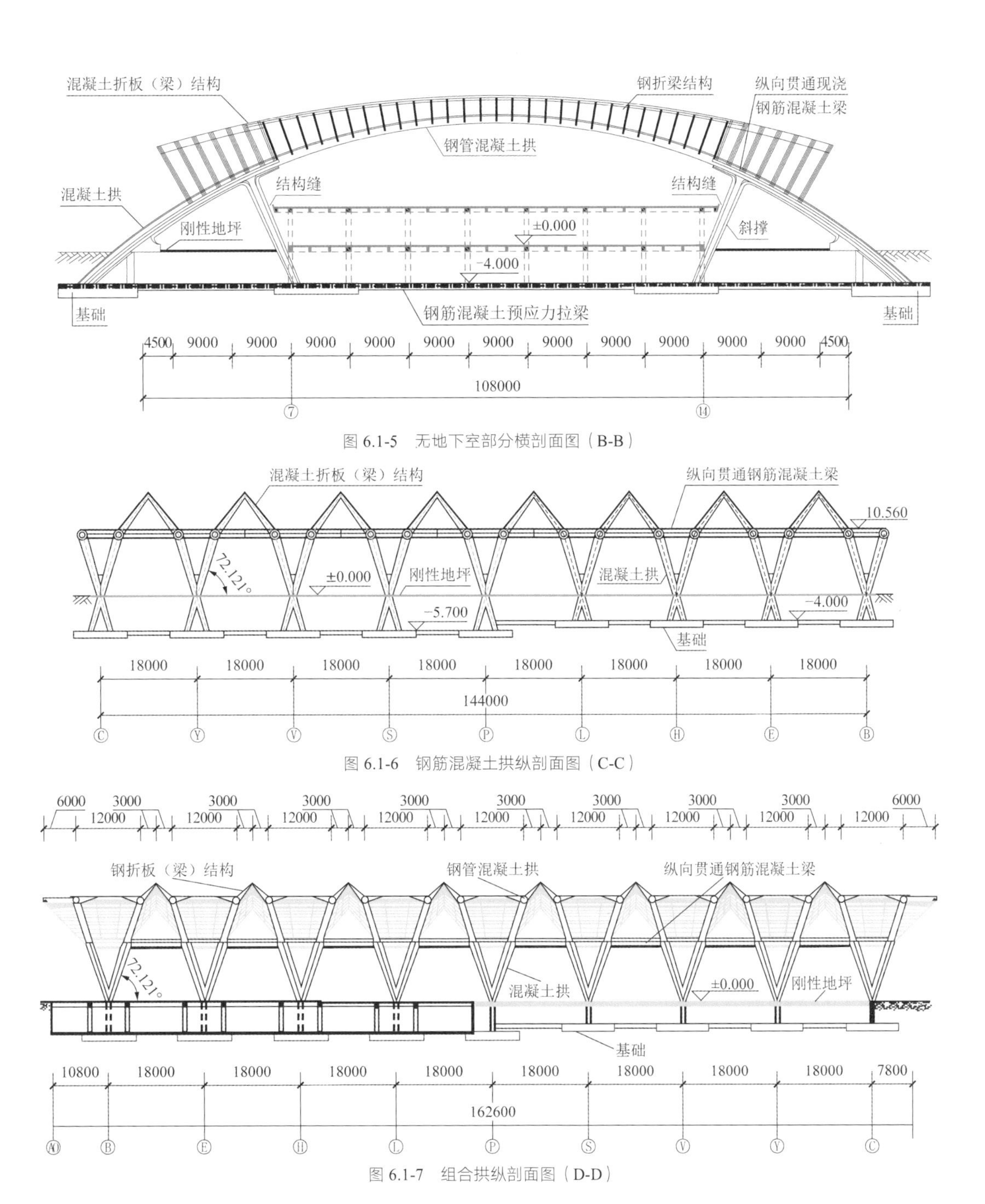

图 6.1-5　无地下室部分横剖面图（B-B）

图 6.1-6　钢筋混凝土拱纵剖面图（C-C）

图 6.1-7　组合拱纵剖面图（D-D）

2．风荷载

基本风压为 0.60kN/m^2（按 100 年重现期），屋盖结构地面粗糙度为 B 类。风荷载按照 2013 年 4 月湖南大学提供的《呼和浩特市国家公路运输枢纽——汽车客运东枢纽站风洞动态测压试验报告》和《呼和浩特市国家公路运输枢纽汽车客运东枢纽站等效风荷载研究报告》中的分析结果取用。模型缩尺比例为 1∶250。设计中，采用了规范风荷载和风洞试验结果进行位移与强度包络验算。

3．雪荷载

基本雪压为 0.45kN/m^2（按 100 年重现期），积雪分布系数根据荷载规范取值。

4．温度作用

呼和浩特市基本气温最高为 33℃，最低为−23℃，极端最低气温为−41.5℃，极端最高气温为 38.5℃。考虑施工的可行性，施工时合拢温度取为 12～25℃。钢管混凝土拱部分考虑温升 18℃、温降：

−42.5℃。考虑室内外温差、混凝土收缩、徐变等效温差以及地下一层温度梯度，工程使用阶段地下室底板以上的最大升温为+6.2°C、最大降温为−18.5°C，而地下室底板的最大升温和最大降温分别为+3.1°C、−9.6°C。

5．地震作用

抗震设防烈度为 8 度，设计基本地震加速度值为 0.20g，设计地震分组为第一组，场地类别为Ⅱ类，场地地震反应特征周期$T_g = 0.35s$，多遇地震影响系数$\alpha_{max} = 0.16$。多遇地震整体计算时阻尼比取 0.03。

6.2 建筑特点

“以结构逻辑为先导的大跨度空间形式”是本项目的建筑特点。

在社会分工极细的现代工业社会，建筑学与结构工程学往往分离为两个不同的专业，建筑师往往不掌握结构力学，而结构工程师又往往在社会、环境和美学方面有所欠缺。而在这个设计中我们希望打破当今常规的专业分工之间的藩篱，重新思考形式、结构与建筑的功能之间的关系。

采用清水混凝土拱座支撑钢管拱与工字钢密肋组合成的 110m 跨度的折板与单元式拱组合结构。在外力作用下，拱内的弯矩可以降到最小限度，主要内力变为轴向压力且应力分布均匀，能充分利用材料的强度，比同样跨度的梁结构断面小，故拱能跨越较大的空间。由此，建筑形式与结构体系高度统一，实现了建筑结构一体化设计。并且，多维曲面的清水混凝土拱座质感是粗糙的厚重的，符合草原民族粗犷雄壮的个性，为实现此质感，采用参数化设计制造的 GRC 永久性模板（不拆模）浇筑混凝土，GRC 模板水泥材质的表面自然形成清水混凝土效果。

建筑主体结构受力特征与建筑形态完美结合，单元结构体系提高施工效率，降低建造成本，带状天窗营造出流光溢彩的内部空间并形成良好地自然采光及通风效果，出挑深远的挑檐有利于遮阳。

折板与单元式拱组合结构的屋顶消解了大跨度建筑的巨大尺度。落成投入使用的呼和浩特汽车客运东枢纽站以其富有地域民族特色而又现代的标志性形象赢得了呼和浩特广大市民的认可和称赞。

6.3 体系与分析

6.3.1 屋盖结构选型

屋盖拱形结构有三种结构形式：纯钢拱、纯钢筋混凝土拱和钢与混凝土组合结构拱（室外钢筋混凝土拱、室内钢拱）。建筑师追求的建筑效果是室内外整个屋盖体系均为清水混凝土结构，但考虑其所处的地理位置每年可施工混凝土的时间短（仅为 8 个月左右），且建造清水混凝土效果的 GRC 异形双曲永久性模板造价较高、钢筋绑扎十分困难、高支模代价较大及经济代价过大等因素。经综合比选后，屋盖采用组合拱结构，而室内部分为圆钢管混凝土拱形结构体系，室外部分采用带斜撑的现浇钢筋混凝土拱形结构。这样，既满足了建筑外观要求，又考虑了施工难度和经济性，保证了施工工期，实现了建筑造型和结构形式的完美统一。

值得一提的是，拱结构以受压为主，承受的弯矩和剪力较小，故将室内部分采用圆钢管混凝土（CFT）结构以减小壁厚，从而减少用钢量、降低造价。结构主体完工时实景照片见图 6.3-1。

图 6.3-1　结构主体完工时实景照片

6.3.2　屋盖结构体系与特点

屋盖采用单元式结构体系，每个单元主要由两根拱斜向交叉放置形成。两根拱之间通过钢梁（室外钢筋混凝土梁）连系，形成单元。9个单元之间通过折板（梁）结构连系为整体，形成屋盖结构体系。

屋盖拱脚跨度125m，拱轴弧长137.6m，竖直矢高24.3m，拱轴线为半径93m的圆，主拱圈与水平面呈72.121°。相邻拱单元水平间距18m。

钢管混凝土拱部分跨度71.179m，竖直矢高6.267m，拱轴弧长68.7m，每个单元内的两根拱拱顶水平轴线间距为12m，相邻两个单元的拱顶间距6m；钢管直径为1.2m、壁厚20mm（Q345GJ-C），钢管混凝土拱内灌注C40混凝土；钢梁均采取变截面焊接H型钢（Q235B），沿拱轴两侧分布，在拱轴位置的间距为2.45m，拱单元间的折板（梁）部分顶部采用$\phi299\times10$的圆钢管（Q235B）将两侧的焊接H型钢梁形成整体。所有结构构件直接外露，实现了建筑造型和结构形式的完美统一。单榀梭形拱单元结构示意图（无地下室）见图6.3-2。

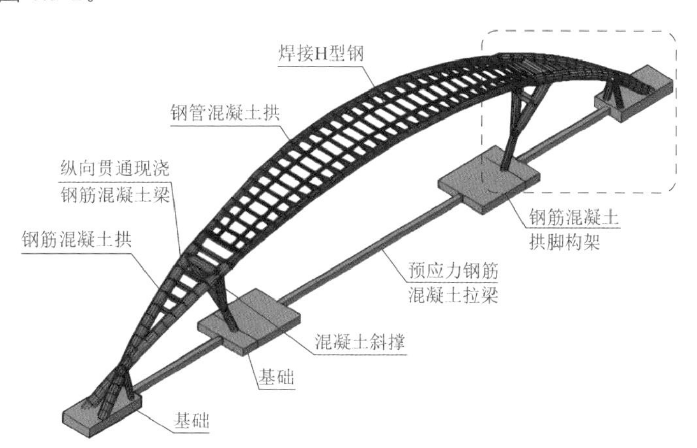

图 6.3-2　单榀梭形拱单元结构示意图（无地下室）

钢筋混凝土拱脚部分采用边长980mm的正六边形截面，竖直矢高24.3m（基础面位于−5.700m）；斜撑与水平向夹角114°，采用变截面正六边形截面，顶端边长980mm，低端边长693mm。纵向贯通现浇钢筋混凝土梁位于标高10.560m处，采用边长840mm的正六边形截面。混凝土部分均采用C40级。

6.3.3　结构受力体系的形成

本项目结构设计关键问题在于竖向承重体系和水平抗侧力体系的解决方案。可分为三个主要方向的受力体系，相应解决方案如下：

（1）竖向承重体系：屋盖采用组合拱结构（钢管混凝土拱＋钢筋混凝土拱脚构架）和折板（梁）结构共同形成竖向承重体系，主体结构传力简洁、可靠；候车厅部分采用框架-剪力墙结构体系作为竖向承重体系。

（2）横向抗侧力体系：通过由钢筋混凝土拱和钢筋混凝土斜撑构成的钢筋混凝土三角形拱脚构架，形成横向抗侧力体系，如图 6.3-3 所示。

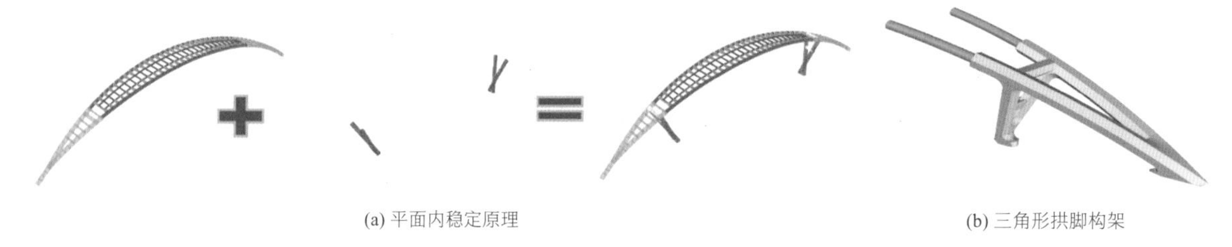

(a) 平面内稳定原理　　(b) 三角形拱脚构架

图 6.3-3　拱单元的平面内稳定

（3）纵向抗侧力体系：钢筋混凝土拱脚构架和纵向贯通现浇钢筋混凝土梁形成的两道纵向框架斜柱体系形成纵向抗侧力体系，如图 6.3-4 所示。

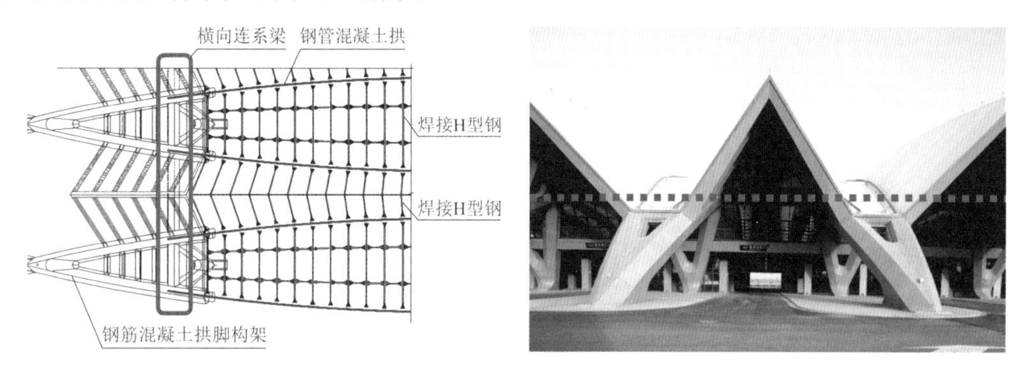

图 6.3-4　拱单元的平面外稳定

6.3.4　性能目标

屋盖结构静力分析采用 SAP2000 有限元软件。组合拱结构安全等级为一级，其余部分为二级。建筑抗震设防类别为重点设防类（乙类）。钢筋混凝土拱抗震等级为一级，钢筋混凝土框架抗震等级为一级，钢管混凝土拱抗震等级为二级。

屋盖部分的抗震性能目标为 C 级，抗震设防性能目标细化如表 6.3-1 所示。

屋盖部分的设防性能目标细化表　　**表 6.3-1**

地震烈度			多遇地震	设防地震	罕遇地震
宏观损坏程度			无损坏	轻度损坏	中度损坏
层间位移角			1/550	1/250	1/100
构件性能	关键构件	钢筋混凝土拱/钢管混凝土拱	弹性	正截面不屈服，抗剪弹性	正截面不屈服，抗剪不屈服
	普通竖向构件	Y/V 形钢筋混凝土斜撑	弹性	正截面不屈服，抗剪不屈服	满足抗剪截面控制条件
	耗能构件	框架梁	弹性	抗剪不屈服	允许形成充分的塑性铰

6.3.5　结构分析

1．计算长度的取值

对于纯压钢拱，有效计算长度系数基本上取决于拱的类型和矢跨比。无铰拱屈曲形式多呈反对称失稳，拱顶可视为反弯点，从拱脚到拱顶的半根拱可以类比成一端固定、一端铰接的柱，该类柱的有效长度系数为 0.7～0.72，故无铰拱的计算长度可以取为$L_0 = 0.36S$（S为拱轴线长度）。

2．结构计算分析

屋盖结构的主要荷载工况静力分析结果如表 6.3-2、表 6.3-3 所示。屋盖结构最大竖向位移计算值 1/491 < 1/400，平面内拱顶最大水平侧移计算值不超过其跨度的 1/2966 < 1/200，满足相关规范限值要求。

单工况作用下结构变形最大值　　表 6.3-2

工况效应	恒载	整跨活载	半跨活载	温升	温降	竖向地震作用
挠度/mm	−27	−4	−2	43	−81	3

单工况作用下结构变形最大值（层间位移角）　　表 6.3-3

工况效应	横向地震作用（拱平面内）	纵向地震作用（拱平面外）	风荷载下最大位移（45°方向）
层间位移角	1/6075	1/1350	1/8100

在无风荷载作用下屋盖受力不利，向上的风吸力抵抗了部分竖向恒荷载和活荷载，对结构受力有利。温度作用对竖向挠度均有一定影响，但对水平侧移几乎没有影响。恒载和温度作用起控制作用，因建筑较低，风荷载和地震作用均不起控制作用。

3．模态分析

通过对结构整体模型分析，得到屋盖自振周期见表 6.3-4 所示。从结果来看，前三阶振型均为拱平面外的纵向振动，而从第四阶振型开始为拱平面内的反对称振动。

整体结构模型自振周期　　表 6.3-4

阶数	1	2	3	4	5	6	7	8	9	10
周期/s	0.93	0.84	0.64	0.59	0.58	0.57	0.57	0.56	0.54	0.52

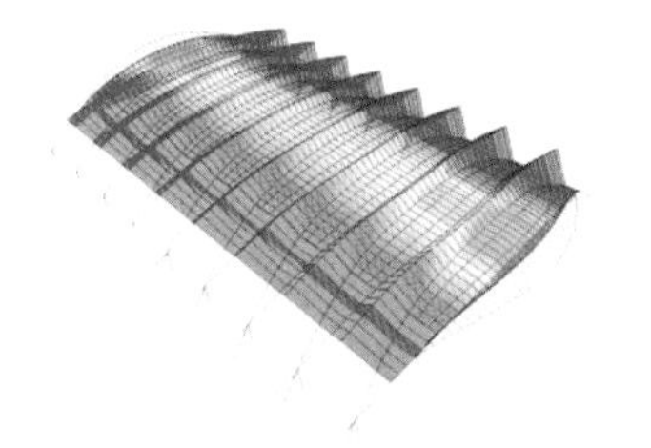

(a) 一阶振型（$T = 0.93$s）

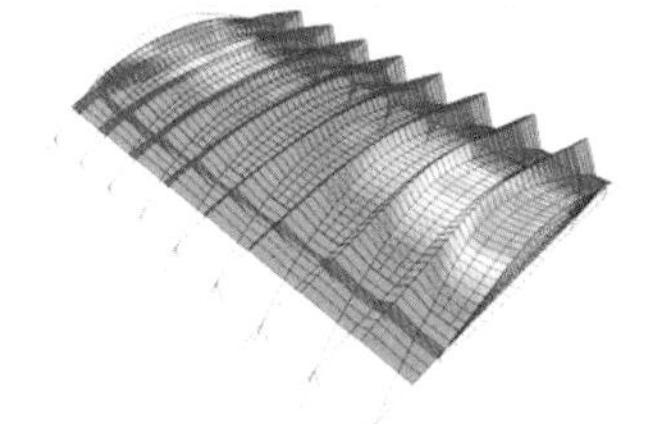

(b) 二阶振型（$T = 0.84$s）

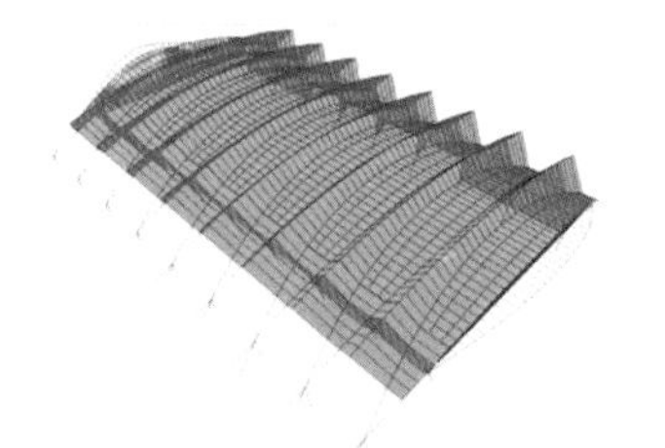

(c) 三阶振型（$T = 0.64$s）

图 6.3-5　整体结构振型云图

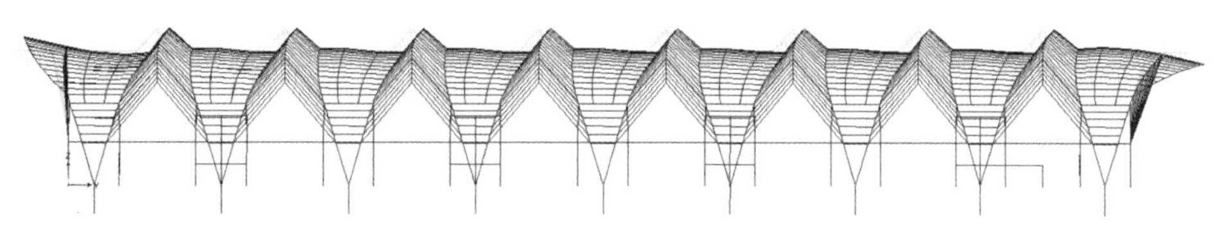

(a) 第 1 振型（屋盖Y向第 1 主振型）

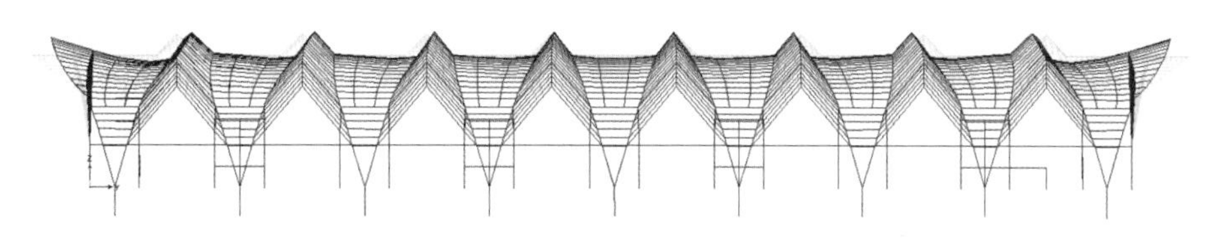

(b) 第 2 振型（屋盖局部振动）

图 6.3-6　整体结构振型侧视图（一）

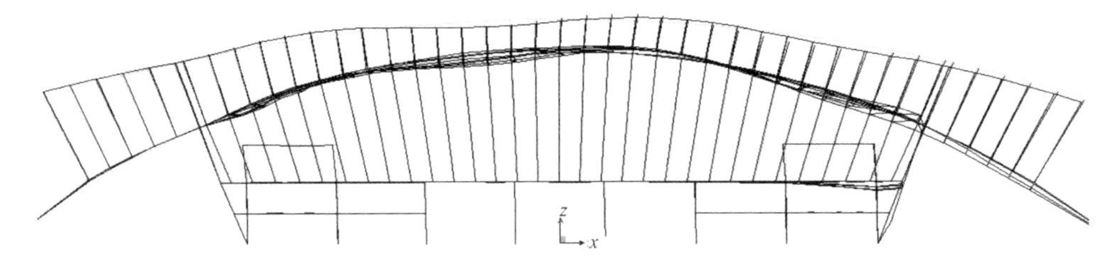

(c) 第 4 振型（屋盖X向第 1 主振型）

图 6.3-6　整体结构振型侧视图（二）

4．线性屈曲分析

屈曲分析主要用于研究结构在特定载荷下的稳定性及确定结构失稳的临界载荷。结构的主要屈曲工况结果如表 6.3-5 所示。其中，带折板（梁）结构单元两侧各取折板（梁）结构的一半，折板（梁）边界部分约束拱平面外水平位移、其他自由度释放。本工况是偏不安全的假设，仅供对比分析。

屈曲分析结果　　表 6.3-5

模型状态	荷载情况	屈曲因子		
		一阶	二阶	三阶
整体模型	恒荷载	13.85	13.96	20.17
	恒荷载 + 半跨均布活荷载	13.52	13.63	18.93
	恒荷载 + 全跨均布活荷载	13.20	13.31	17.87
单榀模型［带折板（梁）］	恒荷载	19.99	31.18	34.85
	恒荷载 + 半跨均布活荷载	18.75	19.25	32.61
	恒荷载 + 全跨均布活荷载	17.71	27.62	30.73
单榀模型［不带折板（梁）］	恒荷载	10.70	18.01	20.26
	恒荷载 + 半跨均布活荷载	10.32	17.39	19.54
	恒荷载 + 全跨均布活荷载	9.98	16.82	18.89

恒荷载作用下，整体分析时前三阶屈曲为反对称屈曲；带折板（梁）结构单元的一阶屈曲为反对称屈曲，二阶屈曲为对称屈曲，三阶屈曲为扭转屈曲；不带折板（梁）结构单元的一阶屈曲为拱平面外屈曲，二阶屈曲为扭转屈曲，三阶屈曲为拱平面内反对称屈曲。

整体结构和结构单元的屈曲模态有较大不同，带折板（梁）结构单元屈曲因子比整体结构的屈曲因子偏大 40%，而不带折板（梁）结构单元屈曲因子比整体结构的屈曲因子偏小约 25%。带折板（梁）结构单元的折板（梁）边界部分约束了其拱平面外水平位移，故提高了稳定性。这也说明单元间的折板（梁）结构对拱单元的平面外稳定作用明显。

根据德国 DIN 1880-Ⅱ-1990 扁拱跃越屈曲不控制设计准则：

$$R = l\sqrt{\frac{EA}{12EI}} > K_{sn} \qquad \text{式(6.3-1)}$$

式中，EI/l^2表征拱抵抗弯曲屈曲的能力，EA反映压缩变形的刚度。$\frac{EA}{EI/l^2}$较小，跃越屈曲必然先于弯曲屈曲（即反对称分岔屈曲）发生；而此值大到一定程度后，则分岔屈曲先于跃越屈曲。该规范提出，K_{sn}与拱类型和矢跨比有关，对于矢跨比为 0.1 的无铰拱，K_{sn}取为 42。经计算，本项目$R = 51.97 > 42$，分岔屈曲先于跃越屈曲。

5．非线性屈曲分析

非线性屈曲时钢材采用图 6.3-7 所示的应力-应变曲线，因混凝土拱架尺寸很大，不计混凝土支承体系塑性。对于 Q235 钢，$f_y = 235\text{MPa}$，$f_u = 375\text{MPa}$，$\varepsilon_1 = 0.114\%$，$\varepsilon_2 = 2\%$，$\varepsilon_3 = 20\%$，$\varepsilon_4 = 25\%$；对于 Q345 钢，$f_y = 345\text{MPa}$，$f_u = 510\text{MPa}$，$\varepsilon_1 = 0.17\%$，$\varepsilon_2 = 2\%$，$\varepsilon_3 = 20\%$，$\varepsilon_4 = 25\%$。混凝土$E = 3.0 \times 10^4\text{MPa}$，$\nu = 0.2$，$f_c = 14.3\text{MPa}$，$f_t = 1.43\text{MPa}$。

考虑几何非线性的P-Δ效应和大位移以及材料非线性，以均布面荷载为荷载工况对整体模型进行分析，得到典型拱顶节点的荷载-位移曲线见图 6.3-8。可以看到，随着荷载的增大，拱顶挠度增加，均布荷载最大值为 88kN/m²，是标准值的 293 倍。

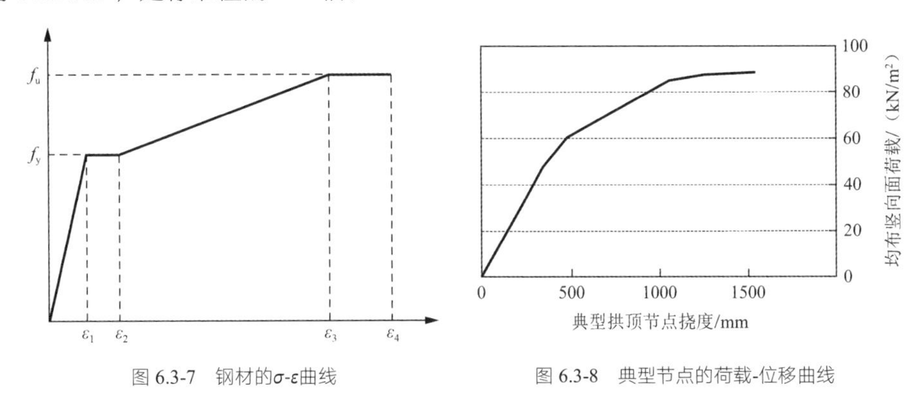

图 6.3-7　钢材的σ-ε曲线　　图 6.3-8　典型节点的荷载-位移曲线

6. 温度作用的影响

表 6.3-6、表 6.3-7 为典型钢筋混凝土拱脚节点和典型斜撑底部节点在恒荷载、活荷载、温升和温降四种荷载或作用下的支座反力情况。

典型钢筋混凝土拱脚节点反力　　表 6.3-6

荷载或作用	F_1/kN	F_2/kN	F_3/kN	M_1/（kN·m）	M_2/（kN·m）	M_3/（kN·m）
①恒荷载	8930	1	7855	−1	2958	1
②活荷载	973	3	611	−3	223	1
③温升	416	−123	239	94	−130	4
④温降	−772	215	−449	−163	328	−9
③/①	5%	—	3%	—	—	—
④/①	−9%	—	−6%	—	—	—

注：1 轴为拱跨方向，2 轴为纵向，3 轴为重力方向。

典型斜撑底部节点反力　　表 6.3-7

荷载或作用	F_1/kN	F_2/kN	F_3/kN	M_1/（kN·m）	M_2/（kN·m）	M_3/（kN·m）
①恒荷载	−1878	−9	4817	0	773	5
②活荷载	−53	0	169	0	107	0
③温升	−6	14	−491	−21	−1111	−31
④温降	11	−23	902	37	2044	55
③/①	0%	—	−10%	—	—	—
④/①	−1%	—	19%	—	—	—

注：1 轴为拱跨方向，2 轴为纵向，3 轴为重力方向。

可知，温度作用对斜撑底部的水平力影响不大，对钢筋混凝土拱脚的水平力影响约占 10%以内，对钢筋混凝土拱脚的影响大于对斜撑底部的影响；温升使斜撑底部节点产生与自重方向相反的支座反力（即斜撑受拉），使钢筋混凝土拱脚产生与自重方向相同的支座反力（受压），而温降对支座产生的作用相反，即钢筋混凝土拱受拉、斜撑受压；温度作用对斜撑底部节点反力的影响最大，尤其是温降时与自重产生的反力相比较约为20%（反力同向），拱平面内的弯矩也影响很大。

表6.3-8、表6.3-9为典型钢管混凝土拱的拱顶和拱脚在恒荷载、活荷载、温升和温降四种荷载或作用下的内力情况。

钢管混凝土拱顶杆件内力　　表6.3-8

荷载或作用	P/kN	V_2/kN	V_3/kN	T/（kN·m）	M_2/（kN·m）	M_3/（kN·m）
①恒荷载	−3627	−42	0	5	16	382
②活荷载	−464	0	0	1	10	41
③温升	−232	1	0	−2	14	−544
④温降	443	−3	0	5	−26	1020
③/①	6%	−3%	89%	−49%	87%	−142%
④/①	−12%	6%	−173%	96%	−164%	267%

注：P为轴力，V_2为拱平面内的剪力，V_3为拱平面外的剪力。

钢管混凝土拱脚杆件内力　　表6.3-9

荷载或作用	P/kN	V_2/kN	V_3/kN	T/（kN·m）	M_2/（kN·m）	M_3/（kN·m）
①恒荷载	−3938	−59	−11	32	0	−493
②活荷载	−500	−7	−1	22	3	−59
③温升	−194	81	−33	31	−63	795
④温降	373	−151	61	−59	109	−1493
③/①	5%	—	—	—	—	—
④/①	−9%	—	—	—	—	—

注：P为轴力，V_2为拱平面内的剪力，V_3为拱平面外的剪力。

可知，拱轴力是主要控制内力；温度作用对拱顶杆件的内力影响大于对拱脚杆件的影响；温度作用使拱脚杆件产生一定的拱平面内剪力；温度作用会使拱轴产生一定的弯矩，尤其是拱平面内的弯矩。后两个方面是因为本项目中的单根钢管拱斜放、拱单元之间采用折板（梁）结构，造成纵向温度作用可以一定程度释放所引起的。

6.4 专项设计

6.4.1 拱结构水平推力问题

拱结构在拱脚处水平推力较大，对于无地下室部分，通过设置1000mm×1000mm预应力钢筋混凝土基础拉梁（梁面标高−4.00m）；而对于有地下室的部分，则通过在拱脚基础间设置800mm×800mm预应力钢筋混凝土底板梁（底板面标高−5.7m），来平衡恒载标准值加1/2活载标准值下的水平力，如图1.1-3、图1.1-4所示。预应力均采用后张有粘结预应力。预应力筋采用$\phi^s15.2$低松弛镀锌钢绞线，强度标准值$f_{ptk}=1860$MPa，张拉控制应力为$0.7f_{ptk}$；采用圆形镀锌钢管孔道，壁厚5.5mm，材质Q235B。

每根预应力梁内设置4孔预应力束。其中，无地下室部分的预应力拉梁JL1设置$4×15\phi^s15.2$直线型预应力筋，有地下室部分的预应力拉梁JL2、JL3设置$4×17\phi^s15.2$直线型预应力筋。

预应力的张拉需分批张拉，即：混凝土达到设计强度后先张拉对角的两预孔应力束至 50%后再张拉另外对角的两孔预应力束至 50%；主体结构及屋面板施工完毕且拱的支架拆除后，按照第一批张拉顺序逐渐将 4 孔预应力束张拉到 100%。本项目采用两端张拉、超张拉法，减少预应力损失。

6.4.2 高烈度区半地下室的基础水平约束问题

本项目仅半边有地下室，采用天然基础，基础周边土为杂填土、中密细砂和稍密砾砂，土体水平约束为有限刚度。在较大的地震作用下（本项目位于 8 度区），由于局部半地下室挡土面较大、水平约束较大，而刚性地坪板与地下室顶板连为一体，无地下室部分基础水平约束较小，将引起首层结构较大扭转。

本工程提出解决方案为：在没有地下室的部分设置 1.5m 高基础梁形成抗剪键，通过增大土体水平约束，以有效控制扭转效应。

6.4.3 关键节点

钢管混凝土拱之间、拱单元之间需要侧向支撑保证平面外稳定，且侧向支撑和拱之间需要形成刚性节点，即拱与 H 型钢梁之间、拱单元与折梁、折梁与折梁之间均为刚接，拱脚为刚接节点。

1. H 型钢梁与圆钢管拱之间的刚接连接节点

对比 4 种工况，其分析结果见表 6.4-1：

工况 1：所有节点均采用刚接节点；

工况 2：拱单元内的 H 型钢梁与主拱圈铰接，其余刚接；

工况 3：拱单元内的 H 型钢梁与主拱圈铰接，折板（梁）体系内的 H 型钢梁与主拱圈铰接结构，其余刚接；

工况 4：拱单元内的 H 型钢梁与主拱圈铰接，折板（梁）体系内的 H 型钢梁与主拱圈铰接结构，折板（梁）体系内的 H 型钢梁之间铰接。

节点刚接和铰接的对比计算结果　　表 6.4-1

阶数	自振周期/s			屈曲因子（恒荷载）		
	1	2	3	一阶	二阶	三阶
①工况 1	0.93	0.84	0.64	13.85	13.96	20.17
②工况 2	1.16	1.03	0.8	12.04	12.17	15.68
③工况 3	1.49	1.31	1.06	9.72	11.98	12.1
④工况 4	1.49	1.47	1.45	8.91	8.95	9.03
②/①	1.25	1.23	1.25	0.87	0.87	0.78
④/①	1.60	1.56	1.66	0.70	0.86	0.60
④/①	1.60	1.75	2.27	0.64	0.64	0.45

与所有节点均采用刚接节点相比较，工况 2、工况 3、工况 4 的整体刚度从自振周期角度分别降低 25%、60%、60%，恒载作用下的屈曲因子也分别降低了 13%、30%、36%，也进一步说明了折板（梁）结构对整体稳定的影响显著，并且全部采用刚接节点最为安全。

H 型钢梁与圆钢管拱连接节点见图 6.4-1 所示。在 H 型钢腹板对应的钢管混凝土主拱（或圆钢管）内设置内置节点环板，H 型钢的翼缘因为建筑造型需要和圆钢管切向相交，切向相交时采用全焊透焊缝保证弯矩传递。节点板中间需开直径 800mm 的圆孔，传递内力的同时保证内部浇筑混凝土的流动性。

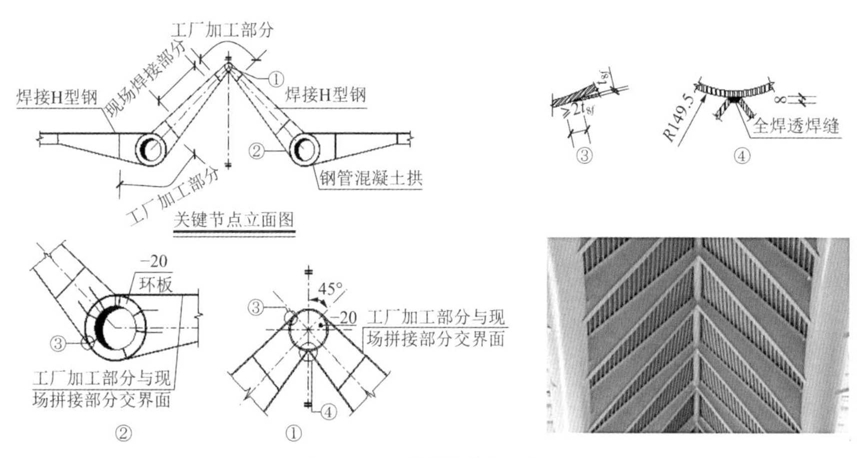

图 6.4-1　屋盖关键节点示意图

2．钢管混凝土拱与钢筋混凝土拱连接节点

钢管混凝土拱与钢筋混凝土拱之间采用埋入式柱脚，埋入长度 3 倍的钢管直径，埋入部分的钢管外壁设置栓钉连接，见图 6.4-2。

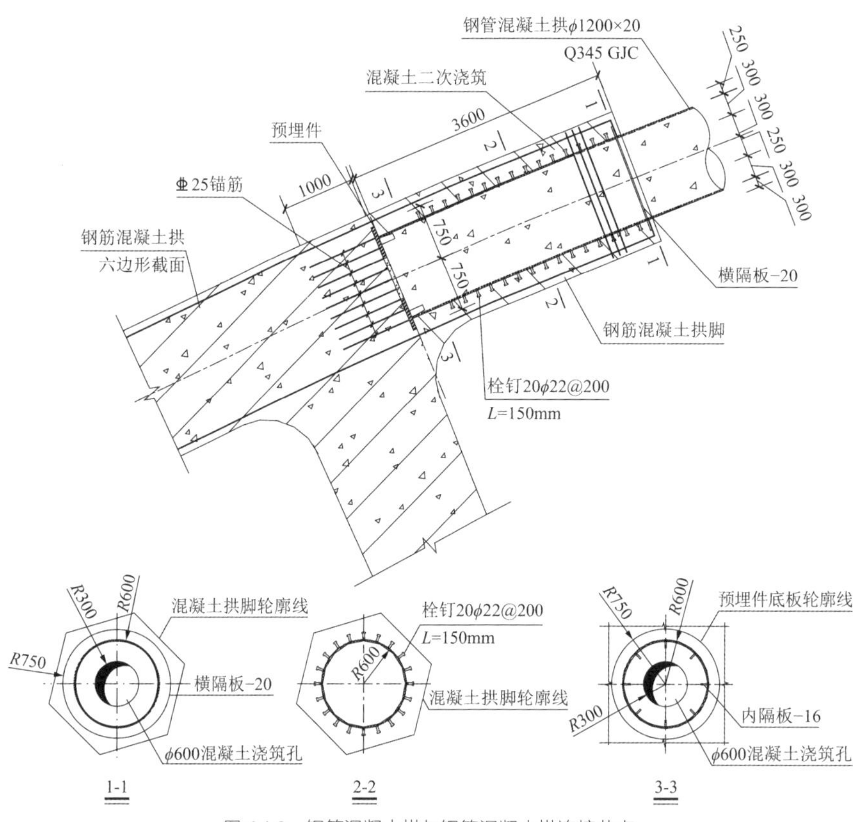

图 6.4-2　钢管混凝土拱与钢筋混凝土拱连接节点

注：混凝土部分未示出钢筋。

6.5　施工技术问题

6.5.1　钢管混凝土拱屋盖的滑移施工

结合结构特点，采用沿纵向液压同步累积滑移施工方案（图 6.5-1），施工方案如下：

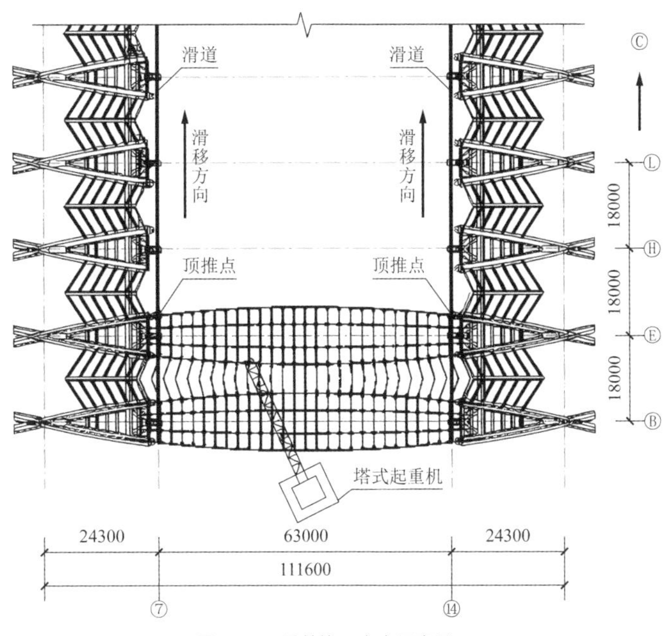

图 6.5-1　屋盖施工方案示意图

（1）在B轴处的屋盖下方设置临时支撑架，采用履带起重机高空吊装原位散件，拼装成一个标准滑移单元，完成后在单根钢管拱下之间设置钢绞线作为临时支撑。在7轴和14轴设置滑移轨道，轨道采用竖向钢桁架支撑，采用侧向刚性拉杆保持侧向稳定性，滑移单元经安装结构焊接探伤合格后进行卸载，然后作为第一个滑移单元滑出。

（2）第一个单元滑移 18m（即相邻两单元间距），同样方法拼装第二单元钢拱结构，拼装完成后卸载，再安装第一和第二单元之间的折板（梁）结构体系，焊接完成将第一、第二单元再滑移18m，重复上述步骤，完成主体结构。

（3）钢管拱结构所有单元滑移就位后，将钢拱两端与预埋钢管拱脚焊接固定，进行临时措施的拆除，同时安装两侧悬挑钢构件。

采取液压同步累计滑移施工技术，避开了与下部结构立面交叉施工、吊装机械无法进入或无法辐射等问题；滑移设备通过计算机控制，推进过程中同步滑移姿态平稳，滑移同步控制精度高，滑移推进力均匀，加速度极小，在滑移启动和停止工况时屋盖不会产生不正常的抖动现象；而且，具有操作方便灵活、节省机械设备和劳动力及支撑措施等优势。

6.5.2　钢管混凝土拱内混凝土浇筑

钢管混凝土拱跨度72m，自重下挠值较大，需待其内部混凝土强度达到100%后，拆除临时支撑架。

钢管混凝土拱内混凝土浇筑是采用单根双向顶升法施工。两侧对称各开压注孔，利用泵压将混凝土从压注孔处自下而上压入钢管拱内，并达到混凝土自密实的效果。

拱管直径 1.2m，拱轴弧长 68.7m，浇筑混凝土容易产生气孔导致不密实，单个拱管内间隔 3.6m 距离设有内隔板，混凝土流动到内隔板处时容易产生封闭空气腔体。故混凝土浇筑由下而上，在内隔板的对称位置开4个直径约20mm出气孔；另外，在钢拱管的上方位置在内隔板下方各开一个直径10mm的出气孔，保障气体不在此处形成腔体和混凝土的密实度。

单个钢拱管的最低标高10.56m，浇筑的钢拱管最顶标高22.2m，落差约为12m。若一次性浇筑到顶，混凝土在钢拱管里流动不畅或者水分不足，存在爆管的隐患。采取的对策是单个钢拱管分两次浇筑混凝土，约6m一个落差。在钢拱管上设置5个直径120mm的浇筑孔和出气孔，其中左右对称的4个浇筑孔设置在钢拱管的侧边偏上位置，拱顶设置 1 个出气孔。

钢管混凝土拱跨度 72m，自重下挠值较大，需待其内部混凝土强度达到 100%后，拆除临时支撑架。

6.6 结语

呼和浩特汽车客运东站结合建筑独特的单元式折板 + 拱形造型，结构体系选用了钢与混凝土组合结构拱（室外钢筋混凝土拱、室内钢拱），充分发挥了该结构体系的优良结构性能，并完美实现了建筑的造型效果。

结构方案的特点为：

1）室外清水混凝土拱架与室内圆钢管混凝土拱构成组合拱实现了结构形式与建筑造型的完美统一；

2）刚性折板（梁）的连接方式显著提高了拱结构稳定性；

3）基础梁加高构成“抗剪键”解决了半边地下室造成的扭转问题。

项目重点难点与措施如下：

（1）在满足建筑外观要求，又兼顾施工难度和经济性的前提下，合理选择了组合拱结构形式，屋盖室内部分采用圆钢管混凝土拱形结构，室外部分采用带斜撑的现浇钢筋混凝土拱形结构，同时也满足以轴压力为主的受力要求。

（2）通过设置预应力水平拉梁平衡拱的水平推力。针对仅局部半边存在地下室的情况，在无地下室区域通过加高基础梁形成“抗剪键”，使首层结构在地震作用下减轻扭转。

（3）拱结构恒荷载和温度作用起控制作用，风荷载和地震作用均不起控制作用。

（4）整体结构和单独的拱结构单元的屈曲模态和屈曲因子均有较大不同，折板（梁）结构连接方式对整体稳定的影响显著，全部采用刚接节点最为安全。

（5）采取液压同步累计滑移施工技术，避开了与下部结构立面交叉施工、吊装机械无法进入或无法辐射等问题，且控制精度更高，对结构影响最小。

（6）采用单根双向顶升法完成钢管混凝土拱内混凝土浇筑，克服了结构自重大和浇筑落差大、浇筑距离过长引起的安全和浇筑质量问题。

参考资料

[1] 纪晗，李霆，孙兆民，等. 呼和浩特汽车客运东站组合拱结构设计与分析[J]. 建筑结构, 2018, 48(17).

设计团队

纪　晗、孙兆民、李　霆、胡紫东、刘飞宇。

获奖信息

2016 年第十二届中国钢结构金奖；

2018 年中国建筑学会建筑设计奖·结构专业三等奖、建筑创作优秀奖、建筑幕墙专业二等奖；

2018 年亚洲建筑师协会建筑奖荣誉提名奖；

2019 年香港建筑师学会两岸四地建筑设计大奖卓越奖；

2019 年度中国勘察设计协会行业优秀勘察设计奖优秀（公共）建筑设计二等奖。

第 7 章

武汉天河机场 T3 航站楼及塔台

7.1 工程概况

7.1.1 建筑概况

武汉天河机场为我国中部重要的枢纽机场，T3 航站楼建筑方案取“星河璀璨，凤舞九天”之意境，鸟瞰酷似腾飞的凤凰（图 7.1-1、图 7.1-2）。项目位于武汉市黄陂区，与既有 T2 航站楼相邻。T3 航站楼东西向长度约为 1200m，南北向宽度约为 245m，建筑面积 49.5 万 m^2，建筑高度 41.1m，为华中地区单体面积最大的航站楼，可满足年旅客吞吐量 3500 万人次的要求。

图 7.1-1 T3 航站楼鸟瞰效果图

图 7.1-2 T3 航站楼鸟瞰实景照片

根据功能分区，T3 航站楼可分为主楼，东西指廊及 T2-T3 连廊三个部分。航站楼主楼设一层地下室，南北两侧局部设两层地下室，分别与地下停车楼和空侧捷运相接。地下一层结构面标高为−9.800～−5.500，地下二层结构面标高为−12.600～−10.300m。地上四层，一～三层层高分别为 5.1m、4.2m、4.7m，四层层高在 13.8m～20.8m 之间，随屋面标高变化。地下室主要功能为设备房和库房，一层为行李房和交通集散厅，二层为国内到出港层，三层为国际到港层，四层为国内国际出港层。航站楼主要建筑平面布置如图 7.1-3～图 7.1-7 所示，中轴线处剖面如图 7.1-8 所示。

T3 航站楼下方有 5 条城际铁路、地铁隧道和 2 条公路交通隧道，均沿南北向穿过，沿航站楼东西向设有地下联络道与过境公路隧道相接。航站楼东西庭院侧边各设有 1 条下穿综合管廊，总长约 1km，作为电力、通信、燃气、供热、给水排水、暖通等各专业工程管线的集中通行及维修通道。隧道、管廊结构均与航站楼结构脱开。

T3 航站楼主体结构采用钢筋混凝土框架结构；屋盖采用空间网格结构；基础采用以桩基为主、局部天然基础的形式；地下室底板采用现浇混凝土防水板 + 承台结构。

此外，本项目配套建设的新塔台总建筑高度 114.95m，为国内第一、世界第二，仅次于 132m 高的泰国新曼谷机场塔台。该塔台造型新颖、建筑功能特殊，结构设计颇具特色。

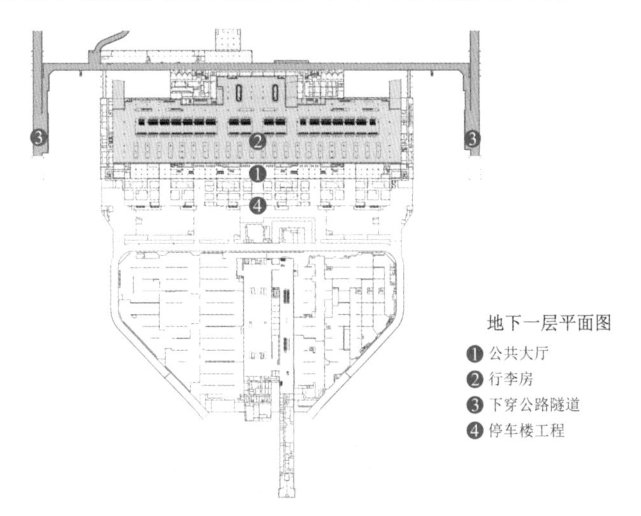

图 7.1-3　T3 航站楼地下一层平面图

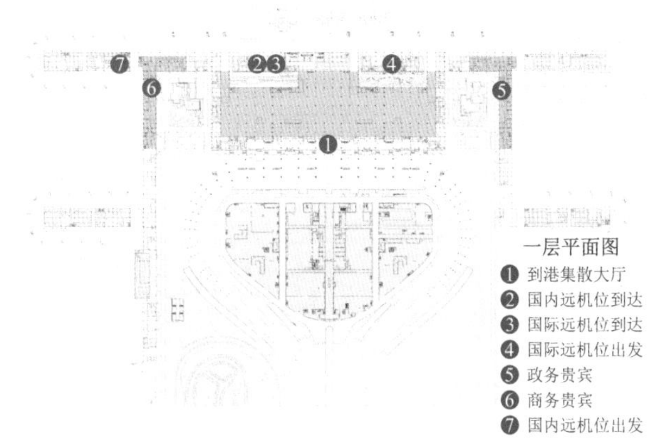

图 7.1-4　T3 航站楼一层平面图

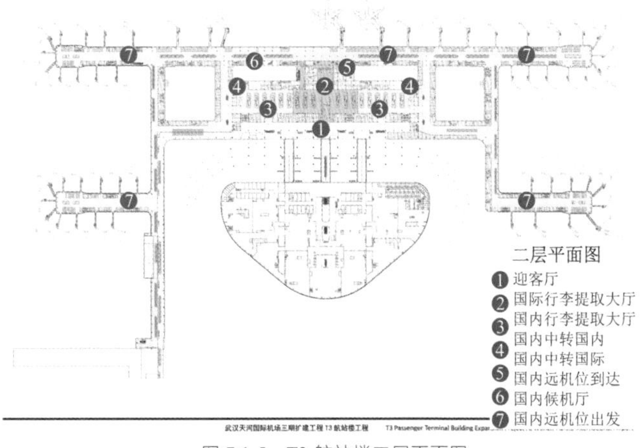

图 7.1-5　T3 航站楼二层平面图

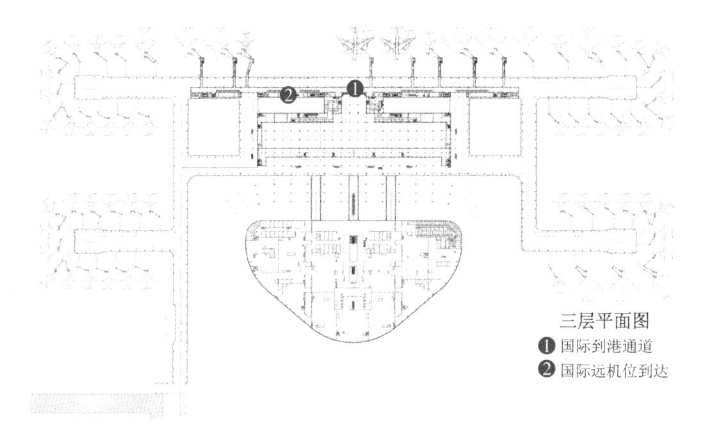

图 7.1-6　T3 航站楼三层平面图

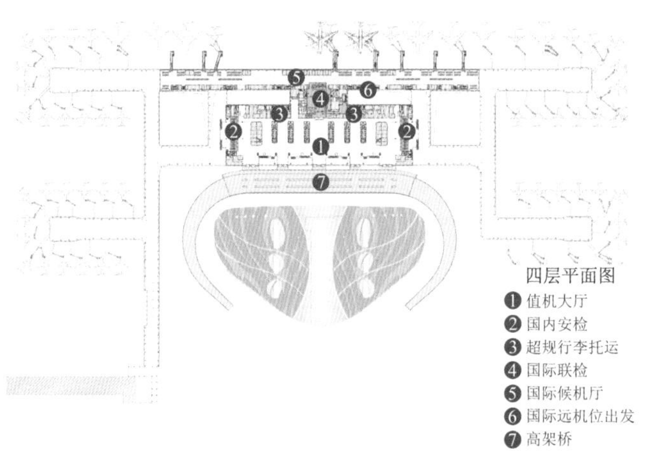

图 7.1-7　T3 航站楼四层平面图

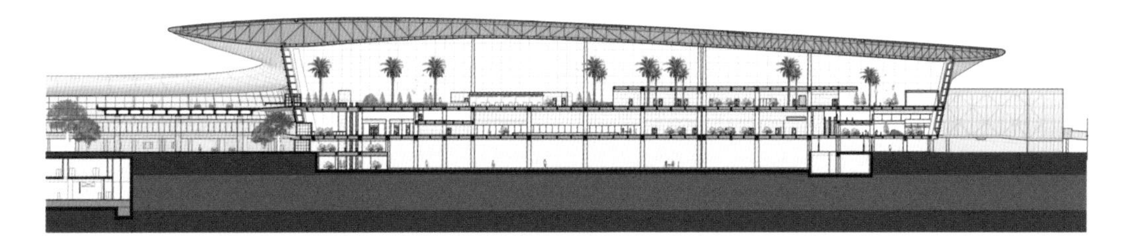

图 7.1-8　T3 航站楼中轴线处剖面

7.1.2　设计条件

1. 主体控制参数（表 7.1-1）

控制参数表　　表 7.1-1

项目	标准
结构设计使用年限	50 年
建筑结构安全等级	一级
结构重要性系数	1.1
建筑抗震设防分类	重点设防类（乙类）

续表

<table>
<tr><td colspan="2">地基基础设计等级</td><td>甲级</td></tr>
<tr><td rowspan="6">设计地震动参数</td><td>抗震设防烈度</td><td>6度</td></tr>
<tr><td>设计地震分组</td><td>第一组</td></tr>
<tr><td>场地类别</td><td>Ⅱ类</td></tr>
<tr><td>小震特征周期</td><td>0.35s</td></tr>
<tr><td>大震特征周期</td><td>0.40s</td></tr>
<tr><td>基本地震加速度</td><td>0.075g</td></tr>
<tr><td rowspan="2">建筑结构阻尼比</td><td>多遇地震</td><td>0.04</td></tr>
<tr><td>罕遇地震</td><td>0.07</td></tr>
<tr><td rowspan="3">地震峰值加速度</td><td>多遇地震</td><td>27cm/s²</td></tr>
<tr><td>设防地震</td><td>75cm/s²</td></tr>
<tr><td>罕遇地震</td><td>142cm/s²</td></tr>
<tr><td rowspan="3">水平地震影响系数
最大值（按地震安全评价报告取值）</td><td>多遇地震</td><td>0.0675</td></tr>
<tr><td>设防地震</td><td>0.1873</td></tr>
<tr><td>罕遇地震</td><td>0.3553</td></tr>
</table>

2．地质条件

本工程场地地势略有起伏，西高东低，地面高程在27.34～39.64m之间，地貌上属长江Ⅲ级阶地低垄岗地区。以机场中轴线为界，西部主要为现有建筑区，东部为荒草地、农田和林地。

根据勘察资料，在该场地勘探深度范围内，所分布的地层除表层分布有1-1层杂填土、1-2层素填土（Q^{ml}）外，其余土层均为第四系全新统冲洪积成因（Q_4^{al+pl}）一般黏性土及第四系中下更新统冲洪积成因（$Q_{1\text{-}2}^{al+pl}$）的黏性土、黏土夹碎石及含黏性土中粗砂夹砾卵石，下伏基岩为下第三系～白垩系（K～E）泥质粉砂岩，场地典型钻孔柱状图见图7.1-9。场地土类型为中硬场地土，建筑场地类别为Ⅱ类，场地属对建筑抗震一般地段。

场地地下水类型可分为两类：一类为赋存于1-1层杂填土、1-2层素填土层中的上层滞水，一般受大气降水及人工排水补给，水位水量随季节而变化。另一类为赋存于下部7-1、7-2层中砂层的弱承压水，勘察期间测得其混合稳定水位埋深为1.30～3.20m，标高为27.00～34.02m。场地土及地下水对混凝土具微腐蚀性，对混凝土中的钢筋具微腐蚀性。

3．荷载与作用

（1）重力荷载

重力荷载主要包括结构自重、附加恒荷载与活荷载，附加恒荷载根据建筑楼地面、墙体做法与材料容重确定。活荷载根据建筑使用功能按照《建筑结构荷载规范》GB 50009—2012取值，设备荷载根据各设备专业所提资料进行计算。

（2）风荷载

本工程采用的风荷载如下：

结构舒适度验算按10年重现期基本风压：0.25kN/m²；

结构变形验算按 50 年重现期基本风压：0.35kN/m²；

结构承载力验算按 100 年重现期基本风压：0.40kN/m²；

地面粗糙度类别：C 类。风荷载按风洞试验结果和规范风荷载包络取值。

钻孔柱状图

工程名称	武汉天河国际机场三期建设工程T3航站楼详勘			勘察单位	中机三勘岩土工程有限公司		
钻孔编号	HZX410	坐标	H：853.94	钻孔深度	67.50m	初见水位	m
孔口标高	34.90m		P：3432.76	钻孔日期	2012年11月01日	稳定水位	m

地质时代及成因	层序	土层名称	层底标高（m）	层底深度（m）	分层厚度（m）	柱状图 1：350	岩土描述	采取率（%）	标准贯入 击数 / 深度（m）	备注
Q^{ml}	1-2	素填土	32.90	2.00	2.00		素填土：褐色～灰褐色，以粉质黏土为主，夹大量植物根系，较松散			
Q_2^{al+pl}	6-1	黏土	21.00	13.90	11.90		黏土：褐黄色～褐红色，呈硬塑～坚硬状态，含铁锰质结核和条纹状高岭土，局部夹少量碎石，强度高		13（0.0）3.15～3.45；17（0.0）6.15～6.45；24（0.0）9.15～9.45	
Q_2^{al+pl}	6-2	黏土夹碎石	18.00	16.90	3.00		黏土夹碎石：褐黄色～褐红色，呈硬塑～坚硬状态，含铁锰质结核和条纹状高岭土，局部夹碎石，含量 5%～20%，粒径 20～40mm，最大约 50mm，成分以砂岩和石英砂岩为主，强度高		28（0.0）14.75～15.05	
Q_1^{al+pl}			13.50	21.40	4.50		粉质黏土：灰黄～灰白色，硬塑～坚硬，含团块状高岭土和铁锰质结核，局部具砂性			
	7a	砂质泥岩（半成岩）	9.70	25.20	3.80		砂质泥岩（半成岩）：灰黄～灰白色，坚硬，呈半成岩状，以粉质黏土为主，局部含少量粉细砂，手不易折断，局部具岩石构造			
	7-1	含中细砂粉质黏土	4.30	30.60	5.40	f-x	黏质粉细砂：灰白色，以粉细砂为主，中密～密实状，局部混夹大量黏性土		26（0.0）25.45～25.75	
Q_1^{al+pl}	7-2	含粉质黏土、砾卵石中粗砂	-3.10	38.00	7.40	x	黏质细砂：灰白色，以细砂为主，局部为中粗砂，中密～密实状，局部混夹大量黏性土			
			-8.10	43.00	5.00		粉质黏土：灰黄～灰白色，硬塑～坚硬，含团块状高岭土，局部具砂性		35（0.0）38.15～38.45	
			-20.10	55.00	12.00	x	黏质细砂：灰白色，以细砂为主，局部为中粗砂，夹少量砾石，中密～密实状，局部混夹大量黏性土		38（0.0）44.15～44.45；29（0.0）51.15～51.45	
			-27.10	62.00	7.00	z-x	黏质中细砂：紫红色～褐红色，中细砂为主，局部为中粗砂，泥质含量高，局部胶结程度较高，呈半成岩状		33（0.0）57.15～57.45	
	7c	泥质粉砂岩、粉质黏土	-32.60	67.50	5.50	f	泥质粉砂岩（半成岩）：棕红色，中厚层状，泥质胶结，岩芯多呈短柱状，呈半成岩状，锤击声哑，锤击易碎，取芯率 80%以上			

▼标贯位置　■岩样位置　●原状土样位置　○扰动土样位置　凸 水样位置

图 7.1-9　T3 航站楼典型钻孔柱状图

（3）雪荷载

本工程采用的雪荷载如下：

基本雪压为 0.60kN/m^2（100 年重现期）；

屋面积雪分布系数 1.0；雪荷载准永久值系数分区为Ⅱ区。

7.2 建筑特点

7.2.1 平面尺度超长超大

T3 航站楼主体结构东西方向总长约 1200m，为超长超大建筑结构。其中，主楼（不包括指廊、连廊）长 772m，南北宽 245m；主楼地下室长 490m，宽 200m；指廊东西长 210m，南北宽 37～44m。设计时需综合考虑建筑使用功能、结构抗震性能及结构温度效应，合理设缝，进行结构单元的划分。

7.2.2 多条城铁、地铁隧道下穿航站楼“空铁联建”

T3 航站楼中部地下室以下有三条汉孝城际铁路隧道、两条武汉轨道交通隧道沿南—北主轴线横向穿过（图 7.2-1）。其中，汉孝城际铁路以时速 200km/h 正线通过，并在 T3 航站楼紧邻的交通中心设立站点，使 T3 航站楼与城铁、地铁交通实现无缝对接，形成综合交通枢纽。铁路列车运行产生的振动势必对航站楼使用的舒适度、声环境等产生影响，需进行专门研究。空铁联建所带来的结构设计问题、施工时序问题、基坑回填及隔振降噪措施等，均是本工程设计需要进行专门研究解决的问题。

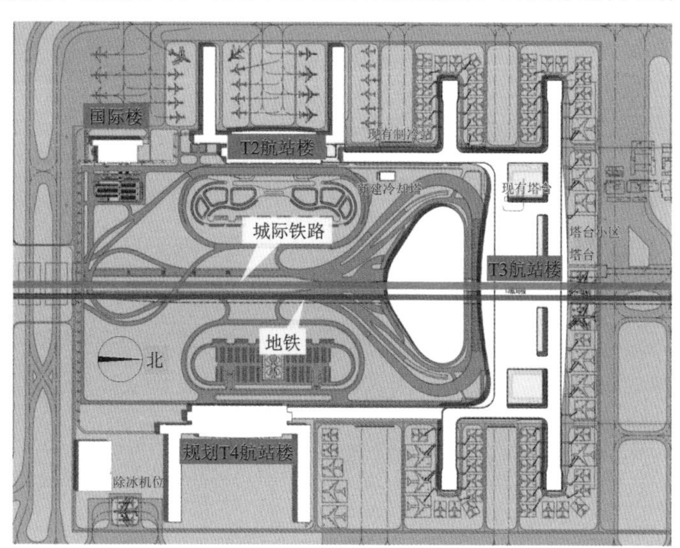

图 7.2-1　城铁、地铁隧道下穿 T3 航站楼平面示意图

7.2.3 超大型自由曲面屋盖

T3 航站楼屋盖比下部略大，东西向最大长度约 1214m，南北向最大宽度为 262m，陆侧主入口处檐口最大悬挑长度约 40m（图 7.2-2），总投影面积 23.7 万 m^2，呈双向弯曲自由曲面形态，最高点位于南—北主轴线处，向东、西方向逐渐降低。屋面外围护系统采用的是集防排水、保温、隔热、透气、吸声、采光于一体的直立锁边金属屋面系统，外墙围护系统为索网玻璃幕墙。屋盖结构设计过程中除进行常规的分析设计外，还需对超大型自由曲面屋盖空间网格结构设计难点开展系统研究，解决模型构建、屋盖空间网格结构风荷载确定及快速输入、截面高度及网格形式优化、数量庞大的节点快速设计、复杂连接节点力学性能、檩条温度作用释放等一系列问题。

图 7.2-2 T3 航站楼陆侧主入口处檐口大悬挑效果图

7.2.4 巨型圆锥形变截面钢管柱

T3 航站楼屋盖支承柱为上小下大的圆锥形变截面钢管柱或钢管混凝土柱，其中边柱向外倾斜 12 度（图 7.2-3）。不同钢管柱根部外径不同，最小 1100mm，最大 2500mm，收进楔率为 1%～2%。主入口巨型斜柱高度约 35m，最大外径达 2.5m，钢管壁厚 50mm。

图 7.2-3 T3 航站楼圆锥形变截面钢管柱示意图

项目设计时我国实施的相关钢结构规范，如《钢结构设计规范》GB 50017—2003，一方面只给出了平面框架体系柱的计算长度取值方法，未明确给出考虑整体空间作用的钢柱计算长度确定方法；另一方面，由于只有等截面柱的稳定承载力验算方法，无法对锥形柱稳定承载力进行验算；《钢管结构技术规程》CECS 280：2010 给出了圆（方）钢管梭形柱轴心受压时的整体稳定承载力公式，但未给出锥形薄壁钢管柱轴心受压时整体稳定承载力的计算公式。

锥形圆钢管柱为支撑屋盖结构的关键构件，准确计算其承载能力对确保结构安全至关重要。因此，设计过程中开展了圆锥形变截面钢管柱稳定性评估专项研究工作。

7.2.5 115m 高“凤冠”塔台

本项目配套建设的新塔台地上总建筑高度 114.95m，为国内第一、世界第二，仅次于 132m 高的泰国新曼谷机场塔台。塔台共 22 层，16 层以上为功能层，顶部呈“凤冠”状，远望犹如凤凰昂首展冠、造型新颖，整体建筑呈现出塔身细长、塔顶指挥控制室相对于塔身偏置、“身子小、脑袋大”的特点。

塔台为机场之眼，顶部指挥控制室需要视野开阔，需尽量减少遮挡。结构设计需结合上述建筑特征采取相应的结构设计措施，确保塔台结构的安全性和适用性。

7.3 体系与分析

7.3.1 方案对比

1. 桩基方案对比

地下室范围试验桩的主要检测结果　　表 7.3-1

区域	勘探孔编号	桩型	桩编号	设计有效桩长/m	最大试验荷载/kN	对应沉降/mm	双套筒外护筒沉降/mm	极限承载力/kN
共建区域	HZX381	后注浆桩	SZHYJ-1	35.0	20000	26.51	9.2	≥20000
		挤扩桩	SZHDX-1	27.0	20000	21.22	6.8	≥20000
	HZX384	后注浆桩	SZHYJ-2	35.0	20000	22.63	8.5	≥20000
		挤扩桩	SZHDX-2	27.0	20000	21.00	6.2	≥20000
	HZX388	后注浆桩	SZHYJ-3	35.0	20000	34.75	21.8	≥20000
		挤扩桩	SZHDX-3	27.0	20000	26.18	7.1	≥20000
其他区域	HZX428	普通桩	SZH-1	33.0	20000	19.89	—	≥20000
		后注浆桩	SZHYJ-4	33.0	20000	23.84	—	≥20000
		挤扩桩	SZHDX-4	27.0	20000	17.77	—	≥20000
	HZX435	普通桩	SZH-2	33.0	20000	30.21	—	≥20000
		后注浆桩	SZHYJ-5	33.0	20000	19.39	—	≥20000
		挤扩桩	SZHDX-5	27.0	20000	23.18	—	≥20000
	HZX453	普通桩	SZH-3	33.0	20000	25.75	—	≥20000
		后注浆桩	SZHYJ-6	33.0	20000	28.71	—	≥20000
		挤扩桩	SZHDX-5	27.0	20000	15.86	—	≥20000

注：1. 表中普通桩、后注浆桩和挤扩桩分别为普通钻孔灌注桩、桩端桩侧注浆钻孔灌注桩和 DX 挤扩钻孔灌注桩；

2. 试验桩桩长从自然地面起算，实际施工桩长（$L = L_1 + L_0$）大于设计有效桩长L_1，试桩时分两种情况处理设计桩顶标高以上桩长L_0产生的桩侧摩阻力：共建区域$L_0 > 10$m 接近 20m，采用套筒方式消除设计桩顶标高以上桩侧摩阻力；其他区域$L_0 \leqslant 10$m，直接按勘察报告提供的参数扣除设计桩顶标高以上桩侧摩阻力；

3. 挤扩桩设两个直径 2.0m 的扩盘，扩盘主要分布在第 7-1、7-2 层。

航站楼基础形式以桩基为主。为确定合理的桩型，设计时结合地下室范围抗压试桩工程进行了桩型的对比试验及分析。对比桩型包括桩端桩侧后注浆钻孔灌注桩、普通钻孔灌注桩和挤扩灌注桩，共三种，桩径均为 1.0m。其中，前两种桩型在当地运用较多，挤扩灌注桩则运用较少。考虑到场地基岩上部土层承载力较高，挤扩灌注桩可更加充分利用桩侧土层的承载力来提高单桩承载能力。相同承载力时，与前两种桩型相比可减小桩长，有利于提高桩基工程的经济性；同时，也为该桩型在当地的运用积累工程经验，故在桩型方案比选中采纳了该桩型。

地下室范围试验桩主要检测成果汇总见表 7.3-1。共建区域和其他区域试验桩的荷载-沉降（*Q-S*）曲线见图 7.3-1。

根据试桩结果，三种试验桩均未破坏，对试桩结果分析如下；

（1）所有试验桩单桩极限承载力均大于 20000kN，三种桩型的承载力均能满足设计要求。

（2）部分后注浆桩和所有挤扩桩试验桩的沉渣厚度超过 100mm，超出设计要求。根据施工记录，15 根试验桩分两次施工，沉渣厚度不超过 100mm 的 6 根试验桩先行施工，采用的反循环清孔工艺；其他试验桩后施工，改变了清孔工艺。

（3）试验桩沉降平均值和最大值比较结果为：挤扩桩最小，后注浆桩其次，普通桩最大。

（4）根据沉降结果，共建区域的两组 6 根双套筒试桩，外筒与内筒没有完全脱开，外筒分担了一定的竖向力。

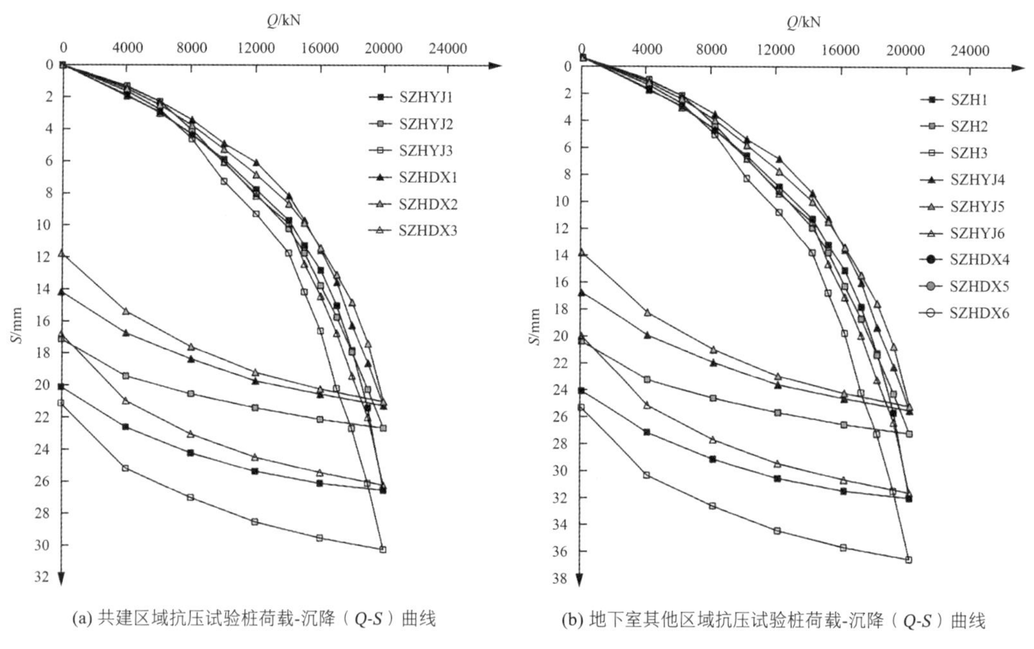

(a) 共建区域抗压试验桩荷载-沉降（Q-S）曲线　　(b) 地下室其他区域抗压试验桩荷载-沉降（Q-S）曲线

图 7.3-1　地下室抗压试验桩荷载-沉降（Q-S）曲线

结合上述分析，三种桩型均可满足设计要求。普通桩的单桩承载力受沉渣厚度的影响最大，单桩承载力较高时不宜采用。挤扩桩沉降最小，桩长最短，短 8m 左右，具有明显的优势。经测算，采用挤扩桩作为航站楼工程桩相对于后注浆桩造价可节省约 10%，且挤扩桩因承力盘的作用，桩端受力的比重较小，沉渣厚度对单桩承载力的影响也要小得多。因此，航站楼桩型选择根据区域分两种情况，大部分工程桩采用挤扩钻孔灌注桩；并且，结合工程实际情况，部分采用另外两种桩型具体如下：

（1）共建区域：因其重要性和复杂性，工程桩采用桩端桩侧复合注浆钻孔灌注桩，并适当调整有效桩长为 40m。

（2）其他区域：挤扩桩、桩端注浆钻孔灌注桩和普通钻孔灌注桩结合选用。主楼范围和东二指廊采用直径 1m 和 0.8m 的挤扩钻孔灌注桩；T2～T3 连廊采用直径 1m 和 0.8m 的后注浆钻孔灌注桩；登机桥对单桩承载力要求低，采用 0.6m 直径的普通钻孔灌注桩。

挤扩钻孔灌注桩在武汉地区系初期使用，为探究该桩型在本场地各区域的适应性，后续进一步在地下室外东西区各设 3 根直径 0.8m 的试验桩对其承载力、施工工艺、质量检测等方面进行了全面验证。挤扩桩试验桩采用旋挖钻机施工，成孔、扩盘、清孔都很顺利，并用盘径检测仪对扩盘尺寸进行了检测，与设计尺寸吻合，初步验证了该桩型在本场地的适应性良好。

整个航站楼的工程桩共计 3866 根，其中挤扩桩 3000 根，约占总桩数的近 80%。该桩型在保证结构安全的前提下，将桩长由 30～40m 减短至 23～32m，节约材料用量约 15%～20%，同时加快了施工进度。

2．结构方案对比

主体结构选型工作主要包含结构体系、柱网布置、楼盖结构形式确定等内容。对于大型航站楼，过密的柱网往往对其建筑布局及内部空间观感带来不良影响，但过大的柱网尺寸势必造成楼盖结构梁高过大，影响建筑净高，同时会降低结构设计的经济性，因此，结构设计需结合建筑平面布置情况，选择合理的柱网尺寸，在安全、经济与美观、适用之间找到平衡点。国内部分机场的主体结构柱网尺寸、结构体系及楼盖结构信息如表 7.3-2 所示。

国内部分航站楼主体结构案例 表 7.3-2

航站楼名称	成都双流国际机场 T2 航站楼	贵阳龙洞堡国际机场 T2 航站楼	合肥新桥国际机场航站楼	新郑国际机场 T2 航站楼	武汉天河机场 T2 航站楼	太原武宿国际机场 T2 航站楼
主要柱网尺寸/(m×m)	16×16、16×12	主楼一层 12×15、18×15、15×15	11×18、15×18、18×18	主楼 18×18，指廊 9×9	主楼 15×11、15×19、指廊 12×8，12×16.5	一层 12×12，二层 24×24
结构体系	预应力混凝土框架	钢筋混凝土框架、预应力混凝土框架	指廊钢管混凝土框架，主楼预应力混凝土框架结构、钢框架	钢筋混凝土框架结构体系，局部钢管（钢骨）混凝土柱	钢筋（钢管）混凝土预应力框架	钢管混凝土框架
楼盖结构	井字梁楼盖	主次梁楼盖	主楼三区为井字梁结构	井字梁结构	主次梁楼盖	—

航站楼主体楼盖结构方案比选 表 7.3-3

结构方案	结构形式	优点	缺点	结构方案示意图
方案 1	预应力混凝土框架结构：单向布置预应力主框架梁，主框架梁为宽扁梁；单向布置预应力次梁和预应力框架梁；钢筋混凝土柱	● 次方向框架梁受力较小，截面高度减小 ● 适合于设备管道沿平行于主框架梁的方向单向通过梁底	● 单向受力，主受力框架梁配筋较大，预应力度较大，结构受力不合理 ● 宽扁梁在梁柱节点处需适当加宽 ● 宽扁梁不利于抗震	
方案 2	预应力混凝土框架结构：双向布置预应力框架梁；双向布置非预应力次梁；钢筋混凝土柱	● 双向受力，受力合理 ● 双向次梁，便于楼板开洞和隔墙灵活布置	● 次梁无预应力，挠度大 ● 次梁负弯矩区配筋大	
方案 3	预应力框架结构与型钢构件结合：双向布置预应力框架梁；双向布置预应力次梁；钢筋混凝土柱；局部受力较大的部位，采用型钢混凝土构件	● 同方案 2 ● 次梁施加预应力可解决挠度及配筋较大问题，提高抗裂能力，抵抗温度作用，提高整体性 ● 局部采用型钢构件，便于与钢管柱连接，解决节点构造问题	● 双向预应力筋较多，施工有一定困难	
方案 4	钢框架结构：双向布置矩形钢管框架梁；双向布置工字钢次梁；钢柱	● 结构重量轻 ● 抗震性能好 ● 材料可循环使用	● 平面开洞、降标高部位较多，钢结构施工困难 ● 造价高	
方案 5	型钢混凝土框架结构：双向布置型钢混凝土框架梁；单向或双向布置无粘结预应力次梁；型钢混凝土柱	● 抗震性能好 ● 承载力高 ● 材料可循环使用率高	● 施工困难，工期长 ● 造价高	

本工程主体结构柱网选择 9m 的模数，主要柱网尺寸为 9m×9m、9m×18m 与 18m×18m。为选择经济合理的结构形式，设计时结合 T3 航站楼建筑平面布置及航站楼工程中常用的楼盖结构形式，针对本工程进行了 5 种楼盖结构方案的比选。航站楼结构设计中，通常存在楼层高度有限，结构梁高度受限等，结合本工程实际情况，主楼主要柱网尺寸取 18m×18m。具体比较列于表 7.3-3 中。

综合考虑建筑功能要求、结构设计的经济性及施工便利性，通过比较分析，航站楼主体结构楼盖采用方案 3（即预应力框架结构与型钢构件结合的方案）较为适合。

7.3.2 结构布置

1. 地基基础

T3 航站楼工程地下情况较为复杂，各区基底标高深浅不一，最深处为地下室中部轨道交通下穿区域，深度接近 20m。受上部建筑不同区域层数、柱网尺寸差别影响，柱底内力差异较大。结合场区地质情况、航站楼荷载分布情况和地下结构下穿情况，基础形式以桩基为主，局部区域采用天然基础。基础类型分布见图 7.3-2。

为避免后期出现渗漏，航站楼约 500m 长的地下室未设置伸缩缝，仅沿纵横向在适当位置设置诱导缝与后浇带。从轨道交通下穿、尽量减小结构变形和沉降差、地下室抗浮设计等多方面综合考虑，整个地下室范围均采用桩基础，桩端持力层为第 7-2 层含粉质黏土、砾卵石中粗砂。

受公路隧道、管廊下穿影响区域以及填土厚度较大，天然地基持力层 6-1 层层面埋藏较深的非地下室区域也采用桩基础，桩端持力层为第 7-1 层含中细砂粉质黏土或第 7-2 层含粉质黏土、砾卵石中粗砂。仅在荷载较小、地下情况相对单纯的连廊区域采用天然地基，持力层为第 6-1 黏土层。

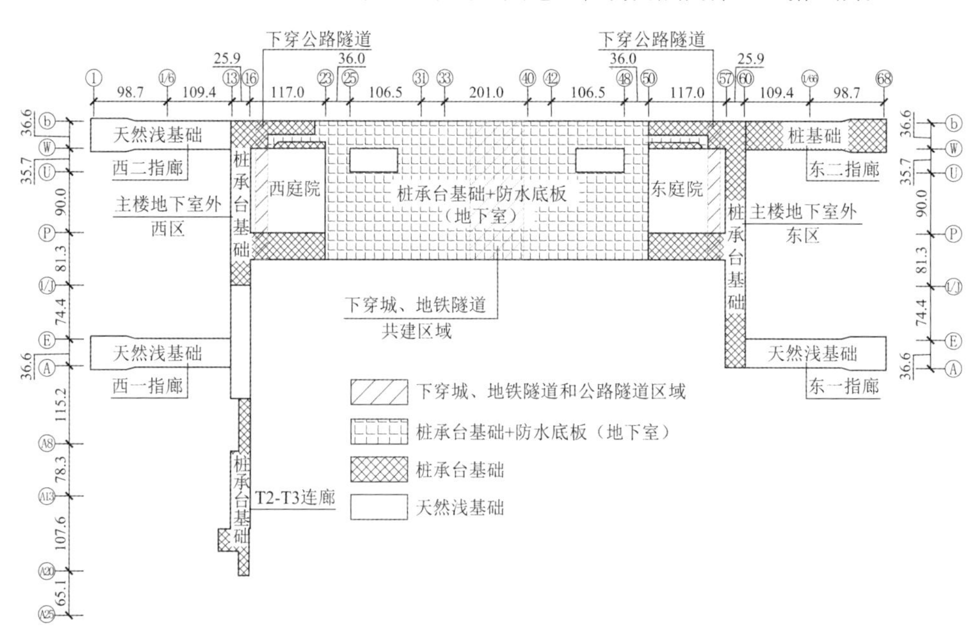

图 7.3-2　T3 航站楼基础类型分布示意图

2. 主体结构

针对主体结构平面尺度超长超大的特点，在满足建筑使用功能的前提下，于适当部位设防震缝兼作伸缩缝将结构划分为平面形状相对规则、平面尺寸合理的独立结构单元，航站楼混凝土主体结构共划分为 22 个结构单元（图 7.3-3）。其中，最大混凝土结构单元长度达 234m。同时，在满足建筑功能要求的前提下，地下室顶板及外墙部分结构单元内设置诱导缝，有效释放温度作用下的结构内力，减小构件截面尺寸及钢筋用量。主楼结构楼盖均采用跳仓法施工，可有效减小混凝土收缩对结构产生的不利影响，控制混凝土结构收缩裂缝，且能有效展开施工作业面。

T3 航站楼主体结构采用钢筋混凝土现浇框架结构，主体结构基本柱网为 9m × 9m、9m × 18m 和 18m × 18m，经方案对比分析，柱网尺寸较小区域采用普通钢筋混凝土肋梁楼盖，柱网尺寸较大区域采用了预应力框架结构与型钢构件结合的楼盖结构方案（图 7.3-4）。具体方案如下：

柱网尺寸较大区域采用双向预应力混凝土井字梁楼盖或单向预应力混凝肋梁楼盖。为在有限的建筑楼层高度内保证室内使用空间净高，结构设计时结合柱网尺寸单向或双向布置预应力混凝土梁，大幅减小了楼面梁截面高度，局部 18m 跨度预应力梁梁高仅为 800mm，高跨比达 1/22.5。主梁采用后张有粘结预应力混凝土梁；次梁采用后张无粘结预应力混凝土梁，预应力钢筋均采用高强度低松弛钢绞线。

局部受力较大的框架部位，设置型钢混凝土构件，以解决节点钢筋过多导致的施工困难。屋盖结构支承柱采用钢管混凝土柱。楼板采用普通钢筋混凝土楼板。指廊范围柱网尺寸相对较小，主要柱网尺寸为 9m × 9m，采用普通钢筋混凝土框架结构，楼盖采用主次梁楼盖。

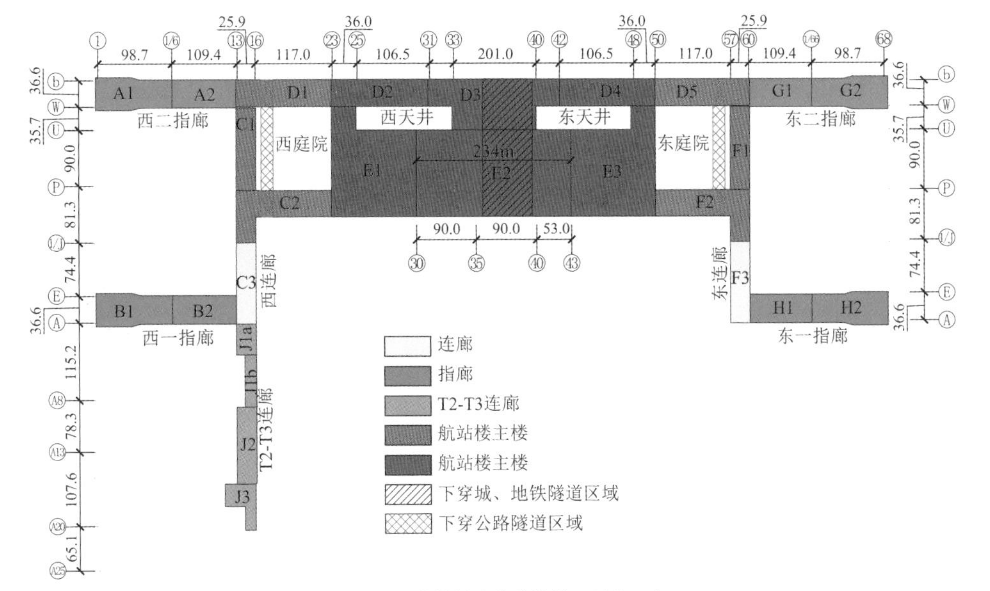

图 7.3-3　T3 航站楼主体结构单元划分示意图

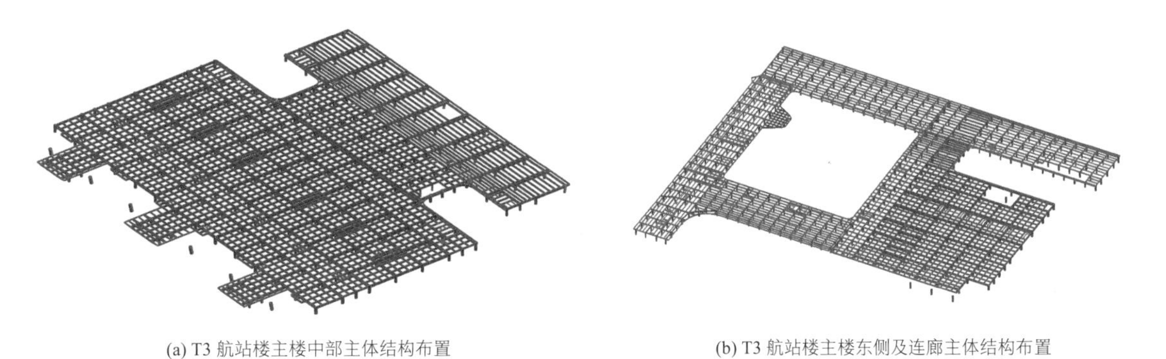

(a) T3 航站楼主楼中部主体结构布置　　(b) T3 航站楼主楼东侧及连廊主体结构布置

图 7.3-4　T3 航站楼主体结构典型结构布置示意图

3．屋盖结构

航站楼屋盖属于超长结构，为减少温度内力和结构平面复杂程度，通过合理设置屋盖结构缝，将屋盖结构分成 17 块平面尺寸相对较小且规整的子结构，子结构单元最长控制在 280m 以内，具体划分情况如图 7.3-5 所示。其中，W1、W2a、W2b 为主楼屋盖单元，W3a、W3b 为连廊屋盖单元，Z*为指廊屋盖单元，Y*为 T2-T3 连廊屋盖单元。屋盖结构缝与下部混凝土结构缝上下对齐。

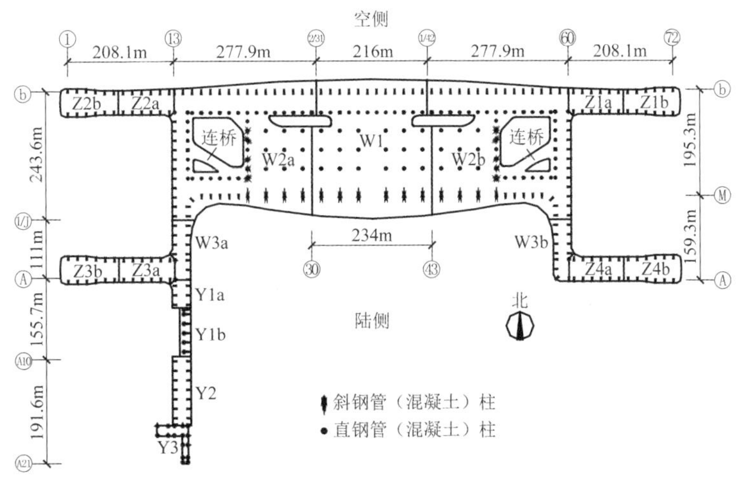

图 7.3-5　T3 航站楼屋盖钢结构分区平面示意图

屋面建筑标高为 21.700～41.100m，最高点位于南—北主轴线处，向东、西方向逐渐降低，采用空间网格结构体系，结构标高随建筑标高变化，使结构与建筑外表面相吻合，从而实现建筑预期的外观效果。主楼屋盖主要柱网尺寸为 36m × 36m、36m × 54m、54m × 58m 等，指廊屋盖主要柱网尺寸为 18m × 43m。屋盖采用两向正交正放空间网格钢结构，网格典型平面投影尺寸为 4.5m × 4.5m，网格构件主要采用截面为 75.5mm × 3.75mm～406.4mm × 25mm 的焊接圆钢管。主要区域结构截面厚度为 2.25～3.6m。

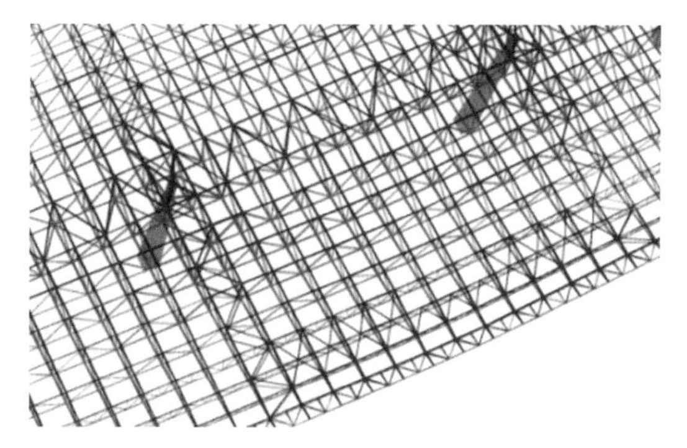

图 7.3-6　陆侧檐口大悬挑部位结构布置示意图

图 7.3-7　陆侧檐口大悬挑结构施工照片

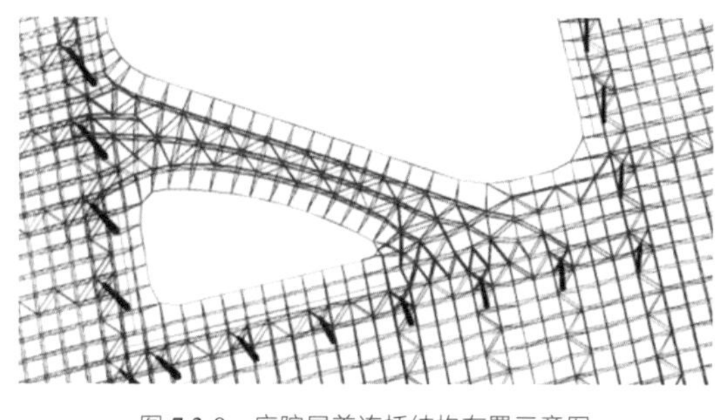

图 7.3-8　庭院屋盖连桥结构布置示意图

图 7.3-9　庭院屋盖连桥结构施工照片

主楼陆侧主入口处檐口（图 7.3-6、图 7.3-7）结构最大悬挑长度为 37.5m，悬挑根部结构最厚处为 6m。东西庭院上空各有一屋盖连桥造型，跨度为 122m，采用空间桁架结构形式（图 7.3-8、图 7.3-9）。

屋盖由 394 根上小下大变截面钢管柱（或钢管混凝土柱）支承，中柱保持竖直，边柱随建筑幕墙外倾 12°。柱顶采用刚接或铰接，刚接柱顶各杆件与柱采用附加十字插板的相贯焊连接，铰接柱顶采用双曲面抗拉成品球形钢支座，铰接柱顶三维网格布置模型如图 7.3-10 所示。

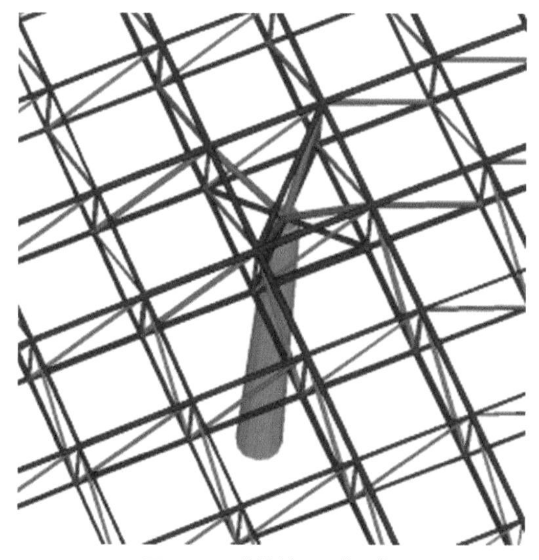

图 7.3-10　铰接柱顶三维网格

4. 抗震性能分析和采取的措施

主体结构设防震缝进行单元划分后，结合单元平面形状及计算分析结果，各结构单元存在的平面不规则类型主要为扭转不规则，部分单元存在局部夹层、局部转换等局部不规则类型；不存在竖向不规则类型及特别不规则类型。考虑到上述不规则情况，加之钢屋盖结构与混凝土主体结构对应关系复杂，一“盖”多“主”，平面超长超大，抗震设计较一般建筑复杂，钢屋盖外挑长度较大，且钢屋盖结构存在斜柱支承等不利因素，设计时对主体结构进行了抗震性能化设计，对结构主要指标和关键构件抗震性能进行专门研究和论证，并对薄弱部位采取了有效的加强措施。

5．抗震性能目标

结构整体性能目标为 C 级，结合规范对抗震性能化设计方法的相关规定、不同部位结构构件的重要程度，确定了主要结构构件的抗震性能目标，具体如表 7.3-4 所示。

主要构件抗震性能目标　　表 7.3-4

地震水准		多遇地震	设防地震	罕遇地震
宏观损坏程度		无损坏	轻度损坏	中度损坏
钢筋混凝土框架层间位移角		1/550	1/275	1/56
钢框架层间位移角		1/250	1/125	1/56
关键构件	框架柱	弹性	正截面不屈服；受剪弹性	不屈服
	屋盖关键杆件：临近支座两个网格范围的弦杆	弹性	弹性	弹性
	关键节点：支座节点、靠近支座两圈范围的节点	弹性	弹性	弹性
普通竖向构件	关键构件以外的竖向构件、钢结构屋盖的非关键杆件	弹性	正截面不屈服，受剪弹性；钢结构弹性	部分竖向构件屈服，受剪截面满足限制条件；钢结构弹性
耗能构件	框架梁	弹性	部分构件正截面屈服；受剪不屈服	大部分构件进入屈服阶段，中度损坏、部分比较严重损坏

7.3.3 结构分析

结构设计开展的计算分析工作主要包括：

（1）结构常规整体分析、结构温度效应分析及主体结构构件、基础设计，采用 PKPM2010 系列的 SATWE、PMSAP、JCCAD 及 SAP2000 完成。

（2）钢屋盖结构分析设计，采用 SAP2000、MIDAS Gen 完成；施工阶段模拟分析，采用 MIDAS Gen 完成。钢屋盖结构采用三维局部模型和整体模型分别进行计算分析。局部模型仅有屋盖及其支撑柱，屋盖支撑柱嵌固在混凝土结构顶部；整体模型包括上部屋盖结构和下部混凝土结构两部分，嵌固在基础面。

（3）设防地震作用下等效弹性方法抗震性能分析设计，采用 PKPM2010 系列的 SATWE、PMSAP 完成。

（4）罕遇地震作用下弹塑性时程分析及抗震性能目标校核，采用 SAP2000 完成。

（5）钢管/钢管混凝土变截面框架柱的稳定分析及承载力验算，采用 SAP2000、ANSYS 完成。

因结构单元数量较多，以下仅以主楼中部单元（屋盖 W1 单元对应区域）结果为例，列出结构小震弹性分析及大震动力弹塑性分析计算结果。

1．小震弹性计算分析

小震弹性计算分析主要采用 SAP2000 及 PMSAP 软件进行，结构振动模态、周期、基底剪力、层间位移等结构整体控制指标如表 7.3-5～表 7.3-7 和图 7.3-11 所示。

结构周期计算结果　　表 7.3-5

周期	SAP2000/s	PMSAP/s	PMSAP/SAP2000/%	说明
T_1	1.5810	1.5689	99	X平动振型
T_2	1.2605	1.3365	106	Y平动振型
T_3	1.2011	1.2762	106	扭转振型
T_4	0.7709	0.8238	107	高阶振型
T_5	0.6352	0.6667	105	高阶振型
T_6	0.5538	0.5327	96	高阶振型

地震作用下基底剪力计算结果　　表 7.3-6

荷载工况	SAP2000/kN	PMSAP/kN	PMSAP/SAP2000/%	说明
SX	47179.66	48394.37	103	X向地震
SY	50076.14	53394.45	107	Y向地震

层间位移角计算结果　　表 7.3-7

荷载工况	SAP2000	PMSAP	PMSAP/SAP2000/%	说明
SX	1/678	1/626	108	X向地震
SY	1/541	1/585	92	Y向地震
风 X	1/811	1/844	96	X向风荷载
风 Y	1/563	1/564	100	Y向风荷载

(a) X 向平动　　(b) Y 向平动　　(c) 扭转振型

图 7.3-11　前三阶振型图示

2．动力弹塑性时程分析

结构的弹塑性时程分析采用 SAP2000 进行，考虑几何非线性、材料非线性、阶段施工的影响。计算时首先按照结构实际施工过程，进行施工阶段模拟分析，以施工完成时的结构状态作为时程分析的初始状态。

1）构件模型及材料本构关系

本工程结构构件主要类型包括梁、柱、钢杆件及混凝土墙。其中梁、柱及钢杆件均采用框架单元模拟。SAP2000 中，通过简化为标准四折线表达的塑性铰模型来模拟框架单元的非线性行为。

本工程主要结构材料包含钢材、钢筋和混凝土。钢材本构采用双线性随动硬化模型，并考虑包辛格效应，在循环过程中，无刚度退化，设定钢材的强屈比为 1.2，极限应变为 0.020。混凝土采用弹塑性多线性等向强化模型，混凝土材料轴心抗压强度标准值按《混凝土结构设计规范》GB 50010—2010 规定取用，混凝土材料进入塑性状态伴随着刚度的降低。计算时，不考虑截面内横向箍筋对混凝土的约束增强效应，偏于保守地将此效应留作安全储备。

2）地震波输入

根据抗震规范规定，在进行时程分析时，按建筑场地类别和设计地震分组选用 2 组实际强震记录和 1 组人工模拟的加速度时程曲线。结合本工程地震安全评价报告，罕遇地震作用下，地震波峰值加速度取 142gal。地震波的频谱特性、有效峰值和持续时间均符合规范规定。

3）动力弹塑性分析结果

（1）罕遇地震分析参数

分析计算时，地震波采用双向输入，分别选取X向或Y向作为主方向，主次方向最大加速度按 1∶0.85 的比例调整。结构初始阻尼比取 4%。

（2）基底剪力响应

图 7.3-12 和图 7.3-13 给出了模型在大震分析下的基底总剪力时程曲线（以人工波为例），表 7.3-8 给出了基底剪力峰值及其剪重比统计结果。

大震时程分析底部剪力对比　　表 7.3-8

地震波	X主方向输入		Y主方向输入	
	V_x/MN	剪重比	V_y/MN	剪重比
人工波	220.72	10.96%	236.30	11.73%
天然波 1	227.32	11.29%	229.63	11.40%
天然波 2	205.77	10.22%	210.33	10.44%
三组波均值	217.94	10.82%	225.42	11.19%

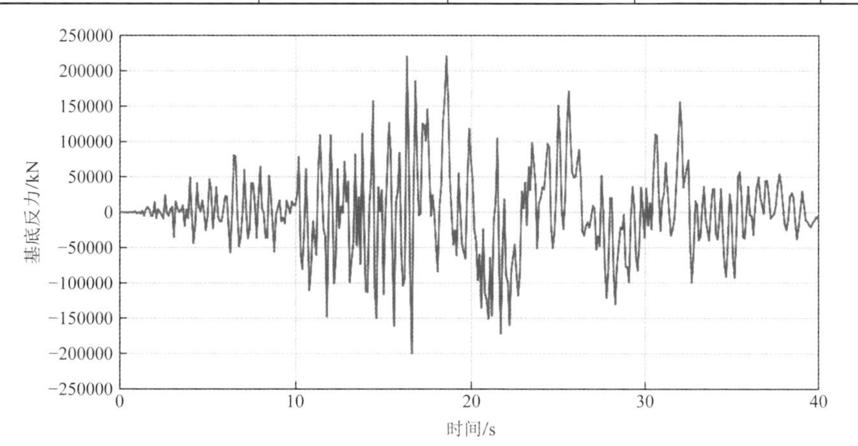

图 7.3-12　X主方向输入人工波下基底反力（总剪力）时程

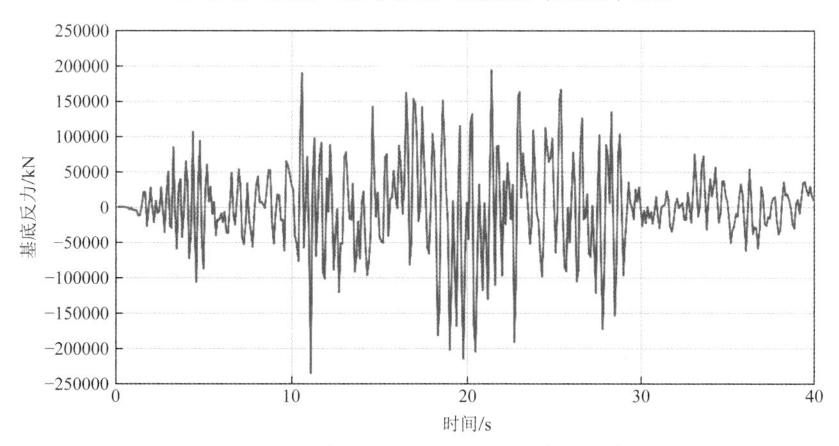

图 7.3-13　Y主方向输入人工波下基底反力（总剪力）时程

（3）楼层位移及层间位移角响应

根据分析计算结果，罕遇地震作用下，*X*为主输入方向时，楼顶最大位移为 61mm（人工波），楼层最大层间位移角为 1/175（人工波，屋盖层）；*Y*为主输入方向时，楼顶最大位移为 104mm（人工波），楼层最大层间位移角为 1/122（人工波，屋盖层）。

（4）罕遇地震下结构构件塑性铰发展情况分析

图 7.3-14 以*X*主方向输入人工波为例，给出了框架梁和框架柱塑性铰发展情况。从图中可以看出，罕遇地震作用下，部分框架梁出现塑性铰，但均为第一屈服阶段和第二屈服阶段的弯曲铰，未出现第 3 阶段的屈服铰，表明构件承载能力未出现降低，能满足截面承载力要求。钢管混凝土框架柱及钢管柱均未出铰，钢筋混凝土柱个别出铰，处于第一屈服阶段，达到了预期的性能水准。屋盖关键杆件均未出现塑性铰，满足了大震弹性的性能水准要求。

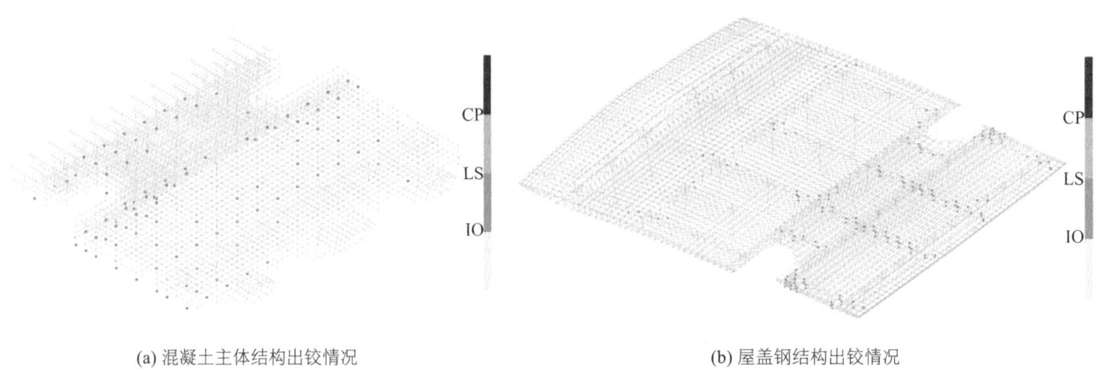

(a) 混凝土主体结构出铰情况　　(b) 屋盖钢结构出铰情况

图 7.3-14　结构构件整体出铰情况（*X*方向，人工波）

（5）结论

根据计算分析结果，本工程结构在罕遇地震作用下，最大层间位移角均不大于 1/56，满足预期性能目标对结构整体变形的要求。部分框架梁出现塑性铰，发挥了屈服耗能的作用，同时也满足耗能构件承载能力的要求；框架柱及屋盖关键支承构件均基本完好。分析结果表明了结构在罕遇地震作用下的安全性，达到了预期的抗震性能目标。

7.4 专项设计

7.4.1 城铁、地铁隧道下穿航站楼“空铁联建”设计

T3 航站楼城铁、地铁隧道下穿区域为共建区域，设计时通过与各参建单位密切配合协调、科学的分析研究及严谨的专家论证，形成了兼顾安全性、经济性、合理性和使用舒适性的结构设计及施工技术体系，使得天河机场 T3 航站楼在国内同规模的超大型航站楼中率先实现了空铁联建的技术。

1. 城铁、地铁运营对 T3 航站楼的振动影响评估

天河机场场区的轨道交通振动影响评估由业主委托第三方完成。该专项研究主要包含振动舒适度预测与分析、二次结构噪声预测与分析。振动舒适度预测与分析中，选取并计算列车振动源强、列车速度、轮轨条件、隧道结构形式、距离和介质吸收等因素的预测参数，得出振动舒适度预测结果。根据敏感点环境振动预测结果，城铁、地铁运营期合成振动值为 71.7dB，未超过《城市区域环境振动标准》GB 10070—88 中规定的“交通干线两侧”的标准限值 75dB，结构舒适度满足要求。

针对本工程的地质条件以及地面建筑物的结构类型，根据前述敏感点环境振动的预测结果，对建筑

物基础产生的振动及其引起的二次结构噪声进行了预测与分析。在本工程中，重点关注 16～80Hz 频段内振动引起的二次噪声。敏感点二次噪声预测结果表明，城际铁路运营引起的 T3 航站楼的二次结构噪声为 37.95dB，地铁运营引起的 T3 航站楼的二次结构噪声为 34.76dB，合成值为 39.65dB，未超过《城市轨道交通引起建筑物振动与二次辐射噪声限值及其测量方法标准》JGJ/T 170—2009 规定"交通干线两侧"45dB 的限值，满足要求。

2. 空铁联建结构设计

结合轨道交通振动影响评估报告建议，为保证航站楼结构在城铁、地铁运营状态下的振动舒适度，本工程采用航站楼结构与城铁、地铁结构完全分开，各自独立传力的结构设计方案（图 7.4-1、图 7.4-2）。

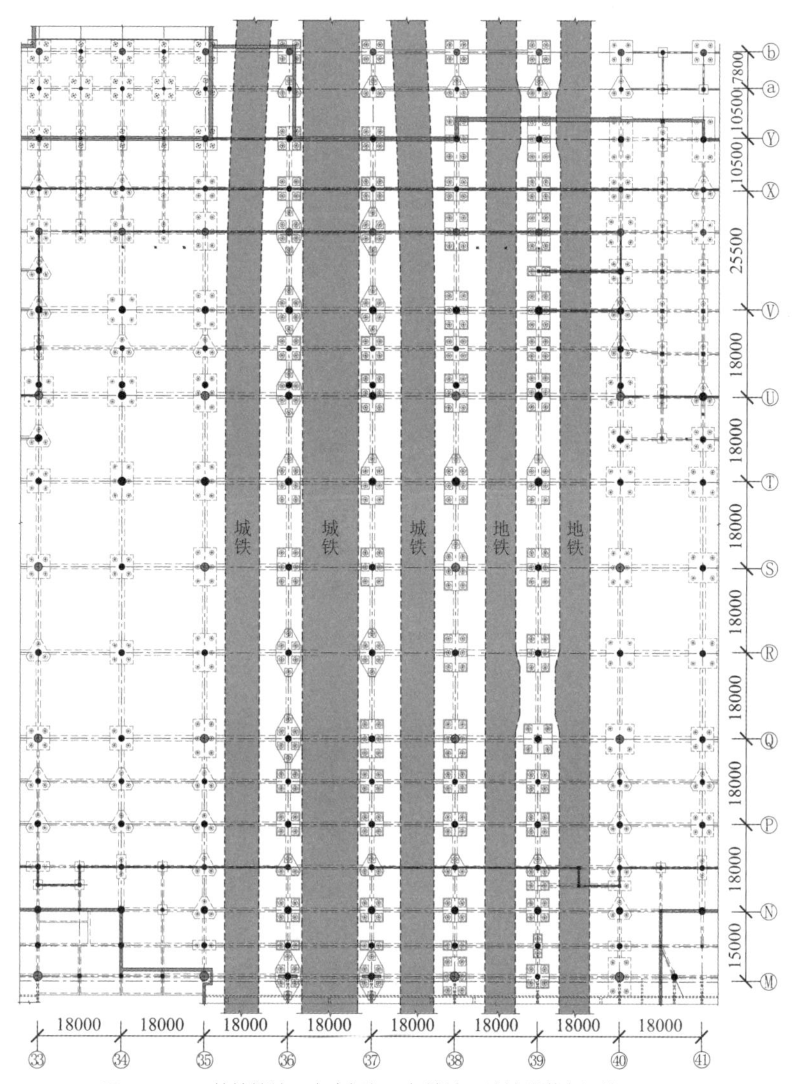

图 7.4-1 T3 航站楼地下室底板与下部城铁、地铁隧道空间关系平面图

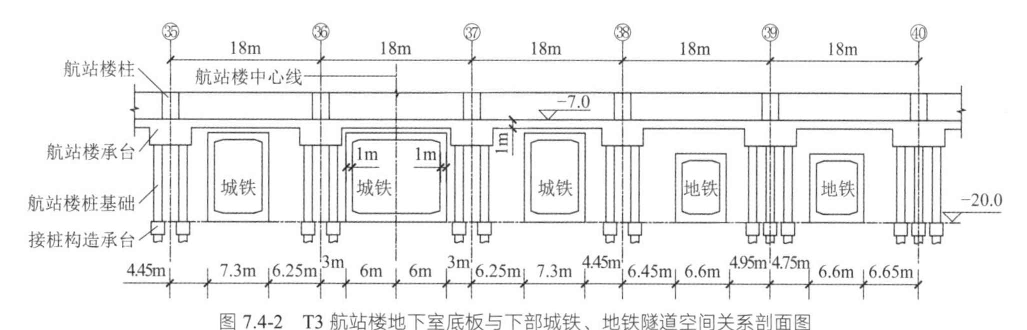

图 7.4-2 T3 航站楼地下室底板与下部城铁、地铁隧道空间关系剖面图

空铁联建共建区域的结构设计遵循以下原则：结构传力路径明确，简化设计计算分析流程，提高设计结果的可靠性，同时尽可能避免城铁、地铁振动传递至航站楼，确保航站楼结构的安全性和使用舒适性。

结构设计时控制基础及底板的构件截面，尽量减少城铁、地铁隧道的埋深，以节约轨道交通造价。配合轨道交通隧道设计，控制航站楼基础宽度；同时尽量减小隧道的结构断面尺寸。在不改变航站楼结构柱网尺寸的条件下，实现了双轨隧道从航站楼标准柱跨下的顺利贯通，避免了结构转换，确保了航站楼柱网的规则性及经济性。

3．共建施工时序及方法研究

共建区域功能复杂，相互制约多，施工交叉多，建设工期短，社会影响大。为在确保工程质量和施工安全的同时，加快工程进度，确保下穿隧道与航站楼同时施工的可行性，设计运用 BIM 技术，对多种施工流程方案进行了详细分析，最终采用了以接桩柱代替基坑范围内桩基的设计方案——即将航站楼桩先施工至坑底标高，再通过过渡承台，以接桩柱方式（图 7.4-3）接桩至设计桩顶标高。详细施工流程如图 7.4-4 所示，施工时序三维模拟过程如图 7.4-5 所示。

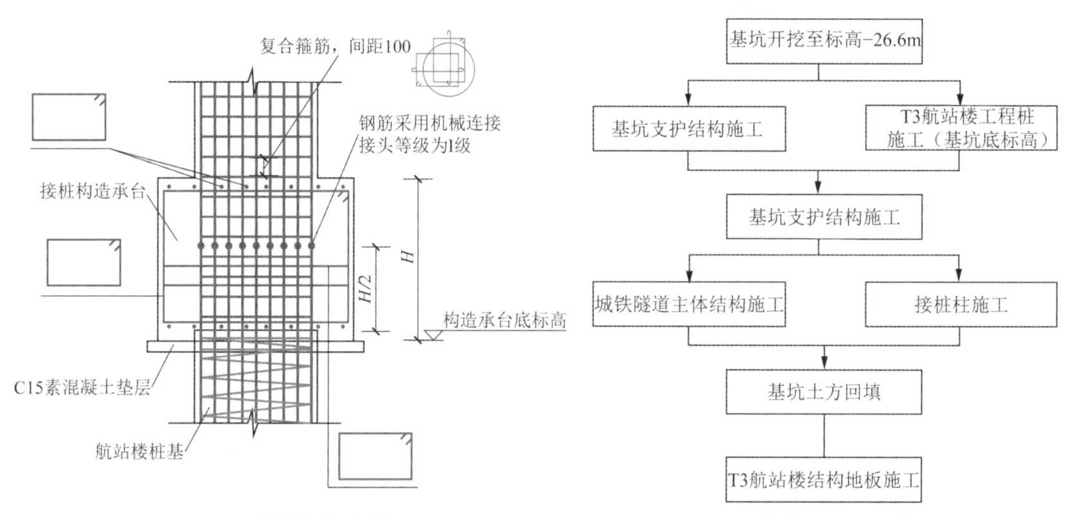

图 7.4-3　接桩构造承台详图

图 7.4-4　共建基坑施工时序流程图

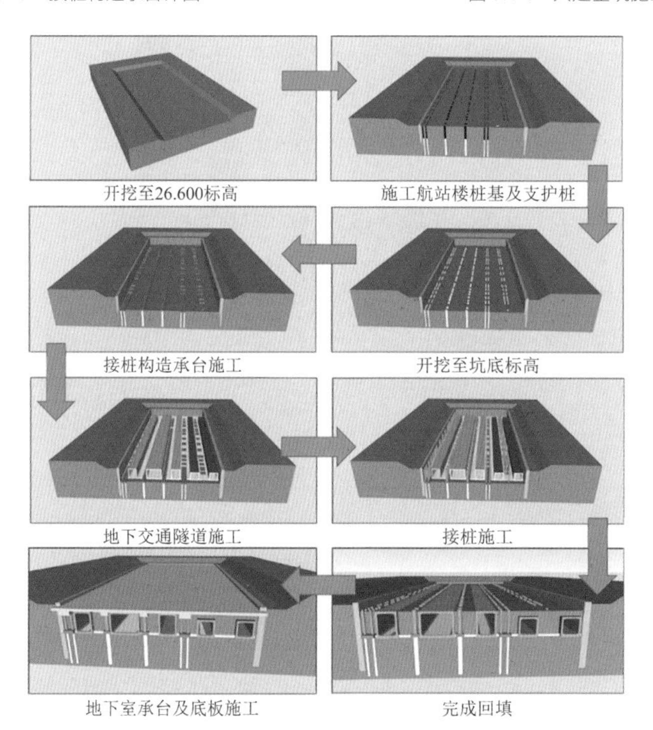

图 7.4-5　共建基坑施工时序模拟示意图

该方案的主要特点如下：

（1）桩基施工可直接在场地内原状土上展开，场地土质可满足桩基施工要求；

（2）桩基施工时不对城铁、地铁隧道工程产生影响；

（3）桩基施工不对基坑支护工程提出特殊要求，可与支护桩、立柱桩协调施工，交叉作业；

（4）避免城铁、地铁基坑施工和隧道施工过程中，施工机械、基坑开挖时土层产生的侧推作用等对航站楼工程桩造成损坏；

（5）避免了先施工的桩基对基坑开挖和地下交通隧道施工造成的不利影响。

该施工方案将航站楼桩分段分期施工，避免了城铁隧道主体结构与航站楼工程桩的施工交叉，实现了空铁联建区的同步施工，节省工期 3 个月。

4．共建基坑回填设计及构造措施

共建基坑隧道间存在密集的航站楼桩基（图 7.4-6），施工操作空间受限，回填施工质量难以保证。

由于回填土质量对航站楼桩基稳定性、抗震性能和桩侧负摩阻力均有一定影响，同时回填土作为航站楼地下室底板底模，对地下室底板混凝土施工质量和底板外防水质量均起关键作用，故设计时针对现场情况提出了先分层压实，再压力注浆的地基处理方案，解决了常规施工方式难以达到预期回填质量的问题。回填 + 注浆的施工顺序如下：

（1）分层压实回填全部土方，并确保回填土方的压实系数不小于 0.82；

（2）采用水灰比为 0.8∶1～1.2∶1 的 P · O42.5 水泥浆液进行回填土的注浆加固，每立方米土注浆量控制在 $0.2m^3$；

（3）注浆完成进行原位检测。注浆后的复合土体应满足压实系数 0.94 对应的变形参数，同时土体承载力特征值应不小于 100kPa。注浆孔间距为 1.5m × 1.5m，采用梅花形布置。

图 7.4-6　隧道间的航站楼桩基

5．桩在轨道交通荷载作用下的受力分析

因铁路隧道与航站楼基桩接桩段水平距离较近，最小净距仅 1.0m，建成后基桩将长期受到铁路交通运营荷载的影响。设计时，对基桩在轨道交通荷载作用下的受力情况进行了计算分析。分析结果表明，正常的列车运行荷载不会对桩基产生危及正常使用的影响。

6．振动隔离构造措施

为避免轨道交通隧道结构与航站楼结构之间的振动传递，设计采取了相应的隔离构造措施：对工程桩接桩段采用油毡包裹；隧道结构顶部至航站楼底板间以级配砂石代替黏土回填。

7.4.2 超大型自由曲面屋盖空间网格结构设计

T3 航站楼设计过程中，针对屋盖结构进行专项研究，主要解决了屋盖空间网格结构模型构建、截面高度及网格形式优化、风荷载确定及快速输入、数量庞大的节点快速设计、复杂连接节点力学性能、檩条温度作用释放等一系列问题。

1. 自由曲面网格参数化设计

屋盖外表皮为自由双曲面，为实现屋面造型，结构形态与建筑表皮必须保持高度吻合。对于规模如此庞大的曲面屋面，采用传统的绘图软件或设计软件进行结构模型创建不仅效率低下，而且难以得到准确的几何模型，更难以应对设计过程中必然存在的方案优化和调整。因此，空间结构建模成为屋盖结构设计需要解决的重难点问题。设计过程中，为快速推进屋盖结构设计进程、便利的优化屋盖结构方案，利用 AutoCAD 二次开发语言 ObjectARX 以及 VC++与 MATLAB 混合编程技术开发了复杂曲面建模软件，实现了屋盖钢结构参数化建模，大幅提高了结构建模精度及效率；同时，也使得通过多方案比选进行屋盖结构优化设计变得简单易行。

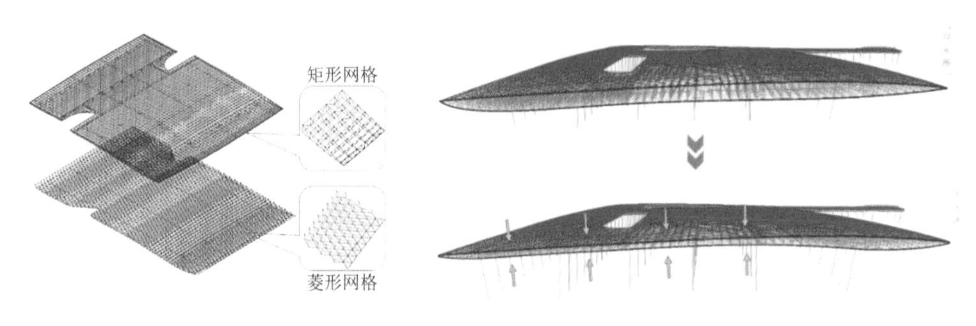

图 7.4-7 复杂曲面屋盖钢结构参数化建模　　图 7.4-8 屋盖钢结构优化示意图

屋盖结构优化设计过程中，为了获得既满足建筑效果要求，又具备合理受力特性的结构方案，利用自主开发的复杂曲面建模软件，快速进行多种钢屋盖方案参数化建模（其中，矩形网格方案和菱形网格方案见图 7.4-7）；不断进行结构方案比选，优化屋盖结构网格形状、尺寸、标高等（图 7.4-8）；最终，通过比选，采取了既契合建筑天窗布置需要及屋面防水要求，又符合结构合理受力、施工相对方便的矩形空间网格钢屋盖方案。

2. 屋盖风荷载快速输入

T3 航站楼风荷载通过风洞试验确定，试验模型上共布置了 948 个测点，设置 24 个试验风向。风压分布试验数据量大，难以通过人工逐一录入完成计算模型中风荷载施加工作。为此，在设计过程中研发了风洞试验数据处理软件，解决了多风向角的风荷载试验数据筛选、不利风向角判定以及快速导入分析计算模型的技术问题。典型风荷载导入示例如图 7.4-9 所示。

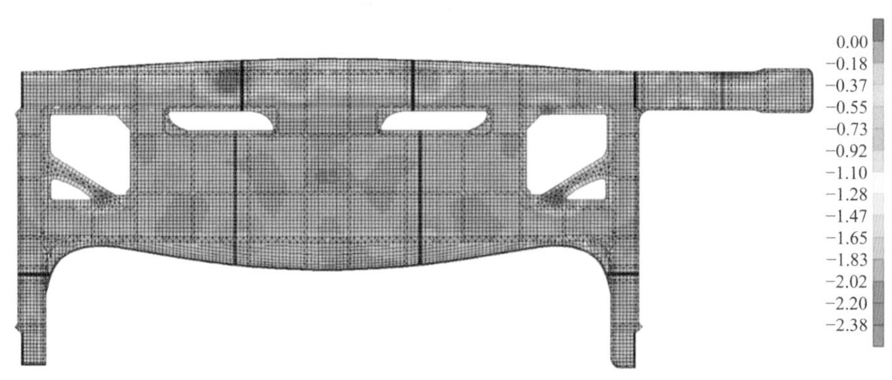

图 7.4-9 风洞试验数据处理软件风荷载导入结果示例

3．钢结构节点设计

钢屋盖网格结构节点主要采用普通相贯节点，部分受力较大的节点采用了自主创新的带暗节点板的相贯节点（图 7.4-10）。带暗节点板的相贯节点能够解决主次管桁架相交处水平方向节点承载力不足的问题。

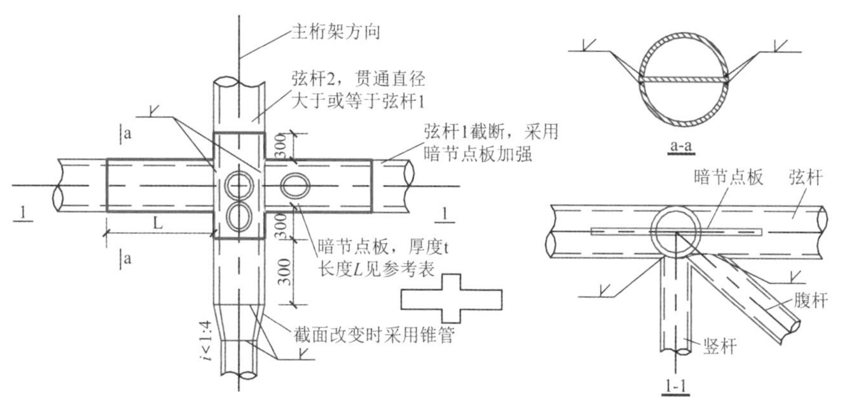

图 7.4-10　带暗节点板的相贯节点示意图

屋盖结构节点承载力设计验算同样存在数量巨大的问题，难以通过人工逐一复核，设计时为了解决数量庞大的节点设计效率问题，开发了普通相贯节点验算软件（图 7.4-11）。软件对节点的验算过程为：读入 SAP2000 模型输出的钢屋盖节点、杆件及内力数据文件→在软件界面里形成 CAD 格式三维网格桁架→手动指定主管→自动识别相贯节点形式并进行验算→在 CAD 图中节点处输出示验算结果（节点承载力比和搭接率）。

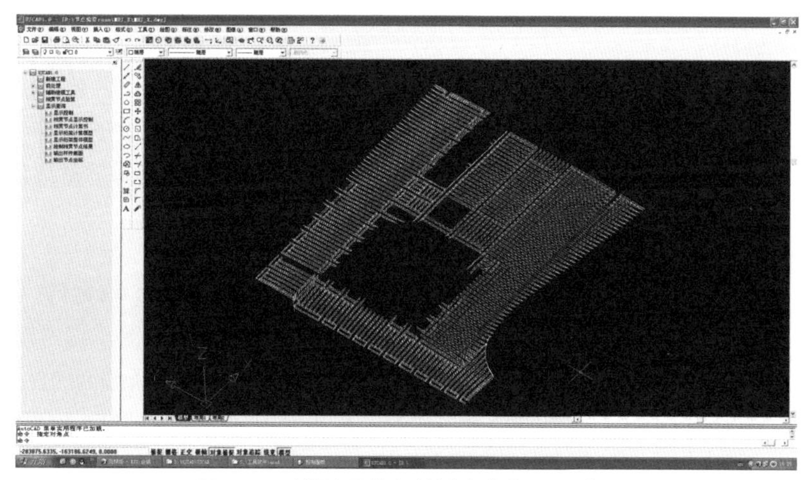

图 7.4-11　普通相贯节点验算分析软件界面示意图

为保证关键节点部位的安全性，在柱头周边受力最大和杆件交汇较多的节点均采用了铸钢节点，选用 G20Mn5 调质状态铸钢制作。同时，选取了部分关键部位的相贯节点及铸钢节点进行有限元分析和模型试验，具体详见 7.5 节“试验研究”。

4．檩条节点设计

因钢屋盖超长超大，温度作用引起的内力不可忽视。因此，结构设计时应采取措施尽量减少钢屋盖结构的温度效应，从而节约钢材用量。此外，实际工程中，檩条的完成标高往往受施工误差影响而难以与设计标高完全吻合，这对屋面排水坡度和屋面板接缝处平滑度均产生不利影响。本工程通过自主创新设计的檩条连接节点，既可让檩条在温度作用下自由伸缩，从而减少温度作用影响，又可调节檩条竖向标高，减少施工误差。

屋面主檩连接节点构造如图 7.4-12 所示，在温度作用下，檩条通过水平长圆孔伸缩，释放变形，这样减少了温度作用对檩条及屋盖钢结构的影响。连接板上竖向长圆孔，可以在檩条施工安装过程中上下调节檩条的标高，从而减少屋盖施工过程中标高误差，使屋面标高与设计标高吻合，保证屋面排水坡度及屋面板接缝处平滑。

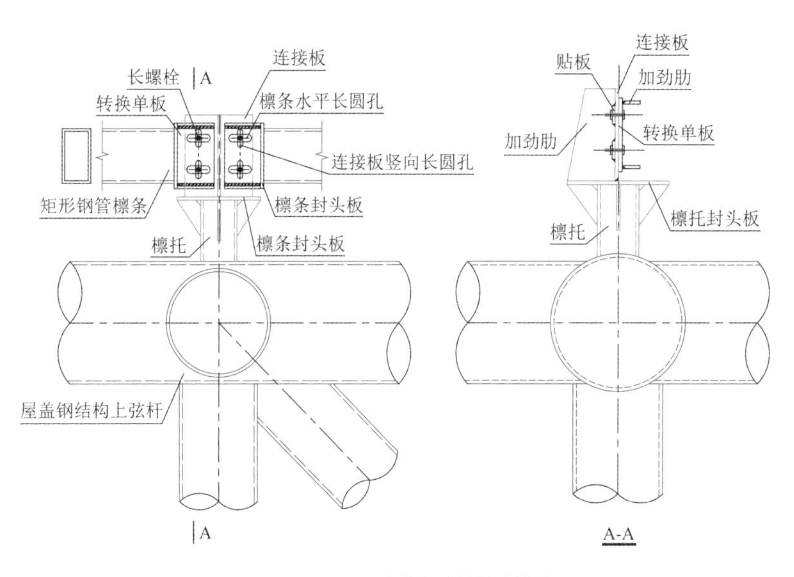

图 7.4-12　屋面主檩条连接节点构造

7.4.3　巨型圆锥形变截面钢管柱稳定性分析与设计

本工程锥形圆钢管柱为支撑屋盖结构的关键构件，准确计算其承载能力对确保结构安全至关重要。针对圆锥形钢管柱的稳定性验算问题，设计时从规范考虑整体空间作用下计算长度取值的基本理念出发，基于结构弹性稳定理论，利用有限元软件大型结构特征值屈曲分析的优势，并结合现有规程对梭形柱等效计算长度系数的取值，提出了考虑空间作用下锥形钢管柱稳定性承载力及整体稳定验算方法。

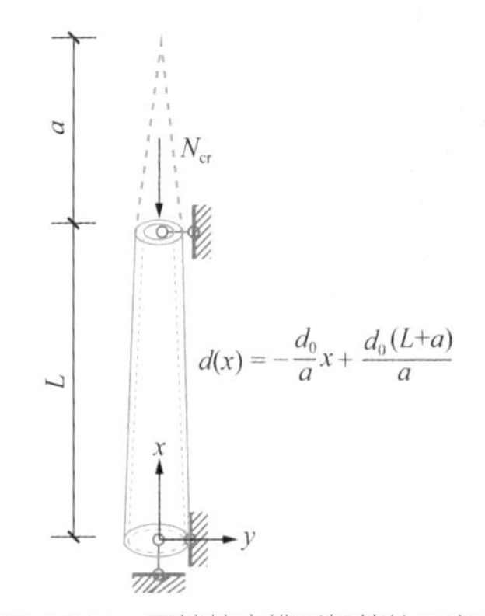

图 7.4-13　两端铰支锥形钢管柱示意图

1. 整体空间作用下锥形钢管柱的计算长度

对于图 7.4-13 所示的两端铰支等壁厚锥形钢管柱，通过对其挠曲微分方程式(7.4-1)进行求解，可得到其轴心受压临界承载力如式(7.4-2)所示（式中，K为与柱子截面特征相关的常数，I_0为小端截面惯性矩）。实际工程中，锥形柱非两端铰支约束，但也可以通过引入计算长度系数μ而将其临界承载力采用相似的形式进行表达，如式(7.4-3)所示。工程设计中，借助有限元软件，可采用数值方法（图 7.4-14）非常方便地计算出各种端部约束条件下锥形柱的实际临界承载力N_{cr}值，将之与同一柱子两端铰支时N_{cr0}相比，即可得到任意约束条件下锥形柱的计算长度系数μ，如式(7.4-4)所示。

$$EI(x)\frac{\mathrm{d}^2y}{\mathrm{d}x^2}+Py=0 \tag{7.4-1}$$

$$N_{cr0}=K\frac{EI_0}{L^2} \tag{7.4-2}$$

$$N_{cr}=K\frac{EI_0}{(\mu L)^2} \tag{7.4-3}$$

$$\mu=\sqrt{\frac{N_{cr0}}{N_{cr}}} \tag{7.4-4}$$

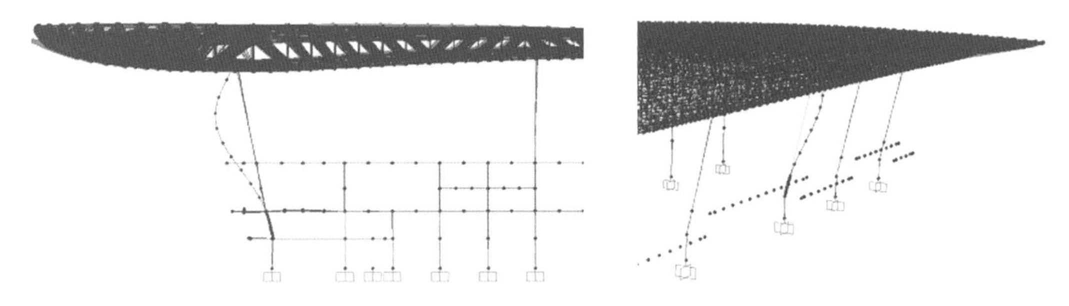

图 7.4-14　T3 航站楼钢柱 SAP2000 屈曲模态分析结果示例

本工程中，锥形柱顶端与屋面大跨空间网架结构的上下弦相连，屋面空间结构对锥形柱端的约束是复杂的空间侧移和抗弯转动约束，没有确定的正则方向，无法简单分离出其柱端的弹性约束刚度，也就无法用理论公式计算求得锥形柱在整体空间约束下的计算长度系数。

由于结构中没有设置支撑、剪力墙、筒体等抗侧移结构，按照钢结构规范，可视为有侧移结构。类比规范中平面框架的有侧移失稳的基本设计理念，偏于保守地将屋盖结构对锥形柱的空间侧移约束释放，将其视为有侧移失稳来分析其计算长度。但由于复杂的空间约束作用，无法直接参照钢结构规范中平面框架结构进行分析，而借助有限元分析软件对大型复杂空间结构特征值分析的显著优势，恰好可以弥补这一不足。通过建立整体空间精确有限元模型，释放目标柱的顶部水平约束，并在柱端施加轴向压力，对其进行特征值屈曲分析得到整体空间作用下的临界力N_{crs}，再将其与两端铰支同一目标柱子的屈曲临界力N_{cr0}相比，即可以得到整体空间约束下的计算长度系数μ_{s}。

$$\mu_{\mathrm{s}}=\sqrt{\frac{N_{\mathrm{cr0}}}{N_{\mathrm{crs}}}} \tag{7.4-5}$$

2．整体空间作用下锥形钢管柱的等效计算长度

现有规范虽未给出锥形柱的承载力计算方法，但《钢管结构技术规程》CECS 280：2010 通过将之与小端等截面柱进行比较，给出了梭形圆管柱对应的等效计算长度及承载力的验算方法。

事实上，根据弹性稳定理论，两端铰接的$2L$长度的梭形锥形钢管柱的欧拉临界荷载与L长度的上端自由下端固定的锥形钢管柱稳定承载力N_{cr}之间存在着等价性，如图 7.4-15 所示，可以得到上端自由下端固定的锥形钢管柱等效为小端等截面钢管柱的等效计算长度系数；再结合前文所述实际整体空间作用下与理想支承条件下锥形柱计算长度、临界荷载之间的关系，可以得出整体空间作用下锥形柱等效为小端等截面柱的等效计算长度系数μ_{eff}，如式(7.4-6)所示（式中，N_{cr1}为上端自由下端固定锥形柱的欧拉临界力）。μ'_{eff}为两倍长度梭形钢管柱的等效计算长度系数，如式(7.4-7)所示（式中，d_0、d_1分别为锥形圆管柱顶端和底端的外径）。

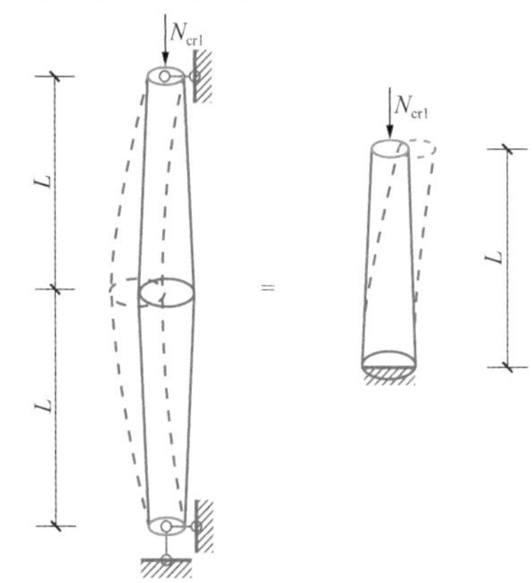

图 7.4-15　梭形柱与锥形柱等价关系图

$$\mu_{\mathrm{eff}}=\mu'_{\mathrm{eff}}\sqrt{\frac{N_{\mathrm{cr1}}}{N_{\mathrm{crs}}}} \tag{7.4-6}$$

$$\mu'_{\mathrm{eff}}=\frac{1}{2}\left[1+\left(1+0.853\frac{d_1-d_0}{d_0}\right)^{-1}\right] \tag{7.4-7}$$

3．整体空间作用下锥形钢管柱稳定承载力校核

在整体空间作用下锥形柱等效为小端等截面柱的等效计算长度系数确定后，可利用长度系数结合规

范规定计算其等效等截面柱的长细比，进而计算锥形柱的等效稳定系数ϕ_{eff}，验算其稳定承载力。验算过程的主要步骤流程如图 7.4-16 所示。

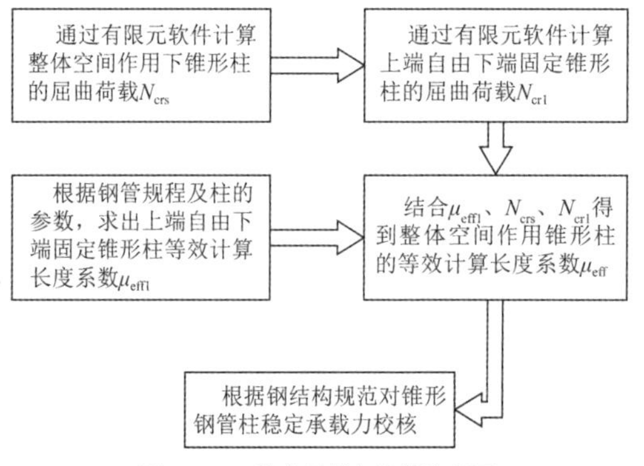

图 7.4-16　稳定承载力验算流程图

按上述方法在整体模型中选取一根锥形柱（图 7.4-17）进行示例性计算，得到了该柱两种约束条件下的特征值：整体空间作用下屈曲临界力$N_{crs} = 8.46 \times 10^4$kN，小端自由大端固定屈曲临界力$N_{cr1} = 3.7 \times 10^4$kN。梭形柱等效为小端等截面时的等效计算长度系数$\mu'_{eff} = 0.862$，整体空间作用下锥形柱的等效计算长度系数$\mu_{eff} = 0.57$，实际极限承载力单位为 kN。绘制出该柱的$N$-$M$极限承载力归一化曲线，并将所有荷载组合工况下的内力N和M在图中用散点$N_u = 3.0 \times 10^4$示意，如图 7.4-18 所示。可以看到，在不同荷载组合工况作用下，目标柱承受的荷载始终在极限承载力范围之内。

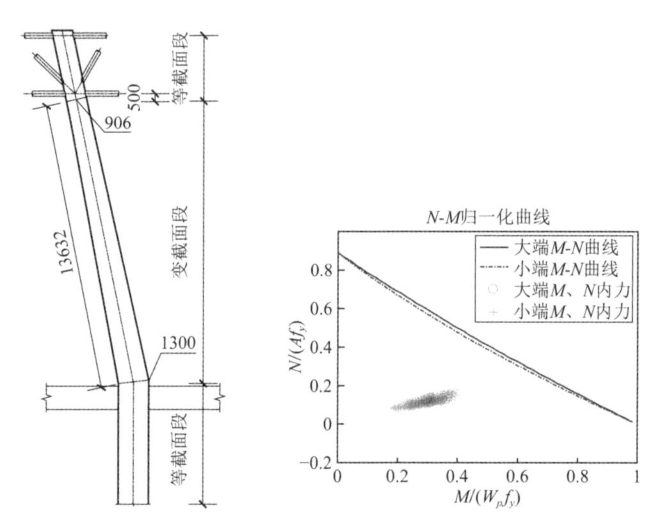

图 7.4-17　锥形柱尺寸示意图　　图 7.4-18　目标柱N-M归一化曲线及承载力校核

7.4.4　塔台结构设计

1. 塔台工程概况

塔台工程为武汉天河机场三期配套建设的空管工程，用于指挥管制区内航空器的开车、滑行、起飞、着陆等。塔台地上总建筑高度为 114.95m，共 22 层，16 层以上为功能层，塔台下部为钢筋混凝土筒体，呈椭圆形截面，长轴直径 11m，短轴直径 8m，筒体厚度 400mm；上部功能区为钢筋混凝土筒体＋钢结构的混合结构。塔台设一层地下室，平面尺寸为 16.8m × 23.6m，层高 7.5m。

在机场塔台建筑中，武汉天河机场新塔台建筑高度为国内第一、世界第二，仅次于 132m 高的泰国新曼谷机场塔台。该塔台于 2016 年 6 月建成并投入使用（图 7.4-19）。塔台建筑剖面如图 7.4-20 所示，典型功能层结构平面布置如图 7.4-21 所示。

2．塔台结构设计

1）建筑特点及结构设计应对措施

机场塔台为特种结构，建筑使用功能和立面效果新颖，结构设计有其特殊性，需要针对建筑特征采用相应的结构设计措施。

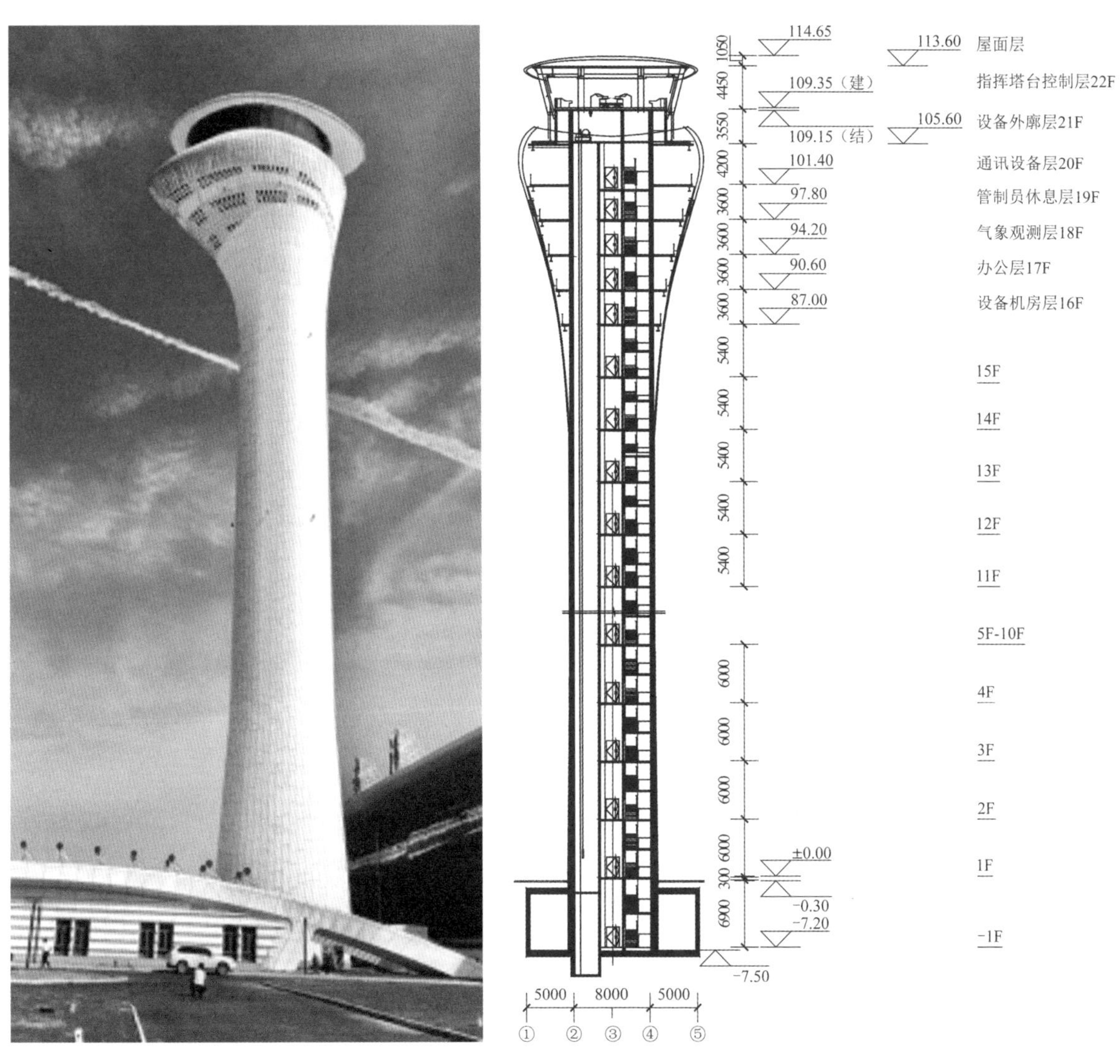

图 7.4-19　武汉天河机场新塔台

图 7.4-20　塔台建筑剖面图

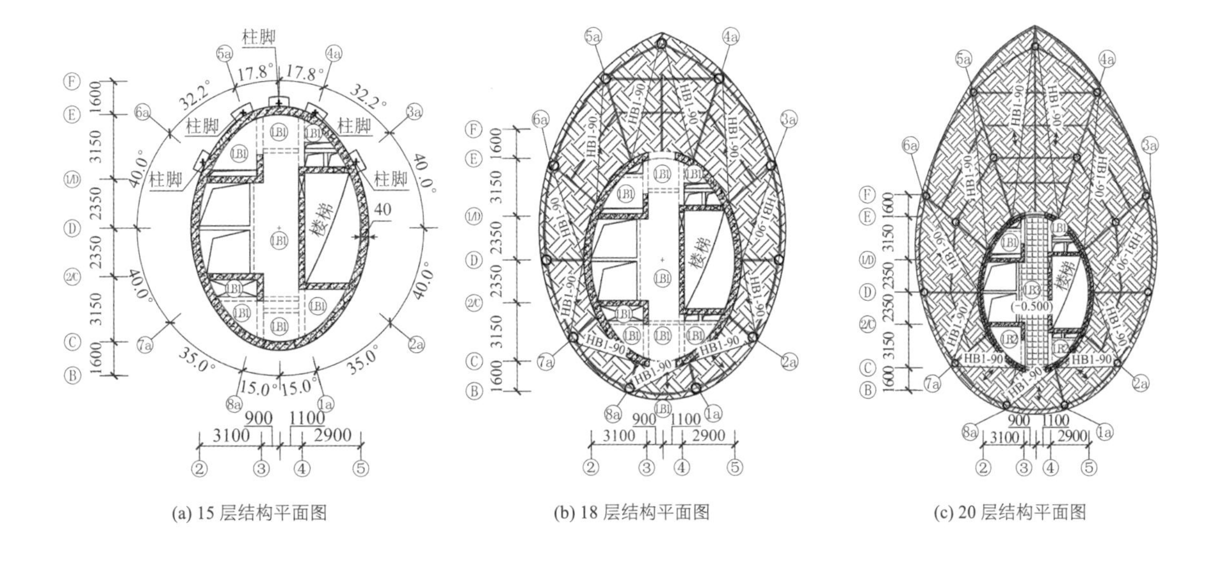

(a) 15 层结构平面图

(b) 18 层结构平面图

(c) 20 层结构平面图

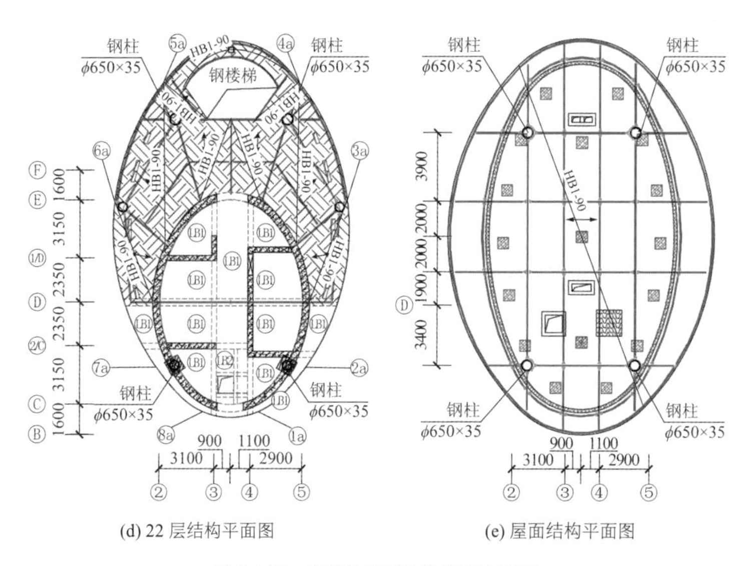

(d) 22 层结构平面图　　(e) 屋面结构平面图

图 7.4-21　典型功能层结构平面布置图

本塔台建筑具有以下明显特征：

（1）塔台的高宽比为 114.5/8 = 14.3，结构细长；

（2）与常见的圆形、正多边形塔台形式不同，该塔台上部为非双轴对称形状，且向一边伸出较多，导致上部荷载会向一边偏置，造成不平衡弯矩；

（3）塔台属于一种特种功能建筑，要求顶部有较大使用功能，而下部主要用于竖向交通，尺寸有限，在结构上形成“身子小、脑袋大”，荷载集中于顶部，对结构整体抗倾覆不利；

（4）塔台顶部为指挥控制室，需要视野开阔，尽量减少遮挡。

针对塔台的上述建筑特征，结构设计中采取了以下措施：

（1）针对结构细长的特征，采用抗侧刚度大的结构体系，选用混凝土筒体。

（2）针对塔台的非对称大外伸、上部荷载大的特点，尽量减轻上部外伸结构的重量，采用了与国内其他塔台建筑不相同的结构形式，对上部外伸功能区采用钢结构。

（3）针对塔台荷载集中于顶部，结构整体抗倾覆不利的状况，在塔台下设置扩大尺寸的地下室。塔台无地下室和设置地下室时的结构整体抗倾覆能力比较详见表 7.4-1，从表中可以看出，通过设置扩大地下室，结构整体抗倾覆能力得到显著提升。另外，设置扩大地下室后，也避免桩基在风荷载、小震、中大震作用下出现受拉状况。

（4）针对指挥层需要视野开阔的要求，顶层采用只设 4 根钢柱的钢框架结构。

塔台有无地下室时的整体抗倾覆能力对比　　**表 7.4-1**

抗倾覆力矩/倾覆力矩	风荷载		地震作用	
	*X*向	*Y*向	*X*向	*Y*向
无地下室	3.33	7.78	6.26	9.18
设置扩大地下室	7.69	14.53	12.15	15.35

2）基础及地下室设计

根据地质勘察报告及计算分析，基础采用钻孔灌注桩，桩身直径 800mm，有效桩长 32.5m，单桩竖向抗压承载力特征值$R_a = 4000$kN，桩端持力层为⑥含粉质黏土、砾卵石中粗砂，要求进入持力层深度$h \geqslant 8500$mm。

地下室桩基布置如图 7.4-22 所示，桩基在风荷载、小震、中大震等效弹性分析下均未出现受拉状况。塔台地下室的桩基筏板考虑桩基冲切、抗浮计算等因素，确定筏板厚度为 0.8m、局部 1.3m。塔台地下室不存在整体抗浮问题。

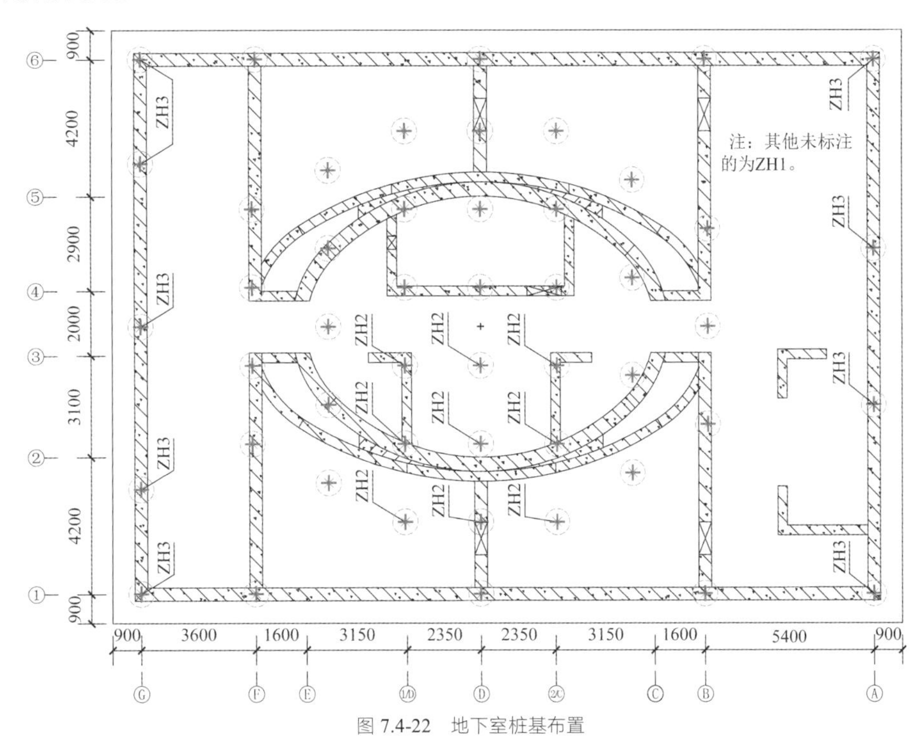

图 7.4-22　地下室桩基布置

3）上部结构分析结果

本工程上部结构整体分析以地下室顶板为嵌固端。结构前 6 阶振型及周期如表 7.4-2 所示，前 4 阶振型形状如图 7.4-23 所示。扭转振型到第 4 阶才出现，扭转周期与平动周期比值为 0.1342。

SATWE 软件计算的振型与周期　　表 7.4-2

振型	周期/s	转角/s	平动系数（X + Y）	扭转系数
1	3.2456	0.60	1.00（1.00 + 0.00）	0.00
2	2.3971	90.59	1.00（0.00 + 1.00）	0.00
3	0.5318	0.47	0.83（0.83 + 0.00）	0.17
4	0.4355	177.69	0.19（0.19 + 0.00）	0.81
5	0.3864	90.11	1.00（0.00 + 1.00）	0.00
6	0.2694	0.23	0.92（0.92 + 0.00）	0.08

注：地震作用最大的方向 0.516°。

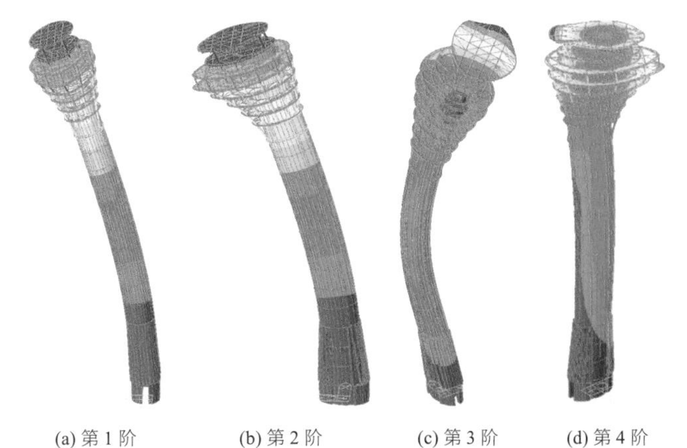

(a) 第 1 阶　(b) 第 2 阶　(c) 第 3 阶　(d) 第 4 阶

图 7.4-23　塔台前四阶振型

按照《高层建筑混凝土结构技术规程》JGJ 3—2010，层间最大位移与层高之比（层间位移角）限值为 1/1000。顶层为框架结构，层间位移角按照 1/500 控制。在地震作用和风荷载作用下，结构层间位移角、层位移比、层间位移比最大值见表 7.4-3。从表 7.4-3 可知，塔台各层层间位移角及层（间）位移比均满足设计要求。

SATWE 计算层间位移角、层位移比、层间位移比结果　　表 7.4-3

作用		项目	计算结果
地震作用	X向	层间位移角	1/1052（顶层）
		层位移比	1.10（X－5%，1 层）
		层间位移比	1.10（X－5%，1 层）
	Y向	层间位移角	1/1435（顶层）
		层位移比	1.09（Y－5%，1 层）
		层间位移比	1.10（Y－5%，1 层）
风荷载	X向	层间位移角	1/976（顶层）、1/1099（21 层）
	Y向	层间位移角	1/2339（顶层）

结构在等效弹性分析下的中、大震层间位移角情况，如图 7.4-24 所示。从图 7.4-24 可知，塔台在小震、等效中、大震作用下的各层层间位移角均满足设计要求。

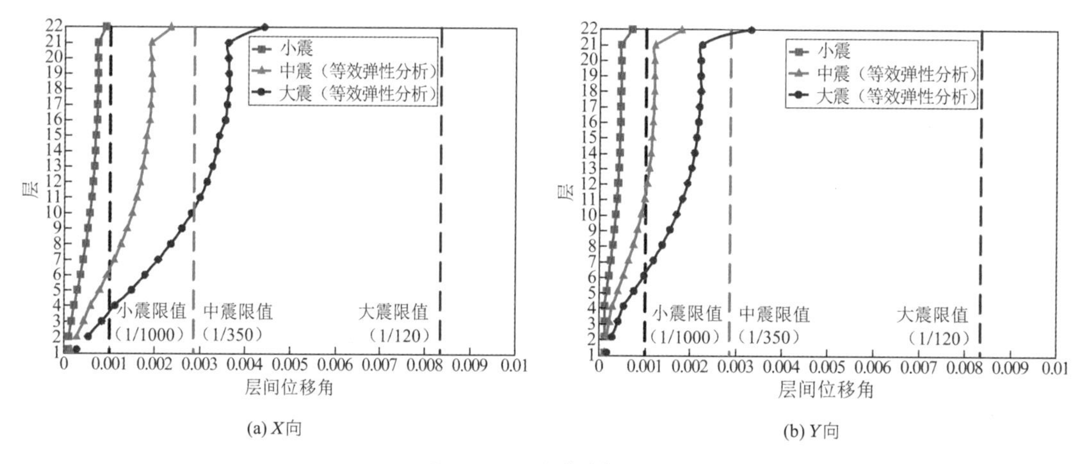

图 7.4-24　层间位移角比较

SATWE 计算得到的竖向筒体的最大轴压比为 0.38，小于 0.50 的设计限值要求。按照《高耸结构设计规范》GB 50135—2006 应验算混凝土筒体在恒荷载、活荷载、风荷载、地震、温度等荷载标准组合作用下的水平裂缝宽度。

通过调整上部功能区的布置、楼板厚度等方法，控制结构各层的质心与刚心的位置在筒体范围之内，保证主体结构在恒荷载、活荷载、风荷载和地震作用标准组合作用下墙体不出现拉应力，处于受压状态；保证墙肢在正常使用极限状态下不会出现裂缝。

为了避免本塔台在室外风雨、温度变化等各类自然环境作用下的损伤和老化，塔台外立面整体进行了保温、幕墙设计。由于塔台进行了外保温设计，因而在结构设计中未对塔台竖向温度作用进行特殊设计。

4）塔筒受拉分析及设计

计算分析表明，底层墙体在恒荷载、活荷载、风荷载与地震作用下的基本组合内力，按照《高层建筑混凝土结构技术规程》JGJ 3—2010 中式（3.11.3-2）验算会出现拉应力，最大拉应力为 0.85MPa，拉应力远小于混凝土抗拉强度标准值 1.80MPa。筒体墙肢到 6 层后，所有墙体已不出现拉应力。

按照《高耸结构设计规范》GB 50135—2006，不考虑混凝土的拉应力作用，按照混凝土塔筒水平截面极限承载能力计算公式算出的底层受拉墙体竖向配筋要求为不小于 2 ⌀16@200，实际配筋中外排钢筋为 ⌀18@200，内排为 ⌀16@200。另外，设计中对 1～6 层墙体按高于特一级进行配筋加强，墙体竖向及水平向配筋率不小于 0.5%，受拉范围均设为约束边缘构件。

5）钢结构外伸体系设计

塔台外部钢结构的组成及与筒体之间的连接方式如图 7.4-25 所示。在受力上，各层外伸斜柱在承受竖向荷载时，会对与之相连的钢梁产生水平拉力，钢梁会将该拉力传递给楼板、筒体。计算表明钢梁上的拉力除在 20 层（钢柱由斜变直处）相对较大外，其他楼层钢梁拉力均较小，设计中在 20 层的筒体中设置钢骨梁，其他楼层在筒体中设置暗梁，另外各层楼板在筒体周边 1m 宽范围内配置环向加强钢筋。

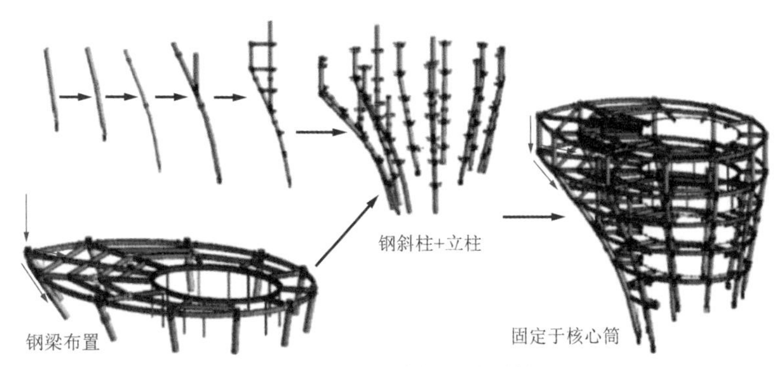

图 7.4-25　塔台上部外伸钢结构

3．塔台结构设计总结

天河机场塔台建筑形似“凤冠”，造型新颖，为非对称结构，高度高、截面尺寸小、头重脚轻。在结构设计中，对这些建筑特征均采取了针对性的结构设计措施，较好地实现了建筑功能及造型，得到建筑师、业主及工程界同行的认可。

国内已有塔台建筑基本为对称结构，多采用混凝土筒体或混凝土框架—剪力墙结构形式。天河机场塔台为国内最高民用塔台且造型独特，采用了与国内其他塔台建筑不相同的结构形式，即上部功能区采用钢筋混凝土筒体 + 钢结构的混合结构形式。

7.4.5　BIM 三维协同设计

本工程设计全过程应用 BIM 技术解决设计难题。前文所述的空铁联建区域共建施工时序及方法研究、超大型复杂自由曲面空间网格结构参数化设计、屋盖结构优化等，均是运用 BIM 技术解决技术难题的典型案例。除此之外，BIM 这一技术手段的应用，还为多专业三维协同设计、钢-混凝土结构复杂节点设计等结构设计问题找到了最佳解决方案。

1．多专业三维协同设计

航站楼内包含数量众多，空间布置错综复杂的机电系统。机电管线通行路径与结构构件设计的协调一致，对机电安装施工的顺利进行及建筑功能及美学效果的实现具有至关重要的作用。为此，结构与建筑、机电专业共同建立精确的全楼 BIM 模型（图 7.4-26），全过程运用 BIM 软件进行了多专业三维协同设计。

通过多专业三维协同设计，结构专业在设计过程中合理确定构件截面尺寸、预留孔洞定位及局部结构方案，使机电管线系统在有限的安装高度内得以顺利实施。通过预埋套管使部分管道、桥架等得以穿梁通行，有效地减小了结构下部机电安装所需空间高度，增大了吊顶下部的使用空间净高。

对于预应力混凝土梁，预埋穿梁套管应避开梁内预应力筋（图 7.4-27）。穿梁套管定位与机电管线布置进行了精细协同设计，结合预应力筋线型走向对不同位置的穿梁套管确定不同的标高。在满足机电安装要求的同时，确保了结构的安全性。

通过精细化协同设计，解决了航站楼主楼屋面虹吸雨水立管埋设于钢管柱内（图 7.4-28）的设计及施工难题。

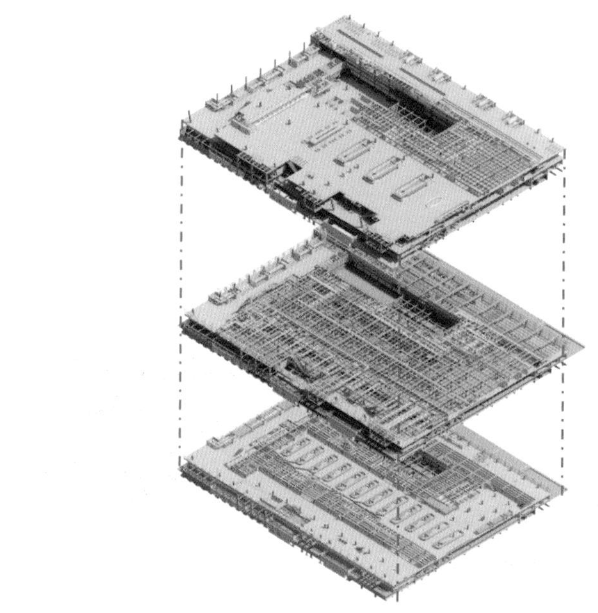

图 7.4-26　T3 航站楼（局部）BIM 管线综合模型示意图

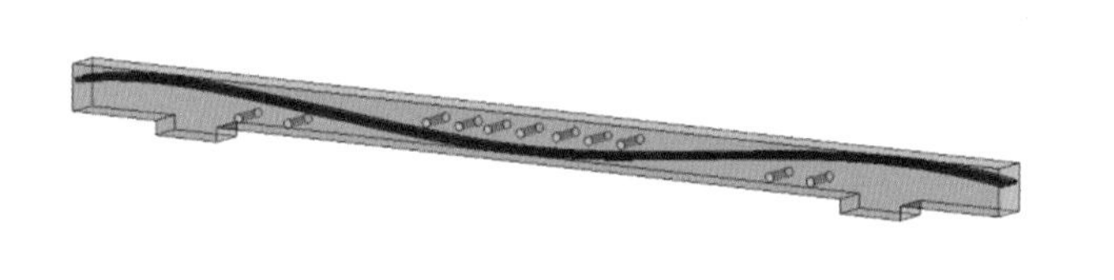

图 7.4-27　预应力梁穿梁套管布置示意图

图 7.4-28　钢管柱内埋设雨水立管示意图

2. 复杂节点辅助设计

预应力混凝土梁与钢管混凝土柱连接节点钢筋数量多、结构内力大、预应力筋束相互交叉、连接条件尤为复杂。设计中，对于此类节点，一般在钢管柱周边设置外加强环用于锚固梁内普通钢筋，预应力筋则在钢管混凝土柱内锚固或穿过钢管混凝土柱，并通过设置牛腿及抗剪环实现梁端剪力传递。

针对节点区钢筋、钢板等构件数量众多的实际情况，设计时对部分复杂节点建立了 BIM 三维实体模型（图 7.4-29），准确反映钢筋、钢板的空间位置关系。BIM 技术的应用对复杂梁柱节点合理的设计构造起到了极大的促进作用，一目了然的三维节点模型更便于保证节点施工的准确性，对施工质量控制起到了积极作用。

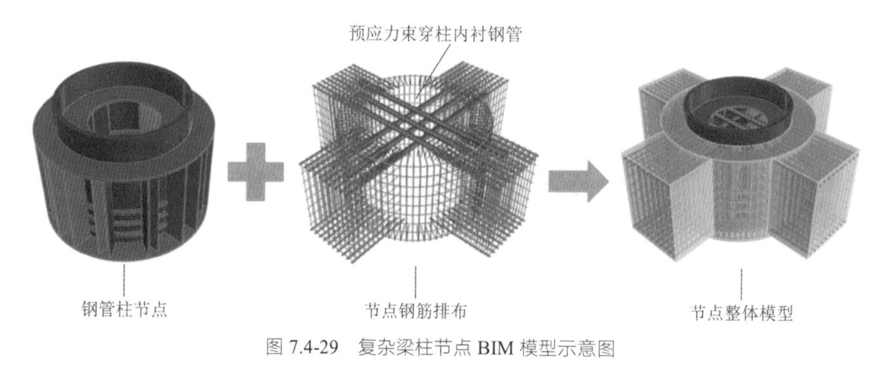

图 7.4-29　复杂梁柱节点 BIM 模型示意图

7.5 试验研究

7.5.1 风洞试验

航站楼屋盖为超大型自由曲面，造型复杂，对风荷载较敏感，难以根据现行荷载规范确定准确的风荷载体形系数。因此，设计时为准确确定风荷载数值及分布规律，进行了刚性模型的风洞测压试验（图 7.5-1）。风洞试验在西南交通大学风工程试验研究中心开展，试验模拟了周围特征建筑物，考虑了风洞阻塞率的要求，模型几何缩尺比为 1∶200，模型材料主要为 ABS 塑料板。

试验在航站楼模型上总共布置了 948 个测点（包括屋盖和侧面），并在重点部位如大悬臂挑檐、天井及悬空屋盖等部位进行了适当的加密处理。试验时，每间隔 15°设置一个试验风向，按顺时针方向旋转，共 24 个工况。

限于篇幅，仅以航站楼+Y方向（180°风向角）风压特性试验结果为例进行阐述。如图 7.5-2 所示，在 180°风向角下，屋盖以承受负压为主。主入口大悬挑屋檐平均风压系数大部分在−1.0 左右，四个指廊迎风一侧的平均风压系数则在−0.8 左右。而航站楼背面悬挑较小的挑檐及连廊部位的风压系数较小，其数值分别在−0.2 和−0.1 左右；其中，连廊部分再附着区域的平均风压系数为 0.1 左右。

图 7.5-1　T3 航站楼风洞试验模型

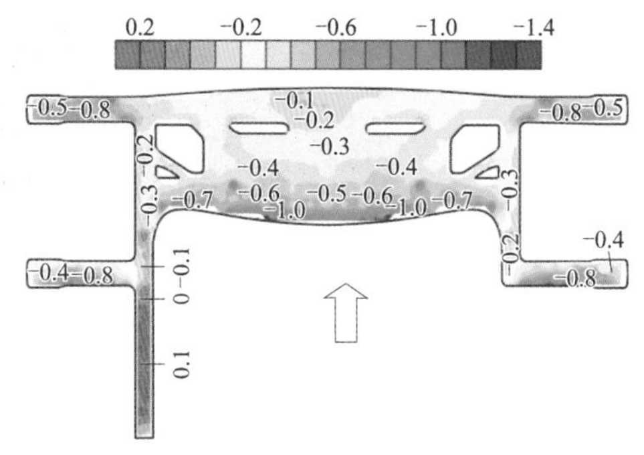

图 7.5-2　+Y 方向（180°）屋盖平均风压系数

试验结果显示，挑檐在迎风作用时，上表面测点受到很大的吸力，下表面测点则同时受到较大的压力，上吸下压会使挑檐部位实际受到的风荷载明显增大。庭院侧面典型测点的平均风压系数波动范围为−0.3～0.3 之间，数值较小，这与荷载规范规定的封闭式建筑物应考虑±0.2 的内压比较吻合。其原因在于庭院为建筑内部竖直方向开洞，而不是在航站楼侧面开洞，整个航站楼仍可近似为封闭式建筑物。屋盖连桥造型上下表面典型测点的平均风压系数均为负值，即均受风吸作用，数值范围大致为−0.4～0，且上下表面测点的风压随风向角变化的规律基本一致。因此，连桥造型的悬空屋盖实际受到的平均风压会由于上下表面同时受到吸力而大大减小。

此外，结合 T3 航站楼、卫星岛及 T4 航站楼分期建设的情况，采用 Ecotect 软件对周边环境的变化进行数值模拟试验（图 7.5-3），用以修正风洞试验结果，使周边建筑分期建设可能对 T3 航站楼风环境造成的不利影响在结构设计中得到充分考虑；同时，避免了进行多次常规风洞试验，缩短了设计周期，减少了工程试验成本。

7.5.2 连接节点试验

屋盖钢结构网架节点采用了一定数量带暗节点板的相贯节点，此类型节点能够解决普通相贯节点强度不足的问题。同时，为保证关键部位节点的安全性，柱头周边受力最大以及交汇杆件较多的节点采用了铸钢节点。为考察相贯节点及铸钢节点的受力性能，评估其安全性，设计中采用 ABAQUS 对关键部位相贯节点及铸钢节点进行了详细的有限元分析，并选取典型相贯节点及铸钢节点进行模型试验，验证节点受力的安全性。下面以铸钢节点试验为例进行叙述。

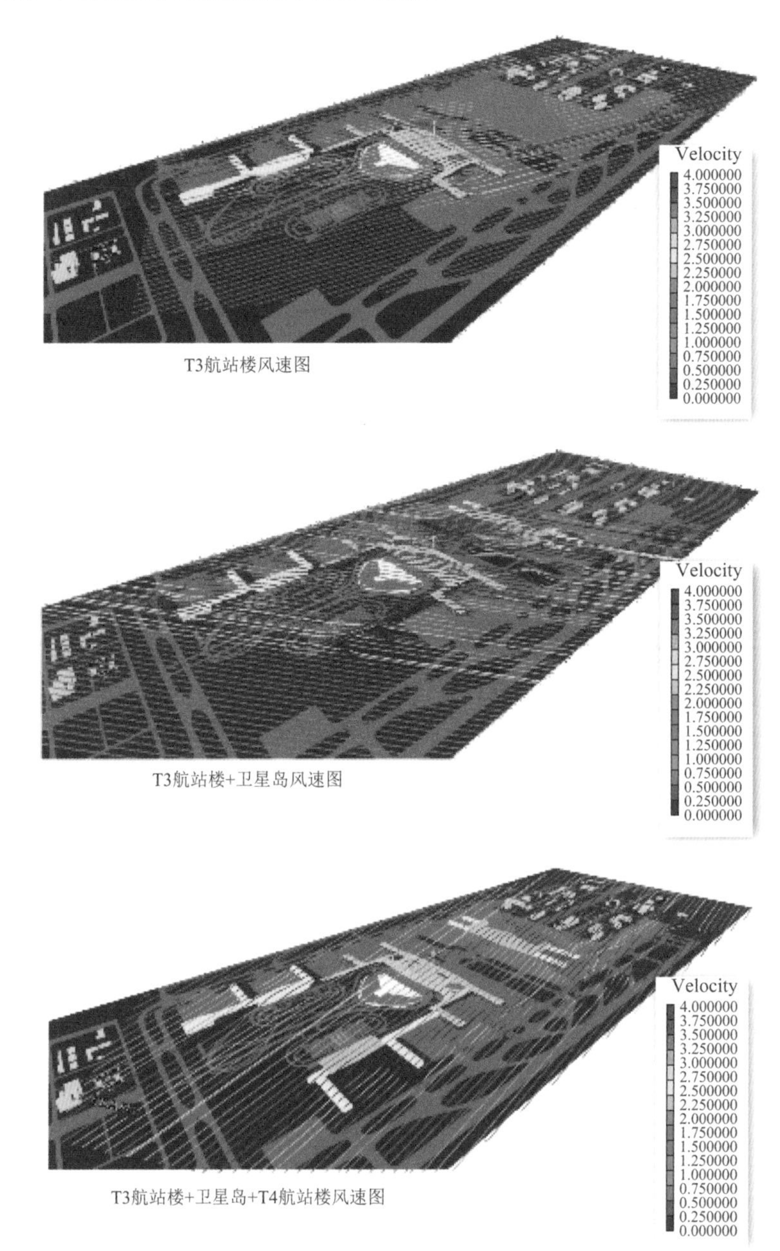

图 7.5-3　T3 航站楼风环境变化过程数值模拟试验示意图

选择位于网架上弦具有代表性的铸钢节点 FLQ-35A 进行试验研究，网架上铸钢节点的选取位置见图 7.5-4，试验节点的三维模型如图 7.5-5 所示，铸钢节点由 10 根圆管空间交汇而成，节点中心区域为实心，节点杆件相交处倒圆角，半径为 30mm，节点详细构造如图 7.5-6、图 7.5-7 所示。

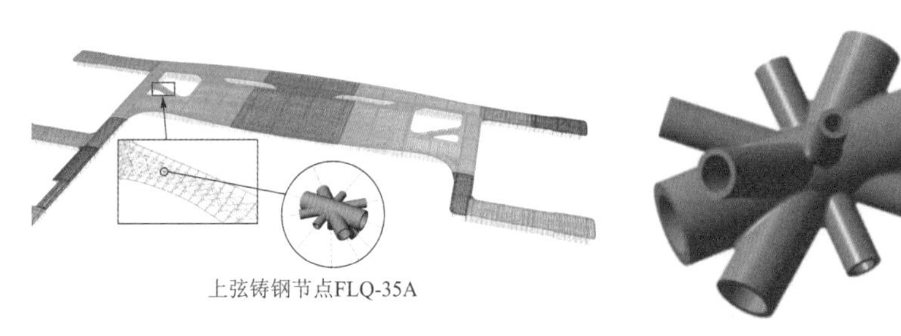

图 7.5-4　航站楼屋盖结构模型及试验节点位置　　图 7.5-5　试验节点三维模型

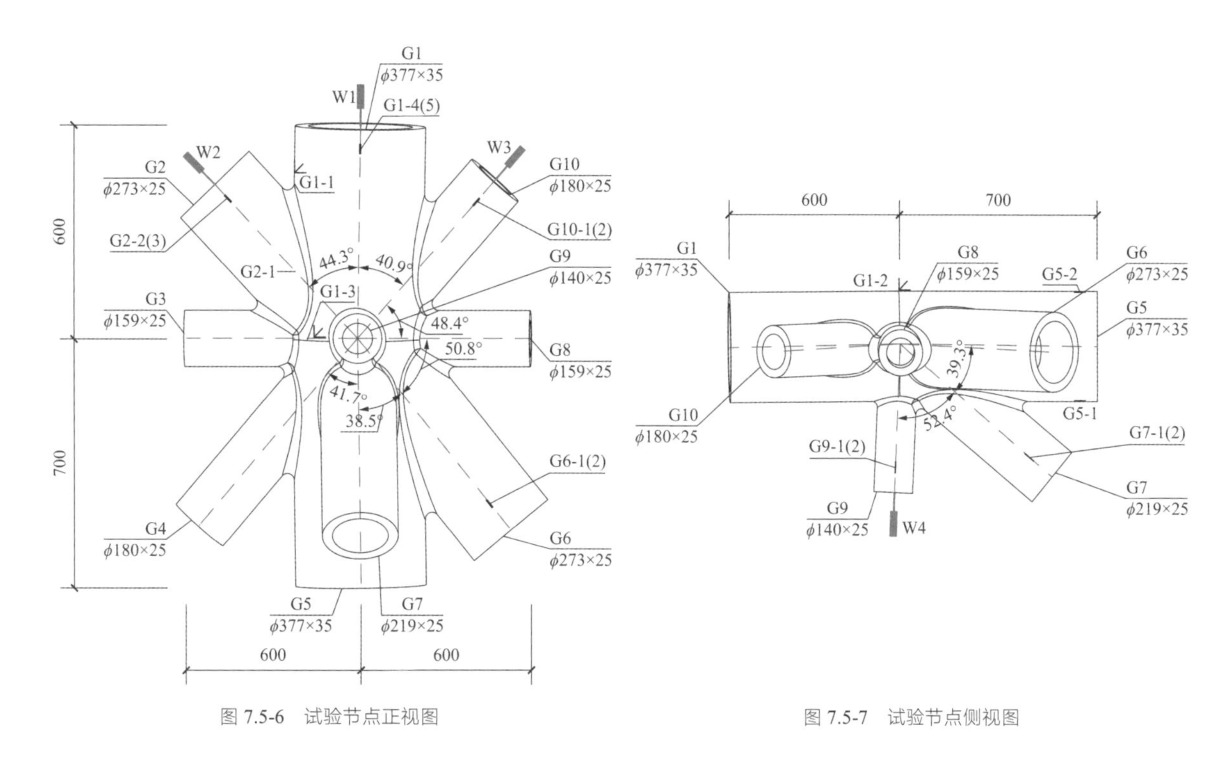

图 7.5-6　试验节点正视图

图 7.5-7　试验节点侧视图

试验在武汉大学岩土与结构工程安全湖北省重点实验室完成。试验时，将杆件 G5、G6、G7 固接于试验台座上，对杆件 G1、G2、G9 和 G10 施加轴向荷载，杆件 G3、G4 和 G8 由于所受轴力相对其他杆件较小，可忽略不计。加载装置如图 7.5-8 所示，采用千斤顶对杆件 G1、G2 施加轴向压力，对杆件 G9、G10 施加轴向压力、拉力，拉压千斤顶锚固于反力架或反力墙上。结合《铸钢节点应用技术规程》CECS 235：2008 的规定，试验荷载取 1.3 倍设计荷载。

根据试验结果，各杆件表面最大压应力出现在 G5 杆件，为 87.7MPa，节点核心区最大 von Mises 应力出现在测点 G1-1 处，为 207.3MPa，均小于材料屈服强度 397MPa，加载过程中各测点荷载-应力曲线基本呈线性变化，表明各测点在试验荷载下均处于线弹性状态。

为使有限元分析结果与试验结果相互验证，按试验构件的尺寸采用 ABAQUS 软件建立有限元模型，采用 C3D10 四面体单元进行网格划分，并对相贯线附近区域进行细分。材料本构采用根据材性试验结果简化后的三折线模型，泊松比取 0.3。材料的屈服准则遵循 von Mises 屈服准则及相关流动准则。有限元分析采用与试验相同的模型荷载和边界条件，分析结果如图 7.5-9 所示。

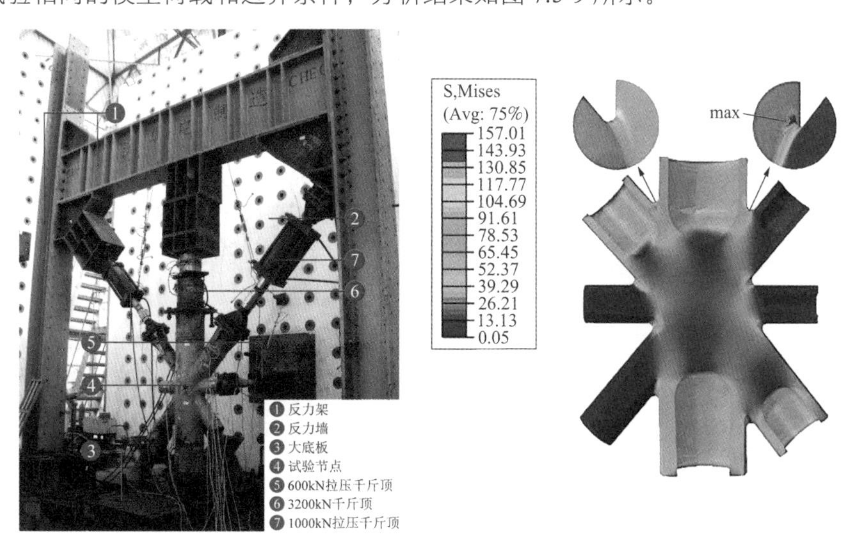

图 7.5-8　加载装置　　　　图 7.5-9　节点有限元分析应力云图

试件测点处应力试验值与有限元计算值的对比如表 7.5-1 所示，试验结果与有限元计算结果吻合良好。大部分测点应力试验值与有限元计算值比较接近。个别测点应力试验值与有限元计算值差别较大，主要原因可能是有限元计算模型与试验模型存在一定差异，有限元计算模型基于材料均匀、杆件相交形成理想相贯线这一假定，而实际节点试件在铸造过程不可能达到这一理想状态；另外，试验中加载系统安装偏差导致节点试件的偏心加载亦可能导致试验结果与有限元结果的差异。

部分测点处应力试验值与有限元计算值比较　　表 7.5-1

测点	试验值/MPa	计算值/MPa	试验值/计算值
G1-1	210.2	153.4	1.37
G1-2	25.5	46.7	0.55
G1-3	69.3	65.8	1.05
G2-1	49.1	43.4	1.13
G1-4/5	−59.8	−56.4	1.06
G2-2/3	−36.4	−35.3	1.03
G5-1/2	−84.7	−79.1	1.07
G9-1/2	−22.6	−20.1	1.12

试验结果与有限元结果对比分析表明，有限元计算结果与试验结果吻合良好，验证了有限元模型的正确性。这表明了有限元分析可以准确模拟节点试件的实际受力状态，能够作为对铸钢节点极限承载力判断的补充。

7.5.3 直立锁边金属屋面抗风揭性能试验

金属板屋面抗风揭能力较差，国内大型公共建筑直立锁边金属屋面系统被风掀开的事例时有发生，对建筑的安全性能造成较大影响。因此，本工程设计中加强了对屋面系统抗风承载能力的验算及构造设计，并选取数个典型部位进行了 1∶1 的模型抗风揭试验（图 7.5-10），以验证屋面系统的抗风安全性能。试验结果表明，本工程金属屋面在设计风荷载作用下的抗风揭能力满足要求。

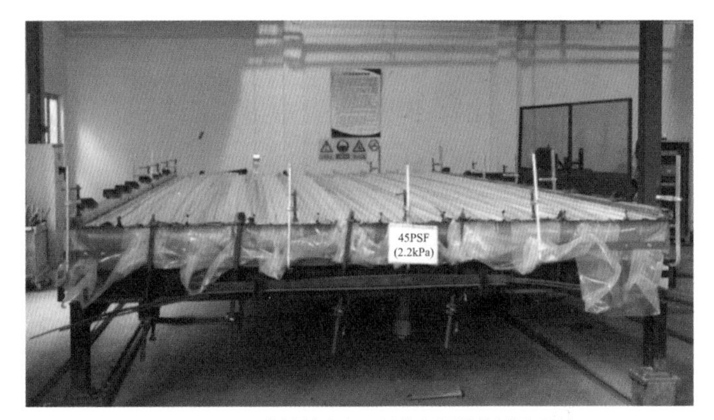

图 7.5-10　T3 航站楼金属屋面抗风揭性能试验照片

7.6 结构监测

T3 航站楼屋盖结构工程体量庞大、结构体系复杂、柱网尺寸较大，屋盖为复杂大跨度钢网架结构，悬挑较大、造型轻巧。屋盖施工采用分区整体提升法、滑移施工法、跨外吊装法等多种施工工艺，施工过程复杂，结构体系经过多次转换最终成型。为及时、准确地掌握钢结构施工过程中的受力状态，确保结构施工及使用期间的安全性，同时为给结构设计验证、结构模型校验与修正、结构损伤识别、结构养护及维修等提供技术支持，本工程设计了健康监测系统。监测的项目应包括关键构件应力、结构变形、结构温度、屋面风压等。采用自动监测系统，包括传感器系统、数据采集和处理系统、数据传输系统、数据存储和管理系统、结构状态识别和健康评估系统等子系统。施工监测系统通过现场监测得到结构在施工期间应力、变形及温度信息，在突发事件或施工严重异常时触发预警信号，避免灾难事故的发生，为施工期间结构的安全"保驾护航"，确保工程结构的施工质量。

7.6.1 应力监测

应力监测与钢结构安装过程同步进行，其目的在于实时了解结构在施工及运行期间的应力变化，判断杆件的受力状态是否与理论计算相符，是否超过杆件承载力设计值，从而确保结构安全。应力监测杆件宜选取关键杆件，本工程主要选取屋盖结构受力较大的杆件及倾斜钢柱进行应力监测，共布置了 232 个应力监测点位（图 7.6-1）。

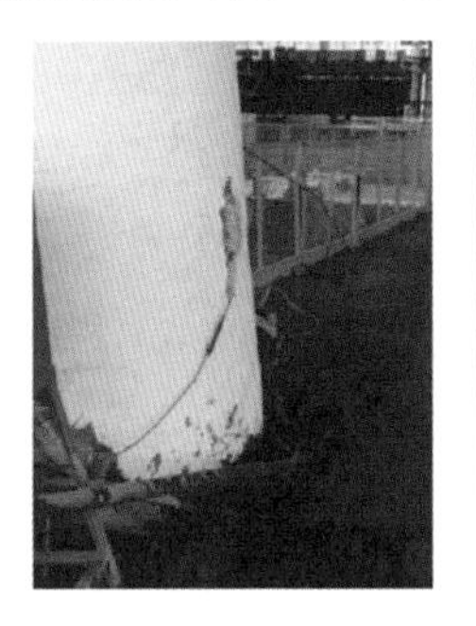
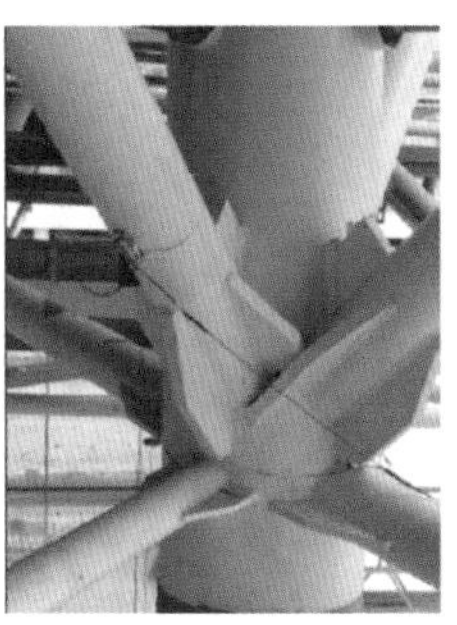

图 7.6-1 屋盖钢结构应力传感器安装照片

监测结果表明，所有测点实测应力值均小于计算值，结构处于安全状态；并且，大部分测点实测应力值与计算值接近，验证了结构施工过程及计算分析的可靠性。

7.6.2 温度监测

温度监测目的与应力监测类似，在于实时监测结构的温度变化，进而计算结构的温度内力，了解杆件的受力状态。因此，本工程温度监测点布置与应力监测一致（图 7.6-2）。根据监测数据，在整个钢结构施工过程中，钢结构最高温度为 46.6℃，最低温度为 0.9℃。监测所得最高温度高于荷载规范所规定的最高基本气温，表明钢结构热传导系数较高，温度随环境变化较快，工程设计中，对于钢结构（尤其是室外钢结构）应考虑项目所在地区极端气温的影响，以确保结构安全。

图 7.6-2 屋盖钢结构温度传感器安装照片

7.6.3 变形监测

变形监测主要为了解屋盖大跨度、大悬挑钢结构的挠度是否与设计相符，是否符合规范要求。此外，倾斜钢柱的受力状态较为复杂，为验证其变形计算的准确性，确保结构安全，对部分倾斜钢柱也布置了变形监测点。T3 航站楼共布置 223 个钢结构变形监测点，其中倾斜柱变形监测点 14 个，屋盖钢结构挠度监测点 209 个（图 7.6-3）。

图 7.6-3 屋盖钢结构及倾斜柱变形监测现场照片

变形监测数据显示，主楼 W1、W2 区屋盖施工过程中最大挠度为 62.0mm，指廊屋盖施工过程最大挠度为 47.5mm，施工过程中屋盖悬挑端最大挠度为 72.2mm。所有监测点挠度实测值均未超过计算值，屋盖实际挠度满足规范要求。倾斜钢柱的最大变形为 28.2mm，所有监测点变形实测值均未超过计算值。

7.7 结语

在天河机场 T3 航站楼工程的设计过程中，从解决工程实际问题的角度出发，针对轨道交通隧道下穿、曲面空间网格结构设计、钢管柱稳定等问题，开展了以下几方面的设计研究工作：

1. 城铁、地铁隧道下穿航站楼“空铁联建”设计研究

结合城铁、地铁隧道下穿航站楼的建设需求，城铁、地铁运营对航站楼的振动影响评估结果，采用了航站楼结构与城铁、地铁结构完全分开，各自独立传力的结构方案；通过多方案比较，确定了合理的共建区施工流程及对应的结构基础设计措施；确定了合理的基坑回填设计方案，使回填土密实度更易得到保证；采取了适当的振动隔离构造措施，进一步降低城铁、地铁运营对航站楼的振动影响。

2. 超大型自由曲面屋盖空间网格结构设计方法研究

针对 T3 航站楼超大型自由曲面屋盖空间网格结构，结合自主软件开发、合理采取构造措施、模型试验等技术手段，解决了屋盖空间网格结构风荷载确定及快速输入、模型构建、截面高度及网格形式优化、节点快速设计、复杂连接节点力学性能验证、檩条温度作用释放等一系列问题。

3. 巨型圆锥形变截面钢管柱稳定性分析及设计方法研究

完成了圆锥形变截面钢管柱稳定性评估专项研究工作，以弹性稳定性理论推导为基础，结合现有的梭形钢管柱设计规范的稳定性承载力取值，提出了考虑整体空间作用的锥形钢管柱的计算长度及稳定承载力的计算方法，为锥形钢管柱的校核与设计提供了理论基础。提出的设计方法保持了规范的验算方法和公式体系，利用了规范中关于柱稳定数值分析和实验的成果。与非线性屈曲分析的结果比较表明，该方法得到的结论安全、可靠。

4. BIM 三维协同设计

BIM 技术的应用，解决了结构与机电专业错综复杂的管线协同问题及结构与建筑造型契合问题，为构件布置及截面尺寸选取、孔洞预留等提供了高效、合理的指导，为结构设计满足建筑空间需求提供了保障。同时，BIM 技术在结构专业本身的复杂连接节点设计中也发挥了有利作用。

通过这些设计研究工作，武汉天河机场 T3 航站楼结构设计过程中的众多难题得到解决，保障了项目的顺利实施。该项目 2017 年投入正式运营，目前使用状况良好，得到了使用单位的一致好评。

参考资料

[1] 袁理明, 黄银燊, 李霆, 等. 武汉天河国际机场 T3 航站楼结构设计[J]. 建筑结构, 2020, 50(8): 9-14.

[2] 阮祥炬, 袁理明, 李霆, 等. 武汉天河国际机场 T3 航站楼钢屋盖结构设计[J]. 建筑结构, 2020.50(8): 15-21.

[3] 谢庆伦, 李霆, 袁理明, 等. 武汉天河国际机场 T3 航站楼桩基础设计与验证[J]. 建筑结构, 2020, 50(8): 22-29, 14.

[4] 袁理明, 汪大海, 陈念, 等. 考虑整体空间作用大跨结构锥形钢管柱的稳定性[J]. 建筑结构, 2019, 49(10): 57-63.

[5] 彭留留, 黄国庆, 李明水, 等. 某机场新航站楼风压分布特征及风振系数研究[J]. 空气动力学学报, 2015, 33(4): 572-579.

[6] 张慎, 陈兴, 李霆. 计算机技术在大跨度屋盖结构风洞试验数据处理中的应用[J]. 建筑结构, 2011, 41(7): 106-110, 122.

[7] 杜新喜, 尹鹏飞, 袁焕鑫, 等. 空间相贯圆钢管节点受力性能试验研究与有限元分析[J]. 建筑结构, 2018, 48(9): 83-87.

[8] 袁理明, 尹鹏飞, 杜新喜, 等. 武汉天河国际机场 T3 航站楼铸钢节点受力性能试验研究[J]. 建筑结构, 2018, 48(19): 50-54.

[9] 陈焰周, 王颢, 李霆. 武汉天河国际机场新塔台结构设计[J]. 建筑结构, 2020, 50(8): 30-34.

[10] 武汉天河国际机场 T3 航站楼地震安全性评估报告[R]. 武汉: 武汉地震工程研究院, 2011.

[11] 汉孝城际铁路及城市轨道交通对天河机场振动噪声影响评价报告[R]. 武汉: 武汉理工大学, 2012.

设计团队

中南建筑设计院股份有限公司：李　霆、王小南、袁理明、黄银燊、谢庆伦、阮祥炬、赵　梅、戢志锋、刘　峻、熊　森、张　敏、付　斌、曾　潾、张　慎、刘　威、徐国洲、张振炫。

获奖信息

2019 年度中国勘察设计协会行业优秀勘察设计奖优秀（公共）建筑设计一等奖；

2019 年香港建筑师学会两岸四地建筑设计论坛及大奖（运输及基础设施项目）卓越奖；

2018 年湖北省优秀勘察设计项目工程设计一等奖；

2017—2018 中国建筑学会建筑设计奖结构专业二等奖；

2015 年武汉市城乡建设委员会“最佳设计奖”；

2015 年武汉建筑业“双十佳”评选活动“十佳创新项目奖”；

2014 年中国勘察设计协会“创新杯”建筑信息模型（BIM）设计大赛最佳 BIM 工程协同奖二等奖。

第 8 章

广东科学中心

8.1 工程概况

广东科学中心项目（图 8.1-1、图 8.1-2）位于广州市番禺区小谷围岛西侧的半岛上，是广东省首批“十大工程”之一，建成后已成为广东省“弘扬科学精神、传播科学思想、培养科学方法、普及科学知识”的窗口和阵地。

广东科学中心于 2003 年举办了有众多国外知名设计单位参加的方案邀请赛，经过两轮 30 余个方案的评选，本方案最终选定为实施方案。2004 年设计，2008 年建成。它是国内自行创作设计完成的一座具有广泛影响的大型公共建筑。

广东科学中心建筑设计中突破了一般科技馆的布局方式，采用展厅为放射状的向心式布局，各独立展厅具有良好的视野及自然采光。建筑轮廓呈现凹凸的外向展开，形成多个组合空间，既解决了展示划分，又与中央大厅融合成一个整体。其中，庭院别具一格，上部是透光透气的顶盖，向下可延伸至架空层，直接与室外相连，营造出室内外互动渗透，相互交融的空间层次；同时，利用空气热压差，在非空调时期促进室内外空气流动，降低能耗，使中庭具有生态“呼吸”功能，充分展示了岭南建筑的设计要素与独特风格。

广东科学中心整体造型为木棉航母，将富含广州地域特质的木棉花外形及饱含进取意蕴的舰船造型融为一体，整体建筑占地面积 45 万 m^2；其中，建筑面积 13.75 万 m^2，是目前世界上建筑面积最大、功能最齐全的科学中心。

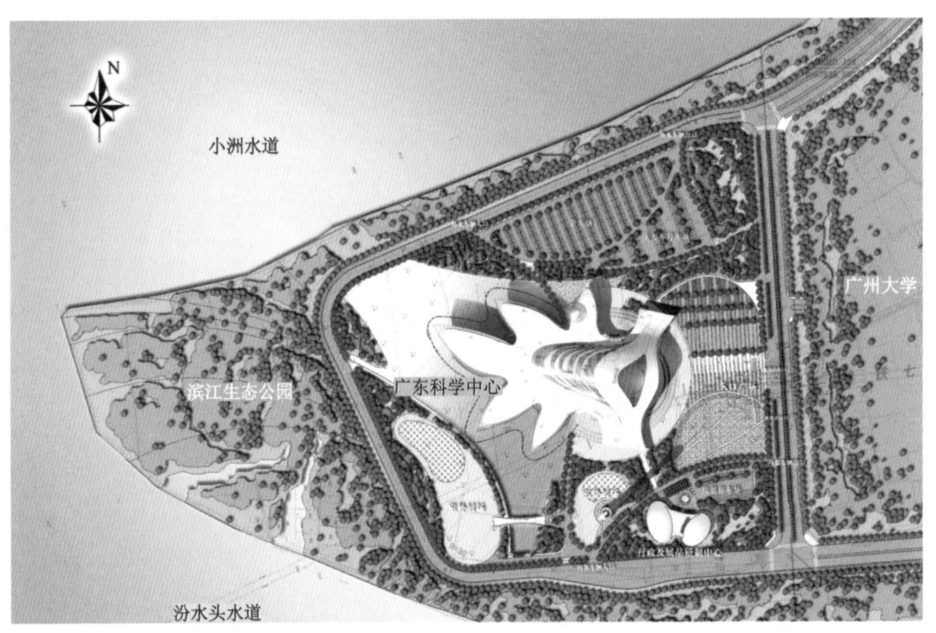

图 8.1-1　总平面布置图

图 8.1-2　实景照片

8.1.1 上部结构概况

主体建筑平面分为A、B、C、D、E、F、G七个区（如图8.1-3、图8.1-4、图8.1-5～图8.1-11所示）。其中，A、B区结构为一个整体，仅为图示方便划分为两个区，C、D、E、F、G各区均为独立的结构体系。A、B区（公共部分）主体结构为现浇预应力钢筋混凝土结构；C、D、E、F区（展厅部分）主体结构为巨型钢结构；其中，E区为隔震结构；G区（影视区）主体结构为现浇钢筋混凝土结构（大跨梁为预应力梁），局部采用钢骨混凝土及钢结构；其中，外层球壳为钢结构；A、B区屋盖（H区）为钢网壳结构。

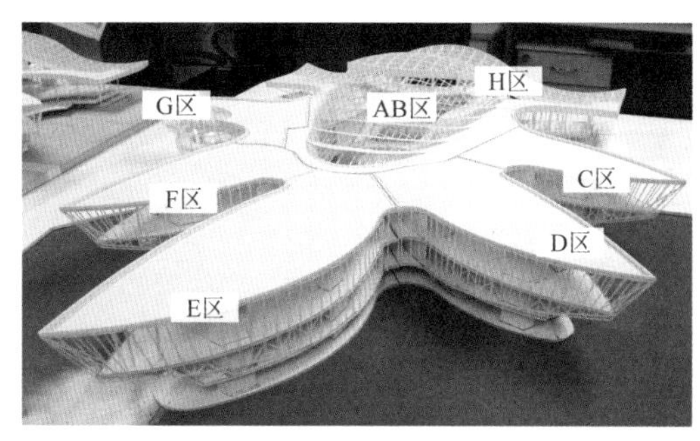

图8.1-3 设计工作模型

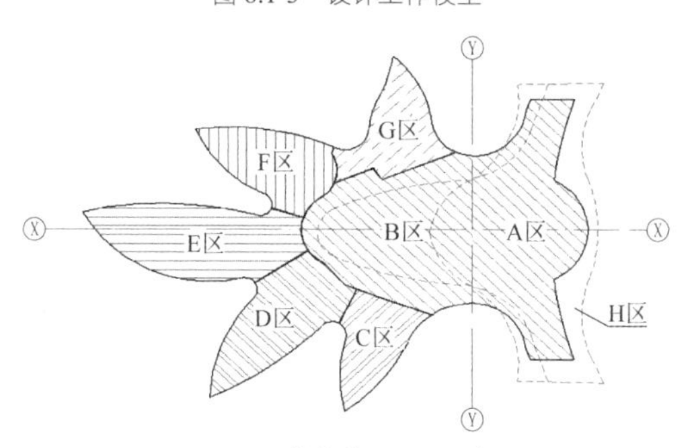

图8.1-4 结构分区平面示意图

8.1.2 地基基础概况

本工程场区地层主要由人工填土、第四系冲积层、残积层及白垩系沉积岩组成；其中，松散的填土、淤泥及中等液化土层的厚度达到15m左右。

本工程场地土类别为Ⅱ类，属中软场地土，该场地砂层土具有中等液化趋势且淤泥层易产生震陷。

设计采用ϕ800、ϕ1000直径的钻（冲）孔灌注桩，桩端持力层为中风化泥质粉砂岩层（4-3层），桩端进入持力层1.5～5m。对于柱底荷载较大处采用ϕ1000直径桩，单桩竖向有效承载力特征值计算值为$R_a=4000$kN；其余部分采用ϕ800直径桩，单桩竖向有效承载力特征值计算值为$R_a=3000$kN；有效桩长在18～32m之间。桩布置方式为柱、墙下集中布置，独立承台。设计总桩数约1500多根。

本工程场地上部有较厚的淤泥层，淤泥层上部有约2m的吹砂冲填层，预计固结沉降达0.5～1.0m。为满足施工时的运输、支模等需要，同时为保证桩基的水平承载力，需对上部软弱土层进行地基处理。本工程场地均打砂井或插塑料板，采用动力固结法处理。地基处理后可满足桩基水平承载力和承台侧向约束的要求。

因上部的欠固结软弱土层较厚，尽管采取了沙井预压固结及沙井强夯固结，但在后期还会有较明显的沉降（>50mm），会影响使用并导致地坪和底层的墙体开裂。因此，本工程在底部地面设钢筋混凝土地坪板，地坪板支撑在基础梁上，通过基础梁将梁、板自重及板上荷载传至桩基。地坪板的跨度约9m×9m，采用双向无粘结预应力板，板厚250mm。基础梁为普通钢筋混凝土梁。

图 8.1-5 半地下室架空层平面

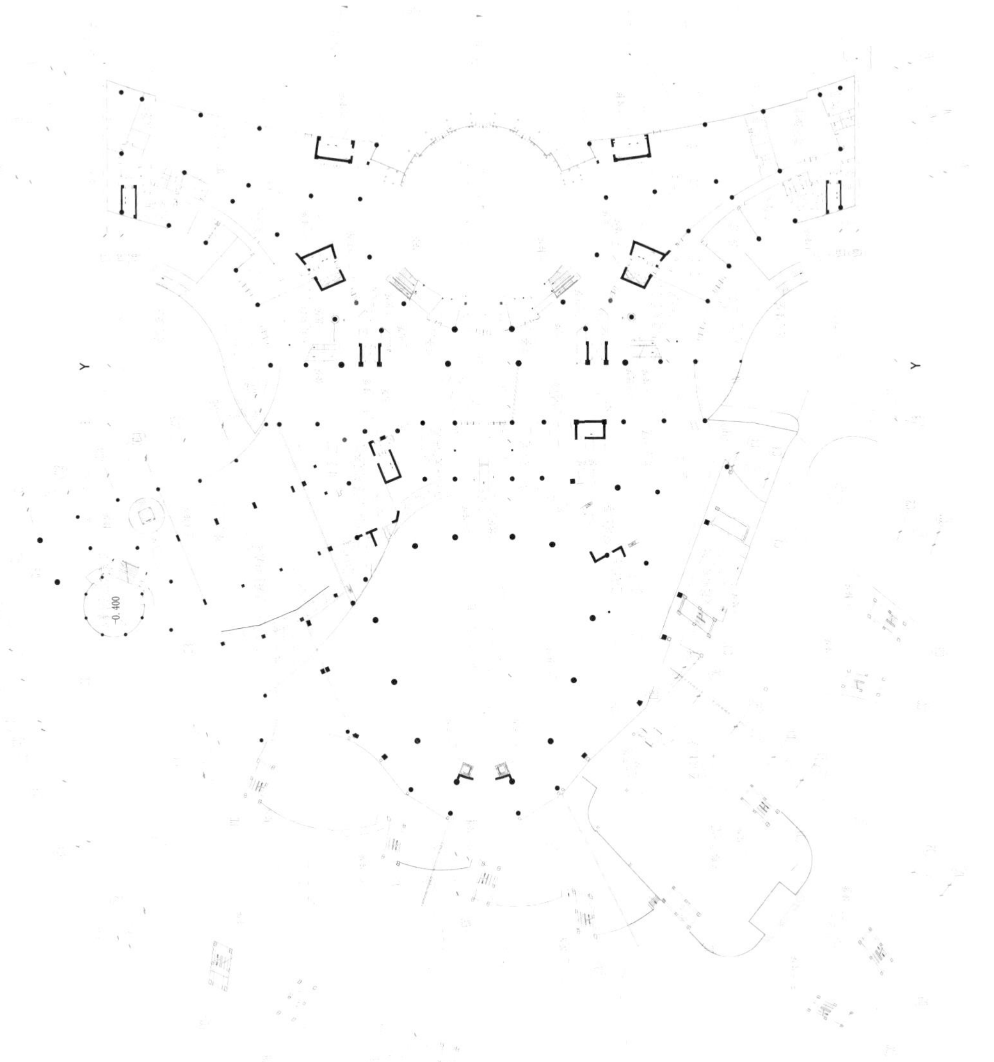

图 8.1-6　一层平面

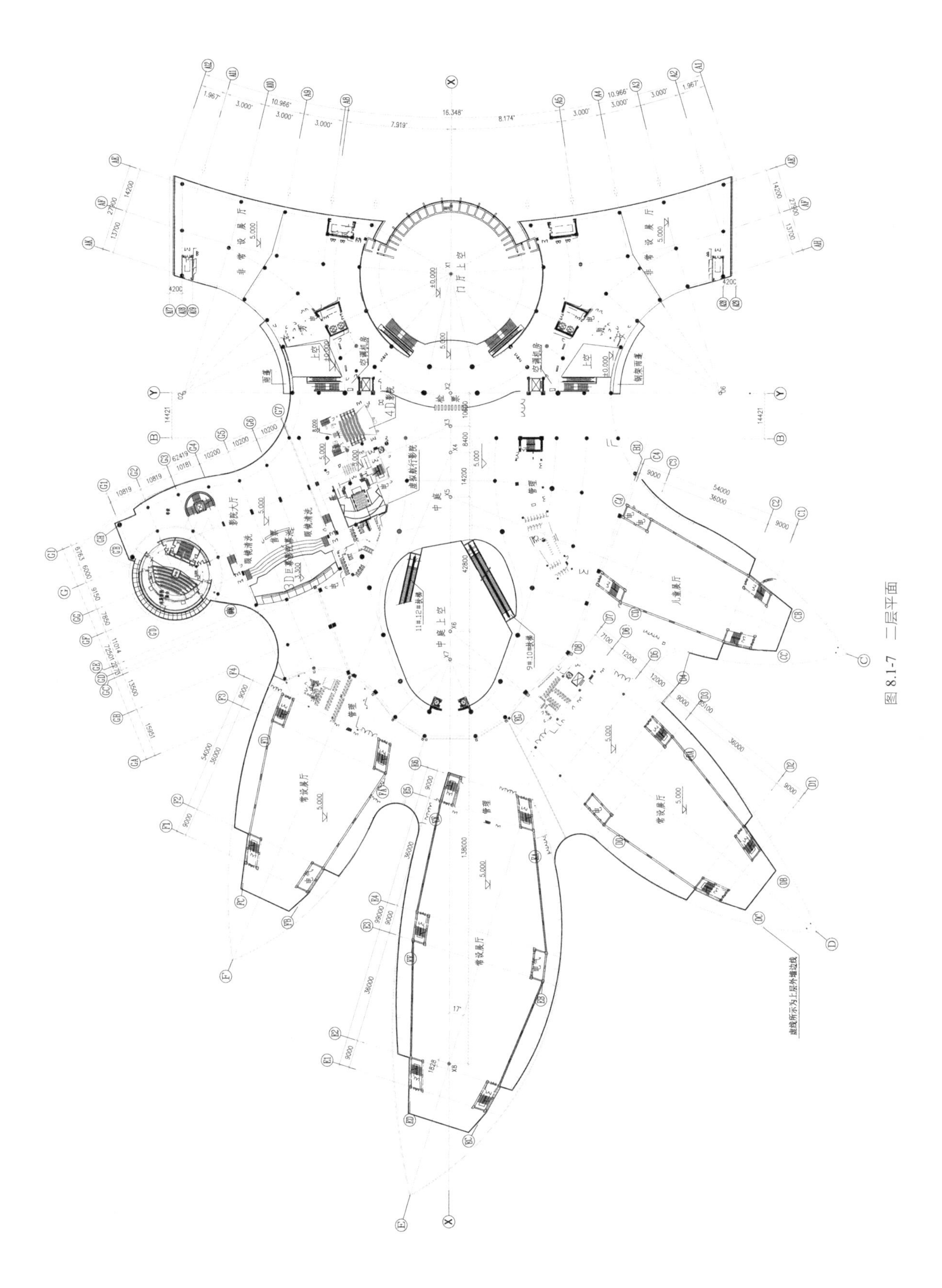

图 8.1-7 二层平面

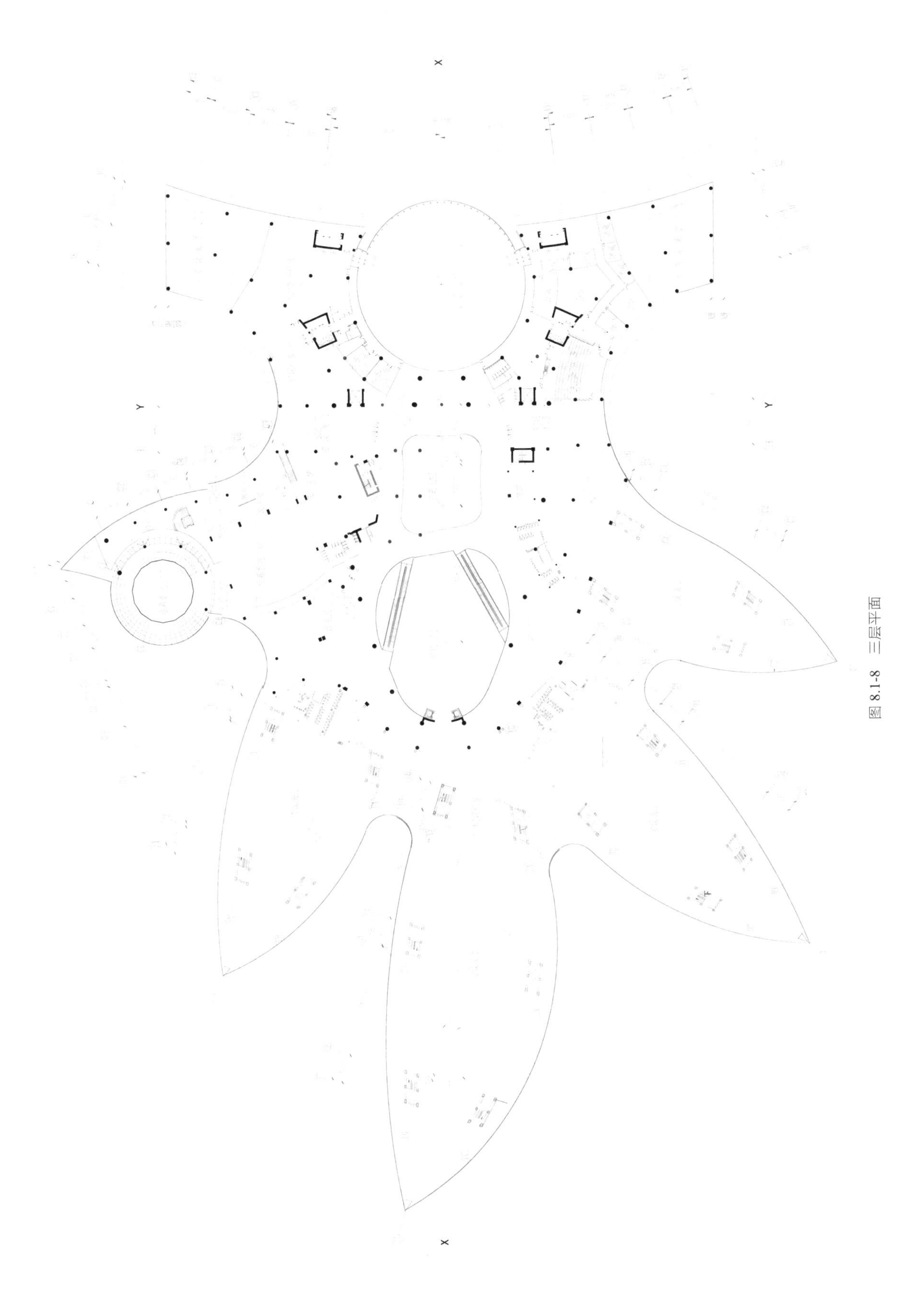

图 8.1-8 三层平面

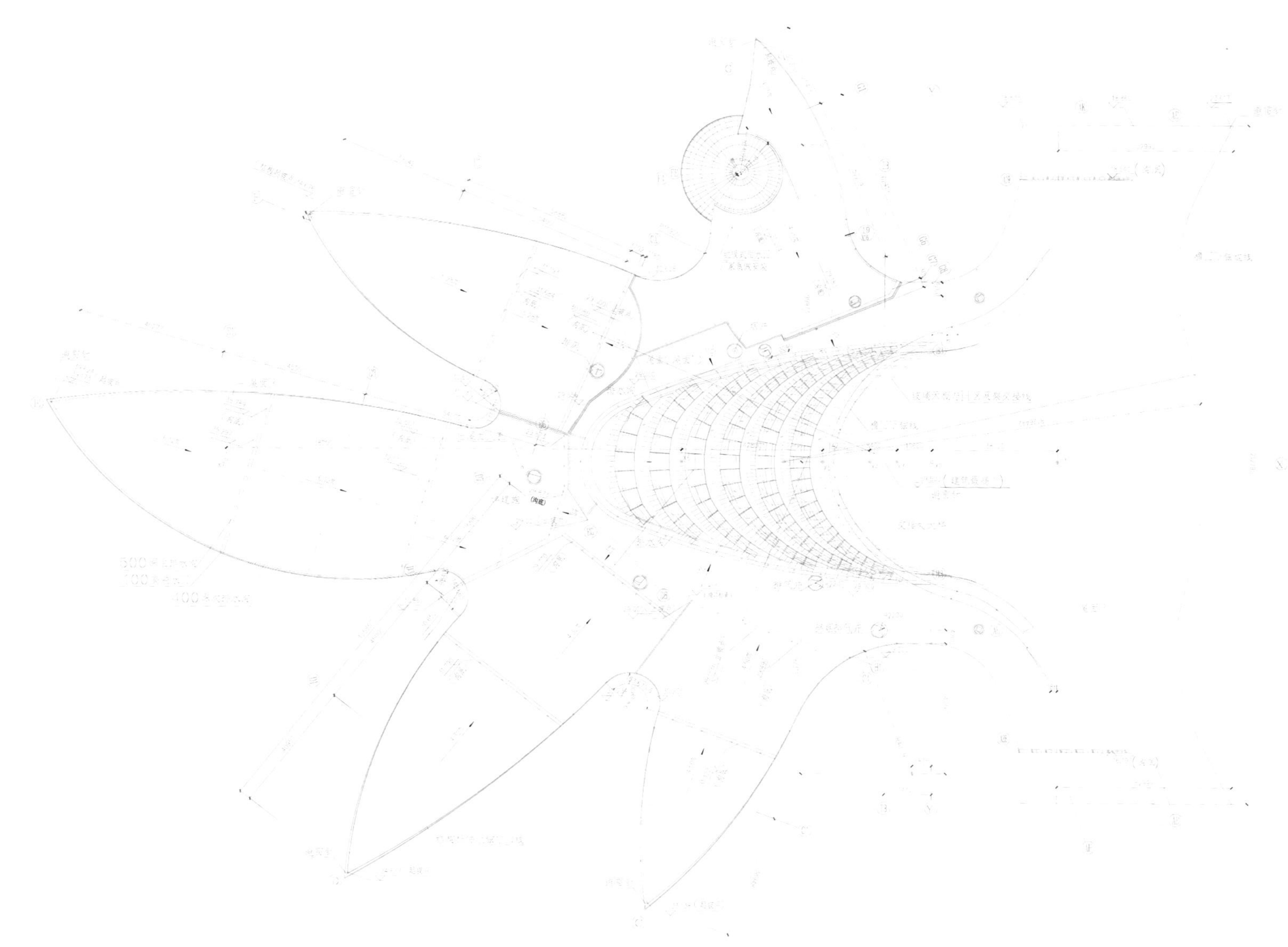

图 8.1-9 屋面层平面

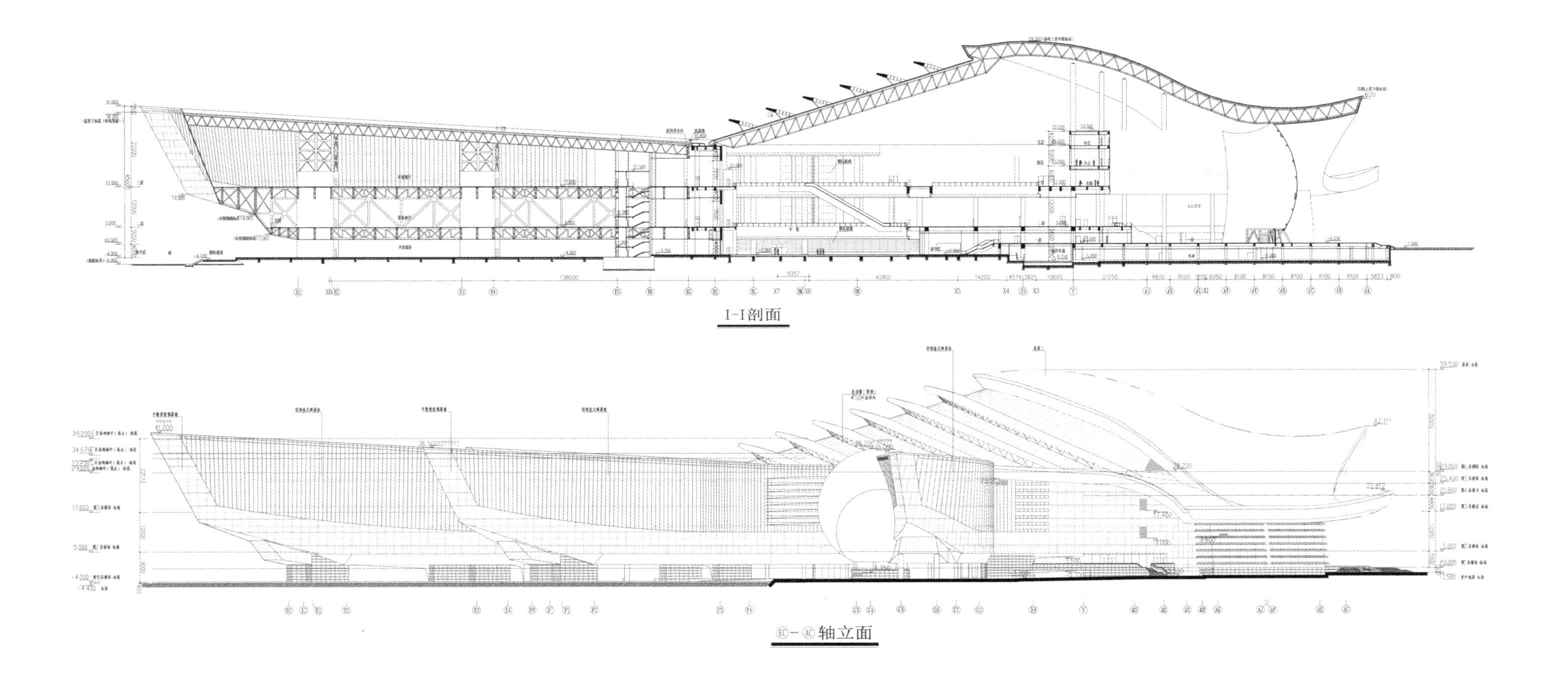

图 8.1-10 剖面图及立面

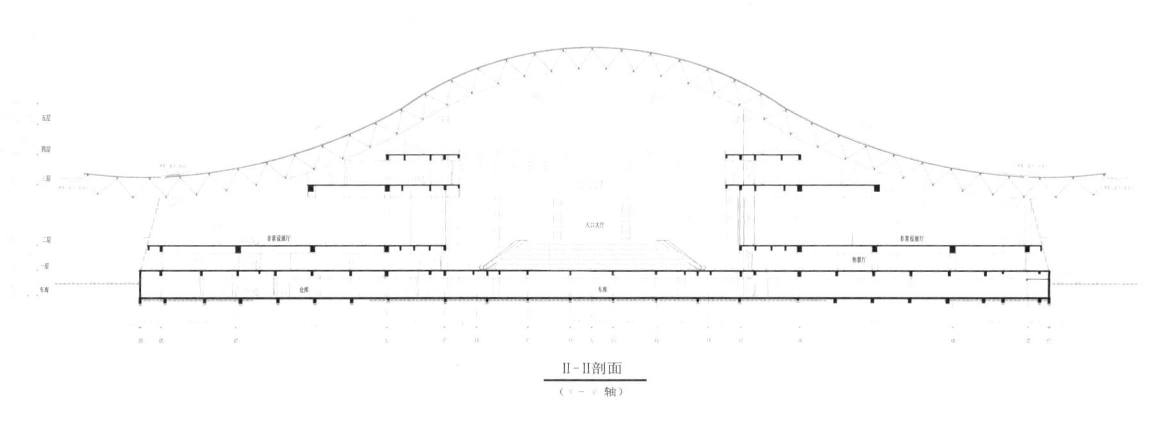

图 8.1-11 剖面

8.1.3 设计条件

1. 主体控制参数（表 8.1-1）

控制参数表 表 8.1-1

项目		标准
结构设计使用年限		50 年
建筑结构安全等级		一级
结构重要性系数		1.1
建筑抗震设防分类		重点设防类（乙类）
地基基础设计等级		甲级
设计地震动参数	抗震设防烈度	7 度（0.1g）
	设计地震分组	第一组
	场地类别	II 类
	小震特征周期	0.45s
	大震特征周期	0.50s
	基本地震加速度	0.10g
建筑结构阻尼比	多遇地震	地上：0.05（混凝土结构）；0.03（钢结构） 地下：0.05
水平地震影响系数最大值	多遇地震	0.0889

2. 结构抗震设计条件

A、B 区钢筋混凝土框架抗震等级为二级，钢筋混凝土剪力墙抗震等级为一级；G 区钢筋混凝土框架抗震等级为一级。其他区域为钢结构。

3. 风荷载

本工程基本风压为 0.60kN/m^2（$n = 100$ 年），地面粗糙度类别为 B 类。

8.2 建筑特点

8.2.1 战舰形常设展厅

建筑平面上的“花瓣”部分为常设展厅区，立面造型为在航行中的“战舰”。为满足建筑造型的要求，每艘“战舰”仅靠4～6个巨柱支撑，以造成腾飞的效果。另外，为满足建筑造型及功能的要求，“船头”要求外挑达40～50m，详见图8.2-1。

图 8.2-1 战舰形常设展厅

8.2.2 复杂空间屋盖

广东科学中心H区屋盖为复杂空间网壳造型，两个方向长度分别为208m和184m，水平投影面积为19017m^2，展开面积为22256m^2。网壳由建筑前部（A区及部分B区）上部的H1区和中庭采光屋盖（B区及部分A区）上部的H2区两部分组成，连为一个整体（图8.2-2）。

H1区屋盖曲面为不规则平移曲面，其母线和导线均为变曲率不规则的样条曲线，曲面高差达41m。H2区中庭屋盖为沿X轴对称的直纹曲面，曲率变化较大，中部与水平面夹角约为18°，逐渐过渡到两端与水平面垂直，最大横向跨度为70.3m。

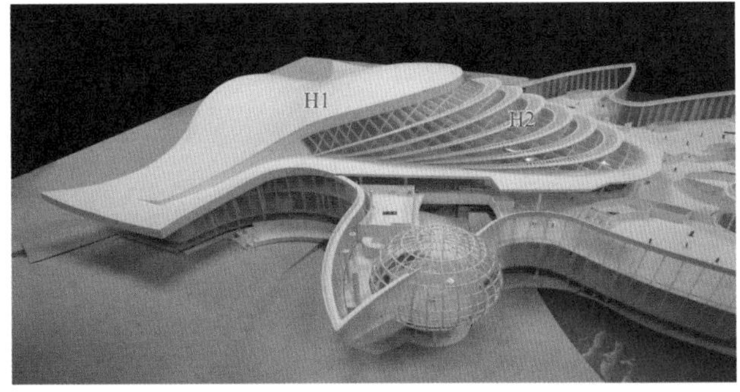

图 8.2-2 H区屋盖网壳工作模型图

8.3 体系与分析

8.3.1 公共部分结构选型

主体结构采用现浇预应力钢筋混凝土框架-剪力墙结构。

A、B 区平面复杂，很不规则，入口门厅及中厅楼盖均开有大洞，入口门厅处无楼板连接，且层高达 12m，结构的整体刚度较差，为此在入口门厅（前厅）的周边及中厅的楼梯、电梯等位置设置剪力墙筒体或剪力墙，以增大结构的抗侧刚度，减小结构变形；同时，可为上部钢网壳提供水平约束，抵抗钢网壳的水平推力。

为满足建筑使用功能的要求，柱网尺寸约为 14m × 14m～18m × 18m，最大柱间距达 21m。由于跨度较大、使用荷载达 10kN/m²，楼盖结构通过方案比选后表明，采用双向预应力框架梁及预应力次梁，与钢框架相比，实现了较好的技术经济指标。

A、B 区两个方向的尺寸均达 200m 左右，超出了规范规定的伸缩缝最大间距，因此，结构设计中采用了以下措施解决混凝土收缩和温度应力问题：

1）上部结构进行温度作用计算。结构计算时考虑±20℃温差的影响，计算温度作用下框架柱、梁的附加弯距和剪力，尤其是地面以上首层边柱、边框架梁的附加内力，由此算出温度作用参与组合的构件配筋；

2）采用双向预应力楼盖，通过预压应力可有效减少及限制混凝土构件的裂缝；地下室顶板和地坪板均采用“双向无粘结预应力大板 + 普通框架梁”体系（普通框架梁内设预应力温度筋）；上部楼盖采用双向预应力主次梁楼盖；

3）现浇板板面均设置通长钢筋，梁中增设腰筋，地下室外墙水平筋适当加密；

4）地下室底板、外墙、顶板及地坪板、屋面梁板混凝土中均掺聚丙烯纤维；

5）设置施工后浇带。

8.3.2 展厅部分结构选型

展厅 C、D、E、F 区立面造型为在航行中的“船”，为满足建筑造型及功能的要求，采用钢巨型框架结构，具体为“格构式钢巨柱 + 纵向巨型桁架梁 + 横向桁架梁”。下面主要以 E 区为例，介绍展厅的结构体系。

E 区为重要大型常设展项区，建筑面积约 2.0 万 m²，平面为不规则的花瓣状，总长约 165m，最宽处约 55m；其架空层（底层）层高为 9m，二层层高 12m，顶层屋面倾斜，最高处层高约 22m，最低处 12m。二、三层活荷载分别为 10.0kN/m² 和 6.0kN/m²。

1. 结构体系

本建筑平面上呈“花瓣”状，E 区“船头”外挑达 45m，为满足建筑造型及功能的要求，结构采用钢巨型框架结构体系。

2. 结构布置

在楼梯间、设备间处设置 6 个格构式钢巨柱（4m × 9m），巨柱净间距 40m 左右。沿纵向在二层整层高度设置巨型钢桁架，桁架总高度 15m，巨型桁架外挑承担整个“船头”的重量，二层及三层楼层沿横向设置次桁架，高度 3m，间距 6m，支承在两侧的纵向巨型桁架（主桁架）上，主桁架承担两层的重量；每层沿横向在巨柱之间设置格构式“框架梁”。由于纵向设置了纵向巨型桁架，双向大跨楼盖变成了单向大跨楼盖，取得了较好的经济指标。

顶层屋盖沿巨柱纵向设置 3m 高主桁架，该主桁架为由三道平面钢管桁架组成的矩形空间桁架，横向次桁架为倒三角形空间管桁架，间距 9m，支承在纵向主桁架上。

这样纵向巨型桁架和横向桁架与格构式巨柱构成巨型框架结构，形成抗侧力体系及承重体系，见图8.3-1～图 8.3-4。采用钢巨型框架结构体系，除了很好地实现了建筑造型及经济指标外，还实现了多层展厅室内无柱大空间。

8.3.3 影视区结构选型

影视区 G 区主体结构采用钢筋混凝土框架结构。巨幕影院最大跨度 33m，大跨度梁采用预应力钢筋混凝土梁，球幕影院内层为钢筋混凝土球壳，外层为单层钢网格球壳（经纬球）。这里不做过多介绍。

8.3.4 屋盖结构选型

1. 网壳结构布置

广东科学中心 H 区屋盖为复杂空间网壳结构（图 8.3-5～图 8.3-7），两个方向长度分别为 208m 和 184m，水平投影面积为 19017m²，展开面积为 22256m²。网壳由建筑前部（A 区及部分 B 区）上部的 H1 区和中庭采光屋盖（B 区及部分 A 区）上部的 H2 区两部分组成。

H1 区屋盖曲面采用双层四角锥钢网壳（局部采用三角锥网格过渡），采用空心焊接球节点。网壳支撑形式为下弦多点支撑。网壳厚度除悬挑部分端部为 2.5m 及门庭入口处局部加强部位为 5m 外，其余均为 4.0m。

图 8.3-1 巨型结构施工照片

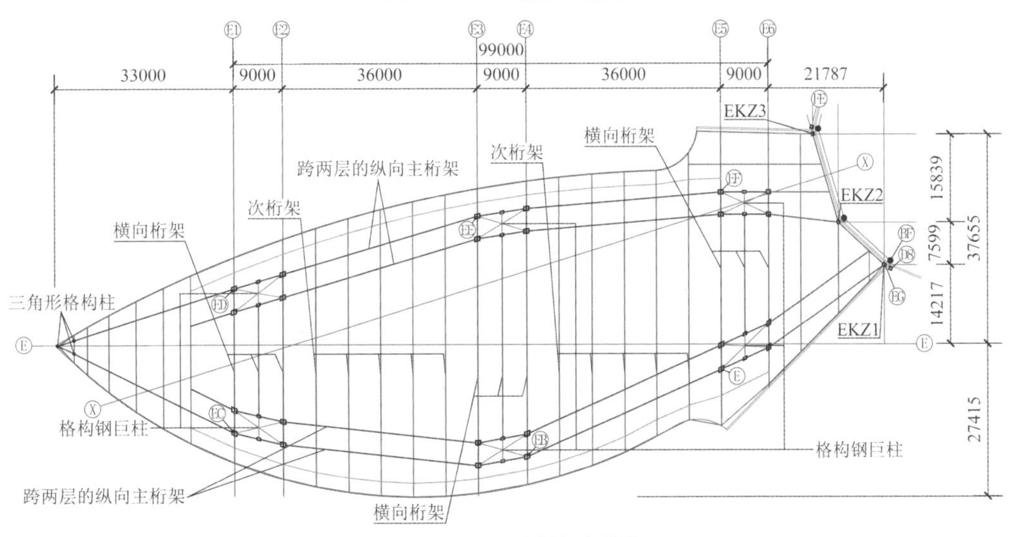

图 8.3-2 E 区三层桁架布置图

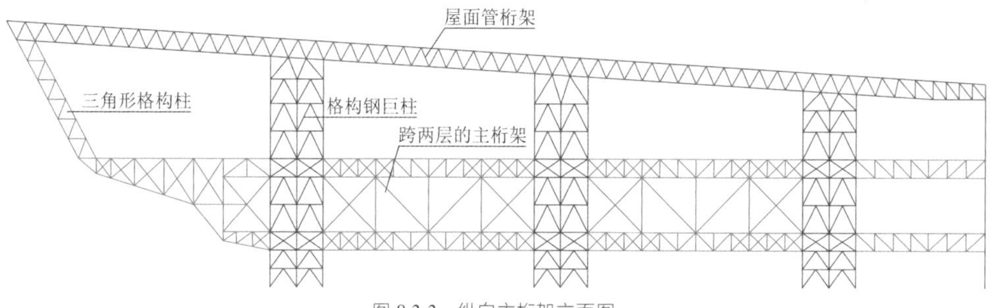

图 8.3-3　纵向主桁架立面图

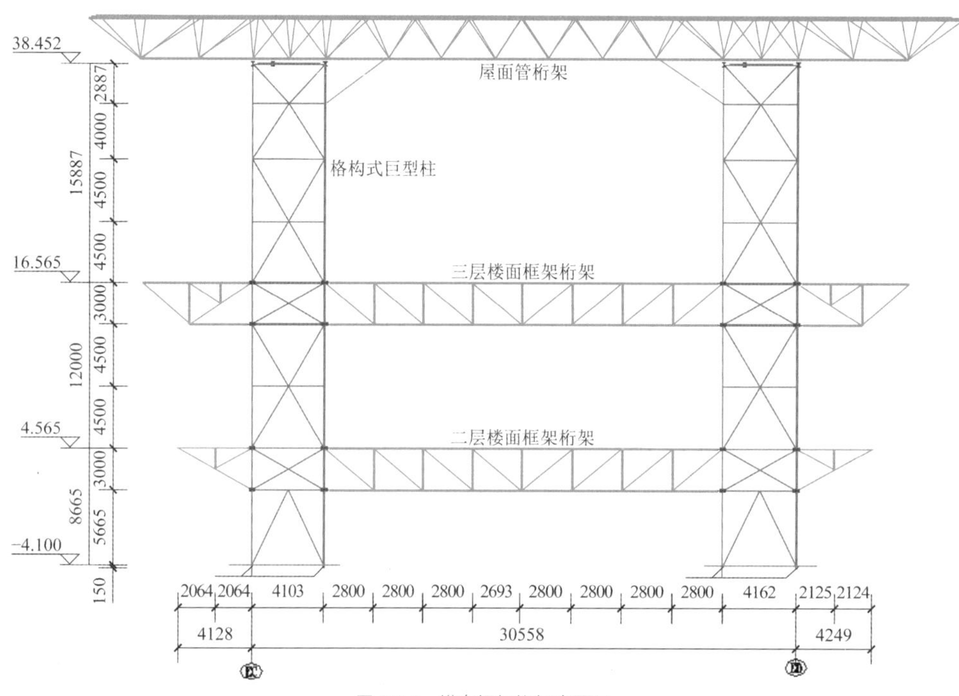

图 8.3-4　横向框架桁架立面图

H2 区中庭屋盖采用双向斜放斜交桁架构成双层网壳，上下弦曲面内设置斜撑以加强网壳的稳定性。其厚度为 2.5～3.5m（变厚度）。由于 H2 区网壳上部布置有六道弧形遮阳板桁架，遮阳板桁架支撑在 H2 区网壳上弦节点上，为便于屋面系统的安装和防水处理，H2 区网壳采用竖腹杆贯通的圆钢筒节点。

H1 区网壳为 H2 区网壳提供了弹性水平支撑，同时 H2 区网壳为 H1 区网壳提供了弹性竖向支撑。整个 H 区网壳是由两种不同形式的网壳组成的统一的整体结构，既满足了结构承载力、刚度和稳定性的要求，也满足了建筑功能和造型的需要。

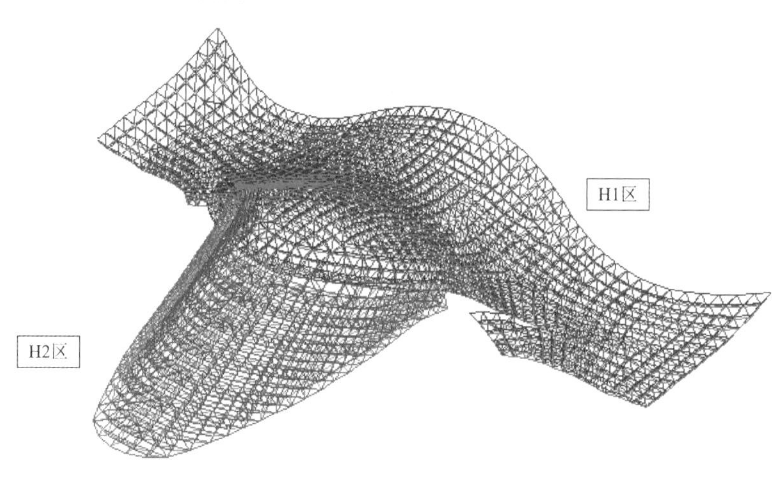

图 8.3-5　H 区网壳的空间轴测图

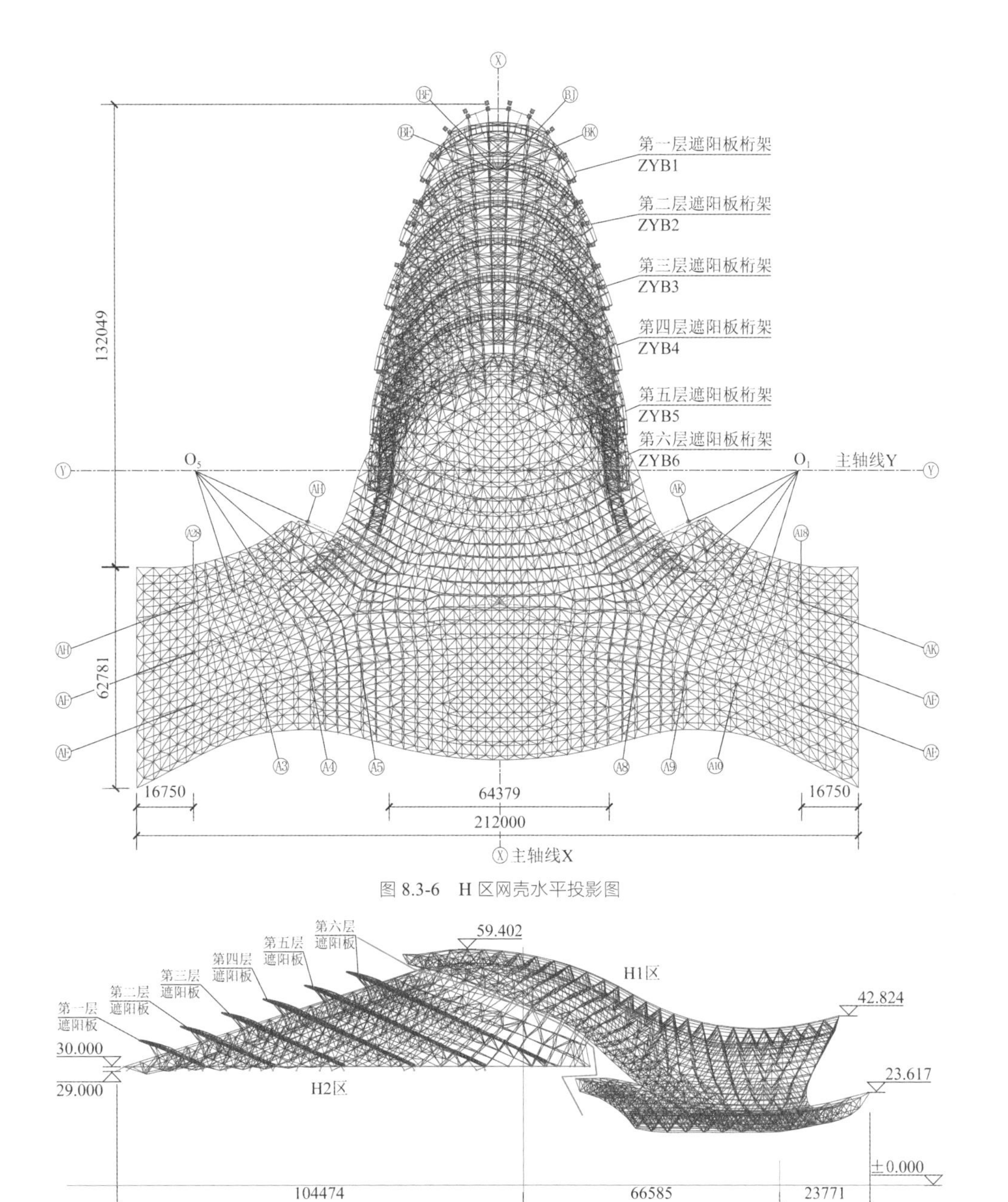

图 8.3-6　H 区网壳水平投影图

图 8.3-7　H 区网壳竖向平面投影图

2. 遮阳伞的布置与构造

网壳上部布置有六道弧形遮阳板，横截面为梭形，遮阳板最大厚度为 900mm。遮阳板宽度由中间的 9m 逐步过渡到端部 3m 左右。

遮阳板在整体网壳中的空间布置及位置见图 8.3-8。

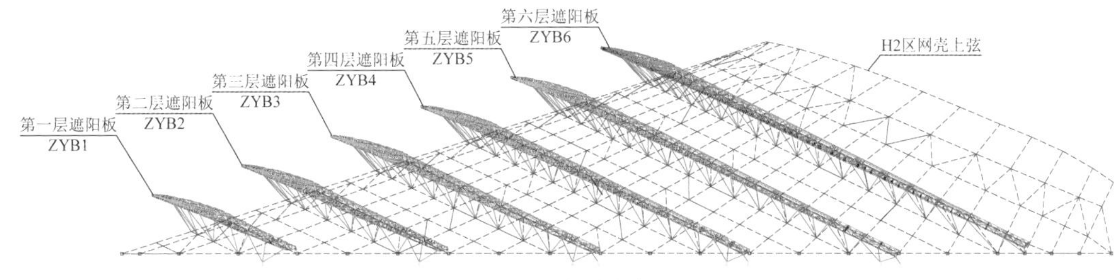

图 8.3-8　遮阳板侧视图

六层遮阳板的构造形式相同，以第六层遮阳板为例，其横截面的梭形桁架见图 8.3-9。

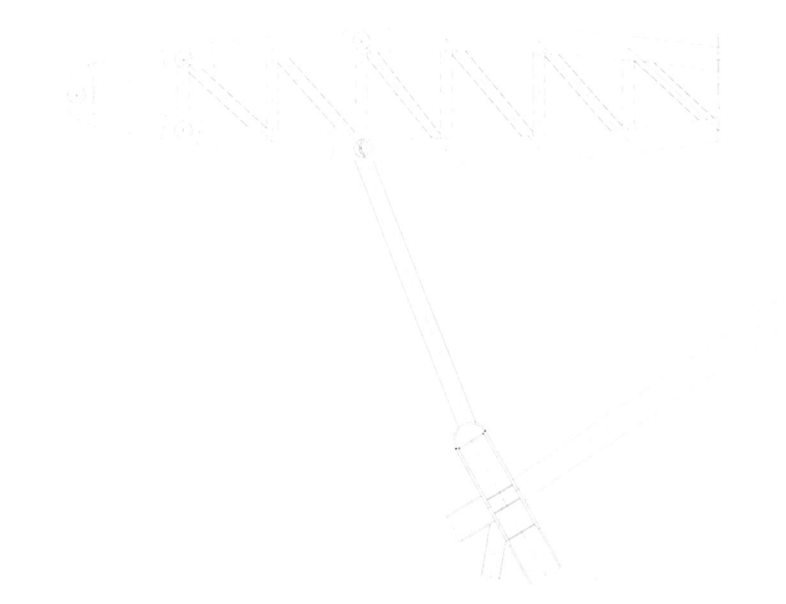

图 8.3-9　第六层遮阳板主桁架结构图

3．屋盖风洞试验与风振分析

广东科学中心结构体型复杂，对于这种特殊体型的结构，当时现行的《建筑结构荷载规范》GB 50009—2001 尚无可供参考的体形系数，对于其风振计算更无可直接引用的方法，甚至没有风振系数（动力放大系数）的参考计算方法。由于规范所提供的体型系数没有具体考虑建筑所处的周围环境、大气边界层、气流三维流动的影响，因而根据规范计算出的结构风荷载在某些局部不够安全。为做好这种结构的抗风设计，风洞模拟试验十分必要。

通过风洞试验提供科学中心屋面各个局部的风压，以确定屋面结构和屋面板的风荷载；提供科学中心四周立面围护结构的局部风压，以确定幕墙、门窗等围护结构及构件的风荷载。

风洞试验分析表明，在大多数风向角下，屋面上表面的大部分区域分布为负压，迎风的边缘附近气流分离强烈负压较大，背风区域的负压则逐渐减小且分布均匀。中庭上空采光屋盖和遮阳片直接迎风时，分布有 0.01～0.76 之间的正压。

屋面下表面和遮阳片下表面是指悬挑部分的下表面，其风压分布与墙体外表面有些类似，处于迎风区域则分布有 0.02～0.70 之间的正压；处于侧风、背风区域则为−0.05～−0.39 之间的均匀负压；靠近来流的拐角和边缘部分也有−0.35～−0.94 的相对较大负压产生。风向角为 330°～345°～0°及 180°，靠近来流的拐角和边缘部分的负压较大，多在−0.42～−0.94 之间，其他风向角下则相对略小。

遮阳片的大部分正综合风压峰值和负综合风压峰值都较大，风荷载“下顶上掀”的作用明显，应特别注意。

进一步对结构整体进行风振分析表明，H 区主体屋盖的风振系数大多在 2.0 以下；就在尾部两块悬挑结构风振系数较大，最大可达 3.0 以上，遮阳板结构上下表面的风振系数较为接近，且中部风振系数较小，两侧略大。

4．屋盖网壳计算分析结果

本工程对 H 区的网壳以及下部的 A、B 区进行了整体建模，计算分析模型见图 8.3-10。

在上述计算模型的基础上，对网壳在各种荷载作用下的受力状况进行了分析。

图 8.3-11 所示为网壳的竖向挠度计算值。

网壳在恒荷载和活荷载作用下的屈曲分析结果，均满足规范要求。

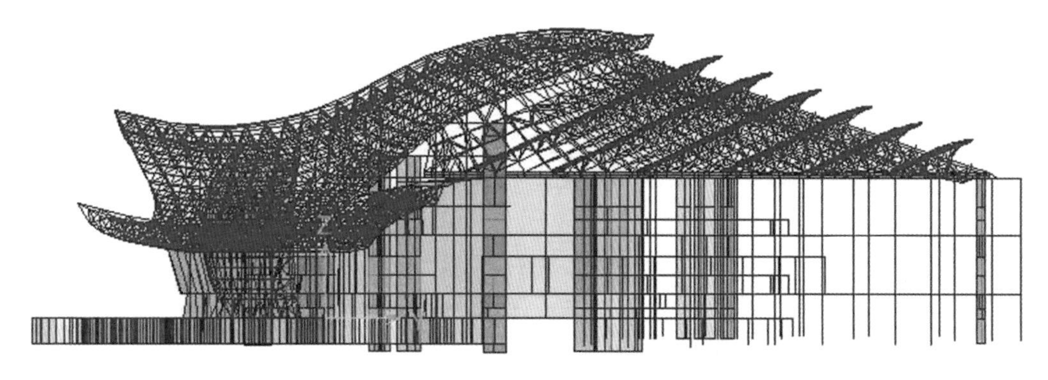

图 8.3-10　网壳及下部整体计算模型侧视图

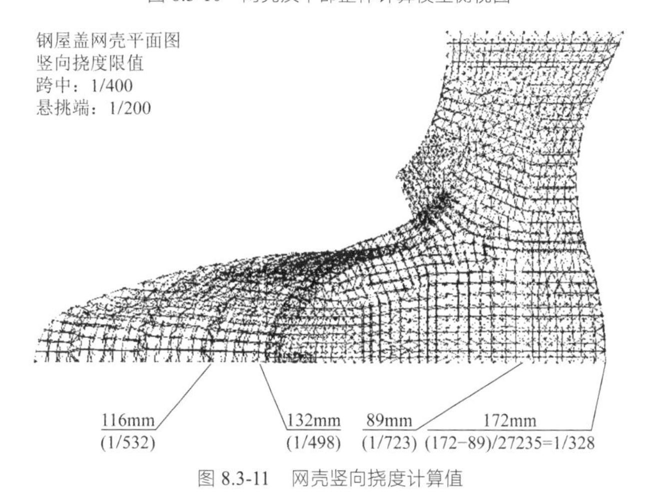

图 8.3-11　网壳竖向挠度计算值

8.4　专项设计

8.4.1　大跨巨型钢框架结构隔震设计与分析

1．隔震设计目标

隔震房屋在地震时的安全性，主要取决于隔震支座的竖向承载力、竖向刚度、水平变形能力、水平刚度和阻尼比。隔震层必须具有足够的竖向刚度和竖向承载力，能够稳定地支撑上部建筑物；应具有足够小的水平刚度，保证建筑物隔震后的自震周期避开反应谱特征周期；应具有足够大的水平变形能力，保证有足够的变形储备，以确保在大震作用下不会出现失稳现象；应具有足够的耐久性，保证在使用期限内能有效发挥作用。

本工程 E 区设有重要展项、设备，为保证重要展项、设备在大震下的安全，业主要求 E 区采用隔震设计，并把隔震技术作为科学中心的一个科技展示项目。本工程抗震设防目标为：遭受设防烈度地震时，结构应不损坏且不影响使用功能，房间内重要展项、设备不受损伤；遭受高于设防烈度地震的罕遇地震时，不发生危及生命安全和丧失使用功能的破坏。

2．隔震支座设计及大铅芯隔震支座的应用

本工程 E 区为巨型钢框架结构，除了“船”尾部三根独立柱外，主体结构仅靠六个巨型格构柱支撑，并且使用活荷载大、柱底内力大。

根据抗震设防目标和位移控制要求，选择适当的隔震支座（含阻尼器、抗风装置）。这些支座应能为抵抗风荷载提供足够的初始刚度。

为了便于施工且保证隔震支座便于加工，设计时既要考虑支座直径不至于过大，造成制造困难，又要考虑其数量不至于过多，使支座布置无法实现。经过大量的分析比较，为保证不同规格的隔震支座的变形能力相互适应，叠层橡胶隔震支座（图 8.4-1、图 8.4-2）主要采用三种规格：即ϕ1100、ϕ1000、ϕ800。ϕ500 的无铅芯的隔震支座全部用于架空层三根独立柱的连接平台下。本工程尾部结构抗侧刚度较小，为减小结构偏心及扭转作用，在尾部设置小直径（ϕ500）无铅芯的支座来调整支座刚度中心。

E 区采用隔震技术后，风荷载使结构风振反应增强，船型结构船头部分左右摆动强烈。为了有效地降低结构的风振反应同时不影响结构隔震效能，专门设计了一种阻尼装置（GPY500）。将ϕ500 的铅芯叠层橡胶隔震支座的屈服力提高（加大铅芯），支座高度增加到与ϕ1100 规格支座相同，将该类型隔震支座改造成阻尼器（抗风装置）。这种阻尼器（抗风装置）的初始刚度较大，而水平等效刚度较小。这一技术在本工程中取得了很好的效果，既保证了抗风要求，又最大限度地提高了结构的隔震性能。隔震支座和阻尼器参数见表 8.4-1。

隔震支座及阻尼器的规格　　表 8.4-1

项目	GZY1100	GZY1000	GZY800	GZP500	GZY500*
直径/mm	1100	1000	800	500	500
总高度/mm	347	339	325	194	347
橡胶层厚/mm	6 × 27	6×27	5 × 32	4.68 × 19	6 × 27
内部钢板厚/mm	3.1 × 26	2.8 × 26	2.8 × 31	2.5 × 18	3.1 × 26
铅芯直径/mm	220	200	160	无	220
第一形状系数	45.8	41.7	40	24.5	12.1
第二形状系数	6.8	6.2	5	5.5	3.15

注：GZY500*为阻尼器（抗风装置）

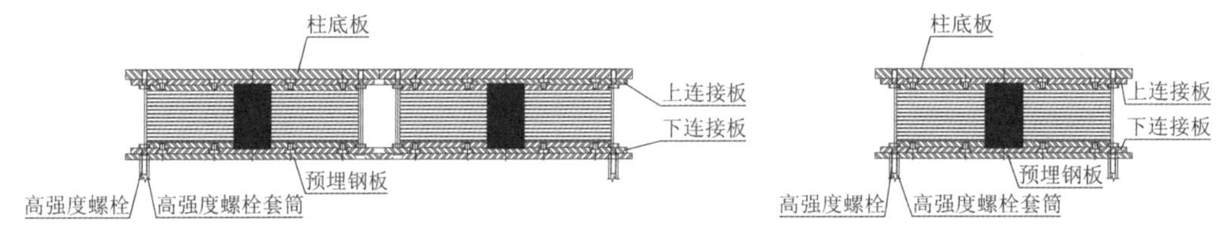

图 8.4-1　双、单个橡胶垫隔震支座示意图

直径 1100mm 和 1000mm 的铅芯叠层橡胶隔震支座（图 8.4-3），是当时国内基础隔震建筑上应用到的最大直径隔震支座，而复合阻尼支座也是隔震建筑中首次采用的新型阻尼器。

图 8.4-2　隔震支座安装图

图 8.4-3　铅芯叠层橡胶隔震支座

1）支座的布置原则：

（1）水平方向具有可变的刚度。在风荷载和较小地震作用时，隔震系统具有足够的水平刚度使上部结构相对于地面保持不动；在中强地震发生时，隔震层发生较大变形，而上部结构相对于地面只有少许整体平动，处于基本弹性状态。

（2）具有自动复位能力。在地震发生后，隔震结构体系自动回复到初始状态，满足正常使用要求。

（3）适当调整阻尼，使隔震层的位移控制在适当范围内。

2）隔震支座初步布置：根据支座刚接模型计算出的竖向支座反力，按隔震支座竖向压应力满足规范规定的原则，选择每个柱下需要的叠层橡胶隔震支座的型号和数量；然后，根据支座刚心与结构质心重合的原则对支座布置进行调整。

3）隔震支座布置的调整：根据隔震支座的初步布置，建立隔震设计的计算模型；然后，根据计算结果，验算隔震支座竖向压应力，其值不应超过规范的规定。根据隔震支座竖向压应力调整支座的数量，同时根据刚心与质心重合的原则，对支座布置再次进行调整。

4）铅芯阻尼器（抗风装置）的布置：根据调整后隔震支座的布置情况，修改计算模型，根据计算出的柱底剪力布置铅芯阻尼器，布置铅芯阻尼器时应满足初始刚度和隔震支座的刚度中心与质心重合的要求；然后，在计算模型中增加铅芯阻尼器，经过反复的验算、调整，达到下列要求：

（1）橡胶隔震支座的竖向压应力满足规范限值要求。

（2）铅芯阻尼器和带铅芯隔震支座在竖向荷载和风荷载组合工况下的抗剪承载力满足规范要求，并保证所有支座（含铅芯阻尼器）的整体弹性恢复力满足规范的规定，经过合理的设计，地震后可使上部结构回复至初始状态，从而满足正常使用要求；同时，铅芯阻尼器和带铅芯隔震支座的初始刚度应能够为抵抗地基微震动和风荷载提供足够的初始刚度；

（3）铅芯阻尼器和隔震支座的刚度中心与质心重合。

（4）结构在风荷载和地震作用下的水平位移满足规范要求。

5）隔震支座布置的优化：在满足上述四项要求的前提下，根据地震计算结果对橡胶隔震支座和阻尼器的布置进行优化，使隔震效果达到最佳。

3. 无统一隔震层的隔震技术

本工程上部结构采用的是巨型钢框架结构，六个格构式巨柱的间距较大（40m 左右），难于设置整体隔震层。若设置整体隔震层，其高度应在 1.5m 左右；若保持底层面标高不变，隔震支座将在地面以下 2m 左右，而建筑物周围的水面标高仅比地面低 0.4m，隔震支座将长期浸泡在水中，是不可行的。如果将橡胶隔震支座置于地面以上，整个建筑标高要抬高 2m 才能解决问题，建筑功能无法满足，因此无法设整体隔震层。

经过大量分析比较，提出了利用格构式巨柱自身的刚度保证橡胶隔震支座共同工作而不设置整体隔震层的设想。经过在 SAP2000 中计算分析，发现结构的前 5 个振型都是整体振型，在结构动力分析中高阶振型对结构受力影响很小，可以忽略不计；即利用格构式巨柱自身的刚度保证橡胶隔震支座共同工作而不设置整体隔震层的设想成立（图 8.4-4）。这是本工程隔震设计的一大亮点，也是突破现行规范要求的一个创新。

（1）钢柱柱脚设计、隔震支座连接设计

钢柱柱脚设计：既要保证格构式巨柱每一肢柱脚下的隔震支座受力满足规范要求，又要保证柱脚的所有节点不能有相对位移。因此，对连接各柱肢的钢梁进行了加强设计，并且在整个格构柱柱底设置了一块完整的 300mm 厚的混凝土板；这样，每个格构巨柱下均有一个局部隔震层，确保巨型格构柱的柱脚本身有足够的刚度来协调下面的隔震支座和阻尼器共同工作，见图 8.4-5、图 8.4-6。

图 8.4-4 E区隔震支座布置图

隔震支座与混凝土承台和钢柱柱脚连接设计：隔震支座与混凝土承台预埋件和钢柱柱脚均采用高强度螺栓连接。

由于存在焊接变形，钢柱脚底板应在柱脚焊接完成后，采用加工设备对底板下板面进行刨平处理，保证隔震支座上连接板与钢柱脚底板的接触面，有效传递水平剪力。

本工程不具备设置整体隔震层的条件，利用格构柱自身刚度大特点和设置局部隔震层的方法来实现隔震设计。支座设计时，则必须考虑竖向荷载作用下的支座剪力，这与其他常规隔震结构完全不同。

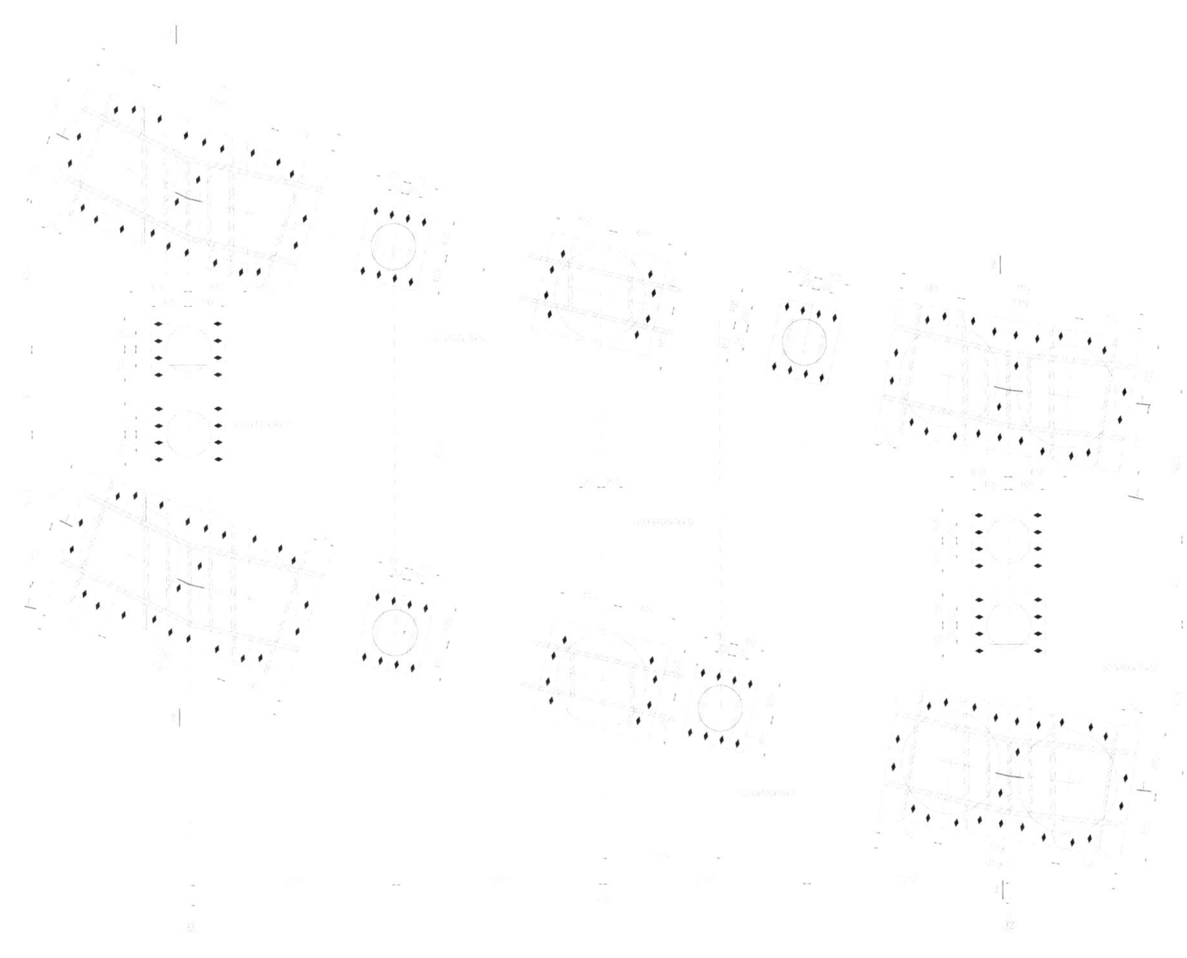

图 8.4-5　钢柱脚布置示意图

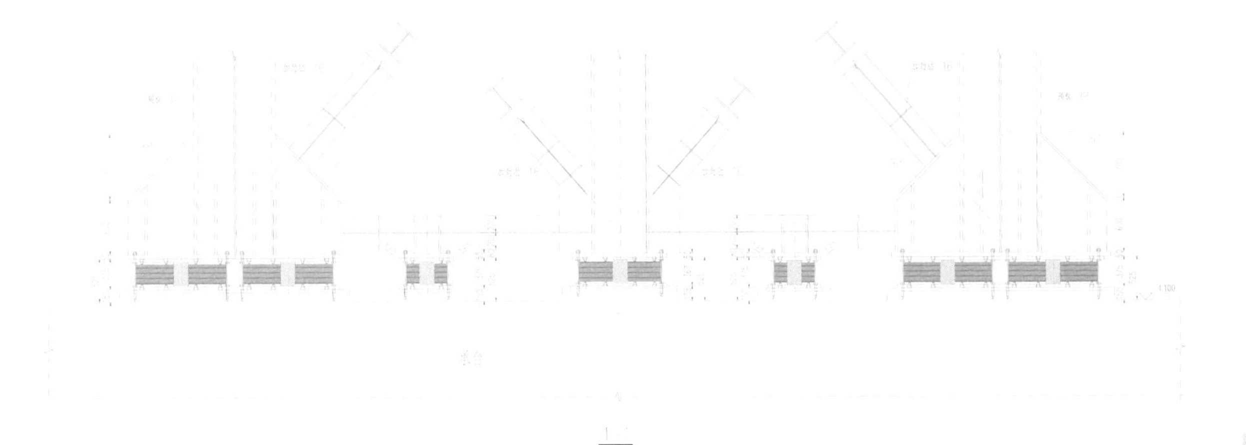

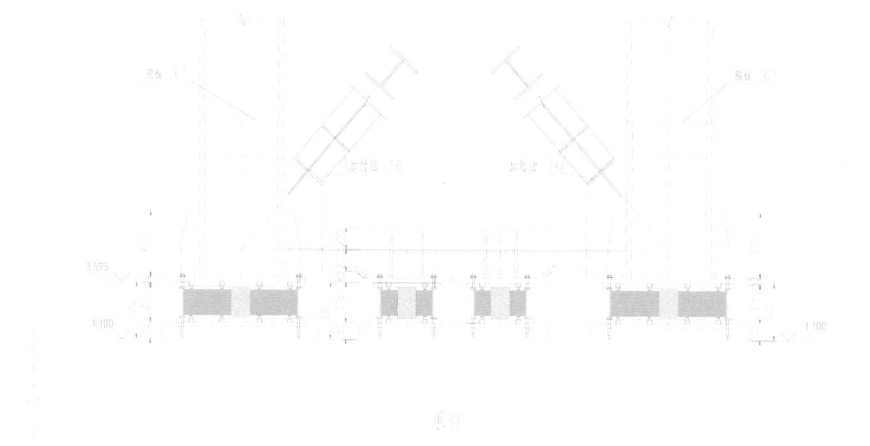

2-2

图 8.4-6 钢柱脚剖面示意和施工照片

（2）尾部独立柱的处理

由于本工程无法设置整体隔震层，如何让三个独立钢柱与整体结构同步工作又是一个技术难题。在建筑物架空层最端部有一个局部抬高 800mm 的架空平台，可利用这一架空平台将这三个独立钢柱与相邻的两个格构式巨柱通过刚性板连接形成一个局部隔震层（图 8.4-7）。采用压型钢板混凝土楼板—钢梁组合结构在局部的隔震层顶盖位置将尾部三根独立钢柱与相邻的两根格构式钢巨柱拉结成为一个整体；同时，在该局部隔震层下设无铅芯的隔震支座，调整支座刚度偏心，减小地震作用对独立钢柱的影响，使三个独立钢柱与巨柱能够很好地共同工作。局部隔震层的设置，加强了上部结构的整体性，从而保障了结构在地震作用下的整体平动，起到了更好的隔震效果。

4. 抗风设计

本工程所处位置的风荷载较大，基本风压值达到 0.60kN/m^2。对抗风设计而言，支座的初始刚度越大，风荷载作用下结构的变形就越小；但对隔震设计而言，支座在大震作用下的等效刚度越小，隔震效果就越明显；这是一对矛盾。对于常用的铅芯叠层橡胶隔震支座，初始刚度与屈服后刚度的比值在 8～10 之间，变化区间很小，采用增加隔震支座的数量或增大橡胶隔震支座的直径的办法解决抗风问题，必然会严重降低隔震性能，且经济指标很差。从技术和经济等多方面考虑，若全部采用带铅芯的大直径铅芯隔震支座，虽然结构总体的初始刚度大，可以满足抗风的需要，但隔震效果很低并且很不经济，达不到隔震设计的目的，此种方案不可取。

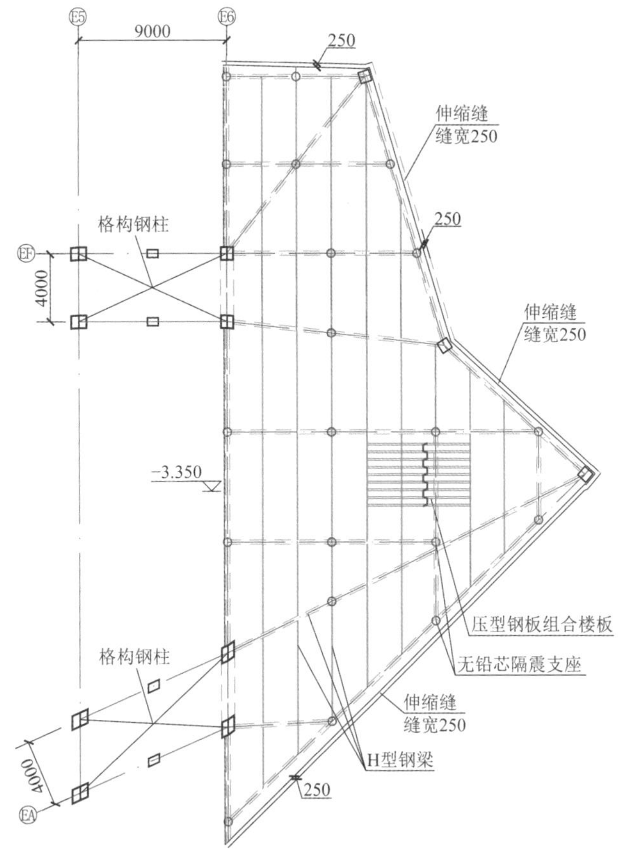

图 8.4-7　局部隔震层结构布置图及施工照片

隔震支座的初始刚度主要由其中的铅芯提供，无铅芯隔震支座的初始刚度很小。对于同一个隔震支座，其他参数不变，屈服力越大，初始刚度也越大，等效刚度也越大。但是，初始刚度变化较快，经过比较发现，若初始刚度增大到原来刚度的 3 倍，等效刚度才增加到原来等效刚度的 1.8 倍左右，而抗风设计是要求支座具有足够的初始刚度，影响结构隔震效果好坏的是等效刚度的大小。

将ϕ500 的铅芯叠层橡胶隔震支座的屈服力提高（加大铅芯），支座高度增加到与ϕ1100 规格支座相同，将隔震支座改造成阻尼器（抗风装置）。这种阻尼器（抗风装置）的初始刚度较大，而等效刚度较小。这一技术在本工程中取得了很好的效果，既保证了抗风要求，又最大限度地提高了结构的隔震性能（图 8.4-8）。这是本工程隔震设计的另一重要创新成果。

图 8.4-8　铅芯阻尼器（抗风装置）

8.4.2　格构钢柱节点设计

从建平面布置图可以看出，由于建筑造型和平面的要求，主桁架为折线布置，即主桁架与巨型格构式框架柱不在一个平面内，造成巨柱与主桁架连接节点为复杂的异形节点。设计有两种选择：第一种节点形式为铸钢节点，其优点是对复杂异型节点的适应性很好，外观视觉观感良好，但对于本工程来说，几乎没有相同的节点，因而其铸造工作量十分巨大，造价过于昂贵；第二种是采用异形箱形钢柱，钢柱截面随主桁架轴线转折。这样，主桁架与钢柱连接处在一个平面内，主桁架的杆件 H 型钢翼缘与钢柱直接对焊；具体做法是先将钢板冷弯加工成设计所需要的角度，然后再焊接成型；其显著优点是造价低、加工相对简单，桁架与钢柱连接的节点变得很简单，节点传力简洁明了；缺点是外观视觉较差，但对本工程来说，由于格构式巨柱内均为楼梯间、设备用房，外有墙体包围，对建筑外观没有影响。框架柱及其节点形式见图 8.4-9～图 8.4-12。

图 8.4-9　异形截面框架柱

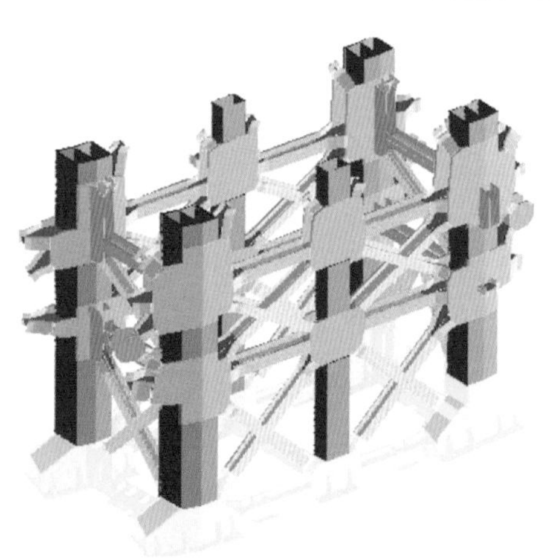

图 8.4-10　格构式巨柱实体模型

图 8.4-11　格构式巨柱安装

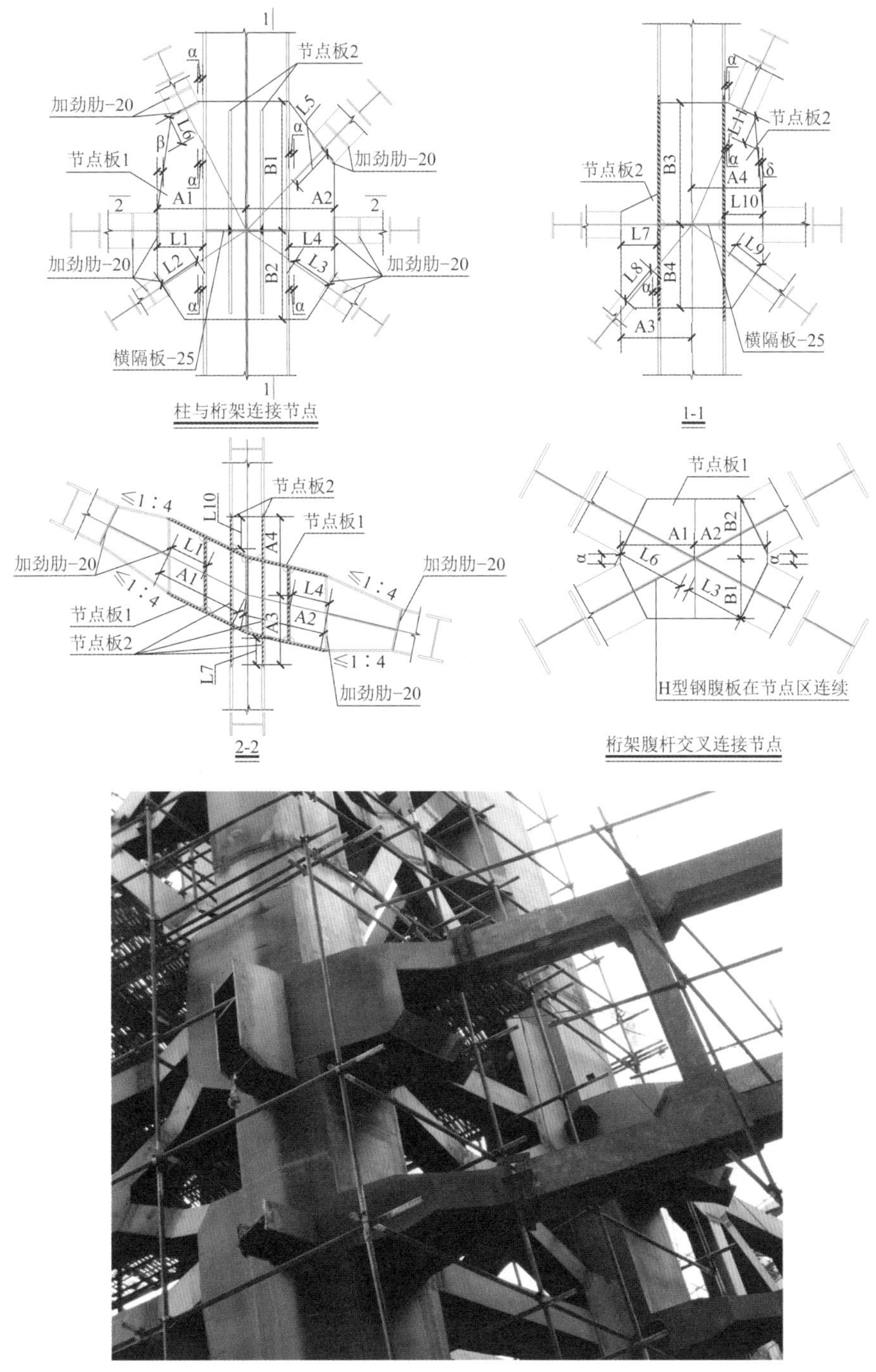

图 8.4-12 格构式巨柱节点

8.4.3 桁架节点设计

1. 纵向主桁架、楼面次桁架和横向框架桁架节点

本工程的一层、二层主桁架及次桁架均采用焊接 H 型钢。桁架节点主要形式见图 8.4-13（a）、（b）、（c）。以次桁架下弦节点为例，H 型钢桁架节点形式常采用图 8.4-13（a）、（b）两种形式。图 8.4-13（a）中，H 型钢翼缘均直接与节点板全熔透对焊，各杆件轴力均直接在节点板平面内汇交达到平衡，因此，图 8.4-13（a）的节点形式比图 8.4-13（b）的节点形式的传力更直接、简洁。

H 型钢桁架亦可采用高强度螺栓连接节点，如图 8.4-13（c）所示。栓接便于现场连接，没有焊接残余应力等优点，但栓接对施工安精度要求很高，若误差过大将导致螺栓孔偏位；另外，螺栓孔也削弱了钢结构构件的截面（减少20%左右），直接导致用钢量的增加；栓接节点板将加大，对滑移面的加工处理要求严格。考虑到本工程桁架可整体吊装，高空现场焊接工作量较少，故本工程采用图8.4-13（a）形式的焊接节点（图8.4-14、图8.4-15）。

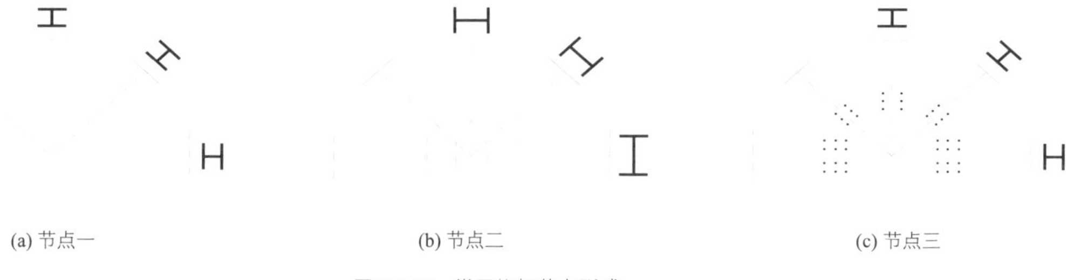

(a) 节点一　　(b) 节点二　　(c) 节点三

图 8.4-13　常用桁架节点形式

图 8.4-14　主桁架焊接节点　　图 8.4-15　主次桁架相交节点

2．屋面管桁架节点

顶层屋盖采用圆钢管桁架，钢管桁架均采用相贯焊节点。对于主次桁架相交处的复杂相贯焊节点，本工程采用了带有暗置节点板的相贯焊节点（见图8.4-16）。

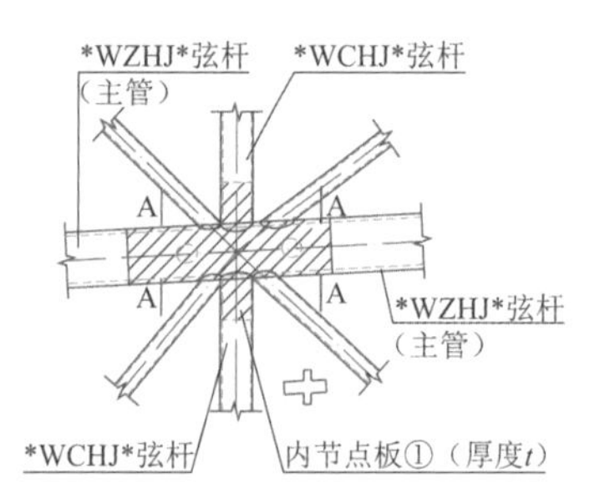

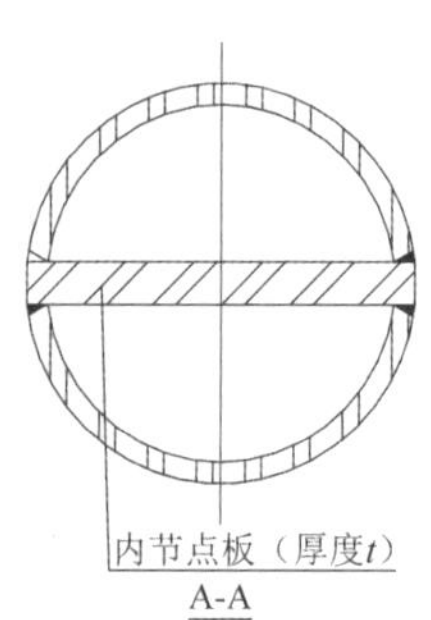

图 8.4-16　管桁架相贯焊接节点

“船头”处设置由三根钢管作弦杆组成的三角形格构柱，支撑于下部巨型桁架的悬挑端，见图8.4-17。

图 8.4-17　“船头”三角形格构式钢管立柱节点

8.4.4 圆钢筒节点的设计与分析

H2 区网壳为采光屋盖，且上部遮阳板桁架支撑在网壳上弦节点上。采用焊接空心球节点会导致屋面系统安装和防水处理困难，且难以平衡遮阳板主桁架尾部推力产生的弯矩，因此采用竖腹杆（ϕ299～ϕ351）贯通的圆钢筒节点，网壳上下弦杆件和斜腹杆与竖腹杆通过相贯焊缝连接。节点处，竖腹杆内部采用加劲肋加强。图 8.4-18 是一典型上弦圆钢筒节点。

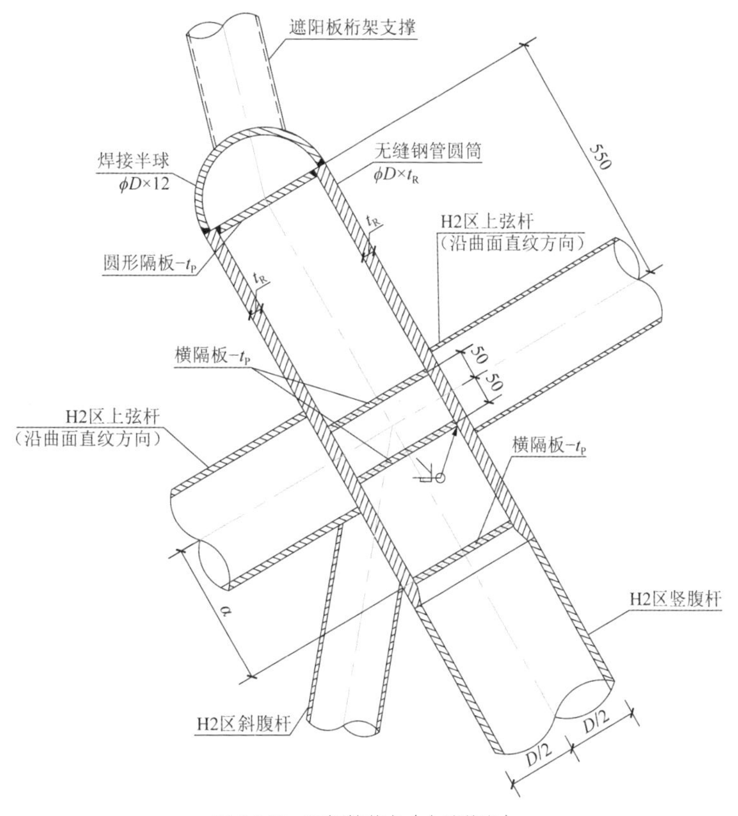

图 8.4-18 圆钢筒节点（上弦节点）

8.4.5 网壳支座节点设计

H1 区网壳支撑形式为下弦多点钢筋混凝土柱支撑。由于网壳周边均为大跨度悬挑结构，在各风向风荷载作用下，支座上拔力较大，设计值达 3500kN，下部钢筋混凝土柱抗裂难以满足要求。因此在支座上拔力较大处钢筋混凝土柱内设置竖向预应力筋并施加预应力，以平衡风荷载产生的上拔力。

H2 区网壳支撑在标高 28.000m 屋面环梁上。BB 轴～BH 轴处为上弦周边支撑；其余为上弦和下弦周边支撑。由于网壳的表面曲率变化较大，且拱效应明显，其支座的双向水平推力较大。为满足支座水平承载力的要求，采用了焊接空心半球＋钢管圆筒的支座形式，详见图 8.4-19、图 8.4-20。

8.4.6 软弱地基处理及施工技术

1．场地特点

（1）软土层厚度较大。场地普遍分布有第四纪海陆相沉积的由淤泥、淤泥质土、黏性土、粉土及砂土组成的软土，厚度为 10～15m。

（2）淤泥含水量高，孔隙比大，压缩性高，土体强度及承载力均较低。淤泥层中含水量为 63.8%，孔隙比为 1.72，压缩系数为 1.17MPa^{-1}，抗剪强度指标$c = 5.9$kPa，$\varphi = 6.4°$；

（3）抗震性能差，存在震陷和砂土液化。根据广州地质勘察基础工程公司《广东科学中心工程地质详细勘察报告》，本场地液化指数为15.00～17.49，属中等～严重液化等级。当地震发生时，其上部的淤泥、淤泥质土存在震陷，其深部的粉土及砂土存在液化现象。

（4）地下水对混凝土结构具有中等腐蚀性。

（5）渗透性较好。场地内位于淤泥、黏性土层之下广泛分布着细、中砂层，厚度为0.5～7.8m，且淤泥、淤泥质土、黏性土中也含有粉细砂。淤泥的渗透系数为10～6cm/s级，与全国大部分地区相比较而言，本场地软土的渗透性较好，有利于排水固结。

2．技术难题

（1）软土的固结变形问题

在3～4m填土作用下，再考虑停车场、广场及室外展区的荷载，预计作用在软土场地的外加荷载将超过100kPa，这将引起较大的地面长期沉降，预估厚达10～15m软土固结沉降达500～1000mm。

（2）主体场馆的地基加固问题

科学中心将承受较大的风荷载和地震荷载，从而使得下部桩基承受较大水平荷载。由于桩承台和相当长的一部分桩处在软土和松砂之中，侧向约束小，结构设计认为类似高承台桩。为了提高桩基抵抗水平荷载的能力，有必要对主体建筑区的软土地基进行加固，提高松砂的密实度和软土的强度，增大对桩基的侧向约束。

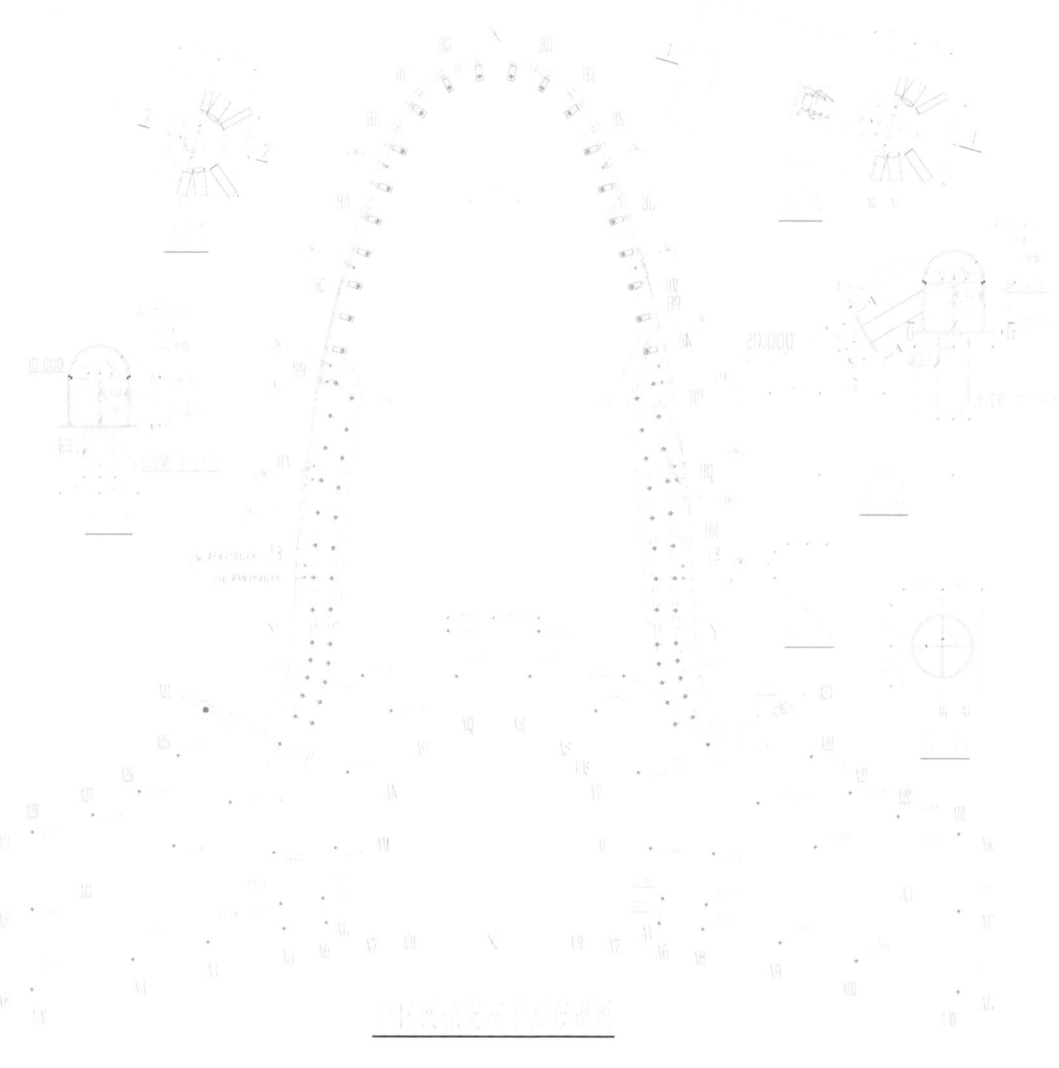

图8.4-19　H区网壳支座平面布置

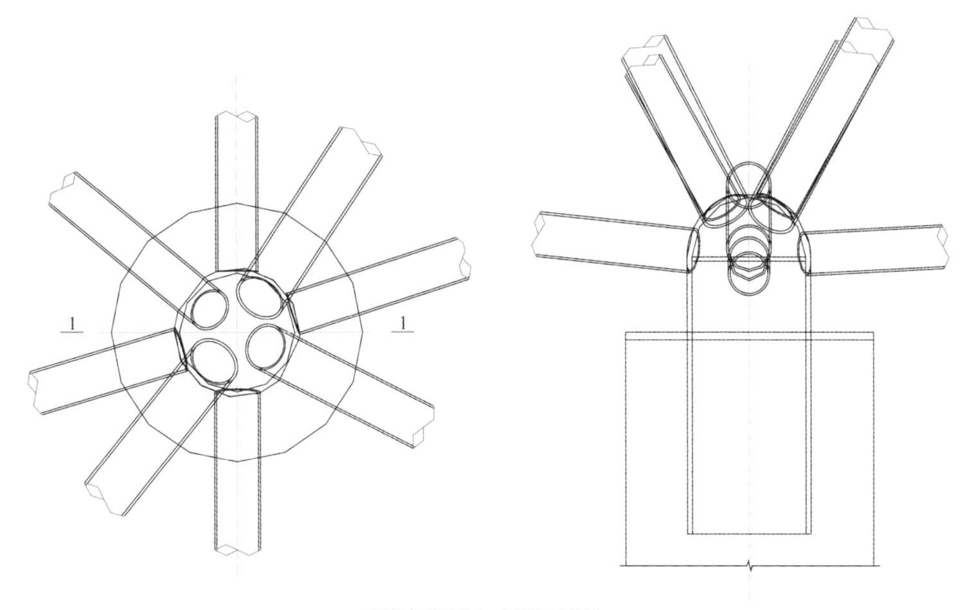

网壳支座ZZ11～ZZ50示意图

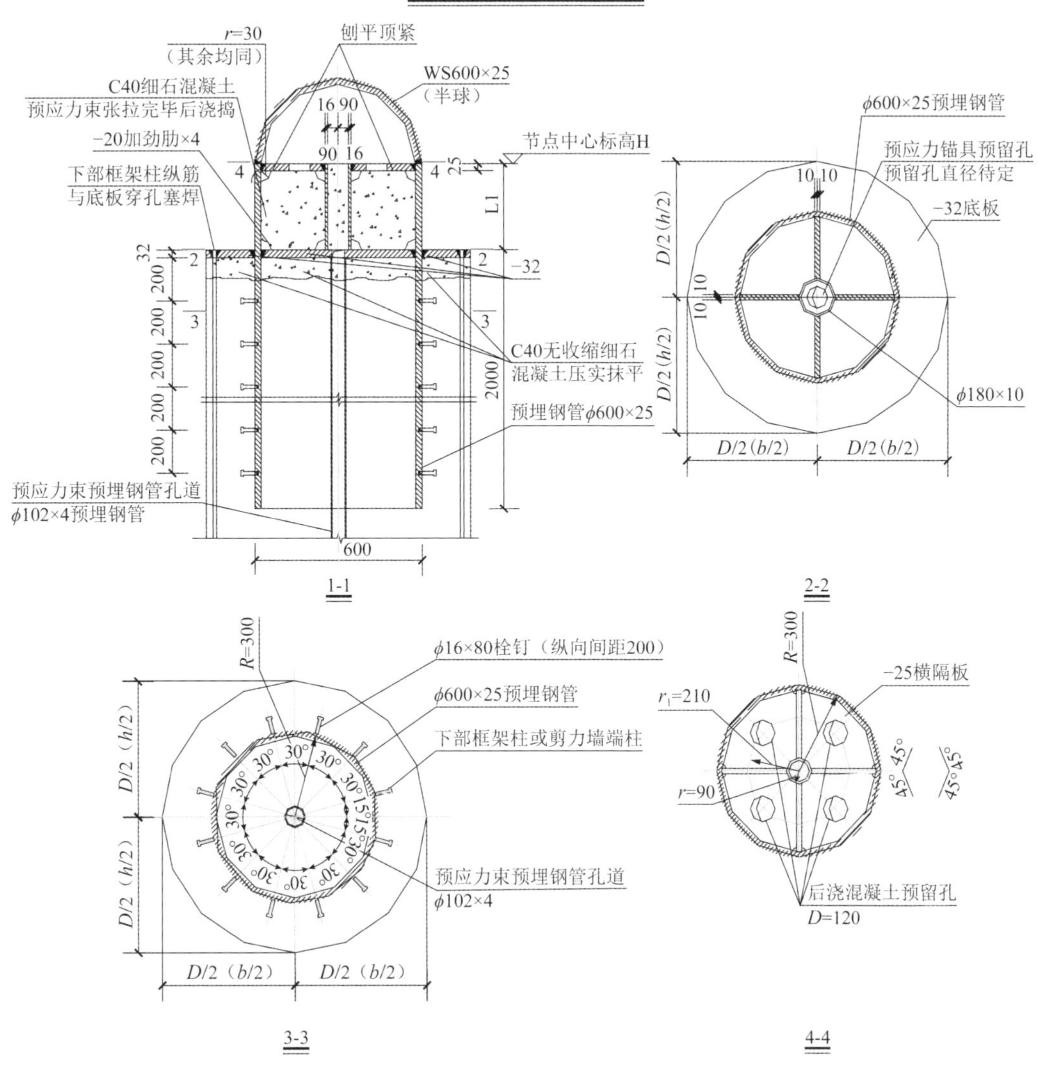

图 8.4-20　网壳支座结构详图

（3）消除地基液化问题

本场地属中等—严重液化等级，应采用有效措施消除或减轻地基液化，提高场地的抗震性能，以减少上部结构的投资，保证地震时的场地稳定性。

（4）基坑开挖支护问题

经处理后的场地，应能满足主体场馆在基坑开挖时的土工参数要求，较大幅度提高淤泥质土的抗剪强度，避免目前场地中存在的淤泥质土流变性和触变性大的缺陷。

（5）地表淤泥处理及利用问题

本场地属河漫滩地貌，地块内多为鱼塘与河涌，表层覆盖有较厚的淤泥。该部分淤泥含水量高，天然孔隙比大于 1.5，抗剪强度低，压缩系数高且具有流动性的浆液，属于不良的地基土。其地基承载力不能满足上部建筑物施工阶段及正常使用阶段的要求，地基沉降变形大，容易产生较大的不均匀沉降，必须对其进行处理。

由于淤泥含有很多细颗粒及大量有机腐殖质，有臭味，具有触变性及流变性大的特点，若处理措施不当，不仅会增加淤泥处理的费用，而且会对周边环境造成污染。若采用外运，不但需要高额的运输费、污染环境，而且要调配淤泥所挖走的土方量。因此，必须找出合适的方案对流塑状淤泥进行处理，使淤泥变废为宝，以达到减少工程造价、降低环境污染的目的。

3．地基预处理新技术

在试验的基础上，提出“吹砂填淤、动静结合、分区处理，少击多遍、逐级加能、双向排水”的饱和淤泥质砂土地基预处理新技术，即在分区处理基础上确立了“以不破坏土体宏观结构”为原则，通过双向排水有效抑制超孔隙水压力的上升，加速超孔隙水压力的消散，从而达到提高软土地基承载力、降低沉降为目的的动静结合排水固结技术。

吹砂填淤：通过在软土、淤泥中垫入、挤入承载力较好的干土或砂土，强行挤出软黏土及淤泥并占据其位置，以此来提高地基承载力、减小沉降量，提高土体的稳定性。本工程在原场地为鱼塘的淤泥上，利用珠江河流进行吹填砂施工，利用正在建设中的广州大学城工地 45 万 m^3 余土（山体开挖土）以及外环路路基堆载所卸的 20 万 m^3 堆土进行填土，以达到挤开淤泥、地表形成硬壳层、改善场地条件，产生了填土堆载的效果的目的。

动静结合：在同一个工程中采用两种地基处理方法，即动力排水固结法和堆载预压排水固结法，达到预想效果，满足建筑地基的要求。

分区处理：根据重大工程项目上部建筑的使用功能、对地基基础的要求不同，针对建筑场地的工程地质特征，采用概念设计的方法，结合工地建筑材料、施工工期等实际情况进行分区处理，从而达到较佳的技术经济效果。

少击多遍：传统强夯法通常不适宜软土地基处理，施工时易发生“掉锤”事故，即夯锤陷入吹填砂层下的巨厚淤泥层之中的工程事故；本技术实施强夯时，通过调整夯击能量和夯击次数，预防了事故发生，加速了软土地基的排水固结。

逐级加能：传统强夯法通常先加固深层、再加固中层和浅层；本技术实施强夯时，先加固浅层、再依次加固中层和深层，即逐级加能的方法，从而有效地保证了施工效果。

双向排水：传统强夯法通常为单向排水；本技术巧妙地利用广东科学中心的岩土层结构——淤泥质砂土层构成立体排水系统，通过双向排水有效地抑制超孔隙水压力的上升并加速其消散。“双向排水”原理如图 8.4-21 所示。

试验区巧妙地利用广东科学中心的岩土层结构—淤泥质砂土层构成双向立体排水系统，加速超孔隙水压力的消散，有效地消除了砂土液化。

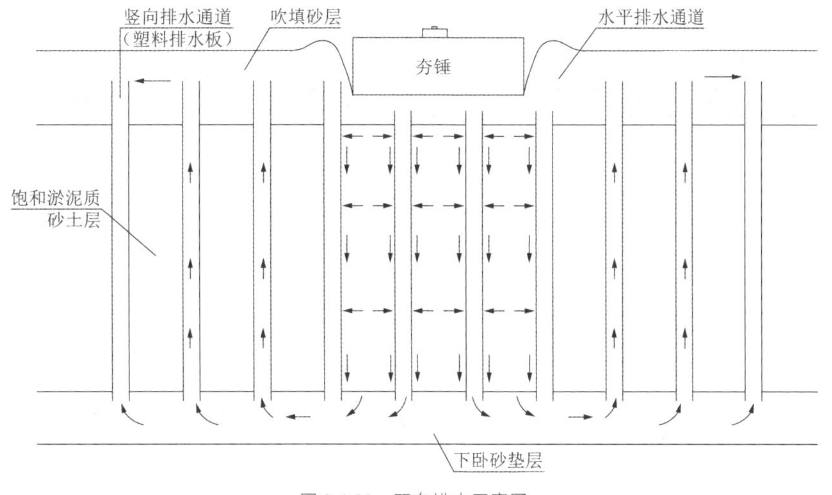

图 8.4-21　双向排水示意图

8.4.7　入口单层球壳结构设计

本工程正立面入口处为一半球形玻璃幕墙，宽约 38mm，高约 35mm，见图 8.4-22。采用矩形钢管单层钢球壳，杆件沿斜置的经纬线布置；半球壳两侧与弧形格构柱相连，顶部与弧形立体钢桁架相连。两侧的弧形格构柱与主体结构相连，而顶部的弧形钢桁架与其上部的钢网壳脱开。由于半球壳网格尺寸较大（最长边达 7m），网格内设置单层预应力索与玻璃相连。

图 8.4-22　入口处半球形玻璃幕墙

8.5　试验研究

8.5.1　展厅振动台试验研究

一般的隔震体系常可采用单质点或两质点模型进行隔震计算，本工程主体结构为异形空间结构，且刚度和质量在平面和竖向分布不均匀，必须采用空间整体模型才能较准确地反映结构特性。根据规范中对于基础隔震分析的规定，必须进行多遇地震作用下的非线性时程分析以确定水平向减震体系，进行罕遇地震作用下非线性时程分析以确定隔震层位移。因此，本工程采用整体空间模型非线性时程分析方法。

本分析采用 SAP2000 软件进行，可较方便地建立复杂结构的空间计算模型。采用软件中的非线性单元库中包含隔震单元和阻尼单元模拟隔震支座和阻尼器，结构钢桁架、梁、柱均采用梁柱单元进行分析。

隔震结构进行计算时，采用一条人工地震波和两条与工程场地条件相近的真实强震记录（El Centro 和 Taft 地震记录）。真实强震记录根据规范对加速度幅值进行了修正。水平加速度峰值 7 度小震 0.035g，7 度中震 0.1g，7 度大震 0.22g。

非隔震结构和隔震结构主要计算结果如表 8.5-1 所示。

表 8.5-1

	非隔震结构周期频率表			隔震结构周期频率		
振型号	周期/s	频率/s^{-1}	圆频率/（r/s）	周期/s	频率/s^{-1}	圆频率/（r/s）
1	0.854056	1.1762	7.3825	1.818767	0.53226	3.3443
2	0.71701	1.4192	8.849	1.709813	0.58486	3.6748
3	0.590359	1.677	10.55	1.494894	0.68734	4.3187
4	0.506491	1.9744	12.405	0.367346	2.7222	17.104
5	0.482355	2.0732	13.026	0.226159	4.4217	27.782
6	0.440542	2.2699	14.262	0.154204	6.4849	40.746

非隔震结构一阶振型以*Y*方向平动为主，二阶振型以扭转为主，三阶振型以*X*方向平动为主。隔震结构一阶振型以*Y*方向平动为主，二阶振型则以*X*方向平动为主，三阶振型以*Y*方向平动为主。*X*、*Y*方向振型如图 8.5-1 所示。

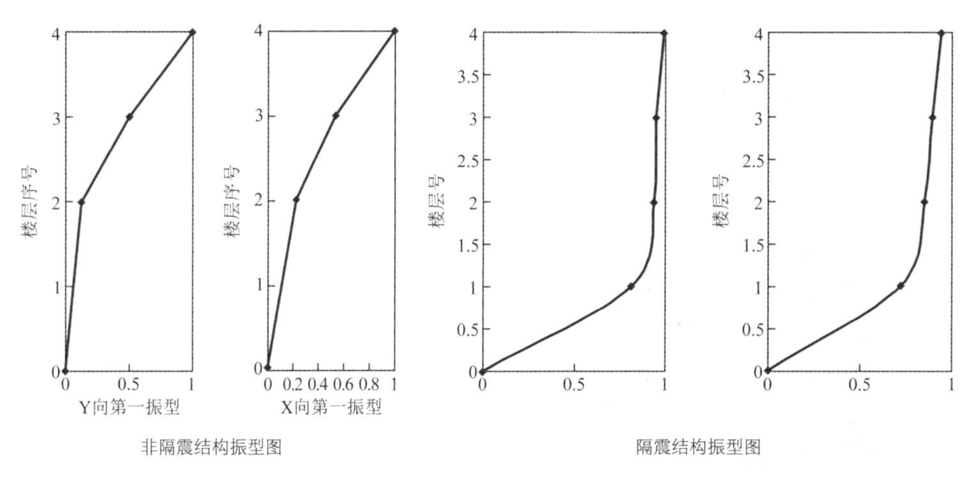

图 8.5-1 振型图

非隔震结构和隔震结构的加速度反应见表 8.5-2、表 8.5-3。

非隔震结构 7 度罕遇地震作用下各层加速度最大值（g） 表 8.5-2

	GZX		GZY		TAFTX		TAFTY	
楼层号	*X*	*Y*	*X*	*Y*	*X*	*Y*	*X*	*Y*
3	0.982	0.370	0.350	0.850	0.816	0.296	0.314	0.850
2	0.510	0.125	0.142	0.490	0.328	0.123	0.127	0.387
1	0.370	0.071	0.071	0.328	0.287	0.068	0.065	0.350
0	0.220	0	0	0.220	0.220	0	0	0.220
最大加速度放大系数	5			4.3	3.8			4.0

续表

楼层号	ELX		ELY		ELX + Y	
	X	Y	X	Y	X	Y
3	0．880	0.360	0.400	0.860	1.14	0.700
2	0.360	0.155	0.180	0.480	0.452	0.387
1	0.260	0.084	0.100	0.250	0.257	0.242
0	0.220	0	0	0.220	0.184	0．220
最大加速度放大系数	4.5			4.3	5.3	3.2

隔震结构 7 度罕遇地震作用下各层加速度最大值（g） 表 8.5-3

楼层号	GZX		GZY		TAFTX		TAFTY	
	X	Y	X	Y	X	Y	X	Y
4	0.045	0.009	0.022	0.075	0.097	0.021	0.022	0.096
3	0.042	0.009	0.018	0.07	0.094	0.019	0.019	0.086
2	0.040	0.0085	0.016	0.065	0.093	0.017	0.018	0.081
1	0.037	0.008	0.016	0.064	0.090	0.016	0.018	0.090
0	0.22	0	0	0.22	0.22	0	0	0.22
最大加速度放大系数	0.2			0.33	0.48			0.48

楼层号	ELX		ELY		ELX + Y	
	X	Y	X	Y	X	Y
4	0.091	0.024	0.021	0.11	0.061	0.076
3	0.088	0.022	0.019	0.09	0.06	0.067
2	0.08	0.020	0.018	0.08	0.055	0.066
1	0.078	0.018	0.018	0.08	0.055	0．066
0	0.22	0	0	0.22	0.19	0.22
最大加速度放大系数	0.46			0.5	0.3	0.33

非隔震结构 7 度多遇和 7 度罕遇地震作用下各层最大加速度放大系数为 4～5，隔震结构 7 度多遇和 7 度罕遇地震作用下各层最大加速度放大系数分别为 1.3～2 以及 0.2～0.5，隔震结构的最大加速度放大系数与非隔震结构的最大加速度放大系数的比值在七度多遇和七度罕遇地震作用下分别为 1/3 和 1/11，表明隔震结构的加速度放大系数远小于非隔震结构的放大系数，并且随着地震作用的增大，基础隔震结构将起到更好的隔震效果。分析结果表明，7 度多遇及罕遇地震作用下，隔震结构完全处于弹性状态。

通过结构计算分析和振动台试验研究（图 8.5-2），对隔震结构和非隔震结构的数据对比和分析以及结构尾部加固前后的数据对比和分析，可以得出以下结论：

（1）非隔震结构的自振周期为 0.75s，隔震结构的自振周期为 1.88s，非隔震结构的周期为隔震结构的周期的 0.4 倍，采用隔震措施明显延长了结构的自振周期。

（2）隔震结构上部的加速度明显减少，结构基本处于平动状态。隔震结构的加速度放大系数在 0.291～0.492 之间。非隔震结构的加速度随楼层高度增高而增大，顶层加速度放大系数在 1.571～2.735 之间。隔震结构与固接结构的加速度比值在 0.14～0.34 之间。特别是在大震情况下隔震结构加速度放大系数远远小于非隔震结构的放大系数，隔震效果尤为明显，采用隔震措施后使得该结构抵御自然灾害的能力更强。

（3）在多遇地震作用下，隔震结构层间剪力为非隔震结构剪力的 19%。

（4）在罕遇地震作用下，隔震结构处于弹性工作状态。隔震结构的层间位移角远小于非隔震结构，其比值在 0.3 左右。隔震层最大位移小震时约为 10mm，大震时位移约为 110mm，满足隔震装置变形要求。

从计算分析和试验数据及试验时的宏观现象进行综合分析表明，采取隔震措施，可以明显改善结构的抗震性能；对于平面不规则结构，更能改善结构的抗扭性能，提高结构的抗震安全性。隔震结构不仅能保护结构本身的抗震安全，也能有效保护室内设备仪器和展品等不受损坏。

图 8.5-2　E 区隔震结构振动台试验

8.5.2　带暗置节点板的复杂相贯焊节点试验与分析

在相贯焊接节点中设置暗置节点板，是一种新型的节点加强措施。本工程对这种新型节点做了详尽的试验和分析。试验对空间相贯节点在空间受力情况下的破坏形式及极限承载力进行研究，揭示内置加强板对空间相贯节点受力性能的影响，并对此做出全面评价。

试验分为两个阶段（弹性、塑性）进行，节点试验见图 8.5-3、图 8.5-4。

图 8.5-3　第一阶段试验实景图

图 8.5-4　第二阶段试验实景图

第一阶段（弹性）实测分析：由于施加力较小，本阶段测点尚处在受力初期（最大应力值 < 30MPa），尽管部分数据波动相对较大，但基本反映了受力特点，非加强段的测点应力比加强段的大，而非加强段同一侧的应力值不等，反映出加载的偏心。随着荷载的增加，应力基本上呈线性增加。

各测点应力值大大小于材料的屈服强度，因此，整个节点处于弹性阶段，节点有较大的安全储备。采用 ANSYS 软件对节点进行有限元分析，材料假定为理想弹塑性，服从 von Mises 屈服准则，塑性区采用随动强化模型，第一阶段弹性状态，节点内力和位移均较小，受力特征不明显。实测应力见图 8.5-5。

第二阶段（塑性）实测分析：最大测点应力值发生在支杆上。达到第十二级时，测点开始屈服；第十四级时，支杆上又有测点屈服。这与试验时观察到的一道屈服带相一致。整个加载过程中，节点核心部位的测点应力值都较小，除一个测点应力达到 140MPa 外，其余测点的应力都保持在 80MPa 以内。这说明，加强板有效地阻止了应力向核心区内的传播。实测应力见图 8.5-7。

采用 ANSYS 软件对一般的外加强型相贯焊节点和带暗置节点板的加强节点进行有限元对比分析（图 8.5-6）。一般的相贯焊接节点由于核心区相贯线复杂，主管径向刚度与轴向刚度相差较大，应力沿主管的轴向和环向分布很不均匀，相贯线处会发生局部变形和局部应力集中，鞍点或冠点首先屈服，接着扩展成塑性区，节点核心区主管局部变形过大而破坏；带暗置节点板的加强节点，由于内置了加强板，使节点核心区的刚度大大加强。最终计算结果表明，节点支杆非加强段受压屈曲破坏，节点失效，其他部位完好，破坏应力见图 8.5-8。

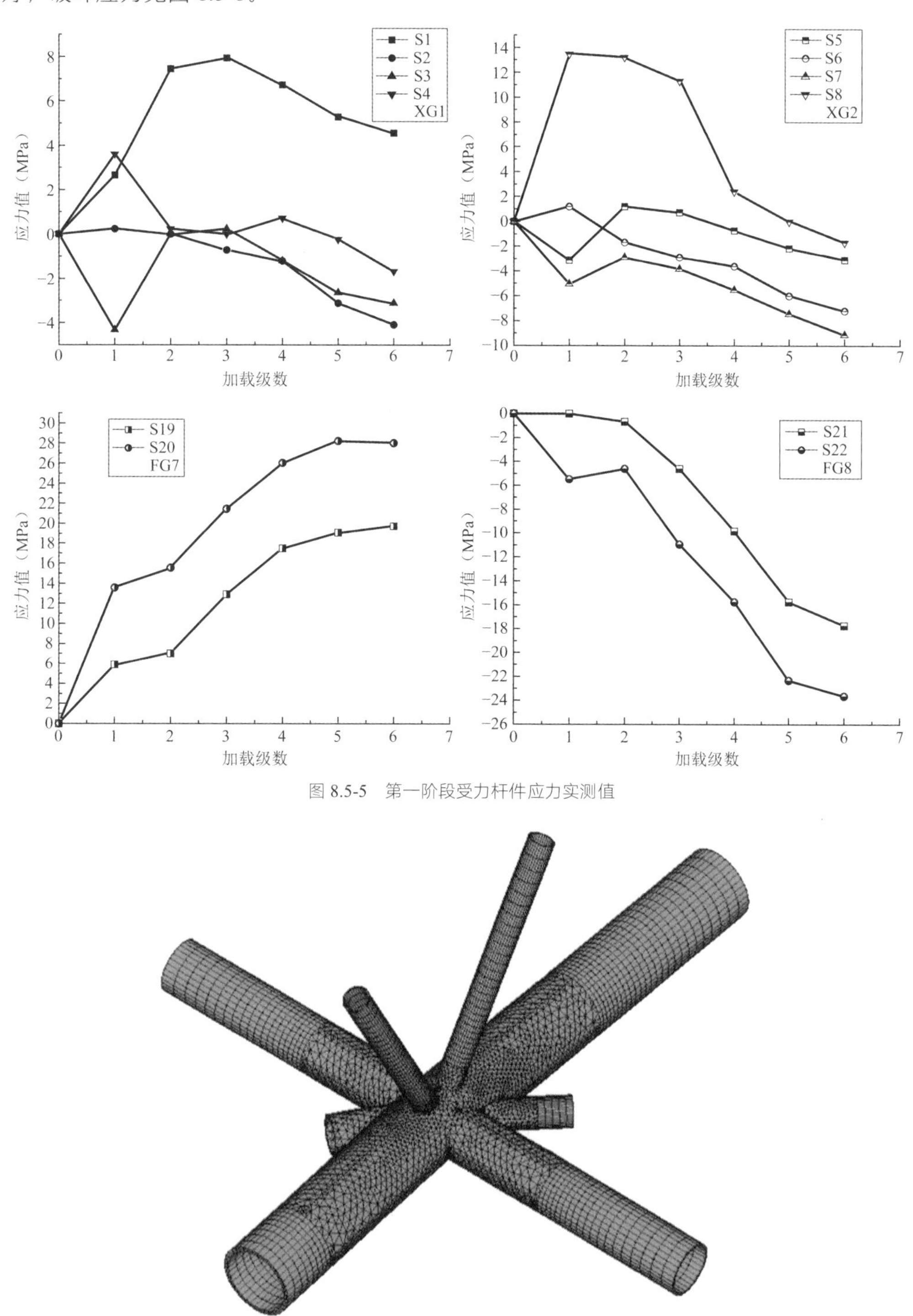

图 8.5-5　第一阶段受力杆件应力实测值

图 8.5-6　ANSYS 力学模型

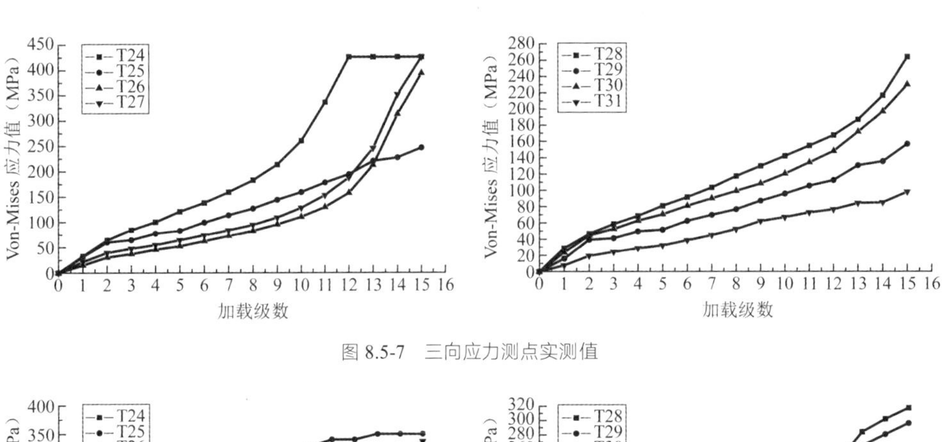

图 8.5-7　三向应力测点实测值

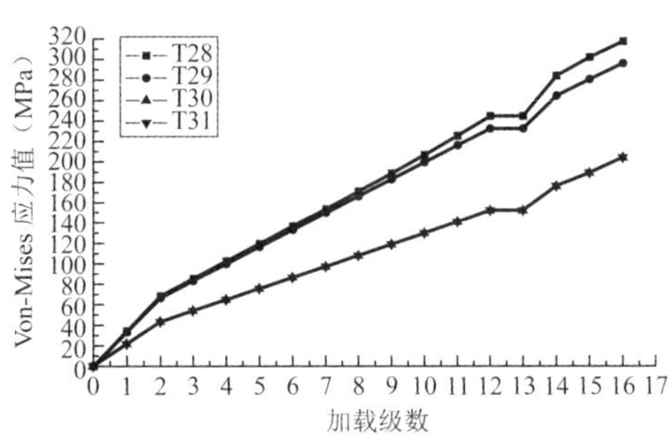

图 8.5-8　三向应力测点计算值

试验与理论分析结果表明，带暗置节点板的加强节点，由于内置了加强板，节点核心区的刚度大大加强，节点承载力显著提高，节点强度明显高于支杆，内置加强板是一种有效的节点加强方式。

8.6 结语

本工程是全球最大的科学中心，在结构设计中实现了以下几个方面的创新：

（1）采用巨型钢框架体系实现了建筑船形的造型并实现了展厅多层无柱大空间；

（2）首次在大跨巨型钢框架结构中采用隔震设计，且隔震结构中没有同一的隔震层，突破了现行规范规程的限制；同时，设计中采用大铅芯叠层橡胶隔震支座作为抗风装置并取得国家专利；

（3）复杂节点设计、分析及试验研究。

对格构式巨柱及巨型桁架复杂焊接节点进行了试验研究和有限元分析，对节点在复杂受力情况下的承载能力进行研究，为设计提供了依据。

对主次交叉管桁架的带暗置加强板的复杂空间相贯圆钢管节点进行了试验研究和有限元分析，对节点在空间受力情况下的破坏形式及极限承载能力进行研究，揭示了内置加强板对空间相贯节点受力性能的改进作用，为设计提供了依据。

（4）软土地基的处理

解决了本工程中软弱地基处理的技术难题，经过调查分析、科学论证、方案优化、现场试验等各项研究，采用了“吹砂填淤、动静结合、分区处理，少击多遍、逐级加能、双向排水”的饱和淤泥质砂土地基预处理新技术。结果表明，处理方法是可行的，其经济效果显著，直接节约工程造价约 1 亿元，取得了良好的社会效益和经济效益。

参考资料

[1] 李霆, 李宏胜, 尹优, 等. 广东科学中心大跨巨型钢框架结构设计[J]. 建筑结构, 2010, 40(8): 6-14.

[2] 李霆, 陈兴, 钱屹, 等. 广东科学中心复杂空间网格结构设计[J]. 建筑结构, 2010, 40(8): 17-22.

[3] 张季超, 李霆, 易和, 等. 广东科学中心E区结构模型振动台试验与动力特性分析[J]. 建筑结构, 2010, 40(8): 27-35.

[4] 周福霖. 工程结构减震控制[M]. 北京: 地震出版社, 1997.

[5] 周云. 土木工程减灾防灾学[M]. 广州: 华南理工大学出版社, 2002.

[6] 广东科学中心隔震和消能结构模型模拟地震振动台试验研究报告[R]. 广州: 广州大学工程抗震研究中心, 2005.

[7] 广东科学中心风振系数计算报告[R]. 广州: 广东省建筑科学研究院, 2005.

设计团队

李　霆、李宏胜、陈　兴、李四祥、陈祖赢、尹　优、钱　屹、孙兆民、罗南霞。

执笔人：陈焰周。

获奖信息

全国优秀工程勘察设计金奖；

广东省科技进步特等奖；

湖北省勘察设计优秀建筑工程设计一等奖；

湖北省勘察设计优秀建筑结构设计一等奖；

华夏建设科学技术奖一等奖；

广州市科技进步二等奖；

中国建筑学会第六届全国优秀建筑结构设计二等奖。

第 9 章

中国光谷科技会展中心

9.1 工程概况

9.1.1 建筑概况

中国光谷科技会展中心（图 9.1-1）为大型智能化、多功能、综合性会议展览中心，位于武汉市东湖高新区高新大道以北，光谷六路以西，与湖北省科技馆相邻。项目总用地面积 77541m^2，总建筑面积 129170m^2，其中地上建筑面积 69170m^2，配套用房建筑面积 20000m^2，地下建筑面积 31320m^2。

本项目建筑主体最高点距地面 40.8m，建筑最大平面尺寸为 198m × 99m，地上三层，层高分别为 15.0m、13.2m、8.3m，其中一层有两个夹层，将一层分成 5.0m + 5.0m + 5.0m；二层有一个夹层，将二层分成 7.0m + 6.2m。一层主要设置展厅、会议接待、休息区等房间，夹层 1、2 主要功能为办公、设备用房等，二层主要功能为展厅，夹层 3 主要功能为办公、设备用房等，三层主要功能为办公、会议、化妆、多功能厅、厨房等。地下一层层高 7.5m，功能为临时展厅。各层平面布置及剖面图详见图 9.1-2～图 9.1-5。

图 9.1-1　项目实景图

9.1.2 设计条件

1．主体控制参数（表 9.1-1）

控制参数　　表 9.1-1

项目		标准
结构设计使用年限		50 年
建筑结构安全等级		一级
结构重要性系数		1.1
建筑抗震设防分类		重点设防类（乙类）
地基基础设计等级		甲级
设计地震动参数	抗震设防烈度	6 度
	设计地震分组	第一组
	场地类别	Ⅱ类
	小震特征周期	0.35s
	大震特征周期	0.40s
	基本地震加速度	0.05g
建筑结构阻尼比	多遇地震	地上：0.03；地下：0.05
	罕遇地震	0.05
水平地震影响系数最大值	多遇地震	0.04
	设防地震	0.12
	罕遇地震	0.28
地震峰值加速度	多遇地震	18cm/s^2

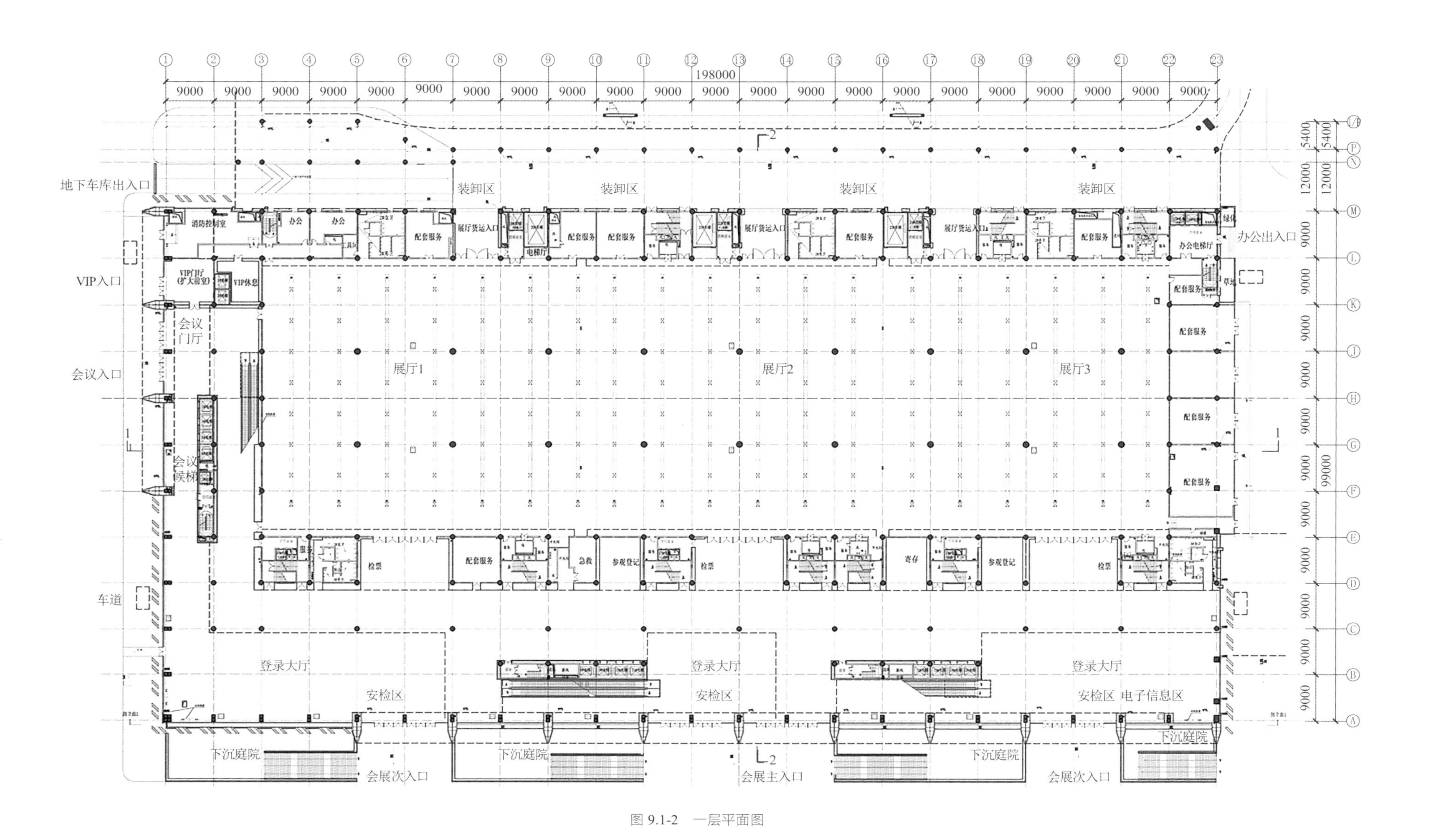
198000
地下车库出入口
装卸区
装卸区
装卸区
装卸区
消防控制室
办公
办公
配套服务
展厅货运入口
电梯厅
办公电梯厅
办公出入口
VIP入口
VIP门厅(扩大前室)
VIP休息
会议门厅
会议入口
会议候梯
展厅1
展厅2
展厅3
检票
配套服务
急救
参观登记
寄存
车道
登录大厅
登录大厅
登录大厅
安检区
安检区
安检区
电子信息区
下沉庭院
下沉庭院
下沉庭院
下沉庭院
会展次入口
会展主入口
会展次入口
99000

图 9.1-2 一层平面图

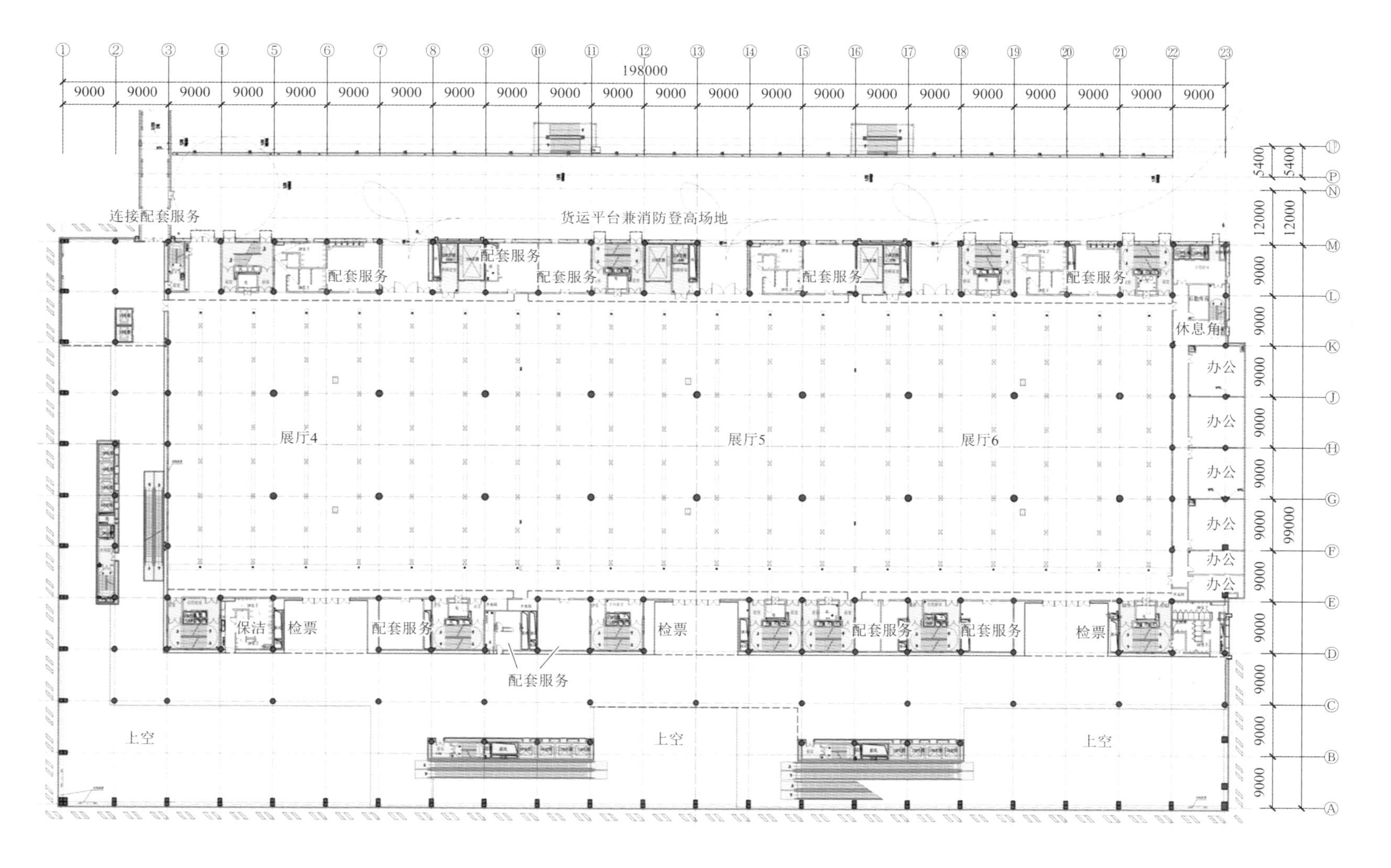

图 9.1-3　二层建筑平面图

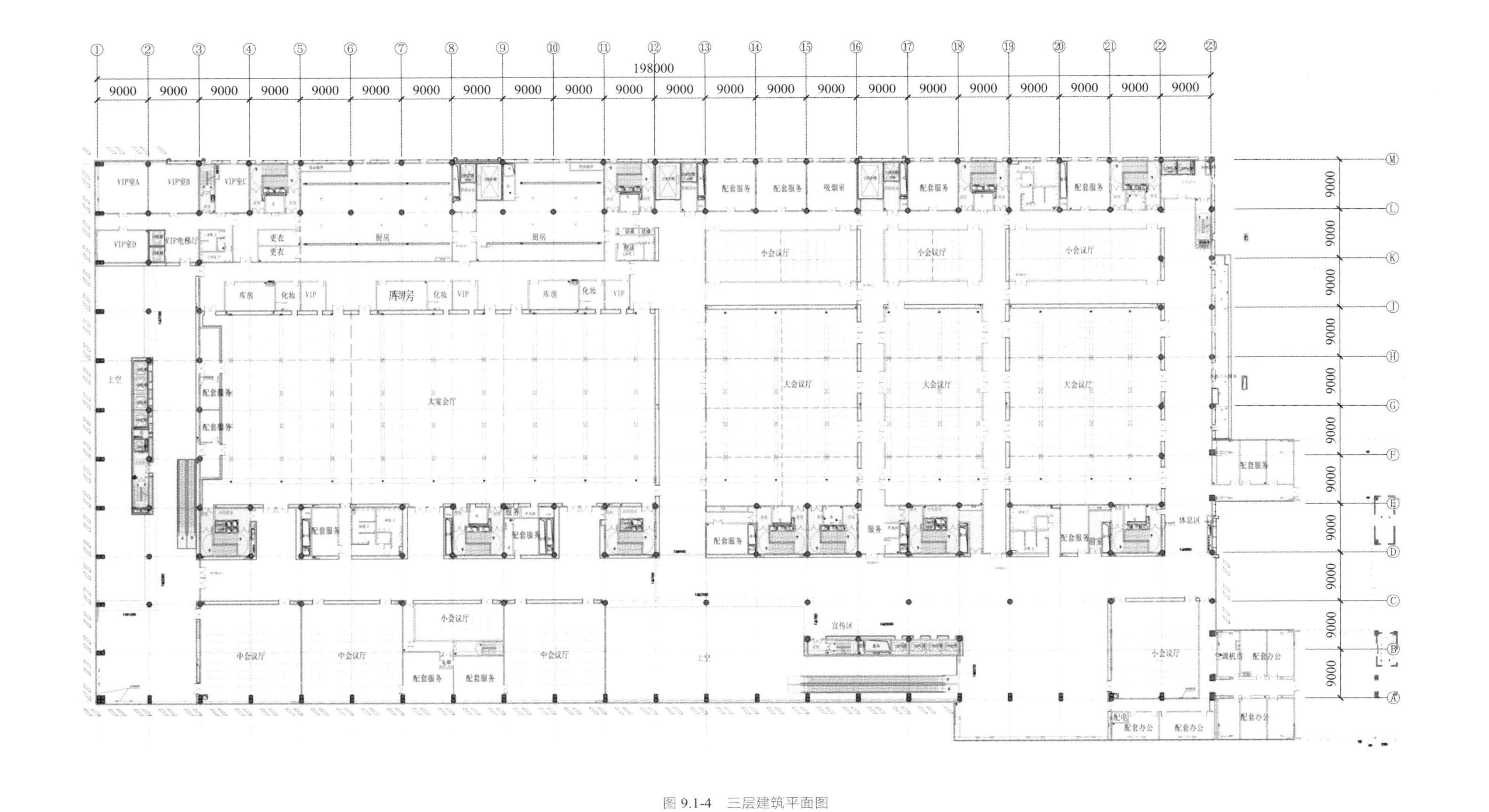

图 9.1-4 三层建筑平面图

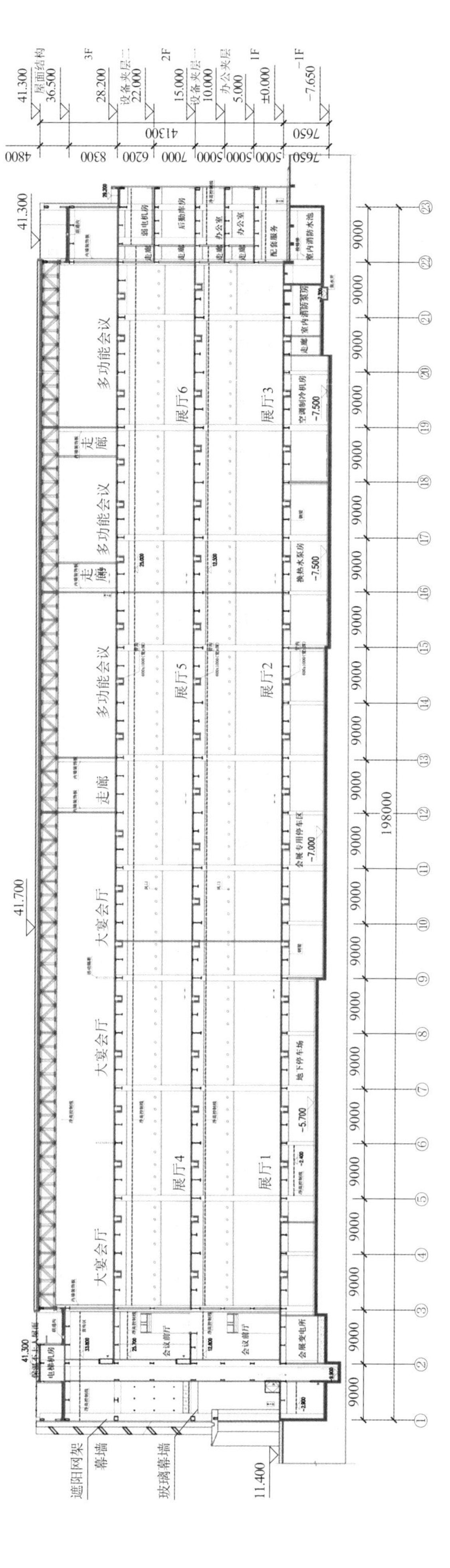

图 9.1-5 主要剖面图

2. 结构抗震设计条件

按照《钢管混凝土结构技术规范》GB 50936—2014，本工程框架抗震等级为二级。由于地下室顶板的一边开有大洞，详见图 9.1-3，因而将上部结构的嵌固端下移到基础顶面。

3. 其他设计条件

基本风压：0.35kN/m^2（取重现期为 50 年的基本风压）；地面粗糙度为 B 类。

本工程温升、温降取值为：钢结构室内温升 18℃，温降−26℃；屋面考虑露天情况温升及温降均增加 2℃；地下室考虑与土接触温升、温降均减小 5℃。

本工程层数不多，单柱荷重标准值不超过 10000kN，且设地下室一层，本场地（4-2）中等风化泥岩，地基承载力f_a = 1000kPa，地质条件均较好，承载力高，可作为独立扩展基础的持力层。

9.2 建筑特点

9.2.1 斜交钢结构装饰幕墙

由于建筑造型及效果要求，本工程主要外立面采用斜交钢结构装饰幕墙，并在钢板槽缝中设置 LED 灯带，在夜晚营造出多彩变换的“光立方”，如图 9.2-1 所示。

由于钢结构幕墙斜向构件较多，侧向刚度大。若不采取解决措施，钢结构幕墙施工后，主体结构的实际侧向刚度将远大于主体结构计算刚度。因此，需要采取结构构造措施，使外侧钢结构幕墙不影响或有限影响主体结构的侧向刚度。

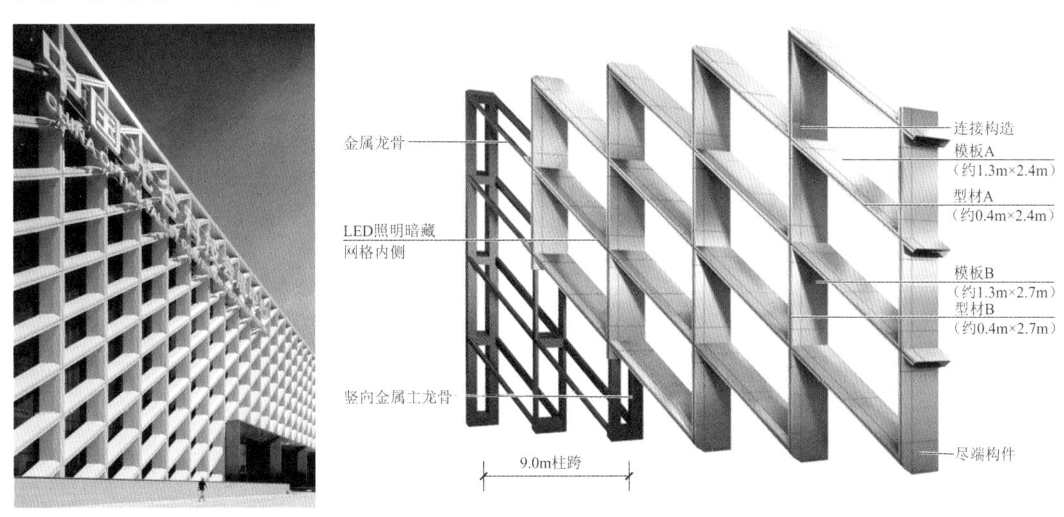

图 9.2-1 斜交钢结构装饰幕墙

9.2.2 与其他建筑存在复杂连接

本工程为复杂连体建筑，有三栋体量差异较大的主体建筑，分别为中国光谷科技会展中心、全球公共采购交易服务总部基地 6～8 号楼及 5 号楼，主体建筑之间采用连廊连接，如图 9.2-2 所示。

全球公共采购交易服务总部基地 6、7、8 号楼，结构采用混凝土框架-剪力墙结构体系，为 9 层办公建筑，平面尺寸约为 181m × 55m。层高分别为：1～2 层 5.4m、3～8 层 4.2m、9 层 4.1m。

全球公共采购交易服务总部基地 5 号楼，结构采用混凝土框架-剪力墙结构体系，为 9 层办公建筑，平面尺寸约为 40m × 32m。层高分别为：1 层 5.2m，2 层 5.6m、3～8 层 4.2m、9 层 4.1m。

全球公共采购交易服务总部基地 6、7、8 号楼与 5 号楼之间采用连廊 1 和连廊 2 进行连接，连廊 1 与连廊 2 跨度为 21.6m，设置高度距地面 25.4m。

中国光谷科技会展中心与全球公共采购交易服务总部基地 6～8 号楼之间采用连廊 3 和连廊 4 进行连接，连廊 3 和连廊 4 跨度为 32.5m，设置高度距地面 30.6m。

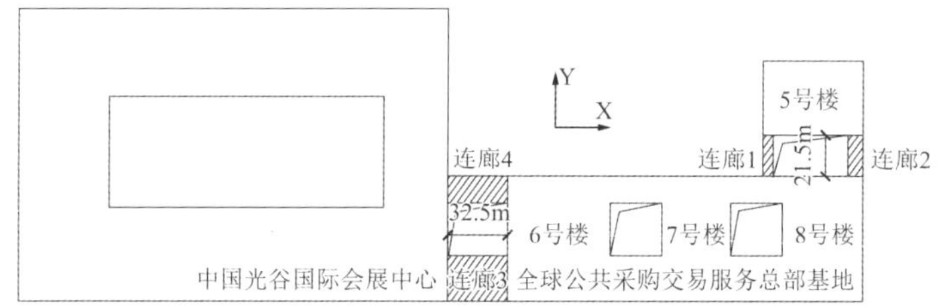

图 9.2-2　空中连廊与各栋结构平面布置图

9.2.3　通高登录大厅和楼面大开洞

建筑方案设计中，在登录大厅设置了直上的扶梯中庭（图 9.2-3），中庭自首层直至屋顶通高，高度达 38m，每层开有大洞，建筑效果通透大气，是建筑设计的一大亮点。为了满足建筑设计中的这个亮点，中庭区域周边自下而上形成通高柱，需要对通高柱进行整体稳定性分析。

图 9.2-3　登录大厅通高中庭

9.3　体系与分析

9.3.1　结构体系与结构特点

本工程主体为钢结构，采用“钢管混凝土钢框架 + 中心防屈曲约束支撑”的结构体系。

本工程结构计算模型及各层结构布置情况，详见图 9.3-1～图 9.3-8。

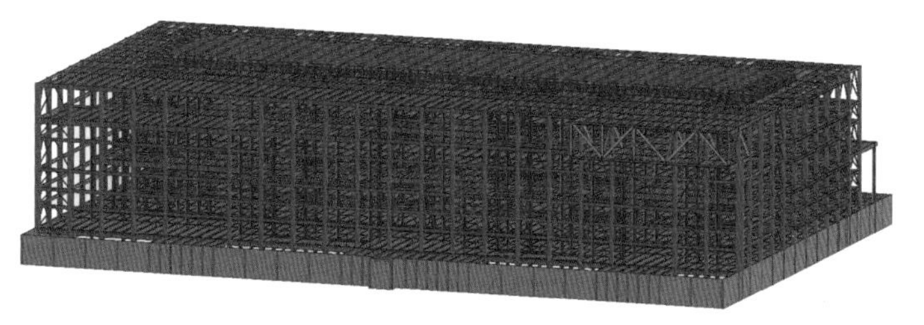

图 9.3-1　上部结构计算模型三维视图

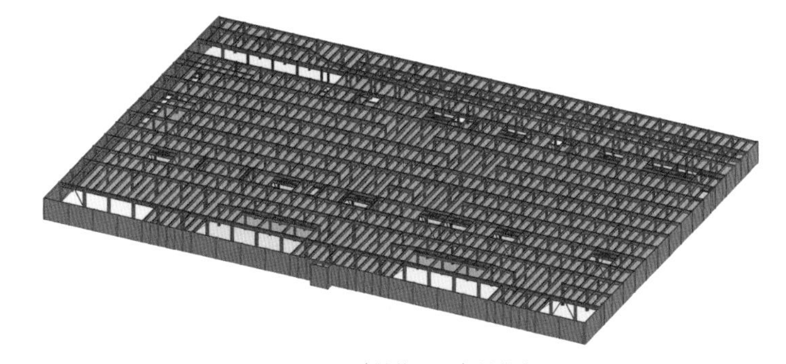

图 9.3-2　一层（结构 1 层）结构布置图

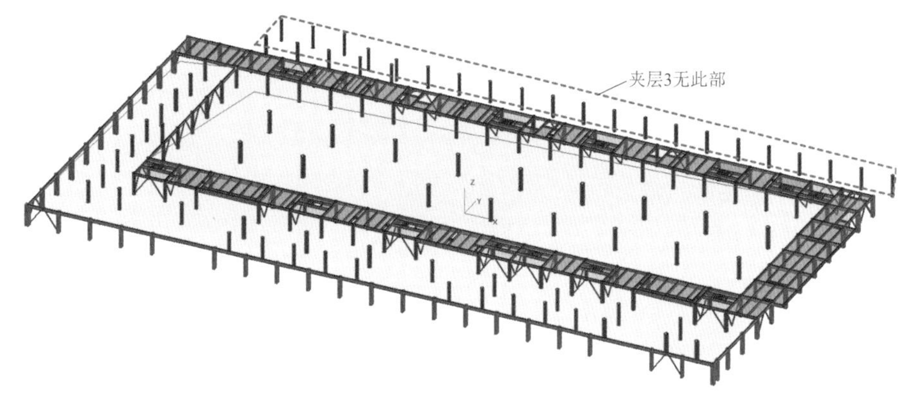

图 9.3-3　夹层 1、2、3（结构 2、3、5 层）结构布置图

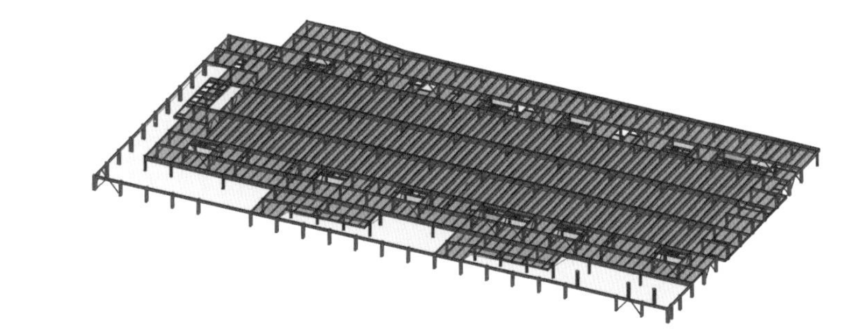

图 9.3-4　二层（结构 4 层）结构布置图

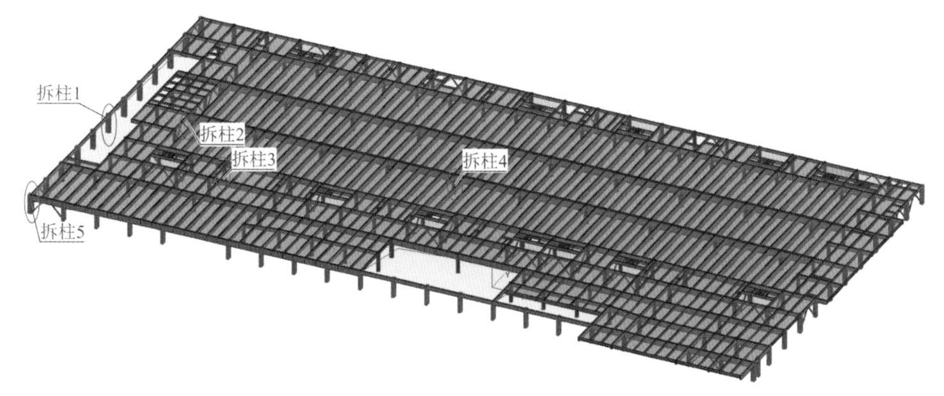

图 9.3-5　三层（结构 6 层）结构布置图

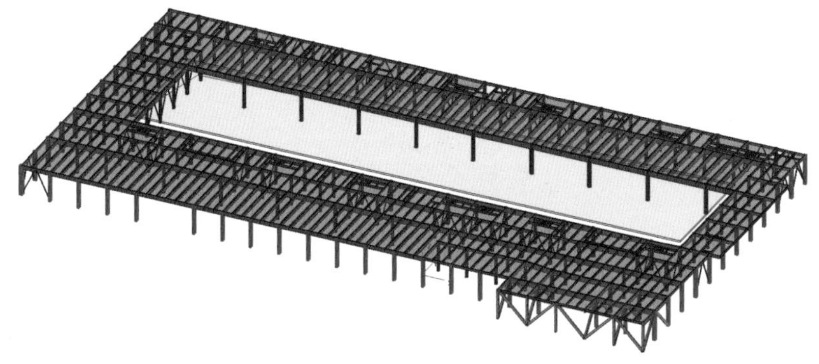

图 9.3-6　屋顶层（结构 7 层）结构布置图

图 9.3-7　屋面中庭桁架结构布置图

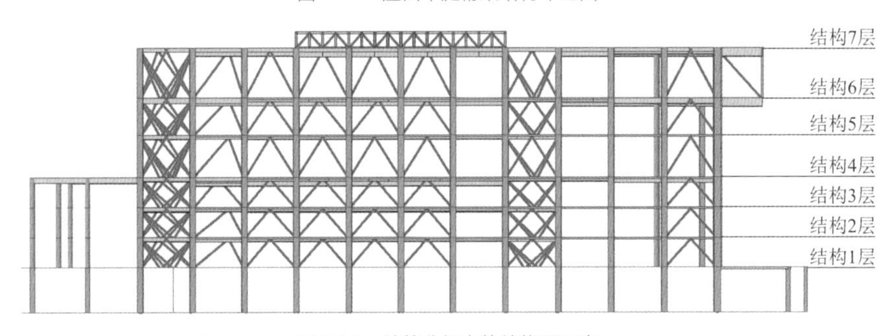

图 9.3-8　计算分析中的结构层示意

为了后述统计结果和叙述方便，认为本结构为 7 层，层高从下到上依次分别为 7.5m、5.0m、5.0m、5.0m、7.0m、6.2m、8.3m，如图 9.3-8 所示。

本工程的结构主要特点是：①局部夹层较多；②建筑功能导致结构外围有通高 38m 的长柱；③主体结构外围有装饰幕墙钢结构，且平面内刚度较大，与主体钢结构存在关联；④地下室顶板开洞较多，下移嵌固端到基础面；⑤设置防屈曲约束支撑；⑥与其他结构存在连廊相连。

框架柱大部分采用圆钢管混凝土柱，部分周边框架柱采用矩形钢管混凝土，框架梁基本采用实腹钢梁，仅 36m 跨中庭屋顶采用 2.5m 高的钢桁架。

9.3.2　防屈曲约束支撑设置

结构中采用防屈曲约束支撑的必要性：

1）使结构体系形成多道抗震防线，防屈曲约束支撑形成第一道防线，首先进入屈服耗能，框架为第二道防线；

2）由于防屈曲约束支撑能首先进入屈服，能够耗散地震输入的能量，加长结构自振周期，从而减小地震作用的输入，保护主体框架结构。

地上各层防屈曲耗能支撑大部分设置在楼梯间周边，在结构内基本为均匀设置，如图 9.3-9 所示。对防屈曲耗能支撑设定的目标为：

1）小震及风荷载作用下，设置的防屈曲耗能支撑均为弹性；

2）中震作用下，设置的一部分防屈曲耗能支撑进入屈服耗能；

3）大震作用下，所设置的耗能支撑基本进入屈服耗能。

为合理选定防屈曲耗能支撑的大小，采用了下述两种方法：

1）列举法：列出所有支撑在小震作用下按照弹性计算的轴力，按照小震下的轴力来选择防屈曲耗能支撑的大小；

2）试算法：对所有防屈曲耗能支撑分别按照 250kN、500kN、750kN、1000kN、1250kN 及 1500kN 进行设置，并采用人工波分别进行大震下弹塑性时程分析，比较不同支撑在不同屈服力下的耗能减震效果，来确定防屈曲耗能支撑大小，计算结果见图 9.3-9～图 9.3-13，屈服状况见图 9.3-14～图 9.3-16。下述计算分析中，“防屈曲约束支撑”与其简称“BRB”等同。

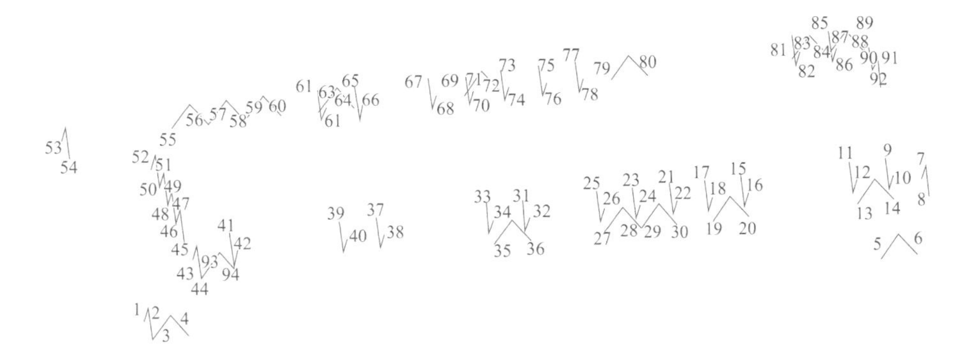

图 9.3-9 各层支撑平面布置及编号

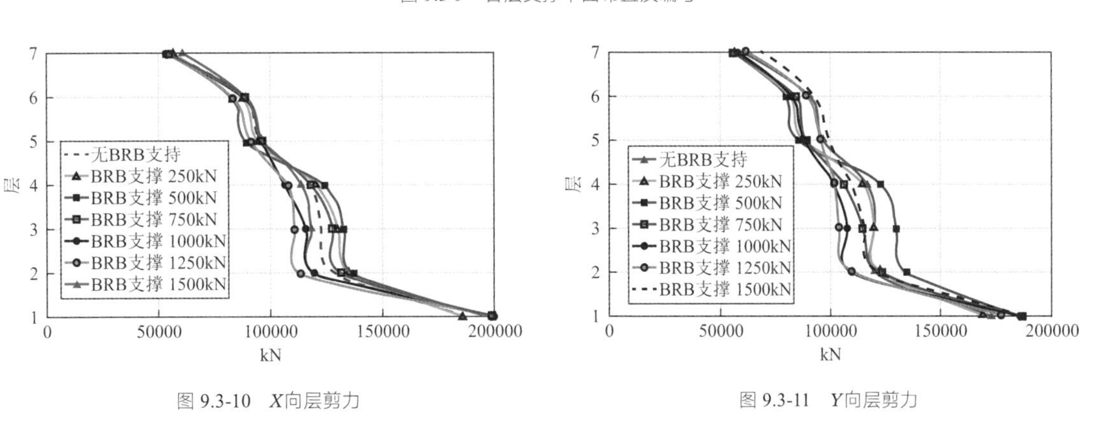

图 9.3-10 *X*向层剪力　　　图 9.3-11 *Y*向层剪力

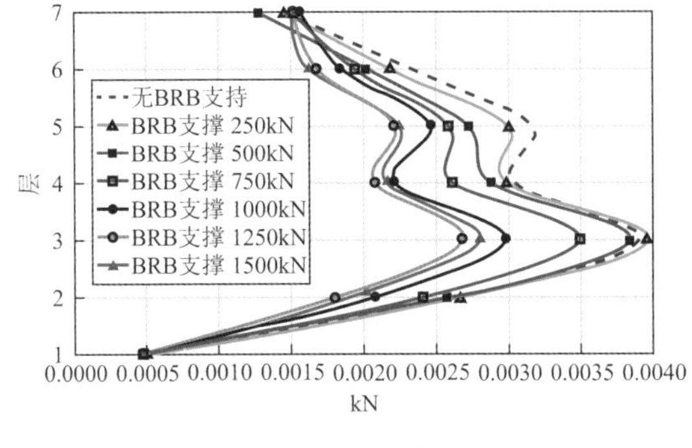

图 9.3-12 *X*向层间位移角

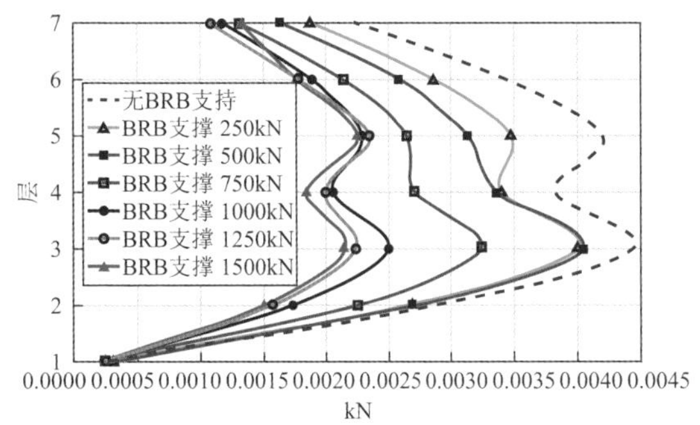

图 9.3-13 *Y*向层间位移角

从图 9.3-10～图 9.3-13 可以看出：

1）无 BRB 支撑的框架结构与有 BRB 支撑的框架—支撑结构的层剪力基本相当；

2）采用不同屈服力的 BRB 支撑，其基底剪力大小基本一致；

3）无 BRB 支撑的框架结构的层间位移角均大于设有 BRB 支撑的框架—支撑结构的层间位移角；

4）随着 BRB 支撑屈服力的增大，框架—支撑结构的层间位移角先减小后增大；

5）从框架—BRB 支撑结构的层间位移角来看，BRB 支撑的屈服力并非越小或越大越好，而是应针对具体结构选择适当屈服力的 BRB 支撑。

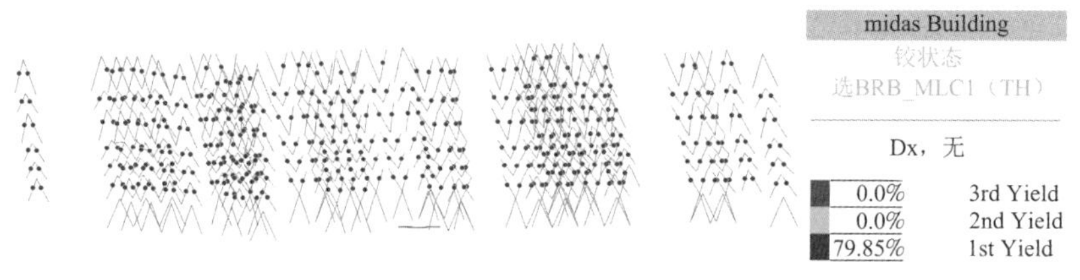

图 9.3-14　屈服力为 250kN 防屈曲约束支撑屈服情况

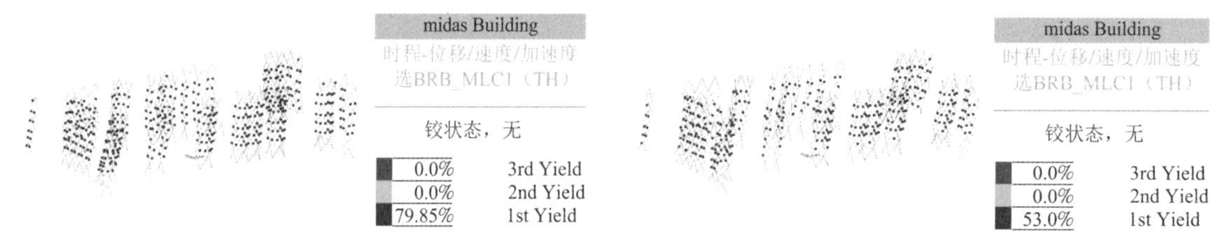

图 9.3-15　屈服力为 750kN 防屈曲约束支撑屈服情况　　图 9.3-16　屈服力为 1250kN 防屈曲约束支撑屈服情况

综合上述两种分析方法的结果，对于本工程的防屈曲约束支撑的设置方法如下：

1）结构 1 层不设置 BRB 支撑，而设置一般支撑；

2）结构 3 层、4 层在地震下的支撑内力较大，设置 750kN 屈服力的防屈曲耗能支撑；

3）结构 2 层、5 层及 6 层设置 500kN 屈服力的防屈曲约束支撑；

4）结构 7 层在地震下的支撑内力较小，设置 250kN 屈服力的防屈曲耗能支撑。

9.3.3　其他构件布置

钢结构楼面采用压型钢板非组合楼板。本工程结构为一个整体，不设缝。

为保证混凝土浇筑质量和控制裂缝，采用设置后浇带和分仓浇筑及掺抗裂纤维等措施。

基础、底板均采用 C40；外墙、混凝土柱均采用 C40；基础面以上各层板均采用 C30。

9.3.4　结构超限情况及结构抗震性能目标

根据住房和城乡建设部 2015 年印发的《超限高层建筑工程抗震设防专项审查技术要点》，本工程有 6 项指标超过规范要求，属超限高层建筑工程。

不规则项有：

1）扭转不规则：YJK 分析结果扭转位移比最大 1.27，MIDAS BUILDING 分析结果扭转位移比最大 1.417，均大于 1.2；

2）楼板不连续：局部有夹层以及标高 15.7m 处楼层大开洞，楼层板有效宽度小于 50%；

3）刚度突变：YJK 和 MIDAS BUILDING 计算的第 5 层刚度与相邻层的比值为 0.67，略小于 0.70；

4）构件间断：本工程与其他相邻建筑之间采用连廊连接，连廊两端与主体采用摩擦摆滑动的弱连接方式连接；

5）承载力突变：第 2 层的受剪承载力与相邻层的比值为 0.71，小于 0.80，但大于 0.65；

6）局部不规则：部分框架柱跨越几层通高。

针对结构存在的 6 项不规则项，在结构分析与设计中主要采用如下措施，保证结构达到既定的抗震性能目标。

（1）扭转不规则、刚度突变及承载力突变三项整体指标超限，通过结构性能分析（第9.3.5节）表明结构在多遇、设防以及罕遇地震作用下都能达到既定的性能目标。

（2）针对楼板不连续，首先对大开洞层楼板采用弹性模，在整体计算中考虑楼板开洞带来的影响；然后，对楼板进行了地震作用下的楼板应力分析，在大震作用下绝大部分楼板剪应力均在1.5MPa以内，楼板最大剪力满足受剪截面验算公式。另外，对大开洞的周边楼板采用双层双向配筋且单层最小配筋率不小于0.35%，钢筋直径不小10mm，间距不大于200mm。

（3）对于与相邻建筑存在采用摩擦摆支承的连廊，分析中将本工程与相邻建筑一起建立模型，考虑支座非线性特性的整体结构地震响应分析，确定支座预计滑移量，考察连廊对主体塔楼造成的影响。第9.4.1节分析结果表明：①与无连廊结构相比，多遇及罕遇地震作用下连廊的存在对主体结构其所在层的层剪力和主体结构的基底剪力有减小作用，相差约3%，设计中按照无连廊计算得到的剪力值在大多数工况下更大，设计更加安全；②采用摩擦摆支座实现了连廊对两端结构的弱影响，各结构可以分开进行分析设计；③在楼层连廊的支座连接处施加最大作用力，确保局部构件可靠传递支座水平力。

（4）针对穿层柱情况，首先在分析中合理确定计算长度系数，并在大震时程分析（第9.3.5节）以及非线性稳定承载力分析（第9.4.2节）中确定穿层柱有足够的安全储备，能够达到性能目标。

按照《高层建筑混凝土结构技术规程》JGJ 3—2010第3.11节结构抗震性能设计方法，设定该结构抗震性能目标为C。结构各构件对照性能目标C的细化性能目标见表9.3-1。

结构构件抗震设防性能目标细化表　　表9.3-1

地震烈度		多遇地震	设防地震	罕遇地震
宏观损坏程度		无损坏	轻度损坏	中度损坏
层间位移角		1/250	1/200	1/100
关键构件	框架柱	弹性	正截面不屈服；抗剪弹性	正截面不屈服；抗剪不屈服
	悬挑桁架	弹性	弦杆正截面不屈服；腹杆正截面弹性	弦杆正截面不屈服；腹杆正截面不屈服
普通竖向构件	除关键构件外的其他竖向构件	弹性	正截面不屈服；抗剪弹性	正截面屈服，允许部分构件形成塑性铰；抗剪不屈服
普通水平构件	屋面桁架	弹性	弦杆正截面不屈服；腹杆正截面不屈服	弦杆及腹杆正截面屈服，允许部分构件形成塑性铰
	G轴、J轴上18m跨钢框架梁	弹性	正截面不屈服；抗剪不屈服	正截面不屈服；抗剪不屈服
	其他18m跨钢框架梁	弹性	正截面不屈服；抗剪不屈服	允许部分构件形成塑性铰
耗能构件	防屈曲约束支撑	弹性	部分构件正截面屈服	允许形成充分的塑性铰
	9m跨钢框架梁	弹性	正截面屈服	

在本工程中，对钢结构楼梯采用了两点结构措施：

1）楼梯间周边基本设置了防屈曲约束支撑；

2）楼梯梯段设置为滑动，阻断剪力的传递，保证了楼梯构件的安全。因而在后述分析中，不再单独强调楼梯的梯柱和梯梁的抗震性能。

9.3.5　结构抗震性能化分析

1. 分析方法

线弹性分析工作如下：

1）采用三维有限元分析与设计软件YJK 1.7.1.0进行结构整体计算、分析与设计，确立合理的结构体系与构件截面；

2）采用三维有限元分析与设计软件 MIDAS BUILDING 2014 进行对比计算、分析，复核 YJK 计算的设计结果；

3）采用 YJK 1.7.1.0 进行小震弹性时程分析，进行抗震性能目标复核；

4）采用 YJK 1.7.1.0 进行等效弹性分析设计，确定结构构件满足第 3、4 性能水准的目标。

非线性分析工作如下：采用 MIDAS BUILDING 对整体结构模型进行了罕遇地震作用下动力弹塑性时程分析，分析结构的塑性发展，对结构的抗震性能目标进行复核。

2. 小震性能分析结果

采用 YJK 与 MIDAS BUILDING 程序，计算结果表明：结构剪重比满足规范限值要求；结构刚重比满足规范整体稳定验算要求，不考虑重力二阶效应；结构 5 层抗侧刚度不满足要求，为软弱层，结构 2 层（建筑夹层）承载力不满足要求，为薄弱层，软弱层与薄弱层没有出现在同一层，按照规范对前述各层的剪力乘以 1.25 的增大系数。

结构扭转周期/平动周期的比值小于 0.85，满足规范要求。

结构层间位移角曲线见图 9.3-17、图 9.3-18，层间位移角满足规范要求。

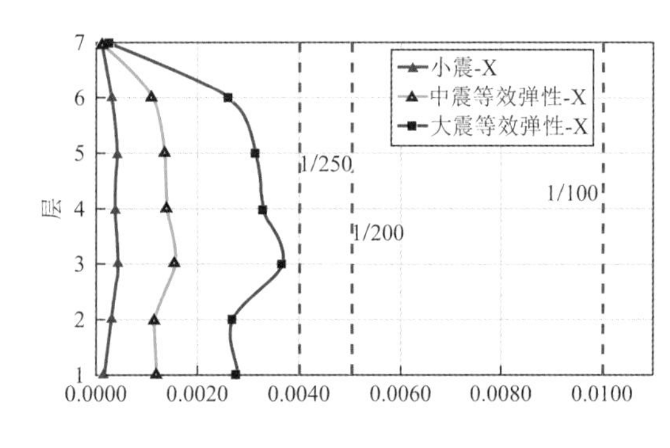

图 9.3-17 X向层间位移角

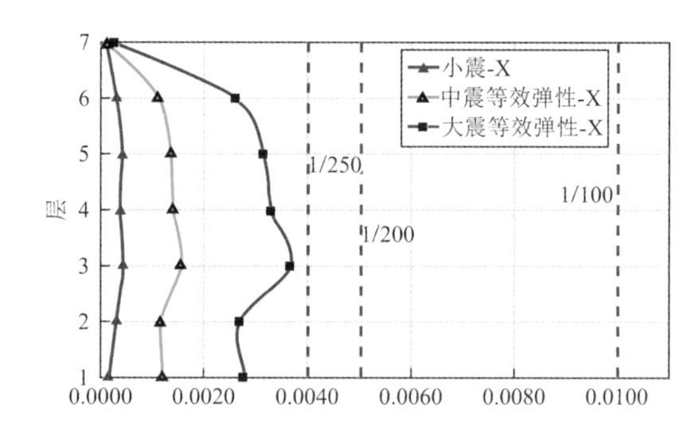

图 9.3-18 Y向层间位移角

根据 YJK 结构弹性时程分析结果，振型分解法的X向基底剪力小于 7 条波分析结果的平均值，Y向基底剪力大于 7 条波分析结果的平均值。振型分解法计算时，X向对结构全部楼层地震作用下的剪力乘以 1.05 的放大系数。

结构在小震作用下整体结构及所有结构构件满足规范要求，能够实现性能水准 1 的要求。

3. 大震弹塑性时程分析结果

结构构件在地震波作用下的出铰（人工波 3）情况见图 9.3-19～图 9.3-24。

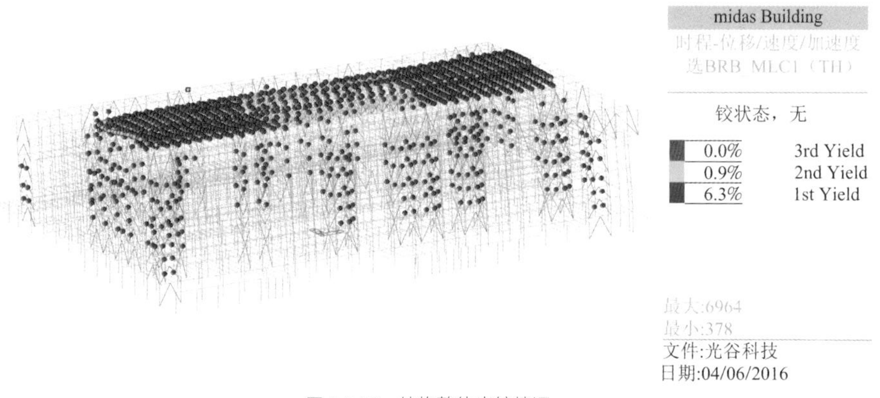

图 9.3-19 结构整体出铰情况

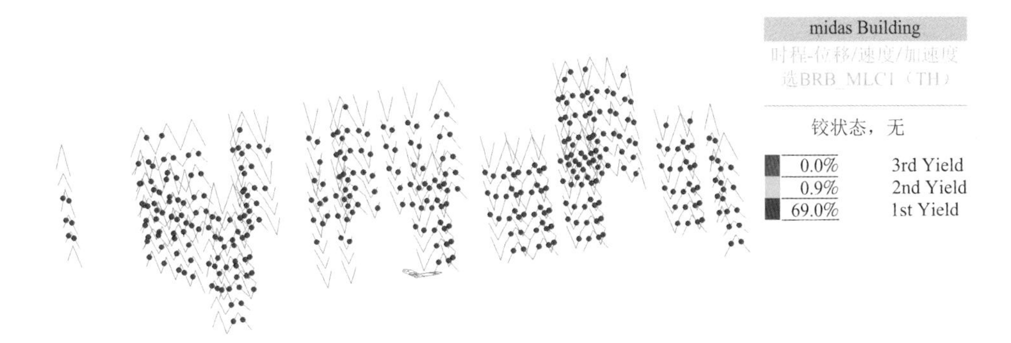

图 9.3-20　防屈曲约束支撑出铰情况

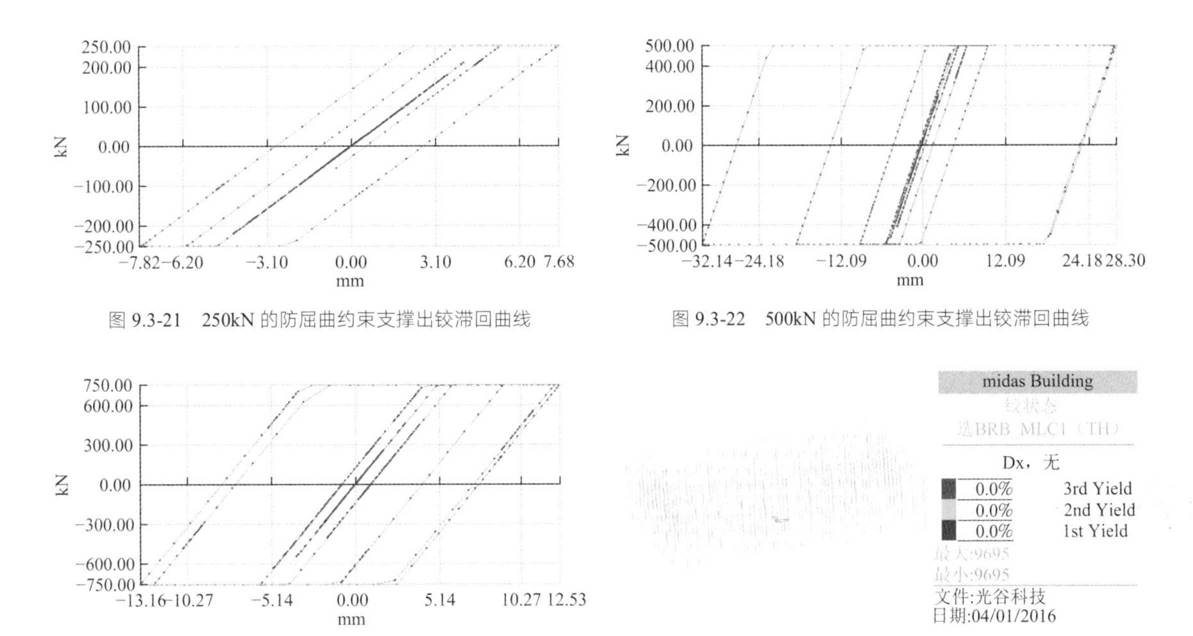

图 9.3-21　250kN 的防屈曲约束支撑出铰滞回曲线

图 9.3-22　500kN 的防屈曲约束支撑出铰滞回曲线

图 9.3-23　750kN 的防屈曲约束支撑出铰滞回曲线

图 9.3-24　所有钢管混凝土柱未出铰

结构在罕遇地震作用下：

1）竖向构件处于弹性状态，结构整体上基本处于弹性状态，满足性能目标要求；

2）结构中设置的防屈曲约束支撑基本均出铰，能够有效发挥耗散地震能量的作用，减轻其余构件的地震作用，从而有效地保证整个结构的大震安全性；

3）其他构件满足性能目标细化表 9.3-1 中的要求；

4）分析所得最大弹塑性层间位移角为 1/260，远小于规范规定的弹塑性层间位移角限值 1/100，满足结构变形的性能要求。

9.4　专项设计

9.4.1　连廊的弱连接设计与分析

1．连廊概况

本工程为复杂连体建筑，有三栋体量差异较大的主体建筑，分别为中国光谷科技会展中心、全球公共采购交易服务总部基地 6～8 号楼以及 5 号楼，主体建筑之间采用连廊连接。

本工程不仅建设规模较大，各栋建筑之间的体量以及结构形式均不同，而且全球公共采购交易服务总部基地与光谷科技会展中心项目业主、施工方及施工进度等均不一致。为了降低结构复杂程度，采取在连廊与主体结构之间设缝脱开，并在连廊两端设置隔震支座的弱连接方案，将各单体建筑相互分开，减小地震作用下连廊的连接对各主体结构之间的相互影响。

为验证弱连接方案的可行性，将光谷科技会展中心，全球公共采购交易服务总部基地的 5 号楼、6～8 号楼、连廊 1、连廊 2、连廊 3、连廊 4 整体建模，进行考虑支座非线性特性的整体结构地震响应分析（图 9.4-1），以确定支座预计滑移量，考察连廊对主体塔楼造成的影响，从而给主体塔楼结构设计和连体结构设计提供技术支持。

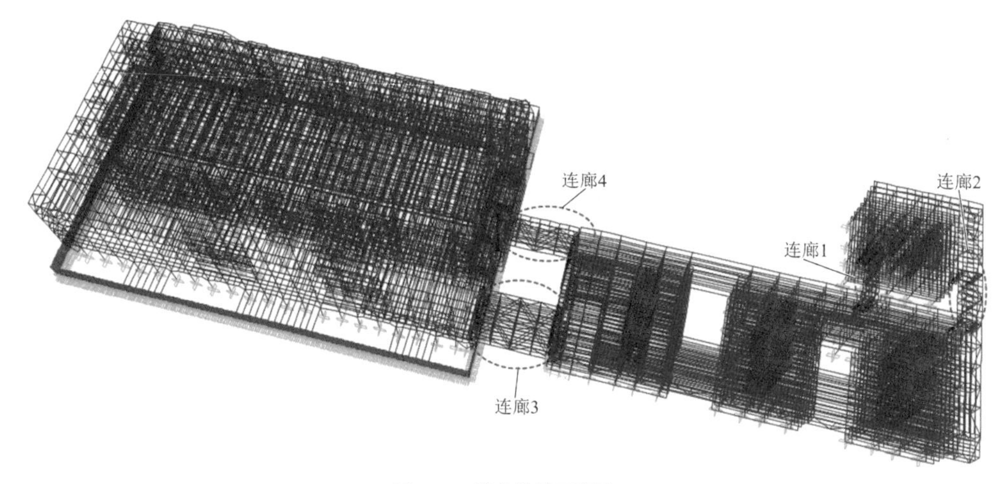

图 9.4-1　整体模型示意图

2. 摩擦摆支座的设计

根据本工程的具体要求，拟采用摩擦摆式支座（Friction Pendulum Bearing，简称 FPB）作为隔震支座，这种装置具有减震效果好、结构可靠、经久耐用的特点，近年来在国内外进行大量的相关研究并得到了广泛应用[2]。其基本原理如图 9.4-2、图 9.4-3 所示，图 9.4-4 为常见摩擦摆支座构造图。上部结构（如桥梁、建筑等）支承于滑动在一球面上的滑块上，任意方向的水平运动都会产生一个重力的竖向提升，产生自恢复势能。

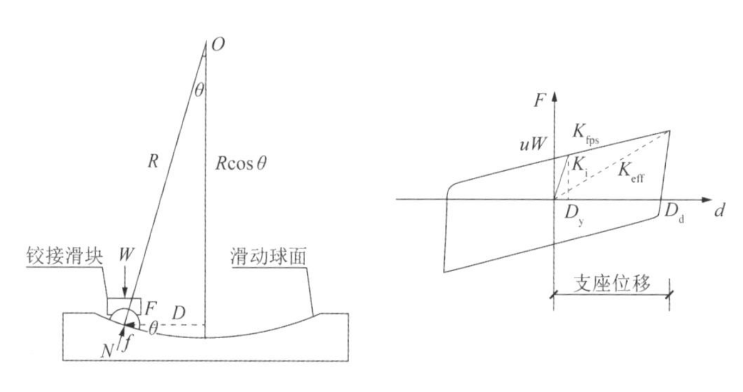

图 9.4-2　摩擦摆模型系统示意图　　图 9.4-3　摩擦摆支座滞回模型

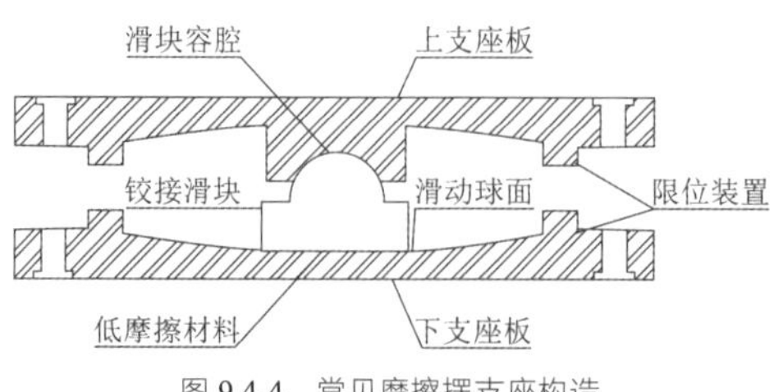

图 9.4-4　常见摩擦摆支座构造

根据需要以及目前 FPB 隔震支座的定型产品，拟选用支座曲面半径为 1.00m，支座理论周期为

2.0065s，动摩擦系数为 0.05 ± 0.01，支座最大变形能力为 ± 200mm。

3．连廊支座分析方法

方法一：静力叠加分析方法，该方法为弹性分析方法，将连廊及两端连接的主楼看作互不影响的结构，分别计算连廊、两端结构在地震作用下位移，再将同方向上的连廊位移与两端结构的位移分别相加，取两者中的大值作为该支座在该方向上的位移控制值。

方法二：时程分析方法，该方法为弹塑性分析方法，计算分析采用软件 SAP2000 Ultimate C 16.1.0 版，该软件提供 Friction Isolator 来模拟摩擦摆支座，其水平方向非线性特性参数根据各支座的竖向荷载确定。同时，对梁、柱等构件分配塑性铰，将整体结构进行动力弹塑性时程分析。

参照《建筑抗震设计规范》GB 50011—2010 的相关规定，根据本工程建筑场地类别和设计地震分组选用两条天然波 TRB1、TRB2 和一条人工波 RGB1，进行连体结构在 X、Y 及竖向多遇地震（各方向地震波峰值调幅为：主向 18cm/s^2，次向 15.3cm/s^2，竖向 11.7cm/s^2）与罕遇地震（各方向地震波峰值调幅为：主向 125cm/s^2，次向 106.3cm/s^2，竖向 81.3cm/s^2）作用下的动力响应时程分析，时程积分方法采用 FNA（Fast Nonlinear Analysis）方法。

4．静力叠加分析方法

假定连廊与连廊两端的主体结构各自独立，分别计算连廊、两端主体结构在小震、大震下的位移，再将同方向上的连廊位移与两端结构的位移分别相加，取两者中的大值。

表 9.4-1 中计算了各连廊摩擦摆支座的初始刚度、滑动后刚度以及总静摩擦力等参数信息。

连廊支座参数　　表 9.4-1

连廊	支座编号	竖向荷载 W/kN	屈服位移 D_y/mm	支座初始刚度 K_i/（kN/m）	滑动后刚度 K_{fps}/（kN/m）	滑动前最大摩擦力/kN	各连廊总静摩擦力/kN	风荷载总侧向力/kN
连廊 1	1	780.0	2.0	19500	780	39.0	156	148
	2	780.0	2.0	19500	780	39.0		
	3	780.0	2.0	19500	780	39.0		
	4	780.0	2.0	19500	780	39.0		
连廊 2	1	1050	2.0	26250	1050	52.5	210	148
	2	1050	2.0	26250	1050	52.5		
	3	1050	2.0	26250	1050	52.5		
	4	1050	2.0	26250	1050	52.5		
连廊 3	1	2520	2.0	63000	2520	126.0	1088	231
	2	2920	2.0	73000	2920	146.0		
	3	2920	2.0	73000	2920	146.0		
	4	2520	2.0	63000	2520	126.0		
	5	2520	2.0	63000	2520	126.0		
	6	2920	2.0	73000	2920	146.0		
	7	2920	2.0	73000	2920	146.0		
	8	2520	2.0	63000	2520	126.0		
连廊 4	1	2320	2.0	58000	2320	116.0	654	231
	2	4220	2.0	105500	4220	211.0		
	3	2320	2.0	58000	2320	116.0		
	4	4220	2.0	105500	4220	211.0		

连廊的位移按照底部剪力法进行计算，结构周期按照摩擦摆支座的周期 2.0s 考虑，计算的各连廊在小震、大震下的地震剪力、位移如表 9.4-2 所示。

连廊剪力及位移　　表 9.4-2

连廊	小震剪力/kN	小震位移/mm	大震剪力/kN	大震位移/mm
连廊 1	31.0	9.9	217.2	69.6
连廊 2	41.8	9.9	292.5	69.6
连廊 3	216.5	9.9	1515.2	69.6
连廊 4	130.1	9.9	910.8	69.6

采用线弹性方法计算的光谷科技会展中心、全球公共采购交易服务总部基地的 6、7、8 号楼及 5 号楼在小震、大震下的主体结构位移如表 9.4-3 所示。

连廊两端主体结构位移　　表 9.4-3

主体结构	小震		大震	
	*X*向	*Y*向	*X*向	*Y*向
光谷科技会展中心	10.5	6.8	73.5	47.5
6、7、8 号楼	6.8	6.2	47.6	43.5
5 号楼	7.7	9.6	53.8	67.2

叠加连廊支座及两端主体结构位移，取两者中的大值，可以得到各连廊支座预估的最大位移，如表 9.4-4 所示。

各连廊支座预估最大位移　　表 9.4-4

连廊	小震位移/mm		大震位移/mm	
	*X*向	*Y*向	*X*向	*Y*向
连廊 1	17.6	19.5	123.4	136.8
连廊 2	17.6	19.5	123.4	136.8
连廊 3	20.4	16.7	143.1	117.1
连廊 4	20.4	16.7	143.1	117.1

由静力叠加分析方法及表 9.4-4 可知：①小震下，摩擦摆支座最大位移值为 20.4mm；②大震下，摩擦摆支座最大位移值为 143.1mm；③选用最大变形能力为±200mm 的支座合适。

5．整体结构弹塑性时程分析

为了全面地考虑塔楼-连廊-塔楼之间的动力相互作用，整体结构计算模型包括中国光谷科技会展中心、全球公共采购交易服务总部基地（5 号楼和 6～8 号楼）、连廊 1、连廊 2、连廊 3、连廊 4，整体结构分析模型如图 9.4-1 所示。同时，为了对比计算结果，还进行了无连体的结构分析。

表 9.4-5 列出了整体结构在小震时程分析下各连廊支座的位移。从表 9.4-5 中可以看出：

多遇地震作用下各支座最大变形　　表 9.4-5

连廊	*X*/mm	TRB1	TRB2	RGB1	包络值	*Y*/mm	TRB1	TRB2	RGB1	包络值
连廊 1	支座 1	14.64	12.59	16.04	16.04	支座 1	13.80	7.02	8.80	13.80
	支座 2	14.63	12.59	16.04	16.04	支座 2	12.55	7.54	10.79	12.55
	支座 3	12.48	13.70	15.37	15.37	支座 3	12.45	8.32	11.48	12.45
	支座 4	12.49	13.70	15.37	15.37	支座 4	14.17	7.66	10.92	14.17

续表

连廊	X/mm	TRB1	TRB2	RGB1	包络值	Y/mm	TRB1	TRB2	RGB1	包络值
连廊 2	支座 1	13.92	5.96	14.84	14.84	支座 1	16.50	7.54	16.02	16.50
	支座 2	13.93	5.96	14.85	14.85	支座 2	16.57	7.37	16.07	16.57
	支座 3	13.95	6.99	16.09	16.09	支座 3	15.98	9.25	17.16	17.16
	支座 4	13.90	6.77	16.35	16.35	支座 4	15.99	9.17	16.92	16.92
连廊 3	支座 1	16.53	11.07	18.43	18.43	支座 1	14.95	13.43	20.10	20.10
	支座 2	16.39	13.00	17.60	17.60	支座 2	14.98	13.46	20.13	20.13
	支座 3	16.65	13.63	17.42	17.42	支座 3	14.97	13.45	20.12	20.12
	支座 4	17.78	15.54	19.36	19.36	支座 4	14.98	13.46	20.12	20.12
	支座 5	17.24	8.38	17.55	17.55	支座 5	14.79	12.30	16.83	16.83
	支座 6	17.81	8.06	16.75	17.81	支座 6	14.81	12.32	16.86	16.86
	支座 7	18.09	8.73	16.72	18.09	支座 7	14.80	12.32	16.85	16.85
	支座 8	19.17	10.83	17.49	19.17	支座 8	14.81	12.32	16.86	16.86
连廊 4	支座 1	18.74	12.35	14.77	18.74	支座 1	13.26	18.50	16.27	18.50
	支座 2	18.87	23.50	22.91	23.50	支座 2	13.36	18.61	16.40	18.61
	支座 3	18.41	18.55	18.31	18.55	支座 3	15.19	16.58	18.78	18.78
	支座 4	18.97	10.00	15.64	18.97	支座 4	15.16	16.58	18.74	18.74

1）各连廊X向最大位移值为 23.5mm；

2）各连廊Y向最大位移值为 20.13mm；

3）与静力叠加法计算的结果相当，相互进行印证，一方面表明计算结果可信；另一方面表明设置摩擦摆支座后，连廊与两端结构的相互影响不大，可独立进行分析。

表 9.4-6 列出了整体结构在大震时程分析下各连廊支座的位移。同样，从表 9.4-6 中可以看出：

1）各连廊X向最大位移值为 162.45mm；

2）各连廊Y向最大位移值为 139.83mm；

3）与静力叠加法计算的结果相当，表明设置摩擦摆支座后，连廊与两端结构的相互影响不大，可独立进行分析；

4）采用静力叠加法及时程分析的结果均小于 165mm，预留一定安全储备，选用最大变形能力为 ±200mm 的摩擦摆支座合适。

罕遇地震作用下各支座最大变形 表 9.4-6

连廊	X/mm	TRB1	TRB2	RGB1	包络值	Y/mm	TRB1	TRB2	RGB1	包络值
连廊 1	支座 1	96.76	74.51	111.44	111.44	支座 1	95.75	48.57	61.06	95.75
	支座 2	96.73	74.49	111.41	111.41	支座 2	87.11	52.20	74.89	87.11
	支座 3	79.23	95.48	106.80	106.80	支座 3	86.57	57.77	79.83	86.57
	支座 4	79.25	95.52	106.78	106.78	支座 4	98.48	53.15	75.94	98.48
连廊 2	支座 1	96.70	36.92	98.86	98.86	支座 1	114.43	52.53	111.22	114.43
	支座 2	96.75	36.95	98.91	98.91	支座 2	114.81	51.18	111.45	114.81
	支座 3	96.15	47.99	92.66	96.15	支座 3	111.08	64.60	119.35	119.35
	支座 4	95.94	47.91	92.59	95.94	支座 4	111.20	64.14	117.75	117.75

续表

连廊	X/mm	TRB1	TRB2	RGB1	包络值	Y/mm	TRB1	TRB2	RGB1	包络值
连廊 3	支座 1	113.55	75.99	116.70	116.70	支座 1	103.89	93.48	139.74	139.74
	支座 2	108.88	89.41	113.01	113.01	支座 2	103.97	93.55	139.83	139.83
	支座 3	107.53	93.82	111.92	111.92	支座 3	103.96	93.54	139.82	139.82
	支座 4	112.89	107.34	108.65	112.89	支座 4	103.94	93.51	139.78	139.78
	支座 5	108.52	48.33	118.79	118.79	支座 5	102.70	85.70	117.03	117.03
	支座 6	104.34	57.52	117.66	117.66	支座 6	102.76	85.76	117.09	117.09
	支座 7	103.21	62.24	117.50	117.50	支座 7	102.76	85.75	117.08	117.08
	支座 8	110.38	76.77	117.91	117.91	支座 8	102.74	85.72	117.05	117.05
连廊 4	支座 1	129.76	85.80	96.53	129.76	支座 1	92.09	128.53	113.04	128.53
	支座 2	129.73	162.45	149.50	162.45	支座 2	92.82	129.33	113.95	129.33
	支座 3	129.02	130.42	124.08	130.42	支座 3	105.50	115.07	130.49	130.49
	支座 4	132.10	70.19	109.07	132.10	支座 4	105.24	114.99	130.21	130.21

6. 隔震连廊对主体结构的影响分析

表 9.4-7 所列为在有/无连廊情况下，主体结构前三阶自振特性的对比。从表 9.4-7 中可以看出，由于采用了弱连接方式，连廊对主体结构的刚度等动力特性影响非常有限，周期差异不大于 5%。

有连廊和无连廊主体结构周期对比　　表 9.4-7

主体结构		T_1/s	T_2/s	T_3/s
5 号楼	有连廊	1.6399	1.3706	1.3079
	无连廊	1.6717	1.4020	1.3333
6、7、8 号楼	有连廊	1.1938	1.1201	1.0691
	无连廊	1.2080	1.1223	1.0812
光谷科技会展中心	有连廊	1.9919	1.8895	1.7862
	无连廊	1.9928	1.8995	1.8186

对有连廊结构与无连廊结构主体结构层剪力及基底剪力进行对比分析，考察隔震后连廊结构对主体结构的影响。为了节省篇幅，仅给出了 3 条波包络值的分析结果。

有连廊和无连廊模型中会展中心楼层剪力对比　　表 9.4-8

层剪力值/kN		有连廊模型	无连廊模型	无连廊/有连廊	支座的最大静摩擦力与层剪力比值	支座的最大动水平力与层剪力比值
多遇地震 X向	基底剪力	29796.13	36536.57	1.23	—	—
	所在楼层	18831.64	22192.31	1.18	0.046	0.019
罕遇地震 X向	基底剪力	207819.64	253657.68	1.22	—	—
	所在楼层	131288.59	154914.10	1.18	0.0066	0.018
多遇地震 Y向	基底剪力	26517.22	30701.55	1.16	—	—
	所在楼层	14926.83	17161.63	1.15	0.058	0.023
罕遇地震 Y向	基底剪力	184923.45	213148.72	1.15	—	—
	所在楼层	103697.70	119245.89	1.15	0.0084	0.023

由表 9.4-8 可以看出：

（1）与无连廊结构相比，多遇及罕遇地震作用下连廊的存在对主体结构其所在层的层剪力和主体结构的基底剪力有减小作用。可见连廊对主体结构有一定的影响，但由于采用了隔震措施，上述影响有限，且按照无连廊计算得到的剪力值在大多数工况下更大，设计更加安全；

（2）由于光谷科技会展中心体量较大，连廊对其整体影响较小，在小震下摩擦摆支座对结构的最大静摩擦力最大仅为层剪力的 0.058 倍，滑动后水平力最大仅为层剪力的 0.023 倍，表明支座在滑动前对光谷科技会展中心影响较小；

（3）在大震作用下，摩擦支座不管是在滑动前的静摩擦力还是滑动后的动水平力，与其层剪力的比值均小于 0.07，影响较小。

7．分析结论及加强措施

由前述分析，有以下结论：

1）摩擦摆支座由于其自身构造的特殊性，导致连廊对两端主体结构的刚度影响是通过“力的作用”来实现的，滑动前是通过静摩擦力来影响两端结构，滑动后是由其产生的动水平力来影响两端结构；

2）本工程采用摩擦摆支座实现了连廊对两端结构的弱影响，各结构在采取相应措施后，可以分开进行分析设计；

3）各栋主楼分别进行计算时，应对局部楼层及构件进行加强。

在地震作用下，由于摩擦摆支座最大静摩擦力对结构作用不能忽略，应对主体及连廊结构的结构设计采用如下措施：

（1）对于 5 号楼采取以下措施：

①对连廊所在楼层剪力进行放大 1.15 倍；

②在支座连接处施加最大作用力，确保局部构件在各地震工况下可靠传递支座水平力。

（2）对于 6、7、8 号楼采取以下措施：

①对连廊所在楼层剪力进行放大 1.20 倍；

②在支座连接处施加最大作用力，确保局部构件可靠传递支座水平力。

（3）对光谷科技会展中心采取以下措施：

①对连廊所在楼层剪力进行放大 1.06 倍；

②在支座连接处施加最大作用力，确保局部构件可靠传递支座水平力。

（4）为了充分发挥隔震支座的效能，连廊自身钢结构采用中震弹性的抗震性能目标进行设计。

（5）为了避免在极端情况下，隔震支座发生超过设计能力的变形，并与主体结构发生强烈撞击或跌落的发生，采取防撞及防跌落措施。如图 9.4-5 所示，具体措施为：

①在主体结构上与连廊主梁相应位置设置 50mm 厚橡胶垫，并在对应连廊主梁端部焊接端板，以增大在主梁与橡胶垫发生碰撞时的接触面积；

②主体结构屋面层框架梁（柱）与空中连廊主梁之间均设置一道安全拉索，以加强连廊的防跌落安全储备，形成第二道防线。连廊安装见图 9.4-6。

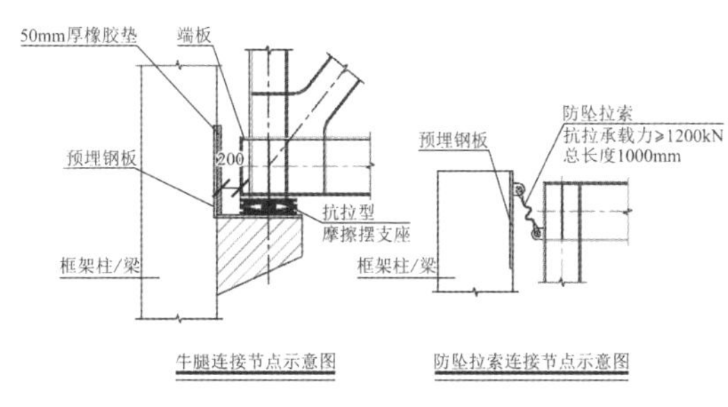

图 9.4-5　防撞及防跌落设计

图 9.4-6　连廊安装

9.4.2 周边穿层长柱的稳定性分析

本工程结构外围，由于建筑造型需要，有 38m 高的通高框架柱。为了比较准确、可靠地分析长柱的稳定性，采用 ANSYS 软件分析长柱的稳定性。

外围长框架柱采用矩形钢管混凝土柱（□700mm × 1400mm × 30mm），主要承受的荷载为：

1）支撑屋顶的竖向荷载，该竖向荷载的最大设计值不超过 5000kN；

2）幕墙传递来的水平向风荷载，外围长柱迎风受荷面宽按照 9.0m 考虑，按照规范计算出的屋面处作用在外围长柱上的最大风荷载为 10kN/m；

3）地震荷载，由动力弹塑性时程分析可知，竖向荷载和地震作用下外围长柱未失稳。

设计竖向荷载和风荷作用下：

1）长柱平面外方向位移最大为 48.9mm，竖向位移为 10.9mm；

2）长柱的最大应力为 85.9N/mm^2，长柱还留有较大强度储备。

保持水平向风荷载作用不变，增加竖向荷载直至长柱失稳（图 9.4-7），有：

1）长柱竖向力作用下失稳的极限承载力为 40916kN，约为长柱内力设计值的 8 倍，能够确保结构在竖向荷载下不失稳；

2）在长柱的极限承载力下，长柱的水平向位移为 1168mm，竖向位移为 66mm。

保持竖向荷载作用不变，增加水平荷载直至长柱失稳（图 9.4-8），有：

1）长柱在水平荷载作用下，失稳的极限承载力为风荷载设计值的 8.7 倍，能够确保结构在竖向荷载下不失稳；

2）在长柱的极限承载力下，长柱的水平向位移为 527mm，竖向位移为 56mm。

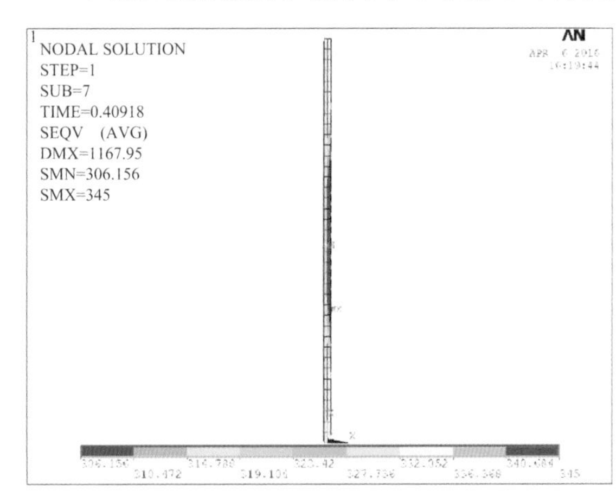

图 9.4-7 竖向荷载作用下的极限状态应力云图

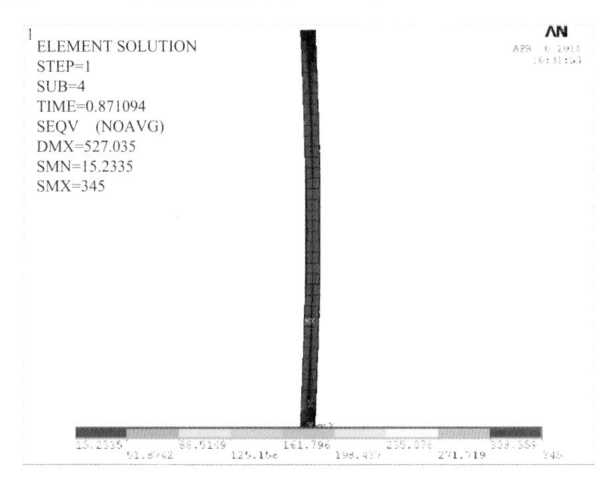

图 9.4-8 水平荷载作用下的极限状态应力云图

9.4.3 装饰幕墙对整体计算分析的影响

本工程外侧立面带有钢结构装饰幕墙，如图 9.4-9、图 9.4-10 所示。

由于钢结构幕墙斜向构件较多，非常复杂，为了使主体结构和外侧钢结构幕墙能够分开单独计算和设计，采取：

1）幕墙竖向构件直接落到基础面，竖向荷载采用自承重；

2）幕墙竖向构件与基础面之间设置滑动支座，释放水平向移动；

3）幕墙与主体结构之间采用铰接构件连接，主体结构只承受幕墙传递的水平向荷载和减小幕墙竖向构件的平面外计算长度，如图 9.4-11 所示。

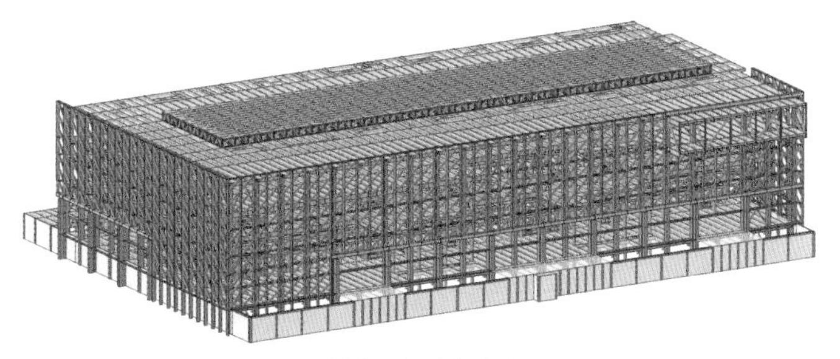

图 9.4-9　带外围钢结构幕墙结构模型

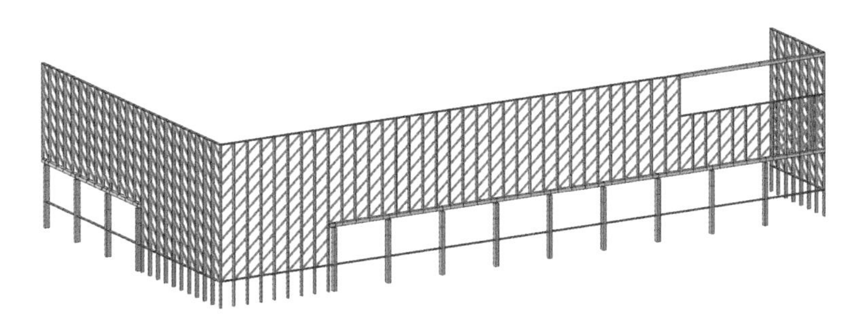

图 9.4-10　外围幕墙结构示意

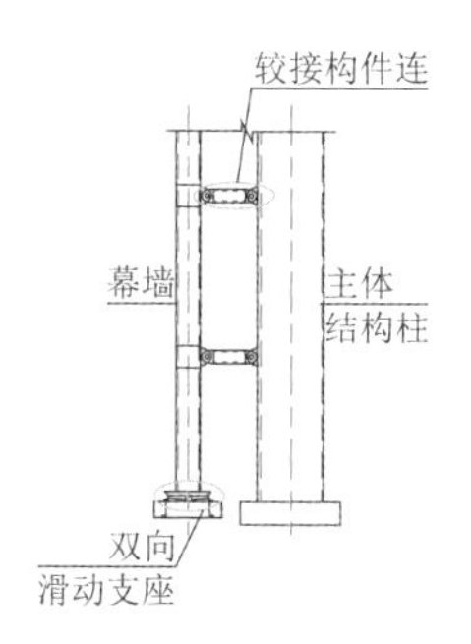

图 9.4-11　幕墙与主体结构连接示意图

表 9.4-9、表 9.4-10 给出了结构带钢结构幕墙与不带钢结构幕墙时的周期及剪力比较。

结构带钢结构幕墙与不带钢结构幕墙时的周期比较　　表 9.4-9

	不带钢结构幕墙计算			带钢结构幕墙计算		
振型	T_1/s	T_2/s	T_3/s	T_1/s	T_2/s	T_3/s
周期（s）	2.0349	1.9604	1.8157	1.9846	1.8448	1.7025
平动系数	（0.48 + 92.18）	（81.82 + 0.68）	（10.61 + 0.21）	（0.15 + 90.98）	（92.02 + 0.27）	（2.14 + 1.41）
扭转系数	0.80	10.86	88.90	1.76	0.41	95.28
周期差异	—	—	—	2.47%	5.89%	6.23%

结构带钢结构幕墙与不带钢结构幕墙时的层剪力比较　　表 9.4-10

楼层	不带钢结构幕墙计算		带钢结构幕墙计算	
7	8449	9321	8963	9348
6	12085	12376	13111	12401
5	13007	13222	14183	13241
4	15813	15824	17328	15860
3	16091	16361	17694	16442
2	16255	16993	17902	17081
1	35711	29592	36412	30650
基底剪力差异	—	—	1.96%	3.57%

从表 9.4-9、表 9.4-10 可以看出，采用结构处理措施后：

1）结构带钢结构幕墙与不带钢结构幕墙时的周期差异很小，前三阶差异最大为 6%；

2）结构带钢结构幕墙与不带钢结构幕墙时的层剪力差异很小，基底剪力差异最大为 3.57%；

3）在主体结构计算分析中，可以不带钢结构幕墙计算。

9.4.4　抗连续倒塌分析

本工程关键构件安全等级为一级，应满足抗连续倒塌概念设计的要求。按照《高层建筑混凝土结构技术规程》JGJ 3—2010 第 3.12 节，采用拆除构件方法进行抗连续倒塌设计。

根据结构构件的重要性与易破坏性，本工程针对结构周边柱、底层内部柱按规范规定采用拆除构件方法进行抗连续倒塌设计，拆除柱的位置详见图 9.3-5。

针对本工程，由于结构高度不高且武汉风荷载较小，故忽略风荷载的作用。

为了便于分析与计算，对规范公式进行整理，给出在荷载组合作用下拆除框架柱后各类构件的应力比的限值。见表 9.4-11。

各类构件的应力比限值表　　表 9.4-11

构件类型	R_d	S_d	$\beta S_d/R_d$	$(S_{Gk}+0.5S_{qk})/f$ 应力比不大于
与拆除柱相连的中间钢梁	$1.25\times1.111\times f$	$2.0\times(S_{Gk}+0.5S_{qk})$	$0.67\times1.44\times(S_{Gk}+0.5S_{qk})/f$	1.085
与拆除柱相连的端部钢梁	$1.25\times1.111\times f$	$2.0\times(S_{Gk}+0.5S_{qk})$	$1.0\times1.44\times(S_{Gk}+0.5S_{qk})/f$	0.694
其他中间钢梁	$1.25\times1.111\times f$	$1.0\times(S_{Gk}+0.5S_{qk})$	$0.67\times0.72\times(S_{Gk}+0.5S_{qk})/f$	2.073
其他端部梁	$1.25\times1.111\times f$	$1.0\times(S_{Gk}+0.5S_{qk})$	$1.0\times0.72\times(S_{Gk}+0.5S_{qk})/f$	1.389
其他柱	$1.0\times1.111\times f$	$1.0\times(S_{Gk}+0.5S_{qk})$	$1.0\times0.900\times(S_{Gk}+0.5S_{qk})/f$	1.111

如拆除 2～7 层柱 1 后，7 层各构件计算应力比如图 9.4-12 所示，与其相连的中间连续钢梁最大应力比为 0.57，小于限值 1.085；与其相连的端部钢梁最大应力比为 0.50，小于限值 0.694；相邻柱计算应力比均小于限值 1.111；其他梁计算应力比均小于 1.0，小于限值。

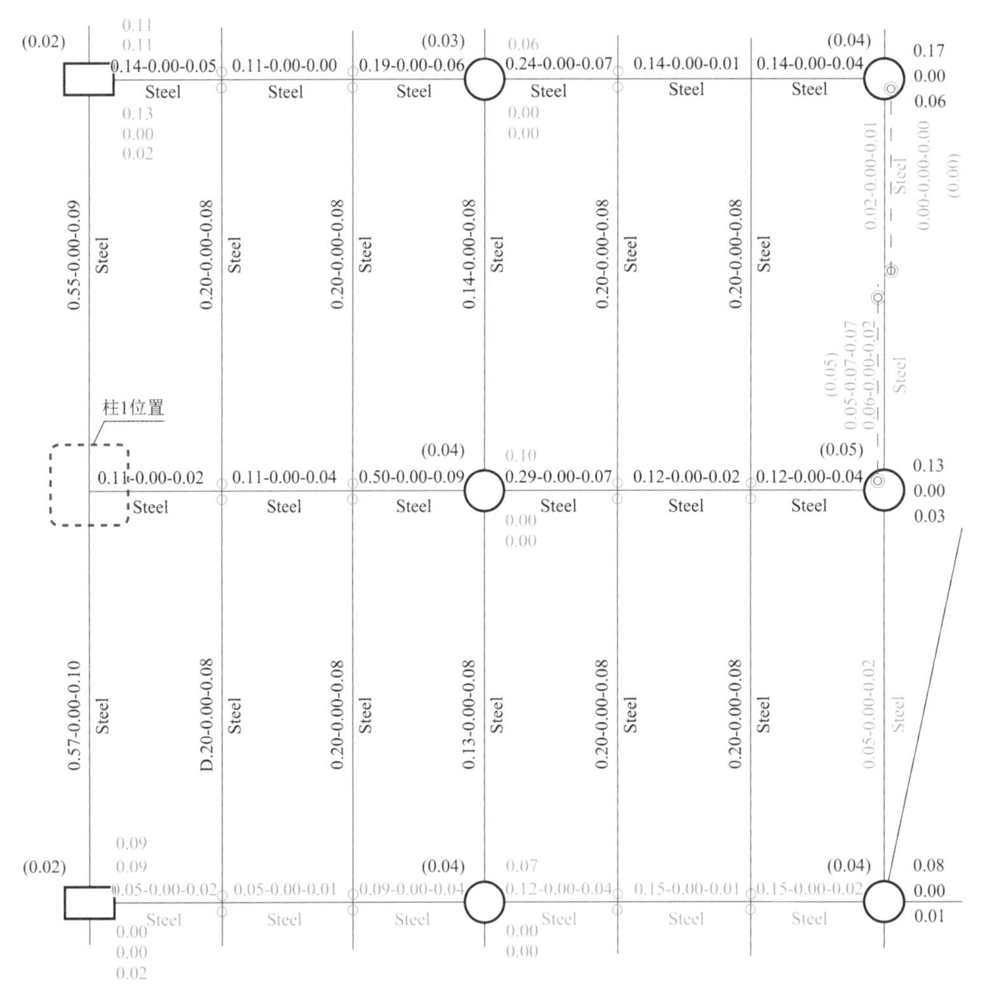

图 9.4-12　拆除柱 1 后相关构件计算应力比

通过上述分析，结构在拆除构件后，剩余构件或者构件本身承载力均能满足规范要求，结构不会发生连续倒塌。对相连接应力比较大的构件，在设计中将会加大杆件截面或者提高其强度。

9.5 结语

本工程为大型综合性展览中心，使用功能复杂，于2016年初开始设计，2017年7月竣工投入使用，从设计到投入使用仅1年半时间，采用D + B建造模式，实现了设计、施工的一体化和高效性。

在结构设计过程中，主要完成了以下几个方面的创新性工作：

（1）将先进的防屈曲约束支撑减震技术应用于大型展馆建筑。本工程为大型综合性展览中心，使用功能复杂，结构不规则项多，主体结构体系为钢管混凝土框架 + 中心防屈曲约束支撑，采用防屈曲约束支撑提高主体结构抗震性能。

（2）将摩擦摆隔震支座创新性用于连廊与主体结构之间的连接。本工程主体与其他建筑有空中连廊连接，为减小结构复杂程度，连廊与主体结构之间设缝脱开，连廊两端采用摩擦摆隔震支座的弱连接方式，减小地震中空中连廊对各主体结构产生的相互影响。

（3）建筑钢结构幕墙与主体结构连接采用了新型连接方式。本工程外侧立面带有钢结构装饰幕墙，幕墙斜向构件较多、侧向刚度大，在设计中对外侧钢结构幕墙采用结构措施，使主体结构和外侧钢结构幕墙能够分开单独计算和设计。

2020年初，新冠疫情肆虐武汉时，武汉光谷科技会展中心成功改造为方舱医院，累计收治病人数875人，运行过程中实现了“患者零回头、零病亡，医务人员零感染”的目标，为武汉抗击新冠疫情的胜利做出了重要贡献，赢得了社会的广泛关注和好评。

参考资料

[1] 中南建筑设计院股份有限公司. 中国光谷科技会展中心超限高层建筑工程抗震设防可行性论证报告[R], 2016.

[2] 徐自国, 肖从真, 廖宇飚, 张莉若. 北京当代MOMA隔震连体结构的整体分析[J]. 土木工程学报, 2008(3): 53—57.

设计团队

肖　飞、陈焰周、许　敏、张凯静、徐　伟、邹　杰、唐明勇、甘仕伟、刘飞宇、孙　威。

执笔人：陈焰周。

获奖信息

2019—2020年中国建筑学会建筑设计奖结构专业一等奖；

2019年度中国勘察设计协会优秀（公共）建筑设计二等奖。

第10章

中国动漫博物馆

10.1 工程概况

10.1.1 建筑概况

中国动漫博物馆项目位于浙江省杭州市，是集展厅、剧院和会议室为一体的综合文化场馆项目。本场馆建筑总高度约 44.5m，外围最大平面尺寸为 164.9m × 54.9m；地上共 6 层，一层层高为 10.0m，二～三层层高为 7.0m，四层层高为 7.85m，五层层高为 5.15m，六层层高约为 6.0m，局部设夹层与人防地下室。地下室采用现浇混凝土框架-剪力墙结构；地上采用纯钢结构：主体结构一层采用钢网格筒-钢框架-支撑 + 钢筋桁架楼承板结构，二层及以上采用钢框架-支撑 + 跨层桁架 + 钢筋桁架楼承板结构。建筑造型独特、结构体系新颖，创新性地引入单叶双曲面菱形网格筒（1 个圆形大网格筒与 3 个椭圆形小网格筒）作为竖向构件，使建筑与结构合二为一。建筑效果图和剖面图如图 10.1-1 所示，建筑典型平面图如图 10.1-2 所示。

(a) 建筑效果图

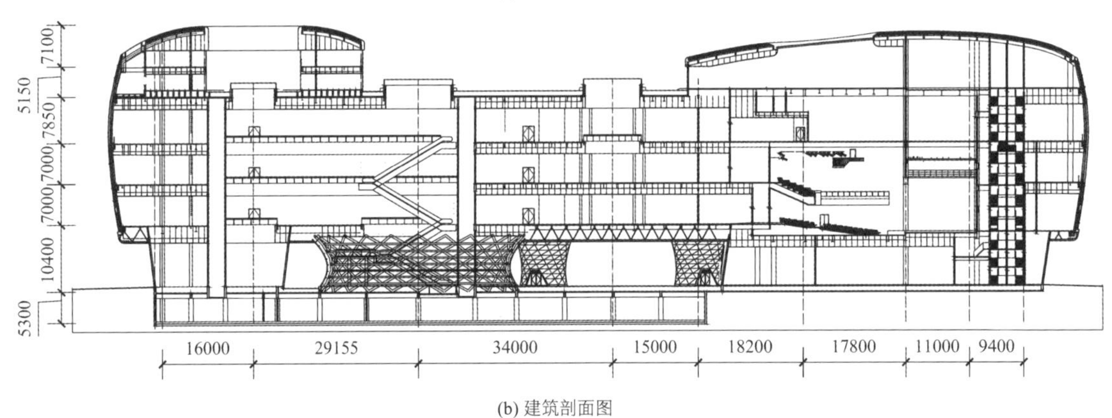

(b) 建筑剖面图

图 10.1-1　建筑效果图和剖面图

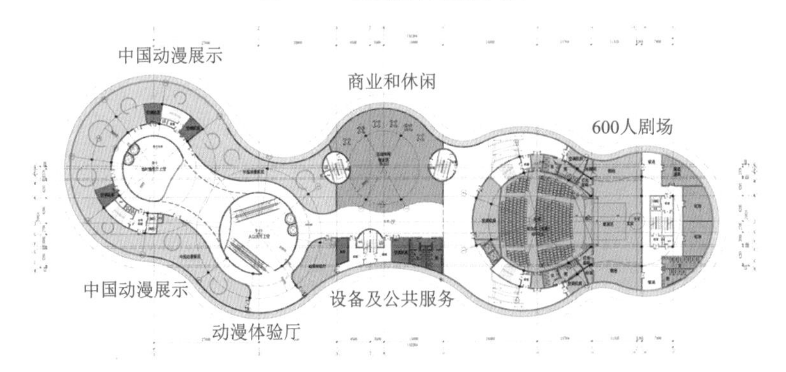

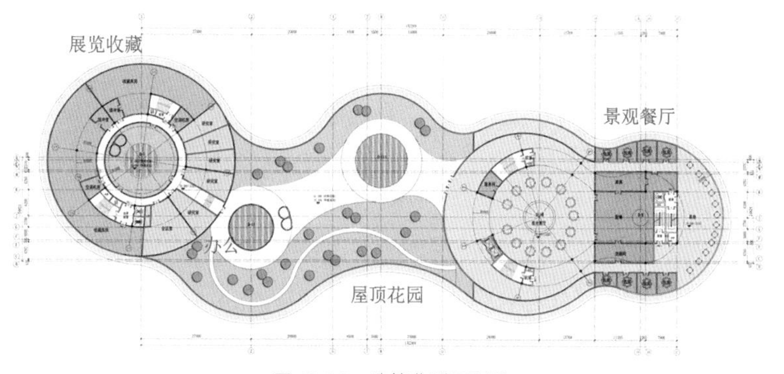

图 10.1-2　建筑典型平面图

10.1.2　设计条件

1. 结构设计参数（表 10.1-1）

结构设计参数　　表 10.1-1

项目		标准
结构设计使用年限		50 年
建筑结构安全等级		一级
结构重要性系数		1.1
建筑抗震设防分类		重点设防类（乙类）
地基基础设计等级		甲级
设计地震动参数	抗震设防烈度	6 度
	设计地震分组	第一组
	场地类别	Ⅲ类
	小震特征周期	0.45s
	大震特征周期	0.50s
	基本地震加速度	0.05g
建筑结构阻尼比	多遇地震	地上：0.04；地下：0.05
	罕遇地震	0.05
水平地震影响系数最大值（安全评价报告值）	多遇地震	0.081
	设防地震	0.237
	罕遇地震	0.333

2. 结构抗震设计条件

地下一层框架抗震等级为三级，剪力墙抗震等级为二级，钢结构抗震等级为四级，其中关键构件为三级。采用局部地下室顶板（或柱下桩承台基础）作为上部结构的嵌固端。

3. 风荷载

结构变形验算时，按 100 年一遇取基本风压为 $0.50kN/m^2$，场地粗糙度类别为 C 类。项目开展了风洞试验，模型缩尺比例为 1∶250。设计中采用了规范风荷载和风洞试验结果，进行位移和强度包络验算。

10.2　建筑结构特点

10.2.1　整体结构布置

一层采用钢网格筒-钢框架-钢支撑（钢板剪力墙）结构，竖向结构主要有四个网格筒（单叶双曲面组成的巨型菱形钢网格筒结构）、框架柱、柱间支撑和钢板墙组成。一层平面中部有一个圆形大网格筒和三个椭圆形小网格筒四个筒体，小网格筒内布置有楼梯间，网格筒整体作为结构的主要竖向和水平受力构件。上述四个网格筒体从立面看均有“收腰”，形成了上下大、中间小的婀娜造型，网格筒外立面均为透明玻璃，周边是主要的人员活动区域。上部结构计算模型见图 10.2-1，一层结构平面布置图见图 10.2-2。

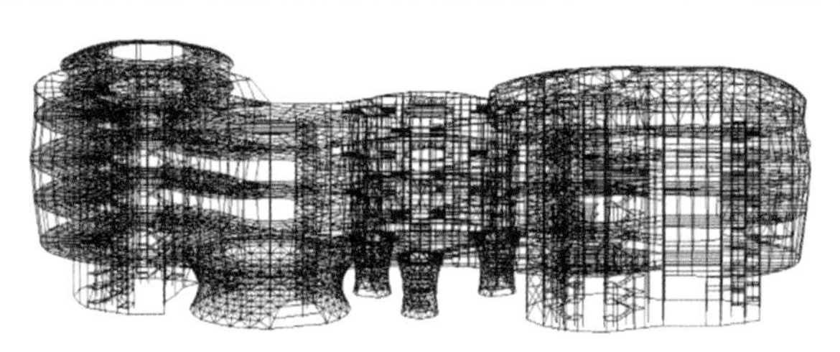

图 10.2-1　上部结构计算模型

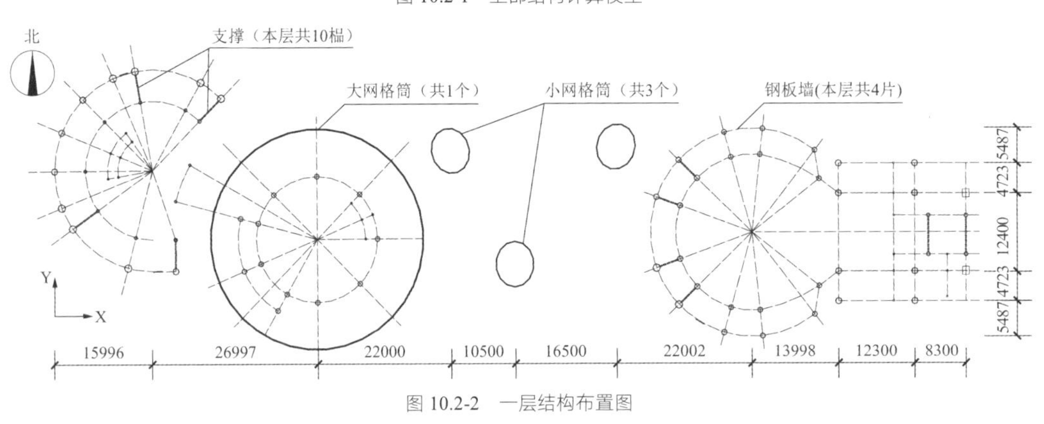

图 10.2-2　一层结构布置图

二层及以上结构采用钢框架-钢支撑（钢板剪力墙）+ 跨层桁架结构。其中，二层有六片钢板墙没有落地，是生根在三个小网格筒的框架梁上，每个小网格筒上有 7 根框架柱转换，大网格筒上有 9 根框架柱转换。二层中部两个小网格筒之间的跨度为 25m，楼面悬挑 11m，还有 8 根框架柱需生根在本层梁上，难以满足建筑梁高不大于 2m 的要求。因此，在悬挑楼面最外边沿曲线设置一榀跨层桁架，桁架下弦为二层悬挑楼面的边梁，上弦为三层悬挑楼面的边梁，二层主要结构布置见图 10.2-3、图 10.2-4。

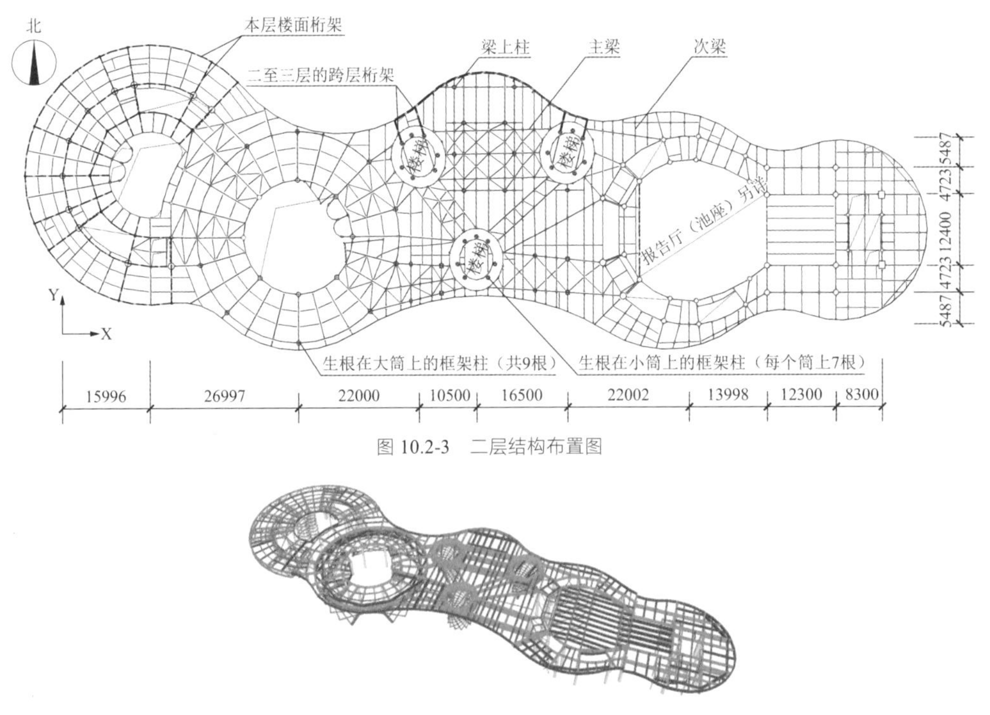

图 10.2-3　二层结构布置图

图 10.2-4　二层结构三维示意图

10.2.2 巨型菱形钢网格筒

为满足建筑功能要求，在一层平面中部采用一个圆形大筒体以及三个椭圆形小筒体将二层及以上架空；为体现完美的建筑效果，四个筒体均采用由单叶双曲面组成的巨型菱形钢网格筒结构，即图 10.2-5 中 Y2 圆网格筒及 Y3、Y4、Y6 椭圆网格筒，结构构件外露，不需要进行外立面装饰，建筑与结构一体化设计，使建筑与结构合二为一，避免装修给建筑带来不必要的空间浪费。

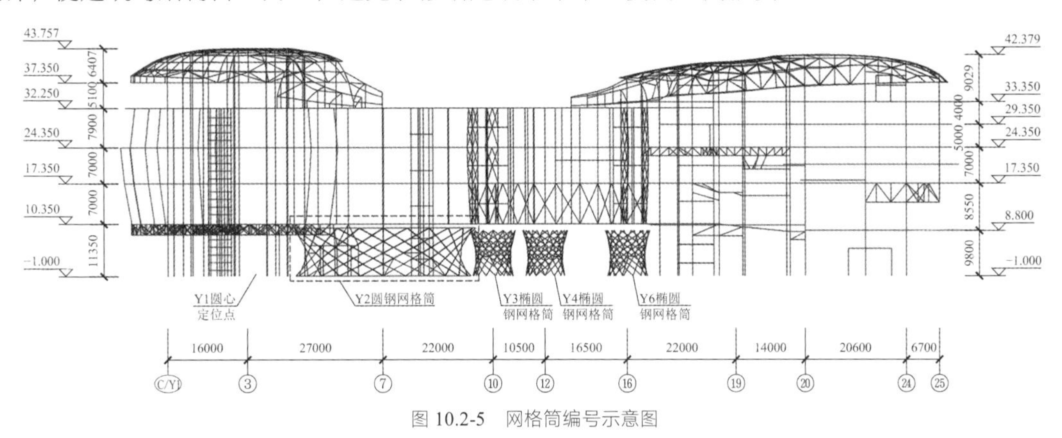

图 10.2-5 网格筒编号示意图

其中，Y2 圆网格筒为单叶双曲面菱形网格筒，网格筒上下平面均为圆形，筒顶上部标高为 7.93m，圆直径为 37.0m，下部标高为−1.000m，圆直径为 35.0m，见图 10.2-6。单叶双曲面的特点是直纹面，包含两族直母线，不同族的直母线必相交。单叶双曲面本身具有良好的稳定性，建筑外观效果较好。

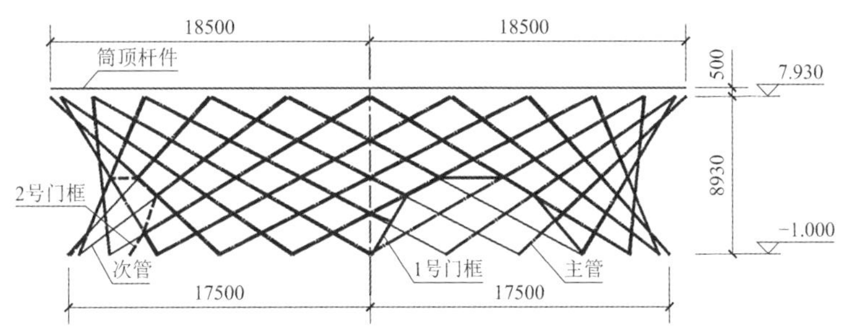

图 10.2-6 Y2 圆网格筒正立面投影图

网格筒结构建模时根据单叶双曲面直纹面的特点，按照建筑分割效果，将网格筒标高 7.930m 的圆及标高−1.000m 的圆均以相应标高处的 Y1 和 Y2 圆心连线对称作 24 等分，形成两族直母线，如图 10.2-7 所示。两族直母线即为 Y2 圆钢网格筒杆件的定位线，两族直母线相交形成的空间网格为菱形网格。

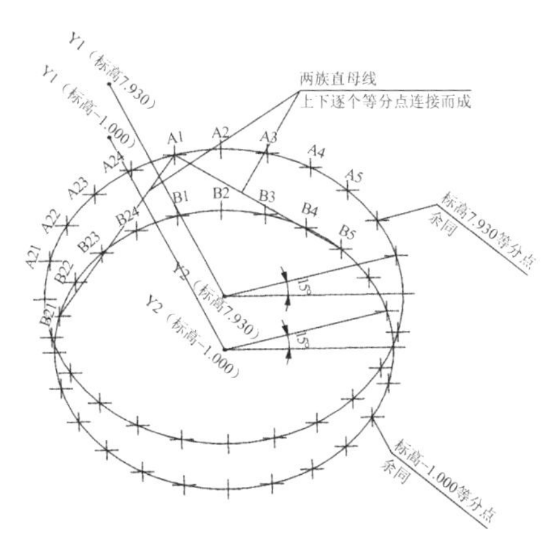

图 10.2-7 网格筒两族直母线形成示意图

根据建筑平面布置，要在 Y2 圆网格筒上设置两个门洞。为了不让门洞破坏网格的整体效果，门洞开启时顺着网格截取杆件，门洞杆件仍然顺着双曲面两族直母线方向。图 10.2-8 为 Y2 圆网格筒三维模型图，单叶双曲面两族直母线分别为图中两向圆管交叉杆件，方形杆件为门框杆件，门框节点处采用铸钢件。图 10.2-9 为 Y2 圆网格筒实景图。

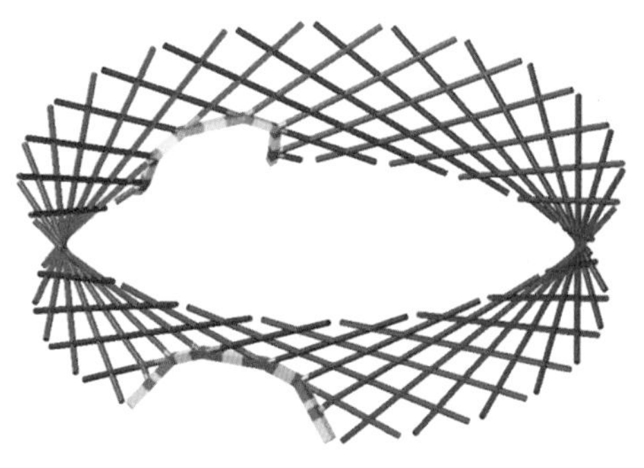

图 10.2-8　Y2 圆网格筒三维模型图

图 10.2-9　Y2 圆网格筒实景

10.2.3　结构设计特点

（1）建筑与结构一体化设计，按常规设计，四个网格筒体只作为幕墙骨架，不作为主体结构受力构件。在网格筒体内部设置结构柱，但此做法影响建筑效果且占用楼面面积。因此，本工程将幕墙骨架和结构柱合二为一，结构构件外露，完美实现建筑要求。

（2）采用层间隔震局部释放抗侧刚度：在大网格筒上部与二层楼面结构之间设置叠层橡胶隔震支座，支座的水平刚度很小，大网格筒主要承受竖向荷载，不承担上部结构的水平地震作用，可使整体结构地震作用分布均匀，整体地震作用下降。

（3）金属阻尼器减震：在层间位移角较大处，采用了耗能型屈曲约束支撑和耗能型屈曲约束钢板墙作为抗震的第一道防线，小震时帮助结构抗扭，中、大震时耗能。

（4）抗震：三个小网格筒和框架除承受竖向荷载（含竖向地震作用）外，还需承受水平作用。

（5）网格筒与上部结构连接方式：最初电算建模时，大网格筒和小网格筒都是与上部结构刚接的，都是既承受竖向荷载，又承受风荷载、温度作用、地震作用。结果发现大网格筒杆件的应力比大，若加大杆件直径会影响建筑的美观。因此，调整设计思路为：将大、小网格筒均通过设置隔震支座来释放抗侧刚度，使网格筒只承受竖向荷载。由于小网格筒之间的框架梁跨度大，且为托柱梁，梁截面高度大，底层层高不满足隔震支座上、下共需两道环梁的条件，故只将大网格筒做了层间隔震。在计算模型中，将与隔震支座上、下结构构件的节点采用 LINK 单元进行连接，并按照隔震支座刚度参数对 LINK 单元进行（线位移刚度等）参数设置，用以准确模拟隔震支座的力学性能，在罕遇地震作用下，隔震支座的上部结构相对大网格筒有较大的水平位移，采用 LINK 单元模拟后，可以充分考虑隔震支座以上竖向构件竖向力出现偏心时对大网格筒的影响。

10.3　体系与分析

10.3.1　结构布置

一层采用钢网格筒-钢框架-钢支撑（钢板剪力墙）结构，竖向结构主要由四个网格筒（单叶双曲面组成的巨型菱形钢网格筒结构）、框架柱、柱间支撑和钢板墙组成。二层及以上结构采用钢框架-钢支撑（钢板剪力墙）+ 跨层桁架结构。

大网格筒平面为圆形，下部直径为 35m，上部直径为 37m，中间收腰处直径为 31m，采用菱形交叉网格，边长约 2.2m × 2.2m，杆件与水平面的夹角为 260°，示意图见图 10.3-1。两个方向的杆件数均为 24 根，杆件均为直线，空间旋转后形成曲面。大网格筒下部支承在地下室顶板的钢筋混凝土环梁上。

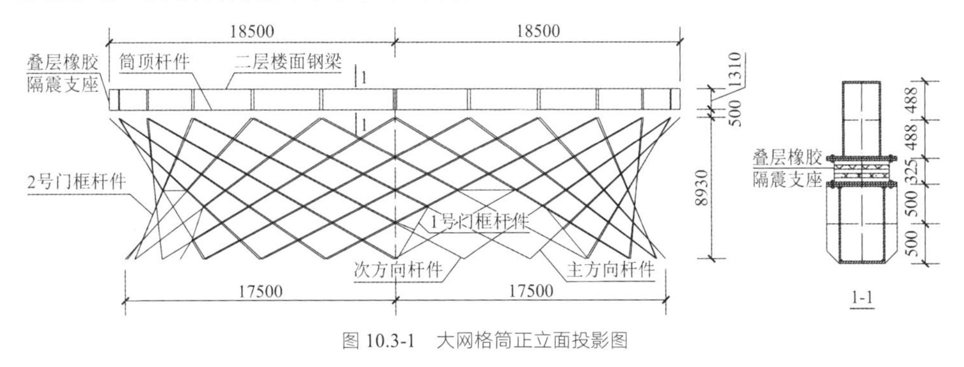

图 10.3-1　大网格筒正立面投影图

大网格筒是双向受力构件，但由于两个方向的圆钢管在同一平面内交叉，而只有一个方向的圆钢管可以做到连续，另一个方向的圆钢管需在交叉节点处相贯焊 + 插板连接，故实际受力会有一定差异，所以将连续圆钢管称为主方向杆件，另一个方向相贯焊圆钢管称为次方向杆件。除个别与门框相连的主方向杆件截面为 ϕ377mm × 50mm（Q420GJC-Z15）外，其余主方向杆件截面均为 ϕ377mm × 30mm（Q345GJC）；大网格筒下部开有两个门洞，导致有些杆件被打断，是结构需加强的地方。从图 10.3-1 可以看出，结构在门洞处做了一个转换拱，可减小构件截面尺寸。计算表明，转换拱构件的轴力和弯矩均很大，采用小直径的圆钢管几乎没有可能性，门洞边采用矩形钢管□600mm × 50mm（Q420GJC-Z15）。

大网格筒上部与二层楼面结构间设置隔震滑动支座，布置见图 10.3-2（图中实心圆圈代表支座）。滑动支座的下面和上面为两根环梁，下面是大网格筒顶部环梁，截面为矩形钢管□1000mm × 600mm × 60mm × 60mm（Q420GJC-Z25）；上面是二层楼面环梁，截面为矩形钢管□975mm × 500mm × 25mm × 32mm（Q345GJC），使大网格筒主要承受竖向荷载和自身所受水平风荷载及温度荷载，保证大网格筒结构在多遇地震特别是设防、罕遇地震作用下的安全性。

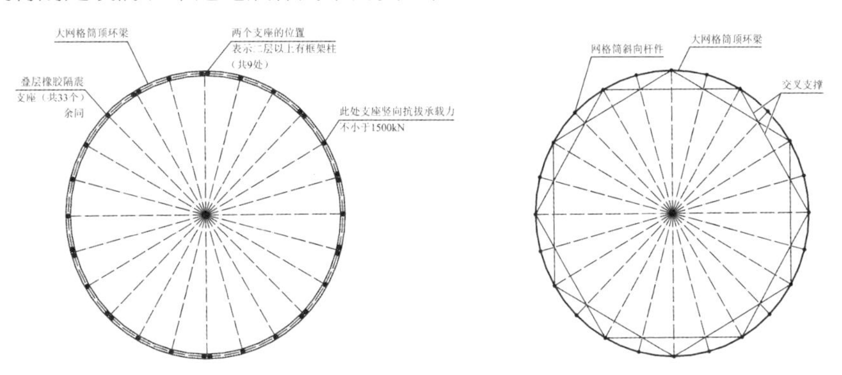

图 10.3-2　大网格筒叠层橡胶隔震支座平面布置图　　图 10.3-3　大网格筒顶部环梁支撑平面布置图

大网格筒顶部环梁对二层楼面只起竖向支承作用，不受二层楼面的水平约束，边界条件为自由，梁宽只有 1m，容易产生水平方向的变形，故在环梁水平面内设置了支撑（图 10.3-3），支撑截面为焊接 H 型钢 H1000mm × 250mm × 25mm × 34mm（Q345GJC），交叉布置。

若不释放大网格筒在整个结构中的水平抗侧刚度，大网格筒将承担 50%左右的水平地震作用，这将增大大网格筒发生失稳的可能性；同时，大网格筒自身较大的抗侧刚度将导致耗能构件（柱间 BRB 支撑和钢板剪力墙）在设防、罕遇地震作用下不能发挥耗散地震能量的作用。因此，在大网格筒和上部结构之间设置若干隔震滑动支座，使大网格筒主要承受竖向荷载和自身所受的水平风荷载及温度荷载，保证了大网格筒结构在多遇地震特别是设防、罕遇地震作用下的安全性。

小网格筒平面为椭圆形，下部长轴为 9m，短轴为 8m；上部长轴为 11m，短轴为 10m；中间收腰处长轴为 7.5m，短轴为 7m。采用菱形交叉网格，边长约为 1.5m × 1.0m，由于是椭圆形平面，椭圆形小网格筒为单向为主的受力体系，主受力方向杆件是直线，做成连续圆钢管；次受力方向杆件是螺旋形折线，采用相贯焊+插板连接，直线杆件与水平面的夹角约 60°，折线杆件与水平面的夹角约 42°，空间旋转后形成曲面，小网格筒投影图见图 10.3-4。

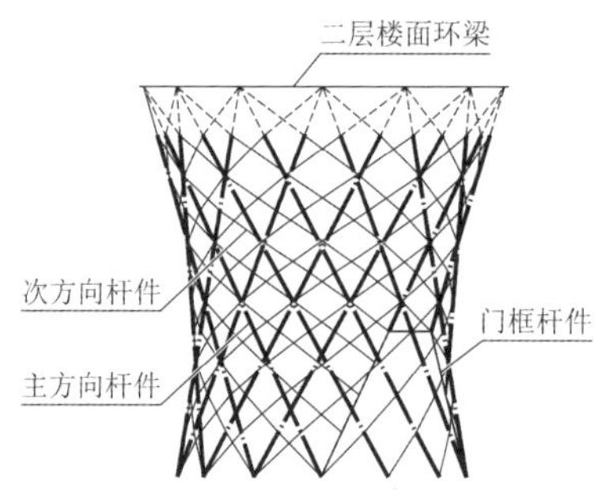

图 10.3-4　小网格筒正立面投影图

主方向杆件截面为ϕ351mm × 50mm（Q420GJC-Z15）和ϕ351mm × 40mm（Q345GJC-Z15），次方向杆件截面为ϕ299mm × 32mm（Q345GJC），门框杆件截面为矩形钢管□400mm × 500mm × 50mm × 50mm（Q420GJC-Z15）。

三个小网格筒顶部各做一道环梁，均作为二层楼面主梁，每个主环梁还需承托二层以上的七根框架柱。由于每个小网格筒顶部直接与楼面梁连接，故小网格筒也是抗侧力构件的一部分。

基础设计：采用桩基承台加防水底板的形式，采用钻孔灌注桩，承台间均用基础连系梁连接，底板在长度方向和宽度方向各设施工后浇带。主塔楼基础方案采用桩筏 + 平板基础，桩型为钻孔灌注桩，桩身直径 1000mm，桩长约 45m，采用 C35 混凝土，保护层为 50mm。桩端持力层为（10-3）中风化砂砾岩层，进入持力层深度为 1.0m。单桩承载力特征值为 4240kN。

10.3.2　性能目标

1. 抗震超限分析和采取的措施

主体结构的超限项目（共计 4 项）：

1）扭转不规则（序号 1a）：考虑偶然偏心的扭转位移比大于 1.2；

2）楼板不连续（序号 3）：标高 29.4m 处局部有夹层；标高 17.4m 处楼层大开洞，楼层板有效宽度小于 50%；

3）尺寸突变（序号 4b）：12 轴线处楼面最大宽度（含悬挑长度）45.5m，单边外挑最大尺寸为 13.0m；

4）竖向抗侧力构件不连续（序号 5）：A 区六层部分框架柱通过框架梁转换，B 区二层 10～16 轴附近框架柱通过梁转换，C 区二层部分框架柱通过悬挑桁架转换，上下不连续。

针对超限问题，设计中采取了如下应对措施：

（1）菱形钢网格筒构件采用圆形钢管构件和刚性连接节点，其抗震承载能力与延性都比较好。

（2）对开洞周边楼盖采用弹性楼板进行分析，并对由于开洞导致的外交叉网格约束削弱进行补充计算分析，包括弹性屈曲分析和大震下的稳定分析。

（3）针对钢网格筒、结构周边柱、底层内部柱以及转换桁架腹杆按规范规定采用拆除构件方法进行抗连续倒塌设计。

（4）对典型交叉网格节点进行有限元分析和节点试验，检查应力分布，验算抗震性能目标。

（5）除静力弹性分析外，还进行了弹性时程分析、等效弹性分析、静力弹塑性分析和弹塑性时程分析，弹塑性时程分析采用 MIDAS BUILDING 软件进行，确认大震下结构的抗震性能。

（6）进行温度作用分析，结合相关荷载组合验算结构构件。

（7）进行了施工模拟分析、人致振动分析、楼板应力分析。

2. 抗震性能目标

根据抗震性能化设计方法，确定了主要结构构件的抗震性能目标，如表 10.3-1 所示。

主要构件抗震性能目标 表 10.3-1

地震烈度		多遇地震	设防地震	罕遇地震
宏观损坏程度		无损坏	轻度损坏	中度损坏
层间位移角		1/250	1/166	1/83
关键构件	钢网格筒（一大三小）构件、支承主要悬挑构件的柱、楼梯柱	弹性	网格筒结构不失稳；正截面不屈服；抗剪弹性	网格筒结构不失稳正截面不屈服；抗剪不屈服
	二层托柱的悬挑梁	弹性	正截面不屈服；抗剪弹性	正截面不屈服；抗剪不屈服；
	二层周边托柱的悬挑桁架	弹性	弦杆正截面不屈服；腹杆正截面弹性	弦杆正截面不屈服；腹杆正截面不屈服
	楼层间跨层桁架	弹性	弦杆正截面不屈服；腹杆正截面弹性	弦杆正截面不屈服；腹杆正截面不屈服
普通竖向构件	"关键构件"范畴以外的钢框架柱和梁上柱	弹性	正截面不屈服；抗剪弹性	正截面屈服，允许部分构件形成塑性铰
耗能构件	屈曲约束钢板墙	弹性	受剪屈服	允许形成充分的塑性铰
	屈曲约束支撑	弹性	正截面屈服	
	与钢框柱相连的柱间支撑	弹性	正截面屈服	
	"关键构件"范畴以外的钢框架梁	弹性	正截面屈服；受剪屈服	

10.3.3 结构分析

1. 小震弹性计算分析

采用 SAP2000 软件对结构进行整体分析，采用 MIDAS GEN 软件进行对比分析。结构各主振型周期见表 10.3-2。在地震作用和风荷载作用下，结构最大层间位移角、层间位移比、层位移比见表 10.3-3。由表 10.3-3 可知，最大层间位移角均小于 1/250，扭转位移比均小于 1.6，满足规范要求。上下楼层的刚度比、受剪承载力比、有效质量系数、剪重比、悬挑端点挠度均满足规范要求，网格筒底部水平剪力占比见表 10.3-4。

振型与周期（SAP2000） 表 10.3-2

振型	周期/s	平动系数	扭转系数
1	1.59	0.52	0.48
2	1.42	0.77	0.23
3	1.27	0.33	0.67
4	0.65	0.003	0.008
5	0.62	0.00006	0.000003

结构层间位移角、层间位移比、层位移比 表 10.3-3

软件		SAP2000	MIDAS GEN
*X*向地震作用	最大层间位移角（楼层）	1/1343（3 层）	1/1424（3 层）
	最大层位移比（楼层）	1.27（1 层）	1.325（1 层）
	最大层间位移比（楼层）	1.38（5 层）	1.25（5 层）
*Y*向地震作用	最大层间位移角（楼层）	1/911（2 层）	1/953（2 层）
	最大层位移比（楼层）	1.48（1 层）	1.52（1 层）
	最大层间位移比（楼层）	1.52（3 层）	1.55（3 层）

续表

软件		SAP2000	MIDAS GEN
*X*向风荷载	最大层间位移角（楼层）	1/2391（3 层）	1/2506（3 层）
*Y*向风荷载	最大层间位移角（楼层）	1/1902（2 层）	1/2039（2 层）

网格筒底部水平剪力占底层总剪力的比重　　表 10.3-4

地震作用方向	X 向	Y 向
Y2（大网格筒）	5.8%	10.0%
Y3（小网格筒）	16.0%	11.3%
Y4（小网格筒）	18.6%	9.7%
Y6（小网格筒）	17.2%	10.7%

2. 静力弹塑性分析

采用 MIDAS GEN 非线性有限元分析程序对主体结构进行非线性静力推覆，在结构的两个主轴方向分别施加 Pushover 侧向荷载；然后，根据静力推覆分析的结构响应对结构的受力性能和抗震设计假设进行验证。

1）静力推覆分析模型参数

采用两种类型的荷载分布模式进行 Pushover 分析，即模态分布模式、加速度常量分布模式。每种荷载分别按*X*、*Y*两个方向正反加载。对 8 个荷载工况进行了 Pushover 分析，得到各个工况的能力谱曲线。然后采用本工程场地的中震、大震反应谱曲线作为需求谱，分别求出能力谱与需求谱交点，即性能点。

根据 Pushover 过程，观察本结构进入塑性时各薄弱部位的塑性发展顺序及塑性程度。对 Pushover 中表现出的关键部位在中、大震性能点处的情况作具体评价，并给出中、大震下整体结构的弹塑性层间位移角。表 10.3-5 为 Pushover 计算的地震作用工况（注：初始荷载采用“1.0 × 恒荷载标准值 + 0.5 × 活荷载标准值”），表 10.3-6 为定义及分配铰特性值。

Pushover 地震作用工况　　表 10.3-5

名称	侧向荷载模式类型	荷载选择	荷载乘数	控制方式	控制位移/m	总荷载步	主节点	主方向	是否使用初始荷载
模态 2（正）（Push_MX+）	模态	振型 2	1	位移控制	0.15	50	顶层位移较大点	D_X	是
模态 1（正）（Push_MY+）	模态	振型 1	1	位移控制	0.15	50	顶层位移较大点	D_Y	是
模态 2（负）（Push_MX−）	模态	振型 2	−1	位移控制	0.15	50	顶层位移较大点	D_X	是
模态 1（负）（Push_MY−）	模态	振型 1	−1	位移控制	0.15	50	顶层位移较大点	D_Y	是
X 向加速度（正）（Push_DX+）	等加速度	Dx	1	位移控制	0.15	50	顶层位移较大点	D_X	是
Y 向加速度（正）（Push_DY+）	等加速度	Dy	1	位移控制	0.15	50	顶层位移较大点	D_Y	是
X 向加速度（负）（Push_DX−）	等加速度	Dx	−1	位移控制	0.15	50	顶层位移较大点	D_X	是
Y 向加速度（负）（Push_DY−）	等加速度	Dy	−1	位移控制	0.15	50	顶层位移较大点	D_Y	是

定义及分配铰特性值　　表 10.3-6

分类	名称	铰功能	铰类型	分配位置
钢梁铰	LVJ	剪力，弯矩−*y*，*z*	FEMA	梁端 I，J
桁架杆件、钢柱铰	ZJ	剪力，P-M_y-M_z	FEMA	杆端 I，J
钢支撑及斜腹杆铰	CJ	轴力	FEMA	杆件中间

续表

分类	名称	铰功能	铰类型	分配位置
耗能墙等效钢支撑铰	QJ	轴力，剪力	双折线	杆件中间
柱间防屈曲支撑（BRB）	QCJ	轴力	双折线	杆件中间

首先，进行模态分析，计算出主要的振型和周期；接着，进行非线性重力荷载分析；然后，在*X*方向和*Y*方向分别进行静力推覆分析。静力推覆分析采用与一阶振型相同的侧向力分布模式。静力推覆分析同时考虑整个结构的材料非线性和几何非线性（P-Δ效应），同时也考虑了强度退化效应。

2）静力推覆分析结果

根据静力推覆分析过程，观察本结构进入塑性时各薄弱部位的塑性发展顺序及塑性程度。对静力弹塑性分析中关键部位在中震、大震性能点处表现出的情况作具体评价，并给出中震、大震下整体结构的弹塑性层间位移角。见表 10.3-7～表 10.3-10。

中震下结构 *X* 向静力弹塑性分析结果　　表 10.3-7

工况	项目	数值	与小震基底剪力比
Push_MX+	整体*X*向最大基底剪力/kN	33880	2.58
	*X*向最大剪重比	6.6%	—
	*X*向等效阻尼比	3%	—
	*X*向最大顶层位移/m	0.046	—
	*X*向最大层间位移角（层号）	1/436（3 层）	—
Push_MX−	整体*X*向最大基底剪力/kN	33880	2.58
	*X*向最大剪重比	6.6%	—
	*X*向等效阻尼比	3%	—
	*X*向最大顶层位移/m	0.046	—
	*X*向最大层间位移角（层号）	1/436（3 层）	—
Push_DX+	整体*X*向最大基底剪力/kN	35610	2.71
	*X*向最大剪重比	7.0%	—
	*X*向等效阻尼比	3%	—
	*X*向最大顶层位移/m	0.043	—
	*X*向最大层间位移角（层号）	1/532（3 层）	—
Push_DX−	整体*X*向最大基底剪力/kN	35610	2.71
	*X*向最大剪重比	7.0%	—
	*X*向等效阻尼比	3%	—
	*X*向最大顶层位移/m	0.043	—
	*X*向最大层间位移角（层号）	1/532（3 层）	—

中震下结构 *Y* 向静力弹塑性分析结果　　表 10.3-8

工况	项目	数值	与小震基底剪力比
Push_MY+	整体*Y*向最大基底剪力/kN	20410	2.06
	*Y*向最大剪重比	4.0%	—
	*Y*向等效阻尼比	3.00%	—
	*Y*向最大顶层位移/m	0.055	—
	*Y*向最大层间位移角（层号）	1/271（2 层）	—

续表

工况	项目	数值	与小震基底剪力比
Push_MY−	整体Y向最大基底剪力/kN	20410	2.06
	Y向最大剪重比	4.0%	—
	Y向等效阻尼比	3.00%	—
	Y向最大顶层位移/m	0.055	—
	Y向最大层间位移角（层号）	1/271（2层）	—
Push_DY+	整体Y向最大基底剪力/kN	26270	2.65
	Y向最大剪重比	5.1%	—
	Y向等效阻尼比	3%	—
	Y向最大顶层位移/m	0.04	—
	Y向最大层间位移角（层号）	1/559（2层）	—
Push_DY−	整体Y向最大基底剪力/kN	26270	2.65
	Y向最大剪重比	5.1%	—
	Y向等效阻尼比	3%	—
	Y向最大顶层位移/m	0.04	—
	Y向最大层间位移角（层号）	1/559（2层）	—

大震下结构 X 向静力弹塑性分析结果　　表 10.3-9

工况	项目	数值	与小震基底剪力比
Push_MX+	整体X向最大基底剪力/kN	48800	3.72
	X向最大剪重比	9.6%	—
	X向等效阻尼比	5.01%	—
	X向最大顶层位移/m	0.067	—
	X向最大层间位移角（层号）	1/297（3层）	—
Push_MX−	整体X向最大基底剪力/kN	48800	3.72
	X向最大剪重比	9.6%	—
	X向等效阻尼比	5.01%	—
	X向最大顶层位移/m	0.067	—
	X向最大层间位移角（层号）	1/297（3层）	—
Push_DX+	整体X向最大基底剪力/kN	51848	3.95
	X向最大剪重比	10.1%	—
	X向等效阻尼比	5%	—
	X向最大顶层位移/m	0.062	—
	X向最大层间位移角（层号）	1/355（3层）	—
Push_DX−	整体X向最大基底剪力/kN	51848	3.95
	X向最大剪重比	10.1%	—
	X向等效阻尼比	5%	—
	X向最大顶层位移/m	0.062	—
	X向最大层间位移角（层号）	1/355（3层）	—

大震下结构 Y 向静力弹塑性分析结果　表 10.3-10

工况	项目	数值	与小震基底剪力比
Push_MY+	整体Y向最大基底剪力/kN	29150	2.94
	Y向最大剪重比	5.7%	—
	Y向等效阻尼比	5.14%	—
	Y向最大顶层位移/m	0.078	—
	Y向最大层间位移角（层号）	1/183（2 层）	—
Push_MY−	整体Y向最大基底剪力/kN	29150	2.94
	Y向最大剪重比	5.7%	—
	Y向等效阻尼比	5.14%	—
	Y向最大顶层位移/m	0.078	—
	Y向最大层间位移角（层号）	1/183（2 层）	—
Push_DY+	整体Y向最大基底剪力/kN	37226	3.75
	Y向最大剪重比	7.3%	—
	Y向等效阻尼比	5%	—
	Y向最大顶层位移/m	0.058	—
	Y向最大层间位移角（层号）	1/382（2 层）	—
Push_DY−	整体Y向最大基底剪力/kN	37226	3.75
	Y向最大剪重比	7.3%	—
	Y向等效阻尼比	5%	—
	Y向最大顶层位移/m	0.058	—
	Y向最大层间位移角（层号）	1/382（2 层）	—

静力推覆分析结果表明：

（1）在推覆分析的大震作用下，层间位移角在各方向都不超过 1/83；

（2）结构构件在中、大震的水平地震作用下仍然表现出很好的延性；

（3）在大震作用下，结构关键构件（如楼层柱、网格筒）未见有铰出现，构件均处于弹性状态，满足性能目标要求；

（4）对于水平向关键构件（各层柱间主梁）未见有铰出现，构件均处于弹性状态，满足性能目标要求；第 2 层、3 层局部柱间布置的防屈曲支撑出现塑性铰，进入第一阶段屈服状态，满足性能目标要求；

（5）在推覆分析中没有局部或者整体失稳现象。推覆分析中推覆到了大震位移的 2 倍，对应这样的大位移下结构仍然没有发生整体屈曲现象。

3．结构动力分析

1）多遇地震下弹性时程分析

人工波及天然波数据均由浙江省工程地震研究所提供，为三向地震波，图 10.3-5 为七组地震波的平均反应谱与安全评价报告反应谱的对比，可以看出，在前三阶主要周期点上的七组地震波平均反应谱均在 0.8 倍和 1.2 倍设计反应谱（安全评价报告反应谱）之间，所选地震波满足要求。计算表明，每组地震波作用下结构X、Y向的基底剪力与 CQC 法基底剪力的比值均大于 0.65，七组地震波作用下结构X、Y向的基底剪力平均值与 CQC 法基底剪力的比值均大于 0.8，每组地震波作用下结构X、Y向的最大层间位移角均小于 1/250，满足规范要求。

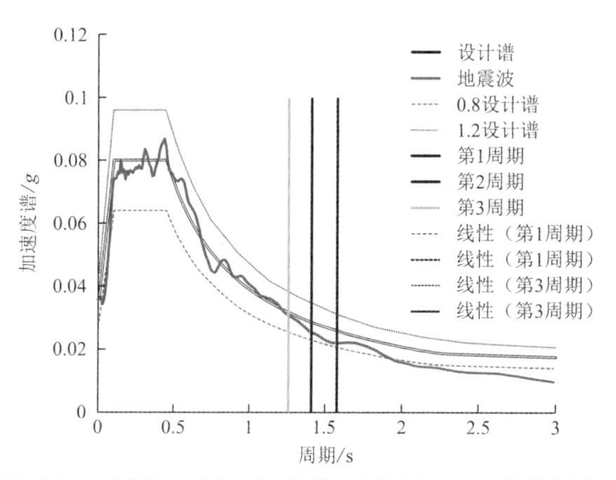

图 10.3-5　分析用地震动平均反应谱与“安全评价”反应谱的对比

2）动力弹塑性分析

弹塑性时程分析采用软件 MIDAS Gen，考虑几何非线性和材料非线性。

在本工程的非线性地震反应分析模型中，所有对结构刚度有贡献的结构构件均按实际情况模拟。该非线性地震反应分析模型可划分三个层次：①材料模型；②构件模型；③整体模型。

（1）构件模型及材料本构关系

本工程上部结构为全钢结构，并采用了部分耗能构件，如屈曲约束支撑（BRB）、钢板耗能墙。由于地震作用是循环作用，所以应采用能精确模拟循环特点的本构模型。

本工程钢材的滞回模型采用三折线模型，并考虑随动强化。标准三折线模型如图 10.3-6 所示，包辛格效应可以被考虑，在循环过程中无刚度退化。P1、D1 对应第一屈服点，P2、D2 对应第二屈服点。

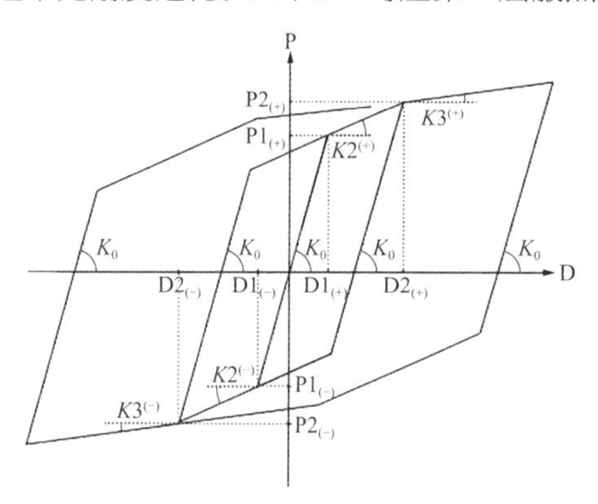

图 10.3-6　标准三折线模型

钢构件的第一屈服为截面外侧开始屈服时，第二屈服为全截面应力达到屈服应力时，如图 10.3-7 所示。

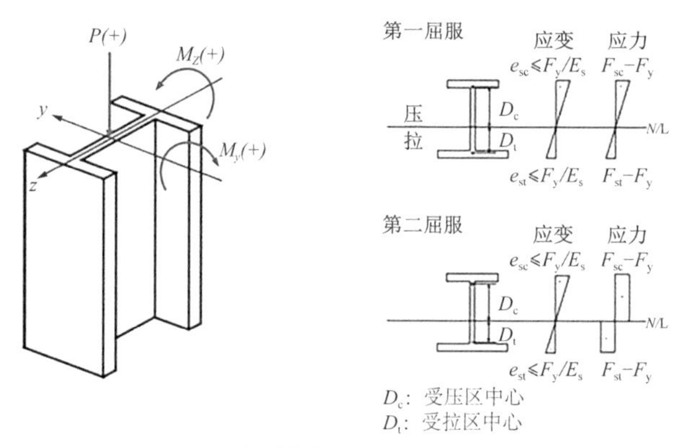

图 10.3-7　钢结构构件截面屈服的判定准则

（2）地震波输入

先对七组地震波做大震弹性时程分析，采用三向输入，加速度峰值比例取：水平主向：水平次向：

竖向＝1：0.85：0.65，可得到七组地震波大震弹性时X向、Y向的基底剪力。由于弹塑性时程分析耗用的时间较长，故从七组地震波中按X向、Y向只选取前三组大震弹性时基底剪力较大的地震波做弹塑性时程分析。

大震弹性时程分析地震波信息　　表 10.3-11

组名	编号	地震波名称	在本工程中的输入方向
人工波 1（R_1）	0050Y020.D01	人工波	X向
	0050Y020.D02		Y向
	0050Y020.D03		Z向
人工波 2（R_2）	0050Y020.D04	人工波	X向
	0050Y020.D05		Y向
	0050Y020.D06		Z向
天然波 1（T_1）	175FN	175IMPVALL.H-E12	X向
	175FP		Y向
	175UP		Z向
天然波 2（T_2）	499FN	499HOLLISTR.D-HD3	X向
	499FP		Y向
	499UP		Z向
天然波 3（T_3）	806FN	806LOMAP.SVL	X向
	806FP		Y向
	806UP		Z向
天然波 4（T_4）	838FN	838LANDERS.BRS	X向
	838FP		Y向
	838UP		Z向
天然波 5（T_5）	1611FN	1611DUZCE.1058	X向
	1611FP		Y向
	1611UP		Z向

根据大震弹性时程分析结果，从表 10.3-11 中选取的用于大震弹塑性时程分析的地震波如下：
（1）以 X 向为主的地震动输入选用：
（a）人工波 2（R_2）；（b）天然波 4（T_4）；（c）天然波 5（T_5）。
（2）以 Y 向为主的地震动输入选用：
（a）人工波 2（R_2）；（b）天然波 1（T_1）；（c）天然波 4（T_4）。

（3）动力弹塑性分析结果

①罕遇地震分析参数

地震波的输入方向，依次选取结构X或Y方向作为主方向，另两方向为次方向，分别输入三组地震波的两个分量记录进行计算。结构阻尼比取 5%。每个工况地震波峰值按水平主方向：水平次方向：竖向＝1：0.85：0.65 进行调整。

②基底剪力响应和顶层位移时程

以人工波R_2为例，给出基底剪力及顶层位移的时程曲线。为了对比，同时给出弹性时程及弹塑性时程分析结果。

从图 10.3-8、图 10.3-9 中可以看到，弹塑性时程分析的基底剪力与弹性时程的分析结果基本一致，曲线基本重合；仅在峰值处，弹性时程结果略微大一点。这是因为大震下，结构基本处于弹性状态，因此弹塑性时程结果与弹性时程结果非常接近。

选取四层楼层中心处的代表性节点，将其位移时程作为顶层位移时程代表。

从图 10.3-10、图 10.3-11 来看，弹塑性时程分析的层间位移与弹性时程分析的结果几乎完全重合。这是因为大震下结构基本处于弹性状态，因此弹塑性时程结果与弹性时程结果非常接近。

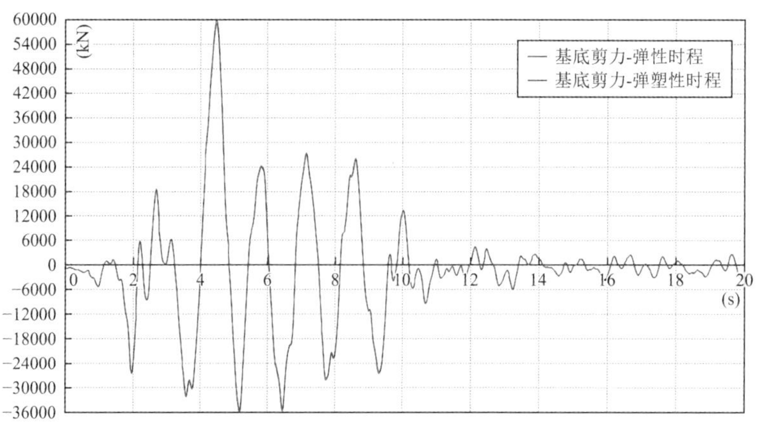

图 10.3-8 X主向人工波 2（R_2）基底剪力时程

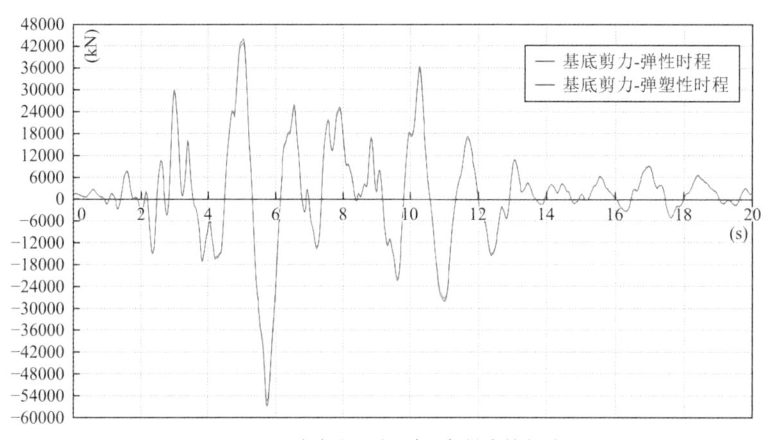

图 10.3-9 Y主向人工波 2（R_2）基底剪力时程

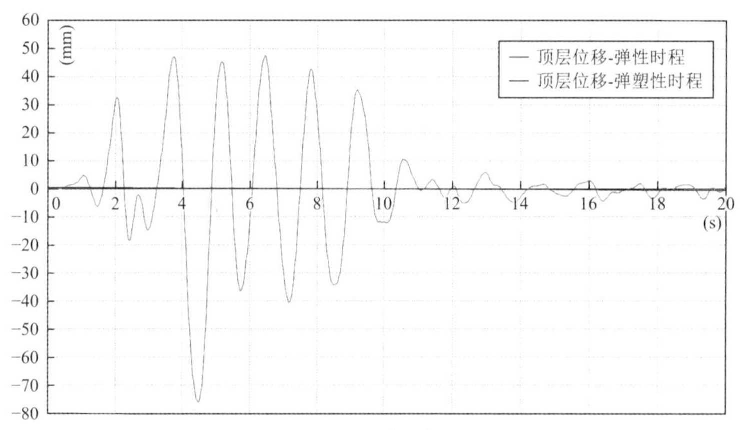

图 10.3-10 X主向人工波 2（R_2）顶层位移时程

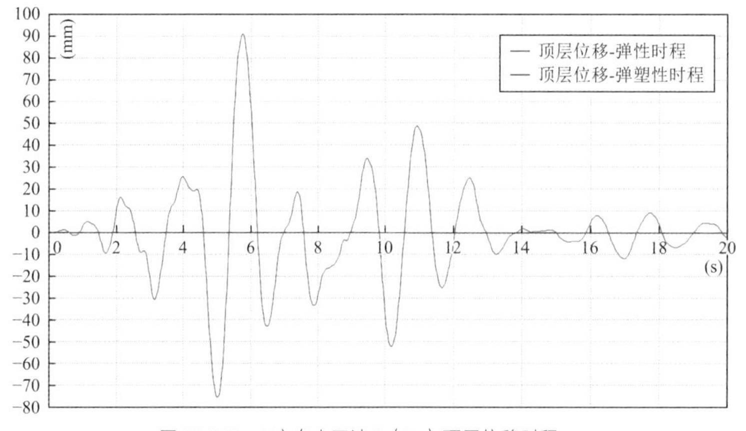

图 10.3-11 Y主向人工波 2（R_2）顶层位移时程

③整体结构计算结果

从表 10.3-12 中可以看出：

a. 弹塑性时程分析的基底剪力略小于弹性时程分析的结果，两者相差很小，这是因为大震下本结构绝大部分构件处于弹性状态；

b. 各组地震波分析出的最大弹塑性层间位移角均小于 1/83，满足结构变形性能目标要求。

整体结构计算结果汇总表　　表 10.3-12

工况	项目	X向（X向为主方向）			Y向（Y向为主方向）		
		人工波 2	天然波 4	天然波 5	人工波 2	天然波 1	天然波 4
大震弹塑性时程分析	最大基底剪力/kN	59052	57234	58142	55363	50611	43281
	最大剪重比	11.6%	11.2%	11.4%	10.8%	9.9%	8.5%
	最大顶点位移/m	0.097	0.120	0.102	0.135	0.137	0.110
	最大层间位移角（楼层）	1/284（2）	1/216（3）	1/258（2）	1/195（2）	1/191（2）	1/233（2）
大震弹性时程分析	最大基底剪力/kN	60002	58194	59052	56847	51281	44696
	最大剪重比	11.7%	11.4%	11.6%	11.1%	10.0%	8.8%
	最大顶点位移/m	0.097	0.121	0.101	0.134	0.137	0.109
	最大层间位移角（楼层）	1/284（2）	1/215（3）	1/258（2）	1/196（2）	1/193（2）	1/234（2）

④结构构件的出铰情况

除X主向的人工波 2（R_2）工况给出所有铰功能成分的铰情况外，其余工况仅给出出现屈服（出铰，非蓝色铰）的铰功能成分，未出现屈服（所有构件的铰均处于弹性 Linear 状态，蓝色铰）的铰功能成分不给出。

蓝色铰表示未发生屈服（未出铰），构件为弹性；绿色铰表示第一屈服状态，构件截面外侧开始发生屈服；黄色铰表示第二屈服状态，构件全截面应力达到屈服应力。下面列举部分出铰情况：图 10.3-12、图 10.3-13 分别给出轴力铰D_x、弯矩铰R_z整体出现情况。

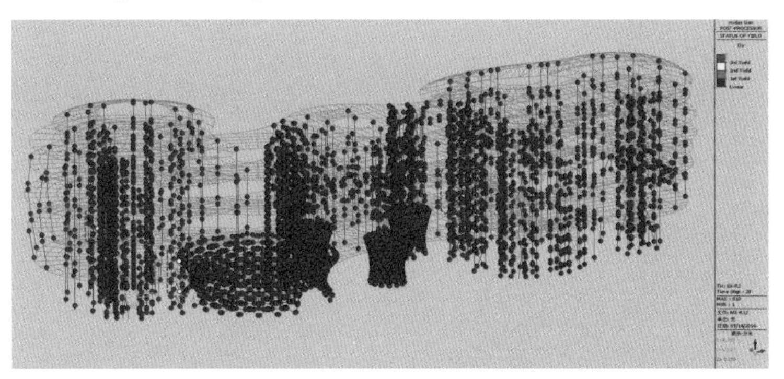

图 10.3-12　轴力铰D_x整体出铰情况

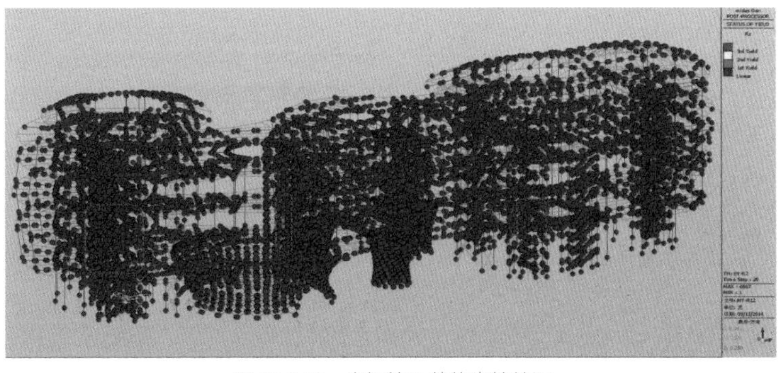

图 10.3-13　弯矩铰R_z整体出铰情况

⑤结论

a. 结构在罕遇地震作用下，绝大部分构件处于弹性状态，仅有少量构件发生屈服（出铰），结构整体上基本处于弹性状态，满足性能目标要求。

b. 结构中设置的耗能构件（屈曲约束支撑）首先出铰，并且达到了第二屈服状态——全截面屈服；这表明，这些耗能构件在罕遇地震作用下，能够有效发挥耗散地震能量的作用，减轻其余构件的地震作用，从而有效地保证整个结构的大震安全性，达到了预期的效果。

c. 关键构件及普通竖向构件中，仅有一根钢框柱（电梯间的支撑柱）的其中一段出现第一屈服状态的弯矩铰——构件截面外侧开始发生屈服，并未发生全截面屈服；经验证，通过增强该段框架柱截面，可消除弯矩铰，保证该段框架柱处于大震弹性状态。

d. 少量的楼层梁及楼梯间的梁出现第一屈服状态的弯矩铰，满足性能目标要求。

e. 分析所得最大弹塑性层间位移角为 1/191，远小于规范规定的弹塑性层间位移角限值 1/83，满足结构变形的性能要求。分析结果表明，整体结构在大震下是安全的，达到了预期的抗震性能目标。

10.4 专项设计

10.4.1 交叉网格筒结构设计

网格筒（以 Y2 网格筒为例）为单叶双曲面菱形网格筒，其三维模型图详见图 10.4-1，实景图详见图 10.4-2；两族钢管在相交处必有一根断开，钢管连续不断的一族作为网格筒的主方向杆件，即主管；断开一族的钢管作为网格筒的次方向杆件，即次管；次管通过相贯焊与主管连接。由于 1 层门洞的开启，主、次管均有杆件需截断、削落，因此将门框设计成转换构件用，以支承被截断的杆件。Y2 圆网格筒结构组成详见图 10.4-3。

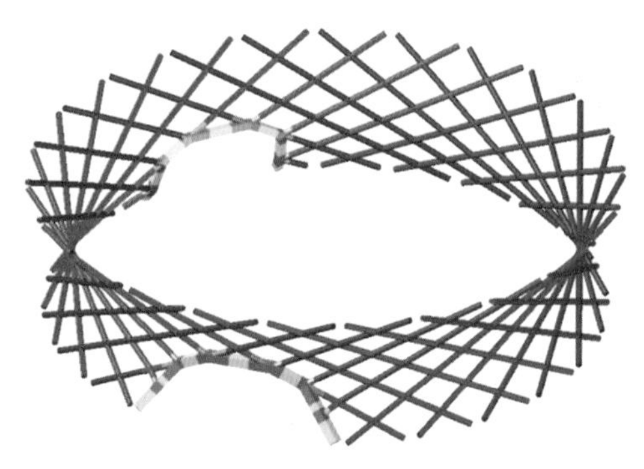

图 10.4-1 圆网格筒三维模型图

图 10.4-2 圆网格筒实景

本工程上部结构嵌固端为地下室顶板，Y2 圆网格筒下部支承在地下室顶板钢筋混凝土环梁上，同时网格筒也作为上部结构的支撑构件，用以支承上部结构的环梁。为了避免网格筒在底部及顶部节点处产生弯矩并传递给底板混凝土环梁或顶部钢环梁，主、次管底部及顶部均设计为铰接，因此主、次管在底部及顶部只受轴力及剪力作用，不受弯矩作用，杆件截面得到有效改善。

网格筒作为上部结构的竖向支撑体系，主、次管在顶部均设置为铰接，其筒顶环梁应是稳定、可靠的，但环梁本身整体稳定性较差，特别容易发生侧倾失稳，且无法为筒体提供有效的约束，将会造成筒体较早发生失稳。为了提高环梁及网格筒的整体稳定性，在环梁内设置了 12 道交叉的 H 型钢 H1000 × 300 × 25 × 34（Q345GJ-C）水平支撑。采用有限元法对 Y2 圆网格筒进行极限承载力分析。结果表明，交叉的水平支撑能推迟环梁失稳，并有效提高 Y2 圆网格筒的极限承载力。此时，Y2 圆网格筒的极限承载力与设计荷载的比值为 2.4。经过试验验证，Y2 圆网格筒的整体失稳并未发生在顶部环梁部位。

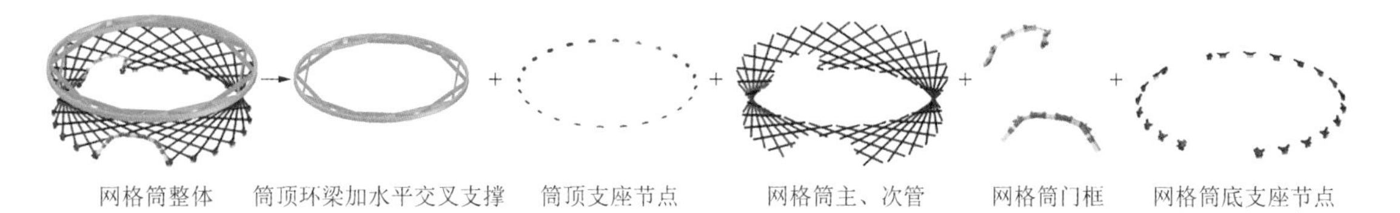

图 10.4-3 Y2 圆网格筒结构构成

由两族钢管组成的网格筒可视为由群柱组成的巨柱结构，其本身是稳定的结构体系，水平刚度较大，巨柱在水平荷载作用下筒底会产生较大的水平力。地震作用下，Y2 圆网格筒X、Y向筒底承担的水平地震作用分别约占总地震作用的 48.9%、43.8%，网格筒承担整个结构约一半的水平地震作用，而 Y2 圆网格筒实际承担上部结构质量不到结构总质量的 15%。整体结构的第一扭转周期与第一平动周期的比值为$T_2/T_1 = 1.22/1.48 = 0.824$；第 1、2 层在$X$、$Y$向的侧向刚度比分别为 4.29、4.52，说明此时 Y2 圆网格筒侧向刚度较大，吸引了较多的地震作用，扭转效应明显，这将造成 Y2 圆网格筒两族钢管截面较大，整体结构既不经济也不合理，同时还将影响建筑的整体效果。

因此，设计时将 Y2 圆网格筒顶部环梁通过叠层橡胶隔震支座与上部结构的环梁连接，Y2 圆网格筒作为上部结构的竖向支撑，仅承担竖向荷载和自身所受的水平荷载以及温度作用，不承担上部结构传来的水平荷载。隔震后，在地震作用下，Y2 圆网格筒X、Y向筒底承担的水平地震作用分别约占总地震作用的 5.8%、10.0%，说明隔震支座有效地降低了 Y2 圆网格筒的水平地震作用，削弱了结构中部的侧向刚度。此时，整体结构的第一扭转周期与第一平动周期的比值为$T_3/T_1 = 1.27/1.59 = 0.799$，第 1、2 层在$X$、$Y$向的侧向刚度比分别为 2.24、1.83，满足规范要求，说明结构的扭转效应得到了明显改善。设置隔震支座既能保证结构在地震作用下的安全性，特别是设防地震和罕遇地震作用；又能节约钢材、节省造价，同时带来美观的建筑效果。

10.4.2 叠层橡胶隔震支座设计

Y2 圆网格筒顶共设置 24 处叠层橡胶隔震支座，即主、次管在筒顶相交处均设置隔震支座。由于本工程隔震支座仅承担上部结构传来的竖向荷载，因此选用隔震橡胶支座。设计时采用统一参数的隔震支座，并根据上部结构传来的竖向荷载选定每处支座所用个数。

上部结构柱下支座最大反力约为 7000kN，其他部位的支座反力均小于 3500kN。大部分支座处竖向拔力在 500kN 以内，由于楼层及结构构件刚度的影响，个别支座竖向拔力较大。罕遇地震作用下支座的最大水平位移约为 27mm。因此，本工程隔震支座在满足《建筑抗震设计规范》GB 50011—2010 的相关要求下，设计时主要参数取值为：单个支座竖向抗压承载力不小于 4500kN，单个支座竖向抗拔承载力不小于 500kN（个别支座的竖向拔力较大，单独规定），水平向最大位移不小于 30mm；同时，要求隔震支座直径d为 720mm，支座高度不大于 325mm；支座等效水平刚度不大于 1.25kN/mm，等效竖向刚度不小于 3150kN/mm。

在上部结构的柱下位置设置 2 个隔震支座，其他位置设置 1 个隔震支座。采用 SAP2000 软件建模时，将隔震支座的实际高度及实际刚度用连接单元进行模拟（设置 2 个隔震支座处的等效水平刚度及竖向刚度均按 1 个隔震支座的两倍进行模拟），以便对结构进行准确的计算分析。本工程 24 处共设置了 33 个隔震支座。通过隔震支座，Y2 圆网格筒筒顶环梁与上部结构环梁的连接如图 10.4-4 所示。

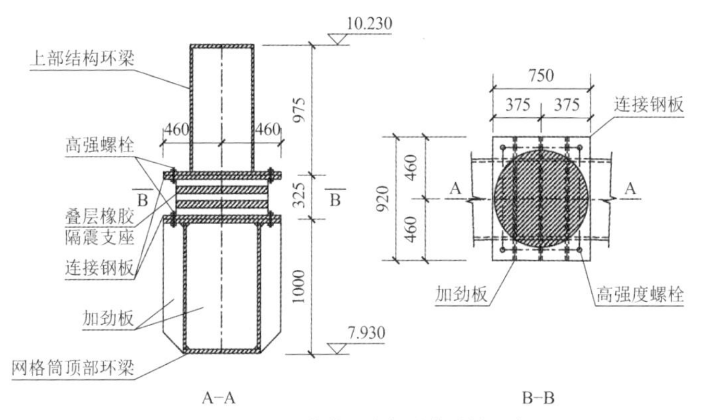

图 10.4-4　Y2 圆网格筒与上部结构连接示意图

10.4.3　Y2 网格筒的稳定设计

由于 Y2 圆网格筒为空间网格结构体系，各杆件之间相互交错，杆件与杆件之间为弹性约束。因此采用 ANSYS 有限元分析软件，在考虑材料非线性、几何非线性的情况下对 Y2 圆网格筒进行稳定分析。分析时，利用一阶模态的变形来施加结构的初始缺陷，初始缺陷采用网格筒高度的 1/300。钢材采用屈服强度计算，当需要将计算分析的计算值换算为承载力设计值时，可简单认为承载力设计值 = 计算值 $\times f/f_y$（f/f_y为强屈比，即抗拉强度设计值f与屈服强度f_y的比值）。由于 Y2 圆网格筒顶部采用隔震支座，可认为其上部无约束。稳定分析时取网格筒主、次管$\phi 377\times 40$（Q345）。Y2 圆网格筒在各种不同工况下的极限承载力见表 10.4-1。

各种不同工况下 Y2 圆网格筒的极限承载力　　表 10.4-1

分析编号	释义	简称	极限承载力/kN	注释
1	顶端圈梁下的 24 个交汇节点施加相同竖向节点力时的稳定性分析	竖向均匀加载	218476	考察不同加载下，总竖向极限承载力的差异
2	大网格筒上支承的 9 棵柱位置施加相同竖向力时的稳定性分析（说明各柱承担的竖向力大小相近）	转换柱位置加载	189135	
3	考虑每个隔震支座（按 24 个考虑）在地震下产生+100kN（X向）剪力时，网格筒能承担的竖向力	2400kN（$+F_X$）剪力作用时	189675	1. 有剪力作用时，对竖向承载力的影响。 2. 剪力方向不同时，对竖向承载力的影响
4	考虑每个隔震支座（按 24 个考虑）在地震下产生−100kN（X向）剪力时，网格筒能承担的竖向力	2400kN（$-F_X$）剪力作用时	189135	
5	考虑每个隔震支座（按 24 个考虑）在地震下产生+100kN（Y向）剪力时，网格筒能承担的竖向力	2400kN（$+F_Y$）剪力作用时	189135	
6	考虑每个隔震支座（按 24 个考虑）在地震下产生−100kN（Y向）剪力时，网格筒能承担的竖向力	2400kN（$-F_Y$）剪力作用时	189540	
7	考虑每个隔震支座（按 24 个考虑）在地震下产生+100kN（X向）、+100kN（Y向）剪力时，网格筒能承担的竖向力	2400kN（$+F_X$）+ 2400kN（$+F_Y$）剪力作用时	189225	剪力大小不同时，对竖向承载力的影响
8	考虑每个隔震支座（按 24 个考虑）在地震下产生−100kN（X向）、−100kN（Y向）剪力时，网格筒能承担的竖向力	2400kN（$-F_X$）+ 2400kN（$-F_Y$）剪力作用时	188955	
9	考虑每个隔震支座（按 24 个考虑）在地震下产生+200kN（X向）、+200kN（Y向）剪力时，网格筒能承担的竖向力	4800kN（$+F_X$）+ 4800kN（$+F_Y$）剪力作用时	189495	
10	考虑每个隔震支座（按 24 个考虑）在地震下产生−200kN（X向）、−200kN（Y向）剪力时，网格筒能承担的竖向力	4800kN（$-F_X$）+ 4800kN（$-F_Y$）剪力作用时	189675	
11	考虑每个隔震支座（按 24 个考虑）在地震下产生+500kN（X向）、+500kN（Y向）剪力时，网格筒能承担的竖向力	12000kN（$+F_X$）+ 12000kN（$+F_Y$）剪力作用时	189900	
12	考虑每个隔震支座（按 24 个考虑）在地震下产生+1000kN（X向）、+1000kN（Y向）剪力时，网格筒能承担的竖向力	24000kN（$+F_X$）+ 24000kN（$+F_Y$）剪力作用时	190260	

分析编号	释义	简称	极限承载力（kN）	注释
13	考虑每个隔震支座（按 24 个考虑）在地震下产生+2000kN（X向）、+2000kN（Y向）剪力时，网格筒能承担的竖向力	48000kN（$+F_X$）+ 48000kN（$+F_Y$）剪力作用时	190260	剪力大小不同时，对竖向承载力的影响
14	考虑每个隔震支座（按 24 个考虑）在地震下产生+3000kN（X向）、+3000kN（Y向）剪力时，网格筒能承担的竖向力	72000kN（$+F_X$）+ 72000kN（$+F_Y$）剪力作用时	190305	
15	考虑每个隔震支座（按 24 个考虑）在地震下产生+5200kN（X向）、+5200kN（Y向）剪力时，网格筒能承担的竖向力	124800kN（$+F_X$）+ 124800kN（$+F_Y$）剪力作用时	135553	
16	恒荷载 + 活荷载作用下，网格筒能承担的剪力	D + L 下，剪力作用	174806（剪力）	大网格筒能承担的最大水平剪力

从上表中可以看出：

（1）在大网格筒顶端均匀加载时，总竖向极限承载力最大；作用点位置越少，大网格筒能承担总竖向力越小。

在 9 棵柱位置施加荷载时，总竖向极限承载力为 189135kN，每个柱位能够承担 21000kN，考虑材料屈服强度与设计值的差异，换算得到每个柱位能够承担的最大竖向力设计值为：$21000/2 \times 1.25 = 13125$kN，而实际每棵柱下的轴力不超过 6000kN。大网格筒的安全系数为 3.5，表明大网格筒在实际承受的竖向荷载作用下，不存在失稳破坏的可能。

另外，通过总竖向承载力可以反算大网格筒整体等效稳定系数及主要竖向支承构件的等效稳定系数。对于大网格筒整体等效稳定系数：$189135 \times 9 \times 1000 \times 290/(28749 \times 290 \times 48 \times 345) = 0.397$；对于主要竖向支承构件的等效稳定系数，每个柱位能够承担的极限竖向承载力设计值为$21000 \times 290/345 = 17650$kN，大网格筒由 48 根相同圆管（$\phi351 \times 28$）相互斜交组成，因而每根圆管的平面外等效稳定系数为：$(17650/\sin 28°) \times 9 \times 1000/(28749 \times 290 \times 48) = 0.845$（28°为斜向圆管与水平面夹角）。

（2）结构的总质量约为 52114t，即重 510717kN，大网格筒能承担最大竖向力约为总重量的 37%，而大网格筒实际分担竖向重量不到总重量的 15%。这表明，大网格筒竖向承载力留有较多的富裕值。

（3）网格筒结构基本对称，在不同方向的剪力作用下，对大网格筒的竖向极限承载力影响较小。

（4）当大网格筒承受水平剪力时，大网格筒的竖向极限承载力基本不受影响。

计算表明，按照振型分解反应谱法整个结构在大震作用下，X向的基底剪力 58000kN、Y向的基底剪力 46500kN，而仅大网格筒就能承受 72000kN 剪力（还不影响极限竖向承载力），这表明结构在大震作用下，即便所有地震剪力集中到大网格筒上，大网格筒也不存在失稳破坏的可能。

而大网格筒顶端实际采用了隔震支座，由隔震支座传递到大网格筒上的地震剪力有限，大网格筒更不可能发生失稳破坏。

（5）在竖向恒荷载、活荷载作用下，大网格筒最大能够承受 174806kN（双向）的地震剪力，而该值是大震下结构基底剪力的 3 倍以上。

经过试验验证，Y2 圆网格筒的整体稳定承载力是设计荷载的 3.37 倍，在设计荷载作用下不会发生失稳破坏。

10.4.4 网格筒节点设计

1. 主、次管相交节点

主、次管相交节点处相连的杆件均受轴力、面内面外弯矩、扭矩及面内面外剪力作用，受力情况复杂。对杆件内力分析发现，主、次方向杆件的每一段在平面内均存在反弯点，见图 10.4-5（a），反弯点处面内弯矩均为 0，仅存在轴力和剪力。交叉杆件在面外弯矩主管大、次管小，见图 10.4-5（b）。因此进行节点有限元分析时，节点区域选为反弯点之间的区域，并通过将节点受到的轴力（N_2，N_4）向平面外偏心来模拟节点的面外弯矩。节点区域的尺寸为主、次管轴线交点两侧分别各取 1500mm。节点平面内受力及约束条件详见图 10.4-6。

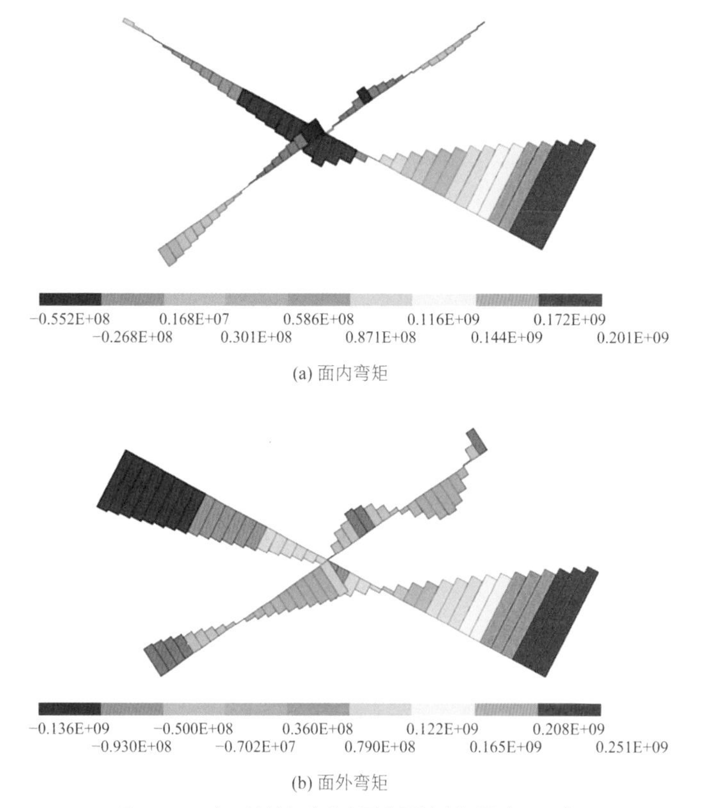

(a) 面内弯矩

(b) 面外弯矩

图 10.4-5　主、次管相交节点面内面外弯矩图（N · m）

由于主、次管管径相等，为了确保两管在相交节点处传力可靠且不至于破坏而形成铰接，在满足设计的条件下适当加厚主管壁厚；同时，在主管中心平行于次管方向设置与主管壁厚相等的加劲节点板。主管大部分采用ϕ377mm × 30mm，次管大部分采用ϕ377mm × 22mm，局部与门框相连的杆件采用ϕ377 × 50。根据有限元分析，此时节点的极限承载力与设计荷载的比值为 2.28，Y2 圆网格筒的安全系数为 2.35，次管全截面率先屈服，从而达到强节点弱构件的设计目标。图 10.4-7 为主、次管相交节点详图。

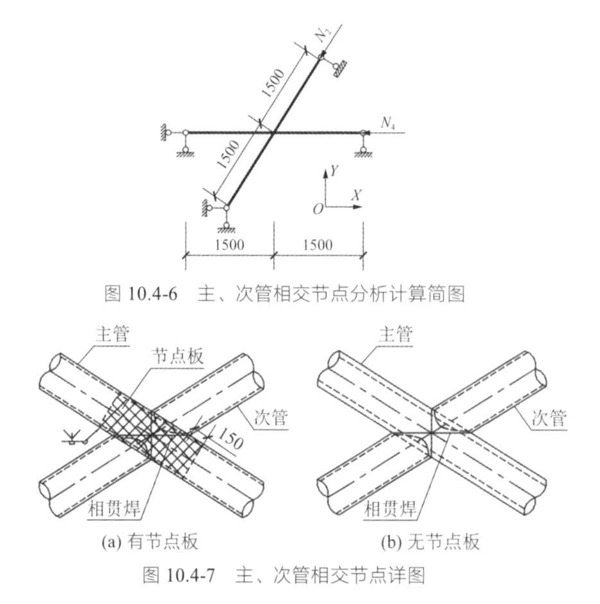

图 10.4-6　主、次管相交节点分析计算简图

(a) 有节点板　　(b) 无节点板

图 10.4-7　主、次管相交节点详图

因在主管（属小直径厚壁管）内焊接节点板制作难度大，影响施工工期，多条焊缝相交的情况下焊

接质量难以保证。为了便于制作、保证更好的安装质量及加快施工进度，取消主管内的加劲板。

对不设加劲板的节点进行有限元分析，得到节点极限承载力与设计荷载的比值为 1.88，远低于 Y2 圆网格筒的安全系数 2.35，节点承载力与设计不符，未做到强节点要求。因此，将主管壁厚增大至 40mm 再进行有限元分析。此时，节点极限承载力与设计荷载的比值为 2.28，而同时 Y2 圆网格筒安全系数提升至 2.51，修改主管壁厚后节点承载力能满足设计要求。通过试验验证，主、次管 X 形相贯节点并未出现任何破坏情况，节点安全、可靠，有限元分析结果与试验结果基本吻合。有限元分析结果详见表 10.4-2。

节点加强方案承载力有限元分析结果　　表 10.4-2

节点方案			节点承载力			Y2 圆网格筒安全系数
编号	主管壁厚/mm	加劲板	承载力/（$\times 10^2$kN）	安全系数	全截面屈服的荷载/（$\times 10^3$kN）	
1	30	无	689	1.88	846	2.35
2	30	有	837	2.28	846	2.35
3	40	无	834	2.28	846	2.51

2．Y2 圆网格筒筒顶节点

Y2 圆网格筒作为上部结构竖向支撑，既要传力可靠，又要施工方便，因此为了避免在顶部环梁内设置较多的节点板、保证节点安全，做到强节点、弱构件设计，网格筒主、次管与其顶部环梁并没有按传统的交心设计（图 10.4-8a），而是采用了偏心设计（图 10.4-8b），即主、次管中心交于顶部环梁底面中心。

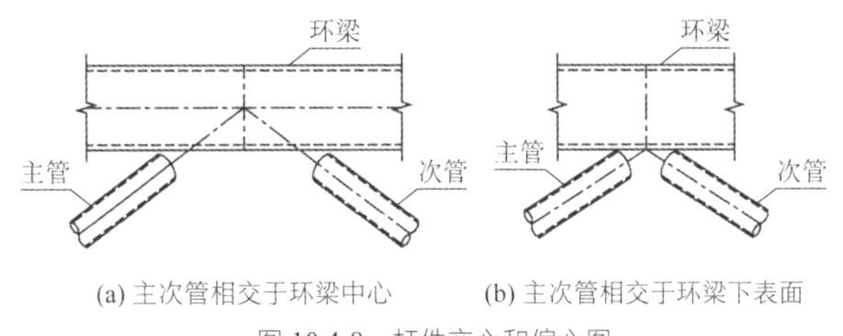

(a) 主次管相交于环梁中心　　(b) 主次管相交于环梁下表面

图 10.4-8　杆件交心和偏心图

主、次管杆端采用 X 形节点板与顶部环梁连接，并在与之相连的上部环梁内部设置加劲板与外部构件及节点板一一对应，其节点三维实体图见图 10.4-9。

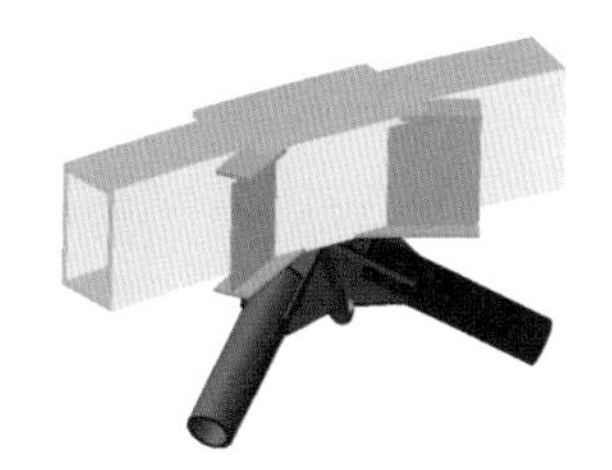

图 10.4-9　Y2 圆网格筒主、次管与筒顶环梁连接三维实体图

10.5 试验研究

本工程采用了钢网格转换筒结构，是一种新型的结构体系，为做到安全、可靠，甲方委托清华大学做了群柱稳定试验和交叉节点的试验。

10.5.1 试验目的

1）依据斜交网格筒 Y2 的受力特点、前期理论分析结果以及试验室试验设备的能力，确定对斜交网格筒 Y2 进行 1∶7 缩尺模型试验。主要试验目的包括如下方面：

（1）考察斜交网格筒 Y2 在最不利荷载工况下的稳定承载能力、破坏模式等力学性能；

（2）考察 X 形相贯节点，柱顶柱脚插板节点在实际结构中的表现，从而对其安全性进行评价；

（3）综合评价斜交网格筒 Y2 的设计方案，并提出合理的改进意见和建议。

2）根据钢网格筒中 X 形节点的受力特点以及前期有限元分析的结果，对 Y2 钢网格筒中采用的 X 形节点进行 1∶2 缩尺模型试验。主要试验目的包括如下方面：

（1）考察 X 形节点（加劲和未加劲）在恒定轴力、面外弯矩作用下的极限承载能力，对比验证数值分析结果，对 X 形节点的安全性进行评价；

（2）对比加劲和未加劲两种方案 X 形节点的承载能力，对主管一字板加劲方案进行评价，并提出合理的改进意见和建议；

（3）考察 X 形节点（加劲和未加劲）在恒定轴力、面外弯矩作用下的破坏模式和变形情况，考察“全刚性节点”计算假定的可靠性，并对钢网格筒整体稳定计算提出意见与建议。

10.5.2 试验设计

（1）群柱稳定试验在清华大学结构试验室进行。本次试验的研究对象为斜交网格筒 Y2，向上取至顶部环梁。由于斜交网格筒 Y2 与上部结构的连接采用橡胶隔震垫，其水平刚度相对较小，能够有效地阻隔水平力的传递，因此对于斜交网格筒 Y2，界定其边界条件为上部自由，仅在各柱顶的位置受到竖向力的作用。

根据相似性原理以及有限元模拟计算的结果，在保证试件与实际结构材料、几何尺寸、荷载、边界条件等尽可能相似的条件下，综合考虑加载方式、场地条件、试验设备的加载能力等因素，最终确定采用 1∶7 的缩尺比例。缩尺后试验模型底部直径为 5000mm（轴线），顶部直径为 5286mm（轴线），高 1766mm（连底部支座盘）。

图 10.5-1 所示，即为斜交网格筒 Y2 试验模型的示意图。除斜交网格筒 Y2 原有构件之外，还在底部增设了刚性支座盘，以模拟刚性地面。底部支座盘由环形梁和中部的米字形径向梁组成，环形梁与斜交网格筒的柱底连接，米字形径向梁保证底盘的整体刚度。Y2 网格筒试验加载实景图详见图 10.5-2。

选取的各基本构件的截面尺寸见表 10.5-1。其中门框 1、门框 2、环梁原采用 Q420B 钢材，但在本试验中为方便材料的采购，全部等效替换为 Q345B 钢材并选取合适的截面尺寸，使得构件的截面面积放大 420/345 倍，而惯性矩不改变。

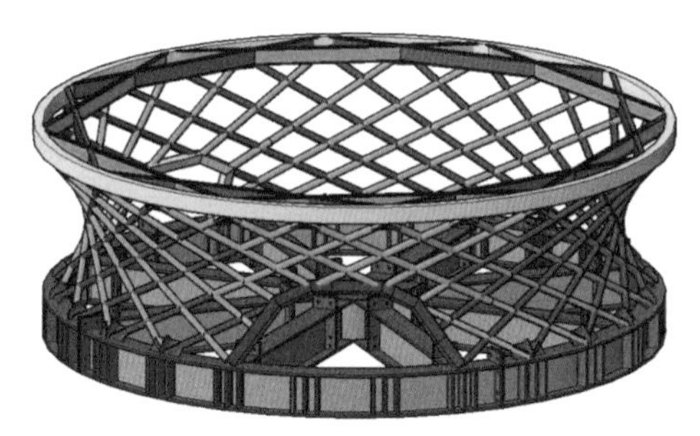

图 10.5-1　Y2 斜交网格筒试验模型图

图 10.5-2　Y2 斜交网格筒试验加载实景图

Y2 斜交网格筒基本构件截面　　表 10.5-1

构件名	原截面		宿尺缺面	
	截面尺寸	钢材	截面尺寸	钢材
主管	D377 × 30	Q345B	D51 × 6	Q345B

续表

构件名	原截面		宿尺缺面	
	截面尺寸	钢材	截面尺寸	钢材
次管	D377 × 22	Q345B	D51 × 3.5	Q345B
加强主管	D377 × 55	Q420B	D70 × 8	Q345B
门框 1	B600 × 600 × 50 × 50	Q420B	B80 × 80 × 10 × 10	Q345B
门框 2	B500 × 500 × 50 × 50	Q420B	B68 × 68 × 10 × 10	Q345B
环梁	B1000 × 600 × 60 × 60	Q420B	B140 × 78 × 12 × 12	Q345B
顶部折梁	H1000 × 300 × 25 × 34	Q345B	H140 × 48 × 4 × 4	Q345B
底部支座盘	—	—	H350 × 200 × 20 × 20	Q345B

此外，需注意的是加强主管。由于原设计中加强主管的径厚比非常大，1∶7 缩尺后无论采用 Q420B 还是 Q345B 钢材，均无法找到合适的现成管件。因此，本次试验中最终选取的加强主管，其截面面积是与原结构相似的，而惯性矩偏大较多，这对试验模型与原结构的相似性会造成一定的影响。但考虑到加强主管仅分布在门框 1 上部，不在结构的破坏位置门框 1 的两侧，且加强主管较少，对于整体结构的受力性能影响有限。因此认为这样的相似性偏差是在可接受的范围之内的，但是在评价斜交网格筒 Y2 的安全性时，需充分考虑该偏差可能造成的影响。

（2）X 型节点试验试件的几何缩尺比例选取为 1∶2，综合考虑力学性能相似性、原料采购、制作加工等各方面因素，最终确定各基本构件的截面尺寸如表 10.5-2 所示。

基本构件的截面尺寸　　表 10.5-2

构件名	原截面		缩尺截面	
	截面尺寸	钢材	截面尺寸	钢材
主管	D377 × 30	Q345B	D180 × 16	Q345B
次管	D377 × 22	Q345B	D180 × 12	Q345B
加劲板	P30	Q345B	P16	Q345B

试件具体构造见图 10.5-3。Origin 和 Reinf 分别为 Original 和 Reinforce 的缩写，分别对应非加劲和加劲方案。图中，斜向为主管，竖直方向为次管，且为避免在试验过程中由于加载原因出现端头破坏，在构件的端部均设置了十字加劲板和端板。为在试验中更好地实现铰接的边界条件，端板与加载千斤顶不直接接触，而是通过图 10.5-3 中所示的加载钢条传递压力，并在端板的表面铣出 8mm 的凹槽，固定加载条的位置（也可调节节点所受轴压力的面外偏心大小）。

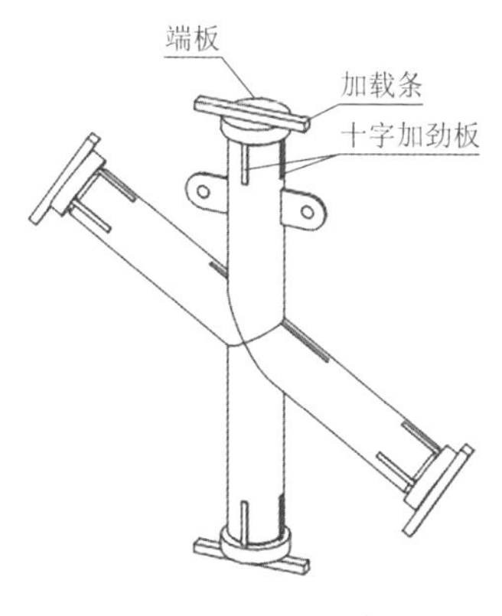

(a) 构造示意图

(b) 试验试件

图 10.5-3　X 形节点试验试件

10.5.3 试验现象与结果

（1）群柱稳定试验：斜交网格筒 Y2 试验模型的破坏发生在门框 1 附近区域，这与试验前的预测是完全吻合。首先，从荷载来看，斜交网格筒 Y2 受到的荷载是非常不均匀的，门框所在一侧受到的荷载明显大于另一侧；而且，该区域由于门框的存在，使得部分斜柱无法直通至地面，切断传递路径，形成薄弱层。两个原因共同造成了门框附近区域最终发生大面积的波状屈曲。在门框以及其右侧区域，斜交网格筒发生了大面积的向内鼓曲；而在与其直接相邻的柱顶对应区域，则发生了大面积的面外鼓曲，如图 10.5-4 所示。门框及右侧区域屈曲形态细部图见图 10.5-5。鼓曲方向的不同造成了横跨该区域的杆件均发生了不同程度的 S 形变形，尤其是在鼓曲方向转变的交界处，如图 10.5-5（b）所示。

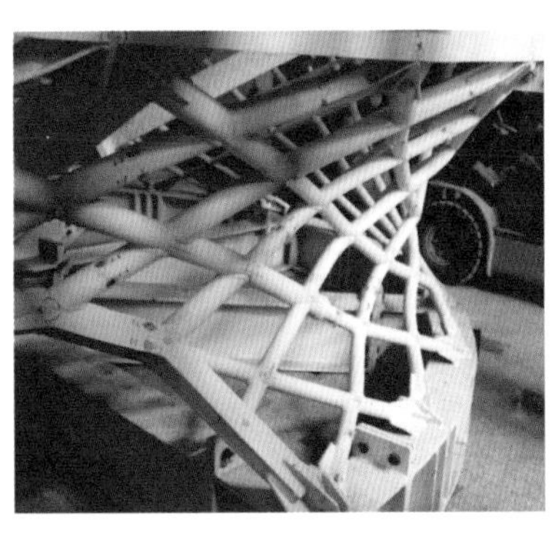

(a) 波状屈曲（外）

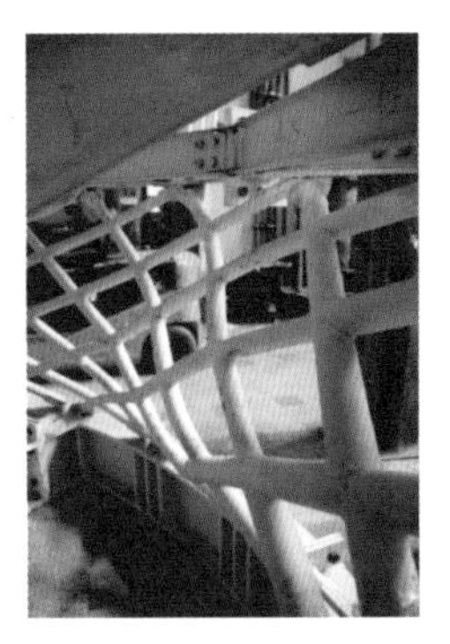

(b) 波状屈曲（内）

图 10.5-4 门框及右侧区域屈曲形态

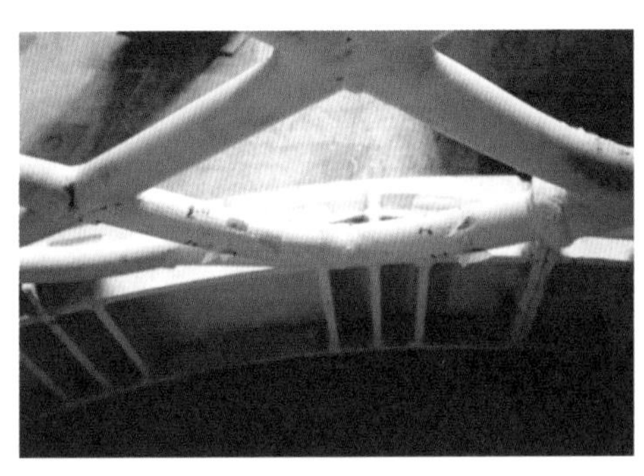

(a) 门框右侧内鼓曲

(b) 向内向外鼓曲转变处

图 10.5-5 门框及右侧区域屈曲形态细部图

本次试验中各测点竖向位移的荷载位移曲线，如图 10.5-6 所示。试验模型的极限承载力为 4560kN，最大变形发生在 1 号柱顶，为 113.3mm。

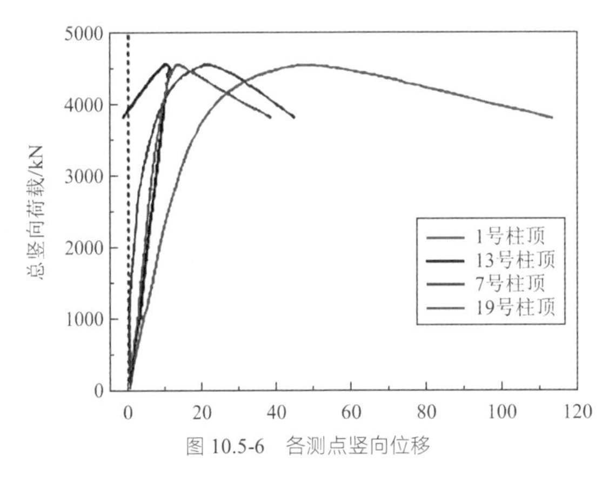

图 10.5-6 各测点竖向位移

试验结论：斜交网格筒 Y2 的安全系数为 3.37，满足规范要求。

（2）X 形节点试验：本小节主要讨论试件 Reinf-0-0 的试验结果，其与 Origin-0-0 存在明显的区别，其中最主要的区别就是破坏模式的区别。

Origin-0-0 节点由于在主管未设置加劲板，其节点区域相对薄弱。在节点区域断开的次管，轴向压力无法直接传递，而作用在主管侧壁上，从而对主管造成挤压。因此，未加劲的试件 Origin-0-0 在试验中出现了明显的主管被压扁的现象。

而试件 Reinf-0-0 为解决上述问题，在主管中增设了加劲板。加劲板的增设改善了次管轴压力的传递路径，次管轴压力的很大一部分可以通过加劲板进行传递；同时，加劲板也对主管进行了加强，避免主管再次发生被压扁的现象。

如图 10.5-7、图 10.5-8 所示，即为 Reinf-0-0 实际试验中的破坏模式。可以看到，试件 Reinf-0-0 主要发生的是整体的面外弯曲破坏；并且，在试验中加载至面外位移达到 6cm 时，节点核心区域的主管仍没有明显的局部变形。

在承载力方面，Reinf-0-0 也较 Origin-0-0 有着大幅度的提高。试验实测得的试件 Reinf-0-0 的屈服荷载（第一个峰值）为 3100kN，极限承载力（第二个峰值）为 3400kN，较之 Origin-0-0 分别高出 20.2%和 26.9%。

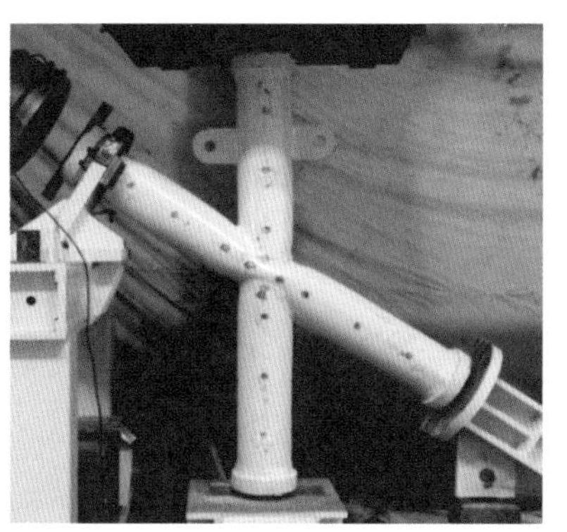

图 10.5-7　试件 Origin-0-0 破坏模式

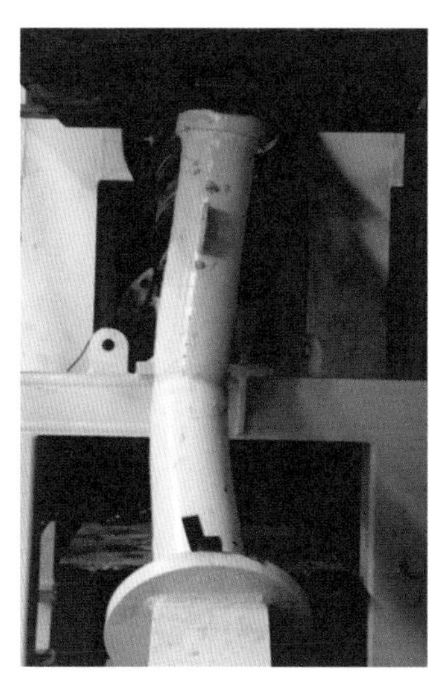
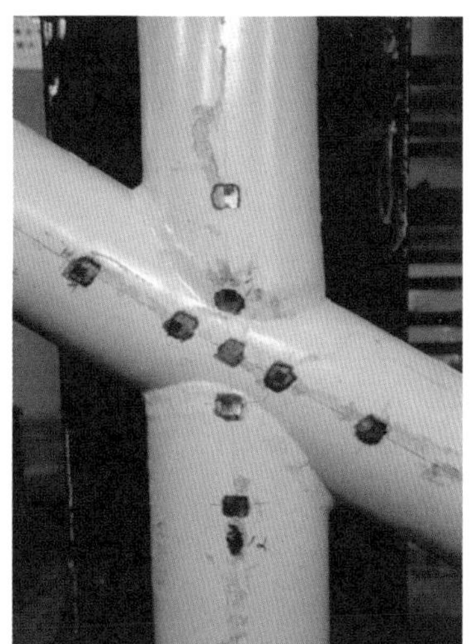

图 10.5-8　试件 Reinf-0-0 破坏模式

试验结论：Origin-0-0 的安全系数为 2.25，Reinf-0-0 的安全系数为 2.58，均满足规范要求。

10.5.4　分析验证和加强措施

在主管内添加加劲板的节点加强方案是一种非常有效的加强方案，能够很好地达到强节点、弱构件的效果。但从施工角度而言，在壁厚本就较大的主管上开槽添加加劲板，加工制作困难且耗时较长，耽误工期。本小节将通过对不同加强方案的 X 形节点 1∶1 模型进行有限元分析，提出更加合理的节点加强方案。

两种不同加强方案的 X 形节点的有限元模型的分析结果如下：

（1）在主管内添加加劲板的加劲节点（加强方案一）在达到极限承载力时的变形和 von Mises 应力云图显示，加劲板很好地限制了节点核心区域的变形，主管在节点核心区域并没有明显的局部鼓曲，如图 10.5-9 所示。

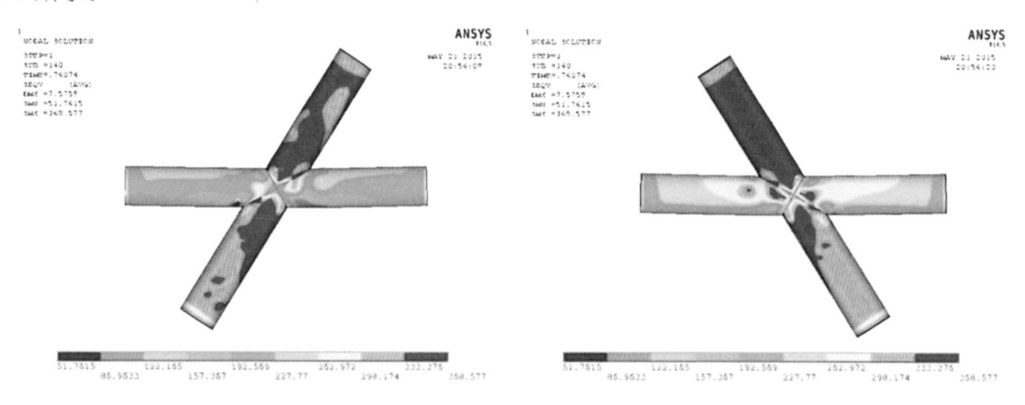

图 10.5-9　加劲节点 von Mises 应力云图

（2）加强方案二为增大主管的壁厚，未加劲节点过早丧失承载力的原因在于主管无法承受次管的挤压力。加强方案一通过在主管内添加加劲板的方式来代替主管承担绝大部分的次管挤压力，而加强方案二则通过加大主管壁厚来提升主管承担次管挤压力的能力。经过有限元分析，将主管壁厚增大至 40mm 较为合适。相较方案一，方案二在节点达到极限承载力时并不能完全避免主管被压扁；但与未加劲节点相比，其主管在节点区域的局部变形要小得多，在可接受的范围之内，如图 10.5-10 所示。

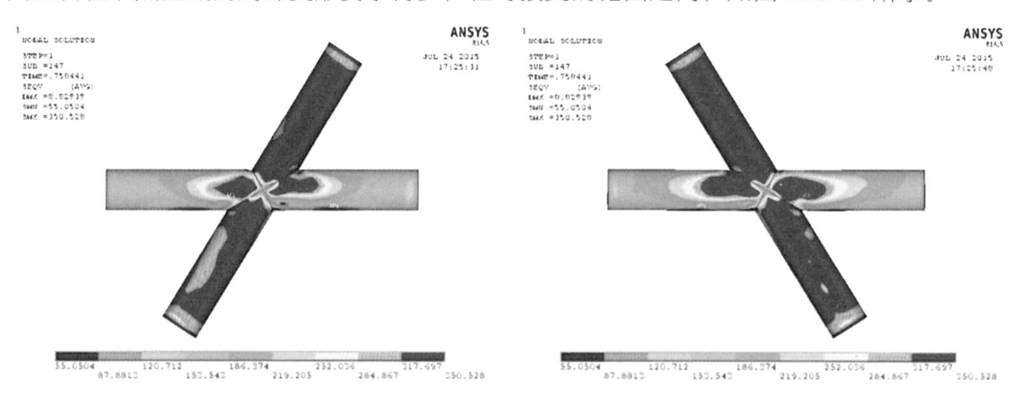

图 10.5-10　方案二节点 von Mises 应力云图

加强方案对比情况见表 10.5-3。

两种加强方案对比情况　　表 10.5-3

节点加强方案			节点		钢网格筒	用钢量
编号	主管壁厚	加劲板	极限承载力/t	次管全截面屈服/t	安全系数	
1	30	是	837	846	2.346	142t
2	40	否	834	846	2.509	164t

加强方案一需在壁厚较大的主管上开槽添加加劲板，加工制作困难且耗时较长；而方案二的加工相对容易。结合节点试验和有限元分析结果，综合考虑安全性、经济性、施工难度及工期，确定采用加强方案二，将 Y2 钢网格筒中主管由原方案壁厚 30mm 加主管内设置 30mm 厚的加劲板，更改为主管壁厚 40mm，同时取消加劲板。同理，对于 Y2 钢网格筒中门框上方的加强主管，由原方案壁厚 50mm 加主管

内设置 50mm 厚加劲板，更改为主管壁厚 55mm 并取消主加劲板。

10.6 结语

中国动漫博物馆是杭州市的地标性建筑，其造型独特、灵动，是白马湖畔的一道靓丽风景。结合建筑造型，结构体系选用了交叉钢网格筒-钢框架-钢支撑，充分发挥了该结构体系的优良结构性能，并完美实现了建筑的造型效果。

钢网格转换筒是一种新型结构，设计应用时需关注强度、刚度、稳定和抗震性能四个方面，通过在大网格筒顶部设置隔震支座，合理调整结构的抗侧刚度，避免了二层水平力过于集中在大网格筒上。通过对结构进行动力分析，在合适的部位采用减震抗震技术，提高整个结构的延性。并对网格筒进行稳定分析，保证了筒体的稳定承载力，并且对网格筒体和网格筒体节点开展承载力试验研究。试验表明，网格筒体及节点均能满足设计要求，结构安全、可靠。

参考资料

[1] 武汉大学结构风工程研究所. 中国动漫博物馆风洞试验与抗风性能分析[R], 2014.

[2] 浙江省工程地震研究所. 中国动漫博物馆工程场地地震安全性评价报告[R], 2014.

[3] 清华大学土木工程系. 中国动漫博物馆斜交网格筒 Y2 整体稳定性试验试验报告[R], 2015.

[4] 清华大学土木工程系. 中国动漫博物馆 X 型节点承载力试验报告[R], 2015.

[5] 清华大学土木工程系. 中国动漫博物馆斜交网格筒 Y4 整体稳定性试验试验报告[R], 2015.

[6] 中南建筑设计院股份有限公司. 中国动漫博物馆超限高层建筑工程抗震性能化设计报告[R], 2014.

设计团队

中南建筑设计院股份有限公司（初步设计 + 施工图设计）：许　敏、李　霆、张　卫、敖晓钦、陈焰周、陈晓强、邵兴宇、刘传佳、宋　峰、李明靖。

获奖信息

2021 年湖北省勘察设计成果评价建筑工程设计类一等成果奖；

2018 年中国钢结构协会科学技术奖一等奖。

第11章

军博展览大楼加固改造（扩建建筑）

11.1 工程概况

11.1.1 建筑概况

中国人民革命军事博物馆（简称“军博”）是中国第一个特大型、综合类军事博物馆，位于北京市西长安街延长线上——复兴路 9 号。原军博展览大楼于 1959 年建成，是向新中国成立十周年献礼的“十大建筑”之一，已成为北京乃至全国的标志性建筑之一。

图 11.1-1　原军博大楼保留部分（加固后）——南立面

图 11.1-2　军博扩建建筑效果图——鸟瞰图

军博展览大楼加固改造工程的设计工作于 2011 年开始，包括保留部分的抗震加固设计和扩建部分的设计两部分。原军博展览大楼平面分区如图 11.1-3 所示，其南、东、西侧的甲段、丙段、戊段为保留建筑；北侧乙段、己段、庚段、辛段的原有建筑拆除，进行扩建建筑的建设（图 11.1-4）。保留建筑的建筑面积约 3.3 万 m^2，扩建建筑的总建筑面积约 12 万 m^2。

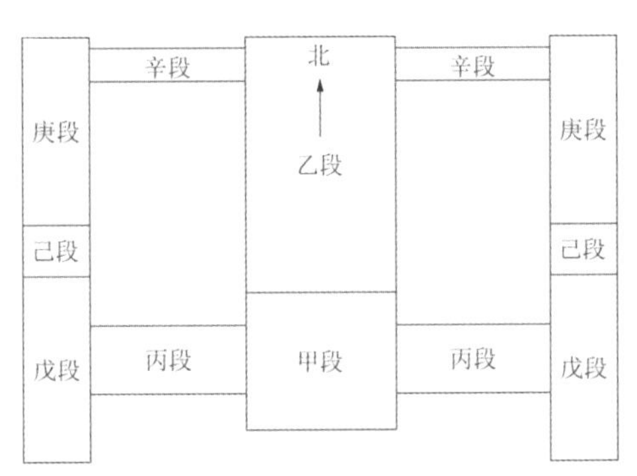

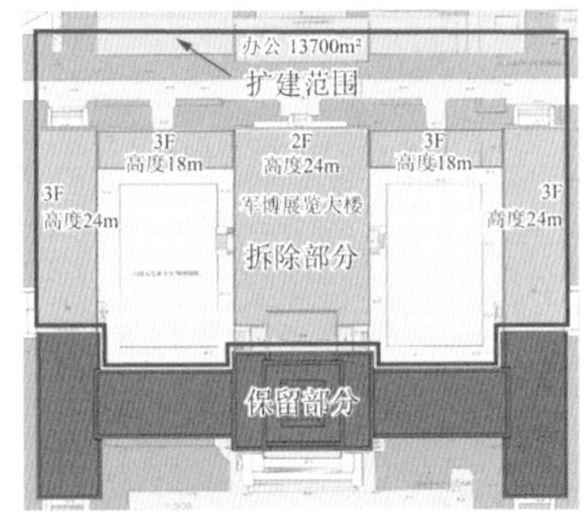

图 11.1-3　原军博大楼平面分区　　图 11.1-4　军博加固改造范围划分

军博展览大楼加固改造工程扩建建筑（以下简称扩建建筑），地下两层、地上四层，建筑高度为 36.5m，建筑最高点 38.25m（女儿墙顶），整体效果如图 11.1-2 所示（图中，北侧为扩建建筑，南侧为保留建筑），建成后的实景如图 11.1-5 所示。保留部分如图 11.1-1 所示。

图 11.1-5　军博扩建建筑实景照片——北立面视角

军博扩建建筑地下室建筑面积约 5.6 万 m^2，地上建筑面积约 6.4 万 m^2。地下室平面最大尺寸为 214m × 132.15m，地下一层层高为 9m，地下二层层高为 5.5m；地上建筑平面最大尺寸为 214m × 128m，一层层高为 8.3m，二三层层高为 8m，局部四层层高为 11m；其中，中央兵器大厅层高为 32.05m（四层通高）。地下一层为武器展区、科技报告厅等；地下二层为文物修复区、设备用房等；地下室北侧另有二层车库，兼作平战转换的人防地下室；地上首层包括中央兵器大厅、兵器馆、临时展厅、管理及设备用房等；二三层为历代军事陈列馆、军事科技展厅、武器展馆、办公管理及设备用房；四层为观众服务区、办公用房。扩建建筑剖面图如图 11.1-6 所示。平面图如图 11.1-7～图 11.1-12 所示。

图 11.1-6　扩建建筑剖面图（本图左侧为保留建筑）

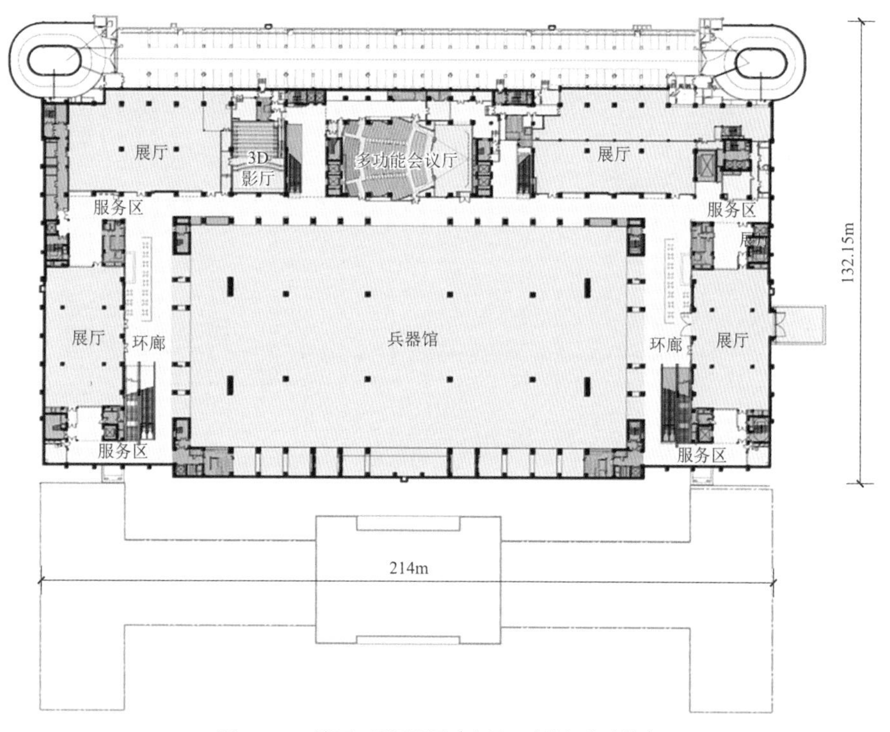

图 11.1-7　地下一层平面图（本图下方为保留建筑）

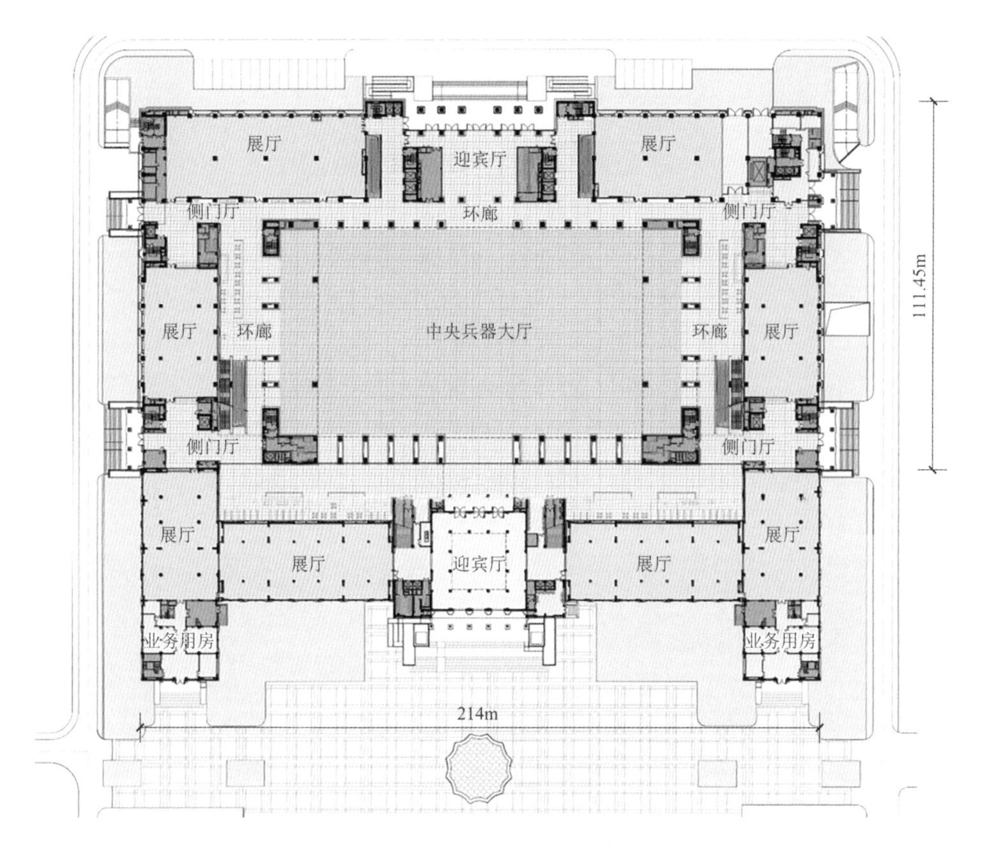

图 11.1-8　一层平面图（本图下方为保留建筑）

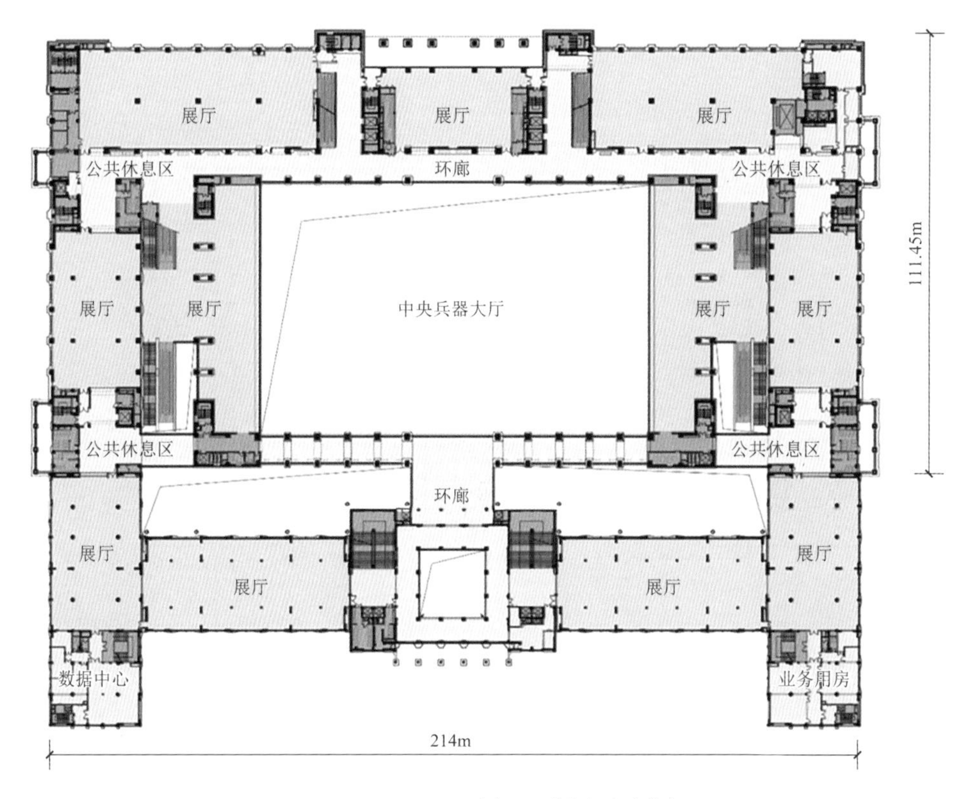

图 11.1-9　二层平面图（本图下方为保留建筑）

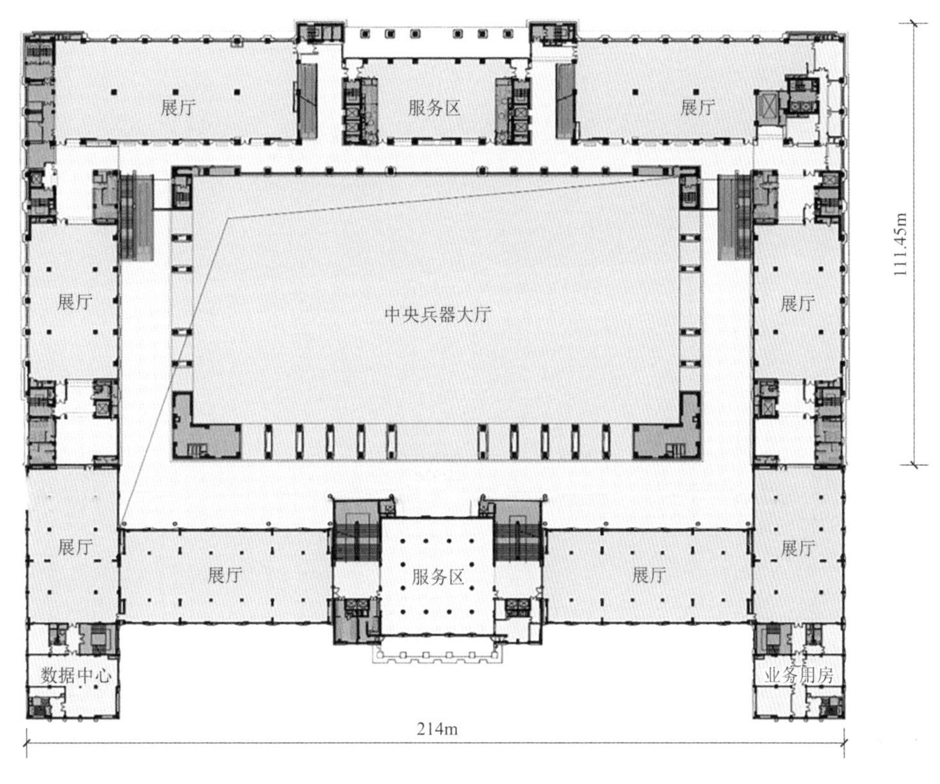

图 11.1-10　三层平面图（本图下方为保留建筑）

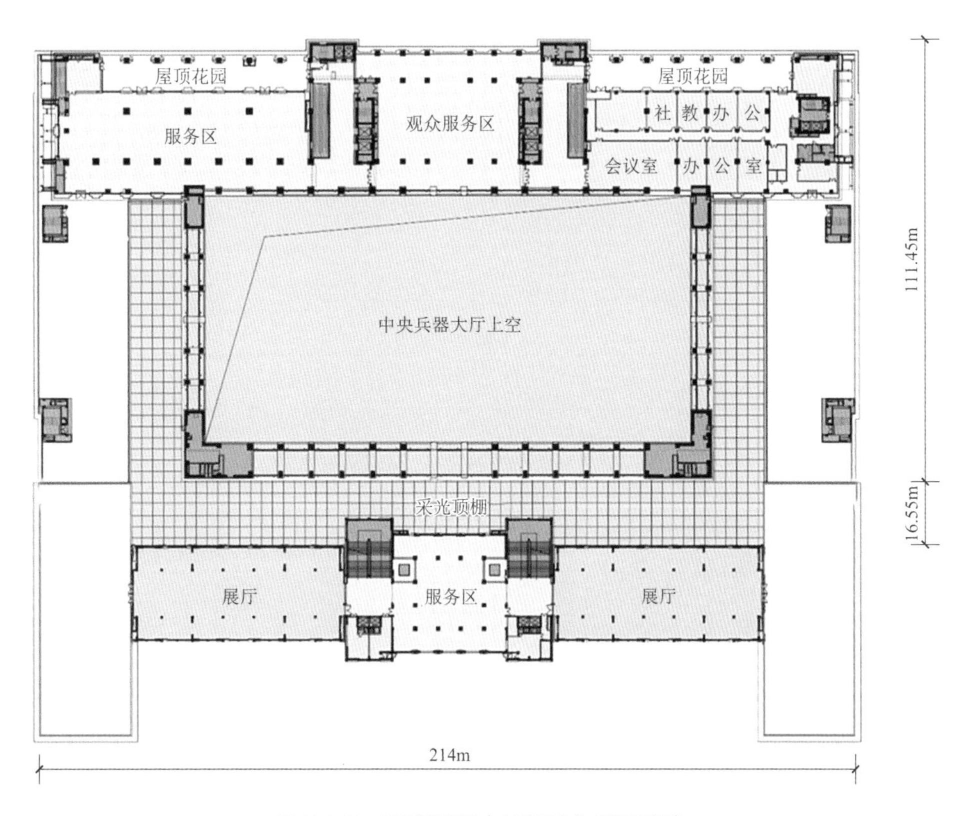

图 11.1-11　四层平面图（本图下方为保留建筑）

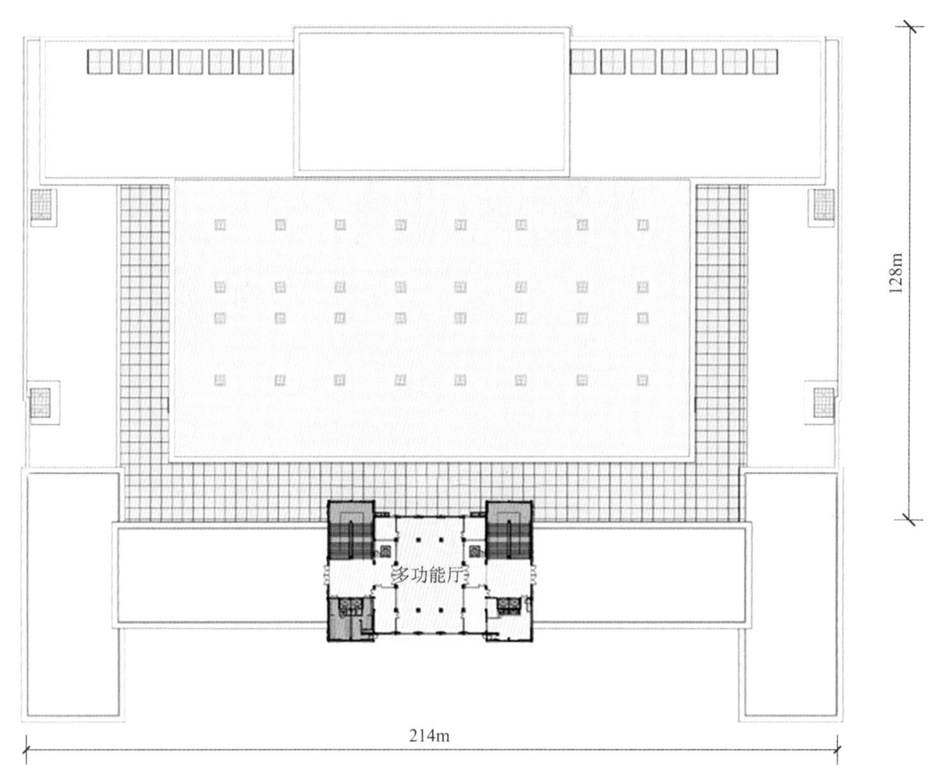

图 11.1-12　屋面层平面图（本图下方为保留建筑）

11.1.2　设计条件

1. 主体控制参数（表 11.1-1）

控制参数表　　表 11.1-1

项目		标准
结构设计使用年限		50 年（耐久性 100 年）
建筑结构安全等级		一级
结构重要性系数		1.1
建筑抗震设防分类		重点设防类（乙类）
地基基础设计等级		甲级
设计地震动参数	抗震设防烈度	8 度
	设计地震分组	第一组
	场地类别	Ⅱ类
	场地特征周期	0.35s（安全评价 0.40s）
	大震特征周期	0.40s
	基本地震加速度	0.20g
建筑结构阻尼比	多遇地震	0.05
	罕遇地震	0.07
水平地震影响系数最大值	多遇地震	0.16（安全评价 0.17）

续表

水平地震影响系数最大值	设防地震	0.45
	罕遇地震	0.90
地震峰值加速度	多遇地震	70cm/s²（安全评价 65cm/s²）
	设防地震	200cm/s²
	罕遇地震	400cm/s²

注：设计选择地震作用设计参数时，多遇地震按本项目场地的地震安全性评价报告[2]取值（上表括号中的值），中、大震按当时的《建筑抗震设计规范》GB 50011—2010 取值。

2．风荷载

（1）基本风压：主体结构取 0.45kN/m²（50 年重现期），钢结构屋面取 0.50kN/m²（100 年重现期）。

（2）地面粗糙度：C 类。

（3）风荷载体型系数：迎风面取 0.8，背风面取−0.6。

3．雪荷载

（1）基本雪压：主体结构取 0.40kN/m²（50 年重现期），钢结构屋面取 0.45kN/m²（100 年重现期）。

（2）积雪分布系数：平屋面取 1.0，有高差屋面的较低一侧取 2.0。

（3）荷载准永久值分区：Ⅱ区。

4．温度作用

（1）北京市气温条件

根据《建筑结构荷载规范》GB 50009—2012，北京市基本气温最高 36℃，最低−13℃；

经查阅，北京市历年极端最高气温 42℃，历年极端最低气温−27.4℃；最高月平均气温 26℃（7 月），最低月平均气温−6℃（1 月）。

（2）结构合拢温度

结构合拢温度：10～25℃。

（3）设计计算采用的温差

根据北京市气温条件、结构合拢温度，综合考虑建筑室内外温差（夏季 5℃、冬季 15℃），最终各部位设计计算温差取值如表 11.1-2 所示：

温度作用取值　　表 11.1-2

结构类型	分布部位	最大温升ΔT_{k+}/℃	最大温降ΔT_{k-}/℃
混凝土结构	地上	11	−16
	地下室顶板	8	−11
	地下一层楼面	5	−8
钢结构	屋面	24	−30

5．特殊使用活荷载

因特定展项功能需求，本项目部分区域存在超常规的大荷载需求。

（1）地下：一层武器展厅 30～36kN/m²，其余展厅 15kN/m²；

（2）地上：首层中央兵器大厅 20kN/m²，其余展厅 15kN/m²；

（3）中央兵器大厅钢结构屋盖设置 24 个飞机吊挂点，每个吊点荷载 20kN。

11.2 建筑特点

11.2.1 新老建筑和谐、统一

新馆（即军博扩建建筑）建筑设计，注重从空间关系、比例尺度、细部构造等方面遵循老馆（即军博保留建筑）的风格特色，使新馆立面以一种谦逊、积极的态度保持和老馆的和谐、统一；注重时代特征和创新精神，通过体量、尺度变化和新技术、新构造的应用等，讲求新旧建筑的有机联系、差异性及和谐对话。

在合理抗震加固老馆结构并完善配套设施的基础上，新馆在向北扩建的同时，充分利用地下空间，避开老馆的地下基础，科学、合理地在保留原有建筑的基础上拓展新空间。新馆合理利用地下一层空间作为武器天地，营造 24m × 24m 大跨度展厅空间；采用清水混凝土井字梁，形成“藻井”效果，经典朴实、坚定稳固。地上平面中心为中央兵器大厅，空间简洁方正、恢宏大气，顶部运用现代简洁式“藻井”阵列组合，其九宫格纹饰具有传统文化意象。如图 11.2-1 和图 11.2-2 所示。

图 11.2-1　地下室顶板大跨“藻井”混凝土楼盖

图 11.2-2　中央兵器大厅“藻井”钢屋盖

11.2.2 结构方案与建筑需求统一

新馆为特大型军事博物馆，位于高烈度区，层高高、荷载大、跨度大，主要大跨度柱网有 24m × 24m、13m × 16m、11m × 20m、12m × 32m 等，环廊屋面跨度 16m、中央兵器大厅屋面尺寸 64m × 136m。鉴于上述特点，主体结构首选钢结构方案，容易实现。

对钢结构方案和混凝土结构方案进行了比选，钢结构方案性能更优，但造价略高。建筑师与结构工程师充分研究后，认为不应一味地坚持结构单专业的合理性，而是结合建筑方案方正、厚重的风格，与老建筑协调、统一。混凝土结构方案造价低，相应增加建筑、设备造价比重，提升建筑效果、设备档次，在总价控制的前提下，提升项目整体品质。最终，主体结构选用了混凝土结构方案，与建筑需求达成一致。

11.2.3 高烈度区抗震性能设计

原军博是北京为迎接建国十周年所建的十大建筑之一，是我国唯一的国家级大型综合性军事博物馆。军博扩建建筑为高烈度地震区的高层建筑，抗震设防类别为乙类。考虑到该工程的影响力和重要性，需要采取更为有效的抗震措施来确保结构的安全。

本工程除按相关规范进行设计外，还进行了结构抗震性能设计。性能目标定为 C 级，开展了小震对比分析计算、中大震等效弹性计算、大震弹塑性分析等工作，并针对有大开洞楼层的楼板、地下室错层处等特殊部位进行详细分析。基于分析结果采取合适的加强措施（例如，局部设置钢骨、加强板配筋构造），满足了高烈度区结构的抗震性能要求。局部设置钢骨的现场照片见图 11.2-3。

图 11.2-3　局部设置钢骨的现场照片

11.2.4　超长结构不分缝

军博扩建建筑，地上、地下平面最大尺寸均超过 200m，属于超长混凝土结构。建筑方案上，军博四周立面均为重要展示面，要求新老建筑立面完整统一、浑然一体、不留缝隙。

在东西两侧新老建筑分界处，建筑采用局部内凹加门楼的方式连接，巧妙地完成了从老建筑向新建筑的过渡，避免立面上出现明显的缝隙。扩建建筑自身的三个外立面，为满足建筑效果、提高建筑品质，不允许分缝。另外，扩建建筑中央兵器大厅、环廊的平面布局和通高空间，导致结构整体刚度偏弱，分缝后整体性更差。因此，整个扩建建筑不设缝，按超长混凝土结构设计。

为解决温度作用的影响，采用了多种措施。例如：进行温度作用分析计算，据此进行构件配筋；大面积的连续梁板采用预应力技术；设置后浇带、膨胀加强带，采用跳仓法施工等。

采用超长结构不分缝设计，工程实际效果良好；既提升了建筑立面效果（图 11.2-4、图 11.2-5），也保证了工程质量。

图 11.2-4　扩建建筑北立面

图 11.2-5　扩建建筑东西立面

11.3　体系与分析

11.3.1　方案对比

本项目为特大型博物馆，因其建筑功能具有大跨度、高层高、大荷载等特点，整体而言跨度位于预应力混凝土结构和钢结构的分界点上。从结构安全性、合理性、经济性及建筑风格等方面，对两个方案进行了详细比选[3]，如图 11.3-1 和图 11.3-2 所示。

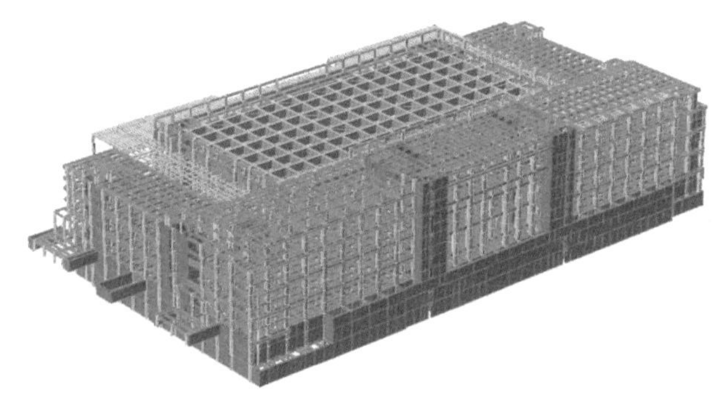

图 11.3-1　混凝土结构方案整体模型

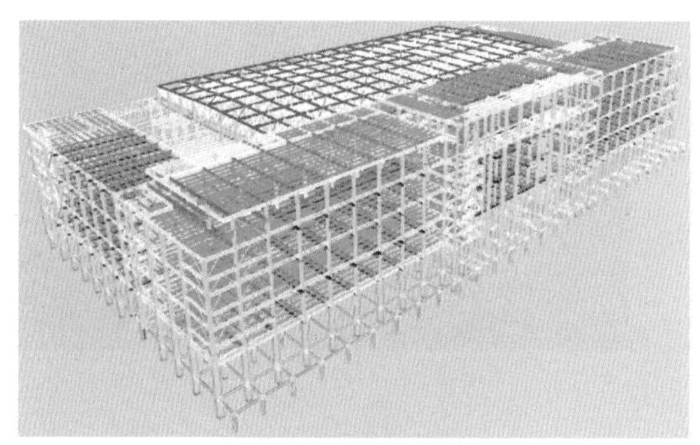

图 11.3-2　钢结构方案整体模型

1．混凝土结构

根据建筑平面布局和结构抗侧刚度需求，主体结构可采用钢筋混凝土框架-剪力墙结构体系。利用建筑平面中的楼、电梯井道、隔墙等位置布置一定数量的钢筋混凝土剪力墙，其他位置布置梁、柱组成框架-剪力墙结构体系。

对 8m × 8m 的柱网，采用普通钢筋混凝土主次梁楼盖；对于大于 12m 的大跨度结构，采用后张有粘结预应力混凝土梁。楼板采用普通钢筋混凝土楼板。根据抗震需要，局部采用了钢骨柱和钢骨梁，部分剪力墙内设置钢骨。中央兵器大厅及环廊采光屋面因跨度及建筑效果要求，采用钢结构。

2．钢结构

主体结构也可采用“钢框架-支撑”结构体系。根据建筑平面柱网布置框架柱，并采用矩形钢管混凝土柱；在楼梯、电梯井及其他隔墙位置设置支撑，形成“钢框架-屈曲约束支撑”体系。

中央兵器大厅采用轻钢屋盖，不上人屋面，但需吊挂飞机。采用单向桁架结构，短跨方向设置主桁架，长跨方向采用钢系杆和连系桁架，上弦平面设双向水平支撑，形成空间整体稳定的钢桁架屋盖结构。

其他展厅楼盖，沿大跨方向设置次桁架，设备管线可从桁架中间穿过，争取最大的结构高度以减少用钢量。非展厅区域，跨度不大于 12m 的梁采用 H 型钢梁；跨度在 12m 以上时，采用钢桁架梁。楼板均采用钢筋桁架楼承板。

在楼梯、电梯井及其他隔墙位置设置的支撑，部分采用屈曲约束支撑，形成“钢框架-屈曲约束支撑”体系，用来抵抗地震作用和风荷载作用。屈曲约束支撑在风荷载及小震下保持弹性，可提供足够的抗侧刚度，在中、大震下屈服并耗能，但不屈曲失稳，确保结构安全。

3．方案对比结果

对上述两个方案分别进行了计算分析，主要结构指标满足要求，结构安全、合理，方案均成立。综合考虑材料成本、工期成本、施工措施费用等，经过造价测算，混凝土方案比钢结构方案造价较低，满足造价控制要求；钢结构方案则有所超出。

在与建筑师充分讨论后，为满足总造价控制要求，不降低建筑效果、设备档次，选用了混凝土结构方案。此方案符合建筑风格，与保留建筑也更为协调。

11.3.2　结构布置

1．上部结构

根据建筑柱网及平面布局设置框架柱、框架梁，在楼、电梯井道、隔墙等位置设置钢筋混凝土剪力墙，形成框架—剪力墙结构体系。普通区域采用钢筋混凝土主次梁楼盖，跨度大于 12m 的采用预应力梁；

采用普通钢筋混凝土楼板。局部采用钢骨柱和钢骨梁，部分墙内增设钢骨。中央兵器大厅及环廊采光屋面采用钢结构。典型结构平面如图 11.3-3 所示。

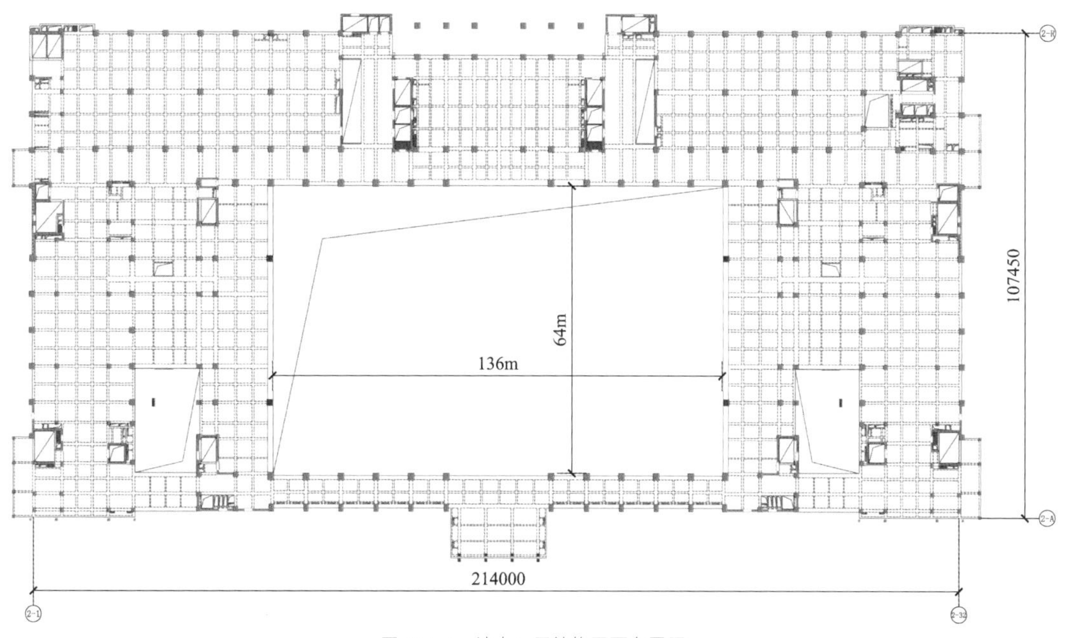

图 11.3-3　地上二层结构平面布置图

2．地下室结构

地下室采用钢筋（钢骨）混凝土框架-剪力墙结构。地下一层武器展厅为大跨结构，顶板双向最大柱网达到 24m × 24m，采用预应力混凝土结构；地下室其余区域楼面采用普通钢筋混凝土梁板结构。上部竖向结构构件向下延伸至基础，地下室外墙为现浇钢筋混凝土墙；地下室底板采用现浇钢筋混凝土抗浮防水板 + 基础。地下室车库（兼人防）为普通梁板结构。地下室典型结构平面如图 11.3-4 所示。

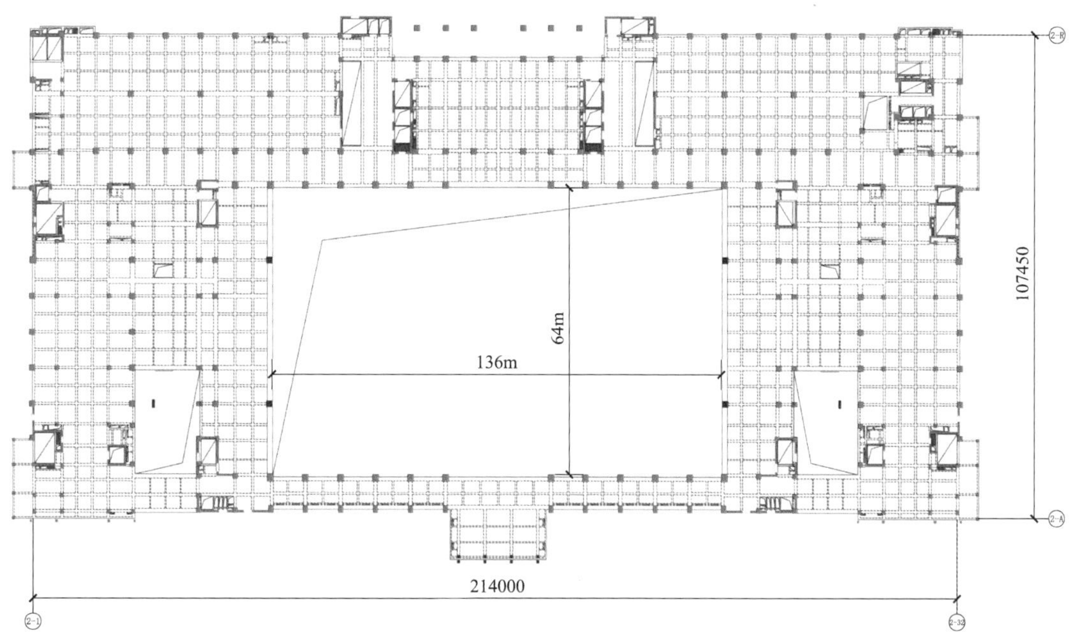

图 11.3-4　地下室顶板层结构平面布置图

3．基础设计

地质勘察报告[4]建议了三种基础形式：天然基础、复合地基和桩基。

考虑到本项目荷载大、柱跨大，对地基承载力要求较高，最初拟采用带柱墩的平板式筏形基础，筏板兼做防水板。后通过准确统计荷载、精心设计分析，发现采用独立柱基可行，决定采用“独立基础＋防水底板”方案，以强风化砾岩或强风化泥岩作为基础持力层，底板由800mm厚（筏板）优化为600mm（防水板）。

为保证上部荷载只通过独立柱基传给基础、避免底板承受上部荷载，在独立基础以外的底板下铺设褥垫层（100mm厚聚苯板）。为提高基础的整体性、调节不均匀沉降，柱间设暗梁，梁高同底板厚，利用底板通长钢筋作为暗梁主筋。

根据地质勘察报告，地下室需进行抗浮设计，抗浮设计水位取室外地面以下7m标高。整体抗浮稳定验算不满足，需采取抗浮措施，可采用抗拔桩或抗浮锚杆。结合独立基础方案，通过经济性比较，选用抗浮锚杆（图11.3-5）。

图11.3-5 抗浮锚杆现场施工照片

11.3.3 性能目标

1. 结构抗震性能目标及要求

军博扩建建筑为高烈度地震区的高层建筑，抗震设防类别为乙类，因其建筑功能需要，具有跨度大、层高高、平面大开洞等特点，结构平面整体性较弱，为不规则结构。考虑项目的重要性，进行结构抗震性能设计，以确保结构安全，减少震后损失。

根据《高层建筑混凝土结构技术规程》JGJ 3—2010（以下简称《高规》），综合考虑本项目的重要性及结构特点，确定结构抗震性能目标为C级。

为达到C级性能目标，结构需满足以下性能水准要求：

（1）多遇地震作用下，满足第1性能水准，结构满足弹性设计要求，全部构件的抗震承载力和层间位移均满足现行规范要求（层间位移角限值1/800）；结构计算时建立正确、合理的分析模型，并考虑作用分项系数、材料分项系数和抗震承载力调整系数。

（2）设防地震作用下，满足第3性能水准，关键构件及普通竖向构件的正截面承载力应满足中震不屈服的设计要求，受剪承载力满足中震弹性的要求；允许部分耗能构件（连梁、框架梁）进入屈服，但不应发生剪切等脆性破坏。

（3）罕遇地震作用下，满足第4性能水准，结构关键构件的抗震承载力满足大震不屈服的要求；普通竖向构件及梁允许发生屈服，但竖向构件受剪截面应符合规范要求，不得发生剪切等脆性破坏；在预估的罕遇地震作用下，结构薄弱部位的层间位移角应符合框架—剪力墙结构弹塑性位移角限值1/100。

2. 构件抗震性能水准细化

根据各类结构构件的重要性及失效后影响的大小，对其进行了分类，明确并细化了构件抗震性能水准要求，具体见表11.3-1。

构件抗震水准细化要求　　表 11.3-1

地震烈度		多遇地震	设防地震	罕遇地震
结构抗震水准		1	3	4
宏观损坏程度		无损坏	轻度损坏	中度损坏
关键构件	支承中央兵器大厅钢屋盖的四个角部筒体及框架柱、中央兵器大厅大跨度钢桁架	弹性	不屈服：正截面不屈服[符合《高规》式（3.11.3-2）]，抗剪弹性[符合《高规》式（3.11.3-1）]	不屈服：正截面不屈服[符合《高规》式（3.11.3-2）]，抗剪不屈服[符合《高规》式（3.11.3-2）]
普通竖向构件	除关键构件以外的其余竖向构件	弹性	不屈服：正截面不屈服[符合《高规》式（3.11.3-2）]，抗剪弹性[符合《高规》式（3.11.3-1）]	允许部分正截面屈服，受剪截面满足《高规》式（3.11.3-4）
耗能构件	剪力墙连梁、框架梁	弹性	允许部分正截面屈服，抗剪不屈服[符合《高规》式（3.11.3-2）]	允许大部分屈服

11.3.4　结构分析

1. 抗震计算分析内容

采用 SATWE 软件（2010 新规范版）进行静力弹性计算、动力弹性时程分析和等效弹性分析；选用 MIDAS Building 软件 2012 版进行静力弹性对比计算、楼板详细分析；采用 MIDAS Gen 软件 V795 进行中大震静力弹塑性分析；另外，选用 SAP2000 软件 V14.2.2 进行屋面钢结构分析设计。

地下 1 层抗侧刚度大于首层抗侧刚度的 2 倍，故上部结构计算的嵌固端设在地下室顶板。楼板详细分析以及静力弹塑性分析时，楼板均采用弹性板单元。中央兵器大厅钢结构屋盖质量较小，与周边主体结构连接大部分采用滑动铰支座、少部分采用固定铰支座，对主体结构影响较小。

SATWE、MIDAS Building、MIDAS Gen 三款软件整体分析模型均采用等代模型，即通过刚度和质量等效，将屋盖钢桁架等代为钢梁模型（图 11.3-6～图 11.3-8）。为分析中央兵器大厅钢屋盖对其周边支撑构件的真实影响，MIDAS Gen 软件建立了反映钢结构屋面真实桁架布置的总装模型，进行补充分析（图 11.3-9）。中央兵器大厅屋面钢结构另外采用 SAP2000 软件进行详细的分析和设计。

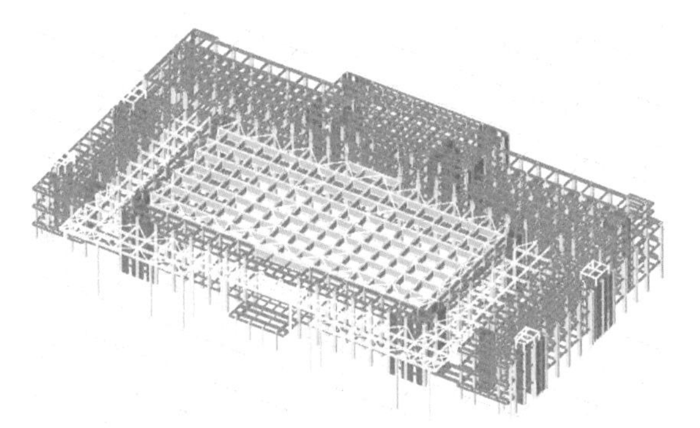

图 11.3-6　SATWE 整体计算模型

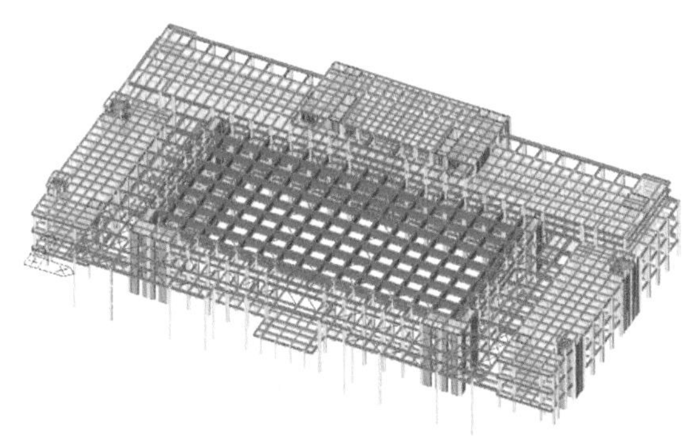

图 11.3-7　MIDAS Building 整体计算模型

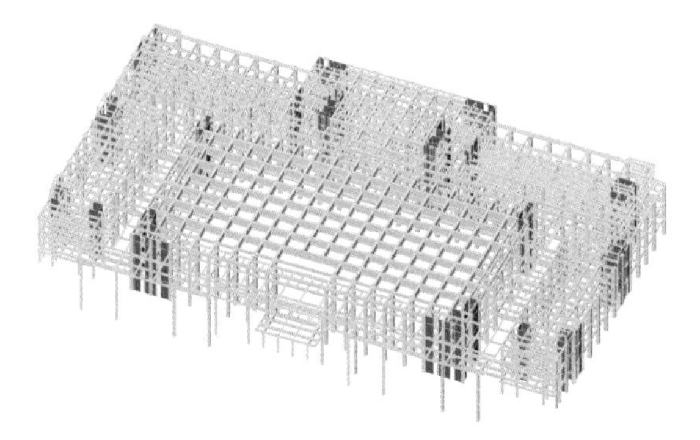

图 11.3-8　MIDAS Gen 整体计算模型

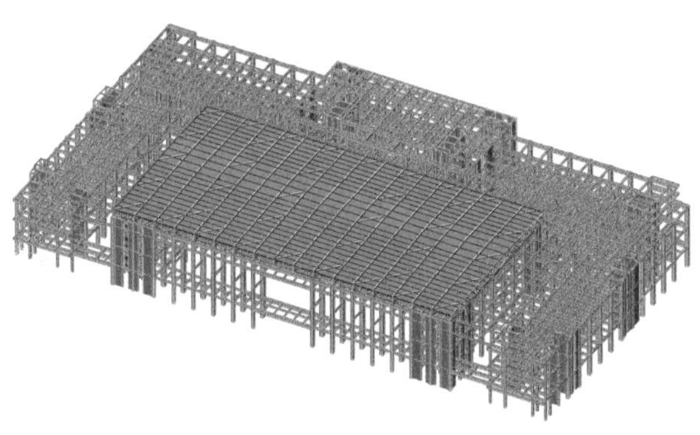

图 11.3-9　MIDAS Gen 总装模型

2．主要分析结果与设计构造措施

（1）小震分析结果

两款软件计算结果基本一致，除扭转位移比超过 1.2 外，其他指标满足要求。小震弹性时程分析结果（七条地震波的平均值）不大于振型分解法反应谱法的结果。

（2）中大震等效弹性分析结果

中震作用下，部分剪力墙及端柱的拉应力超过了混凝土抗拉强度标准值，采取在剪力墙暗柱、端柱中加设型钢的措施，保证其承载力及延性。大震作用下，少量关键构件（柱、剪力墙边缘构件）正截面发生屈服，采取内设钢骨的加强措施后，满足要求。

（3）大震静力弹塑性分析结果

大震作用下，性能点仍处于能力谱曲线的上升段，最大层间位移角约为规范限值的 0.68 倍，结构整体承载力未达到极限，仍有较大的上升空间（图 11.3-10）。水平构件（梁）大量出铰、屈服耗能，剪力墙、柱仅有少量屈服，符合“强柱（剪力墙）弱梁”的设计理念（图 11.3-11）。支承中央兵器大厅钢屋盖的剪力墙、柱未出铰，承载力满足大震不屈服的要求。针对少量屈服的剪力墙，采取了加强措施，如设置少量钢骨、提高配筋率和配箍率，增强了构件延性，提高抗震承载能力。

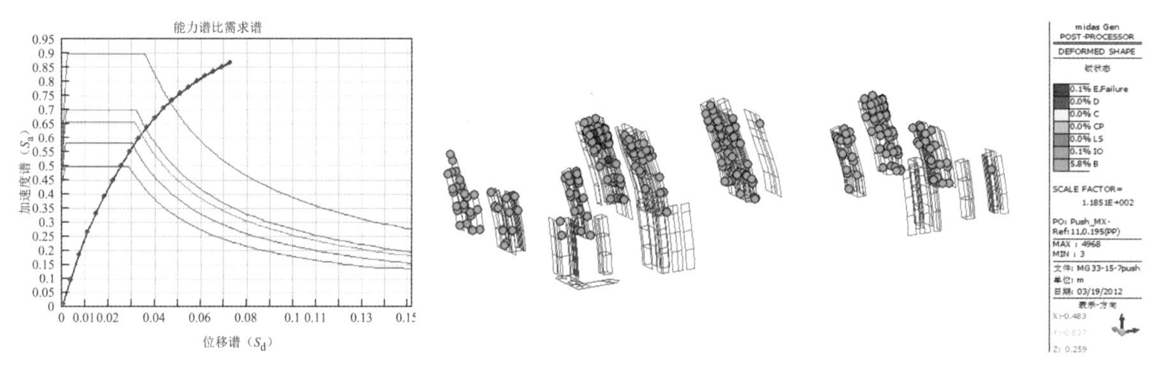

图 11.3-10　大震结构能力谱-需求谱性能曲线　　图 11.3-11　大震性能点剪力墙铰整体分布

（4）楼板分析结果

对二～四层及 31.0m 屋面层的大开洞楼板进行详细分析，大部分楼板的常规设计结果满足要求，有少量区域的楼板（约占全层楼板面积的 1%）在地震作用下存在局部应力集中现象，并且个别区域应力比较大（图 11.3-12、图 11.3-13）。对这些区域的楼板，采取加大板厚、加强配筋等措施，使水平地震作用在楼板内可以有效传递，保证结构的整体性。

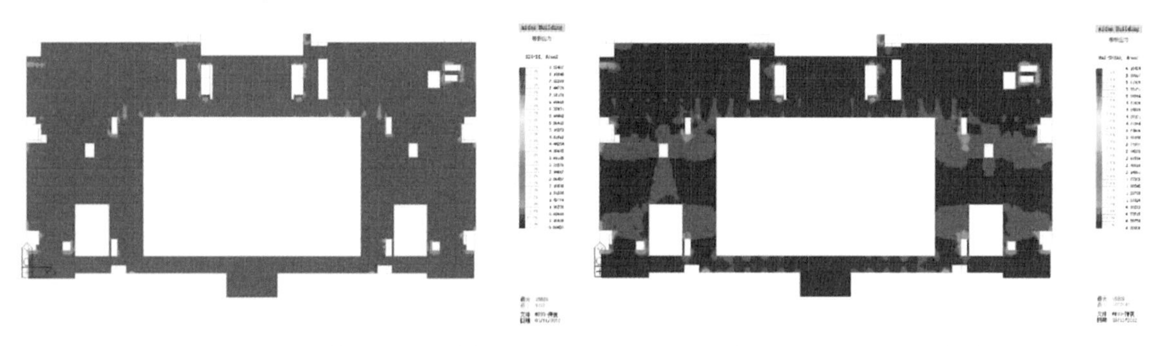

图 11.3-12　二层 X 向地震楼板正应力（X 向）　　图 11.3-13　二层 X 向地震楼板剪应力

3．加强措施

1）按乙类建筑提高一度（9 度）确定抗震等级，主体结构（框架和剪力墙）抗震等级为一级。另外，对在中震下出现受拉的竖向构件，均采用《高规》中规定的特一级构造。

2）控制竖向构件在地震作用下的轴压比和剪压比。

3）平面布置时尽量减少扭转效应，在平面的四角加强楼板的配筋，对四个角部的抗震墙适当加强配筋。

4）多个楼层存在楼板局部不连续，其加强措施如下：

（1）提高楼板缺少部分的抗震墙的配筋率，保证墙体的稳定和延性。

（2）对开洞层楼板按前述分析结果进行设计；根据应力分布情况，将相关楼板厚度分别加厚至150mm、180mm或200mm，楼板双层双向配筋，且每层每个方向的拉通钢筋最小配筋率不小于0.3%。

5）在三层（16.300m标高）以下部分框架柱、剪力墙端柱和暗柱内设置钢骨。对中震作用下拉应力超过混凝土抗拉强度标准值的剪力墙及其端柱，采取在剪力墙暗柱、端柱内加设型钢的措施，保证其承载力及延性。

6）剪力墙均设置约束边缘构件，并在楼层处设置暗梁；三层以下连梁设置钢骨，部分暗梁也设置钢骨。

7）对个别损伤较严重（出现红铰）的剪力墙，采取设置钢骨、提高配筋率和配箍率等加强措施，增强构件延性，提高其抗震承载能力。

8）采用C60级混凝土，尚应遵循《建筑抗震设计规范》GB 50011—2010附录B“高强混凝土结构抗震设计要求”相关规定。

11.4 专项设计

11.4.1 大荷载区域大跨楼盖设计

中央兵器大厅楼面使用活荷载为20kN/m^2，局部还需耸立大型导弹、陈列大吨位军机（图11.4-1），属于非常规的大荷载；下方（地下一层）为24m×24m大跨度武器展厅。设计中，该大跨大荷载区域，结合建筑朴实、庄重的风格和连续、有韵律的空间要求，楼面（地下室顶板）采用钢筋混凝土井字楼盖。

图11.4-1 中央兵器大厅展陈照片

双向主梁采用24m跨的钢筋混凝土梁，截面为1.8m×2m；每个区格内布置双向预应力井字梁，截面0.6m×1.6m（图11.4-2）；主梁截面大、配筋率高，为控制钢筋间距、保证混凝土浇筑质量，采用了直径40mm的HRB500级高强度钢筋（图11.4-3）。

所有结构梁板外露，不设吊顶；在精心组织下，管线预埋于梁、板中，做到了全隐蔽设计。最终呈现出建筑所需的清水混凝土藻井效果，整个空间不仅现代、简约、纯净，而且中轴对称、规整大气（图11.2-1、图11.4-4和图11.4-5）。

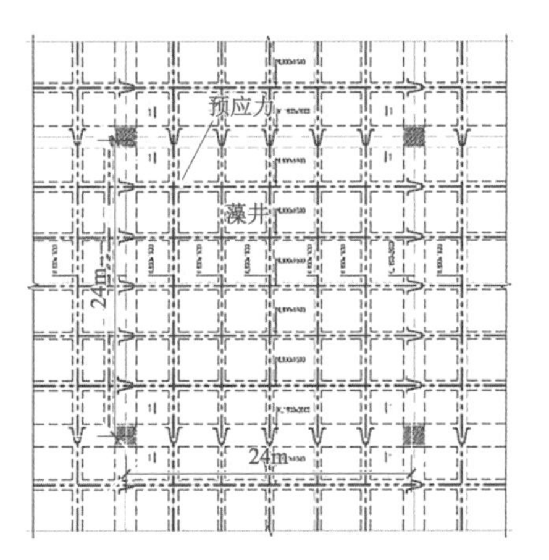

图 11.4-2　顶板 24m 大跨典型区格梁布置

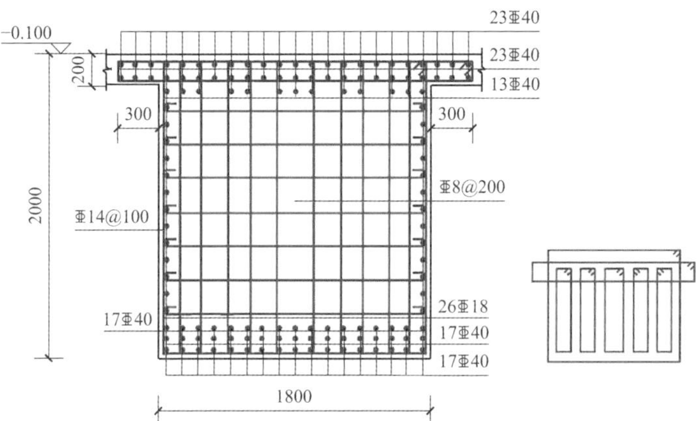

图 11.4-3　顶板 24m 大跨主梁钢筋排布

图 11.4-4　顶板 24m 大跨效果图

图 11.4-5　顶板 24m 大跨实景图

11.4.2　钢屋盖设计

1. 中央兵器大厅钢屋盖

中央兵器大厅屋盖尺寸为 64m × 136m，采用钢结构。与普通大跨钢屋盖不同，其下方需吊挂多架历史实物战机（图 11.4-6），屋盖受荷大、变形控制要求高。

1）屋盖选型

（1）中央大厅屋盖吊顶为凹入式的“藻井”造型，建筑效果要求结构宜采用双向正交结构。

（2）屋盖下有 24 个吊挂点，吊挂实物飞机等展品。采用相贯焊球节点网架，承受重载的安全度不如节点板桁架。

（3）中央大厅屋盖尺度较大，为单向受力体系，长向的杆件仅为连系杆件。按双向正交桁架设计，用钢量较大，采用单向桁架用钢量较省。

综上，选用单向桁架结构。

2）屋盖布置

横向采用平面桁架结构，纵向在桁架上下弦平面内布置支撑。既满足吊挂大荷载需求，又能控制造价，且与建筑“藻井”吊顶效果吻合。

沿短向布置桁架，上、下弦杆采用箱形截面（典型截面□380mm × 400mm × 16mm × 16mm），腹杆采用倒置的 H 型钢（典型截面 H400mm × 200mm × 12mm × 12mm），用双节点板连接；沿长跨方向采用钢系杆和连系桁架，上弦平面设双向水平支撑，形成空间整体稳定的钢桁架屋盖结构（图 11.4-7、图 11.4-8）。

钢桁架屋盖四周采用球型钢支座（图 11.4-9），通过计算分析，合理设置不同部位支座的滑动要求（固定、单向滑动、双向滑动），既满足抗震要求又能最大限度地释放温度作用。

图 11.4-6　中央兵器大厅屋盖吊挂飞机

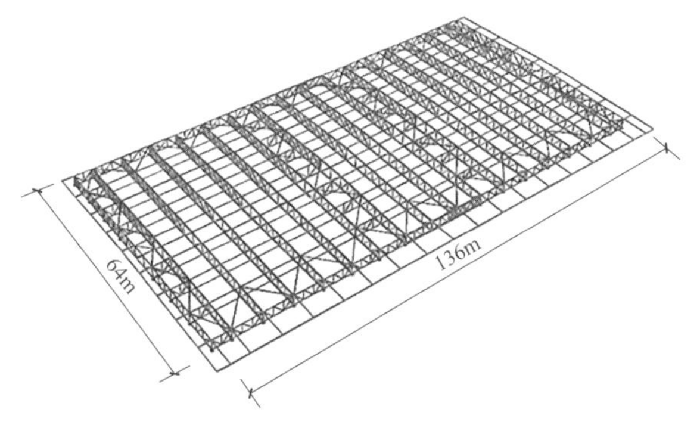

图 11.4-7　钢屋盖 SAP2000 计算模型

图 11.4-8　钢屋盖吊装就位

图 11.4-9　钢屋盖支座

2. 环廊钢屋盖

（1）屋盖方案

根据建筑效果，环廊采光屋面选用钢结构。东西两侧环廊屋盖采用主次钢梁体系，主钢梁与两侧主体结构的钢筋混凝土梁通过预埋件连接（铰接）。

南侧与保留建筑之间的环廊屋顶采用钢框架结构，屋面南北向的钢框梁，一端与主体结构钢筋混凝土梁通过预埋件连接（铰接），另一端与贴近保留建筑的钢管柱连接（刚接）。见图 11.4-10 和图 11.4-11。

图 11.4-10　东西环廊钢屋盖施工照片

图 11.4-11　南环廊钢屋盖施工照片

（2）南环廊屋盖设计

南环廊屋盖结构高度 24.7m，钢管柱与主结构距离为 10m、16m，柱间距为 16m、24m（图 11.4-12）;

24m 跨度的钢框梁采用箱形截面，其余均采用 H 型钢。为满足建筑效果，钢梁限高为 600mm、屋盖平面内不能设置斜撑、钢管柱间也不允许设支撑，导致南环廊钢框架整体刚度较弱，纵向（东西向）侧移变形过大。

针对此问题，将屋面 1m × 1m 正交网格状檩条做成结构构件——用 300mm（高）× 100mm（宽）的小钢箱梁正交刚接形成钢檩条，内嵌于屋面钢梁各区格内，充当屋盖平面内支撑作用，增加了屋盖平面内刚度、减少了纵向侧移（图 11.4-13、图 11.4-14）。建成效果如图 11.4-15 所示。

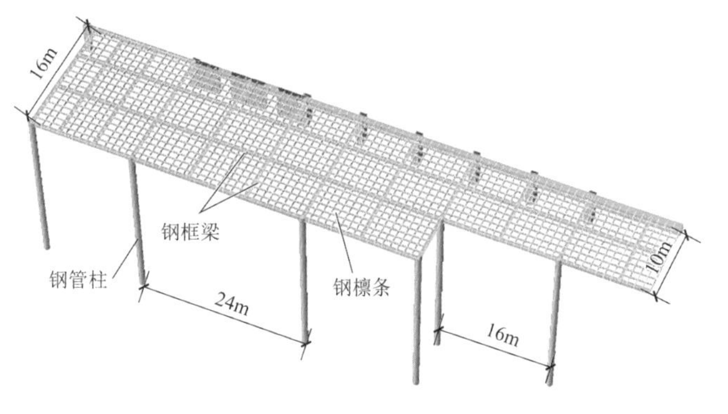

图 11.4-12　南环廊钢屋盖计算模型（图中仅西侧一半）

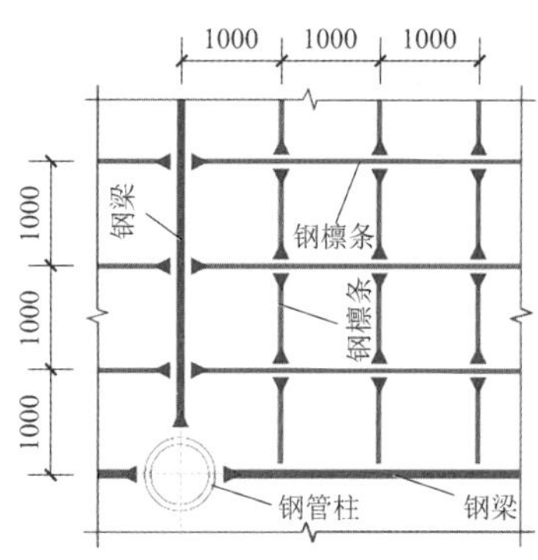

图 11.4-13　南环廊屋盖钢檩条布置图

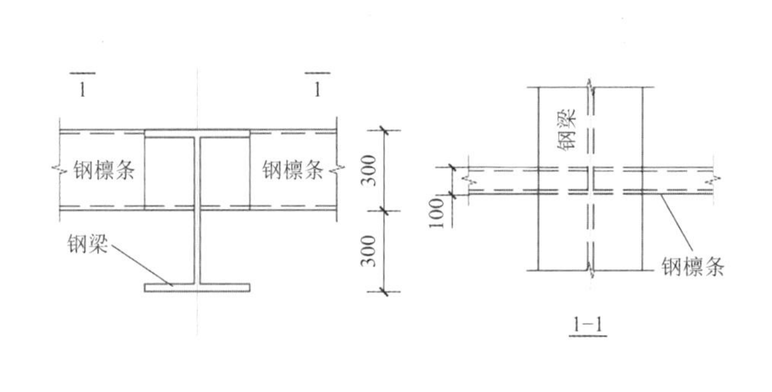

图 11.4-14　钢檩条与钢梁连接节点

图 11.4-15　南环廊钢屋盖建成照片

11.4.3　地下室错层分析

军博扩建建筑，北侧地下车库与主体结构地下室之间存在的错层（图 11.4-16），带来错层处土压力及水平地震作用有效传递的问题。

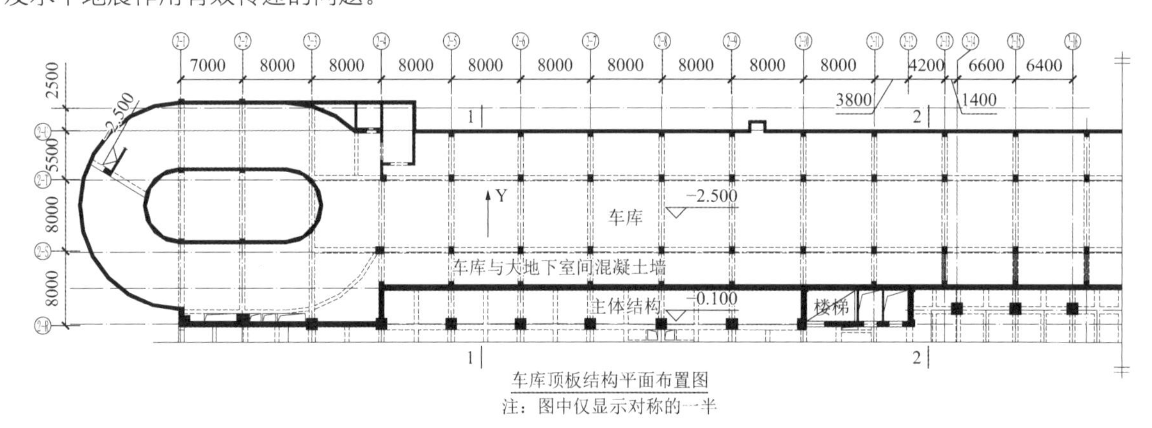

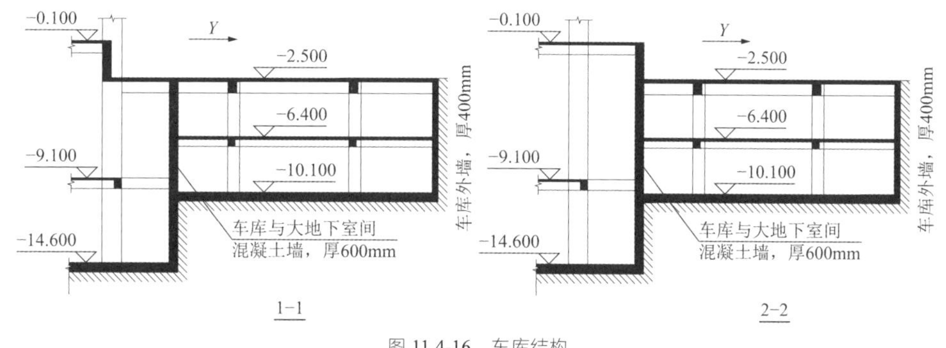

图 11.4-16 车库结构

设计采取了下列措施：顶板高差处设肋墙（梁上斜墙块），主体地下室的地下1层设转换墙，主体地下室的地下1层梁加腋（图 11.4-17）。

同时，采用 SAP2000 V14.2.2（美国 CSI 公司）建立考虑错层的三维模型（图 11.4-18），分析地下室侧向土压力及水平地震作用在错层处的传递。结果表明：采取上述措施后，错层处结构构件满足土压力传递要求，也满足小震、中震弹性及大震不屈服的承载力要求。

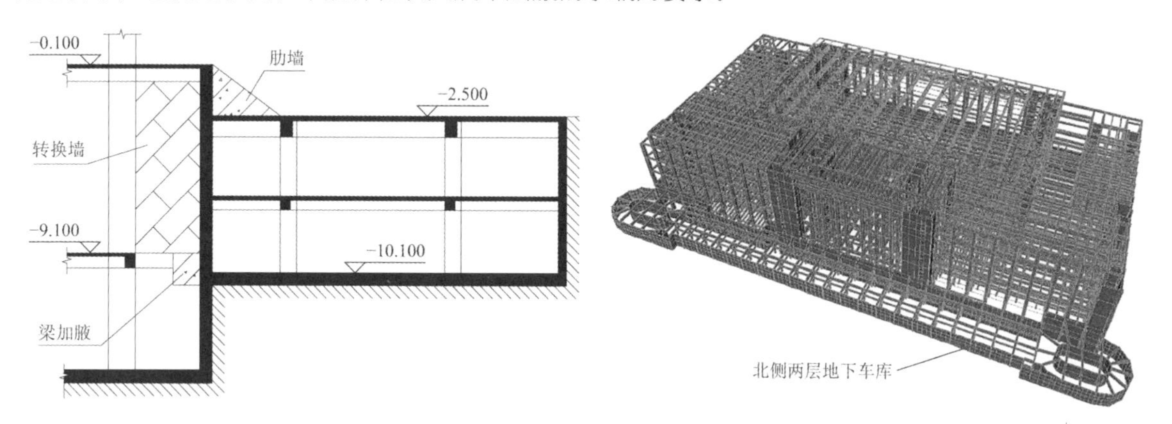

图 11.4-17 地下室错层处构造措施

图 11.4-18 SAP2000 地下室错层计算整体模型

11.4.4 新老建筑交界处基础处理

军博扩建建筑南侧与保留建筑之间（该区域无地下室），设置采光屋面，在两者之间形成通高的南环廊作为过渡空间，进行有机衔接。如前所述，南环廊采光屋面采用钢结构，一侧与扩建建筑相连，另一侧支撑在贴近保留建筑外墙的钢管柱上。

南环廊钢管柱与南侧保留建筑距离很近。若采用常规独立基础，基础开挖会对保留建筑老基础造成扰动，同时会将柱荷载扩散至老基础上。

为避免对保留建筑基础造成影响，此处改用桩基础。由于施工空间狭小且受制于周边环境，最终选用长螺旋钻孔压灌桩，桩径 600mm，桩端持力层为强风化砾岩。部分钢管柱紧贴保留建筑的外墙，柱下无法布桩，采用桩承台外挑的方式解决，承台位于保留建筑的基础顶面以上，如图 11.4-19 所示。

11.4.5 高烈度区混凝土构件设计

军博扩建建筑为 8 度区乙类建筑，荷载大、跨度大，主体采用钢筋混凝土结构，构件设计内力普遍较大，配筋率普遍较高。

为降低钢筋密集程度、保证混凝土浇筑质量，设计时大量选用大直径（36～40mm）HRB500 级高强度钢筋，取得了良好的效果。见图 11.4-20。

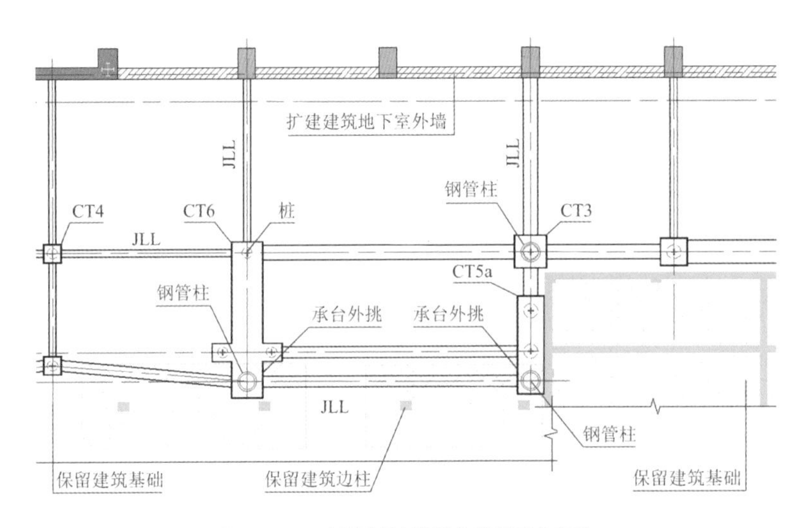

图 11.4-19　南侧贴近保留建筑桩基承台布置

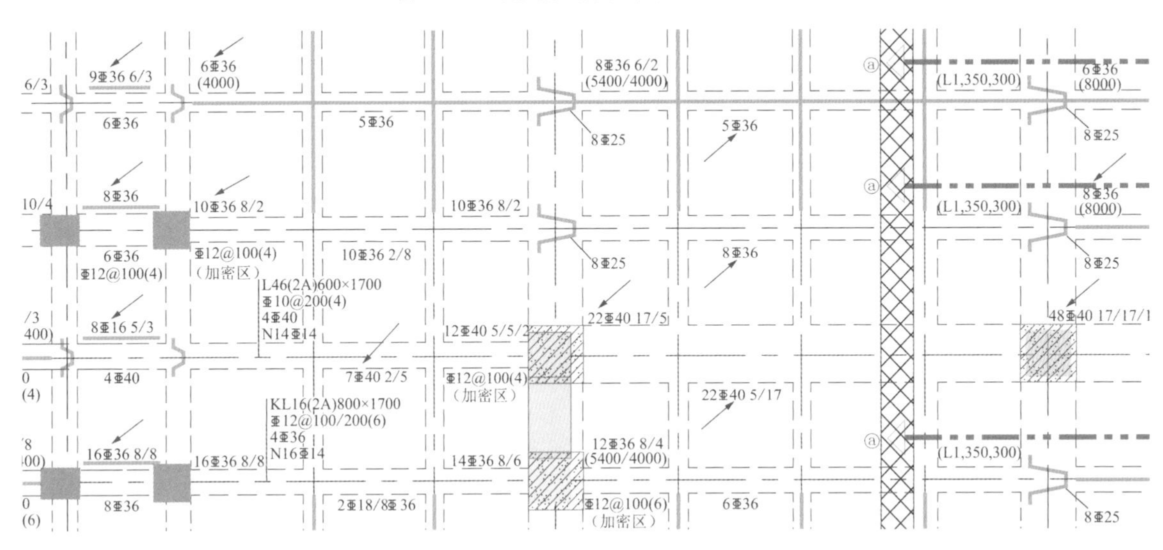

图 11.4-20　高强度钢筋（HRB500）典型应用

针对地震内力过大的构件，采用了钢骨结构（钢骨柱、钢骨暗柱、钢骨梁、钢骨连梁）。对所有钢骨节点进行细致分类，考虑不同构件的相对位置、实际构件配筋等因素，逐一排布钢骨位置及钢筋布置，设计钢筋“焊接、穿孔、绕过”等与钢骨连接方式。通过钢骨节点精心设计，充分保证了结构的安全性、施工质量和进度。见图 11.4-21。

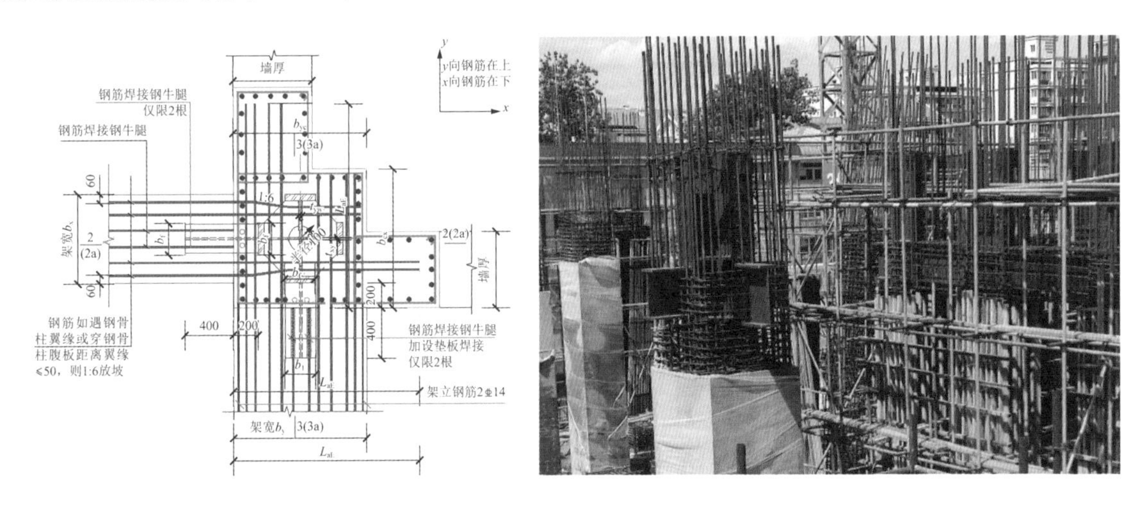

图 11.4-21　典型钢骨节点设计图及现场施工图

11.4.6　超长混凝土结构温度作用设计

1. 混凝土结构最大温升、温降

本项目混凝土结构构件位于室内环境或地下环境，未直接裸露于大气环境中。

构件最高和最低平均气温，取最高和最低月平均气温，即 26℃、−6℃；合拢温度 10～25℃；并考虑建筑室内外温差夏季 5℃、冬季 15℃。

（1）地上混凝土结构构件

最大温升：$26 - 5 - 10 = 11$℃

最大温降：$-6 + 15 - 25 = -16$℃

（2）地下混凝土结构构件

地下混凝土结构构件，其温度变化相比地上更慢、幅度更小。参考之前的工程经验，本项目地下一层的最大温升、温降分别取地上的 70%；地下二层取地下一层的 70%。

2. 设计措施

为满足建筑效果、提高建筑品质，结构未分缝，成为超过 200m 的超长混凝土结构。设计中，为解决温度作用影响，采用以下“放”和“抗”相结合的措施：

（1）整体分析计算温度作用，构件按此结果进行配筋设计；

（2）每隔 40～50m 设置施工后浇带，在后浇带之间再设置膨胀加强带，特殊部位采用补偿收缩混凝土、掺纤维膨胀抗裂剂，以释放混凝土施工过程中产生的大部分收缩应力，并减少可能产生的收缩裂缝；

（3）大面积的连续梁板采用预应力技术，梁采用后张有粘结预应力筋（图 11.4-22），楼板中增设无粘结预应力筋（图 11.4-23、图 11.4-24），在楼盖中建立一部分预压应力，以抵消混凝土温降产生的收缩应力，避免开裂；

（4）积极配合施工单位，大面积连续结构区域（例如地下室）采用跳仓法施工。

上述措施保证了工程质量，取得了良好的效果；施工期间及投入使用后未发现明显的开裂现象。

图 11.4-22　梁中预应力筋现场施工图

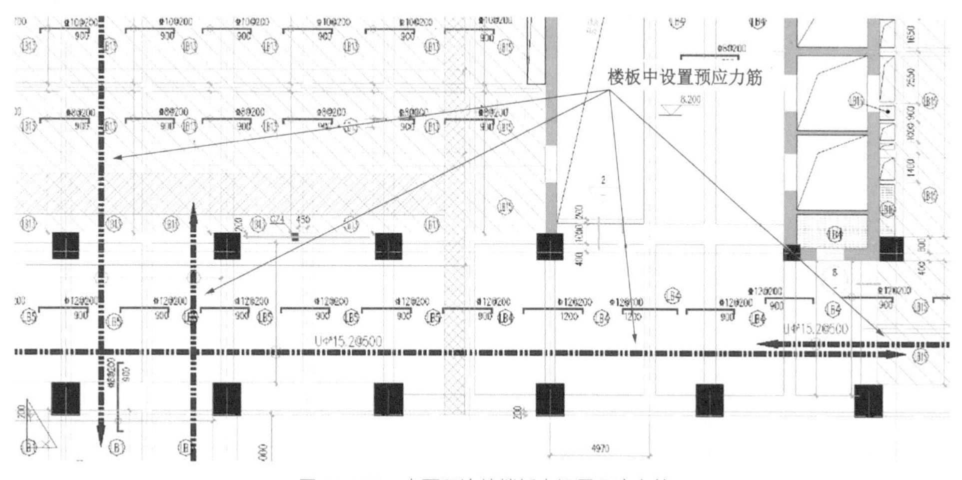

图 11.4-23　大面积连续楼板中设置预应力筋

图 11.4-24　楼板中预应力筋现场施工图

11.5　试验与监测

1．飞机吊挂试验

为保证中央兵器大厅钢屋盖吊挂飞机的安全性，先后进行了两轮试验。

（1）钢屋盖施工前，建设单位委托专业机构在某军事基地，进行了真机起吊方案试验验证工作。获取了各吊挂点实际荷载分布情况，反馈给设计院；结构设计人员根据真实数据，对屋面钢结构进行了计算复核。

（2）钢屋盖完工后，在中央兵器大厅现场，选取一架展项飞机，进行预吊挂试验。现场安装了多种传感器，实时监测吊挂飞机的位置（屋盖变形）、吊索应力（屋盖吊点荷载）等参数。试验结果表明，钢构件应力和钢屋盖变形，均与计算值基本吻合，满足设计要求。见图 11.5-1 和图 11.5-2。

图 11.5-1　飞机起吊方案试验验证

图 11.5-2　中央兵器大厅飞机起吊试验

2．大跨钢屋盖监测

根据设计要求，对中央兵器大厅钢屋盖进行了结构监测，包括主要杆件与节点应力监测、屋盖结构变形监测。监测过程贯穿施工阶段，项目竣工后一年内也进行了监测。

监测结果表明，在施工过程中，尤其是全部飞机吊挂过程中，屋盖应力和变形均在安全限值内；项目竣工一年内的监测结果也显示，屋盖在温度、风荷载和雪荷载作用下，应力和变形均处于设计预期的安全范围内。

11.6 结语

在军博展览大楼加固改造工程扩建建筑的结构设计过程中，通过设计条件分析、方案比选、抗震性能设计等工作，满足了抗震设防要求、确保了结构安全性，同时控制了工程造价。

针对以下关键问题，提出了解决措施：

（1）针对大荷载大跨楼盖，结合建筑要求的清水混凝土藻井效果，采取大截面钢筋混凝土主梁加预应力井字次梁的布置方式。

（2）中央兵器大厅屋盖需吊挂飞机，选用单向钢桁架结构，综合考虑地震作用与温度作用，合理选择支座形式。

（3）为减小南环廊钢结构侧向变形，屋盖檩条作为结构构件，加强环廊屋面刚度。

（4）采用大直径高强度钢筋，进行钢骨节点详细设计，降低节点区混凝土浇筑难度，保证节点的施工质量。

（5）通过温度分析，梁板中设置预应力筋，并采取后浇带、膨胀带、抗裂纤维等构造措施，解决超长结构的不分缝问题。

（6）南环廊柱基础采用桩基承台外挑的方式处理，避免影响保留建筑的基础。

（7）通过梁加腋、增设肋墙等方式并进行整体分析，确保地下室错层处土压力和地震作用的有效传递，以及错层处结构构件设计的合理性。

军博展览大楼加固改造工程扩建建筑的结构设计，满足了军事展馆特点功能的要求，完美呈现了建筑设计方案，在与保留建筑风格统一的同时，也很好地体现了新老军博和谐统一、雄浑大气、坚定稳固的军事特质。

参考资料

[1] 李扬. 博物馆建筑所见新中国建筑文化——以中国人民革命军事博物馆为中心[J]. 中国博物馆, 2017(2): 7-13.

[2] 军事博物馆展览大楼加固改造工程场地地震安全性评价工程应用报告[R]. 北京：北京赛斯米克地震科技发展中心, 2012.

[3] 陈晓强, 李霆, 彭林立, 等. 中国人民革命军事博物馆展览大楼加固改造工程扩建建筑结构设计[J]. 建筑结构, 2020, 50(08): 100-105, 63.

[4] 军博展览大楼加固改造工程岩土工程勘察报告[R]. 北京：总参工程兵第四设计研究院, 2012.

设计团队

李　霆，彭林立，陈晓强，王小南，范华冰，郑　瑾，胡紫东，张　慎，陈元坤，刘沛林，夏　昊，郭　璇，张　浩。

获奖情况

2018 年度湖北省优秀勘察设计项目（工程设计）一等奖；

2019 年度湖北省优秀勘察设计项目（建筑结构）一等奖；

2019 年度中国勘察设计协会优秀勘察设计奖（公共建筑）一等奖；

2019 年度中国勘察设计协会优秀勘察设计奖（建筑结构）三等奖。

第12章

山东省科技馆新馆

12.1 工程概况

12.1.1 建筑概况

山东省科技馆新馆位于济南市槐荫区，坐落在城市东西公共服务发展轴和腊山河生态休闲景观轴的交点上。本项目是山东省新旧动能转换唯一的科技场馆类项目，跻身全国十大科技馆行列；建成后作为山东省科技传播中心、学术交流中心和创客体验中心，成为山东乃至全国的科技文化新地标。

整个建筑采用与基地形状吻合的矩形，为打破长方体的呆板形象，通过曲面天窗、屋面天桥及曲面幕墙等元素，形成数学符号“∞”的效果，隐喻“无限”之意，同时让建筑充满流动变化之美。见图 12.1-1 和图 12.1-2。

图 12.1-1 科技馆整体效果图

图 12.1-2 科技馆建成照片

项目规划建设用地约 3.33hm^2，总建筑面积 79997.2m^2。地上建筑面积 59998.8m^2，包括展览教育、公共服务、后勤管理保障区域。地下建筑面积 19998.4m^2，包括展品维修区、影视区机房、人防工程、地下停车场等配套设施及设备用房。

整个建筑平面呈矩形，建筑高度为 38.2m。地上建筑平面最大尺寸为 256.7m × 57.2m，地下室平面最大尺寸为 278.05m × 70.3m；主要柱网为 18m × 9m、18m × 18m、12m × 9m。地上 4 层（局部设有夹层），主要层高为 8.8m 及 8m；地下 1 层，层高 4.5m。另有一球壳直径约 30m 的球幕影院。建筑主要平面及剖面如图 12.1-3～图 12.1-10 所示。

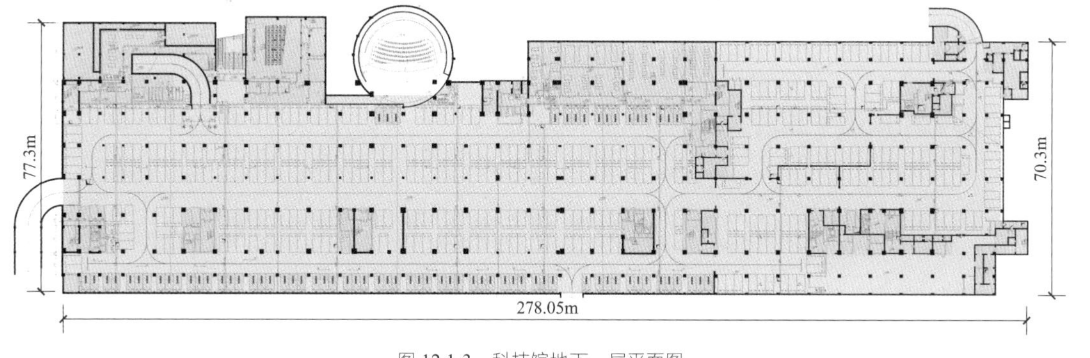

图 12.1-3　科技馆地下一层平面图

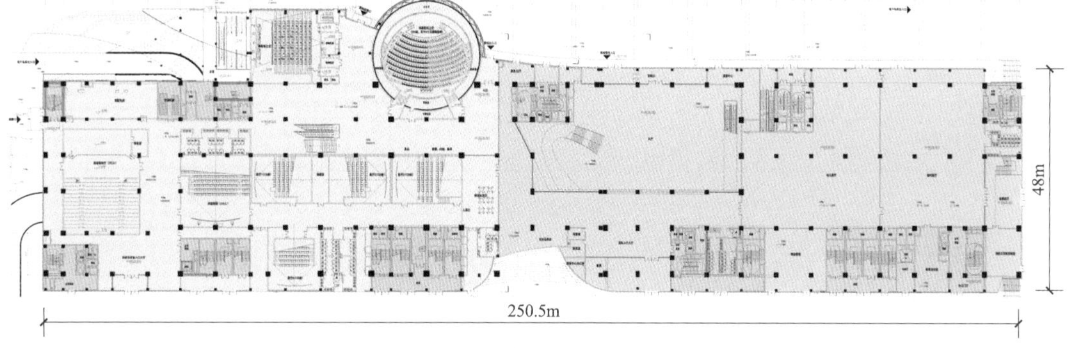

图 12.1-4　科技馆一层平面图

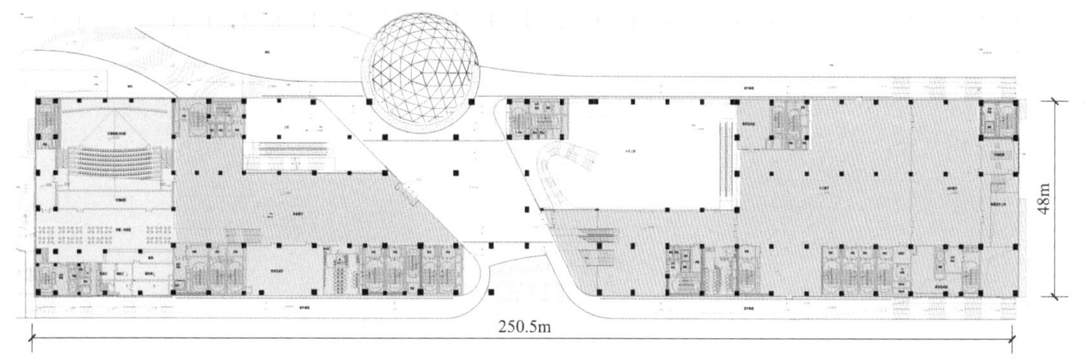

图 12.1-5　科技馆二层平面图

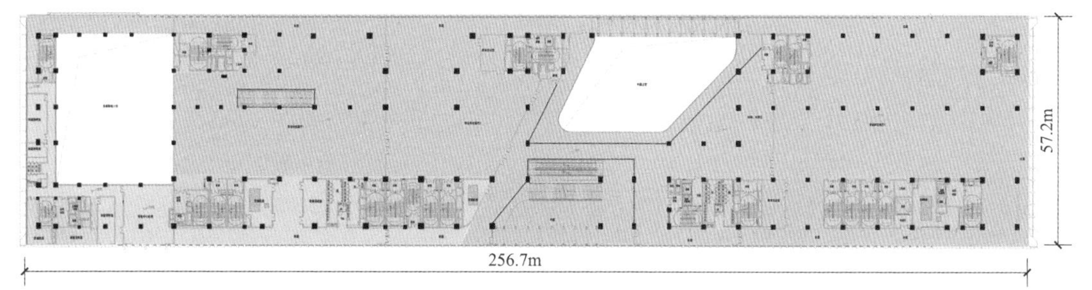

图 12.1-6　科技馆三层平面图

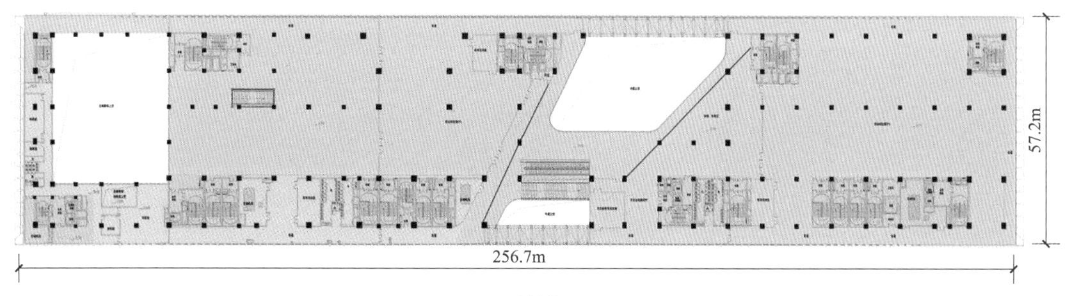

图 12.1-7　科技馆四层平面图

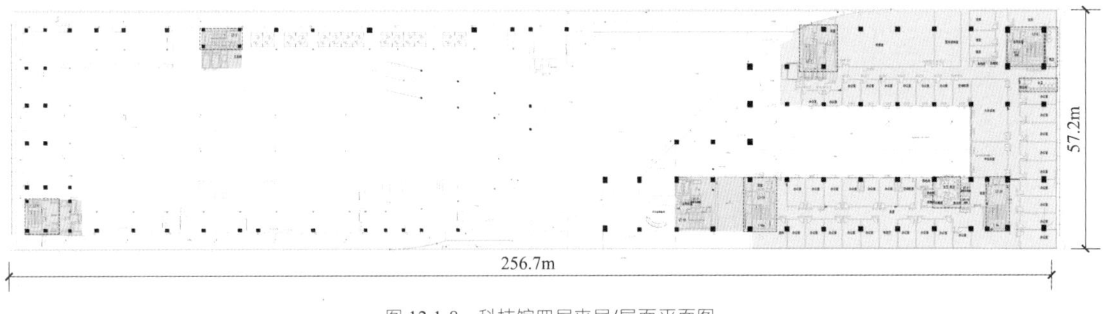

图 12.1-8 科技馆四层夹层/屋面平面图

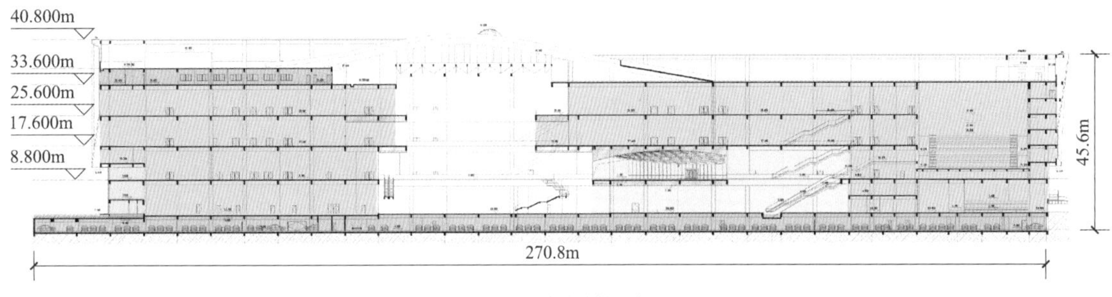

图 12.1-9 科技馆建筑纵剖面图

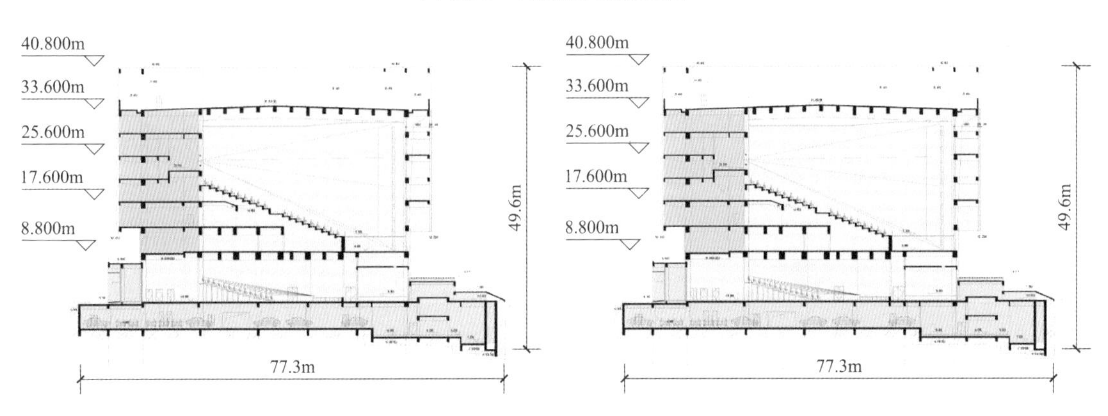

图 12.1-10 科技馆建筑横剖面图

12.1.2 设计条件

1. 主体控制参数（表 12.1-1）

控制参数 表 12.1-1

项目		标准
结构设计使用年限		50 年
建筑结构安全等级		关键构件：一级 其余构件：二级
结构重要性系数		关键构件：1.1 其余构件：1.0
建筑抗震设防分类		重点设防类（乙类）
地基基础设计等级		甲级
设计地震动参数	抗震设防烈度	7 度
	设计地震分组	第三组
	场地类别	Ⅲ类
	小震特征周期	0.65s

续表

设计地震动参数	大震特征周期	0.70s
	基本地震加速度	0.10g
建筑结构阻尼比	多遇地震	0.045
	罕遇地震	0.060
水平地震影响系数最大值	多遇地震	0.08
	设防地震	0.23
	罕遇地震	0.50
地震峰值加速度	多遇地震	$35cm/s^2$
	设防地震	$100cm/s^2$
	罕遇地震	$220cm/s^2$

注：地震动参数根据《建筑抗震设计规范》GB 50011—2010、《中国地震动参数区划图》GB 18306—2015 以及《山东省人民政府办公厅关于进一步加强房屋建筑和市政工程抗震设防工作的意见》（鲁政办发〔2016〕21 号文）确定。

2. 风荷载

（1）基本风压：主体结构取 $0.45kN/m^2$（50 年重现期），钢结构天窗取 $0.50kN/m^2$（100 年重现期）。

（2）地面粗糙度：C 类。

（3）风荷载体型系数：迎风面 0.8，背风面−0.5，侧风面−0.7，屋面风吸−0.6。

3. 雪荷载

（1）基本雪压：主体结构取 $0.30kN/m^2$（50 年重现期），钢结构天窗取 $0.35kN/m^2$（100 年重现期）。

（2）积雪分布系数：平屋面 1.0，有高差屋面的较低一侧 2.0。

（3）荷载准永久值分区：Ⅱ区。

4. 温度作用

（1）济南市气温状况

根据《建筑结构荷载规范》GB 50009—2012，济南市基本气温最高 36℃，最低−9℃。

根据地质勘察报告提供的资料，济南市历年极端最高气温 42.5℃，历年极端最低气温−19.7℃。最高月平均气温 27.2℃（7 月），最低月平均气温−3.2℃（1 月）。

（2）结构合拢温度

结构合拢温度：10～20℃。

（3）设计计算采用的温差

根据济南市气温条件、结构合拢温度，考虑建筑室内外温差（地上建筑夏季 5℃、冬季 10℃，地下室夏季 10℃、冬季 15℃），最终各部位设计计算温差取值见表 12.1-2。

温度作用取值　　表 12.1-2

结构类型	分布部位	最大温升 ΔT_{k+}/℃	最大温降 ΔT_{k-}/℃
混凝土结构	地上	16.6	−16.1
	地下室	11.6	−11.1
钢结构	室内	21.0	−19.0
	室外（天桥）	32.5	−39.7

12.2 建筑特点

12.2.1 建筑形体空间多变、结构体系复杂

建筑采用与基地形状吻合的矩形，首先将形体置于高台之上，突出这个完整、唯美的几何形象；其次，为了打破巨大体量的呆板效果，将数学无限符号“∞”嵌入形体，隐喻科技的无限未知、无限发展、无限可能，让其充满流动变化之美；整个形体简练、抽象、完整，既充盈着科学气质，又流露出海岱文化中的山水意蕴（泰山渤海），含蓄表达了齐鲁文化中的厚重与灵动。为实现无限“∞”的形体，建筑上运用了曲面天窗、屋面天桥及曲面幕墙等元素。

上述建筑形体构成，增加了整体结构的复杂性。为此，针对不同部位，采取不同的结构形式，在保证建筑效果的基础上，做到结构合理、经济。例如，对中庭处的曲面天窗、曲面幕墙，采用一体化设计的方式：屋面天窗主体结构由双向正交的钢梁刚接形成“整板”，通过球铰支座支撑于两侧混凝土屋面上；中庭处南北外立面幕墙，缺少支撑幕墙的主体结构，将其与屋面进行整体设计——屋面南北两端钢梁改为立体钢桁架，连接幕墙立面竖向主龙骨，承受幕墙荷载。

科技馆共有五大功能空间，分别为科普教育、双创中心、公众服务、业务研究和管理保障，各功能空间相对独立又相互联系；在高于一层入口标高 6.000m 的高度上设置了一个可步入的空中平台，连系腊山河景观带与五七广场两大景观；整合展厅、影院、办公、共享大厅等多种功能对于层高的不同要求，充分利用建筑夹层和挑空，创造出丰富多变的室内空间。

上述建筑功能空间，包含了大跨度、大悬挑、大空间等设计要素，整体结构安全受地震作用控制，项目属于特别不规则的超限高层建筑工程。结构设计上，通过方案对比优化、结构分析技术、抗震性能设计等手段，综合运用钢筋混凝土、钢骨混凝土、钢结构、预应力、消能支撑等多种结构构件，既保证了结构安全，又实现了建筑功能和空间效果。见图 12.2-1。

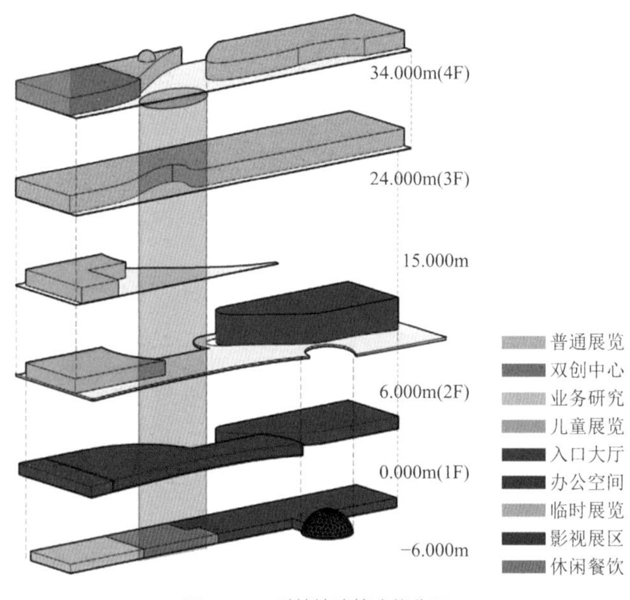

图 12.2-1　科技馆建筑功能分区

12.2.2 “钢筋混凝土框架-屈曲约束支撑”新型结构体系

通过在“钢筋混凝土框架”中，设置“适量”的“屈曲约束支撑”，形成“钢筋混凝土框架-屈曲约束支撑”这一新型结构体系。框架支撑结构在钢结构中应用较多，混凝土结构中应用较少；《建筑抗震设计

规范》GB 50011—2010 附录提供了“钢支撑-钢筋混凝土框架”这一结构体系，但这种体系要求底层钢支撑框架按刚度分配的地震倾覆力矩大于结构总倾覆力矩的 50%，导致需要设置大量的钢支撑。

本项目在钢筋混凝土框架中设置屈曲约束支撑，是为了增大抗扭刚度、减小扭转效应，同时使结构具有消能减震性能；不需要支撑提供过大的刚度和承载力，这与《建筑抗震设计规范》GB 50011—2010 中“钢支撑-钢筋混凝土框架”不同。在项目审查过程中，与专家进行了充分解释和沟通，认可了这种体系及相关的设计控制指标。屈曲约束支撑分布图见图 12.2-2。

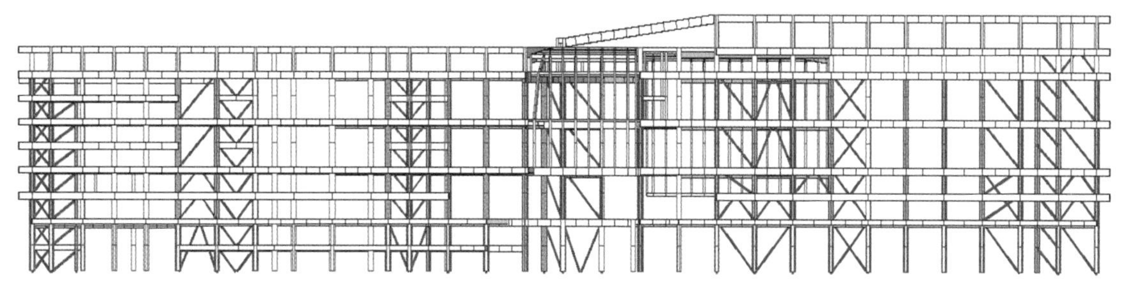

图 12.2-2　屈曲约束支撑分布图

通过设置适量的屈曲约束支撑（BRB），利用其在中大震下屈服耗能，使结构具有消能减震特性。地震时结构具备二道防线，提高了结构抗震性能：BRB 成为第一道防线，率先屈服耗能；普通钢筋混凝土框架为第二道防线，损伤程度大为降低。另外，震后 BRB 更换较为容易、结构修复代价低。

设计时，重点分析了屈曲约束支撑设置的原则、位置及型号，并对其进行了优化设计，取得了良好效果。

12.2.3　超长建筑形体巧妙分缝

整个建筑采用了与基地形状吻合的矩形，地上为超长建筑，建筑平面总长度达到 256.7m。在建筑功能和布局允许的情况下，为使结构设计更经济、合理，进行结构分缝。结构典型楼层分缝示意图见图 12.2-3。

根据建筑平面布置，首先，北入口处的球幕影院与主体建筑自然分缝脱开。其次，主体建筑中间区域二层以上为通高中庭，仅局部有通道连接。恰好利用该区域，将主体结构分为东、西两部分：二层局部有楼板设置双柱分缝脱开；三层及四层，局部通道采用钢结构连桥，两端设置球铰支座（一端固定铰，一端滑动）；屋面天窗采用钢结构，也设置一端固定、一端滑动的球铰支座，使东、西两部分脱开。

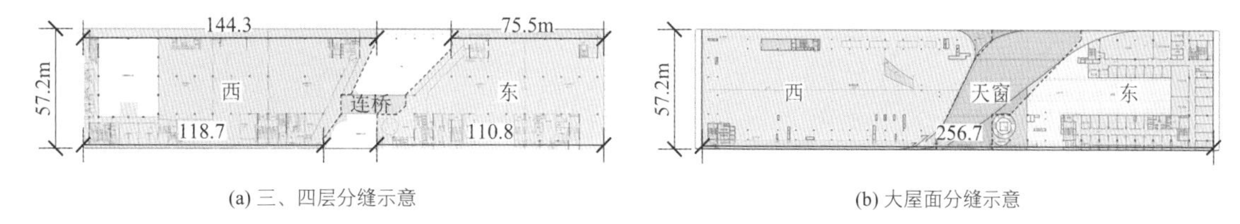

(a) 三、四层分缝示意　　(b) 大屋面分缝示意

图 12.2-3　结构典型楼层分缝示意图

地上结构通过分缝形成东、西两个独立的结构单元，长度由 256.7m 减少为 144.3m 和 110.8m，结构更为经济、合理，且不影响建筑的功能、布局和效果。

12.2.4　限额设计的挑战

本项目是限额设计和建造，在规模不变的前提下，通过调整层高、将钢结构方案改为“主体钢筋混凝土结构 + 局部钢结构”，并将建筑形态与结构形式、节能减排完美融合，充分体现了设计的内外合一、经济适用及绿色、节能的设计理念。

项目为特大型科技展馆，平面长、楼层高、荷载重、跨度大，地震作用较大，属于特别不规则的超限高层建筑，同时需严格控制工程造价，结构专业设计难度大。为使结构造价满足限额设计的要求，在不影响建筑品质和结构安全的前提下，结构设计从两个方面采取措施：

（1）结合建筑空间进行结构分缝，释放温度作用，降低地震作用的影响；

（2）通过结构方案比选及优化，主体结构改用“钢筋混凝土框架-屈曲约束支撑”这样一种经济、新颖的结构体系，局部连桥、屋面天窗、天桥等采用钢结构，部分框架柱、框架梁内设置了钢骨。

12.3 体系与分析

12.3.1 方案对比

1. 材料方案比选

上部结构的材料方案选型，参考国内类似项目经验，可考虑钢结构和混凝土结构两种形式。

考虑到本项目平面长、楼层高、荷载重、跨度大，地震作用较大，属于特别不规则的超限高层建筑，加之建筑“∞”的造型元素、众多大跨空间、双曲钢结构天窗等，优先选用钢结构方案；同时，为满足建筑方案要求，整体不分缝。

钢结构方案抗震性能更优，更容易实现建筑复杂的空间造型，相应的建筑方案和结构方案模型见图 12.3-1、图 12.3-2。

图 12.3-1　科技馆整体效果图—钢结构方案

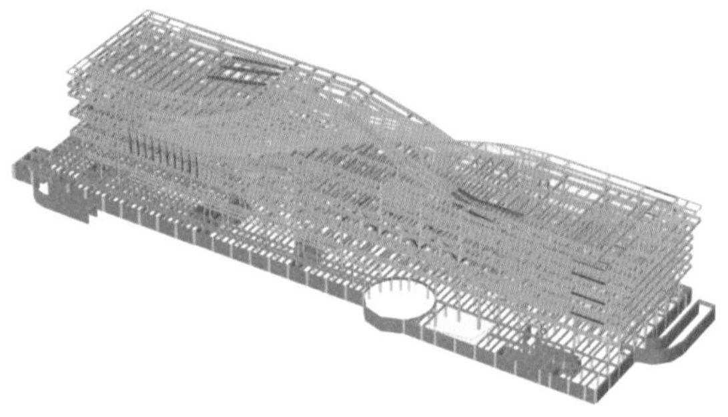

图 12.3-2　科技馆整体结构模型—钢结构方案

整个项目土建总价超过了可研投资估算总价，各专业经过多轮设计优化，无法将造价控制在可研投资总价内。经各方商议，决定调整方案：首先，建筑对方案进行微调，修改屋面采光天窗造型，减少中庭大跨结构上方的楼面面积；然后，结构在此基础上，考虑将钢结构方案改为混凝土结构方案；同时，利用调整后的中庭空间，设置结构缝。

调整后的建筑方案和结构方案模型见图 12.3-3、图 12.3-4。

图 12.3-3　科技馆整体效果图——混凝土方案

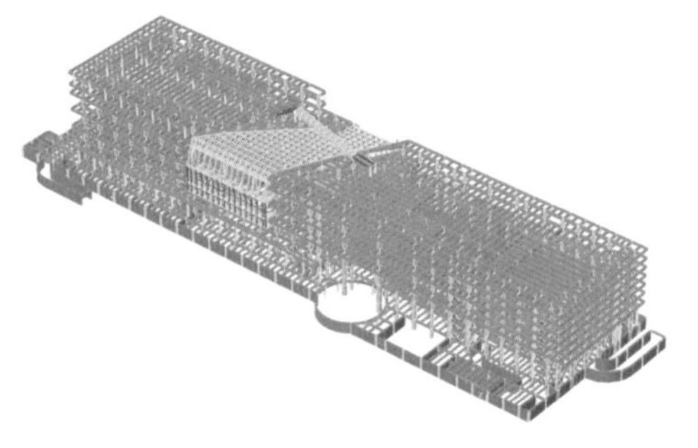

图 12.3-4　科技馆整体结构模型——钢结构方案

经过建筑配合，主体结构改为混凝土结构方案后，土建概算总价控制在可研估算总价范围内。因此，最终为降低造价、满足投资控制要求，选用了混凝土结构方案。

2．结构体系比选

针对上述混凝土结构方案，主体结构可采用框架结构、框架-剪力墙结构、框架-支撑结构等结构体系。

（1）采用框架结构，东、西单元层间位移角等指标满足规范要求，但结构扭转效应明显——扭转周期比超限、扭转位移比大于 1.4。框架结构主要指标如表 12.3-1 所示。另外，框架结构相比框架-剪力墙结构、框架-支撑结构，抗震性能较差。

框架结构整体指标　　表 12.3-1

框架结构整体指标		西侧单元	东侧单元
周期/s	T_1	1.4618（Y向平动）	1.6553（Y向平动）
	T_2	1.3286（扭转）	1.5514（扭转）
	T_3	1.1923（扭转）	1.3286（扭转）
周期比		0.91 > 0.90	0.94 > 0.90
位移比		1.50 > 1.4	1.61 > 1.4

（2）采用框架-剪力墙结构，计算表明：可以控制扭转周期比不超限、扭转位移比小于 1.4；且具有二道抗震防线。但剪力墙承受了大部分地震作用，端部需加设钢骨；为满足中、大震抗剪要求，还需采用钢板剪力墙；因建筑布置要求，部分剪力墙洞口不对齐、部分剪力墙不能延伸至地下室；大震作用下，较多剪力墙发生屈服，框架柱少量屈服，而剪力墙修复困难，造价高、施工不便。

（3）采用框架-支撑结构时，支撑采用 BRB。计算表明：设置适量 BRB，增大抗扭刚度、减小扭转效应，扭转周期比不超限、扭转位移比小于 1.4（表 12.3-2）。同时，BRB 在中大震下能够屈服耗能，使本结构具有消能减震性能；地震时，BRB 成为第一道防线，结构具备二道防线，提高了结构抗震性能。另外，震后 BRB 更换容易、代价低。

含 BRB 框架结构整体指标　　表 12.3-2

RBR 框架结构指标		西侧单元	东侧单元
周期/s	T_1	1.2142（Y向平动）	1.2700（Y向平动）
	T_2	1.1199（X向平动）	1.1741（X向平动）
	T_3	1.0522（扭转）	1.0807（扭转）
周期比		0.87 < 0.90	0.85 < 0.90
位移比		1.35 < 1.4	1.34 < 1.4

（4）初步设计时，对框架-剪力墙结构及含 BRB 框架结构，进行了结构造价对比：前者钢材多用了 1500t，造价约 1350 万元；后者使用 BRB 320 根，造价约 650 万元；故后者造价减少约 700 万元[4]。

经过上述方案比选，并综合考虑造价、施工及维护因素，最终采用“钢筋混凝土框架-屈曲约束支撑”结构体系。

另外，根据后续抗震性能分析设计结果，部分框架柱内设置了钢骨。

12.3.2　结构布置

1．地上结构主体

根据建筑轴网，设置框架柱，采用钢筋（钢骨）混凝土柱；除了建筑大开洞位置，在楼层处设置钢筋混凝土框架梁，形成钢筋混凝土框架；为减少楼板跨度，设置单向次梁支承于框架梁上。

在建筑交通核（楼、电梯间）、建筑隔墙等位置，设置适量 BRB，形成“钢筋混凝土框架-屈曲约束支撑”结构。大跨梁采用钢筋混凝土预应力梁；楼板采用现浇钢筋混凝土楼板。

如前所述，主体建筑中间区域二层以上为通高中庭，利用该区域设置结构缝，将主体结构分为东、西两部分。

地上主体结构整体模型及分缝后的西、东侧单元模型如图 12.3-5～图 12.3-7 所示。

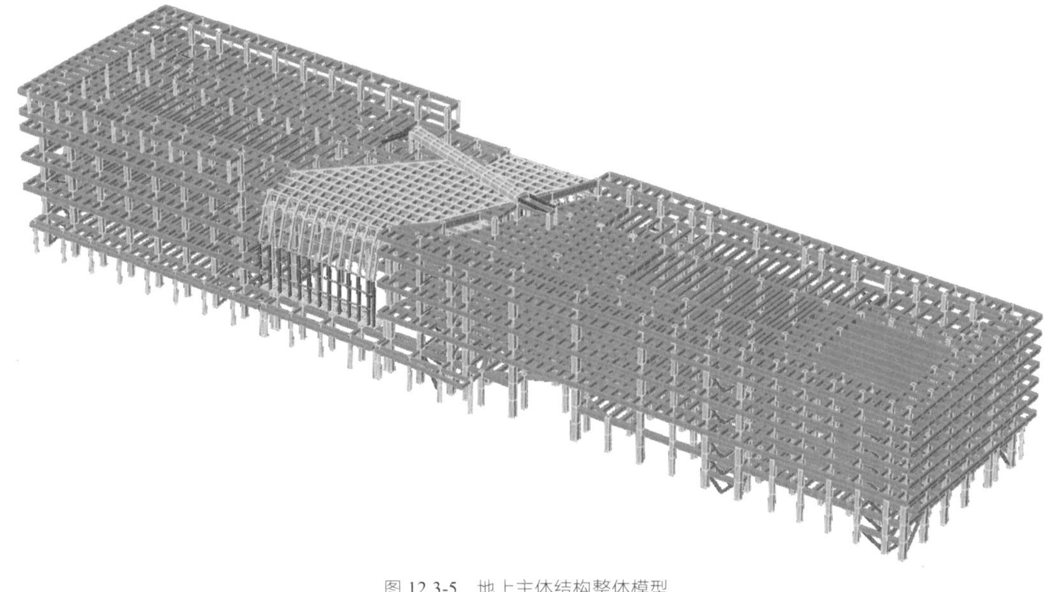

图 12.3-5　地上主体结构整体模型

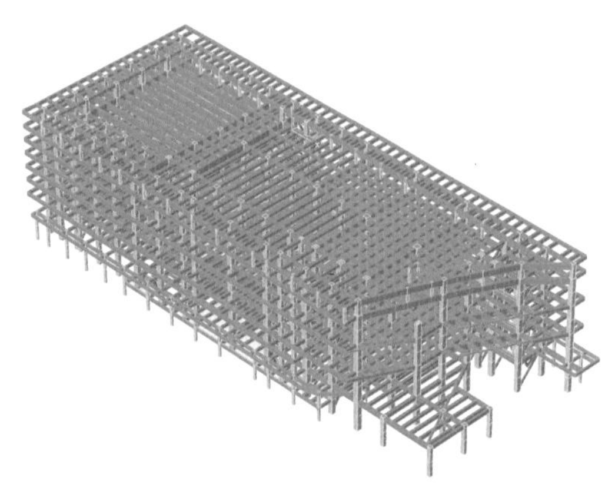

图 12.3-6　地上主体结构西侧单元模型图

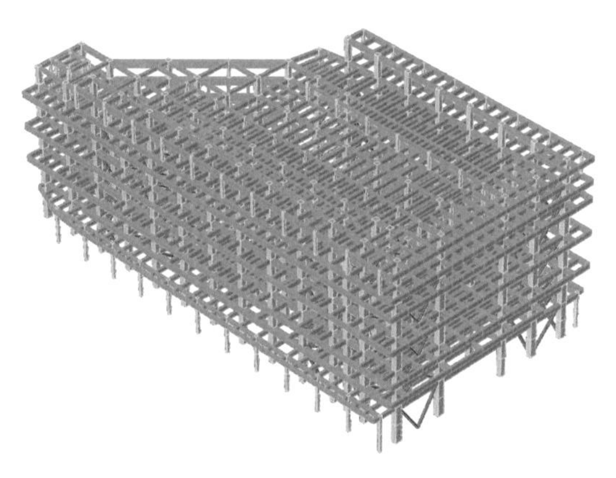

图 12.3-7　地上主体结构东侧单元模型

2．地上局部结构设计

（1）中庭钢结构连桥

中庭处、三四层、局部通道连接区域，采用由钢梁（钢桁架）组成的钢结构连桥，左右两端采用一端固定、一端滑动的球型钢支座与东、西两侧单元连接。钢连桥不会对两侧主体结构形成约束，保证东、西两侧单元在地震作用下是独立的。设置限位板和拉索，防止坠落。见图 12.3-8 和图 12.3-9。

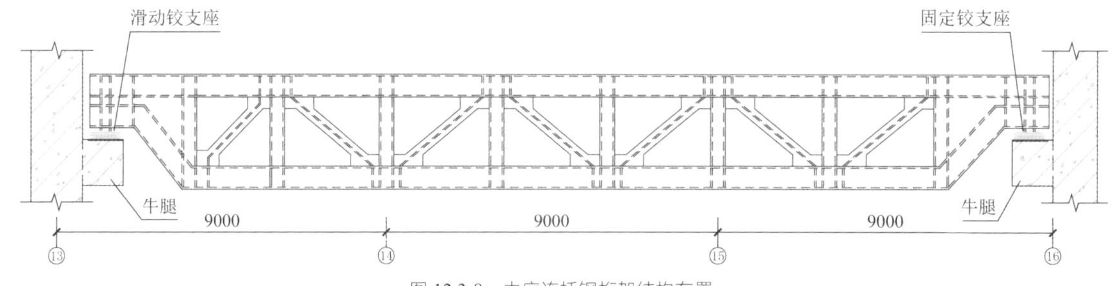

图 12.3-8　中庭连桥钢桁架结构布置

图 12.3-9　中庭钢连桥现场施工照片

（2）屋面采光天窗

在屋面天窗相关区域，根据建筑效果，按建筑天窗造型及分格（3m × 3m）布置结构。由双向正交的箱形钢梁刚接形成“整板”，搁置在两侧屋面混凝土支撑构件上，设置一侧固定、一侧滑动的球铰支座（带限位的抗拉球型钢支座）。前、后两端需承受立面幕墙荷载，钢梁改为立体钢桁架。见图 12.3-10。

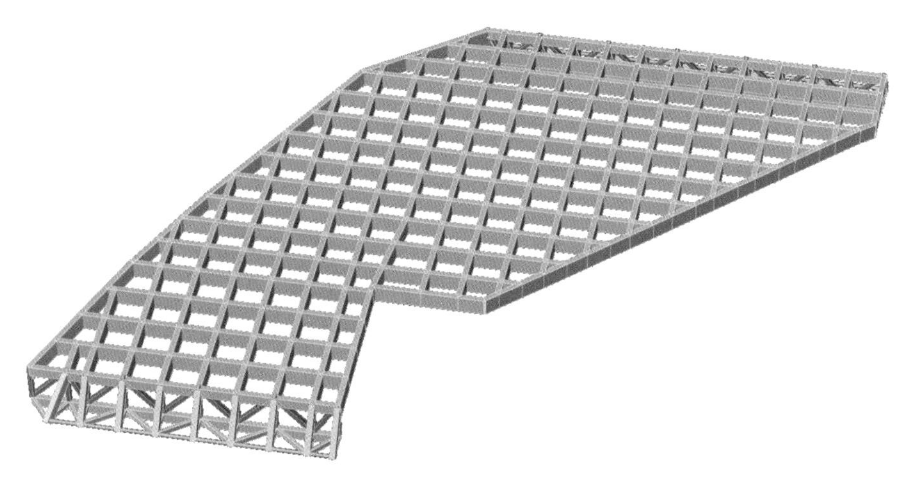

图 12.3-10　屋面采光天窗结构布置（改桁架前）

（3）中庭处外立面幕墙支撑钢结构

中部通高中庭对应的前后立面幕墙区域，缺少支撑幕墙的主体结构。为此，对屋面天窗、立面幕墙钢结构进行一体设计：

①按天窗 3m 间距设置竖向钢吊柱，作为幕墙抗风柱，承受幕墙的竖向荷载及水平风荷载；

②根据建筑效果，钢吊柱也采用箱形截面，与屋面天窗同向的钢箱梁连成一体；

③钢吊柱上端与天窗钢箱梁连接；北立面吊柱下端与中庭处独立的混凝土外连廊铰接连接，南立面吊柱下端与三层的钢连桥铰接；

④立面上设置多道水平系杆，将钢吊柱连为整体，形成立面幕墙支撑钢结构。

该立面幕墙支撑钢结构与屋面天窗连为一体，与东、西两侧主体结构单元没有连接，不会对两侧主体结构形成约束，保证东、西两侧单元在地震作用下是独立的。

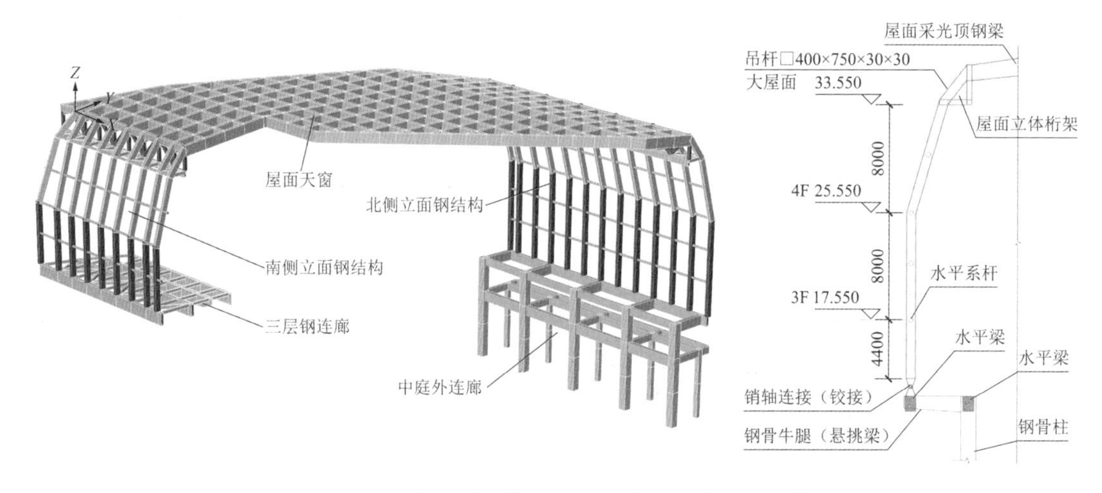

图 12.3-11 中庭处外立面幕墙支撑结构整体布置（改桁架前）

为优化用钢量、控制造价，将屋面改为主次钢结构：主要的屋面钢梁改为平面桁架，其余改为小钢梁；幕墙竖向箱形截面吊柱也改为平面桁架。

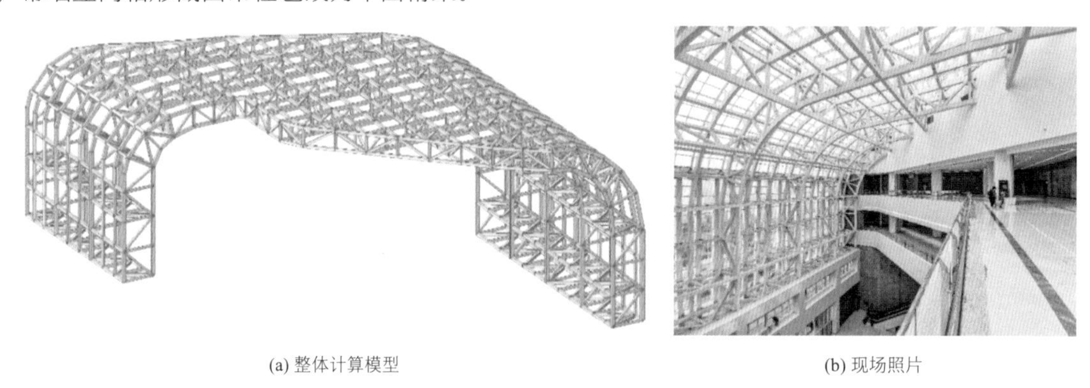

(a) 整体计算模型　　(b) 现场照片

图 12.3-12 中庭处采光天窗及外立面幕墙支撑结构

（4）屋面天桥

建筑屋面上设有一个跨越屋面采光天窗的天桥，属建筑造型，不上人。跨度约 45m，宽度为 4.2～5.0m，采用钢桁架结构，宽度与建筑宽度相同（中间窄、端部宽），高度为 2.0m。沿纵向设置 3 榀竖向主桁架，作为主受力构件，桁架起拱与建筑造型一致；横向每隔 9m 设置一道连系桁架，并在上、下弦平面加水平斜撑，将 3 榀主桁架连接成整体。

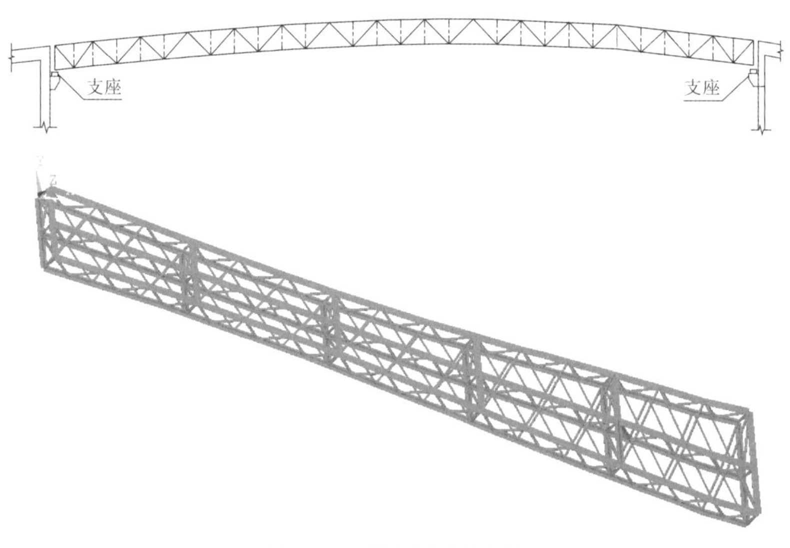

图 12.3-13 屋面天桥结构布置

采用一端固定、一端滑动的球型钢支座与东、西两侧单元连接，设置限位板和拉索防止坠落。天桥不会对两侧主体结构形成约束，保证东、西两侧单元在地震作用下是独立的。

3. BRB 设置

1）采用 BRB 目的

增加抗扭刚度，减少扭转效应；形成多道抗震防线；耗能减震，保护主体框架。

基于上述目的，支撑数量及其提供的刚度适度即可，不需要达到《建筑抗震设计规范》GB 50011—2010 附录 G“钢支撑-混凝土框架”的要求——“底层的钢支撑框架按刚度分配的地震倾覆力矩应大于结构总地震倾覆力矩的 50%”。

“钢筋混凝土框架-屈曲约束支撑”结构设计时，遵循以下标准：

（1）小震下结构层间位移角限值：应比框架结构严格、比框架-剪力墙结构适当放松，本项目取两者均值的 1/650。

（2）结构中的框架，其抗震设计构造要求同纯框架结构，即：不考虑 BRB 作用，框架的抗震性能（承载力、变形等）应满足纯框架的要求，并通过抗震性能化分析和论证。

2）BRB 的性能目标

控制结构扭转周期比不超规范限值（0.90），最大扭转位移比不超过 1.4；小震及风荷载作用下，设置的屈曲约束支撑均为弹性；中、大震作用下，屈曲约束支撑部分或全部进入屈服阶段，耗散地震输入能量。

3）BRB 布置位置

首先，屈曲约束支撑沿 Y 向设置在结构两端，大部分在端部楼梯间周边及建筑墙体位置，极少量在对建筑使用功能影响不大的空间内；其次，沿 X 向在楼梯间周边设置了部分屈曲约束支撑；并且，在建筑两端多设，中间少设（图 12.3-14）。在有夹层区域，支撑高度为半层高，为保证支撑与柱夹角合理，多采用人字撑或 V 形撑，支撑较短，屈服力较小；在无夹层区域，支撑高度为整层高，多采用单斜撑，支撑较长，屈服力较大（图 12.3-15）。

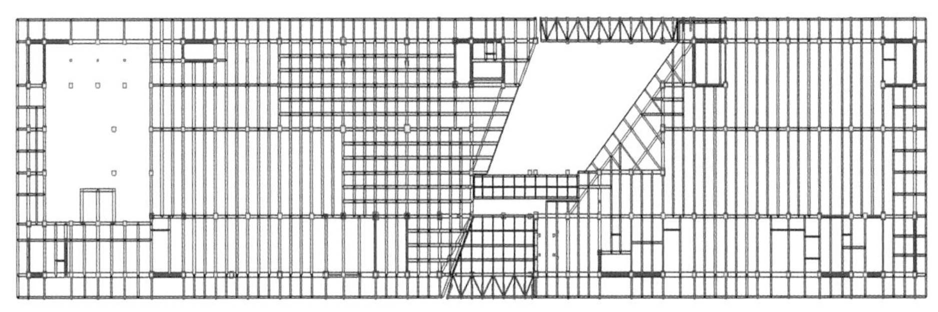

图 12.3-14　BRB 平面布置示意图

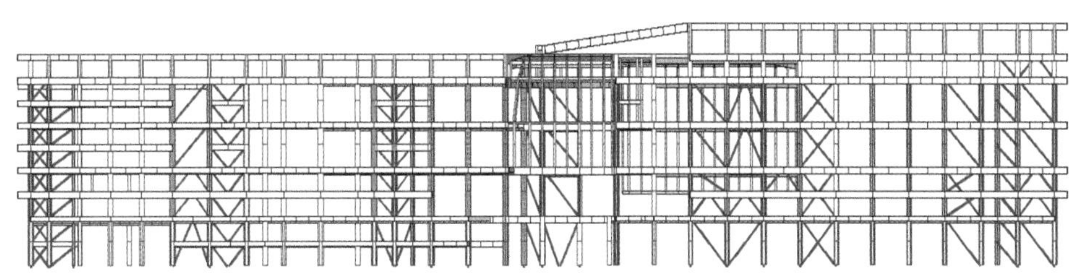

图 12.3-15　BRB 立面布置示意图

BRB 截面（支撑刚度）：为控制结构扭转，BRB 应提供足够的弹性刚度，因此，支撑截面不能太小。经计算，长支撑等效截面取□400mm × 12mm；短支撑等效截面取□300mm × 8mm。

BRB 支撑材料（屈服力）：为让支撑在中、大震下屈服耗能，需要较低的支撑屈服承载力；由于抗扭刚度需要，支撑截面不能减小。因此，支撑芯材的强度不宜太高。通过考察产品市场，结合工程应用情况，并考虑经济性及采购周期等因素，选用 Q235 普通低碳钢制作的屈曲约束支撑。

由此，设计选用了屈服力为 200t 和 400t 这两种型号的 BRB。

4. 基础及地下室设计

采用灌注桩基础，桩径 800mm，采取桩端、桩侧复式后注浆工艺；桩端持力层为第⑦层，有效桩长约 40m；单柱抗压承载力特征值为 4500kN。

为解决地下室整体抗浮稳定问题，设置了部分抗拔桩（兼做抗压桩），单柱抗拔承载力特征值为 1500kN；除桩身配筋外，其余同抗压桩。

本项目桩基础布置如图 12.3-16 所示。

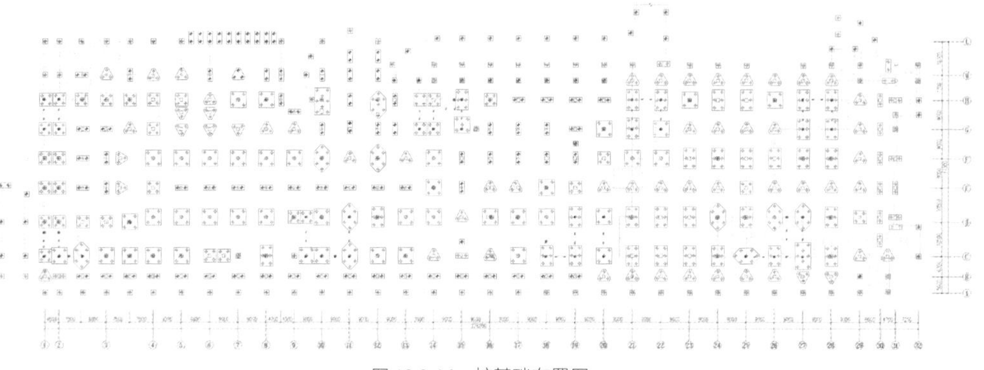

图 12.3-16 桩基础布置图

地下室结构采用现浇钢筋混凝土框架结构。地下室外墙采用现浇钢筋混凝土墙；地下室顶板采用现浇混凝土梁板体系；地下室底板采用现浇钢筋混凝土防水板 + 桩基承台。

地上钢骨混凝土柱在地下室范围内仍为钢骨混凝土柱，一直延伸至基础。另外，对应上部支撑，地下室在相应部位设置钢筋混凝土墙，保证传力的连续性。

地下室为整体地下室（不设缝），属超长结构，应考虑温度作用的影响，采取下列措施：

（1）根据当地的气温等气象资料，进行温度作用计算，并参与设计工况组合；

（2）在适当位置设置施工后浇带，从底板通至地下室顶板；

（3）设置加强带以及采用补偿收缩混凝土；

（4）地下室外墙每隔 30～40m 设置一个 U 形墙（图 12.3-17），地下室顶板设置平面 U 形槽，以释放温度变形（图 12.3-18）；

（5）加强对材料和施工的控制，特别是加强混凝土构件的养护。

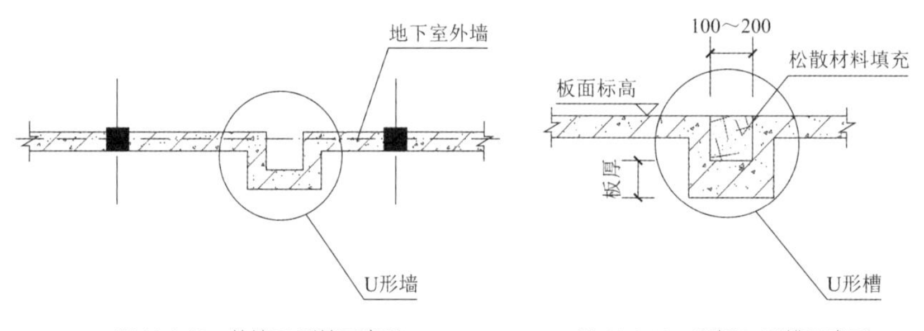

图 12.3-17 外墙 U 形墙示意图

图 12.3-18 顶板 U 形槽示意图

12.3.3 性能目标

1. 超限判定

建筑高度小于高度超限的限值，存在多项不规则，属于特别不规则的超限高层建筑。具体如下：

西侧单元存在下列不规则项目：①扭转不规则（扭转位移比 > 1.2）；②楼板不连续——大开洞；③局部不规则——局部夹层。

东侧单元存在下列不规则项目：①扭转不规则（扭转位移比 > 1.2）；②承载力突变——二层受剪承载力小于上层的 80%（72%）；③局部不规则——局部夹层。

另外，屋面天窗等局部钢结构与东、西两侧单元一边铰接、一边滑动，属于简单的弱连接连体。

2. 抗震性能目标

根据《高层建筑混凝土结构技术规程》JGJ 3—2010（以下简称《高规》），考虑本项目的重要性，确定结构抗震性能目标为 C 级。

根据抗震性能设计方法，确定了主要结构构件的抗震性能目标，如表 12.3-3 所示。

主要构件抗震性能目标　　表 12.3-3

地震烈度		多遇地震	设防地震	罕遇地震
宏观损坏程度		无损坏	轻度损坏	中度损坏
层间位移角		1/650	1/325	1/100
关键构件	支承中庭钢结构、大跨结构、长悬臂结构的框架柱	弹性	中震弹性：正截面不屈服［符合《高规》式（3.11.3-1）］，抗剪弹性［符合《高规》式（3.11.3-1）］	大震不屈服：在大震弹塑性时程分析中，关键构件不屈服—不出塑性铰
	巨幕影院、大跨结构、大悬挑结构，与 BRB 相连的框架柱，楼梯间周边框架柱		中震不屈服：正截面不屈服［符合《高规》式（3.11.3-2）］，抗剪弹性［符合《高规》式（3.11.3-1）］	大震不屈服：在大震弹塑性时程分析中，关键构件不屈服—不出塑性铰
普通竖向构件	非关键构件的框架柱、梁上柱、普通支撑	弹性	中震不屈服：正截面不屈服［符合《高规》式（3.11.3-2）］，抗剪弹性［符合《高规》式（3.11.3-1）］	大震少量屈服：在大震弹塑性时程分析中，允许少量普通竖向构件弯曲屈服，形成弯曲塑性铰，受剪截面满足《高规》式（3.11.3-4）；其余满足大震不屈服
普通水平构件	屋面采光天窗、屋面天桥等局部钢结构	弹性	中震不屈服：正截面不屈服［符合《高规》式（3.11.3-2）］，抗剪弹性［符合《高规》式（3.11.3-1）］	大震部分屈服：允许一部分普通水平构件屈服，形成塑性铰，但不允许发生破坏；其余满足大震不屈服
耗能构件	屈曲约束支撑	弹性	中震部分屈服：允许部分屈曲约束支撑屈服，形成塑性铰，但不允许发生破坏	大震大部分屈服：允许大部分甚至全部屈曲约束支撑屈服，形成塑性铰，但不允许发生破坏
	框架梁	弹性	中震少量屈服：允许少量框架梁正截面屈服，形成塑性铰，抗剪不屈服［符合《高规》式（3.11.3-2）］；大部分框架梁应满足中震不屈服	大震大部分屈服：允许大部分框架梁屈服，形成塑性铰，但不允许发生破坏；其余满足大震不屈服

12.3.4 结构分析

1. 抗震性能设计分析

1）分析内容

采用线弹性分析方法进行了结构设计与优化，主要工作如下：采用 YJK1.8.2 进行结构整体计算、分析与设计，确立合理的结构体系与构件截面；采用 MIDAS Building 2016 进行对比计算、分析，复核 YJK 计算与设计结果；采用 YJK 1.8.2 进行小震弹性时程分析，进行抗震性能目标复核；采用 YJK1.8.2 进行中、大震等效弹性分析设计，确定结构构件满足第 3、4 性能水准的目标。

采用非线性分析方法对结构的抗震性能、整体稳定性能进行了分析：采用 MIDAS Building 对整体结构模型进行了罕遇地震作用下动力弹塑性时程分析，分析了结构的塑性发展，对结构的抗震性能目标进行了复核；采用 ANSYS 14.0 对屋面采光天窗、屋面天桥等进行了承载力和稳定性分析。

2）主要结果

抗震性能计算分析时，YJK 模型如图 12.3-6、图 12.3-7 所示，MIDAS Building 模型如图 12.3-19、图 12.3-20 所示。时程计算采用的地震波由中国建筑科学研究院提供。

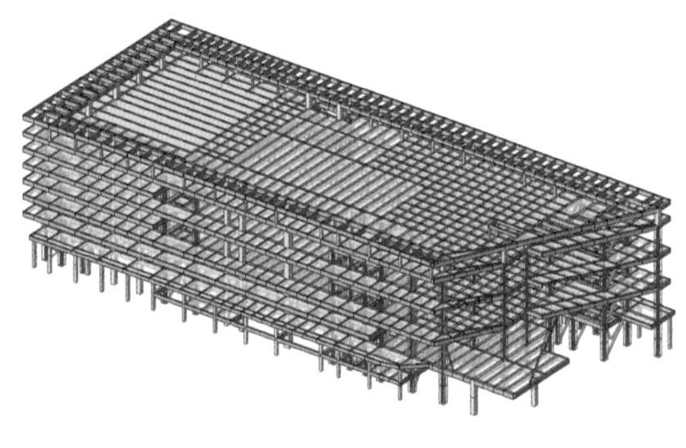

图 12.3-19 MIDAS Building 上部结构西侧单元计算模型

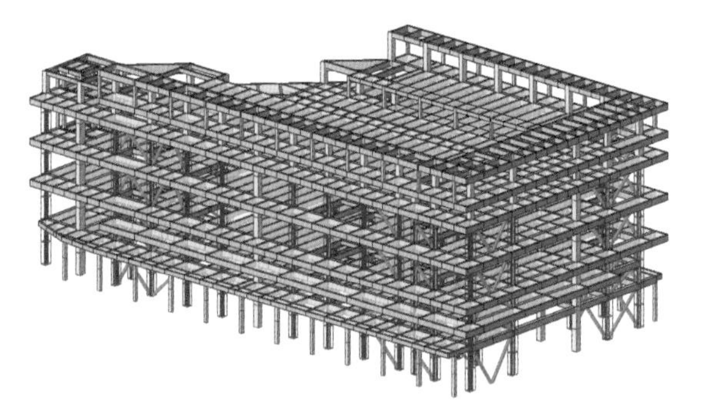

图 12.3-20 MIDAS Building 上部结构东侧单元计算模型

（1）小震静力弹性计算分析

计算结果表明：存在扭转不规则——扭转位移比超过 1.2（不超过 1.4）限值，存在抗剪承载力突变，其余各指标均满足规范要求；另外，YJK 与 MIDAS Building 两个软件的各项对比计算结果均吻合。这证明了分析结果的可靠性。

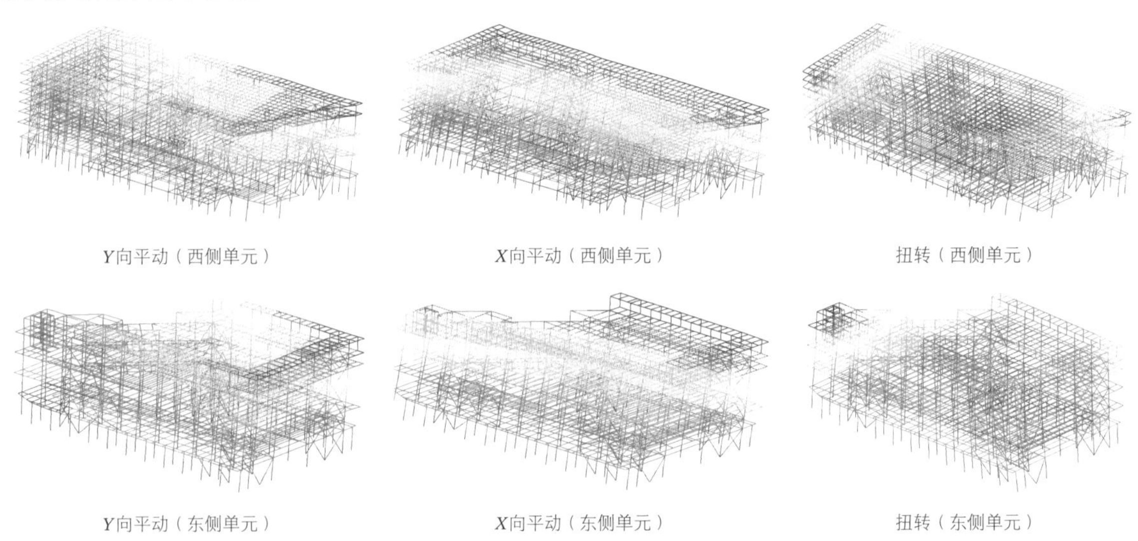

图 12.3-21 结构前三阶振型（MIDAS Building）

（2）小震弹性时程计算分析

时程分析方法为模态积分法，分析结果表明：结构各主要指标均满足规范要求；振型分解法的 X 向基底剪力及Y向基底剪力均大于 7 条波分析结果的平均值；上部局部楼层，振型分解法的楼层剪力小于 7 条波分析结果的平均值，设计时对这些局部楼层的地震剪力进行相应放大。

（3）中、大震等效弹性分析

等效弹性分析结果表明：

①关键构件，满足中震不屈服的性能要求；其中，支承中庭钢结构、大跨结构、长悬臂结构的框架柱，能达到中震弹性的要求；

②普通构件，满足中震不屈服的性能要求；

③耗能构件，包含普通框架梁及屈曲约束支撑，中震作用下屈曲约束支撑部分出现了屈服，框架梁少量出现屈服，满足中震下部分屈服的性能要求；

④中震下最大层间位移角为 1/359，小于 1/325 的限值；大震下最大层间位移角为 1/181，小于 1/100 的限值。

（4）大震弹塑性时程分析

大震弹塑性时程分析结果表明：

①屈服铰出现顺序：屈曲约束支撑→框架梁→普通竖向构件；

②结构在罕遇地震作用下，关键构件基本均未出铰，处于弹性状态，满足性能水准对关键构件的性能目标要求；

③普通构件少量发生屈服，但未破坏，满足性能水准对普通构件的性能目标要求；

④耗能构件中，部分框架梁发生屈服，屈曲约束支撑基本均出铰，满足性能水准对耗能构件的性能目标要求；

⑤东、西侧各层层间位移角均小于1/100，满足性能水准性能目标要求；

⑥通过大震弹塑性分析发现的结构薄弱部位和重要部位构件，在后期设计中进行了着重加强。

（5）结构加强措施

针对以上结构分析结果，设计采取下列抗震加强措施：

①对楼板薄弱部位（主要包括：二层中庭、三～四层西侧的巨幕影院及每层各区域集中布置楼电梯间周边的楼板），增大板厚、提高楼板配筋，采用双层双向配筋且最小配筋率不小于0.25%；

②加强每层平面四个角部的楼板厚度及配筋（厚度不小于120mm，配筋双层双向，配筋率不小于0.25%），加强四个角部的框架柱的配筋；

③为控制柱截面及配筋，巨幕影院周边等受力大的框架柱内设钢骨；为提高抗震性能和支撑节点连接的可靠性，与BRB支撑相连的框架柱也内设钢骨；

④巨幕影院三、四层大开洞周边的框架，在其框架梁、框架柱中增设钢骨，形成整体钢骨框架结构；

⑤柱间BRB从上往下尽量连续贯通，直至地下室顶板；

⑥因BRB未延伸至地下室，在地下室对应位置增设钢筋混凝土剪力墙。

2．并层模型对比分析

地上建筑每层之间均设置了局部夹层，如图12.3-22所示。为避免局部夹层的影响，导致整体分析结果产生较大偏差，补充计算分析了不考虑局部夹层的合并楼层的模型，并与原含夹层的模型进行对比，评估夹层对整体计算指标的影响。在合并楼层模型中，将原夹层对应的恒荷载和活荷载，均分到上下楼层对应区域上，保证并层模型（不含夹层模型）和非并层模型（原含夹层模型）的质量及荷载一致。

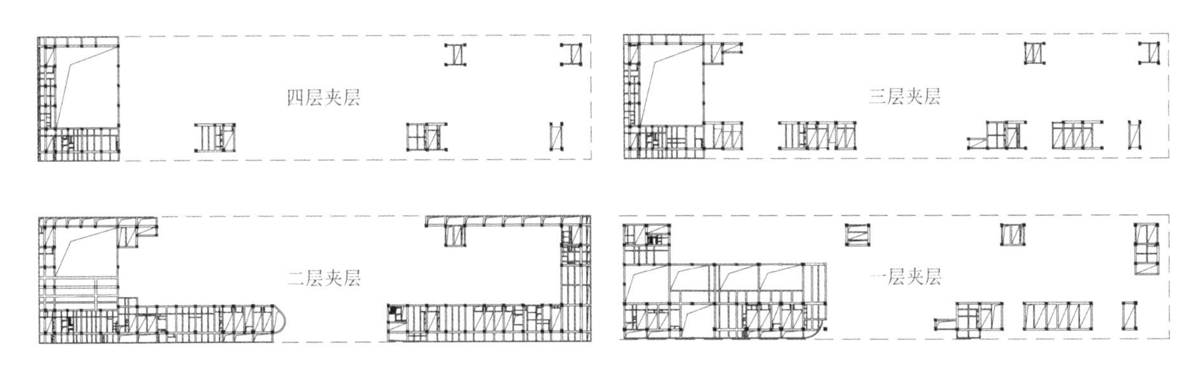

图12.3-22 夹层分布示意图

以西侧单元为例，同时对含BRB及不含BRB的框架模型进行小震弹性静力计算。为保证计算结果的可靠性，又利用PMSAP、SATWE软件进行了复核计算。结果表明：并层模型刚度略有减小，周期略有增加，差异不大；最大层间位移角，两者也接近（表12.3-4和图12.3-23）。

同时，也对并层模型和非并层模型进行了大震弹塑性时程分析，结果表明：两者层剪力、层间位移角（图12.3-24）等整体指标差异很小。

西侧单元周期对比（有 RBR）　　表 12.3-4

含 BRB	振型	T_1	T_2	T_3
非并层模型	周期/s	1.2142	1.1199	1.0552
	平动系数（$X+Y$）	0.01 + 0.95	0.90 + 0.03	0.09 + 0.07
	扭转系数（Z）	0.04	0.07	0.84
并层模型	周期/s	1.3577	1.2705	1.156
	平动系数（$X+Y$）	0.01 + 0.95	0.98 + 0.02	0.01 + 0.04
	扭转系数（Z）	0.04	0.00	0.95

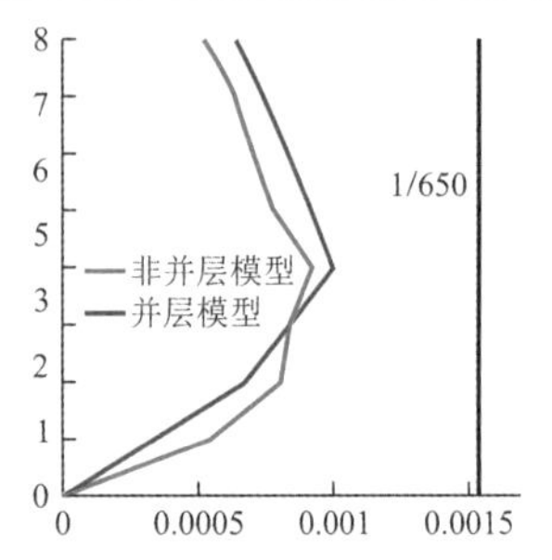

(a) 含 BRB 西侧单元小震层间位移角（X向）

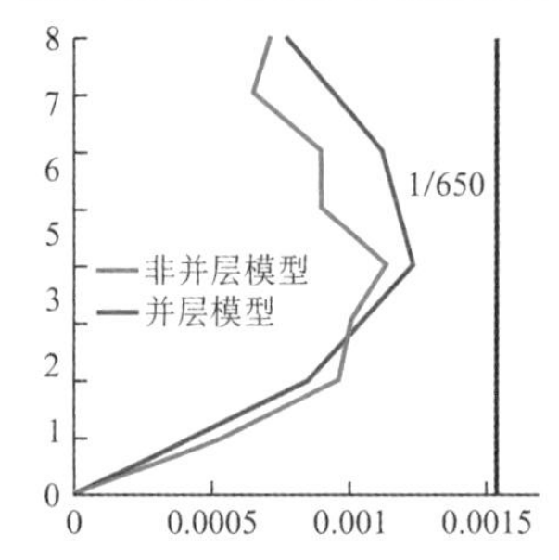

(b) 含 BRB 西侧单元小震层间位移角（Y向）

图 12.3-23　小震作用下西侧单元层间位移角

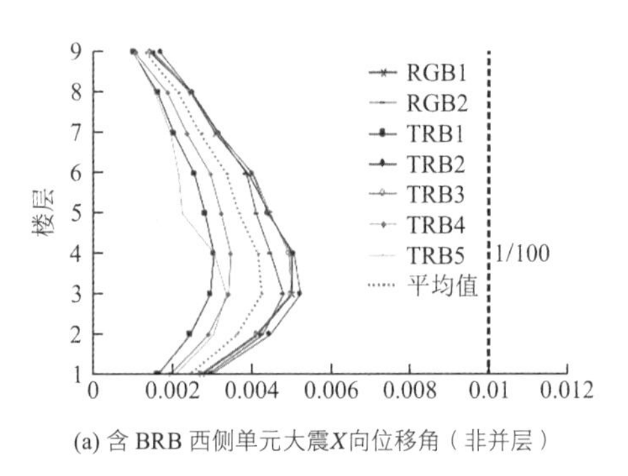

(a) 含 BRB 西侧单元大震X向位移角（非并层）

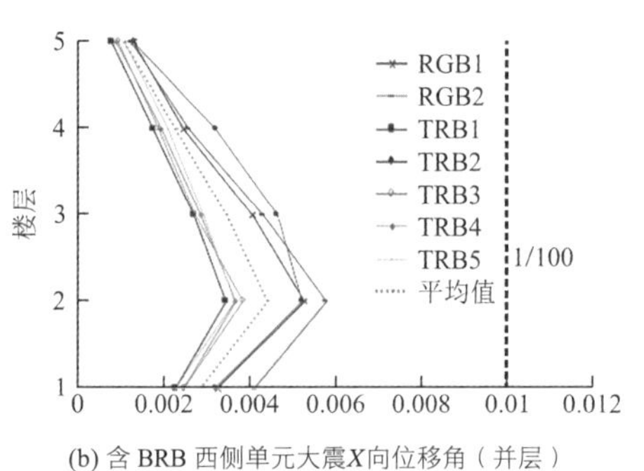

(b) 含 BRB 西侧单元大震X向位移角（并层）

图 12.3-24　大震作用下西侧单元位移角

综上，并层模型和非并层模型计算结果基本一致，采用非并层模型计算分析是可行的。

3. 屋面天桥承载力及变形分析

针对屋面天桥，利用有限元进行了详细的承载力及变形计算分析。屋面天桥在设计荷载标准值下的典型应力和变形，如图 12.3-25 所示。

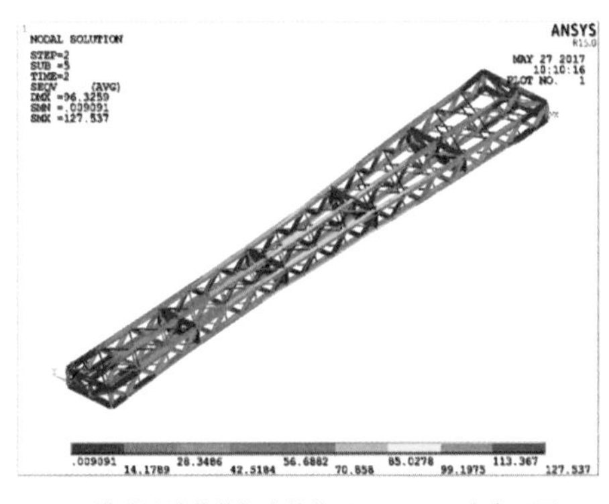

(a) 满跨设计荷载标准值作用下 MISES 应力云图

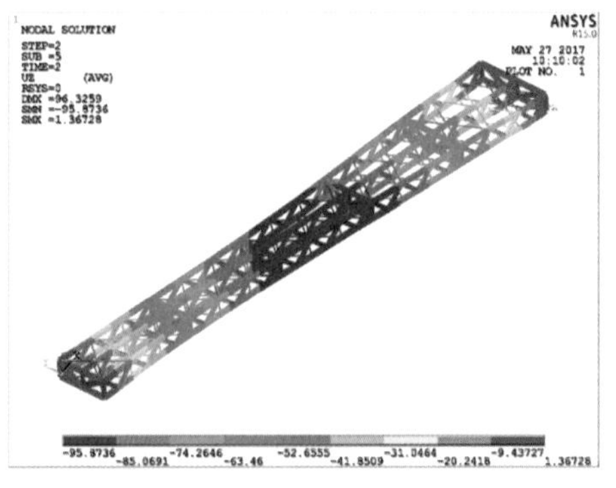

(b) 满跨设计荷载标准值作用下竖向位移云图

图 12.3-25　设计荷载标准值作用下的应力及位移云图

分析结果表明：在设计荷载标准值作用下，屋面天桥的应力及变形最大值发生在满跨布置的工况下，应力最大值约为125MPa，最大竖向位移为96.0mm（跨度的1/468），左端滑动支座处顺桥向最大水平位移值为24mm。上述结果均满足设计要求。

12.4 专项设计

12.4.1 BRB优化设计

1. BRB优化

在最初设计基础上，进一步优化屈曲约束支撑设计，从以下两个方面着手：

（1）在原设计的基础上，核查每根支撑在小、中、大震下的应力水平，应力比很小的支撑可去除；小震应力比超限的支撑进行调整，确保小震弹性。

（2）在满足抗扭控制、二道防线的前提下，适当增加支撑种类、优化布置，减少支撑数量或降低屈服力。

优化过程如图12.4-1所示，增加了屈服力150t这种型号的支撑，取消应力比很小的支撑。对优化后的模型进行验算，结果表明：周期略有增加，扭转周期比满足要求，结果如表12.4-1所示；但扭转位移比已经接近了1.40的限值，故不再优化。

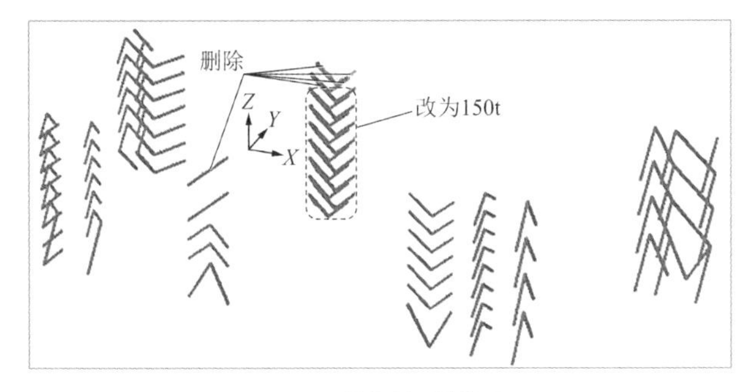

(a) BRB优化之西侧单元

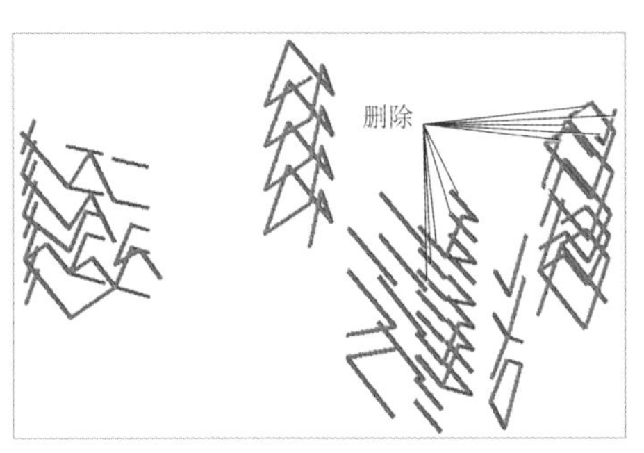

(b) BRB优化之东侧单元

图12.4-1 BRB优化

BRB优化后结构整体指标 表12.4-1

RBR框架结构指标		西侧单元	东侧单元
周期/s	T_1	1.2250（Y向平动）	1.3067（Y向平动）
	T_2	1.1453（X向平动）	1.2054（X向平动）
	T_3	1.0589（扭转）	1.1163（扭转）
	周期比	0.86 < 0.90	0.85 < 0.90
位移比		1.38 < 1.4	1.39 < 1.4

2. BRB减震效果分析

为评估本项目中BRB耗能减震效果，用中国建研院提供的大震地震波[5]进行弹塑性时程分析。为进行对比，同时计算了取消BRB支撑的纯框架模型。

选用了地震响应最大的3条地震波，以西侧单元为例，结构整体指标见表12.4-2。结果表明：取消BRB后结构基底剪力减小，最大层间位移角增大，说明结构刚度减小。由此可见，设置BRB支撑可以增加刚度、减小变形，提高结构的抗震性能。

西侧单元大震 BRB 对比分析结果　　表 12.4-2

X向大震指标	原结构（含 BRB）			对比模型（取消 BRB）		
	RGB2	TRB2	TRB3	RGB2	TRB2	TRB3
基底剪力/kN	192657	192996	177065	188712	142365	137901
剪重比	20.31%	20.34%	18.67%	19.93%	15.03%	14.56%
层间位移角	1/209	1/192	1/201	1/153	1/183	1/187
Y向大震指标	原结构（含 BRB）			对比模型（取消 BRB）		
	RGB2	TRB2	TRB3	RGB2	TRB2	TRB3
基底剪力/kN	178778	165123	117998	152665	145662	91608
剪重比	18.85%	17.41%	12.44%	16.12%	15.38%	9.67%
层间位移角	1/168	1/219	1/305	1/152	1/161	1/243

图 12.4-2～图 12.4-5 给出了大震 RGB2 作用下，西侧单元构件屈服情况：

（1）设置 BRB 时，大震作用下绝大部分 BRB 屈服出铰（图 12.4-2），滞回曲线饱满（图 12.4-3），关键构件（重要框架柱，大跨、悬挑梁）未发生屈服（图 12.4-4）；

（2）未设置 BRB 时，部分关键构件发生了屈服（图 12.4-5）。

上述对比结果表明：大震下 BRB 率先屈服耗能，充当第一道抗震防线；通过 BRB 耗能减震，保护了其他结构构件，避免大震受损，提高了结构的抗震性能。

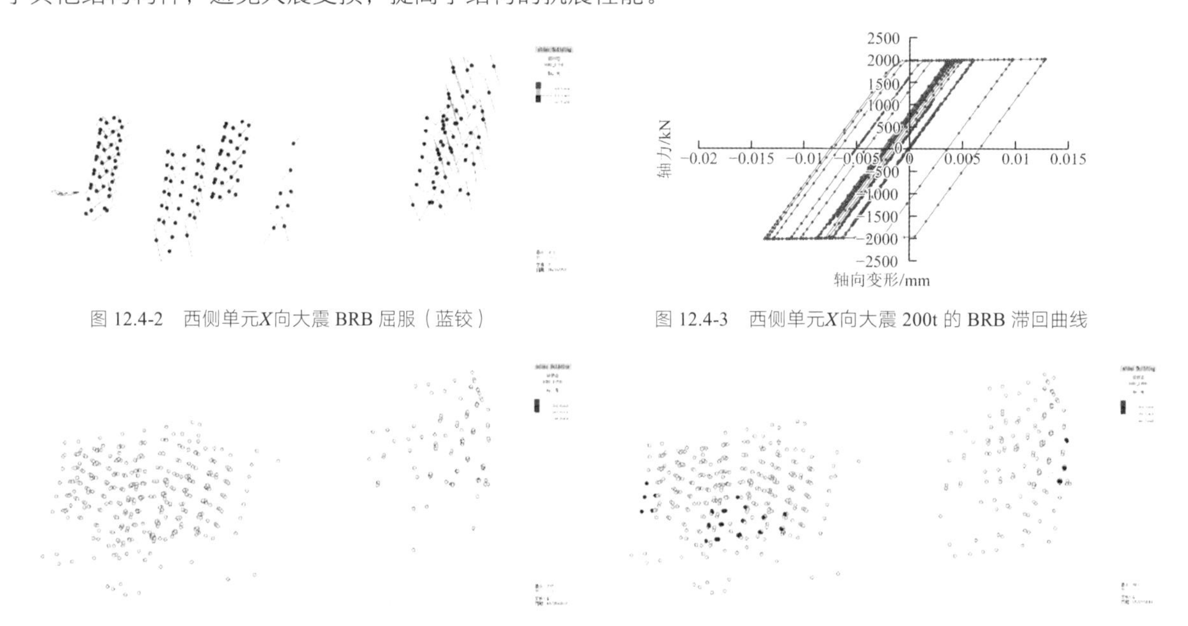

图 12.4-2　西侧单元X向大震 BRB 屈服（蓝铰）

图 12.4-3　西侧单元X向大震 200t 的 BRB 滞回曲线

图 12.4-4　西侧单元含 BRB 时X向大震关键构件屈服（蓝铰）

图 12.4-5　西侧单元取消 BRB 后X向大震关键构件屈服（蓝铰）

12.4.2　大直径混凝土球幕影院设计

北入口处大直径混凝土球幕影院，直径将近 30m，支撑在地下室顶板结构上。壳体底部开有多个门洞，壳体不完整。设计时结合建筑空间要求，壳体内侧设置了肋梁，同时也减小了球壳板厚。球壳底部设环向圈梁，内置预应力筋，形成压力环，抵抗竖向荷载作用下壳体对下方支撑结构的外推力。

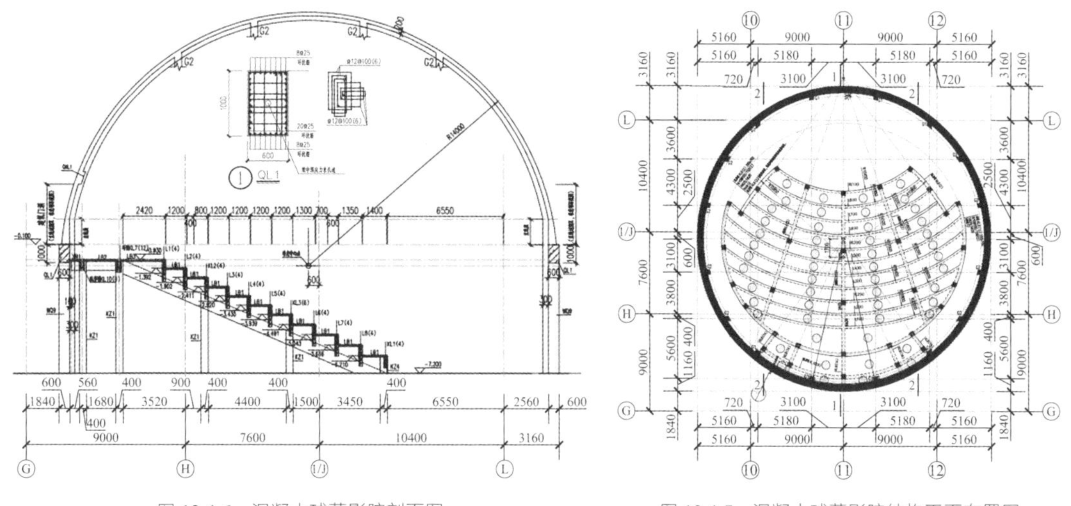

图 12.4-6　混凝土球幕影院剖面图　　　图 12.4-7　混凝土球幕影院结构平面布置图

截面设计时，除了常规计算，也通过有限元分析进行了复核。结果表明，球幕影院壳体结构设计满足受力要求。

图 12.4-8　混凝土球幕影院结构有限元分析

12.4.3　大跨度楼板舒适度性能

建筑部分区域楼板跨度较大，为判断楼盖结构的舒适度，按照《高规》附录 A 的方法验算楼盖结构竖向振动加速度。

以二层楼板为研究对象，利用 SLABFIT 软件计算得出该层竖向刚度相对较小的区域，选取具有代表性的区域进行计算分析，如图 12.4-9 的板 2-1、板 2-2 所示。楼盖板 2-1 的第一自振周期为 0.2044s，频率为$f_n = 4.89$Hz；板 2-2 的第一自振周期为 0.1675s，频率为$f_n = 5.97$Hz。

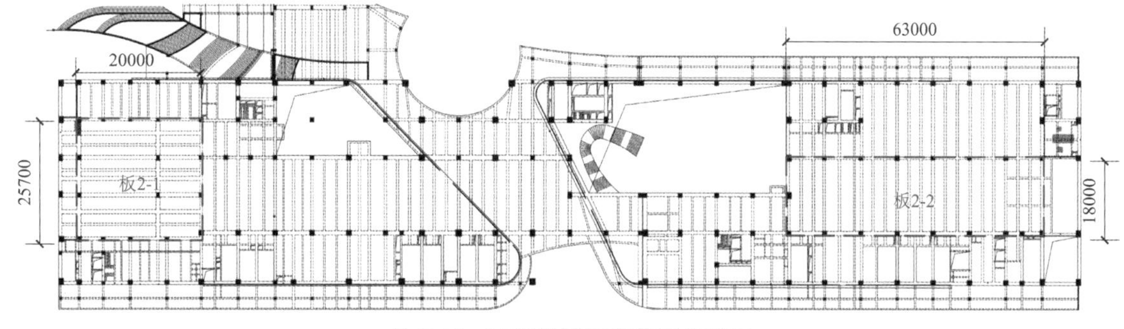

图 12.4-9　2 层楼盖舒适度验算区域示意图

按照《高规》附录 A 中的公式近似计算楼盖振动峰值加速度，结果见表 12.4-3：

$$a_{\mathrm{p}}=\frac{F_{\mathrm{p}}}{\beta\omega}g$$

$$F_{\mathrm{p}}=p_0\mathrm{e}^{-0.35f_{\mathrm{n}}}$$

楼板加速度计算表　　表 12.4-3

编号	$\bar{\omega}$/（kN/m²）	B/m	L/m	ω/kN	p_0/kN	f_n/Hz	F_p/kN	β	a_p/（m/s²）	限值
板 2-1	8.15	40.0	20.0	4040	0.3	4.89	0.0542	0.02	0.0040	0.15
板 2-2	8.15	36.0	18.0	3272.4	0.3	5.97	0.0371	0.02	0.0034	0.15

从计算结果可知，楼盖板 2-1 及板 2-2 的竖向振动频率都大于 3Hz，振动峰值加速度均小于规范限值，楼盖结构舒适度满足规范要求。

12.4.4　复杂钢骨混凝土节点设计与改进

1．节点精细化设计

部分框架柱、框架梁中内置钢骨，钢骨节点处钢筋密集时，现场施工非常困难。结构设计时，对钢骨节点进行了精心设计，一方面详细画出每种节点做法，给出钢筋排布图；另一方面，通过调整钢筋直径、排数和连接方式，降低钢筋密集程度；项目深化及施工过程中，与制作及施工方充分沟通，根据现场实际情况改进节点设计。

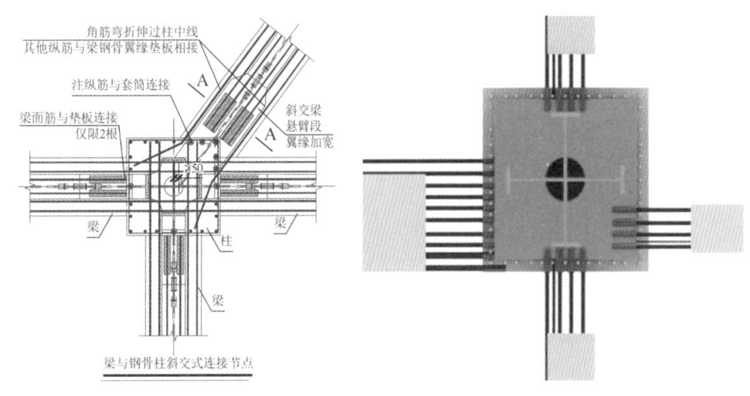

图 12.4-10　节点连接方式示意图

2．BIM 技术应用

充分利用了 BIM 设计，对钢骨混凝土等复杂节点进行 BIM 建模，提前与施工方讨论和优化，确保现场的顺利施工，避免拆改。

同时，对于球幕影院这一特殊结构也提供了 BIM 模型，指导现场制订和优化施工方案。

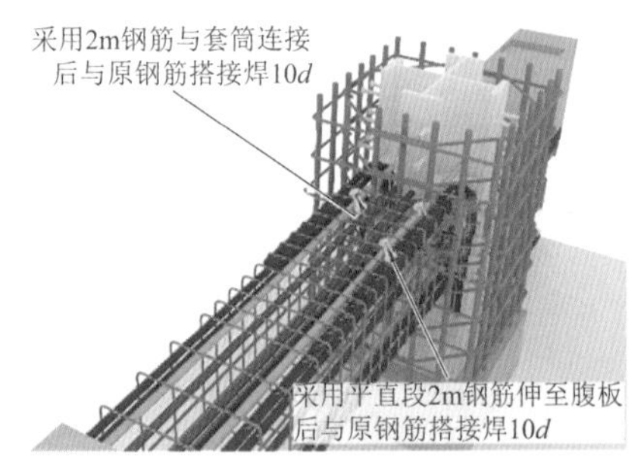

图 12.4-11　钢骨节点 BIM 建模

图 12.4-12　球幕影院 BIM 施工模型

3．节点改进

针对大量的十字梁与钢骨混凝土柱的连接，节点钢筋密集的问题，提出了一种新的解决方式：十字形钢骨翼缘宽度范围内的被柱钢骨挡住的梁主筋，通过在翼缘上焊接连接套筒进行连接；同时，柱钢骨内设置水平加劲肋；其余被柱钢骨挡住的梁主筋，直接焊接在水平加劲肋上，或与焊接在水平加劲肋上的连接套筒连接；当柱钢骨内的水平加劲肋尺寸不满足焊缝长度要求时，将水平加劲肋向柱钢骨外扩大。

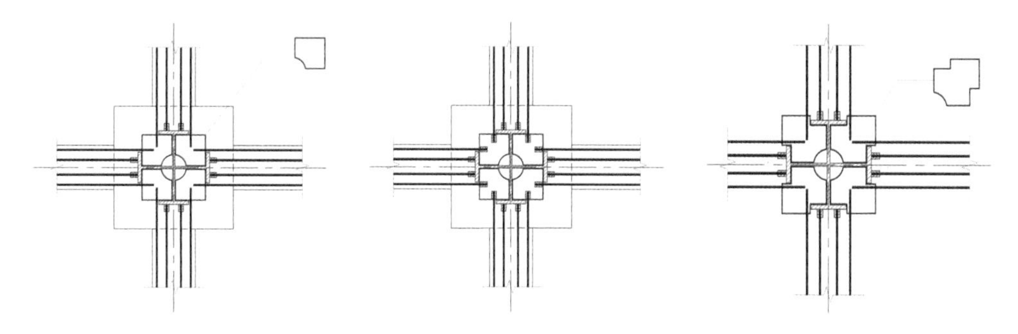

图 12.4-13　十字梁与钢骨混凝土柱连接节点做法

该做法避免在十字形钢骨柱的钢骨腹板上开洞穿梁主筋，构造简单、制作容易，降低了现场施工的难度，提高了节点的施工质量。

12.5 结构监测

12.5.1 监测内容

本次钢结构部分的健康监测主要有杆件与节点应力/应变监测、温度监测、结构变形监测。监测布点的位置信息如下：

（1）三层钢结构连桥选取横向主桁架共 4 榀进行布点监测；四层钢结构连桥选取横向主桁架共 3 榀进行布点监测；

（2）中庭处立面幕墙支撑结构及屋面天窗的钢结构横向主桁架（取 2 榀）、竖向次桁架（取 2 榀）、边桁架（取 3 榀），所选取桁架见图 12.5-1；所选桁架应力监测点的布置情况见图 12.5-2；

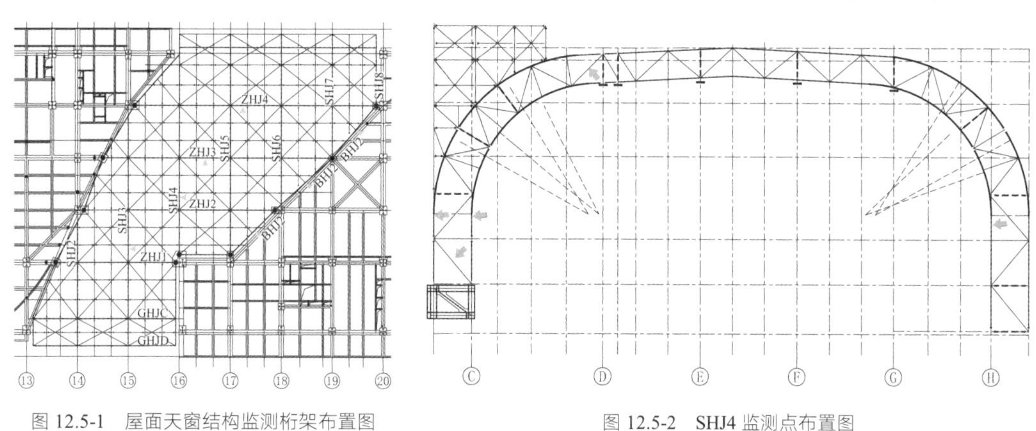

图 12.5-1　屋面天窗结构监测桁架布置图　　　图 12.5-2　SHJ4 监测点布置图

（3）屋面钢结构天桥的横向主桁架，取其外侧两榀布置测点进行监测；

（4）在室内直跑大跨度钢结构楼梯的各层的相应位置布置监测点进行变形监测。

12.5.2 传感器及线路安装

振弦式传感器应布置于钢结构表面的预设监测点位置，通过数据采集系统可同步获取对应结构部位的应力应变及温度数据，传感器的安装如图 12.5-3、图 12.5-4 所示。

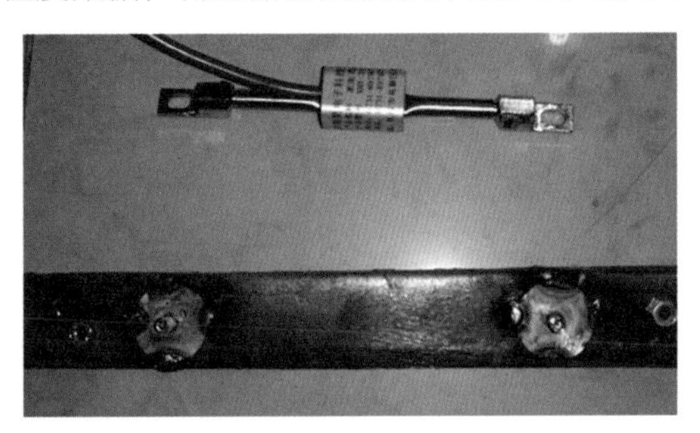

图 12.5-3　传感器连接示意图

图 12.5-4　传感器保护罩

12.5.3　数据采集

1．施工期间

（1）三四层的钢结构连桥主体桁架完成后监测一次、浇筑完楼面混凝土监测一次、竣工验收前监测一次；

（2）屋面天窗主体桁架完成后监测一次、玻璃屋面安装完成后监测一次、竣工验收前监测一次；

（3）屋面钢结构天桥主体桁架完成后监测一次、浇筑完楼面混凝土监测一次、竣工验收前监测一次。

2．竣工交付后使用阶段

竣工验收交付使用后第一年，每个季度采集一次数据；监测周期内如遇大风、大雪、地震等恶劣自然灾害，须及时采集数据。

12.5.4　监测结果

现场监测结果表明，施工期间构件的应力、应变值以及结构变形，远小于构件的设计允许限值，说明施工期间的荷载均小于设计使用荷载，施工过程未对结构构件后期使用产生不利影响。施工期间，构件实际温度均位于设计预估的温度范围内，合拢时的温度也介于设计要求的 10～20℃之间。

本项目已投入使用，竣工验收后的监测结果均正常，未出现超过设计限值的情况。

12.6　结语

山东省科技馆新馆项目结构专业从方案创作到施工图设计全过程参与，与各专业积极配合，与业主、施工方充分沟通，力求结构设计满足项目整体最优的要求，取得了良好的效果；项目设计质量、施工质量及造价控制均达到了预期目标。

在结构设计过程中，主要完成了以下几方面工作：

（1）通过结构材料方案比选、结构体系比选，选择最适合本项目的结构方案，满足建筑功能、结构安全和造价控制的要求。

（2）基于屈曲约束支撑消能减震技术，运用了“钢筋混凝土框架-屈曲约束支撑”新型结构体系，提高了建筑抗震性能，顺应山东省推广消能减震的技术的政策导向；同时，节约建筑材料、降低震后结构修复难度，符合绿色建筑、可持续发展的社会需求。

（3）运用多种分析计算手段，基于详细的计算结果进行精准设计，保证结构设计既安全又经济。

（4）针对超长结构分缝、局部钢结构、大直径混凝土球幕影院、复杂钢骨混凝土节点等难点，进行了专门的研究和精细设计，与各方积极研讨改进；充分利用 BIM 技术优势，解决设计和施工中遇到的难题，提高了项目设计质量、降低施工难度，保证科技馆最终的完成度和建筑品质。

结构专业与各方共同努力，将本项目建成为全国十大科技馆之一；作为山东省科技传播中心、学术交流中心、创客体验中心，成为山东乃至全国的科技文化新地标。本项目获得业主充分认可，受到社会的广泛关注和好评。

参考资料

[1] 山东省科技馆新馆项目岩土工程勘察报告[R]. 济南：山东省城乡建设勘察设计研究院, 2016.

[2] 司斌, 唐小辉, 郝露露, 等. 屈曲约束支撑在某装配式项目中的应用研究[J]. 建筑结构, 2019, 49(15): 32-37.

[3] 朱国平, 常兆中, 马宏睿. 北京某研发设计实验大楼结构设计[J]. 建筑结构, 2019, 49(9): 39-42.

[4] 陈晓强, 李宏胜, 陈焰周, 等. 山东省科技馆新馆结构设计与分析[J]. 建筑结构, 2020, 50(08): 106-112.

[5] 用于山东省科技馆新馆项目地震反应时程分析的地震波及其使用说明[R]. 北京：中国建筑科学研究院, 2016.

设计团队

李宏胜、陈晓强、陈焰周、陈元坤、赵建超、孙　威、徐必兵、徐　伟、陈　威、熊政超、徐靓玲、童菊仙、张　浩、李晓瑾、高　帅、谭远武。

获奖情况

2019 年湖北省勘察设计协会第七届 BIM 设计竞赛第三名；

2019 年型建香港第五届国际 BIM 大赛最佳博物馆项目 BIM 应用奖；

2021 年中国建筑金属结构协会第十四届中国钢结构金奖。

第13章

武汉保利文化广场

13.1 工程概况

13.1.1 建筑概况

武汉保利文化广场位于武汉市洪山广场南侧，东接中南路，南邻中国人民银行大楼，西南为白玫瑰大酒店，西邻华银大厦，北接民主路，凭借独特的建筑造型，成为武昌区域首屈一指的地标建筑。工程总用地面积约 1.2 万 m²，总建筑面积约 14.4 万 m²，其中地上 10.96 万 m²，地下 3.44 万 m²，容积率为 8.9。大屋面结构高度 209.9m，总高度 219.0m。

图 13.1-1　武汉保利文化广场建筑效果图

图 13.1-2　武汉保利文化广场建筑实景

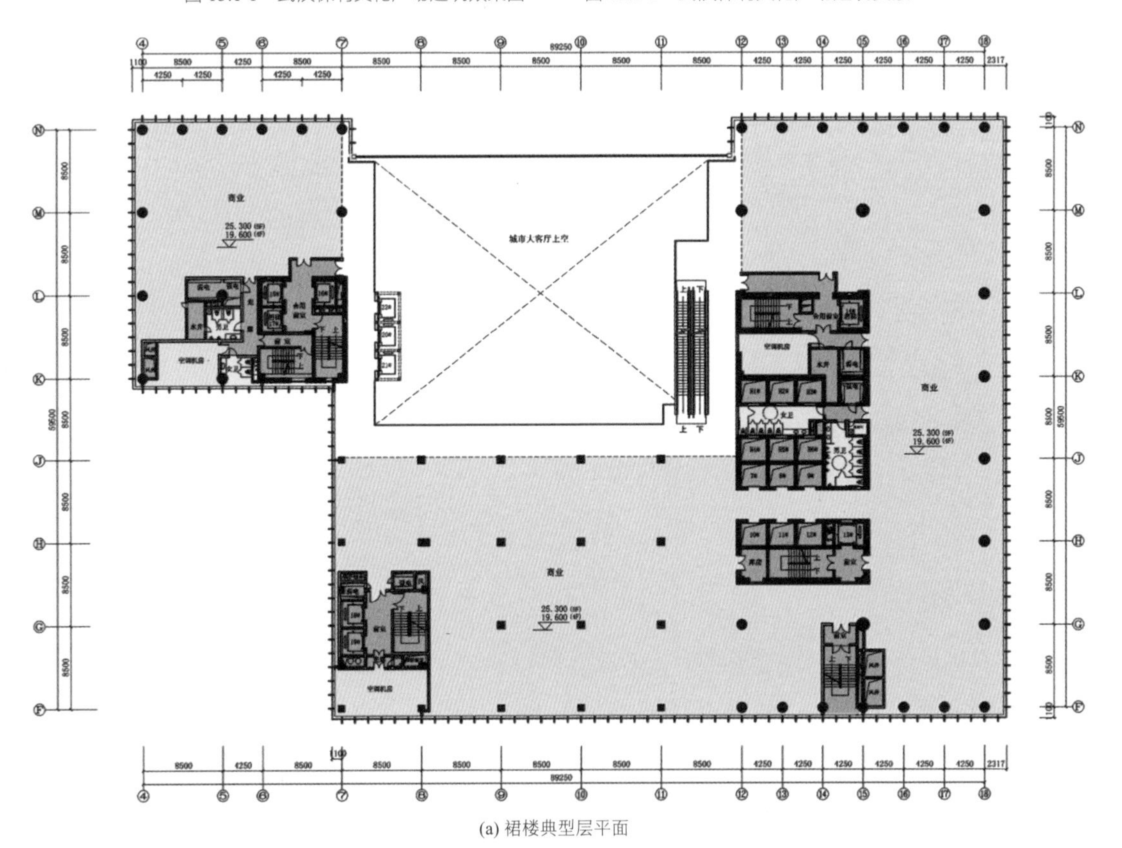

(a) 裙楼典型层平面

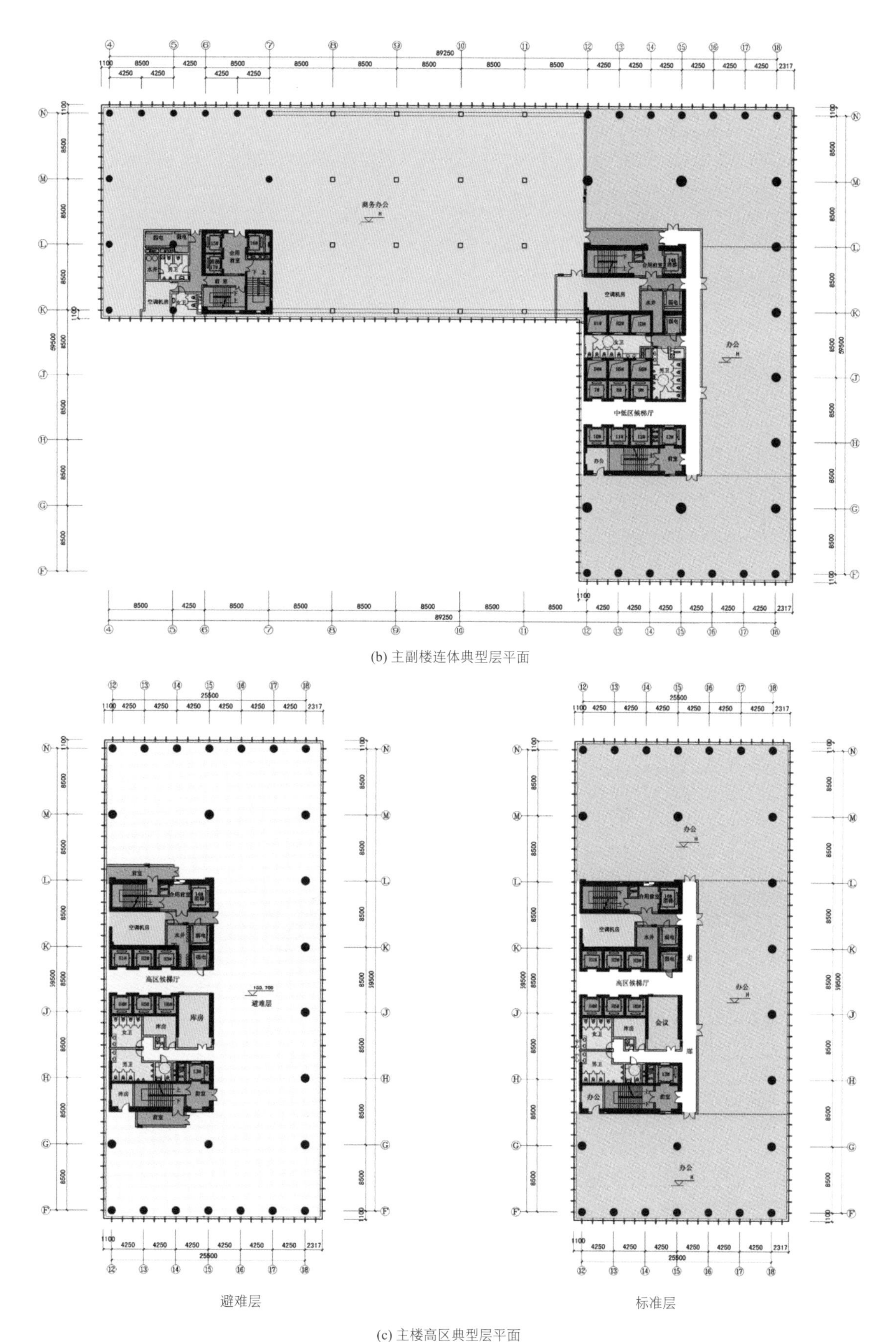

(b) 主副楼连体典型层平面

避难层　　标准层

(c) 主楼高区典型层平面

图 13.1-3　建筑典型层平面图

本工程地下共 4 层，层高从下而上分别为 5.1m、4.7m、4.7m、5.6m；地下一层设有局部商业，其余主要功能为车库及设备用房。地上分为主楼、副楼及裙楼，其中裙楼共 8 层，主要功能为商业、娱乐、餐饮等，屋面标高 51.0m；主楼和副楼在 1～8 层与裙楼连接为一个整体，8 层以上均为高级写字楼；副楼 20 层，屋面标高 101.0m，标准层层高 4.1m；主楼 46 层，大屋面标高 209.9m，标准层层高 4.1m。主副楼在 16～20 层（共 5 层）通过钢结构连接为一个整体，连接体跨度为 42.5m，立面呈 h 形。建筑效果如图 13.1-1 所示，建筑实景如图 13.1-2 所示，典型建筑平面如图 13.1-3 所示。

13.1.2 设计条件

1. 主体控制参数

控制参数表　　表 13.1-1

项目		标准
结构设计使用年限		50 年
建筑结构安全等级		二级
结构重要性系数		1.0
建筑抗震设防分类		重点设防类（乙类）
地基基础设计等级		甲级
设计地震动参数	抗震设防烈度	6 度
	设计地震分组	第一组
	场地类别	Ⅱ类
	小震特征周期	0.35s
	大震特征周期	0.40s
	基本地震加速度	0.05g
建筑结构阻尼比	多遇地震	0.04
	罕遇地震	0.07
地震峰值加速度	多遇地震	$26.7cm/s^2$
	设防地震	$82cm/s^2$
	罕遇地震	$196cm/s^2$
水平地震影响系数最大值	多遇地震	0.0654
	设防地震	0.206
	罕遇地震	0.481

2. 地质条件

根据铁道第四勘察设计院提出的《武汉保利文化广场岩土工程勘察报告》，本场地属长江三级阶地的垄岗地带，地形稍有起伏，西北高东南低，最大高差为 2.3m 左右，地面标高一般在 33.5～35.8m 之间，平均标高为 34.9m。地层分布情况如下：

①素填土，埋深 0.0m，层厚 0.2～7.2m。

②黏土（Q_3^{al+pl}），埋深 0.2～7.2m，层厚 0.2～20.1m，$f_{ak}=360kPa$，$E_s=13.5MPa$；

③黏土夹碎石（Q_3^{al+pl}），埋深 5.0～21.4m，层厚 0.2～6.2m，$f_{ak}=420kPa$，$E_s=15MPa$；

④黏土（Q_3^{cl+dl}），埋深 8.5～23.2m，层厚 2.6～17.8m，$f_{ak}=400kPa$，$E_s=15MPa$；

⑤-1 强风化钙质泥岩，埋深 17.0～32.3m，层厚 1.9～15.5m，$f_{ak}=360kPa$，$E_0=33MPa$；

⑤-2 中风化钙质泥岩，埋深 26.6～37.0m，层厚未钻穿，$f_{ak}=1500kPa$；

⑥-2 中风化泥灰岩，埋深 19.3～31.5m，层厚 0.7～16.4m，$f_{ak}=1200kPa$；

⑦-1 中风化灰岩，埋深 17.3～41.4m，层厚 0.2～22.3m，$f_{ak}=2000kPa$。

场地地质构造稳定，适宜建筑，场地内钻探揭露的泥灰岩和灰岩，其上部 5～10m 深度范围有溶洞、溶蚀、裂隙；钙质泥岩岩溶不发育，但少数孔存在空洞、裂隙。场地浅部地下水属上层滞水，由大气降水和管道泄漏水补给；⑦-1 灰岩中含有地下水，为脉状岩溶承压裂隙水，对基础形式和基坑开挖有影响。场区地下水对混凝土无侵蚀性。上层滞水水位为 33.10m，岩溶承压水水位为 18.70m，②～④层黏土层为不透水层。场地土属中硬土，场地类别为Ⅱ类，场地可不考虑地震液化问题，场区属对建筑抗震有利地段。

3．荷载与作用

（1）重力荷载

重力荷载主要包括附加恒荷载与活荷载，结构恒荷载根据建筑楼地面、墙体做法与材料重度确定，设备荷载根据各设备专业所提资料进行计算。活荷载根据建筑使用功能按照《建筑结构荷载规范》GB 50009—2012 取值。

（2）风荷载

本工程采用的风荷载如下：

结构舒适度验算按 10 年重现期基本风压：0.25kN/m^2；

结构变形验算按 50 年重现期基本风压：0.35kN/m^2；

结构承载力验算按 100 年重现期基本风压：0.40kN/m^2；

地面粗糙度类别：C 类；

风荷载按风洞试验结果和规范风荷载包络取值。

13.2 建筑特点

13.2.1 体量宏大的“巨门”连体造型

本工程建筑造型采用简洁规整的几何体进行有机组合构成巨型门式结构，门式结构由两侧双塔及之间的连接体组成，一侧塔楼高而另一侧相对较低，整体造型风格简约、线条精美、清晰硬朗，建筑纯净而永恒，超然屹立在都市中央的门户。

13.2.2 开放式的“城市大客厅”

“巨门”之下为宏伟而透明的“城市大客厅”，正对城市核心-洪山广场，采用国际先进的 42.5m（宽）× 55.6m（高）索网玻璃幕墙，玻璃采光屋面由配以遮阳格栅构成，形成阳光适宜、尺度巨大、标志性极强的多功能“城市综合性四季大厅”。城市大客厅东、南、西均由多种功能界面组成，以透明大客厅为核心，文化休闲、多种商业活动由动态的观光电梯和自动扶梯而交织成一幅层次丰富的立体室内空间画面，成为文化广场的一个特殊标志，一个真正开放式的公共大客厅。城市大客厅实景如图 13.2-1 所示。

图 13.2-1　城市大客厅实景图

13.2.3　核心筒偏置的超高层建筑

由于塔楼建筑平面较为狭长，标准层建筑平面采用核心筒偏置的布置方式，如图 13.2-2 所示。塔楼核心筒完全偏置在一侧，如此布置使得在有限的建筑宽度内提供了更大的使用空间，建筑功能使用更为灵活。核心筒的偏置另一方面对连体建筑更为有利，使空中连体的荷载可以直接传递给刚度较大的核心筒，并可利用连体结构的刚度与两侧核心筒形成巨型框架，提高结构的抗侧性能。

主楼、副楼均采用“圆钢管混凝土柱 + H 型钢梁或钢桁架梁 + 钢筋混凝土核心筒”混合结构体系。为提高结构的延性，减小柱截面的尺寸，主副楼框架柱均采用圆钢管混凝土柱，为减小扭转，在主楼、副楼南北两侧设置密柱，加强框架梁，调整塔楼刚度偏心，提高抗扭刚度。

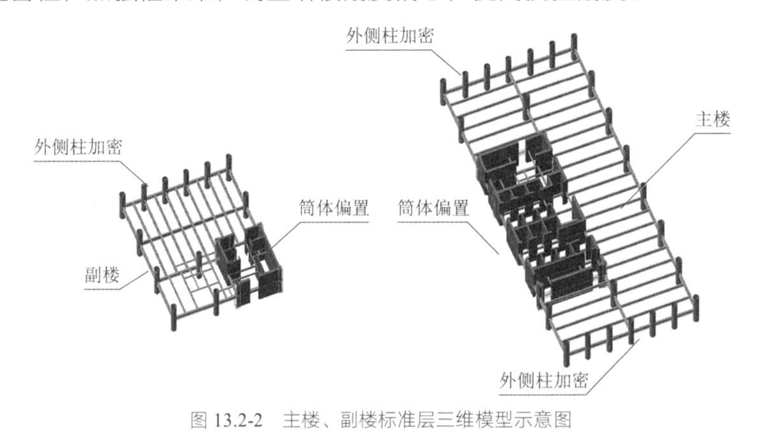

图 13.2-2　主楼、副楼标准层三维模型示意图

13.3　体系与分析

13.3.1　方案对比

本工程主楼与副楼在 16～20 层范围内通过连接体相连。连接体跨度 42.5m，高度 20m（4.0m × 5 层），横向宽度 25.5m。连接体与主、副楼刚性连接，形成整体。连接体除参与结构整体受力外，还承担内部 5 层办公楼面及顶层屋面的荷载。

本连接体结构选型主要考虑以下两方面要求：

（1）连接体结构将对建筑立面及内部空间产生影响（包括对主、副楼相关部位的影响），按建筑专业要求尽可能减少斜杆，采用的立面分格须经建筑同意。

（2）结构合理性的要求：在满足整体计算的扭转及位移控制要求的前提下，对连接体自身结构体系尽量采取合理的构成方式，以减少用钢量、提高安全度，同时考虑施工的可行性。

方案选择阶段，首先对连接体自身局部结构进行重力荷载、水平风荷载及温度作用下的选择分析，然后建入整体结构模型，进行地震下的内力分析及整体结构的位移和扭转分析。

根据本连接体跨度及体量，优先考虑钢桁架方案。采用钢桁架方案中又存在下列分支：

1．空腹桁架方案

空腹桁架方案（方案一）对使用功能和立面影响最小。但由于受力方式上存在缺陷，主要是由杆件和节点承受弯矩，首先从概念上而言较带斜杆的普通桁架不合理。经试算，由于建筑功能对结构尺寸的限制，在本跨度下难以实现，而且在 90m 的高空施工也存在困难。

2．普通带斜杆桁架方案

在无法实现空腹桁架的方案后，首先考虑普通桁架。为减少斜杆对建筑空间的影响，控制桁架斜杆部分的高度尽量小。在此阶段，分别对一二层带斜杆桁架方案进行试算分析。除单榀桁架本身构成之外，对整个连接体的空间构成也提出了两个主要思路：

（1）采用外侧两榀主桁架，最下层设横向次桁架托换上部框架柱的方案（方案二）。外侧主桁架受力较大，斜杆至少要跨两层；次桁架为一层。此方案的优点在于：

①对连接体内部空间影响仅限于最下一层设备房及管理用房，2～5 层内部均无斜杆。

②与主、副楼相连的支座传递拉力，需要采用钢骨梁（或预应力索）与桁架弦杆连接以将拉力传递给整个楼层，需要在轴线位置拉通楼面梁。若只有外侧两榀桁架，与四榀桁架相比，拉通的楼面梁将减少一半，对建筑筒体的布置影响减至最小。较为不利的是对两榀主桁架的受力要求很高，杆件截面较大，结构安全冗余度较低，一旦主桁架出现问题，整个结构将垮塌。

（2）在纵向轴线位置均设置桁架，共 4 榀。楼面荷载直接由次梁传至桁架。相对于前一思路而言，优点有：传力直接，无需经次桁架转换。由 4 榀桁架分担荷载，杆件截面较小，斜杆数量和桁架高度也可减少。但不利方面在于：

①连接体内部使用空间会有 2 层受到斜杆影响。

②主、副楼楼面梁或预应力索贯通对筒体布置影响较大。设计中进行了一层斜杆（方案三）及两层斜杆（方案四）的计算分析。

上述方案在承担竖向荷载及结构整体抗侧刚度方面均满足设计要求，但过强的桁架刚度对结构动力特性有显著影响，结构整体扭转位移比均超过 1.5，需要采取特殊措施控制连体桁架的平面内刚度，以减小结构的扭转效应。

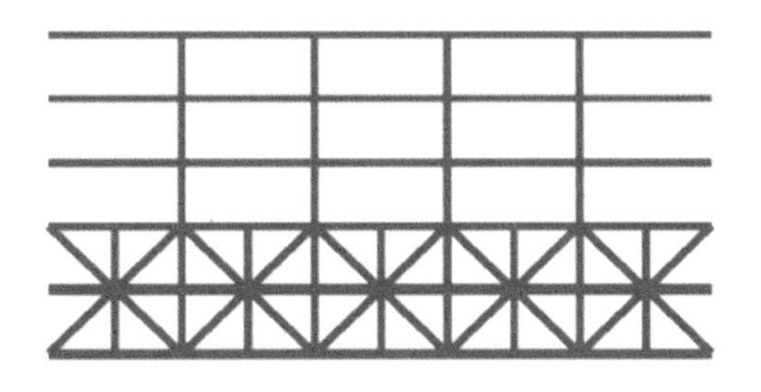

(a) 主桁架示意图

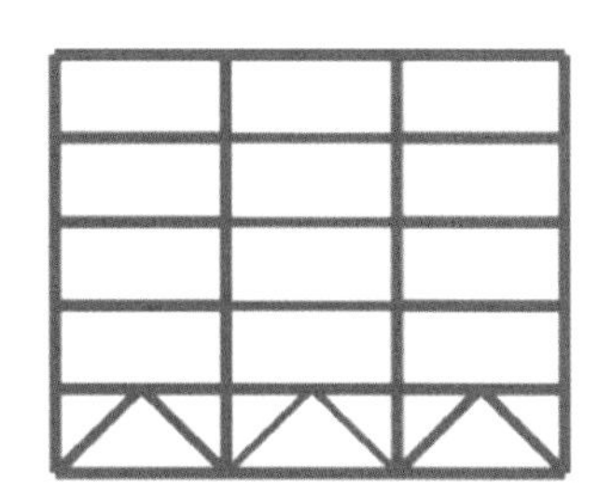

(b) 次桁架示意图

图 13.3-1　方案二示意图

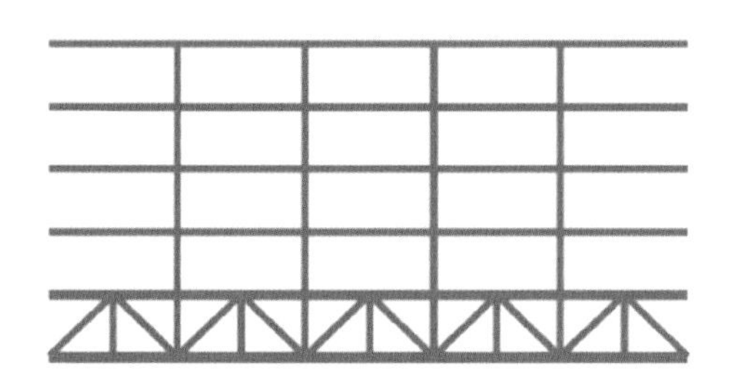

图 13.3-2　方案三示意图

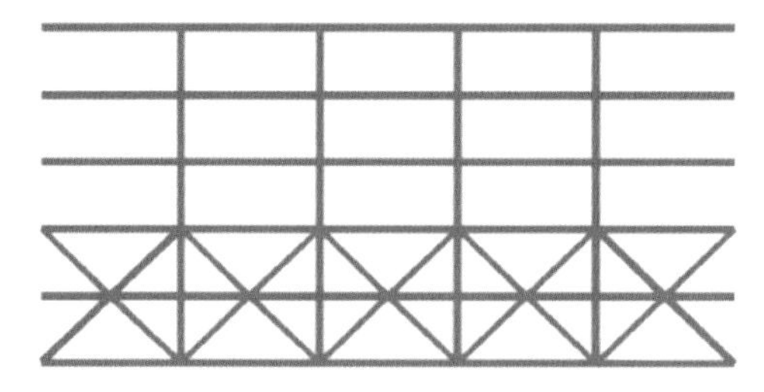

图 13.3-3　方案四示意图

3. 带斜杆空腹桁架方案

由于形成普通带斜杆的桁架不能满足结构整体计算指标的要求，采用带斜杆的空腹桁架方案是一种折中的办法。考虑到副楼楼梯间及管井建筑布局原因，采用 4 榀桁架的方案楼面梁贯通困难较大，因此，只得采用“2 榀主桁架 + 次桁架转换”的方案。方案五采用 2 榀主桁架，桁架端部设置两跨 4 层高度的 X 形斜杆，中间跨采用空腹桁架形式。

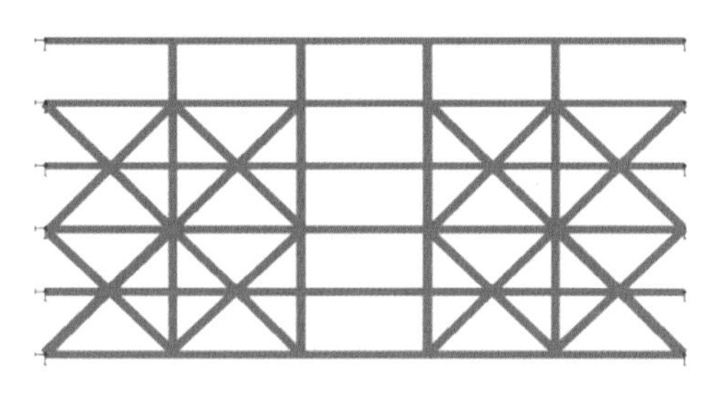

(a) 主桁架示意图

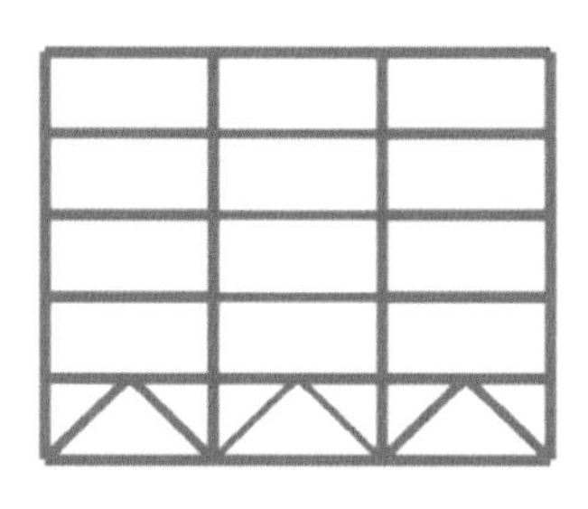

(b) 次桁架示意图

图 13.3-4　方案五示意图

空腹桁架跨的设置造成连体桁架平面内刚度显著下降，整体扭转效应减弱，扭转位移比得到控制（1.28），但结构层间位移角较前述方案显著增大。连接体主桁架的平面内刚度对整体结构的动力特性有显著影响，设计需要找出一种折中的方式以平衡结构的抗侧刚度及扭转效应。

设计将主桁架中间跨作为调整段，对该段范围不设支撑或设支撑，以及采用弱支撑的情况进行了分析，分析结果如表 13.3-1 所示。

主桁架中间跨支撑刚度对整体指标影响汇总表　　表 13.3-1

编号	中间跨支撑布置	层间位移角	扭转位移比
1	不设支撑（空腹桁架）	1/1325	1.28
2	弱支撑（BRB 截面等代）	1/3272	1.45
3	强支撑	1/3717	1.55

根据上述分析，得到以下结论：连接体中段不设支撑时整体扭转效应较小，但结构抗侧刚度较弱；而设置较强支撑时结构抗侧刚度较强，但整体的扭转效应较大；采用弱支撑形式可以平衡结构的抗侧刚度及扭转效应。

进一步考虑，在连接体主桁架中间跨设置 BRB。BRB 在正常使用及小震下不屈服，提供一定的刚度，以保证正常使用阶段连体不发生错动；在中、大震作用下，BRB 屈服耗能，连接体在中部可上下错动，以减小主体结构扭转，并通过自身耗能保护连体构件。

连体桁架最终如图 13.3-5 所示（方案六），采用 2 榀主桁架，桁架两端均设置两跨 4 层高度的 X 形斜杆，中间跨设置刚度较弱的屈曲约束支撑，底层横向采用次桁架托换上部框架在桁架。

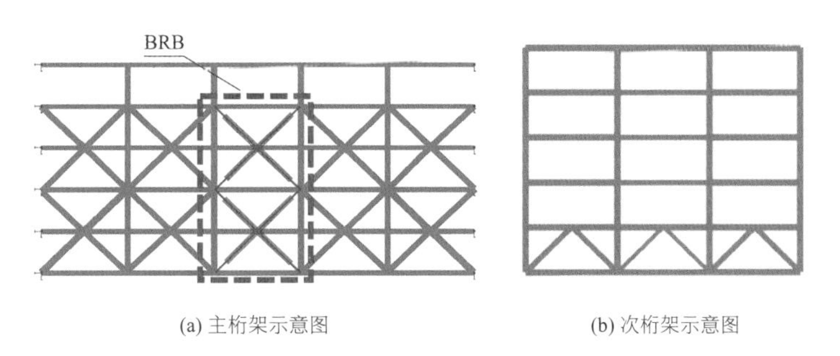

(a) 主桁架示意图　　(b) 次桁架示意图

图 13.3-5　方案六示意图

13.3.2　结构布置

1. 地上结构形式

本建筑主楼与副楼有连接体相连，裙楼与主、副楼之间紧密相关，三者围合形成“城市大客厅”，难以分割，故主楼、副楼、裙楼这三个质量、刚度相差很大的建筑联合为一体，成为一个结构单元。主楼平面尺寸为 25.5m × 58.5m，副楼为 21.25m × 25.5m；1～8 层主楼、副楼及裙楼连为一体，平面尺寸为 89.25m × 59.5m；9～10 层及 16～20 层主楼与副楼通过钢结构桁架相连，平面尺寸 89.25m × 59.5m。主楼、副楼均采用“圆钢管混凝土柱 + H 型钢梁或钢桁架梁 + 钢筋混凝土核心筒”混合结构体系；裙楼部分采用钢筋混凝土框架结构；空中连体采用空间钢桁架结构。钢结构楼板采用钢筋桁架自承式楼板。整体结构模型如图 13.3-6 所示。

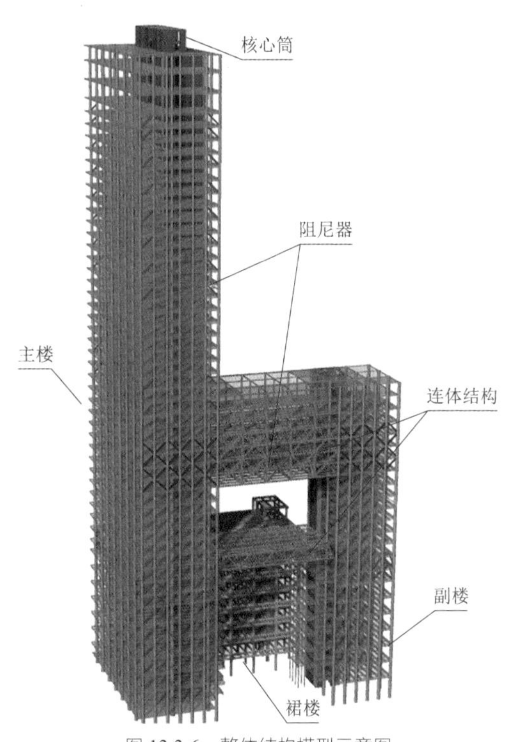

图 13.3-6　整体结构模型示意图

主楼结构利用楼、电梯井设钢筋（钢骨）混凝土筒体，周边采用圆钢管混凝土柱，采用钢梁（钢桁架梁）和钢管混凝土柱构成框架，与筒体共同组成抗侧力体系；在主楼南北两端设置密柱，加强框架梁，形成较大刚度框架，以提高主楼结构整体抗扭刚度。

副楼结构利用楼、电梯井设钢筋混凝土剪力墙筒体，周边采用圆钢管混凝土柱，采用钢梁（钢桁架梁）和钢管混凝土柱构成框架，与剪力墙共同组成抗侧力体系；15 层以上至屋面通过连接体的钢桁架与主楼相连，形成主—副楼连体结构。

裙楼采用钢筋混凝土框架结构，并与主副楼相连，楼屋盖采用现浇钢筋混凝土梁板结构；“城市大客厅”屋盖采用钢管桁架结构；“城市大客厅”42.5m 跨主入口 42.5m × 50.3m 玻璃幕墙采用索网结构。

主、副楼筒体在四角及与钢梁（钢桁架）刚接处设置型钢混凝土暗柱，核心筒混凝土强度从下至上由 C60 向 C40 递减。主副楼框架柱均采用圆钢管混凝土柱，圆钢管混凝土柱内采用 C60～C50 混凝土。结构主要竖向构件截面尺寸见表 13.3-2。主要层结构平面布置如图 13.3-7 所示。

塔楼周边框架梁均采用 H 型钢梁，标准层主要截面为 H900 × 300 × 14 × 22，钢梁与圆钢管混凝土柱刚接，形成外周边框架。八层以下楼盖梁采用 H 型钢梁，九层以上楼盖梁为尽量增大建筑净高，便于内穿设备管线，采用由 T 型钢作弦杆、双角钢作腹杆的轻钢桁架梁。由于利用了设备管线高度作为结构高度，采用桁架梁比采用 H 型钢梁高度大，因而可减小用钢量。主楼标准层楼盖钢桁架梁跨度 12.75m，副楼钢桁架梁跨度 17.0m。楼盖桁架梁在端部转变为实腹式 H 型钢梁，因此，与柱、墙的连接与 H 型钢梁相同。内部钢框梁均与柱刚接，与核心筒采用先铰接后刚接的处理方式（即待徐变基本完成后，再将翼缘焊接），减小混凝土筒体徐变对结构构件的影响。典型钢桁架梁构造及施工现场如图 13.3-8 所示。

主要结构竖向构件截面尺寸表　　表 13.3-2

结构构件		截面尺寸/mm
主楼	中柱	$\phi1400 \times 30$～$\phi1000 \times 20$（圆钢管混凝土柱）
	边柱 1	$\phi1100 \times 25$～$\phi900 \times 18$（圆钢管混凝土柱）
	边柱 2	$\phi1200 \times 34$～$\phi900 \times 18$（圆钢管混凝土柱）
	筒体外周墙体	600～400（钢筋混凝土墙）
副楼	边柱、中柱	$\phi1100 \times 25$（圆钢管混凝土柱）
	筒体外周墙体	450～350（钢筋混凝土墙）
裙楼	边柱	700 × 700（钢筋混凝土柱）
	中柱	800 × 800（钢筋混凝土柱）

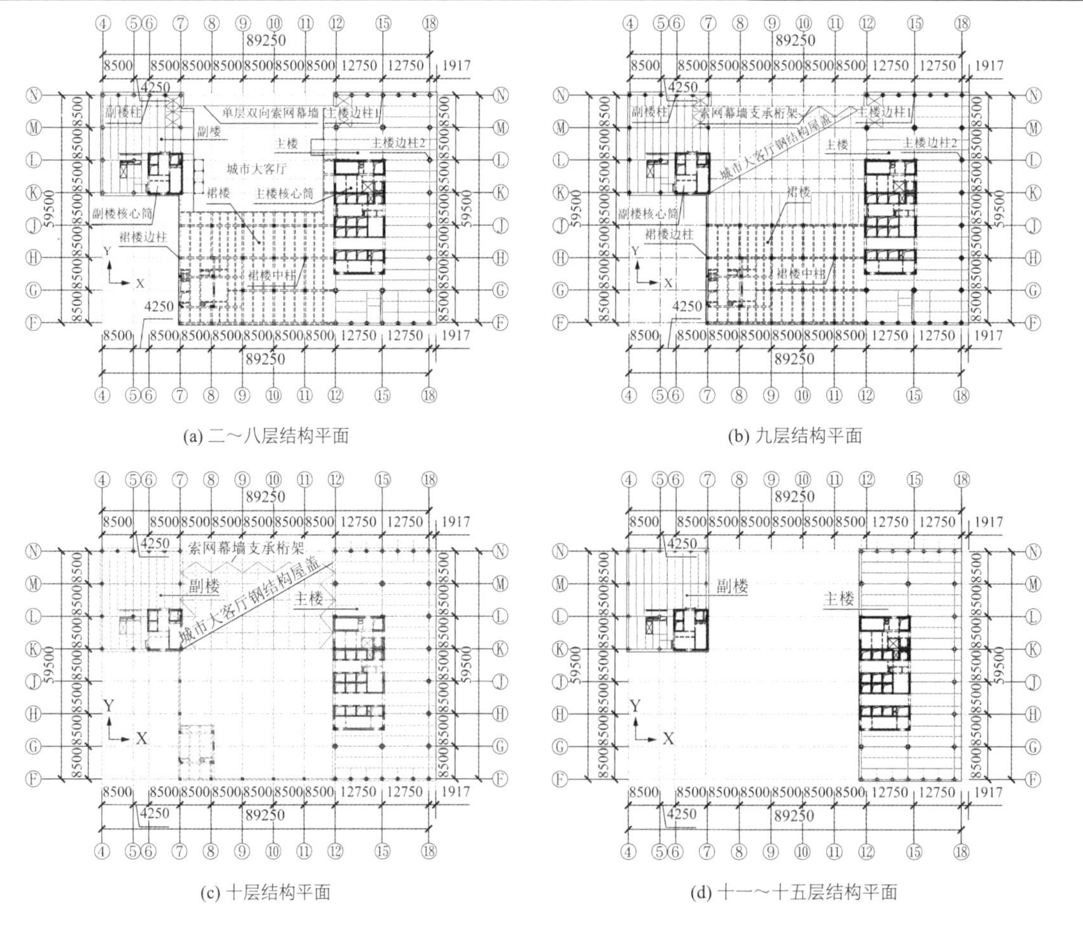

(a) 二～八层结构平面

(b) 九层结构平面

(c) 十层结构平面

(d) 十一～十五层结构平面

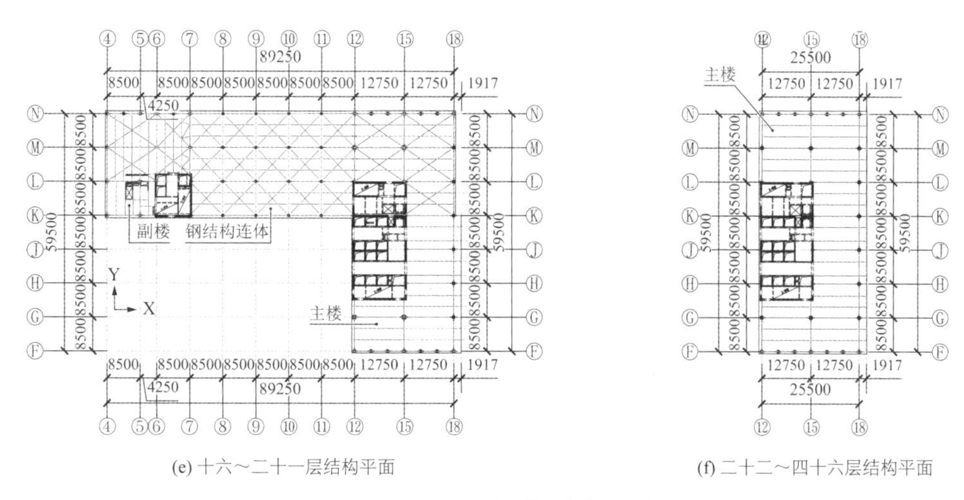

(e) 十六～二十一层结构平面

(f) 二十二～四十六层结构平面

图 13.3-7 主要楼层结构平面布置图

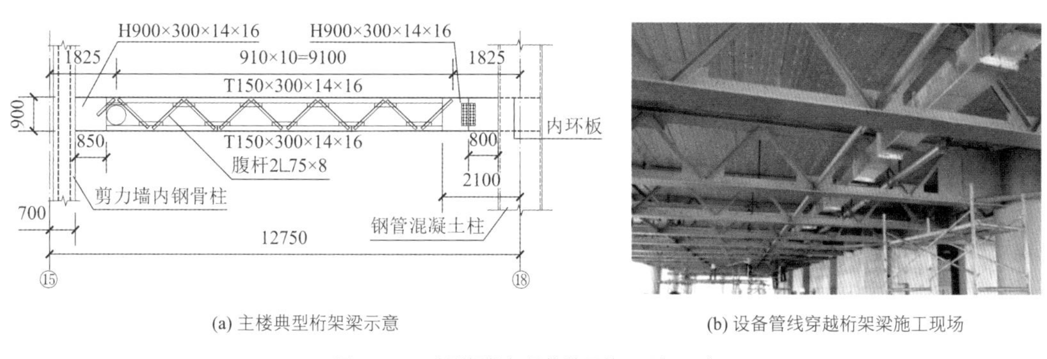

(a) 主楼典型桁架梁示意

(b) 设备管线穿越桁架梁施工现场

图 13.3-8 典型钢桁架梁构造及施工现场示意

2. 基础及地下室结构形式

本工程地下室底板持力层大部为④黏土层，主楼局部为⑤-1 强风化钙质泥岩层、⑥-2 中风化泥灰岩层和⑦-1 中风化灰岩层，地层分布复杂，上部荷载不均匀。经多方专家会商，确定主楼、副楼、裙楼及部分纯地下室采用人工挖孔墩基础，持力层为⑤-2 中风化钙质泥岩层、⑥-2 中风化泥灰岩层和⑦-1 中风化灰岩层，墩基入持力层深度根据不同岩层情况而定，要求 ≥ 500mm。墩身混凝土强度为 C35，墩身及扩底尺寸根据持力层岩层分布进行调整。墩身直径最小为 0.9m，最大 3.2m，扩底直径最小 1.3m，最大 5.6m。

主楼墩基础持力层为三种不同的岩层，岩性差别较大，埋深差异较大。为调整不均匀沉降，主楼采用整体承台以加强基础的整体性，承台厚度 3.0m。副楼筒体部分采用整体承台，副楼、裙楼的框架柱及部分纯地下室采用独立承台基础。纯地下室其他部分采用天然地基，筏形基础，对其下部的溶洞要查明分布和大小，并对溶洞采取注水泥浆、填充等有效的补强加固措施，以满足基础设计的需要。

地下室结构在上部建筑范围内，结构形式为上部结构向下的延伸，在室外纯地下室范围内，采用现浇混凝土框架结构，侧壁为现浇混凝土墙板结构，地下室顶板采用现浇混凝土梁板结构，地下一～三层楼板采用现浇混凝土空心楼盖结构，局部为梁板结构，地下室底板采用现浇混凝土止水板 + 承台基础结构。

本工程地下室抗浮采用"隔水—排水"抗浮设计。隔水措施：基坑回填时在上部设置素混凝土隔水层，回填土要求采用老黏土分层夯实。排水措施：地下室底板下设置 200mm 厚中粗砂垫层及若干道碎石盲沟通向集水井，地下室底板集水井与下部盲沟连通，这样底板下存在地下水时可排入集水井，然后抽排进入建筑中水系统。通过多年的使用，效果很好。采用这种抗浮设计的前提是地下水水量较小，而且集水井水泵应有双电源。

13.3.3 性能目标

本工程结构存在以下不规则项：

1）结构考虑偶然偏心的扭转位移比大于 1.2，为扭转不规则；

2）裙楼屋面及以下的平面楼板三边围合而成，平面凹进尺寸大于相应边长 30%，为凹凸不规则；

3）结构裙楼与副楼结合处形成细腰形平面，为组合平面；

4）八层影剧院夹层，为楼板不连续；

5）七层相邻层刚度变化大于 70%或连续三层变化大于 80%，为刚度突变；

6）一、七、十五层受剪承载力小于相邻上一层的 80%，为承载力突变；

7）十六～二十层主、副楼之间设置连体结构，且连接体两侧的主、副楼体型和刚度差异较大以及连接体平面位置不对称，为复杂连接。本工程属有多项不规则情况的复杂高层建筑。

根据以上结构不规则项，本工程结构抗震性能目标确定为性能目标 C 级。多遇地震时，结构完好、无损伤，屈曲约束支撑不进入消能工作状态；设防地震时，关键构件轻微损坏，其他部位有部分选定的具有延性的构件发生中等损坏，进入屈服阶段；罕遇地震时，结构关键构件轻度损坏，部分普通构件中等损坏，部分耗能构件损坏比较严重，消能减震构件充分发挥其耗能作用，但不失效。结构各构件对照性能目标的细化性能目标见表 13.3-3。

结构抗震设防性能目标细化表　　表 13.3-3

地震烈度		多遇地震	设防地震	罕遇地震
层间位移角限值		1/590	1/295	1/100
关键构件	塔楼框架柱、底部加强区重要墙体、支撑连体的主要墙肢、连体桁架主要构件	弹性	正截面不屈服 抗剪弹性	正截面不屈服 抗剪不屈服
普通竖向构件	关键构件以外的竖向构件	弹性	正截面不屈服 抗剪不屈服	满足抗剪截面控制条件
耗能构件	阻尼器、BRB、连梁、框架梁	阻尼器进入耗能状态，其余构件弹性	BRB 屈服、阻尼器进入耗能状态，连梁和框架梁受剪不屈服	阻尼器和 BRB 充分耗能，连梁和框架梁允许形成充分的塑性铰

13.3.4 结构分析

为保证结构能达到预期的性能目标，设计中采取了如下分析及试验保证结构安全：

（1）采用 PKPM 的 SATWE（墙元模型）进行结构弹性静力分析，结构分析模型为空间杆-墙板元模型。楼板假定平面内为刚性板。地震作用采用考虑结构扭转耦联的振型分解反应谱法计算，在结构两主轴方向分别考虑水平地震作用，考虑双向水平地震作用和单向水平地震作用偶然偏心影响。

（2）采用 MIDAS Gen 进行结构弹性静力对比分析，结构分析模型为空间杆-薄壁杆模型。其他参数与 SATWE 相同。

（3）采用 PKPM 的 SATWE 进行小震弹性时程分析，采用两组天然波及一组人工波，地震波有效时长、基底剪力、地震影响系数曲线主要周期点与反应谱差异均满足国家相关规范要求。

（4）采用 MIDAS Gen 进行中、大震作用下结构静力弹塑性分析（Pushover 分析），使用 ATC-40（1996）和 FEMA-273（1997）中提供的能力谱法（Capacity Spectrum Method，CSM）评价结构的抗震性能。

（5）采用 ANSYS 进行大震弹塑性时程分析，评价结构在罕遇地震下的动力响应及弹塑性行为，根据主要构件的变形和塑性状态，判断是否满足相应的抗震性能目标，判定结构薄弱位置。此外，评价液体黏滞阻尼器在罕遇地震下对结构的减震效果，为选择阻尼器布置方案提供依据。

（6）采用 MIDAS Gen 进行施工模拟分析，保证结构在施工及连体提升阶段的安全性。

（7）采用 ANSYS 进行复杂节点有限元分析，揭示了节点受力性能及承载能力，为设计提供依据。

（8）本工程体形复杂且属于对风敏感的超高层建筑，进行了风洞试验及风致动力响应分析，为结构抗风设计提供了科学依据。

（9）本工程通过地震振动台试验对结构抗震性能及混合减震效果进行研究，对设计分析结果进行验证，确保结构的抗震减震性能。

结构弹性计算分析主要计算结果如表 13.3-4 所示。

结构主要整体指标对比表　　表 13.3-4

项目		SATWE	MIDAS Gen	时程分析结果
第一周期（s）	Y向平动	5.9233	5.8757	—
第二周期（s）	X向平动	4.4022	4.3414	—
第三周期（s）	扭转	3.2854	3.2516	—
第四周期（s）	Y向平动	2.0790	1.9868	—
第五周期（s）	扭转	1.8980	1.8417	—
第六周期（s）	X向平动	1.5363	1.4719	—
基底剪力（剪重比）	X向	11834.9kN（0.68%）	12268.1kN（0.72%）	11856.2kN（0.68%）
	Y向	10303.5kN（0.60%）	10324.0kN（0.61%）	10311.8kN（0.60%）
最大层间位移角	X向	1/924	1/867	1/1406
	Y向	1/1312	1/985	1/1381

根据《高层建筑混凝土结构技术规程》JGJ 3—2010，扭转周期与平动周期的比值不得大于 0.85，层间位移角不得大于 1/590，表 13.3-4 的计算结果均满足相关要求。

13.4 专项设计

13.4.1 “巨门”连体结构设计

本工程设置于十六～二十层的 42.5m 跨钢结构连体是设计的难点，也是重点，是整个结构设计工作的核心。分析结果表明：连接体刚度的大小对整体结构的地震反应影响显著，既要使连接体本身有足够的强度和刚度满足其自身受力和使用的要求，同时也要使结构整体计算的各项指标均满足规范的要求。

经过反复试算，采用如下空间钢桁架结构体系：在沿 N 轴、K 轴的 42.5m 跨度方向的连体外侧边设置两榀主钢桁架，与主楼、副楼结构刚接；在十六层沿 8—11 轴的 25.5m 方向设四榀次桁架，两端与主钢桁架刚接。N 轴主桁架弦杆及斜撑均延伸至主楼、副楼尽端，防止因个别杆件的破坏产生的连续倒塌；K 轴主桁架与主楼、副楼筒体的剪力墙相连，桁架弦杆均伸入剪力墙墙体内并设置栓钉，以保证桁架端节点的节点力有效传至主楼、副楼筒体。并在十八层、二十层的节点受拉区设置贯穿筒体剪力墙的预应力筋，以防止混凝土墙体受拉开裂。连体内部采用钢柱、钢梁构成的钢框架结构，柱网为 8.5m × 8.5m。主钢桁架在跨中不设刚性斜撑（设置 BRB 弱支撑），主要为控制结构整体扭转位移的要求。由于主楼、副楼结构体型、平面和刚度相差较大，而且连接体布置不对称，在设计时也考虑了连体结构扭转耦连振动的影响。

连接体楼屋盖采用钢梁加钢筋桁架钢模—混凝土楼板结构，连接体底部两层和顶部两层楼板混凝土厚 150mm，楼屋盖平面内加水平钢支撑，加强楼屋盖平面内刚度。

连体结构立面图如图 13.4-1 所示，连体结构施工期间照片如图 13.4-2 所示。

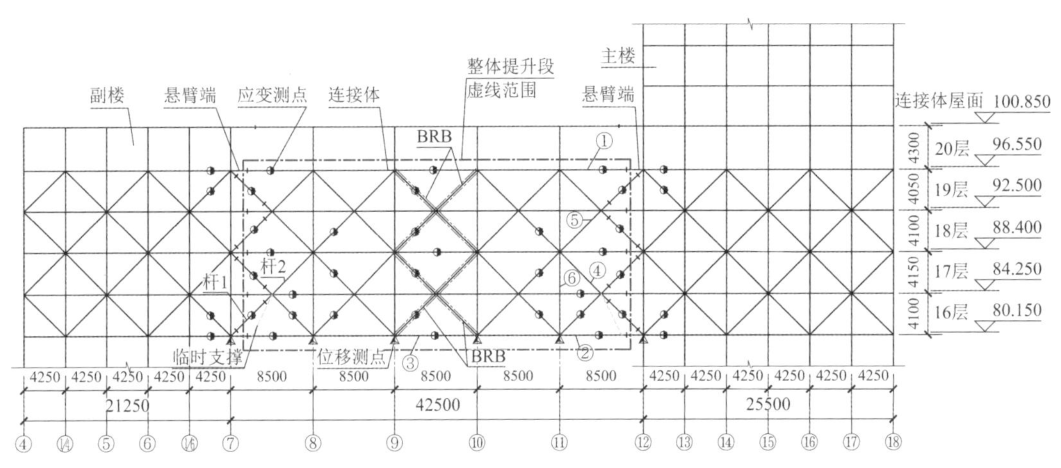

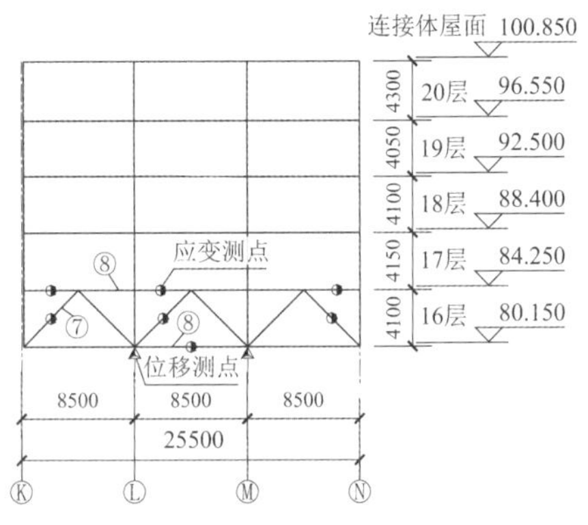

杆件截面表

编号	截面
①	□ 500×500×28×36
②	□ 500×500×32×45
③	□ 500×500×30×40
④	H 500×600×50×50
⑤	H 500×600×40×40
⑥	□ 500×600×50×50
⑦	□ 500×500×40×40
⑧	□ 500×500×50×50

图 13.4-1　连体结构立面图

(a) 连体层施工阶段照片

(b) 次桁架转换层空间

(c) 主桁架典型连接节点

(d) 桁架与钢管混凝土柱连接节点

图 13.4-2　连体结构施工期间照片

13.4.2 连体结构施工模拟分析

连接体采用液压同步提升施工技术进行整体提升，在地面完成连接体大部分构件的拼装，再通过液压设备将其提升至高空与两侧支座进行对接；之后，安装其他次要构件及钢筋桁架模板，直至完成整个连接体施工（图 13.4-3）。提升段总质量约 1200t。

安装过程具体分为以下阶段：①地面拼装，安装吊点设备；②预提升；③提升就位；④连接体主桁架提升段和悬臂端进行焊接对接，按照先焊斜腹杆、后焊弦杆的原则进行对接，接着安装提升段与塔楼间楼面的次梁；⑤放松吊点索张力；⑥切除临时支撑杆；⑦十六～二十层楼板安装、浇捣，安装二十一层杆件，二十一层楼板安装、浇捣；⑧女儿墙结构安装、幕墙安装、屋面设备安装。

本工程采用 MIDAS Gen 进行施工模拟分析。按照施工阶段假定，对构件、荷载、边界条件分别进行编组。然后根据施工顺序依次定义各施工阶段，逐步完成组装结构。同时，在施工阶段中定义各阶段施加的荷载及边界条件的变化，并对临时加固构件的增删进行模拟。分析中考虑以下因素：

（1）结构、边界条件、荷载的变化；

（2）通过定义混凝土材料的收缩、徐变函数给出材料的时变特性，在施工阶段中指定某一阶段的持续时间，分析中考虑在这段时间内由材料的时变特性引起的变形和内力重分布。连体提升阶段模型见图 13.4-4。

图 13.4-3 连接体提升过程线

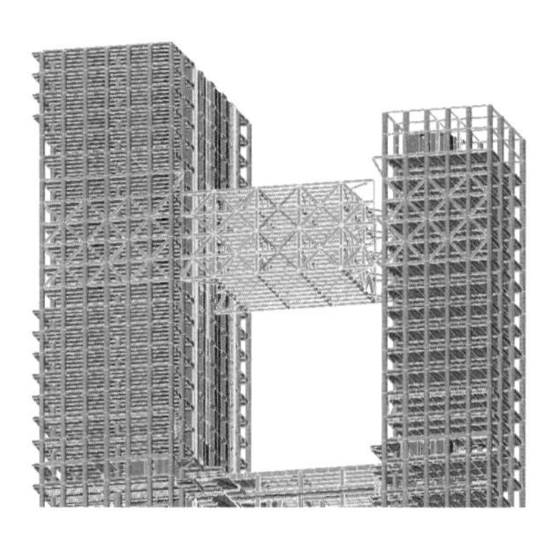

图 13.4-4 连体提升阶段模型

施工模拟分析与一次性加载结果对比可见：

（1）边跨轴力大小由不对称变为接近对称，连接体后组装使支座的刚度影响减小；

（2）由于临时杆的作用，最下层的斜撑受力比第二层斜撑受力稍小；

（3）由于先提升再连接，竖向杆件的轴力增大；

（4）因楼板先加荷载、后加刚度，分为两阶段加入模型，弦杆轴力变大。

13.4.3 大跨单层双向索网幕墙设计

建筑北立面大厅的单层双向索网玻璃幕墙，宽 42.5m、高 55.6m，与主楼、副楼、裙楼形成四面围合的“城市大客厅”。水平索为主受力索，采用ϕ38 不锈钢拉索，单索预张力为 250kN，其左右节点通过转换钢立柱与主楼、副楼主体结构相连，钢立柱截面为□400 × 500 × 30mm；竖索为次受力索，采用ϕ26 不锈钢拉索，单索预张力 100kN，其下部与地下室顶板相连，上部与城市大客厅屋盖钢桁架相连。

幕墙结构在最不利风荷载作用下变形图如图 13.4-5 所示，允许变形限值为$L/50 = 850$mm，结构最大变形出现在索的中间，为 848mm，满足变形要求。

为了尽量消除钢立柱对主体结构的影响，钢立柱与主体结构的连接采用销轴支座连接，各层钢立柱间采用套筒连接，以释放水平转角和竖向变形。这样，钢立柱仅承受水平索拉力作用，不参与主体结构荷载的传递，典型节点如图 13.4-6 所示。

由于钢索拉力较大，设计中考虑了其对主体结构的变形影响，对索拉力条件下的主楼、副楼混凝土楼板进行了应力分析，并在索网与主楼、副楼节点处设置了水平支撑，以保证索拉力的有效传递。

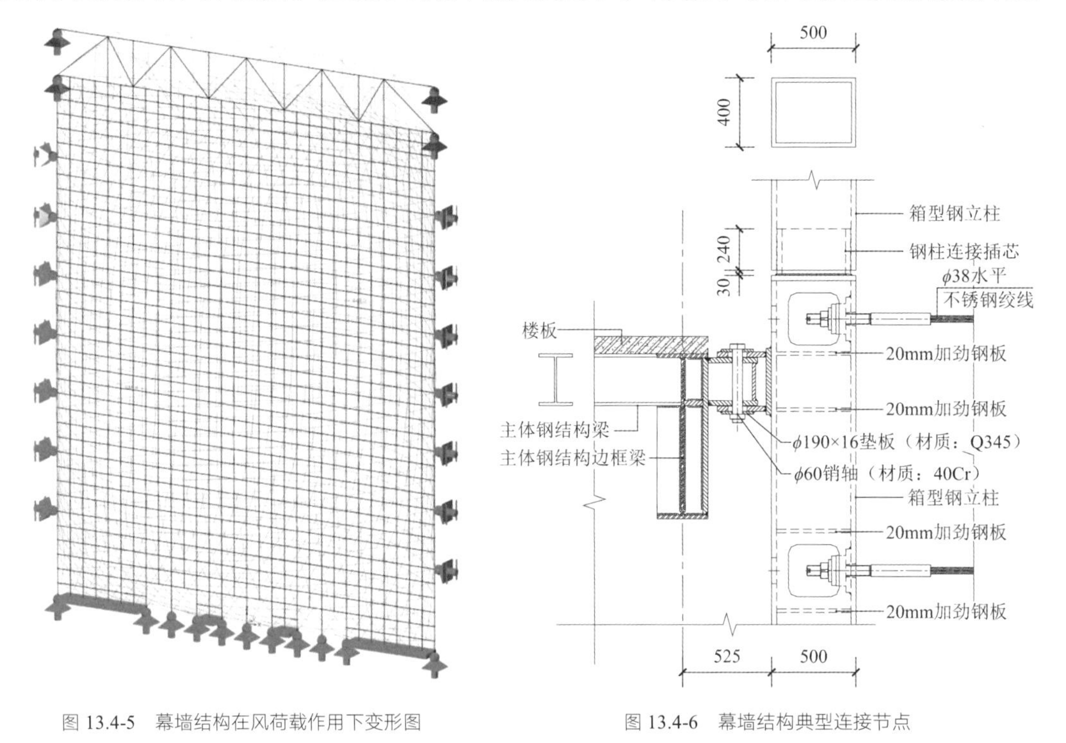

图 13.4-5 幕墙结构在风荷载作用下变形图

图 13.4-6 幕墙结构典型连接节点

13.4.4 针对核心筒偏置连体结构的混合减震设计

如前所述，本工程结构具有以下特点：

（1）两栋塔楼核心筒严重偏置，扭转较严重；

（2）两栋塔楼高度、质量相差很大，且连接体与高塔的一端端部（而非中部）相连，属严重不对称的连体高层；

（3）连接体跨度大，达 42.5m，共有五层，结构质量大。以上特点导致结构扭转耦连振动较复杂。为减小及控制主体结构的扭转，除在塔楼长向两端加密框架柱外，还设置了一批非线性黏滞阻尼器，阻尼器的设计参数见表 13.4-1，典型节点如图 13.4-7 所示。

黏滞阻尼器设计参数　　表 13.4-1

型号	阻尼系数/kN · (s/m)$^{0.3}$	速度指数	最大出力/kN	最大冲程/mm	数量	安装位置所在层	安装方式
67DP-18900-01	2000	0.3	1200	±100	6	8，8 夹层	人字形
67DP-18901-01	2000	0.3	1200	±75	20	37，39，41，43，44	对角型
67DP-18902-01	2000	0.3	1000	±75	36	8，8 夹层，22，24，31，33	对角型

分析表明，在中、大震下，若连体结构在中部能上下错动，将显著减小主体结构的扭转，为实现此目的，连接体主桁架中间跨腹杆均采用 BRB。BRB 在正常使用及小震下不屈服，以保证正常使用阶段的结构刚度；在中、大震作用下，BRB 屈服耗能，连接体在中部可上下错动，以减小主体结构扭转，并耗能保护连体构件，起到“保险丝”的作用。BRB 设计参数见表 13.4-2，典型节点如图 13.4-8 所示。

非线性黏滞阻尼器（速度相关型阻尼器）与防屈曲约束支撑（位移相关性阻尼器）混合应用，以实现减小及控制主体结构在中、大震作用下扭转的目的。

防屈曲约束支撑设计参数 表 13.4-2

位置		数量/个	芯板钢材屈服强度/（N/mm²）	支撑屈服承载力/kN
连体 16～19 层	沿 K 轴，9—10 轴间	8	225	3600
	沿 N 轴，9—10 轴间	8	225	1600

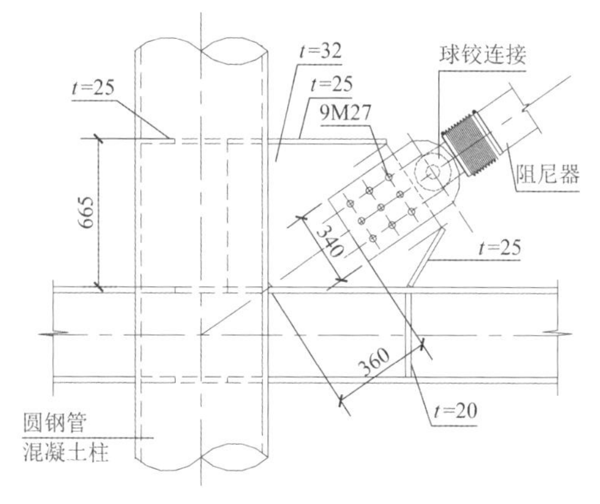

图 13.4-7 黏滞阻尼器连接节点

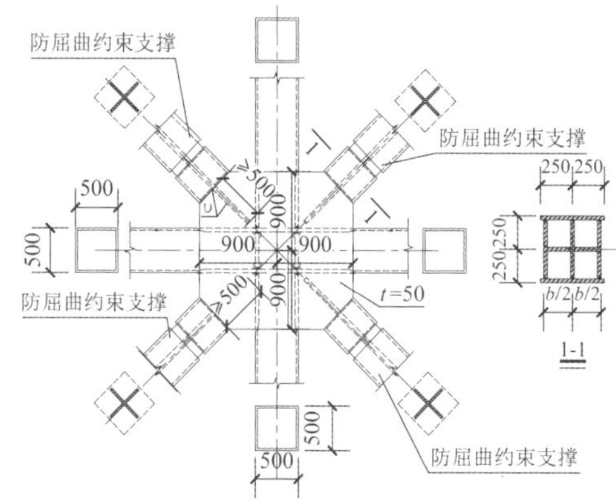

图 13.4-8 防屈曲约束支撑连接节点

13.4.5 抗震性能化设计

1. 静力弹塑性分析

静力弹塑性分析方法（Pushover）是一种等效的单自由度方法，从理论上讲对复杂连体结构分析不太适用，尤其不能反映扭转振动及高阶振型的影响，但作为一种重要的评价手段，其结果仍可为工程师对结构性能的判断提供一定的参考。此处采用 MIDAS Gen 软件，使用 ATC-40 和 FEMA-273 中提供的能力谱法（CSM）评价了结构的抗震性能。为简化计，偏安全地未考虑消能减震构件的作用。采用两种类型的荷载分布模式进行静力弹塑性分析，即模态分布模式、加速度常量分布模式（模态分布模式为其控制模式）。考虑到结构的非对称性，每种荷载分别按X、Y两个主方向加载，每个方向分别考虑正负不同的方向。

各工况能力谱曲线汇总如图 13.4-9 所示。可以看出，结构能力谱曲线较平滑，在设定目标位移范围内未出现陡降段，各工况能力谱曲线与中、大震需求谱曲线均存在交点。根据 Pushover 过程，观察结构进入塑性时各薄弱部位的塑性发展顺序及塑性程度，对结构在中、大震性能点处表现出的情况作出评价。

从塑性铰深度来看，中震下，主楼、副楼剪力墙、楼面梁及钢管混凝土柱表现均为弹性，部分楼层连梁出铰。连体及裙楼结构均保持弹性。副楼筒体少数楼层的 K 轴、1/L 轴剪力墙进入塑性阶段，其中 1/L 轴墙肢出现程度较浅的剪切铰。

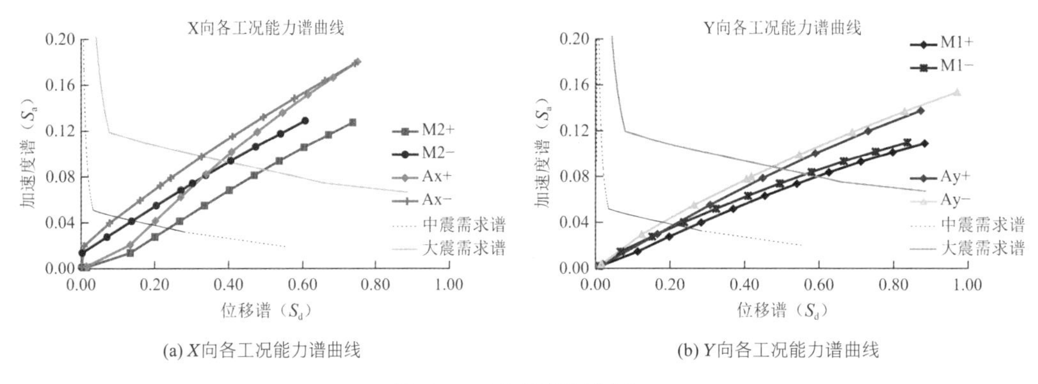

(a) *X*向各工况能力谱曲线　　(b) *Y*向各工况能力谱曲线

图 13.4-9　各工况能力谱曲线

大震下，主楼、副楼楼面梁及钢管混凝土柱表现均为弹性。连体结构刚度较大，除了 BRB 出现屈服之外，其余构件基本保持为弹性。主楼筒体剪力墙在底部楼层出铰较多，主要集中于筒体*Y*向的外围墙体，靠近外围出铰墙体的*X*向小墙肢出现局部破坏，另有少数*X*向墙体出现程度较浅的剪切铰，需加强其承载力，并将加强区抗震等级提高为特一级。主楼筒体位于 12 轴的连梁出铰较多，分布范围为 1～47 层；筒体外围的其他部位连梁也有部分出铰，出铰范围为 1～37 层。可见连梁可以作为结构在罕遇地震下的一道防线，消耗地震能量。裙楼上部楼层框架梁柱出现少量塑性铰。主楼筒体下部数层墙体塑性程度较深，小墙肢出现局部破坏。

从塑性铰的出铰顺序来看，连梁出铰较早，其次出铰的是剪力墙，特别是 K 轴，12 轴墙体在大震作用下出铰较多，在个别工况作用下至性能点时，出现墙体剪切铰；圆钢管混凝土柱和钢梁在大震作用下均未出现塑性铰。副楼筒体 K 轴剪力墙为支承连体结构主桁架的重要部位，初步设计时先于连梁出铰，需作结构调整并加强其延性，其抗震等级提高为特一级，调整后可满足抗震性能目标。

从位移角来看，结构弹塑性层间位移满足规范限值。大震作用下，第一振型（*Y*向）性能点处最大层间位移角 1/175，第二振型性能点处最大层间位移角 1/250，均出现在第 8 层。结构位移的突变均发生在竖向不规则处，如裙楼屋面处和连体附近，刚度相差较大，设计时应将这些层作为薄弱层考虑。从概念设计考虑，应提高此范围节点的承载力和延性，使其能承受更大的错动变形。静力弹塑性分析表明，结构及构件在中、大震作用下，能够达到设定的抗震性能目标。

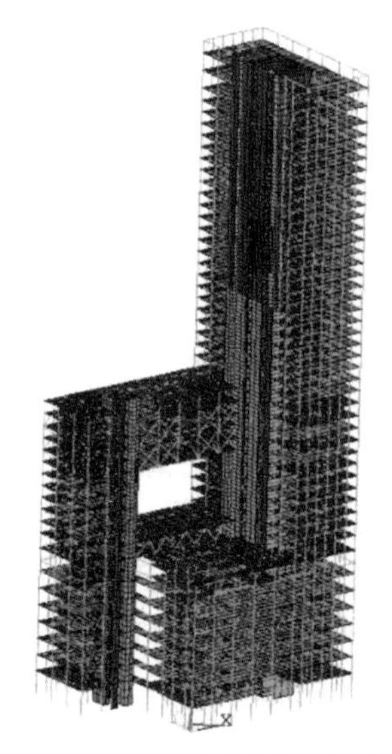

图 13.4-10　整体结构计算模型

2. 动力弹塑性分析

（1）结构分析模型

采用 ANSYS 软件进行弹塑性时程分析，在结构的整体模型中，梁、柱采用 BEAM188 单元，剪力墙和楼板采用二维的壳元直接模拟，其中剪力墙采用弹塑性壳单元 Shell43，其他楼板采用弹性壳单元 Shell63。型钢混凝土和钢管混凝土截面采用组合截面模型。整体计算模型如图 13.4-10 所示。

钢材采用双线性随动强化模型，可以考虑包辛格效应，在循环过程中无刚度退化。设定钢材的强屈比为 1.2，极限应力所对应的应变为 0.020。混凝土采用弹塑性多线性等向强化模型。混凝土材料轴心抗压强度标准值按《混凝土结构设计规范》GB 50010—2010 附录 C 采用，混凝土材料进入塑性状态伴随着刚度的降低。屈曲约束支撑采用双折线材料本构关系进行模拟。

黏滞型阻尼器是一种速度相关型阻尼器，其输出阻尼力与速度的方向始终相反，阻尼力F_d的大小与速度v之间具有下列关系：

$$F_{\mathrm{d}}(t)=C|v|^{\alpha}\operatorname{sign}v$$

其中，C为阻尼系数，本工程取 $2000\mathrm{kN}\cdot(\mathrm{s/m})^{0.3}$；$v$为阻尼器两端的相对速度；$\alpha$为速度指数，本工程取 0.3，主要考虑采用非线性黏滞阻尼器可以防止在罕遇地震下出力增长过快，避免对节点及主体结构造成损坏；sign 为符号函数。阻尼器采用控制单元 Combin37 进行模拟，该单元可以模拟黏滞阻尼器核心耗能部分的特性。通过调整单元的参数，使阻尼力与单元两个节点之间相对速度的关系满足上式的要求。

（2）整体计算结果

按地震安全性评价报告中提供的 1 条人工波、天然波 1（Elcentro 波）、天然波 2（Taft 波）共三条地震波输入，地表加速度峰值在小震、中震、大震下分别为 26.7gal、83.9gal、196.3gal。

为了解阻尼器对结构的减震效果，对加阻尼器和不加阻尼器的结构进行了对比分析。表 13.4-3 和图 13.4-11、图 13.4-12 给出了整体结构在大震地震波激励下响应的包络结果及对比。分析结果表明，设置阻尼器之后结构的地震反应明显降低。其中，加阻尼器后结构Y方向最大加速度反应降低了 36.4%；结构最大位移减小了 11.9%；层间位移角减小了约 10%。

整体结构计算结果对比　　表 13.4-3

项目	原结构	加阻尼器
X向最大基底剪力/kN	181731.7	154124.5
X向最大剪重比	10.9%	9.26%
Y向最大基底剪力/kN	96180	81200
Y向最大剪重比	5.78%	4.88%
X向最大加速度/（$\mathrm{m/s^2}$）	9.044	3.83
Y向最大加速度/（$\mathrm{m/s^2}$）	7.418	4.72
X向最大顶点位移/m	0.808	0.712
Y向最大顶点位移/m	0.580	0.542
X向最大层间位移角	1/121（34 层）	1/133（33 层）
Y向最大层间位移角	1/118（34 层）	1/131（32 层）

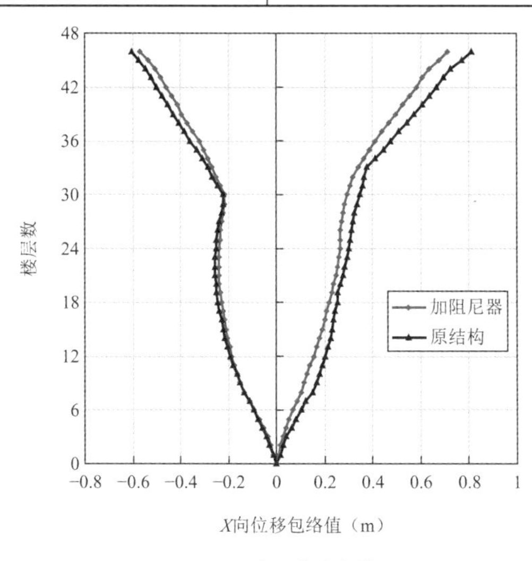

图 13.4-11　各层位移包络图

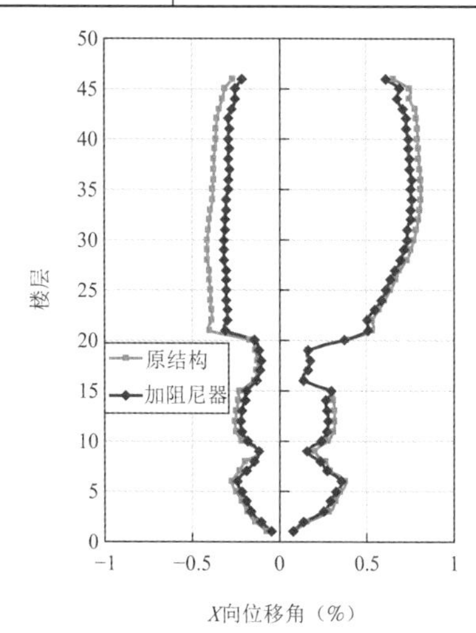

图 13.4-12　层间位移包络图

（3）重点部位结构计算结果

计算结果表明，设置阻尼器后结构的局部应力水平降低，剪力墙、连梁和连体桁架部分各构件的塑性发展均有一定程度的减缓。下面，主要分析未设置阻尼器的计算结果。

剪力墙和连梁在地震波输入 5.2s 前处于弹性状态，之后主楼和副楼中的连梁开始出现塑性，主要分布在主楼的1～9层和副楼的1、2、15层，最大应变为1247με，屈服尚不严重。底部楼层墙体承受剪力较大，引起梁端剪力较大，而9层出现塑性的原因为裙楼顶部与主楼相连刚度加强，从而导致应力和应变集中，15层出现较大应变的原因也与此相同。分析结果表明，所有楼层钢管混凝土柱Mises应力均低于钢材屈服强度（345MPa），钢管混凝土根部微小区域出现塑性，但对结构的影响较小，整体仍然表现为弹性，具有良好的抗震性能。

对于连体桁架钢结构，进行了设置BRB和不设置BRB的对比分析。不设置BRB时，两榀钢结构主桁架有少部分杆件应变较大，钢材发生屈服，屈服的杆件主要集中在跨中附近，最大应变为2446με，大于钢材屈服应变1674με；其余大部分钢桁架杆件尚处于弹性。在连接体中部设置BRB后，BRB首先发生屈服，进入塑性状态，其附近的杆件应力有一定的降低。图13.4-13为连体桁架主桁架典型时刻Mises应力云图。

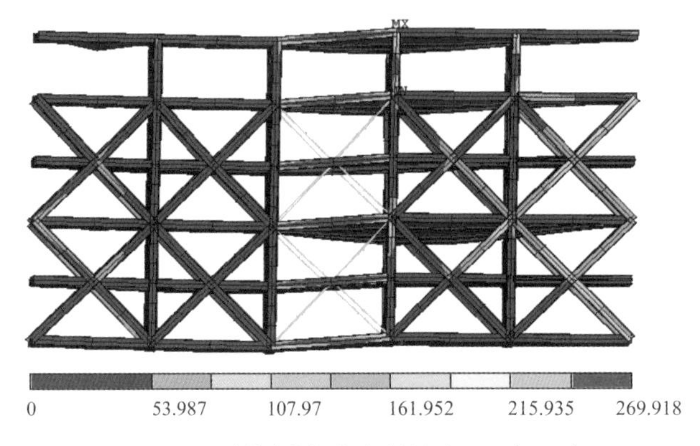

图13.4-13　连体主桁架典型时刻应力云图（MPa）

大部分楼面梁处于弹性阶段，未进入塑性。但由于结构的扭转反应较大，部分外围梁进入了塑性，如主楼的F轴、18轴、N轴，副楼的4轴等，最大应变达到5220με。最初的塑性区域出现在4～10层，随着地震波的进行楼面梁上的塑性区逐渐向上发展，直到25层附近，且主楼靠近副楼和裙楼处的外围框架梁出现的屈服较多。30层左右也出现部分塑性区域，但自30层以上楼面梁基本上没有出现屈服。此外，由于筒体的刚度较大，出现了应力集中，因此筒体附近的部分楼面梁也进入了塑性，如副楼的6轴和7轴，其最大应变达到3400με。主楼22层以上，只有部分与钢管混凝土柱相连的楼面梁进入塑性，如15轴上的楼面梁，而其他大部分楼面梁仍然处于弹性状态，因此整体的框架梁具有较好的抗震性能。

本工程中采用阻尼器减震的目的，主要是保证结构在大震作用下的安全性。分析表明，在大震下阻尼器能充分发挥出耗能作用，全方位减小结构的反应。图13.4-14给出了计算得到的典型的阻尼力时程结果。大震时各地震波下阻尼器出力的最大值为选取阻尼器参数提供了重要依据。图13.4-15给出了计算得到的典型的阻尼力时程结果，可见阻尼器的出力与速度关系吻合较好。消能部件附加给结构的阻尼，可以用消能部件本身在地震下变形所吸收的能量与设置消能阻尼器之后结构总变形能的比值来表征。经计算，黏滞阻尼器在大震下对结构的附加阻尼比在4%左右。

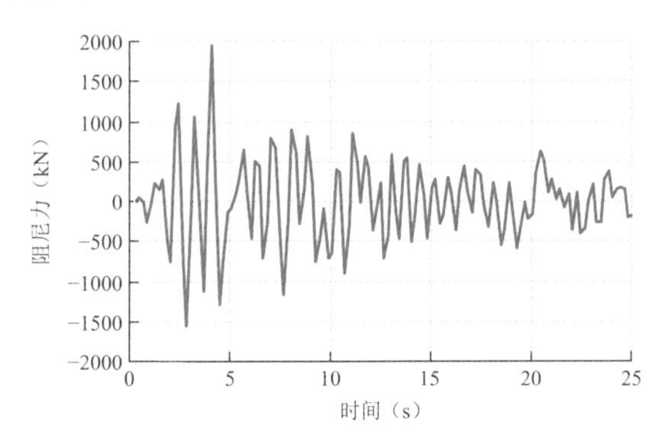

图13.4-14　El-centro波作用下阻尼器时程曲线

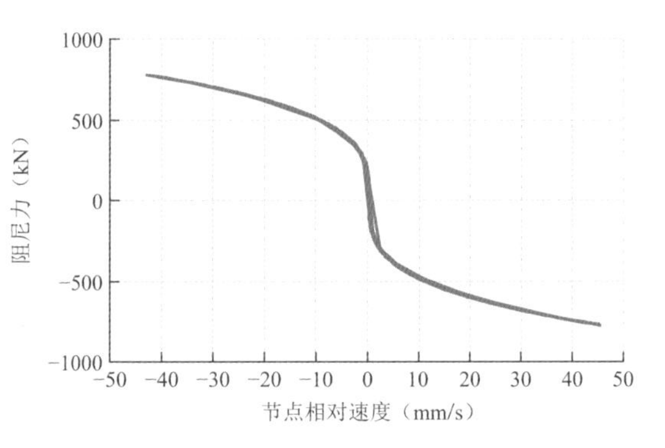

图13.4-15　阻尼器相对速度与阻尼力关系

13.5 试验研究

为检验本工程混合减震连体结构的抗震性能，本工程进行了地震振动台试验研究。

13.5.1 模型设计及制作

进行模拟地震振动台试验是研究和验证本工程这种多项超限高层建筑的抗震性能直接、可靠的方法之一。振动台试验不可能做到所有物理量完全相似，因此在实际试验中只能要求保证主要的物理量相似。本次模型试验的模拟重点在保证结构的刚度相似，并兼顾强度相似。考虑振动台的承载能力、结构重量等因素，最终确定模型与原型的相似关系，见表 13.5-1。

模型相似关系　　表 13.5-1

相似系数	尺寸（S_l）	弹性模量（S_E）	质量（S_m）	加速度（S_a）	阻尼（S_C）
公式	模型 l/原型 l	模型 E/原型 E	模型 m/原型 m	$S_E S_l^2/S_m$	$S_E S_l^{1.5}\cdot S_a^{-0.5}$
比值（模型/原型）	1/35	1/3	1/12250	1/0.3	8.82E-4

原结构设计的阻尼器在单层间布置，但由于阻尼器最小加工尺寸的限制，无法在缩尺模型的单层间安装阻尼器，因此采取了跨层布置的方法。对原设计的实际阻尼器的参数进行折算，将该方案布置的计算结果与按原结构设计布置方案的计算结果进行对比，保证阻尼的相似比关系。模型制作完成后的全景如图 13.5-1、图 13.5-2 所示。布置阻尼器后模型的侧立面示意图如图 13.5-3 所示。

图 13.5-1　试验模型照片 1

图 13.5-2　试验模型照片 2

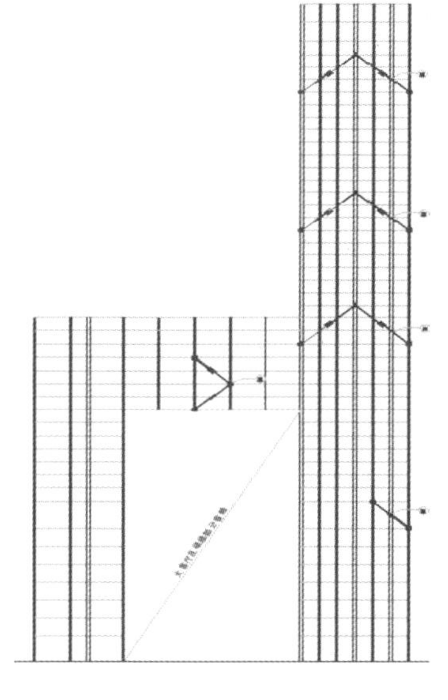

图 13.5-3　阻尼器布置示意图

13.5.2 试验方案

试验按照小震、中震、大震的顺序加载。输入的地震波同弹塑性动力分析用地震波，分别进行X向、Y向的单向输入，再进行$X+Y$双向输入。每个工况又分为安装阻尼器（有控）和不安装阻尼器（无控）两种情况。在每个地震水准试验前后，各输入一次白噪声用以测定结构动力特性的变化情况。试验总共进行了 66 种情况的测试。

在多个典型楼层的结构中心点和结构外围布置加速度及位移传感器，以反映结构模型的整体变形情况和扭转效应，共布置了67个测点。在连体部分阻尼器和底层设置两个激光位移观测点。应变测点重点布置在核心筒、连梁、型钢柱、连接体构件和钢管混凝土柱等部位，上部结构共48个测点。底板内预埋10个测点，用于测量上部结构与底板间的相互作用。

13.5.3 模型试验结果

1. 试验现象

当输入小震作用（无控）和小震作用（有控）后，模型表面未发现可见裂缝，模型处于弹性工作状态。当完成中震作用输入后，模型结构未见明显开裂，通过白噪声扫描发现模型振频率相差不大，模型结构刚度有所下降，但结构仍基本处于弹性工作范围。当大震作用（有控）输入结束后，模型结构混凝土核心筒连梁位置和洞口角部出现多条明显的裂缝，钢管混凝土柱未见破坏迹象，连体结构与主、副楼连接部位未见破坏，模型结构刚度有较明显的下降，结构部分构件进入弹塑性工作范围；大震作用（无控）输入结束后，模型结构的裂缝进一步增多和开展，结构刚度进一步下降，钢管混凝土柱、连体结构和连接部位仍未见明显破坏，整体结构在大震作用后仍保持较好的整体性能。

2. 模型结构的动力特性

通过白噪声测试分析得到的模型前五阶自振频率见表13.5-2。由表13.5-2可见，各阶自振频率随着地震加速度峰值的增大而降低，高阶频率的下降较为明显。小震后模型结构的前五阶自振频率下降平均值仅为1.85%，安装阻尼器后对模型结构自振频率的影响较小；中震后模型的前五阶自振频率下降平均值为6.84%；大震后前五阶自振频率下降平均值为18.7%，大震后模型结构最终等效整体抗侧刚度为试验前的66%。

模型结构的自振频率　　表13.5-2

频率/Hz	小震前	小震后	中震后（有控）	中震后（无控）	大震后（有控）	大震后（无控）
Y向平动一阶	2.44	2.38	2.36	2.35	2.16	2.1
X向平动一阶	2.63	2.53	2.47	2.41	2.19	2.1
整体扭转	4.13	4.1	3.85	3.82	3.32	3.22

3. 模型结构加速度及位移反应

加速度测试结果表明，不同地震波以不同强度作用时，结构的加速度反应规律基本相同。用三种地震波平均可以代表一般地震作用。主体结构加速度反应沿高度分布比较均匀，加速度最大值有时发生在结构顶层，有时发生在中间层，顶部鞭端效应不是十分显著。阻尼器对各测点加速度的减震控制效果不一。主楼加速度放大系数平均值在无阻尼器时为2.421，有阻尼器时平均值为2.351。

位移测试结果表明，小震作用下，无阻尼器时结构层间位移角最大值的平均值为1/452；设置阻尼器时，结构层间位移角最大值的平均值为1/642，满足规范限值；在大震作用下，无阻尼器时结构层间位移角最大值为1/84，超过限值；设置阻尼器时，结构层间位移角最大值的平均值为1/111，满足规范的相关要求。阻尼器设置对层间位移角具有一定的控制效果，但各层并不均匀。

4. 试验主要结论

通过对本工程进行模拟振动台试验研究，可得出以下结论：

（1）该混合结构的自振频率随输入地震加速度幅值的增大而减小。小震和中震作用下，结构基本处于弹性状态；大震作用下，结构的自振频率开始较大幅度下降，结构部分构件进入弹塑性阶段，但结构整体性能较好，没有倒塌趋势。

（2）在地震作用下，该钢管混凝土框架-混凝土核心筒减震结构与钢管混凝土框架-混凝土核心筒结构相比，地震反应有所降低，扭转效应得到控制。减震结构在小震和大震作用下的各项性能指标均满足相关规范要求。

（3）该混合结构的核心筒剪力墙、钢管混凝土柱、型钢混凝土柱和连体结构构件等重要构件的工作性能良好，基本达到了既定的设计目标。

（4）本工程结构设计合理，具有足够的抗侧刚度。在地震作用下，结构的整体工作性能良好，钢管混凝土框架与核心筒结构具有较好的协同工作能力，变形符合现行规范要求，完全达到了“小震不坏、中震可修、大震不倒”的既定设计目标。通过对结构进行耗能减震设计，阻尼器耗散部分地震能量，降低了该结构在地震作用下的响应，使得该结构具有良好的整体抗震性能。

13.6 结构监测

在连接体施工的各个阶段及完成后的使用阶段，由武汉理工大学进行了结构监测，监测内容主要包括两方面：

（1）位移监测：目的在于检验连接体结构刚度是否满足设计要求，并指导连接体结构在空中顺利对接；

（2）应变监测：目的在于掌握结构构件在施工过程和使用阶段的受力状况。

布置监测点的杆件选取原则为：

（1）使用阶段应力比较高的杆件；

（2）在各施工阶段中内力变化较大的，能够反映结构内力重分布的杆件；

（3）弦杆温度应力较大的部位；

（4）屈曲约束支撑；

（5）剪力墙内连接体支座延伸的钢骨构件。监测点位置见图 13.4-1。

监测工作的安排对应于连接体的各安装阶段，每阶段不少于一次。并根据实际的施工加载情况及构件安装顺序，对模拟施工分析进行了调整，以便与监测结果进行对比。对部分先安装应变计，再进行焊接的杆件，根据现场实际焊缝间隙，在分析中以降温形式模拟了焊接应力的影响。考虑各次测量时环境温度的不同，对实测应力结果进行了温度修正。实测结果与施工模拟分析对比情况，见表 13.6-1、表 13.6-2。

监测结果表明，实际结构位移与施工分析结果基本一致，实测挠度满足设计要求。部分杆件应变与计算结果略有差异，但实测结构应力满足承载力要求，结构存在一定的安全储备。

实测跨中位移和分析结果　　表 13.6-1

施工阶段	实测值/mm	理论值/mm	实测值/理论值
预提升	12.5	10.6	1.18
提升就位	12.6	10.6	1.19
提升段与塔楼对接	12.6	12.1	1.04
放松吊点	14.4	13.4	1.07
切除临时支撑	16.8	13.5	1.24
楼板浇捣	22.8	24.5	0.93
次结构安装完成	23.7	26.6	0.89

主桁架部分杆件实测应力和分析结果（N/mm²） 表 13.6-2

施工阶段	底部中间跨弦杆			底层支座斜腹杆		
	实测值	理论值	实测值/理论值	实测值	理论值	实测值/理论值
预提升	9.6	15.8	0.61	未安装	未安装	—
提升就位	10.0	15.8	0.63	未安装	未安装	—
提升段与塔楼对接	10.3	18.7	0.55	−14.8	−1.6	9.25
放松吊点	10.5	18.9	0.56	−17.8	−27.8	0.64
切除临时支撑	11.2	19.0	0.59	−20.7	−30.8	0.67
楼板浇捣	29.1	40.9	0.71	−33.8	−54.5	0.62
次结构安装完成	44.1	50.8	0.87	−81.5	−71.1	1.15

13.7 结语

武汉保利文化广场结构为核心筒偏置的非对称双塔连体结构，为了减小及控制结构的扭转效应，在结构中设置了黏滞阻尼器及屈曲约束支撑进行混合减震。整体结构的弹塑性分析和振动台试验研究结果表明，该结构具有较好的抗震性能，能满足设定的抗震性能目标，减震效果明显。设计中采用了施工模拟分析方法，考虑了连接体从安装到最终完成各阶段的不利情况，实际监测结果与分析基本一致。

在超高层复杂连体结构中设置黏滞阻尼器和屈曲约束支撑混合减震，可以发挥其耗能减震作用，在降低结构位移、改善构件受力状况、提高结构整体抗震性能以及降低非结构构件的地震反应等方面，都可以发挥有效作用，供后续工程参考。

参考资料

[1] 李霆，王小南，范华冰，等. 武汉保利广场混合减震连体高层结构设计[J]. 建筑结构, 2012, 42(12): 1-7, 25.

[2] 王小南，李霆，袁理明等. 武汉保利广场大跨减震连接体结构设计[J]. 建筑结构, 2012, 42(12): 13-18, 36.

[3] 李霆，王小南，黄银燊，等. 武汉保利广场混合减震连体高层抗震性能研究[J]. 建筑结构, 2012, 42(12): 8-12, 31.

[4] 李鹏程，张季超. 武汉保利文化广场振动台模型设计与制作[J]. 建筑结构, 2010, 40(S2): 442-444, 74.

[5] 武汉保利文化广场岩土工程勘察报告[R]. 武汉：铁道第四勘察设计院, 2007.

[6] 武汉保利文化广场模拟地震振动台试验研究报告[R]. 广州：广州大学结构工程研究所, 2009.

[7] 武汉保利文化广场风洞试验与风荷载、风致相应分析报告书[R]. 武汉大学结构风工程研究所, 2008.

设计团队

李　霆、王小南、袁理明、范华冰、彭林立、刘　峻、黄银燊、阮祥炬。

获奖情况

2013 年湖北省勘察设计协会——湖北省勘察设计优秀建筑结构设计一等奖；

2013 年中国建筑学会中国建筑设计奖（建筑结构）银奖；

2013 年中国建筑学会优秀建筑结构设计二等奖；

2014 年湖北省住房和城乡建设厅——湖北省优秀工程设计一等奖；

2015 年中国勘察设计协会全国优秀工程勘察设计建筑工程一等奖；

2015 年中国勘察设计协会全国优秀工程勘察设计建筑结构一等奖；

2015 年中国勘察设计协会全国优秀工程勘察设计奖抗震防灾三等奖。

第14章

湖北国展中心广场

14.1 工程概况

14.1.1 建筑概况

湖北国展中心广场位于武汉市汉阳区四新新城核心区域的江城大道与四新大道交汇处，环有六湖，毗邻长江，承“襟江带湖”之势，如图 14.1-1 所示。本项目是集商务办公、精品商街、高端会务等多功能于一体的商务综合体，由两栋带裙房的塔楼组成。两栋塔楼为框架-核心筒结构，地上 39 层，裙房 3 层，首层层高 6.0m，二三层层高均为 5.4m，标准层层高 4.2m，避难层层高 4.8m，主屋面高度 174m，建筑总高度 196m。地下两层，地下一二层层高分别为 5.7m、4.6m，地下室埋深 12.7m。本项目总建筑面积 196553m^2。其中，地上建筑面积 153303m^2，地下建筑面积 43250m^2。项目建筑效果图如图 14.1-2 所示，建筑实景图如图 14.1-3 所示，建筑剖面图如图 14.1-4 所示，典型平面图如图 14.1-5 所示。

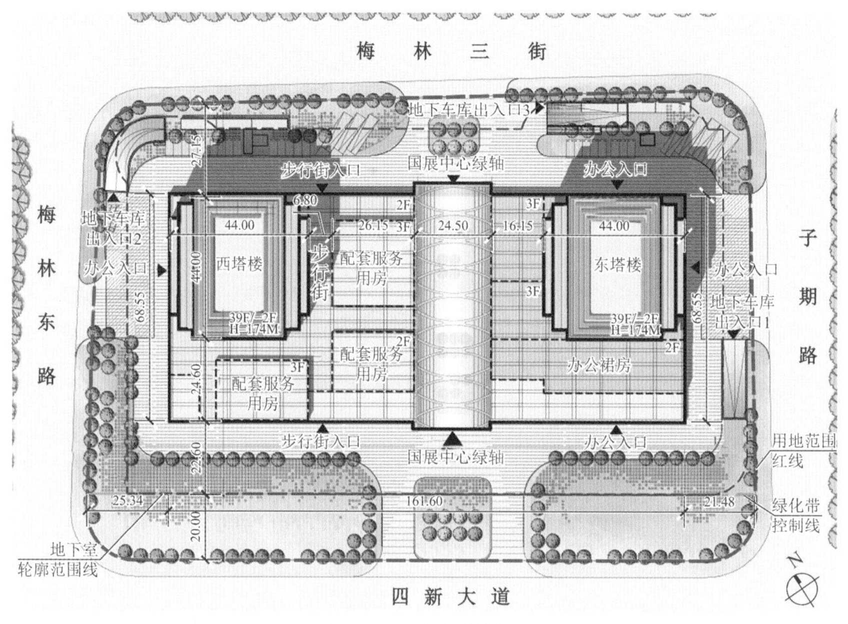

图 14.1-1 项目位置图

图 14.1-2 建筑效果图

图 14.1-3 建筑实景图

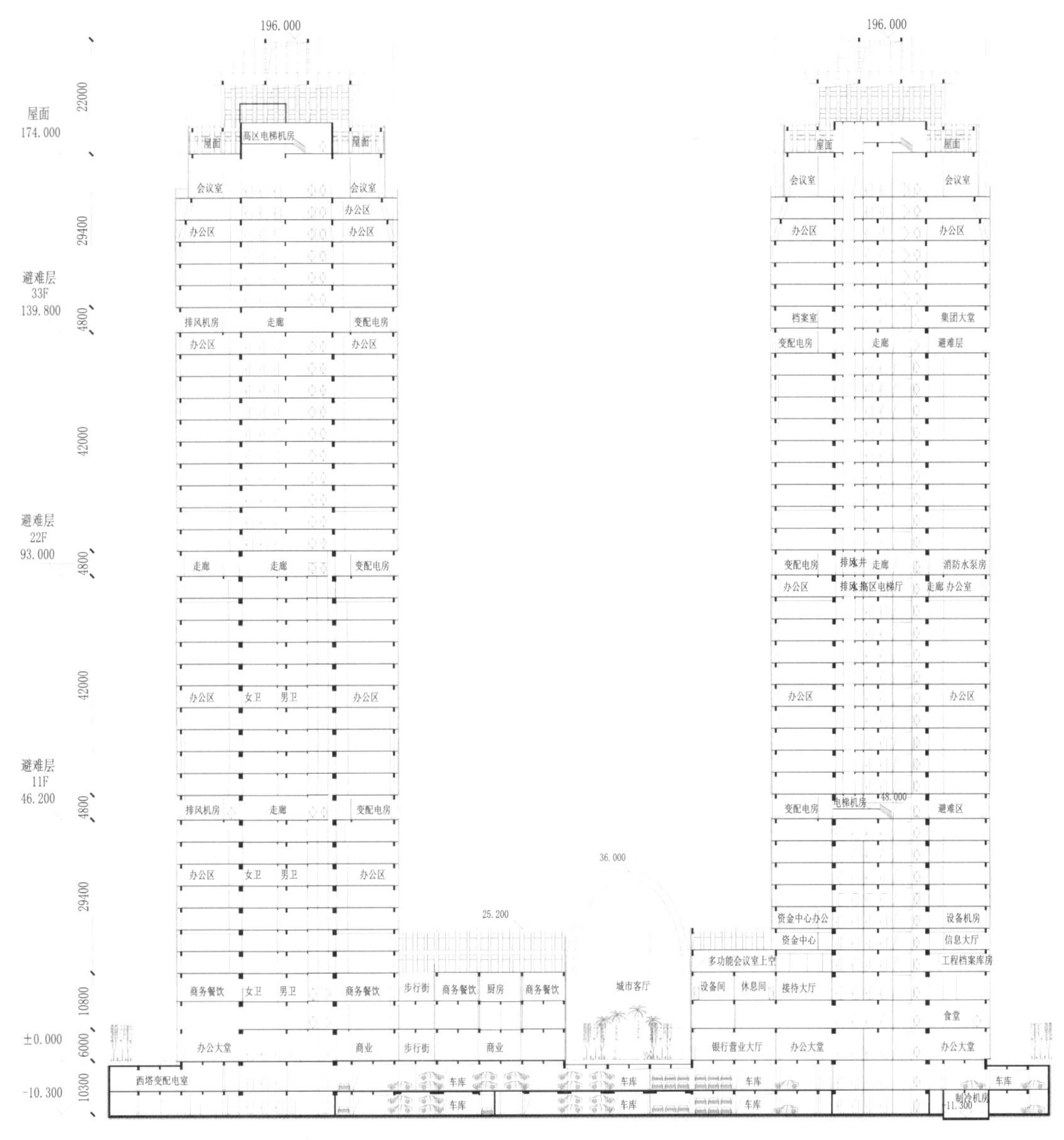

图 14.1-4 东、西塔建筑剖面图

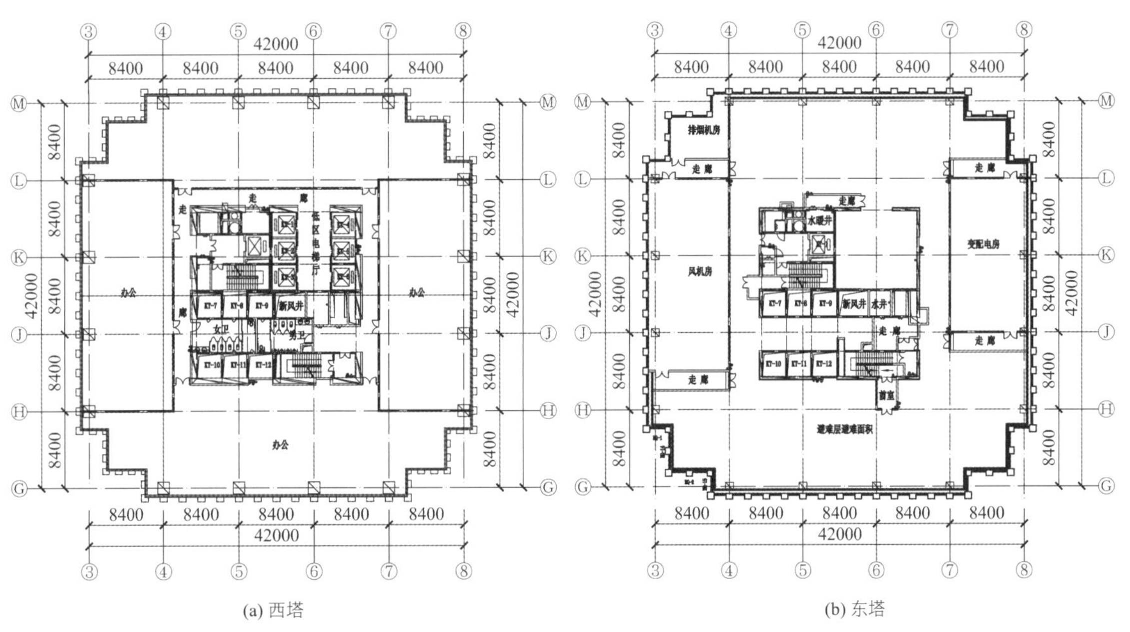

图 14.1-5 建筑典型平面图

14.1.2 设计条件

1. 主体控制参数表

主体控制参数表　　表 14.1-1

项目		标准
结构设计基准期		50 年
建筑结构安全等级		关键构件一级，其他构件二级
桩基、地基基础设计等级		甲级
地基土液化等级		可不考虑液化
抗震设防类别		乙类
设计地震动参数	抗震设防烈度	6 度
	基本地震加速度	0.05g
	设计地震分组	第一组
	场地类别	Ⅱ类
	小震特征周期（安全评价）	0.50s
	大震特征周期（安全评价）	0.55s
水平地震影响系数最大值（安全评价）	小震	0.0739
	中震	0.2039
	大震	0.3568
地震波加速度峰值（cm/s^2，安全评价）	小震	29
	中震	80
	大震	140
阻尼比		0.05

2. 楼（屋）面荷载标准值

恒荷载由结构构件自重和附加恒荷载组成，其中附加恒荷载包括建筑面层、吊顶和隔墙等。根据《建筑结构荷载规范》GB 50009—2012，同时结合业主使用要求及建筑、机电做法，主要楼面附加恒荷载及活荷载标准值如表 14.1-2 所示。

楼面荷载取值（kN/m^2）　　表 14.1-2

类别	附加恒荷载	活荷载	类别	附加恒荷载	活荷载
保温上人屋面	6.0	2.0	厨房	5.5	4.0
保温不上人屋面	5.5	0.5	钢楼梯	1.3	3.5
地下车库（B2）	9.0	5.0	楼梯间	1.2	3.5
地下车库（B1）	6.5	5.0	餐饮店铺	2.5	3.5
避难层设备房	8.5	10	一层大堂	5.0	3.5
设备管井	1.1	2.0	电梯厅、前室	1.8	3.5
卫生间	5.5	2.5	走道	2.0	2.5
防静电架空地面	1.5	3.5	网络地板办公	2.0	3.5

3. 风荷载

根据《建筑结构荷载规范》GB 50009—2012，本项目建筑场地地面粗糙度为 C 类，基本风压取值如下：

（1）结构变形验算时，按 50 年重现期风压，取 $0.35kN/m^2$，构件承载力验算时按基本风压的 1.1 倍采用；

（2）舒适度验算时，按 10 年重现期风压，取 0.25kN/m^2，阻尼比 0.02；

（3）考虑风力相互干扰群体效应，风荷载体型系数μ_s乘以相互干扰系数 1.1，取 1.43。

4．构件抗震等级

根据《高层建筑混凝土结构技术规程》JGJ 3—2010（以下简称《高规》）的相关规定，本项目为 B 级高度，地震基本烈度为 6 度，抗震设防类别为乙类。结构各构件抗震等级见表 14.1-3 及表 14.1-4。

塔楼钢筋混凝土构件抗震等级　　表 14.1-3

构件	部位	抗震等级
核心筒	底部加强区	一级
	其他区域	一级
外框架		一级

地下室钢筋混凝土构件抗震等级　　表 14.1-4

构件	部位	抗震等级	
		塔楼相关范围内	无上部结构部分
核心筒	地下一层	一级	—
	地下二层	二级	—
外框架	地下一层	一级	四级
	地下二层	二级	四级

14.2 建筑特点

本项目总平面采用中轴对称布局，整体大气，建筑采用新古典主义的竖向线条挺拔向上。建筑造型顶部逐层向上收进，呈现向上的强烈张力感。石材和玻璃的比例，呈现下部密集、上部轻盈疏朗的变化，突显建筑挺拔向上的新古典双塔形象。双塔与裙房精致独特、错落有致的商务商业空间形成“一横两纵”的特点，颇具韵律的横竖线条运用强烈的视觉对比，构筑标志性城市商务办公建筑形象。

项目分为东塔和西塔，两塔楼间完全脱开，为两个独立的结构单元。各塔楼与三层裙房相接，若塔楼和裙房设置结构缝完全脱开，则结构体系清晰，为四个单体结构。但裙房局部开洞，分缝后有多处变为平面框架结构，同时分缝给幕墙设计等带来困难，影响使用。因此，东塔楼与东塔裙楼、西塔楼与西塔裙楼之间不设结构缝，各塔楼与其裙楼连为一体，建筑平面布置图如图 14.2-1 所示。

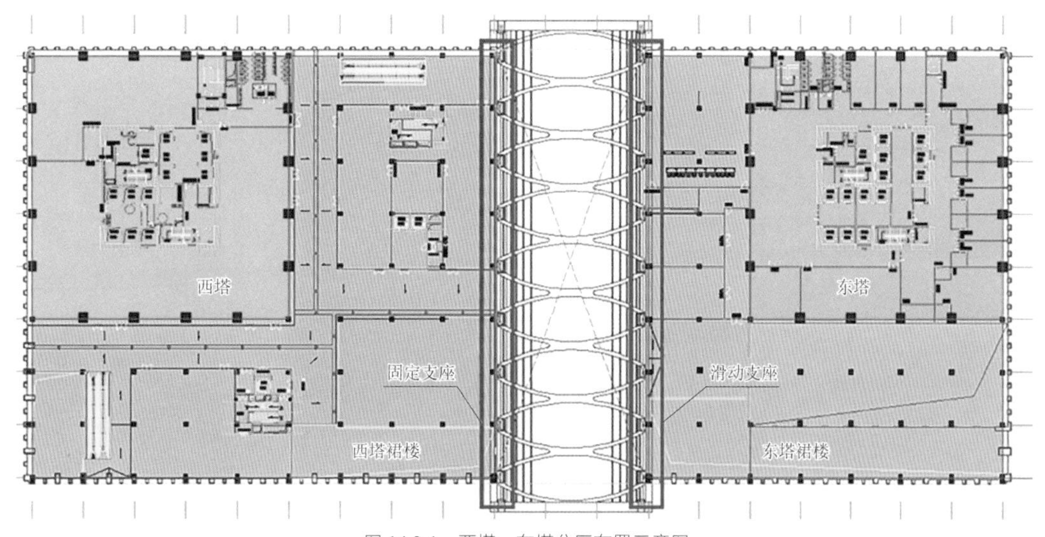

图 14.2-1　西塔、东塔分区布置示意图

14.3 体系与分析

14.3.1 楼盖方案对比

根据本项目的特点，楼盖梁布置方案有直梁布置和斜梁布置两种方案，如图 14.3-1、图 14.3-2 所示。

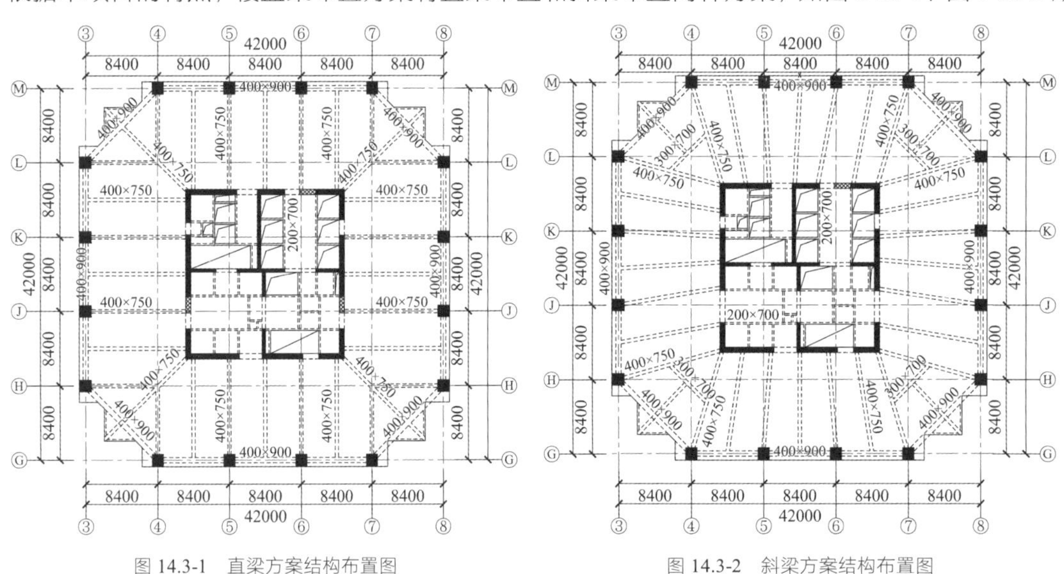

图 14.3-1 直梁方案结构布置图　　图 14.3-2 斜梁方案结构布置图

1）设备布置

直梁方案便于管道、设备的布置，每板块区间设备布置规整、统一且梁穿洞少；斜梁方案每板块区间设备不规整，梁穿洞多。设备布置见图 14.3-3，直梁方案较斜梁方案有优势。

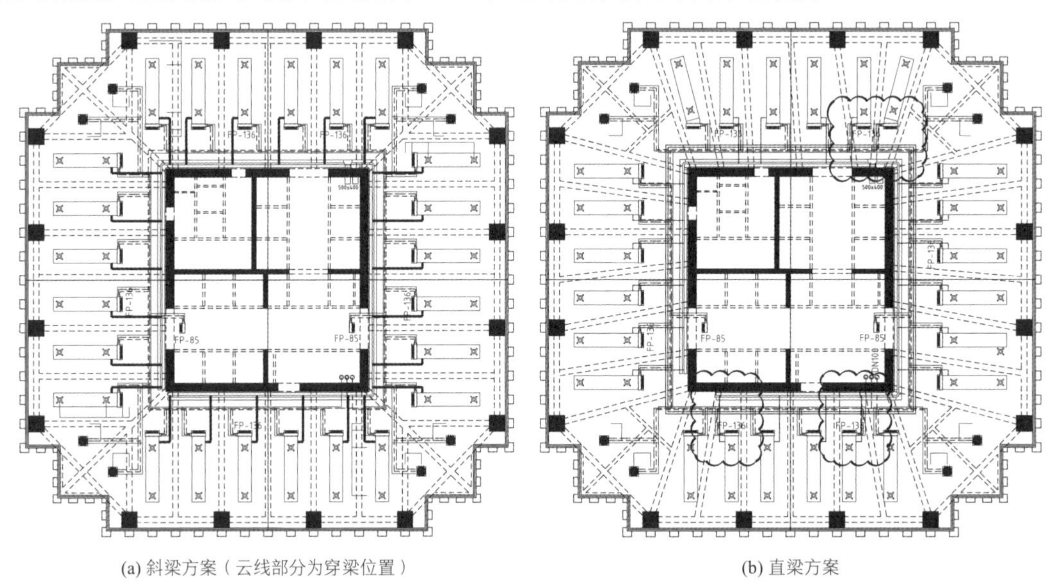

(a) 斜梁方案（云线部分为穿梁位置）　　(b) 直梁方案

图 14.3-3 空调通风管布置图

2）建筑适应性

从建筑适应性方面，直梁方案比斜梁方案有较明显的优势，主要体现在以下两点：

（1）直梁方案便于房间的分割，特别是小办公室分割；

（2）直梁方案便于功能更改，如今后办公改客房等，适应性强。

3）材料用量

通过标准层施工图，比选斜梁、直梁楼盖布置方案混凝土和钢筋材料用量如表 14.3-1 所示。经比选，直梁方案混凝土和钢筋用量均小于斜梁方案，单层混凝土节约 $14m^3$，钢筋节约 3.155t，即节约混凝土 $0.008m/m^2$（单方折算厚度），节约钢筋 $1.75kg/m^2$；单层混凝土节约造价 0.7 万元，钢筋节约造价 1.66 万元，总共可节约造价约 186 万元。此外，采用直梁方案，施工措施费节省 200 万～300 万元。

材料用量及造价比选　　表 14.3-1

材料用量	构件	直梁方案	斜梁方案	差额（直梁–斜梁）	差价（万元）
混凝土/m^3	梁 + 板	317.5	331.5	14.0	–0.7
钢筋/kg	外墙暗柱	13103.2	12478.6	624.6	0.31
	外框柱	18813.1	18813.1	0	0
	板	12825	16065	–3240	–1.62
	梁	28415.7	29120	–704.3	–0.35
小计		53754.3	56909.7	–3155.4	–2.36

综上，直梁方案在施工便捷性、设备布置、建筑适应性及工程造价方面优势明显，故本项目楼盖布置选用直梁布置方案。两方案综合比选结果见表 14.3-2。

直梁方案、斜梁方案比选表　　表 14.3-2

内容	直梁方案	斜梁方案
计算指标	基本无差别	基本无差别
经济性	成本较低	成本较高
	施工措施费较低	施工麻烦，措施费较高 钢筋、模板损耗量大
施工	钢筋下料方便，模板规整 钢骨柱与梁连接节点统一	钢筋下料不便，模板不规整 钢骨柱与梁连接节点不统一
适应性	便于小办公室分割、以后可改客房等	适应性差
设备	设备布置规整、统一	设备布置不规整

采用直梁方案，结构楼层框架梁需要支承在核心筒剪力墙连梁上。而钢筋混凝土核心筒连梁是耗能构件，在中、大震下率先屈服耗能，且往往出现剪切破坏，可能引发中、大震下楼盖垮塌。《建筑抗震设计规范》GB 20011—2010（以下简称《抗规》）及《高层建筑混凝土结构技术规程》JGJ 3—2010 均规定：楼面梁不宜支承在核心筒的连梁上。为解决这一难题，本项目采用了一种可支承楼面梁的新型分段式钢筋混凝土连梁（实用新型专利，专利号：ZL 2015 2 0341647.0），如图 14.3-4 所示。该种连梁分为加强段和耗能段，其中加强段用于承担楼层梁荷载，在中震作用下不屈服，在大震作用下承载力不显著降低，仍能够承担楼面梁传来的竖向荷载。耗能段允许在中、大震作用下进入屈服，甚至发生较严重破坏，从而实现连梁在大震作用下耗能的作用。该种连梁兼具承重构件和耗能构件的双重作用，并且具有施工及设备安装方便、节约材料用量等特点，具有良好的经济性和适应性，如图 14.3-5 所示。

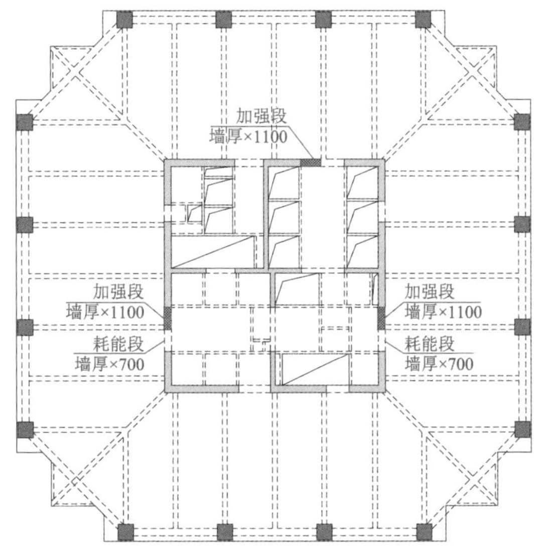

图 14.3-4　分段式连梁布置示意图

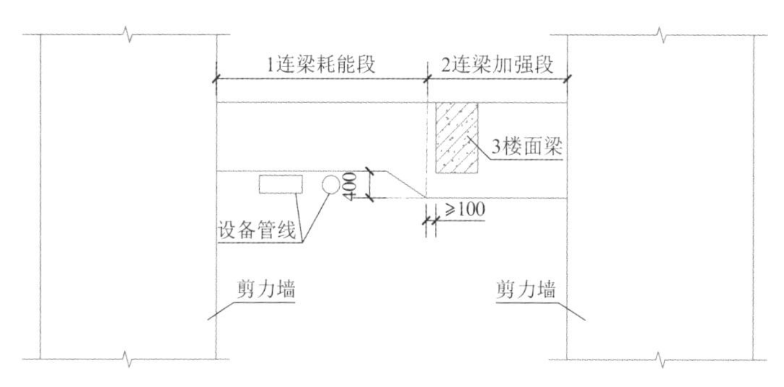

图 14.3-5　分段式连梁示意图

14.3.2　结构布置

1. 结构抗侧力体系

本项目采用框架-核心筒结构体系。根据建筑功能要求并结合结构受力需要，在结构标准层利用电梯井、楼梯间等位置设置剪力墙核心筒，如图 14.3-6 所示。结构平面规则，长宽比约为 1.0，楼盖整体性较好。结构无转换层和加强层，竖向构件连续，局部存在穿层柱和斜柱。结构塔楼高宽比为 4.14，核心筒高宽比为 9.23，塔楼嵌固端位于地下室顶板，顶板厚度为 180mm。

塔楼钢筋混凝土核心筒从基础底板顶面延伸至屋顶层，核心筒外墙厚度由底层 950mm 厚递减到顶层的 400mm，内墙由底层 450mm 递减到顶层的 250mm。结构核心筒尺寸具体变化如表 14.3-3 所示。东塔、西塔的核心筒布置如图 14.3-7 所示。

外框架由钢筋混凝土柱和钢筋混凝土梁组成，承担竖向重力荷载，同时也参与抵抗侧向水平荷载。外框架柱沿柱全高采用井字复合箍，箍筋间距不大于 100mm，肢距不大于 200mm，直径不小于 12mm。外框架柱截面由底层的 1500mm × 1500mm 递减至顶层的 900mm × 900mm。外框架柱截面见表 14.3-4。

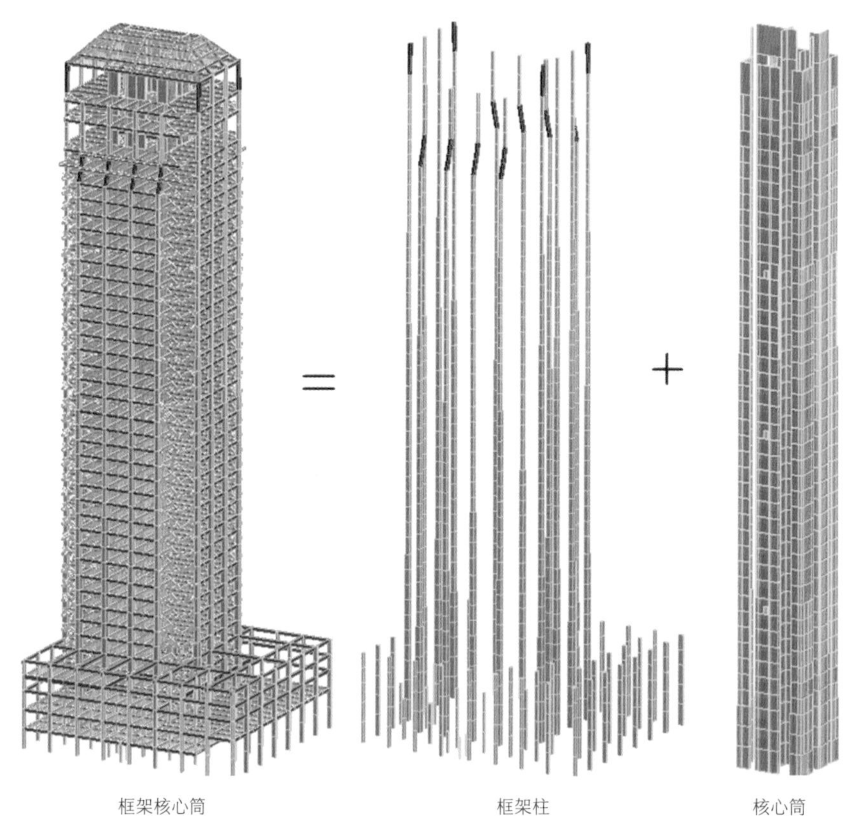

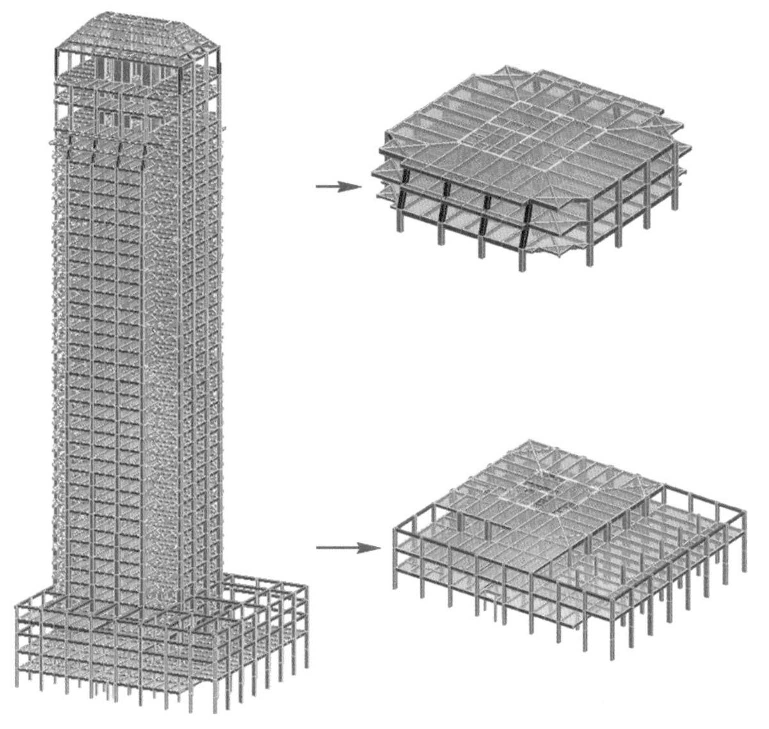

图 14.3-6　结构体系示意图

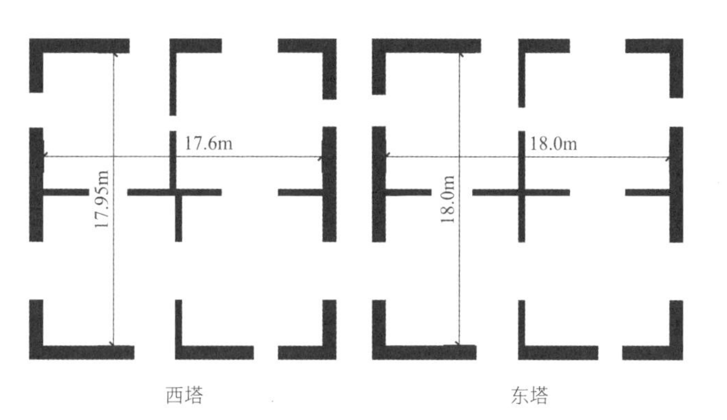

图 14.3-7　核心筒平面布置图

核心筒墙体尺寸（mm）　表 14.3-3

楼层	B2～L3	L4～L6	L7～L10	L11～L14	L15～L21	L22～L25	L26～L31	L32～顶
外墙	950	850	800	700	700	600	500	400
内墙	450	400	350	300	300	250	250	250

外框柱尺寸（mm × mm）　表 14.3-4

楼层	B2～L6	L7～L10	L11～L14	L15～L21	L22～L25	L26～L31	L32～顶
框架柱尺寸	1500 ×1500	1400 × 1400	1300 × 1300	1200 × 1200	1100 × 1100	1000 × 1000	900 × 900

2. 连接东塔、西塔楼钢屋盖设计

由于造型需要，东塔和西塔裙楼之间通过拱形钢结构构架连接，拱形钢构架拱底标高 25.15m，拱顶标高 36.00m，跨度约 22.80m，平面如图 14.3-8 所示。为了避免东塔和西塔在地震作用下相互影响，拱形钢构设置于东塔、西塔的裙楼柱牛腿上，支座形式采用板式橡胶支座。其中，西塔端为固定支座，东塔端为滑动支座，以保证两塔楼（各带裙房）为相互独立的结构单元，并在支座预埋件钢板上焊接限位或防落构件，如图 14.3-9 所示。橡胶支座利用弹性橡胶板实现转动，依靠钢衬板上的聚四氟乙烯板实现上部结构的水平位移。在小震、中震和大震下，滑动支座能够充分滑动，形成滑动隔震层。

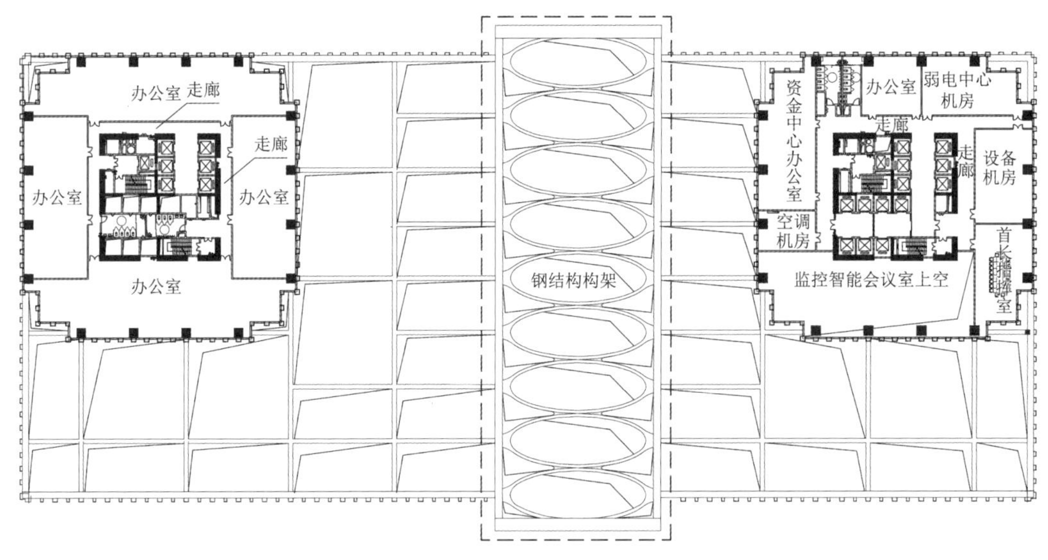

图 14.3-8　拱形钢构架平面示意图

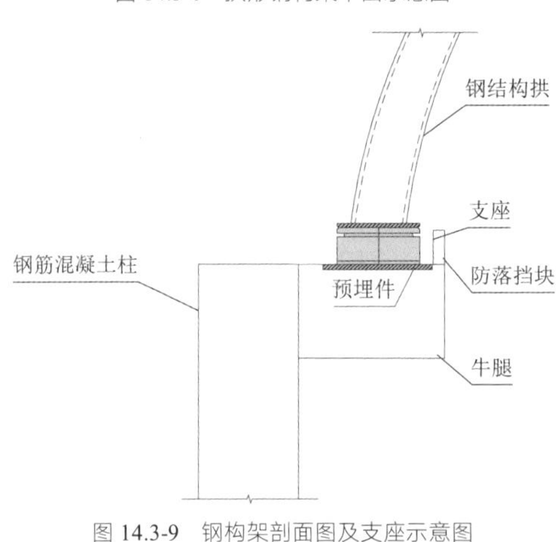

图 14.3-9　钢构架剖面图及支座示意图

3．斜柱设计

本项目东、西塔楼在 37F～39F 处，建筑立面收进，为保证建筑功能和立面效果，结构柱向内倾斜，倾斜角度 74°，如图 14.3-10 所示。由于倾斜，外框架柱轴力在其水平方向上的分量力会在楼面梁中产生较大的轴向力，从而使得框架梁处于偏心受拉或偏心受压状态。因此，在结构设计时采取如下加强措施：

（1）与斜柱相连的楼面梁加预应力，预应力大小为斜柱竖向荷载作用下的水平推力的标准值；

（2）斜柱所在楼层，外框架与核心筒之间楼板厚度 150mm，双层双向配筋。

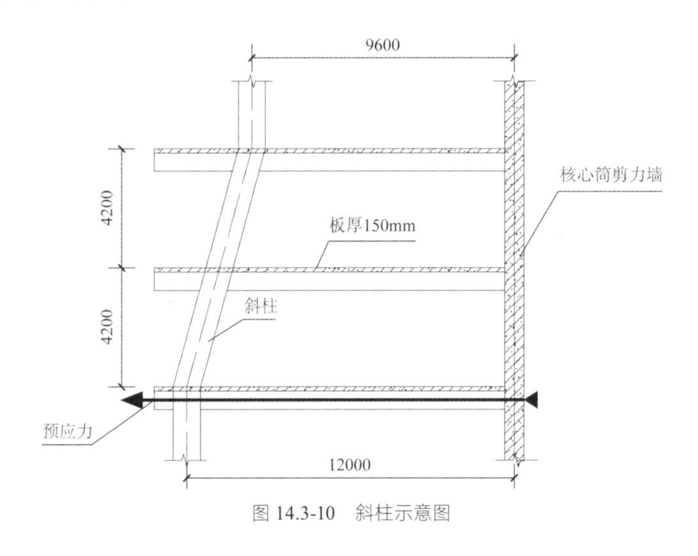

图 14.3-10　斜柱示意图

14.3.3 结构分析

1. 抗震性能目标

按照《高规》第 3.11 节结构抗震性能设计方法，项目抗震性能目标取为 D 级，并适当提高竖向构件的抗震性能。各构件的具体性能目标详见表 14.3-5。

结构抗震设防性能目标细化表　　　　表 14.3-5

地震烈度		多遇地震	设防地震	罕遇地震
性能水准		1	4	5
宏观损坏程度		无损坏	轻度损坏	中度损坏
层间位移角		1/678	1/340	1/100
关键构件	底部加强部位的核心筒剪力墙及上部筒体外墙	弹性	正截面不屈服抗剪弹性	满足抗剪截面控制条件轻度损坏
	主楼框架柱及裙楼楼梯间处框架柱	弹性	正截面不屈服抗剪弹性	满足抗剪截面控制条件轻度损坏
普通竖向构件	非底部加强区剪力墙及裙楼框架柱	弹性	正截面不屈服抗剪不屈服	满足抗剪截面控制条件部分中度损坏
普通水平构件	分段式连梁加强段	弹性	正截面不屈服抗剪不屈服	满足抗剪截面控制条件中度损坏（仍然能承担楼面梁传来的荷载）
耗能构件	核心筒普通连梁、分段式连梁耗能段	弹性	满足抗剪截面控制条件	比较严重破坏
	框架梁	弹性	抗剪不屈服	比较严重破坏

2. 小震弹性分析

采用 PKPM　SATWE 及 MIDAS Building 软件对结构进行小震弹性对比分析，结构各振型及周期、周期比、位移比、侧向刚度比、抗剪承载力比、层间位移角、基底剪力及倾覆力矩、楼层剪力、倾覆力矩分配情况、抗倾覆验算情况及竖向构件轴压比如表 14.3-6 所示。

小震弹性分析结果　　　　表 14.3-6

内容			PKPM　SATWE	MIDAS Building
结构质量/t		恒荷载	117344.797	115793.247
		活荷载	12425.493	12983.019
周期/s		T_1	4.501（X 向）	4.419（X 向）
		T_2	4.458（Y 向）	4.281（Y 向）
		T_n	3.320（扭转）	3.275（扭转）
周期比			0.738	0.741
地震作用	层间位移角	X向	1/1114（28 层）	1/1144（27 层）
		Y向	1.46（$X-5\%$：3 层）	1.48（$X-5\%$：2 层）
	位移比	X向	1/1168（32 层）	1/1264（28 层）
		Y向	1.29（$Y+5\%$：1 层）	1.33（$Y+5\%$：2 层）
风荷载作用	层间位移角	X向	1.29（$Y+5\%$：1 层）	1.32（$Y+5\%$：2 层）
		Y向	1.29（$Y+5\%$：1 层）	1.38（$Y+5\%$：2 层）
	位移比	X向	1.29（$Y+5\%$：1 层）	1.32（$Y+5\%$：2 层）
		Y向	1.29（$Y+5\%$：1 层）	1.38（$Y+5\%$：2 层）
地震基底剪力V/kN		X向	15891.15	16292.74
		Y向	14656.64	15631.14
地震基底弯矩M/（kN·m）		X向	1528885.25	1537255.12
		Y向	1645756.65	1756840.80
基底剪重比		X向	1.22%	1.16%
		Y向	1.26%	1.24%

内容		PKPM SATWE	MIDAS Building
侧向刚度比	X向	1.0	0.98
	Y向	1.0	1.0
抗剪承载力比	X向	0.85	0.97
	Y向	0.83	0.97
刚重比	X向	2.72	2.84
	Y向	2.99	3.16

根据分析结果，地震作用下结构最大层间位移角 X 向为 1/1114，Y 向为 1/1168，满足规范要求；结构位移比大于 1.2，属于扭转不规则；其余结构整体指标均满足规范要求。

3．中大震等效分析

结构在中、大震作用下，结构构件部分屈服，阻尼会增大，周期也会增长。因此，等效弹性分析时，通过增加阻尼比和折减连梁刚度的方法来近似考虑结构阻尼增加和刚度退化。根据《高层建筑混凝土结构技术规程》JGJ 3—2010 第 3.11.3 条及条文说明，结构等效弹性分析参数如表 14.3-7 所示。

等效弹性分析参数　　表 14.3-7

分析参数	等效弹性分析类型		
	中震弹性	中震不屈服	大震不屈服
地震组合内力调整系数	同小震	1.0	1.0
作用分析系数	同小震	1.0	1.0
材料分析系数	同小震	1.0	1.0
抗震承载力调整系数	同小震	1.0	1.0
材料强度	设计值	标准值	标准值
风荷载	不考虑	不考虑	不考虑
地震影响系数最大值	0.2039	0.2039	0.3568
特征周期Tg	0.55s	0.55s	0.60s
等效阻尼比	0.050	0.060	0.070
连梁刚度折减	0.70	0.50	0.40
周期折减系数	0.90	0.90	0.95

中震等效弹性分析结果：

（1）定义为关键构件的钢筋混凝土柱，其正截面验算满足中震不屈服、受剪中震弹性的要求；

（2）剪力墙的截面大小及配筋相对合理，其正截面验算满足中震不屈服、受剪中震弹性的要求；

（3）底层柱均为受压状态；部分墙体出现拉应力，但均小于混凝土抗拉强度标准值，墙体在中震下未出现刚度退化；

（4）分段式连梁加强段满足中震作用下抗剪不屈服、正截面抗弯不屈服要求；框架梁满足抗剪不屈服要求；一般耗能连梁满足抗剪截面控制条件；

（5）中震作用下，结构最大层间位移角为 1/389，满足小于 1/340 要求。结构能够达到中震预期的抗震性能目标。

大震等效弹性分析结果：

（1）定义为关键构件的钢筋混凝土柱，满足大震作用下抗剪截面控制条件；

（2）剪力墙的截面大小合理，其受剪满足抗剪截面控制条件；

（3）分段式连梁加强段满足大震作用下抗剪截面控制条件；

（4）结构开大洞楼板在罕遇地震作用下，面内最大剪应力小于混凝土抗剪强度标准值，楼板在大震作用下的不会受剪破坏；

（5）大震作用下，结构最大层间位移角为 1/225，满足小于 1/100 要求。结构能够达到大震预期的抗震性能目标。

4．大震动力弹塑性分析

（1）弹塑性分析模型

弹塑性分析采用大型通用有限元分析软件 ABAQUS。其中，对于梁柱构件采用 B31 单元模拟，剪力墙采用 S4R/S3R 分层壳单元模拟，构件配筋采用小震设计和中大震等效分析的包络配筋结果。

钢筋混凝土梁、柱单元材料本构采用根据《混凝土结构设计规范》GB 50010—2010 附录 C 自主研发的混凝土损伤本构；剪力墙单元采用 ABAQUS 自带的弹塑性损伤本构；钢筋采用弹塑性双折线本构，如图 14.3-11、图 14.3-12 所示。

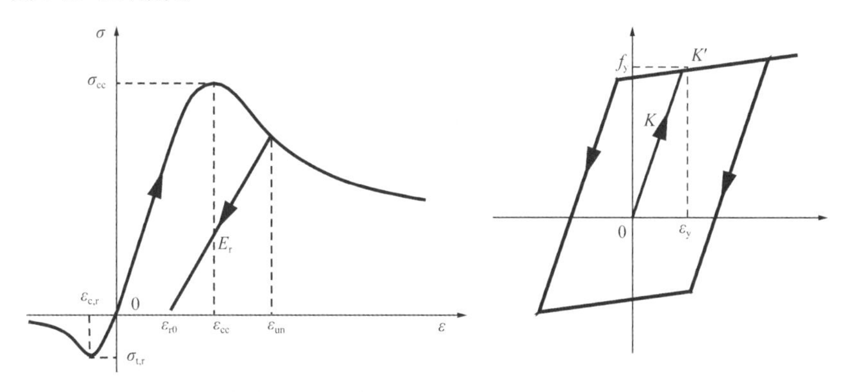

图 14.3-11　混凝土损伤塑性模型　　　图 14.3-12　钢筋双折线模型

采用自主研发的复杂建筑结构高等非线性分析平台 CSEPA 将结构 PKPM 设计模型转换为 ABAQUS 弹塑性分析模型，如图 14.3-13 所示。

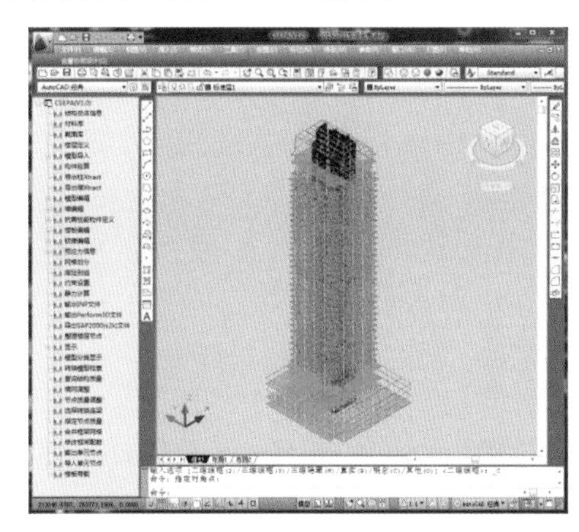

(a) CSEPA 模型

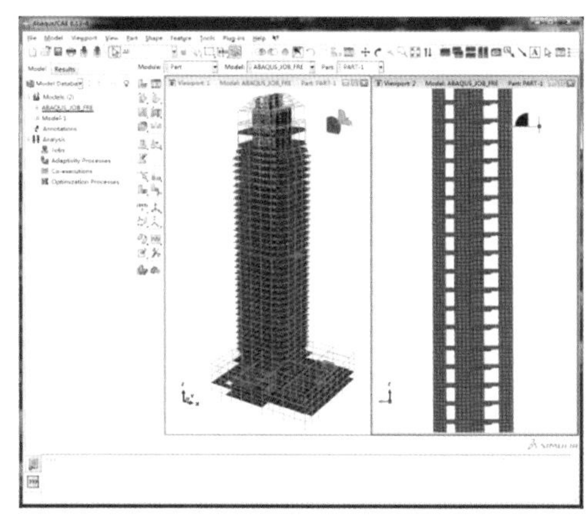

(b) ABAQUS 模型

图 14.3-13　结构有限元分析模型

（2）弹塑性分析非线性

几何非线性：结构的平衡方程建立在结构变形后的几何状态上，通过对单元进行细分，P-Δ效应、非线性屈曲效应、大变形效应等得到全面考虑；

材料非线性：直接采用材料非线性应力-应变本构关系模拟钢筋、钢材及混凝土的弹塑性特性，可以有效模拟构件弹塑性发生、发展及破坏的全过程；

施工过程非线性：结构动力弹塑性分析时，利用 ABAQUS“单元生死”技术模拟结构施工顺序，以考虑结构施工顺序的影响。

（3）大震动力弹塑性分析结果

根据安全评价报告提供的 2 组天然波和 1 组人工波，对结构进行大震动力弹塑性分析。3 组地震波作用下，结构在X、Y向的最大层间位移角分别为 1/124 和 1/135，均满足钢筋混凝土框架-核心筒层间位移角限值要求。

大震作用下，结构核心筒及外框架损伤情况如图 14.3-14 所示。根据分析结果，结构主楼核心筒墙肢大部分发生轻微损伤，墙肢完好，仅底部加强区少部分墙体发生轻度损伤；主楼外框柱轻微损坏，少部分轻度损坏，仅在构架层个别柱端中度损坏。主楼框架梁大部分处于轻度损坏，少部分框架梁在端部出现中度损坏。裙楼底部两层框架柱轻微损坏；裙楼开大洞周边框架梁中度损伤，少部分框架梁发生比较严重损坏，满足预期的性能目标。

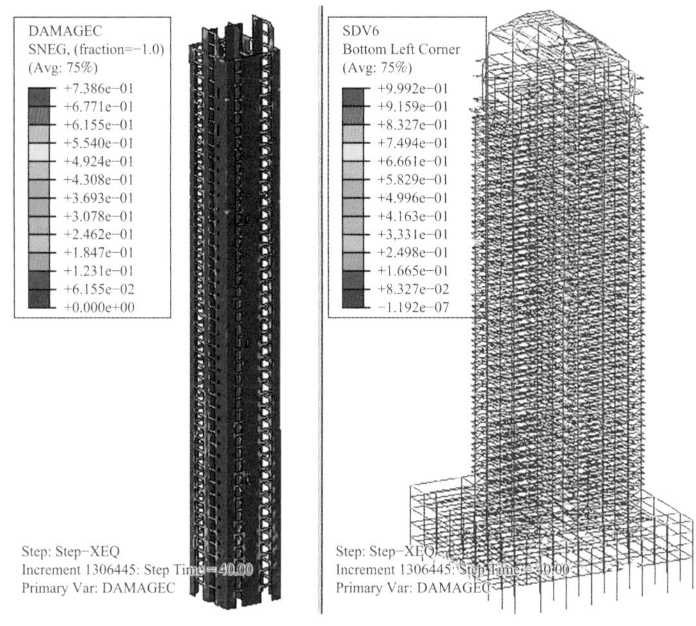

图 14.3-14　结构核心筒剪力及框架受压损伤云图

根据大震弹塑性分析结果，结构核心筒普通连梁及分段式连梁耗能段发生比较严重破坏；分段式连梁的加强段处于轻度损坏，如图 14.3-15 所示，分段式连梁在大震下可以兼具承重和耗能的双重功能。

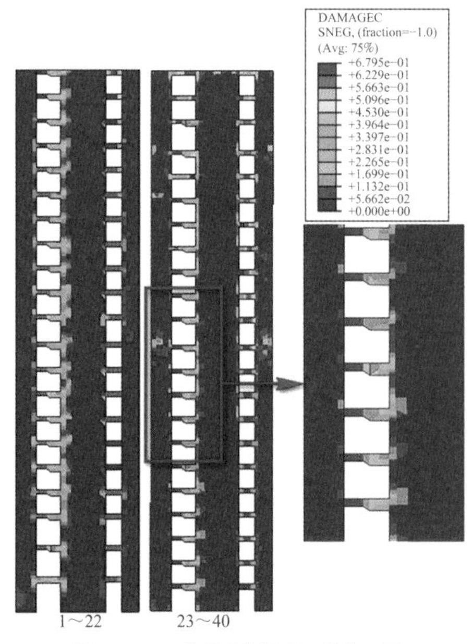

图 14.3-15　分段式连梁受压损伤云图

另外，大震作用下分段式连梁的位移云图如图 14.3-16 所示，分段式连梁加强段的最大竖向位移约为 10mm。按悬臂梁计算，挠跨比约为 1/370，能够继续承担楼面荷载。

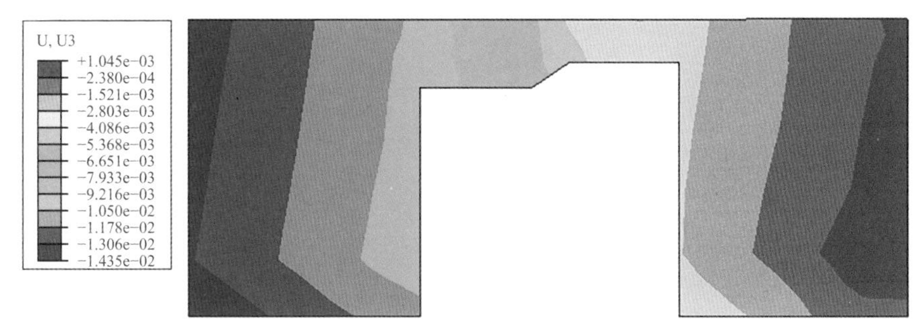

图 14.3-16　分段式连梁位移云图（m）

14.4　专项分析

14.4.1　分段式连梁设计

为保证分段式连梁满足预期性能目标，满足地震作用下耗能段耗能、承重段承重的双重功能，提出了一种针对分段式连梁的设计方法（发明专利，专利号：ZL 2019 1 0127601.1），流程如图 14.4-1 所示，具体设计过程如下。

步骤 1：建立整体结构模型，将结构模型中支承楼面梁的连梁设置为分段式钢筋混凝土连梁，所述分段式钢筋混凝土连梁的耗能段与承重段分开建模，承重段比耗能段高 250～400mm。

步骤 2：对结构模型进行多遇地震下弹性分析的步骤，得到分段式连梁的截面高度以及承重段和耗能段的配筋。

在多遇地震下弹性分析时，对连梁耗能段的刚度进行折减，折减系数不宜小于 0.6。通常在设防烈度 6、7 度时，折减系数建议取 0.7；设防烈度为 8、9 度时，折减系数取 0.6。同时，对连梁承重段的刚度进行放大，放大系数取 1.5～2.0。

步骤 3：删除耗能段，将承重段设为悬臂梁，计算得到在竖向荷载作用下承重段的配筋。

为保证结构的安全性，分段式连梁承重段必须能够完全承受住楼面荷载。考虑到在地震作用下耗能段屈服耗能，不考虑耗能段对结构竖向荷载的作用，对承重段按悬臂梁进行验算。在有限元分析模型中，撤掉分段式连梁耗能段，承重段作为悬臂梁，计算在竖向荷载作用下连梁承重段的配筋。

步骤 4：对结构模型进行设防地震下等效弹性分析步骤，包括：

根据设防地震作用下弹性对承重段抗剪承载力进行验算，判断承重段抗剪承载力是否满足要求；

根据设防地震作用下不屈服对承重段的正截面抗弯承载力进行验算，判断承重段正截面抗弯承载力是否满足要求；

判断耗能段的剪压比是否满足要求；

若以上判断全部满足要求，进行步骤 5；

若以上判断中的任意一项不满足要求，返回步骤 2，调整分段式连梁的截面高度，以及承重段和耗能段的配筋。

步骤 5：对结构进行罕遇地震下弹塑性时程分析的步骤，判断连梁承重段是否处于未损坏或轻微损坏状态；

判断为是，结束；

判断为否，返回步骤 2，调整整体结构。分段式连梁配筋构造如图 14.4-2 所示。

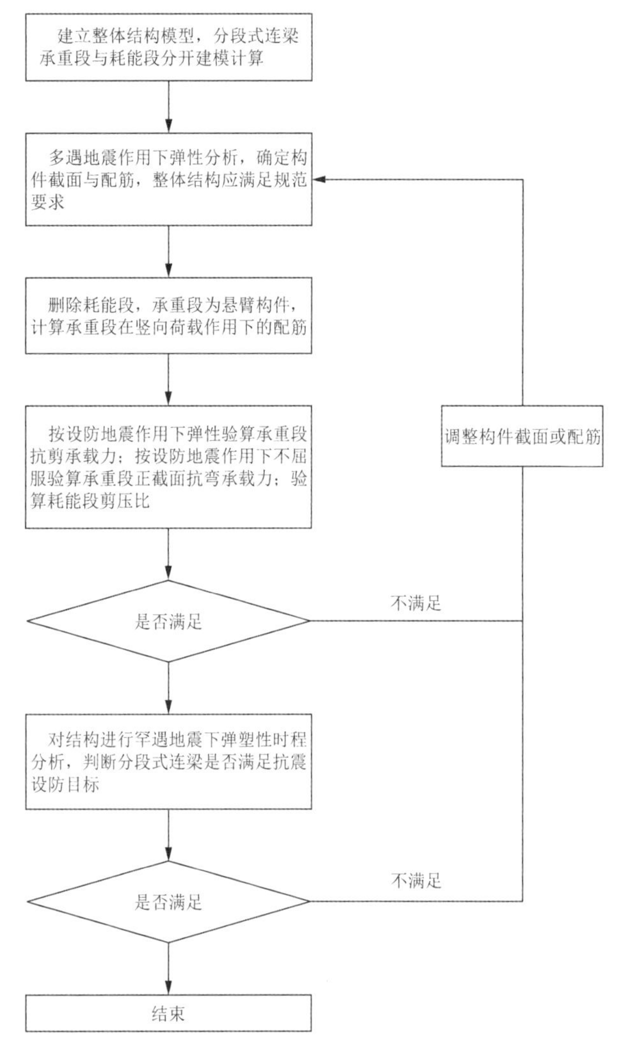

图 14.4-1　分段式连梁设计分析流程图

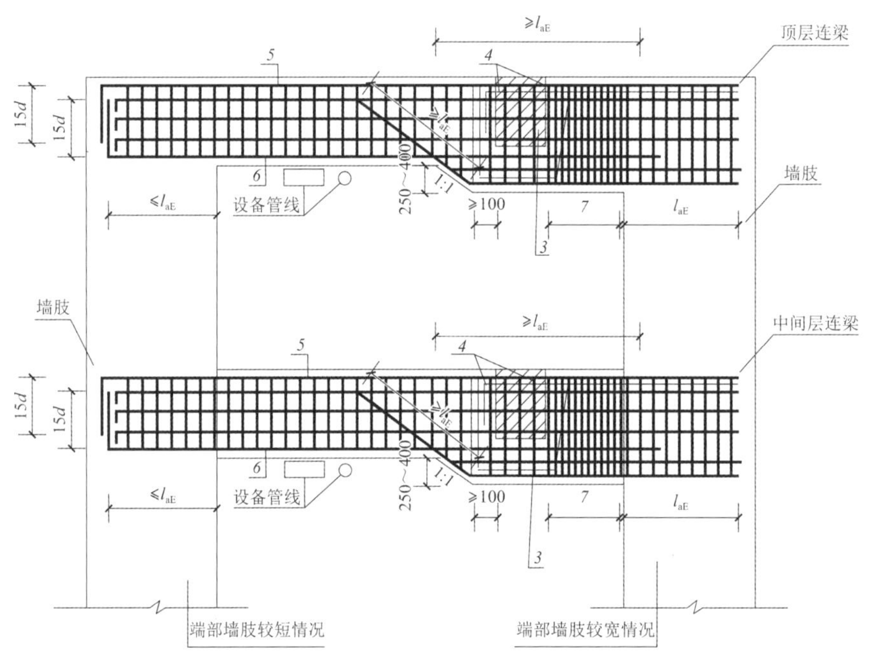

图 14.4-2　分段式连梁配筋构造详图

14.4.2 分段式连梁精细有限元仿真

为了进一步考察分段式连梁在设计地震（包括小震、中震和大震）作用下的破坏过程，利用 ABAQUS 进行非线性推覆分析，研究分段式连梁（加强段和耗能段）在往复位移下的破坏过程。分析时，混凝土单元采用 C3D8R 实体单元，材料本构采用 ABAQUS 塑性损伤模型；钢筋单元采用 T3D2 空间杆单元，该单元只受拉压，材料本构采用双折线模型。材料参数根据《混凝土结构设计规范》GB 50010—2010 附录 C.1.2 条的公式计算确定。钢筋通过*embeded 插入混凝土中，不考虑钢筋的粘结滑移。

1. 有限元分析模型

根据混凝土受压应力—应变曲线及混凝土破坏过程，以混凝土的峰值压应变ε_{cr}来划分混凝土受压的损坏程度，见表 14.4-1。混凝土本构关系采用 ABAQUS 中混凝土损伤塑性模型，通过损伤因子D_c描述混凝土的刚度下降程度。C40 剪力墙混凝土损伤程度与对应的D_c值关系如表 14.4-2 所示。

混凝土材料性能评价标准　　表 14.4-1

性能	无损坏	轻微损坏	轻度损坏	中度损坏	比较严重损坏	严重损坏
ε_c	$[0,0.8\varepsilon_{c,r})$	$[0.8\varepsilon_{c,r},1.0\varepsilon_{c,r})$	$[1.0\varepsilon_{c,r},1.3\varepsilon_{c,r})$	$[1.3\varepsilon_{c,r},1.7\varepsilon_{c,r})$	$[1.7\varepsilon_{c,r},2.0\varepsilon_{c,r})$	$[2.0\varepsilon_{c,r},\infty)$

基于D_c的混凝土受压损坏程度评价　　表 14.4-2

混凝土	完好	轻微损坏	轻度损坏	中度损坏	比较严重损坏	严重损坏
C40	[0,0.227)	[0.227,0.321)	[0.321,0.457)	[0.457,0.601)	[0.601,0.677)	[0.677,1.0]

分段式连梁有限元分析模型以塔楼层间位移最大的楼层处的分段式连梁为研究对象，考虑楼板作用，连梁加强段按中震不屈服配筋，其他部位均按小震设计配筋。分析模型上部设置刚性梁用于加载，模型底部设置刚性台座用于模拟约束。分析模型的楼板根据《混凝土结构设计规范》GB 50010—2010 取有效翼缘长度，并约束楼板面内轴向变形。为了更加真实地模拟分析模型的边界条件，将欲考察楼层模型相邻楼层同时建入分析模型，如图 14.4-3 所示。根据 SATWE 的分析结果将楼面梁传来的弯矩及剪力等效为面荷载施加到连梁上；上部楼层传递到剪力墙的上部荷载取结构重力荷载代表值，施加在模型顶端。

推覆位移施加在剪力墙上部刚性梁端部。其中，小震等效位移取 CQC 计算得到的结构最大层间位移ΔU_e，中震、大震等效位移根据《建筑抗震设计规范》GB 50011—2010 附录 M，分别取 $2\Delta U_e$、$4\Delta U_e$。推覆位移时程曲线如图 14.4-4 所示。

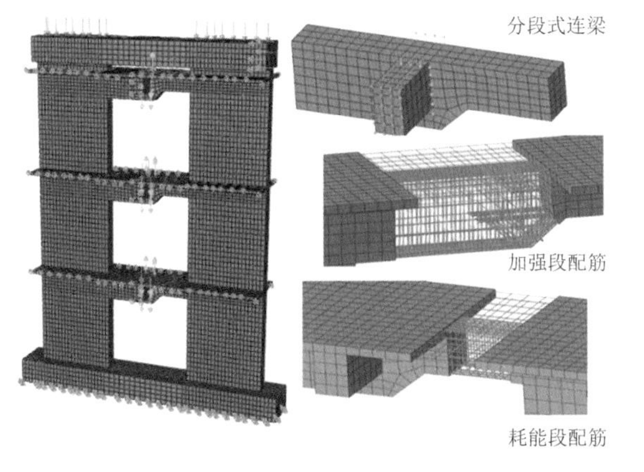

图 14.4-3　分段式连梁有限元模型

推覆曲线
小震位移
中震位移
大震位移
顶点位移（mm）
时间（s）
50 40 30 20 10 0 −10 −20 −30
0 1 2 3 4 5 6

图 14.4-4　推覆位移曲线

2. 有限元分析结果

分段式连梁在小震、中震及大震作用下，混凝土受压损伤以及钢筋塑性应变如图 14.4-5～图 14.4-7 所示。

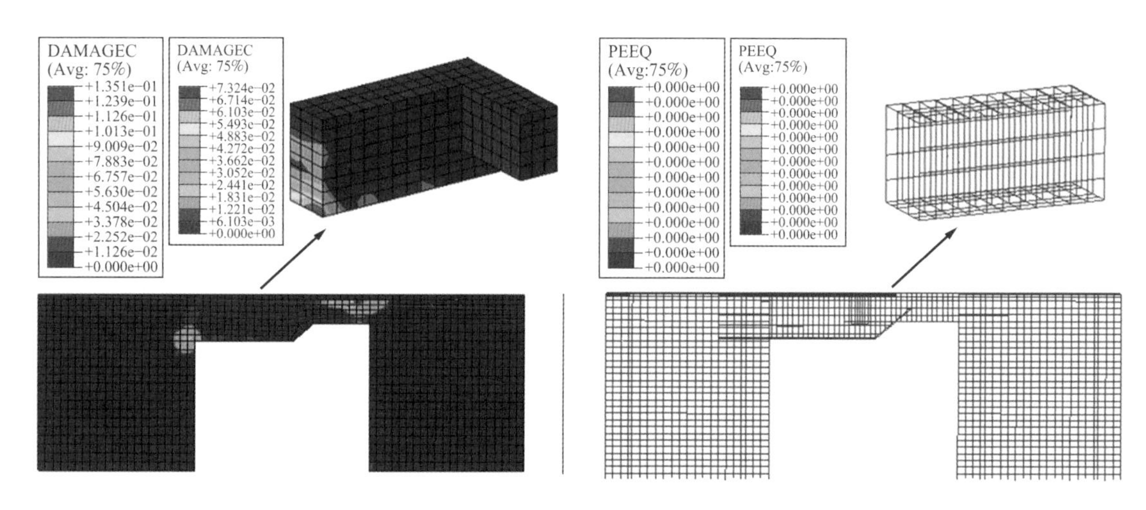

图 14.4-5　小震作用下混凝土损伤及钢筋塑性应变云图（N/mm²）

从图 14.4-5 可知，小震下连梁钢筋未屈服，混凝土最大损伤处于耗能段，最大损伤因子为0.135 < 0.227（完好状态限值）。小震作用下连梁抗震性能为弹性状态。

从图 14.4-6 可知，中震下连梁加强段钢筋未屈服，最大混凝土受压损伤因子达到 0.139 < 0.227（完好状态限值），处于弹性。耗能段仅少量箍筋屈服，纵筋未屈服，混凝土仅一个单元因子达到 0.751 > 0.601（中度损坏限值），其余单元损伤因子均小于 0.601。中震作用下连梁耗能段处于中度损坏状态。

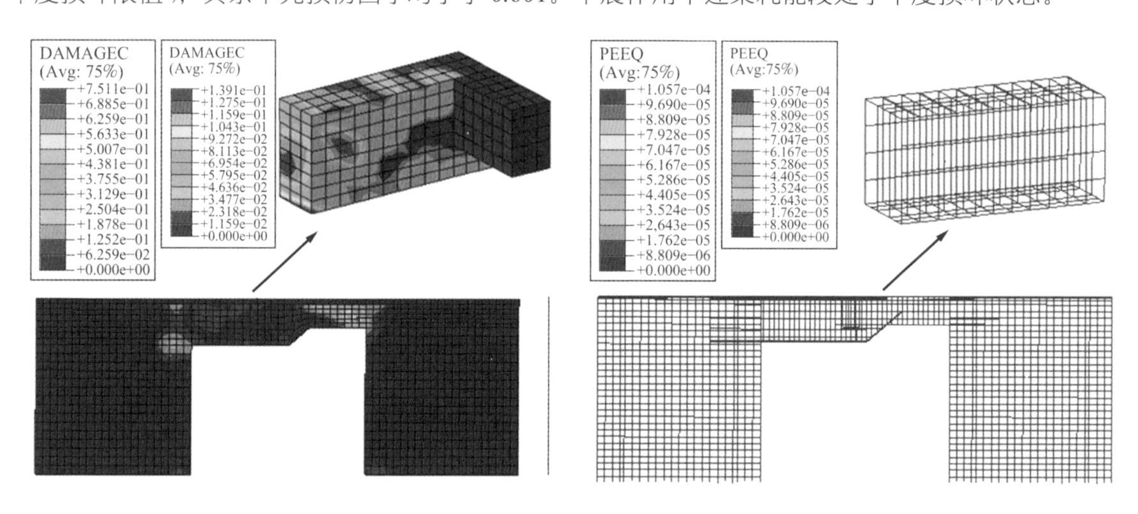

图 14.4-6　中震作用下混凝土损伤及钢筋塑性应变云图（N/mm²）

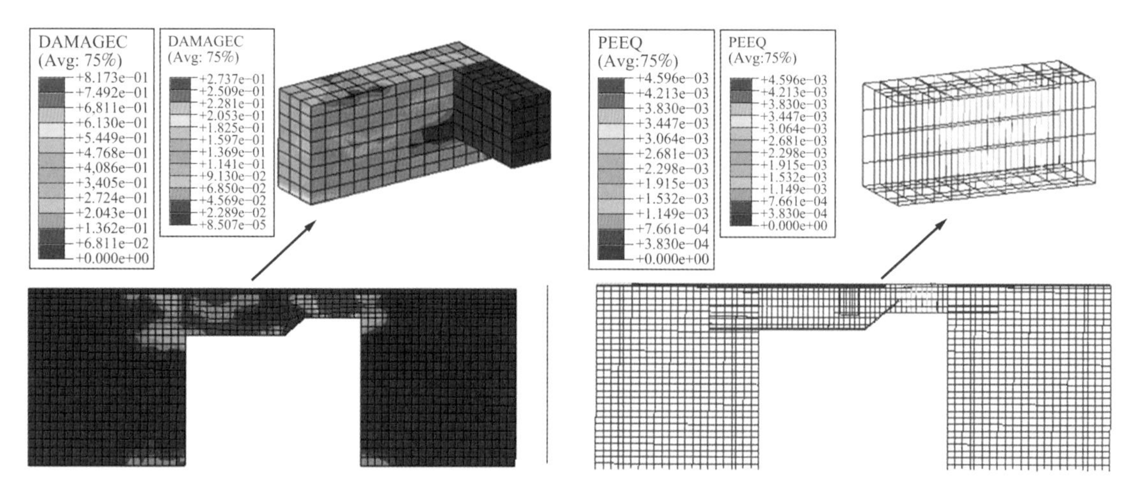

图 14.4-7　大震作用下混凝土损伤及钢筋塑性应变云图（N/mm²）

由图 14.4-7 可知，大震下连梁加强段钢筋未屈服，混凝土最大受压损伤因子达到 0.274 < 0.321（轻度损伤的限值），处于轻度损伤状态。耗能段大量箍筋屈服，仅少量纵筋屈服，混凝土绝大部分受压损伤因子超过 0.677（比较严重破坏的限值），处于比较严重破坏状态。

根据非线性推覆分析结果，水平荷载作用下，分段式连梁加强段轻度损坏，仍能够承担楼面梁传来的竖向荷载；分段式连梁耗能段发生比较严重损坏，耗能明显，设计的分段式连梁达到了预期性能目标，能够实现承重和耗能的双重功能。

14.5 试验研究

为进一步研究分段式连梁的抗震性能，以塔楼层间位移最大的楼层处的联肢墙为原型，通过试验对带分段式连梁的钢筋混凝土联肢剪力墙试件的抗震性能进行研究，重点考察其屈服机制、延性和耗能性能，从而为该新型分段式连梁在实际工程中的应用及推广提供依据和参考。

14.5.1 试件概况

1. 试验设计

根据原型尺寸及试验条件，模型缩尺比例为 1∶4，其他主要的相似比可由量纲分析或物理方程得到。试件整体如图 14.5-1 所示，主要由 6 个部分组成：墙肢、分段式连梁、楼面梁、楼面板、加载梁及底座。

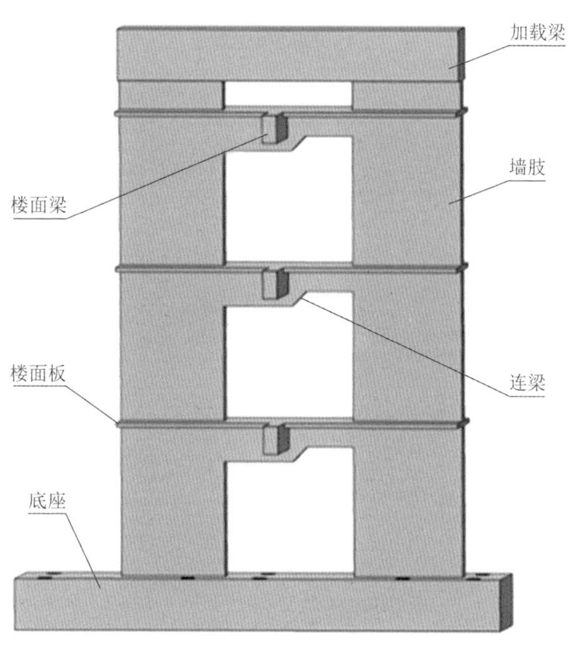

图 14.5-1 试验模型示意图

试件尺寸及配筋如图 14.5-2 所示。需要说明的是，钢筋直径也严格按长度相似比确定，部分钢筋在缩尺后没有对应的规格，因此在保证配筋率大致不变的前提下，对其直径和间距进行了适当的调整。

2. 试验材料

根据相似比要求，试验所用钢筋分别是 9、11、14 号钢丝和 D6、D8 钢筋，通过试验测得的力学性能如表 14.5-1 所示。在试件浇筑时，同批制作了 9 个棱柱体试件，通过试验测得的轴心抗压强度平均值为 58.45MPa，弹性模量平均值为 37.1GPa。

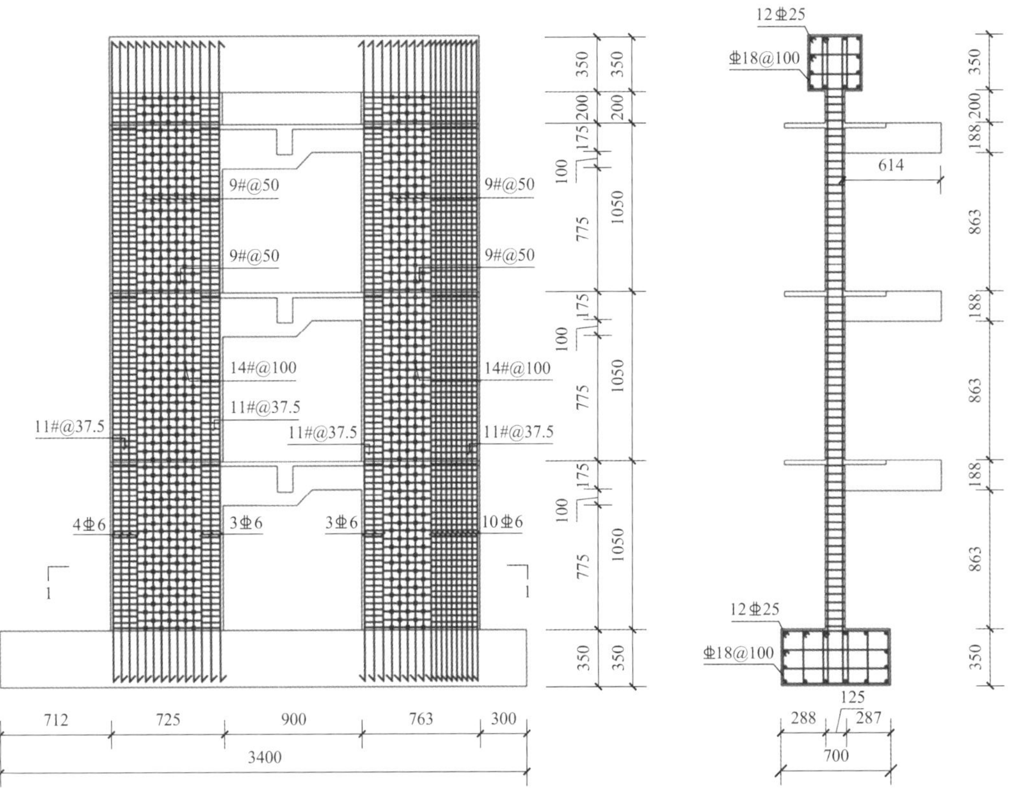

图 14.5-2　缩尺模型尺寸及配筋

钢筋力学性能　　表 14.5-1

钢筋（丝）型号	直径/mm	屈服强度/MPa	极限强度/MPa	弹性模量/GPa
9 号	3.658	305.25	403.12	206.25
11 号	2.946	174.21	212.35	206.41
14 号	2.032	239.36	343.44	207.39
D6	6	428.96	645.36	204.35
D8	8	423.56	638.74	205.26

3．试验加载

试件加载装置如图 14.5-3 所示。在每层楼面梁端，横向放置一根槽钢，槽钢两端通过拉杆连至同一重力钢梁。由于试件较高，限于试验条件，两个墙肢顶部使用千斤顶施加轴向力，并通过自制的反力钢架将反力传到底座。为防止墙肢平面外失稳，在每层的楼板处设置横向支撑槽钢，槽钢分别与楼面板上的预埋件及反力墙上的装置通过螺栓连接。当试件产生侧移后，该槽钢可以绕连接处转动，同时在其轴向可以提供平面外的约束。

(a) 面外约束　　(b) 试件加载

图 14.5-3　试验加载装置

14.5.2 试验现象

试验加载时，位移幅值增量取为 8mm。当顶点位移第一次达到 8mm 时，第二层连梁耗能段底部混凝土首先开裂。当水平位移加载至 24mm 时，连梁耗能段裂缝不断扩大，并不断产生新裂缝。相比于耗能段而言，承重段产生的新裂缝较少，裂缝扩展宽度也较耗能段小。当水平位移增加到±32mm 时，连梁耗能段底部有混凝土剥落，侧面混凝土鼓出，连梁承重段裂缝变化不明显。当位移继续增加至±40mm，连梁耗能段混凝土大面积剥落，钢筋外露。当位移增加至±60mm 时，连梁耗能段钢筋压屈鼓出，底层墙肢外侧混凝土出现压溃，呈片状剥落，边缘构件纵筋外露。此时，试件已破坏严重，试验结束。

试件裂缝分布和开展顺序如图 14.5-4 所示。由图 14.5-4 可知，分段式连梁上裂缝以斜裂缝为主，其原因在于其跨高比较小，容易出现剪切裂缝。在总体上，试件连梁耗能段相比于承重段产生了更多更密集的裂缝，破坏更严重，说明耗能段在消耗能量上发挥了主要的作用；而承重段破坏轻微，从而验证了分段式连梁的设计理念。

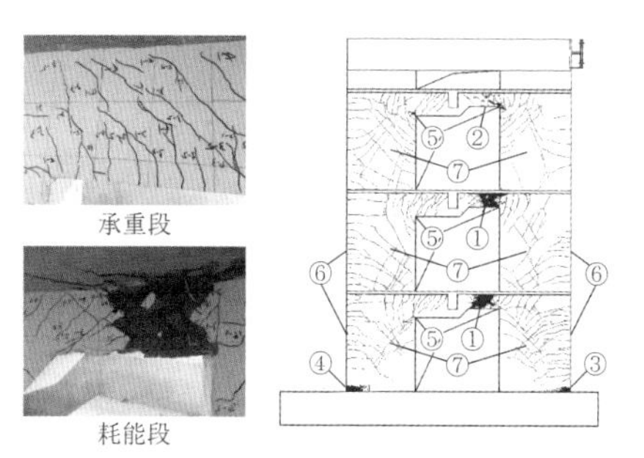

图 14.5-4　试件裂缝分布和开展顺序

14.5.3 试验结果分析

1. 延性与变形

按如下公式计算位移延性：

$$\mu = \frac{\Delta_u}{\Delta_y}$$

式中：Δ_y、Δ_u——分别为试件极限位移及屈服位移，Δ_y由骨架曲线根据作图法确定，Δ_u取为试验结束时的位移值。

计算所得位移延性及顶点位移角如表 14.5-2 所示。可以看出：

（1）试件两个方向位移延性及顶点位移角不同，其原因主要在于试件截面尺寸及配筋并不对称；

（2）位移延性平均值为 2.419，顶点位移角平均值达到 1/40，远远大于规范规定的剪力墙结构弹塑性层间位移角限值 1/120，表明带分段式连梁的钢筋混凝土联肢墙结构具有良好的变形性能。

位移延性及顶点位移　　表 14.5-2

内容	正向	负向	平均
位移延性	2.296	2.542	2.419
顶点位移角	1/35	1/44	1/40

2. 荷载-位移曲线

试验所得的试件水平荷载-顶点位移滞回曲线如图 14.5-5（a）所示。加载初期曲线较饱满，呈梭形；后期出现明显的捏拢效应，曲线呈倒 S 形。这是由于在位移加载的初期，试件裂缝较小，混凝土和钢筋保持共同变形；在加载的中后期，混凝土裂缝变大甚至压溃，混凝土和钢筋之间出现滑移，曲线呈倒 S 形。图 14.5-5（b）中，也给出了单调加载下试件的力-位移曲线。单调加载下的曲线明显高于拟静力加载下的曲线，表明相对于单调加载，往复加载下构件损伤更严重，强度更低。

试件等效黏滞阻尼系数随加载位移的变化曲线如图 14.5-5（c）所示。随着位移的增大，试件等效黏滞阻尼系数先增加后略有减小。其原因在于当位移较大时，试件损伤较为严重，混凝土与钢筋间开始出现粘结滑移，连梁耗能段耗能能力降低。

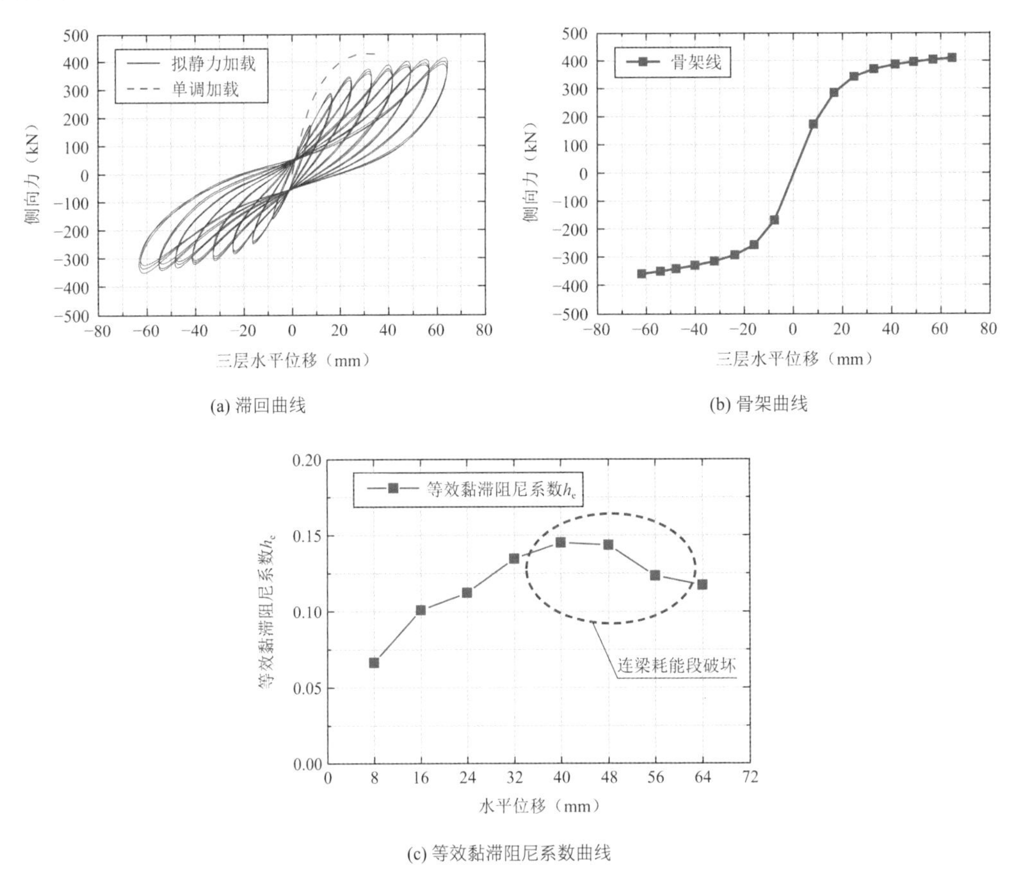

(c) 等效黏滞阻尼系数曲线

图 14.5-5　分段式连梁拟静力试验结果曲线

往复荷载作用下试件的屈服机制为：首先连梁耗能段屈服，然后墙肢边缘构件屈服，最后连梁加强段屈服。在地震作用下，使用分段式连梁的联肢剪力墙中连梁耗能段最先屈服，起到了第一道防线的作用；墙肢作为结构的第二道防线，当墙肢边缘构件屈服之后构件承载力迅速下降，构件破坏；连梁加强段在加载过程中最后屈服，能始终有效、可靠地传递楼面梁上的竖向荷载。

试验结果表明，水平荷载作用下分段式连梁连梁耗能段较早屈服，起到“保险丝”的作用。连梁承重段能有效支撑楼面梁，达到预定的性能目标。

14.5.4　试验结论

通过带分段式连梁的钢筋混凝土联肢剪力墙的拟静力试验，深入研究了其抗震性能，重点考察了带分段式连梁的钢筋混凝土联肢剪力墙的破坏形态、屈服机制及耗能性能，得到以下主要结论：

（1）连梁耗能段相比于承重段产生了更多更密集的裂缝，说明耗能段在消耗能量上发挥了主要的作用。

（2）连梁耗能段首先屈服，起到了第一道防线的作用，连梁承重段在后期屈服，能始终可靠地承受楼面梁上的竖向荷载。

（3）试件的滞回曲线初期较饱满，呈梭形，后期出现明显的捏拢效应，曲线呈倒 S 形。随着位移的增大，试件滞回耗能线性增加，等效黏滞阻尼系数先增大、后减小。

（4）试件的位移延性总体上达 2.4 左右，极限位移角远大于规范规定的弹塑性层间位移角限值，表明采用分段式连梁的钢筋混凝土联肢墙结构具有良好的变形性能。

14.6 结论

本项目总平面采用中轴对称布局，整体大气，建筑采用新古典主义的竖向线条，挺拔向上。建筑造型顶部逐层向上收分，呈现向上的强烈张力感，下部密集、上部轻盈疏朗的变化，凸显建筑挺拔向上的新古典双塔形象。双塔与裙房精致独特、错落有致的商务商业空间形成“一横两纵”的特点，颇具韵律的横竖线条形成强烈的视觉对比，构筑标志性城市商务办公建筑形象。

在结构设计过程中，主要完成了以下几方面的创新性工作：

1．楼盖直梁方案与斜梁方案对比与分析

通过对湖北国展中心项目楼盖两种布置方式的分析比较，得出直梁方案具有以下优势：

（1）直梁方案每板块区间规整统一，便于管道、设备的布置；

（2）直梁方案便于房间的分割和建筑功能调整，适应性更强；

（3）直梁方案材料用量更省，施工措施更低，经济效益好。

因此，综合考虑施工便捷性、设备布置、建筑适应性及经济性，本项目最终采用直梁方案。

2．提出一种新型的分段式钢筋混凝土连梁

采用直梁布置方案需要解决“楼面框架梁需要支承载核心筒连梁上”的问题，而钢筋混凝土连梁一般作为耗能构件，在中震、大震下率先屈服，且往往是剪切破坏。因此，《建筑抗震设计规范》GB 50011—2010 第 6.7.3 条规定：楼面梁不宜支承在内筒连梁上。为解决框筒结构连梁支承楼面梁的实际问题，项目突破常规，创新性地提出了一种兼具承重和耗能双重功能的新型分段式钢筋混凝土连梁。其中，承重段用于承担楼层梁荷载，大震下承载力不显著降低，耗能段大震下屈服破坏，实现连梁的耗能作用。

3．新型的分段式钢筋混凝土连梁设计、仿真及试验研究

针对这种新型的分段式钢筋混凝土连梁，提出了专门的设计方法及构造要求，并通过弹性设计、抗震性能化分析、精细有限元仿真和分段式连梁联肢墙低周往复试验缩尺试验，验证了该分段式连梁能够到达预期目标，确保结构设计的安全性和可靠性，相关研究成果也成功申请了实用新型专利和发明专利。

项目于 2012 年底开始设计，2018 年竣工投入使用，项目提出的新型分段式连梁已经在多个类似的超限高层建筑中推广应用，并取得了良好的经济效益和建筑效果。

参考资料

[1] 中南建筑设计院股份有限公司. 湖北国展中心广场超限高层建筑工程抗震设防可行性论证报告[R], 2015.

[2] 武汉大学. 采用分段式连梁的钢筋混凝土联肢墙抗震性能研究[R], 2018.

设计团队

李　霆、张　慎、王　颢、王　杰、陈晓强、刘沛林、黄　波。

获奖信息

2020 年度湖北省勘察设计成果评价一等奖；

2019—2020 中国建筑学会建筑设计奖结构专业二等奖。

第15章

援哥斯达黎加国家体育场

15.1 工程概况

15.1.1 建筑概况

援哥斯达黎加国家体育场（图 15.1-1）是我国与中美洲首个建交国家的首个援外项目。体育场位于哥斯达黎加国家首都圣何塞（San Jose）的 Sabana Metropolitan 公园西端区域。体育场总用地面积约 99189m^2，总建筑面积约 34123m^2，总座位数为 3.5 万座。建成后是中美洲地区现代化程度最高的综合性体育场，体育场附加办公、住宿、多功能演出以及灾难救助的安置功能，具备符合国际足联和国际田联的高水准场地和看台。建筑师将该国国徽上的海浪、帆船、火山等元素糅合，体育场造型立意为“海之帆”。

图 15.1-1 体育场实景照片

体育场平面大致呈椭圆形，椭圆长轴约 251.4m、短轴约 221.0m，四个通道将看台分成东、西、南、北四个部分。东、西看台上分别设置钢罩棚。

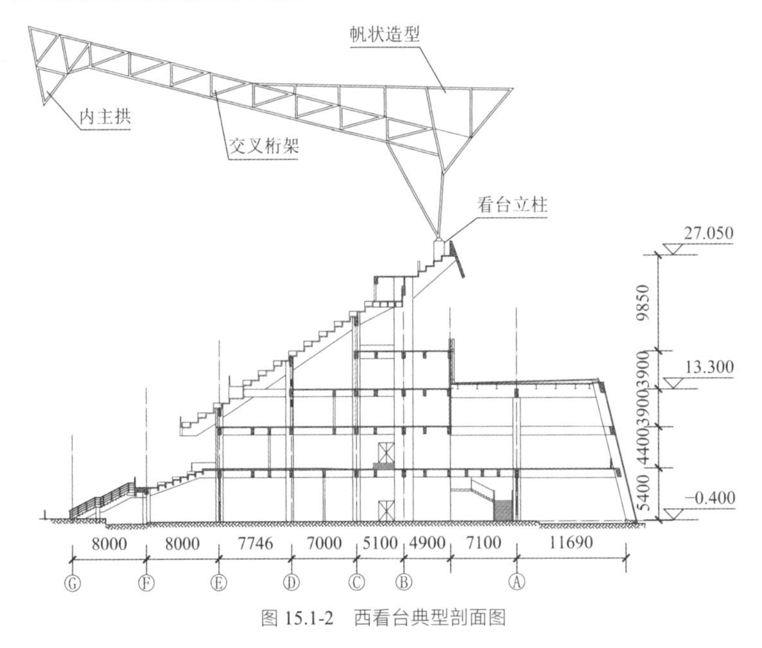

图 15.1-2 西看台典型剖面图

东、西看台平面尺寸约为 200m × 47m，高度约 28m，分为 5 层（两层看台与三层夹层），典型柱网 9m × 7m。东西看台下主要功能：一层为乒乓球馆、餐厅、会议、办公及设备用房，二层为观众休息平台，三层为运动员宿舍、办公用房，四层为局部屋面。西看台典型剖面如图 15.1-2 所示。南、北看台平面尺寸约 120m × 28m，高度 21.3m，包含两层看台。典型柱网为 9m × 8m。南、北看台下主要功能：一层为训练馆、赛事办公用房等；二层为观众休息平台。建筑首层平面见图 15.1-3。

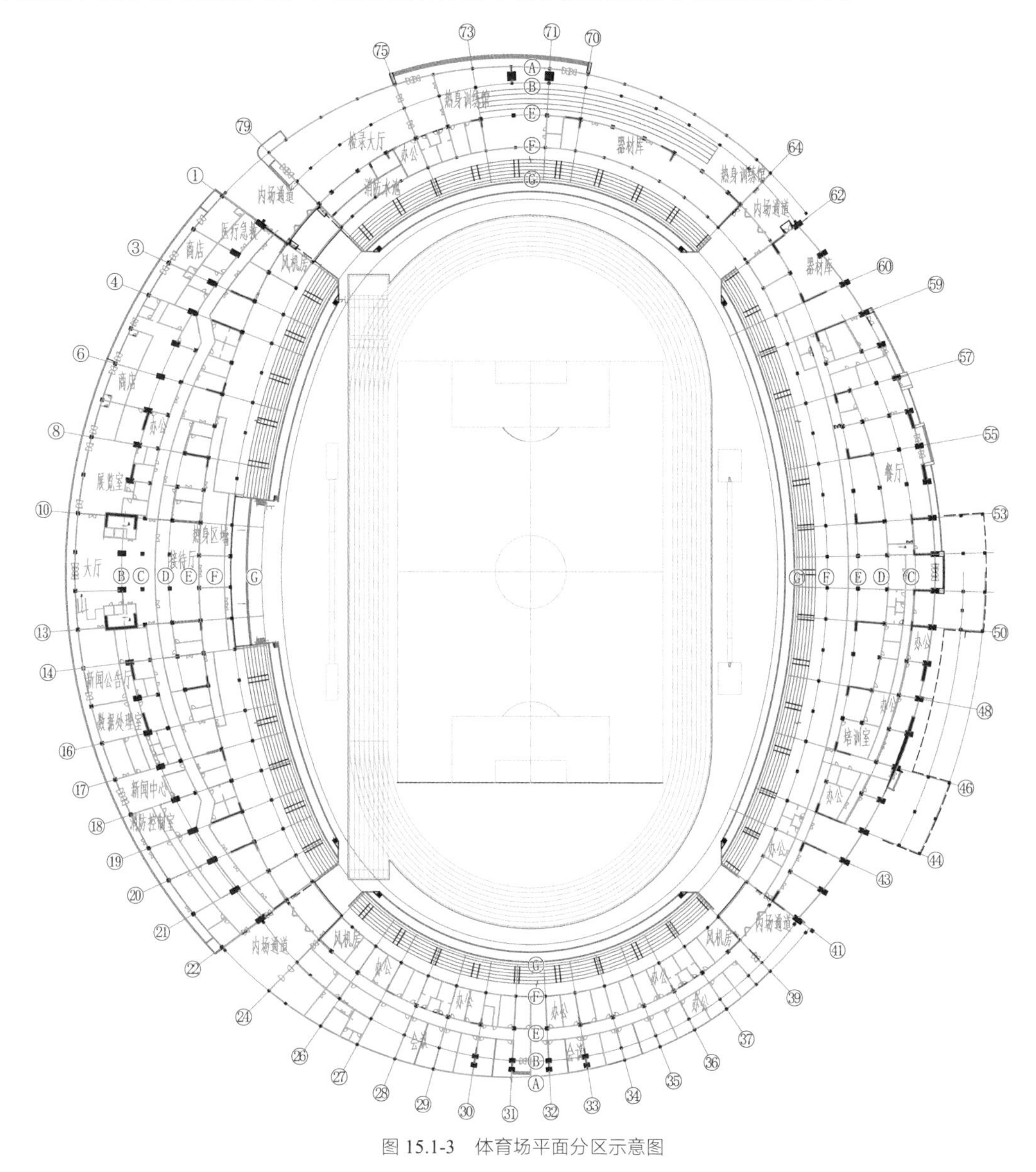

图 15.1-3　体育场平面分区示意图

东、西、南、北四个看台均采用现浇钢筋混凝土框架-剪力墙结构。罩棚位于东、西看台之上，南北向跨度约 300m，采用拱支双向斜交桁架式网格结构体系。体育场基础采用桩基础。

15.1.2　设计条件

本工程建筑结构安全等级为一级（除罩棚内外拱、支承罩棚的看台挑梁、底部加强区剪力墙外的其余部位安全等级为二级），结构设计使用年限为 50 年，混凝土结构耐久性为 50 年，建筑抗震设防为重点设防类，地基基础设计等级为甲级，建筑物耐火等级为一级。

按照《Codigo Sismico de Costa Rica（哥斯达黎加抗震设计规范）》第 2.1 节表 2.1 的规定，San Jose 属于地震行政区划分区的Ⅲ区，50 年超越概率 10%的地震加速度值为 0.36g。按照《关于援哥斯达黎加国家体育场项目抗震设防等级问题论证会议纪要》的要求，本工程抗震设计按照我国国家规范的 8 度（0.3g）计算，按照 9 度（0.4g）采取抗震措施。本工程竖向地震作用按竖向振型分解反应谱方法计算，竖向地震影响系数取水平地震影响系数的 65%。

本地区无飓风，属于受飓风影响地区。50 年设计基准期的设计风速为 105km/h，100 年设计基准期的设计风速为 120km/h。按照当时的《建筑结构荷载规范》GB 50009—2001，设计基本风压为 0.63kN/m^2（按 100 年重现期）。结构风荷载依据风洞试验报告及规范值包络选取。

工程所在地位于哥斯达黎加首都圣何塞，圣何塞地处哥中部高原地区，三面环山，海拔高度 1000m 左右，东西离海岸线均约 100km。该地区最高气温 28.4℃，最低气温 17.8℃，月平均气温在 21.9～23.6℃之间，昼夜温差和常年温差均较小。

拟建场区隶属高原山前洼地地貌单元，岩相上属山前冲洪积相地层单元。场地较为平坦，自上而下分为地质层依次为填土、粉质黏土（$f_{ak}=100$kPa，$E_s=6.08$MPa）、含砂砾粉质黏土、含砂粉质黏土、残积土、砾石土（埋深约 30m，$f_{ak}=250$kPa，$E_s=12$MPa）。场地土类型为中软土，场地土类别为Ⅲ类。

本项目采用中国国家标准、规范进行设计，但应考虑哥斯达黎加本国标准及法规对抗震、抗风、消防、电力、通信、安全等方面的要求。本项目主要结构材料为：混凝土 C40，钢材 Q235B、Q345B 及 Q345GJC。

15.2 建筑特点

15.2.1 高烈度地震区体育场

哥斯达黎加位于中美洲，处于加勒比板块和西太平洋板块互相影响地域，首都 San Jose 位于中央山脉的中央谷地，东、西分别距大西洋和太平洋均在 100km 左右。不论是发生在陆地还是大西洋、太平洋的地震，对 San Jose 均有影响。拟建场地隶属于中北美洲太平洋西海岸火山活动带上，目前距拟建场地南侧 56km 和北侧 150km 左右，有两座活火山存在。根据哥斯达黎加相关部门提供的地震资料，拟建场地 1772—1999 年共计发生强烈地震 16 次，较近一次地震为 1991 年发生的 7.6 级地震，建设过程中亦发生过 6.1 级地震（震中距约 50km）。本地区属地震活动频繁、震级较高的地区。

15.2.2 与我国相距遥远的援外建筑

本体育场为中国政府的对外援建项目，与我国相距遥远。设计中，注重展示我国先进的建造技术并尽可能选用国产的工业产品。结构专业严格落实援外项目设计相关指导原则：

（1）规范适用原则。结构设计均执行的中国国家标准、规范，同时参照当地的规定与习惯做法。项目设计之初即需协调考虑施工机械选用（如桩基施工机械等）、主要建筑材料选用（如钢筋、型钢、高强预应力拉索等均采用中国产品）等。

（2）功能优先原则。根据项目实际需求，结构方案及构件布置在满足承载能力要求的同时，还需考虑对建筑使用空间不产生不利影响。

（3）投资匹配原则。本项目在满足规范安全要求的前提下，优化结构布置，控制土建造价。

（4）便利维护原则。选用耐久性好的建筑材料及技术方案，达到减少维护的目的。

（5）结构设计时，还需考虑技术创新原则、整体规划原则、绿色环保原则、持续发展原则。

15.2.3 方案对比

罩棚结构作为体育场重要的组成部分，除满足遮风挡雨的基本功能外，也是构成建筑形态、营造建筑立意、体现体育精神和文化特色的重要元素。在相关工程案例的基础上，可将罩棚结构形式分为悬挑式（图 15.2-1a）、拱支式、拱吊式、车辐状索承网格结构、柱顶桅杆斜拉式（图 15.2-1b）和巨型独立桅杆斜拉式等类型。

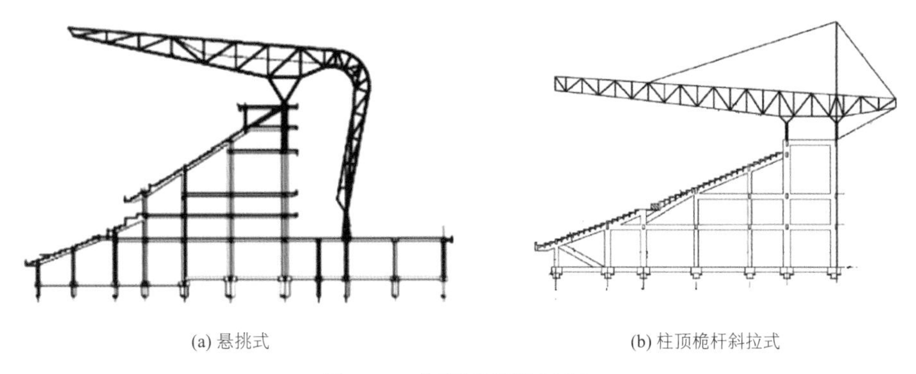

(a) 悬挑式　　(b) 柱顶桅杆斜拉式

图 15.2-1　体育场罩棚结构形式

悬挑式罩棚仅通过根部抗弯机制来解决承载能力和刚度问题，属典型悬臂梁结构。悬臂构件挠度与悬臂长度的四次方成正比，悬臂较大会使结构厚度和用钢量大幅增加。悬挑式结构不利于形成空间的传力体系，不利于充分发挥构件材料利用效率。故本项目采用该结构体系无明显优势。

拱吊式、车辐状索承网格结构、桅杆斜拉式通过根部抗弯和前端某种弹性支承的组合来改善承载能力和刚度。但这同时对建筑形态提出了较高的要求，本建筑方案的建筑形态难以契合前述结构方案所提出的要求。

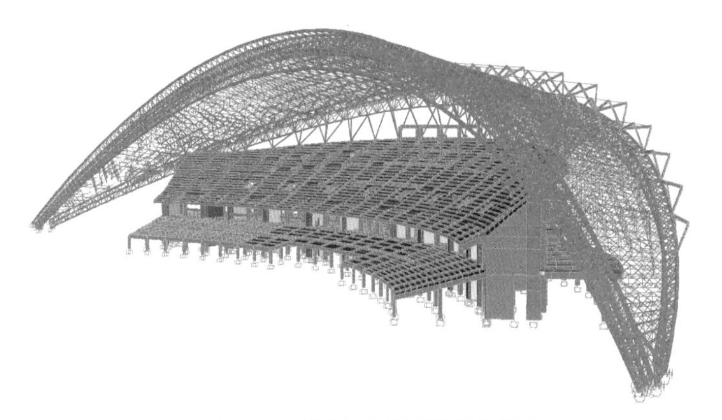

图 15.2-2　体育场西看台整体结构模型

拱以轴向受压为主，材料利用效率高、刚度大，承载效率高。将拱和悬挑式挑篷结构有机结合，通过建筑形态来形成自然且高效的结构抗力形态，所形成的新型杂交体系是本项目的更优解（图 15.2-2）。拱为罩棚悬臂端提供弹性支承，可改变荷载传递途径、减小结构厚度，减小看台支点的负荷等，罩棚结构则可保证拱的侧向稳定性。本体育场罩棚最终采用拱支双向斜交桁架式网格结构体系。该结构体系与建筑造型契合匹配，充分体现结构美与建筑美的统一。

15.2.4　结构布置

1. 结构体系

1）结构缝设置

看台在四个进入通道位置设置 4 条结构缝，分成东、西、南、北四个结构单元（图 15.1-3）。东、西看台平面尺寸约为 200m × 47m，属超长结构。综合考虑以下因素，东、西看台区内部不设缝：

（1）当地昼夜温差和常年温差都较小，极限最大温差约 10℃，月平均温差 1～2℃。在温度作用参与的工况组合下，看台不分缝的设计是可行的。

（2）结构构件的收缩变形可通过材料及施工措施予以解决。

（3）当地地震频发、震级高，罩棚支撑于东、西看台之上。东、西看台内部分缝后，下部多个结构单元通过屋盖连接而形成复杂的连体结构，整体性差且对整体结构抗震不利。

2）结构体系

常规体育场结构体系可选用现浇钢筋混凝土框架结构、现浇钢筋混凝土框架-剪力墙结构、钢框架-支撑结构等。

（1）哥斯达黎加国家抗震规范中该区域的基本地震加速度值为 0.36g，商务部援外司组织的本项目抗震设防专家论证会意见为：项目按中国国家规范设防烈度 8 度（0.3g）、重点设防类进行设计，并且应采用具有多道防线的结构体系；

（2）当地地震多发、烈度高，采用具有多道防线的框架-剪力墙结构，对于结构在强震下的安全是很重要的；

（3）加强看台结构的抗侧刚度（设置较多抗震墙），从而减少整体结构（包含看台及支撑于看台上的钢罩棚）各部位侧向位移的绝对值及差值，可以给罩棚提供较大的均匀分布的刚度，对整个结构是有利的。

综合结构安全合理性、工程造价、施工便利性等多方面因素，东、西、南、北四个结构单元均采用现浇钢筋混凝土框架-剪力墙结构。

东、西看台高度 28m，分为 5 层（两层看台与三层夹层），典型柱网 9m × 7m。看台最高端悬挑梁水平长度约 5m，罩棚支撑在悬挑梁上，在罩棚的恒荷载与活荷载作用下，看台前端的柱中就存在拉力，因此剪力墙沿弧直径方向尽量靠近看台低端布置，通过加大结构整体的抗倾覆力臂，并且以剪力墙的自重和桩基础自重抵抗拉力，避免竖向构件因轴向拉力而过早开裂对抗震性能产生的不利影响。

3）剪力墙布置

对剪力墙的平面布置，设计时主要对比了相对集中的剪力墙布置方案（图 15.2-3）和基本均匀的剪力墙布置方案（图 15.2-4）。两方案结构整体刚度基本一致，且均可满足建筑要求。

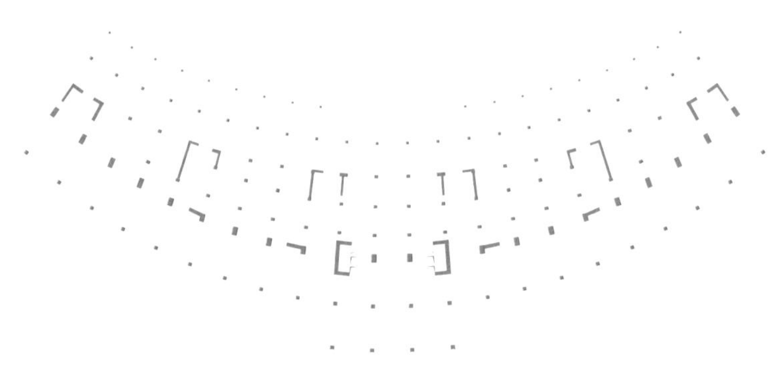

图 15.2-3　相对集中的剪力墙布置方案（对比方案）

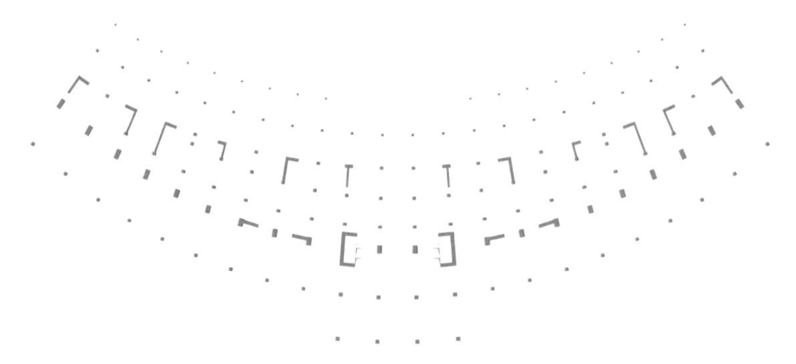

图 15.2-4　西区二层结构平面布置图

通过比较基本均匀的剪力墙布置方案和相对集中的剪力墙布置方案结构模型的计算结果，可发现后者水平地震作用较多通过倾斜看台及包含洞口的各夹层楼面构件在各抗侧力构件间进行分配协调，楼面梁板内应力集中现象较为严重，较多构件配筋率较大且配筋困难。另外集中布置的剪力墙布置方案中存在大量短柱难以满足抗震承载力要求。而基本均匀的剪力墙布置方案，有着更简短直接的地震作用传递途径，故本项目最终采取图 15.2-4 所示的基本均匀的剪力墙布置方案，剪力墙沿弧线方向按照约 20m 间距均匀布置。

4）超长看台结构设计

对超长看台结构，采取以下设计及施工措施以控制相关荷载及作用的影响：

（1）进行温度作用和混凝土收缩作用计算。本工程看台结构设计计算温差取+5℃、−10℃（考虑混凝土收缩的等效温降），并考虑日照直射产生的构件梯度温度引起的效应，温度作用的组合值系数取 0.6。计算温度作用下框架柱、梁的附加弯矩、剪力和轴力，尤其是地面以上首层边柱、边框架梁的附加内力（考虑桩基约束刚度对温度作用内力的影响），将温度作用参与荷载组合并进行构件配筋设计；

（2）现浇板板面均设置通长温度钢筋，梁中增设腰筋，抵抗温度应力；

（3）间距 40～45m 设置施工后浇带，以解决早期的混凝土收缩问题和降低整体结构的温度差值；

（4）看台混凝土梁、板采用补偿收缩混凝土，同时间距 20～25m 设置膨胀加强带，使混凝土构件内具有一定的预压应力，减少裂缝；

（5）看台梁、板和露天构件混凝土掺入聚丙烯单丝纤维，提高材料的抗拉强度。

2. 看台基础设计

本工程场地主要由第四系人工填土、冲积层、残积层及白垩系沉积岩组成，其中松散的填土、高压缩性土层的厚度达到 15m 左右。

本工程基础需承担较大的竖向力及水平力。根据地质勘察报告，场地内有部分强风化层缺失，液化土层下即为中风化岩层。预制桩无法满足本工程的需要。因此本工程采用 900mm 直径的钢筋混凝土钻孔灌注桩，桩端持力层为砾石土层。工程桩单桩竖向抗压承载力特征值为 2600kN，单桩水平承载力特征值 280kN。为提高工程桩的水平承载力，本工程对地表的松散填土层清除换填后，采用重型振动碾压机进行碾压压实，要求处理后的地基承载力特征值不小于 130kPa。基础设计详见专项设计相关章节。

3. 菱形网格构成的拱支罩棚结构体系

罩棚位于东、西看台之上，南北向跨度约 300m，采用拱支双向斜交桁架式网格结构。看台基础采用桩基础。拱基础采用长短桩基础 + 预应力拉索。

按建筑方案造型要求，罩棚上部有 17 片帆状造型。两拱间罩棚宽度约 40m，罩棚可采用正交正放四角锥网架结构（图 15.2-5）。若采用该方案，帆状造型结构构件与主体正交网架的连接较为困难，需设置多级的转换构件，且正交正放四角锥与建筑的纹理及韵律不协调。

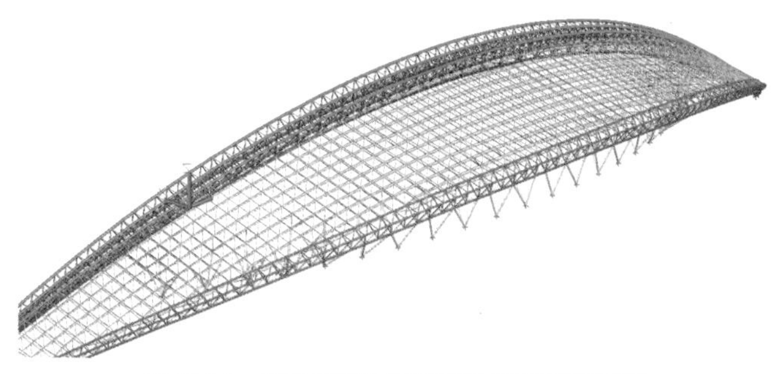

图 15.2-5　罩棚采用正交正放四角锥网架结构方案

为解决上述矛盾，罩棚网架结构采用双向斜交桁架组成的网架结构（图 15.2-6），从而让两者间的连接更为合理，更符合建筑的纹理要求。双向斜交桁架组成的网架存在较多的菱形网格，为解决杆件的稳定问题并加强罩棚整体刚度，在上下弦局部位置加设第三向系杆。加设的第三向系杆若连续布置，则在该方向形成拱，这将导致结构的传力途径不明确、网架节点连接困难，故在适当的位置断开系杆，间断布置。

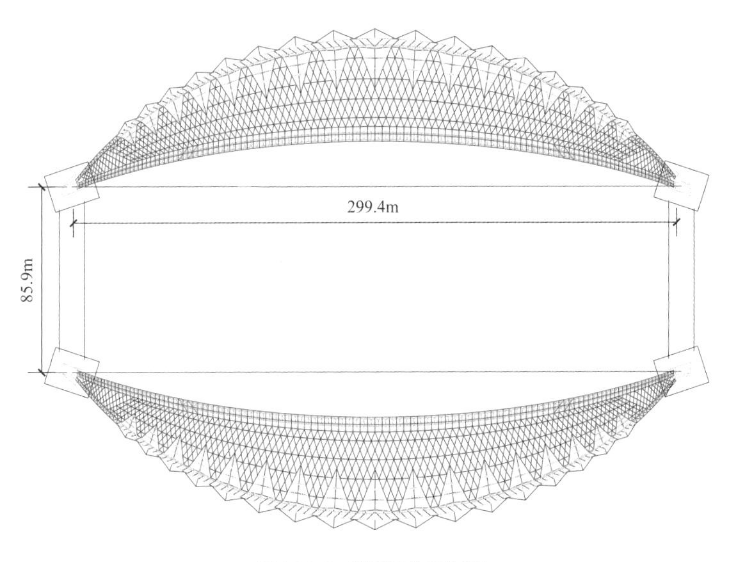

图 15.2-6　罩棚结构俯视图

由于建筑造型要求，支撑网架的内拱倾斜放置（图 15.2-7）。由此，罩棚竖向荷载 G 所产生的拱平面外分力 F 的传递采用下述途径：网架→树状支撑→看台→基础，即将网架作为倾斜内拱的平面外支撑。由于拱平面外分力的存在，树状支撑与看台间的连接支座必须采用固定铰支座。结构的整体分析和罩棚的稳定分析表明，该结构形式能满足承载能力和正常使用的要求。罩棚各组成部分概况如下：

（1）内主拱，跨度 299.4m，拱平面内矢高 54.2m，高跨比 1/5.5，主拱与水平面夹角约 63.8°。拱横截面为倒置的三角形，弦杆由 6 根钢管组成，跨中截面最大高度 8.0m，两端收小，两端拱截面高度 2.5m，刚接于混凝土拱脚支座上。内拱弦杆截面规格根据内力情况调整，规格为ϕ600 × 22～ϕ800 × 22。

（2）外拱形桁架，水平投影长度 298.6m，平面内矢高 73m，高跨比 1/4.1，与水平面夹角约 32°。桁架横截面为倒置的三角形，弦杆由 3 根钢管组成，截面最大高度 4.5m，两端收小。外拱桁架弦杆截面规格为ϕ426 × 16～ϕ800 × 22。桁架两端刚接在混凝土承台上，同时在看台上设置一定数量的固定铰支座，该支座与钢管桁架之间采用树状支撑连接。固定铰支座采用抗拉球型钢支座，符合《桥梁球型支座》GB/T 17955 相关要求。支座设计要求：可万向转动，容许转角 0.02rad；竖向抗压承载能力 3000kN（同时剪力 800kN），竖向抗拔承载力 1500kN（同时剪力 1000kN），水平抗剪承载力 1500kN（对应竖向压力 800kN）；使用年限不小于 50 年，满足耐久性要求。

（3）两拱之间的网架，为两向斜交桁架（局部加第三向系杆）组成的网架，主要由内外拱支承，局部直接通过树状支撑支承于看台，网架节点主要为暗置节点板的相贯焊节点，部分为焊接球节点。网架与内外拱间的连接节点也采用暗置节点板的相贯焊节点。暗置节点板的相贯焊节点较焊接空心球节点更能满足建筑造型要求，并且传力更为直接。

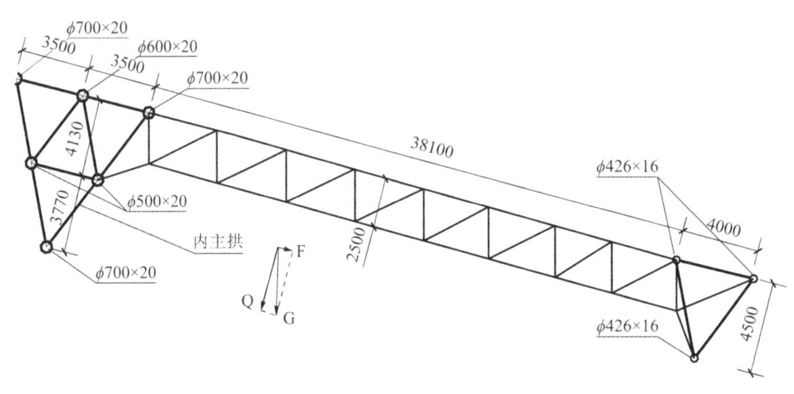

图 15.2-7　罩棚跨中结构横断面

（4）帆状造型，采用焊接H形钢梁，支承于网架之上，通过水平支撑系统保证自身刚度及稳定。H形钢梁与网架间的连接采用销轴式的铰接点，人字形顶处钢梁刚接。如图15.2-8所示。

图15.2-8 罩棚施工过程照片

4. 多次地震后的使用情况

本体育场于2008年设计，由中方施工建造，于2011年1月交付哥方投入使用。体育场项目建设期间及建成后，哥斯达黎加经历过2010年5月20日里氏6.1级地震、2011年5月14日里氏6.0级地震、2012年9月5日里氏7.6级等多次地震。

2017年，哥方提出希望中方对该体育场消防系统升级改造的意向。随后，机械工业第六设计研究院有限公司进行了该项目的现场考察。现场局部如图15.2-9所示。依据该考察单位2017年11月编制的《援哥斯达黎加体育场升级改造项目可行性研究报告》，经历过多次地震后的体育场现状情况为：

"（1）体育场主体结构损伤检查，看台边梁、看台底板均完好无损；主体结构框架柱、梁及板完好无损。

（2）体育场主体结构柱、梁、板未见明显破坏性损伤和超出正常使用极限状态的变形。

（3）主体结构混凝土表面防腐、防侵蚀涂层基本无破损。

（4）体育场钢结构罩棚的所有钢构件防锈涂层基本完好。钢构件及锚固件基本未锈蚀受损，仅小部分钢管局部有锈蚀斑点。

（5）西区外侧二层观景台处路灯基座混凝土有部分开裂。"

该报告的结论为："体育场结构安全状况评估：体育场主体结构完好，构件无损伤与缺陷，主体结构可满足继续使用要求"。

图15.2-9 震后现场照片

15.3 结构分析

1. 罩棚结构分析

建立空间结构模型，采用 3D3S V9.0 和 SAP V11.0 设计分析。罩棚拱弦杆节点间构件连续，腹杆、撑杆、系杆铰接于弦杆，网架构件在节点处铰接。为考虑看台支座处变形对罩棚的影响，对看台处支座采用弹性约束，其弹性约束刚度取为在看台结构支座对应自由度处作用单位力除以该处单位力后的位移。

内拱跨中最大挠度为：307mm，$f/L = 1/970 < 1/400$，满足规范要求。交叉桁架网壳最大竖向变形为 195mm，最大挠度为：$f = 57$mm，$f/L = 1/737 < 1/400$，满足规范要求。

恒荷载工况下，罩棚结构竖向位移云图见图 15.3-1。各工况下罩棚内拱跨中节点挠度见表 15.3-1。

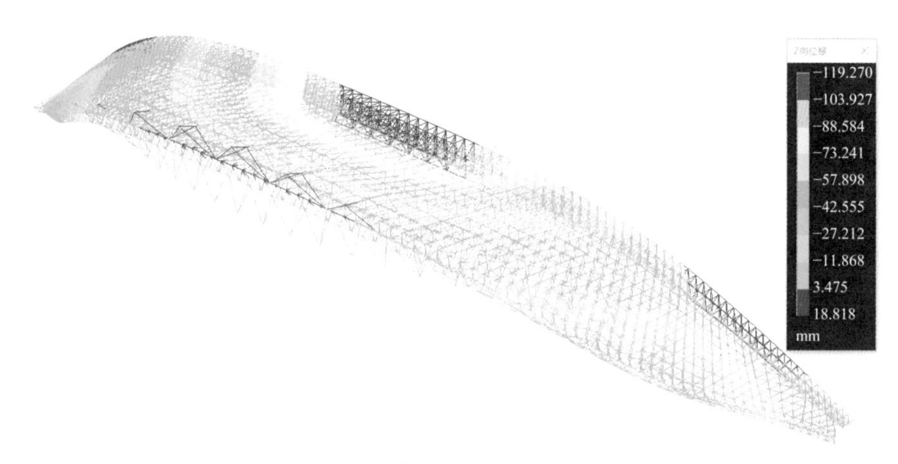

图 15.3-1 恒荷载工况下罩棚结构竖向位移云图

罩棚内拱跨中节点单工况挠度 表 15.3-1

工况	恒荷载	活荷载	风吸	风压	升温	降温
挠度/mm	119	20	−109	55	−127	127

钢罩棚的设计采用如下步骤：

1）将钢罩棚与看台连接处假定为固定铰约束，对单独的屋盖模型（模型Ⅰ）进行设计；

2）将钢罩棚与看台连接处采用水平及竖向的弹性约束，对单独的屋盖模型（模型Ⅱ）进行构件截面的调整，约束刚度根据在下部结构模型相应支座处作用单位力后该自由度的位移值计算；

3）建立组装看台及罩棚的总装模型（模型Ⅲ），在整体结构模型中校核罩棚各构件。

计算结果表明，模型Ⅰ计算得到的钢罩棚与看台连接处的支座反力值与整体结构模型分析结果差别较大。而模型Ⅱ计算得到的钢罩棚和看台连接处的支座反力值，与整体结构模型Ⅲ分析结果较为一致。

2. 看台结构分析

针对看台扭转不规则情形，采用空间计算模型，考虑双向地震效应。对于看台斜折板部位，采用符合楼板平面内实际刚度的弹性楼板假定，分析楼板应力并采取构造加强，如提高板配筋率等措施，确保楼板可以有效传递内力。

针对下部看台结构的分析，设计亦采用了单独看台的分离模型和整体模型，并在两者间进行了包络设计。看台分离模型采用 ETABS 9.5 建立，将前述模型Ⅱ计算得到的支座反力分工况添加到看台的相应节点上。整体组装模型采用 SAP2000（11.0 版）建立（图 15.3-2），进一步对看台结构构件进行包络校核。

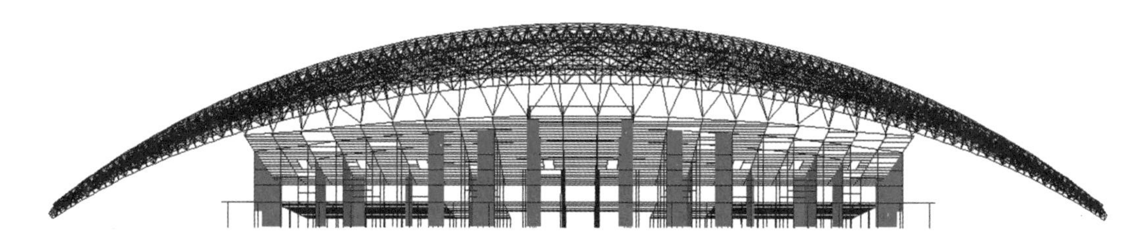

图 15.3-2 整体结构组装模型

整体结构第 1～3 阶振型见图 15.3-3。看台分离结构模型与整体组装模型的周期比较、典型工况下看台最高处框架节点位移比较详见表 15.3-2、表 15.3-3。

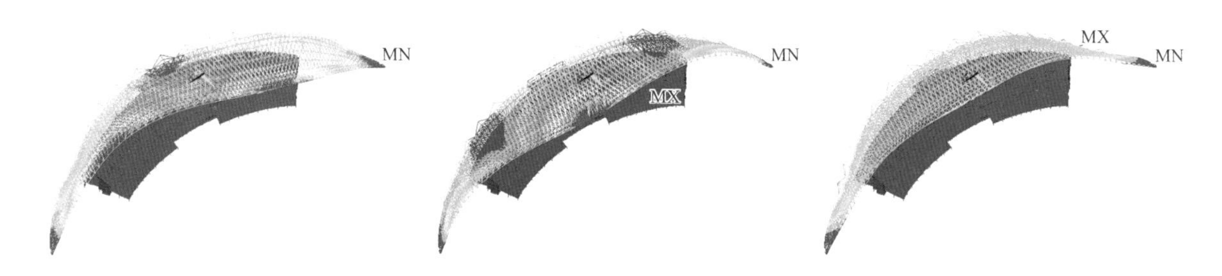

图 15.3-3 整体结构第 1～3 阶振型

看台分离模型与整体组装模型周期对比表　　表 15.3-2

周期/s	T_1	T_2	T_3	T_4	T_5	T_6	T_7	T_8	T_9	T_{10}	T_{12}
分离模型	0.34（X 向平动）	0.26（Y 向平动）	0.22（X 向平动）	0.20 扭转	0.19（Y 向平动）	0.15（Y 向平动）	0.14（X 向平动）	0.10（Y 向平动）	0.09（X 向平动）	0.07 竖向	
整体模型	1.15（屋盖振型）	0.82（屋盖振型）	0.60（屋盖振型）	0.46（屋盖振型）	0.43（屋盖振型）	0.42（屋盖振型）	0.37（屋盖振型）	0.36（屋盖振型）	0.33（屋盖振型）	0.32（X 向平动）	0.26（Y 向平动）

恒＋活＋地震组合工况下罩棚支撑处看台分离模型与整体组装模型位移对比表　　表 15.3-3

框架节点号	X向位移/mm	Y向位移/mm	Z向位移/mm
1438-3（1603）	8.7186（7.864）	13.1054（6.6）	1.4273（1.278）
1247-8（1559）	9.382（8.16）	10.8895（7.534）	1.6785（1.304）
1020-2（1602）	10.3793（8.767）	9.1459（6.6）	1.5616（1.278）
808-1（1605）	11.4734（9.147）	9.0826（6.385）	2.0443（1.365）
596-1（1600）	11.4734（9.58）	9.0826（6.571）	2.0443（1.648）
478-1（1598）	12.0306（9.945）	9.2862（6.662）	2.0797（1.73）
374-1（1595）	12.7897（10.578）	8.709（6.144）	1.6341（1.314）
299-1（1592）	12.9411（10.781）	9.5377（6.595）	1.9327（1.597）
242-1（1590）	13.3345（11.231）	9.5877（6.441）	1.9115（1.429）

注：括号内值为整体组装模型计算结果。

从以上表格可以看出：

（1）整体结构低阶振动模态为罩棚的振动，整体模型中以看台为主的振型与看台分离模型的振型基本一致。下部看台刚度远大于上部钢结构罩棚刚度，上部钢结构刚度对下部看台振动特性不产生明显的影响。看台分离结构模型与整体组装模型各项整体指标（周期、位移角、地震剪力系数、最大轴压比、楼层刚度比等）均相近。

（2）看台上的罩棚支撑点支座反力分析：

①支座反力两端小，中间大；

②支座反力不仅存在压力、剪力，还存在 2200kN 的拉力；

③除恒荷载以外，活荷载、风荷载、地震、温度均产生与恒荷载数量级相当的支座反力。

（3）由于看台结构分离模型仅将屋盖结构在各种工况下的支座反力作为一种荷载，并未考虑屋盖结构对刚度的贡献，因此与整体模型计算结果相比，看台顶部框架节点位移存在差异，趋势是离钢罩棚拱脚越远的框架节点，分离模型与整体模型的位移相差越小。

（4）本工程对看台分离模型与整体模型进行分析发现，仅顶层看台的个别构件内力相差约 20%，其余各构件内力均较为接近，最后取两者的包络值进行构件的配筋设计。

15.4 专项设计

15.4.1 高烈度地区基础连系桁架设计

在多遇地震作用下，本工程东、西看台结构单元基础需承担的总水平剪力达到 60000kN，且各柱、剪力墙底水平剪力分布不均匀，特别是剪力墙下水平剪力较大。

常规设计时，各柱和剪力墙下的基础独自承担各自水平剪力（以及竖向力及弯矩）。按此方式，部分竖向构件的桩基础在满足竖向承载力（含弯矩）需求后，桩抗剪承载力有富余，而另一部分竖向构件的桩基础在满足竖向承载力需求后抗剪承载力不足。按基础独自承担各自水平剪力方式设计，西看台结构单元总桩数为 471 根。

为充分利用各工程桩的承载能力，本工程设计考虑将整个建筑物的基础连为一个整体，共同抵抗地震水平剪力。即除了设置常规的双向基础连系梁外，另在基础之间加设水平支撑，使基础梁和支撑形成一个水平桁架（图 15.4-1），由此协同承担建筑物总的地震水平作用。考虑基础连系桁架整体承担建筑物地震作用后，东、西看台结构单元工程桩数量减少约 20%。在保证建筑物安全的前提下，基础整体承担荷载的方式，更利于达到节省工程造价、缩短施工工期的设计目标。

采用基础连系桁架整体承担建筑物地震作用的设计流程如下：

1）根据试桩资料等确定桩基的水平约束刚度及竖向刚度；

2）根据竖向构件的基顶竖向力及弯矩初步布置工程桩；

3）在上部结构模型中模拟输入承台，并且在桩顶处输入弹性约束，由此校核桩的竖向及水平承载力；

4）调整不满足承载能力要求处的桩布置，循环第 3 步，直至所有桩的承载能力满足要求；

5）提取基础连系桁架斜腹杆及弦杆内力，进行基础连系桁架构件的配筋设计。

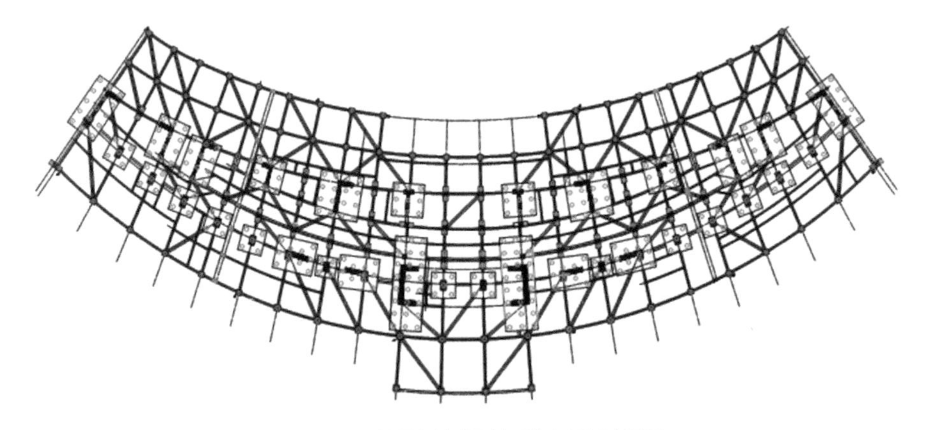

图 15.4-1　西看台基础及连系桁架平面布置图

15.4.2 软土地基上长短桩＋预应力拉索的拱基础设计

内外拱拱脚相距较近，刚接于同一承台上（图 15.4-2、图 15.4-3），设置共同的基础。各单工况下，两拱脚反力合力标准值见表 15.4-1（按拱脚产生 6mm 水平位移对应的约束刚度计算出的反力值）。另由于拱脚处土质软弱及基础竖向承重的需要，拱基础采用桩基础方案。

图 15.4-2 拱与基础承台连接节点

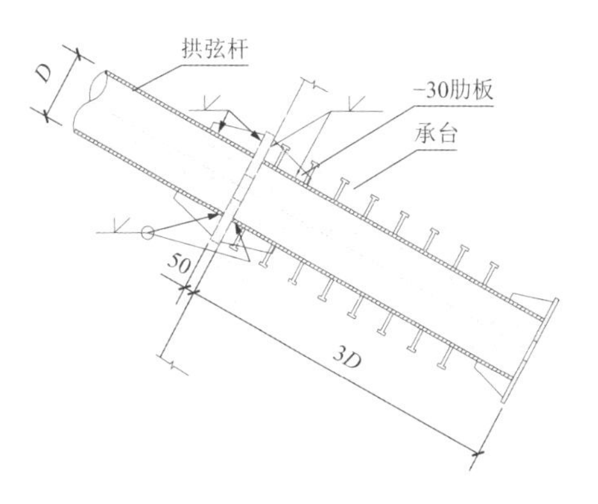

图 15.4-3 拱脚承台预埋型钢

各工况下拱脚反力合力标准值 表 15.4-1

工况	反力值/kN R_x，R_y，R_z	工况	反力值/kN R_x，R_y，R_z
恒荷载	7800，2100，6000	降温	−1750，1150，−900
活荷载	1100，−300，700	升温	5250，−3350，2650
风吸	−4700，1000，−2600	X 向小震	2200，−600，600
风压	3100，−600，1700	Y 向小震	2710，650，1350

拱脚的水平推力有三种：

1）拱脚在恒荷载、屋面活荷载及升温工况下产生向外的水平推力，这部分的水平推力占拱脚总水平推力的大部分，可以通过拱脚之间的预应力拉索或拉梁自平衡。

2）拱脚在风负压、降温工况下，产生向内的水平推力。向内推力与向外推力相比，向内推力较小。这种推力不能通过预应力拉索自平衡。

3）拱脚在侧向风荷载和地震作用下，两拱脚产生同向的水平力。这种水平力不能通过拱脚间的连系构件自平衡。

对于第 1）种情况，有如下两种处理方案：

第一种方案是采用预应力混凝土拉梁，大部分向外的水平推力被拉梁的预压力平衡。近 300m 长的拉梁在预压力作用下为保证稳定需要较大的截面（如箱形截面），为防止拉梁失稳，在拉梁中应设置较多的侧向约束；为使拉梁中的预应力不因与土的摩擦而损失，拉梁四周需做复杂的滑动处理。另外，由于拱基础桩的存在，拱脚间的位移被限制在很小的范围，导致拉梁的材料只能发挥很小的作用。此方案的经济代价较大，且效果不佳。

第二种方案是采用预应力拉索，索的预拉力直接作用于拱脚（而不是压在拉梁上），使拱脚产生适当的向内的水平位移，索力可直接平衡拱在恒荷载、屋面活荷载及升温工况下的水平推力。拉索的采用则避免了拉梁方案的上述缺陷，使材料充分利用，达到了安全适用、技术先进、经济合理、方便施工的目的。

对于 2）、3）两种情况，需要靠拱脚承台处的被动土压力和桩的水平承载力来平衡。由于拱脚承台处土质较差，且地基处理的范围有限，加之若干年后存在拱脚附近开挖的可能性，所以偏安全地不考虑被动土压力的作用，完全依靠桩提供的水平抗力。

基于以上分析，最后的拱基础实施方案为桩 + 拉索（图 15.4-4）。

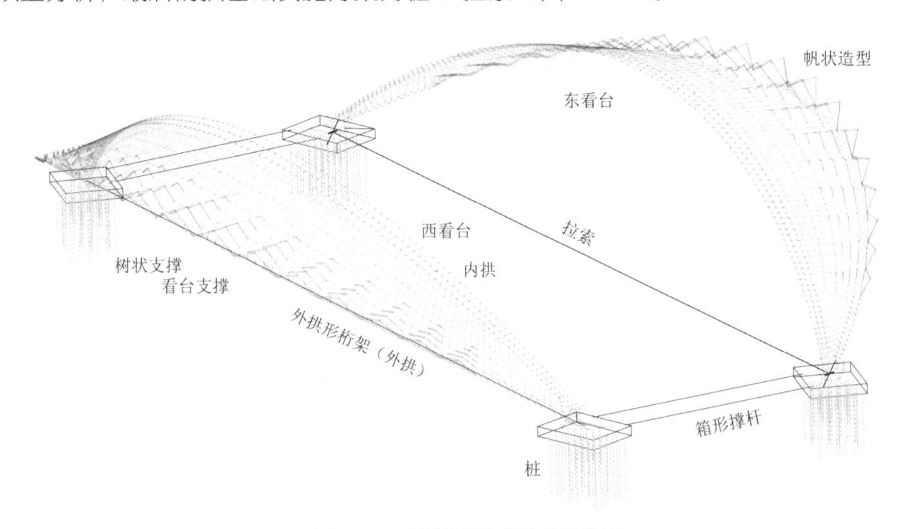

图 15.4-4 罩棚及其基础布置示意图

按在各荷载工况组合下，桩承担的向里的推力和向外推力相等的原则确定拉索的预拉力值，桩承担的水平力同时确定，由此内力值设计桩和拉索。最终的结果是：预拉力索除平衡恒荷载下产生的水平推力外，尚有一定富余，使桩顶产生向内的位移；在活荷载作用下，桩顶将向外移动，在完全平衡预拉力后，通过桩的水平承载力来提供抗力。预拉力的施加使拱脚的水平变位幅度减小，亦使拱顶挠度变化幅度减小。

为提高桩的水平承载力，对桩顶所在土层进行了碾压处理，并对承台周围土体进行分层振实回填。单桩水平承载力特征值按地面水平位移为 6mm 控制。桩基水平持力层为粉质黏土，ϕ900 直径桩，单桩水平承载力特征值按《建筑桩基技术规范》JGJ 94—2008 计算值为 200kN（对应水平位移 6mm）。考虑群桩效应及承台侧向土水平抗力后，基桩水平承载力特征值取 322kN。因拱基础的竖向压力相对水平推力来说较小，故在拱基础中，部分采用同时承担水平力和竖向力的长桩（桩长约 33m），部分采用仅承担水平力的短桩（桩长约 15m）。

拉索采用容许应力法设计。考虑使用情况下桩顶的位移，拉索张拉控制应力：$0.38f_{ptk}$（$f_{ptk}=$ 1670MPa）。拉索为两端对称张拉，采用 4 束双层 HDPE 护套、199 根 1670MPa 级ϕ5 镀锌半平行钢丝组成的钢丝拉索（图 15.4-5）。为保证拉索的耐久性，拉索置于 PVC 管道内。

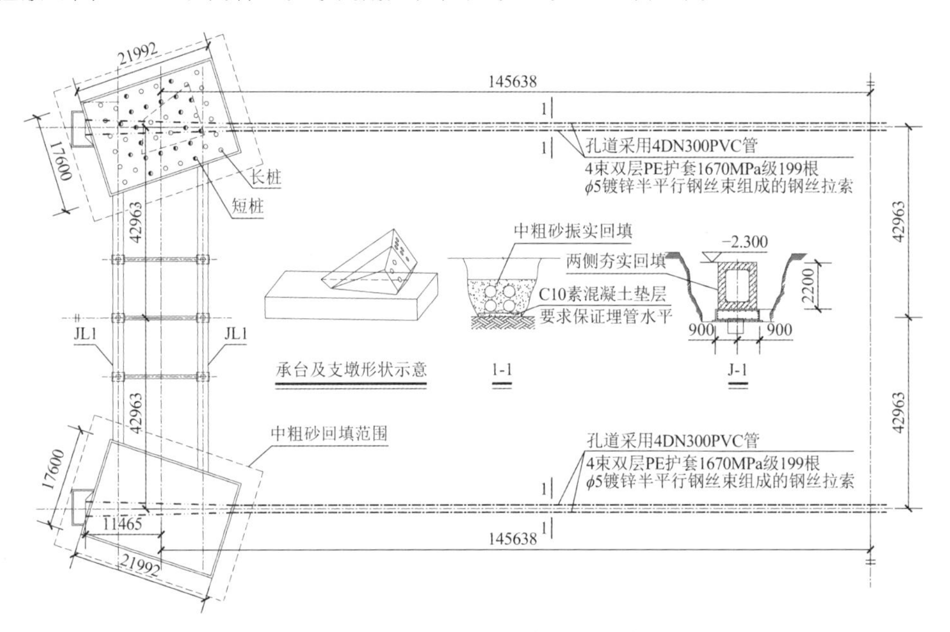

图 15.4-5 长短桩 + 拉索构成的拱基础示意图

由于内外拱均倾斜放置，故垂直拱跨方向亦有较大水平力。由于两基础（见图 15.4-5 中上、下两基础）间基础梁仅承受压力，故对拱基础垂直拱跨方向的水平力，采用钢筋混凝土箱形梁平衡。对拱基础东西向的水平力，由于仅存在两基础间的压力，故采用钢筋混凝土箱形梁。钢筋混凝土箱形梁截面尺寸为 2.2m × 1.5m，腹板厚 0.3m、翼缘厚 0.4m。

15.4.3 格构拱稳定分析

应用大型通用有限元程序 ANSYS 对罩棚的稳定性进行分析。

将 1.0 × 永久荷载 + 1.0 × 屋面均布活荷载 + 1.0 × 屋面风压荷载（以下简称标准组合值）作用在罩棚上，结构第一阶线性特征值屈曲模态如图 15.4-6 所示，其临界荷载为 33.42 倍标准组合值，屈曲模态为拱平面内的对称失稳。

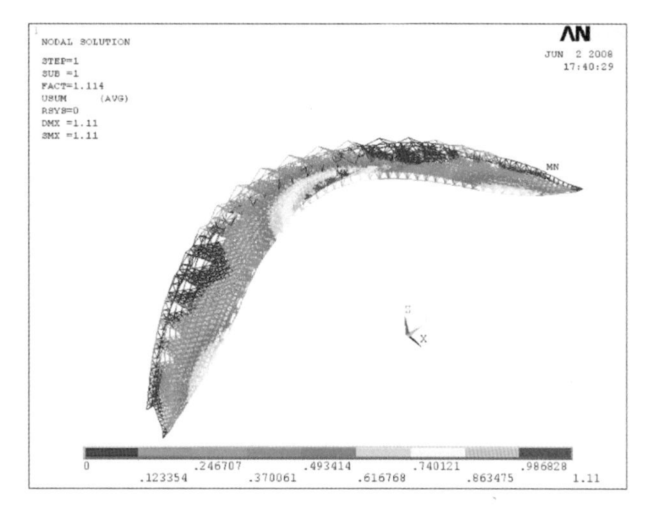

图 15.4-6 D + L + W 下罩棚第一阶屈曲模态

考虑结构的几何非线性，结构在 1.0 × 永久荷载 + 1.0 × 屋面均布活荷载 + 1.0 × 屋面风压荷载的荷载分布情况下的荷载-位移曲线如图 15.4-7 所示，结构的极限荷载约为 24 倍荷载标准组合值。

对钢材采用双线性随动强化模型，对结构进行考虑几何和材料的双重非线性的分析。结构在 1.0 × 永久荷载 + 1.0 × 屋面均布活荷载 + 1.0 × 屋面风压荷载的荷载分布情况下的荷载-位移曲线如图 15.4-8 所示，结构的极限荷载约为 4.0 倍荷载标准组合值。

采用一致缺陷模态法，将结构的第一阶屈曲模态作为结构初始缺陷的形态，缺陷最大值取结构跨度的 1/300，对结构进行考虑几何和材料的双重非线性的分析。结构在 1.0 × 永久荷载 + 1.0 × 屋面均布活荷载 + 1.0 × 屋面风压荷载的荷载分布情况下，结构的极限荷载约为 3.96 倍荷载标准组合值。拱对缺陷的敏感性较小。罩棚结构的稳定性满足《空间网格结构技术规程》JGJ 7—2010 第 4.3.2 条的要求。

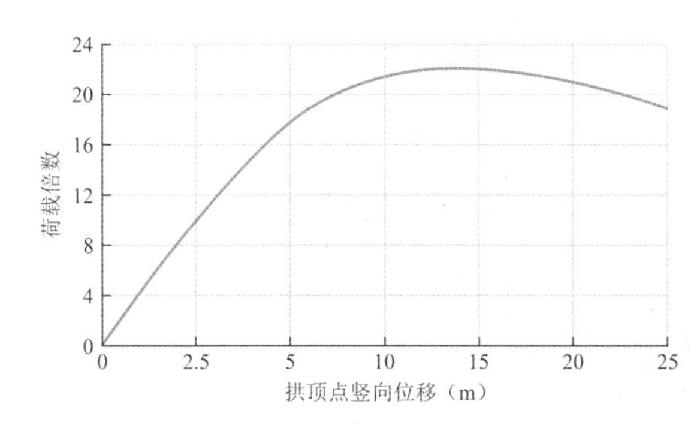

图 15.4-7 D + L + W 下罩棚几何非线性荷载-位移曲线

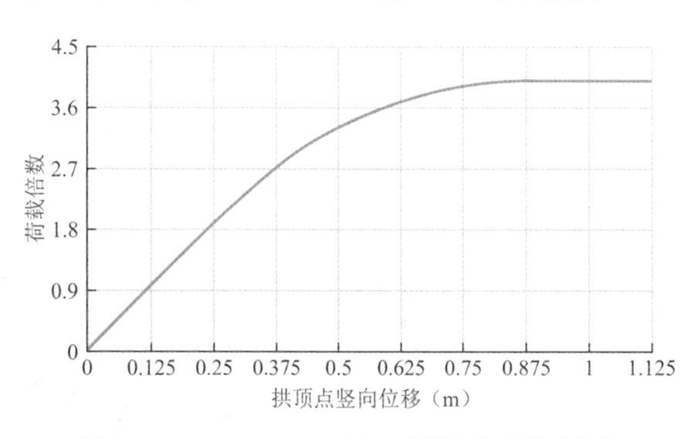

图 15.4-8 D + L + W 下罩棚双非线性荷载-位移曲线

15.4.4 特殊节点构造

东、西看台悬挑梁上设置立柱支撑罩棚。罩棚支座传给立柱的最大压力 4400kN，最大拉力 2600kN，两个方向的最大剪力 1800kN、1500kN。罩棚通过树状支撑支承于看台结构上，连接节点处采用钢球铰支座，连接节点见图 15.4-10。为减少立柱柱底的内力，结合结构罩棚支撑杆件的设置将立柱高度尽量降低。本工程在立柱中预埋 16 根小尺寸角钢（图 15.4-9），传递罩棚支座的各种作用力。与采用大尺寸型钢预埋件相比，有如下优点：悬挑梁混凝土结合密实，梁纵筋与箍筋按常规绑扎，不存在悬挑梁钢筋与型钢的连接问题，施工方便，质量有保证。

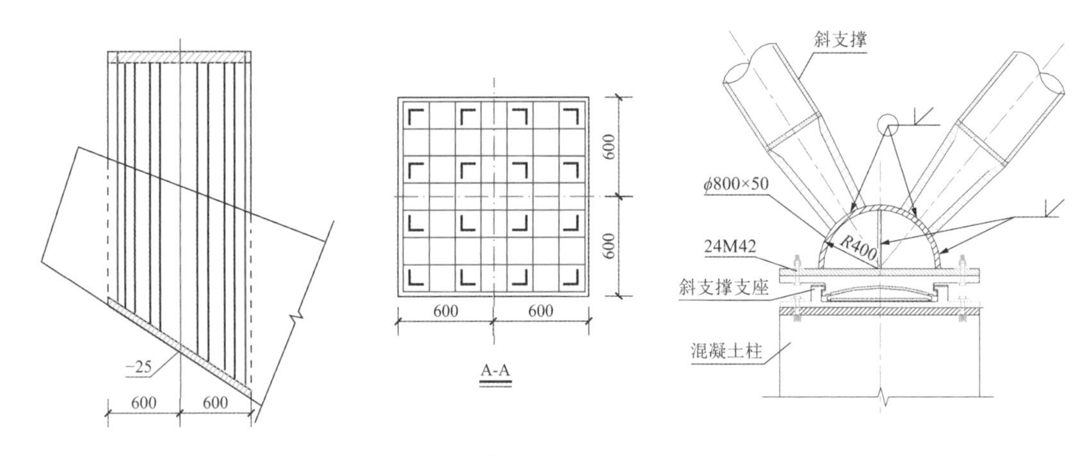

图 15.4-9　支撑罩棚的立柱内角钢预埋件　　图 15.4-10　罩棚支撑于看台上的连接节点

两拱之间的网格结构由两向斜交桁架（局部加第三向系杆）组成，主要由内外拱支承，局部直接通过树状支撑支承于看台，网架节点主要为暗置节点板的相贯焊节点（图 15.4-10），部分为焊接球节点。网架与内外拱间的连接节点也采用暗置节点板的相贯焊节点（图 15.4-11）。暗置节点板的相贯焊节点较焊接空心球节点更能满足建筑造型要求（图 15.4-12、图 15.4-13），并且传力更为直接。

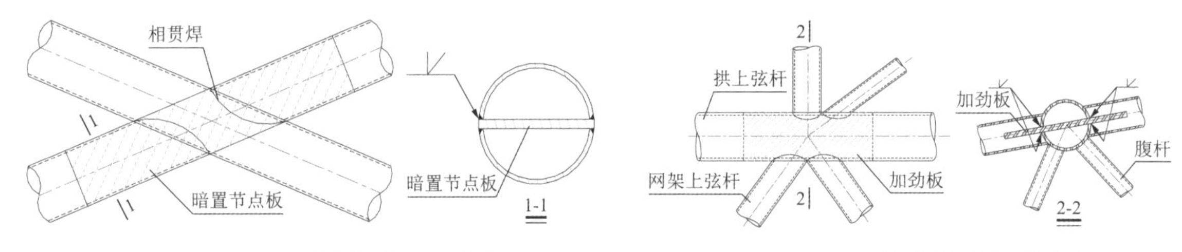

图 15.4-11　网架暗置节点板的相贯焊节点　　图 15.4-12　网架暗置节点板的相贯焊节点

图 15.4-13　暗置节点板相贯焊节点

15.5 结语

援哥斯达黎加国家体育场作为我国援建当地的一座现代化的体育场，承载着两国人民的相互交流的愿望和对未来的憧憬，见证了两国人民的友谊，展示了我国建筑与建造的技艺。遵从写意的建筑表达、结合建筑的外观纹理和韵律逻辑，结构设计最终利用建筑形态来形成自然、高效的结构抗力形态。

通过本工程的实践，可为类似项目提供的借鉴之处为：

（1）针对本工程所在地地震烈度高、全年气温变化小的特点，本工程主体采用框架-剪力墙这一双重抗侧力结构体系。本工程结构刚度分布均匀、合理，传力途径简短、直接，具备良好的结构抗震性能、抗风性能及抵抗温度变化的能力。项目建成后，哥斯达黎加经历过多次强烈地震，震后本建筑物使用情况良好，检验了结构体系的安全合理性、良好的抗震性能。

（2）在高烈度地震区，对无完整、规则楼面的建筑结构，宜分散均匀布置抗侧力构件，适当减小剪力墙的间距，避免集中布置抗侧力构件所导致的楼面结构构件对侧向变形的协调，避免传力路径冗长及应力集中所导致的薄弱部位。

（3）本工程在基础之间加设水平支撑，使所有工程桩共同承担地震水平作用，可达到安全、经济、施工方便且缩短施工工期的目标。

（4）根据建筑造型要求，罩棚结构采用拱支钢网架结构。因支承网架的主拱倾斜放置，通过明确的传力模式保证了荷载的合理传递。因罩棚上部帆状造型，网架采用双向斜交桁架组成的网架结构，从而较好地适应建筑要求。

（5）在大跨度拱基础中采用预应力拉索 + 长短桩共同承担水平推力的模式，利用拉索的预拉力平衡部分推力，以最少数量的桩实现了结构的承载能力要求，取得了较好的经济效益。

（6）根据工程建设地的气候环境、地质条件，本工程采用合理的技术手段，在满足经济性的同时，实现了建筑与结构的合理融合。

参考资料

[1] 哥斯达黎加国家体育场结构设计与分析[J]. 建筑结构, 2012, 12: 26-31.

[2] 哥斯达黎加国家体育场风洞试验报告[R]. 武汉大学, 2008.

结构设计团队

李　霆、李宏胜、骆顺心、钱　波、刘炳清、李四祥、胡华军、胡建军、贾　霞。

获奖信息

2013 年中国勘察设计协会优秀工程勘察设计二等奖；

2012 年湖北省优秀工程设计一等奖。

第16章

长江防洪模型大厅

16.1 工程概况

16.1.1 建筑概况

长江防洪模型大厅位于武汉市汉阳后官湖畔，主要用于研究解决三峡工程建成后长江中下游防洪形势及对策措施中有关重大技术问题。工程建筑面积 6.63 万 m^2，钢屋盖水平投影面积 7.0 万 m^2，是国内单体面积最大的水利模型试验大厅。长江防洪模型大厅分为长江干流模型大厅（A 区）和洞庭湖模型大厅（B 区）两大部分。洞庭湖模型大厅屋盖结构为普通钢网架结构，这里主要介绍长江干流模型大厅（A 区）的结构设计。建筑建成照片如图 16.1-1 所示。

图 16.1-1　长江防洪模型大厅建成照片

长江干流模型大厅主体部分长 450m、宽 90m，为室内净高要求为 13.5m 的单层建筑。由于河道模型曲曲弯弯没有规律，同时考虑到以后还要做其他河流或河段的模型试验，故大厅室内不能设中部支柱，建筑功能需求为 450m × 90m 的单层无柱大空间。建筑平面图如图 16.1-2 所示。

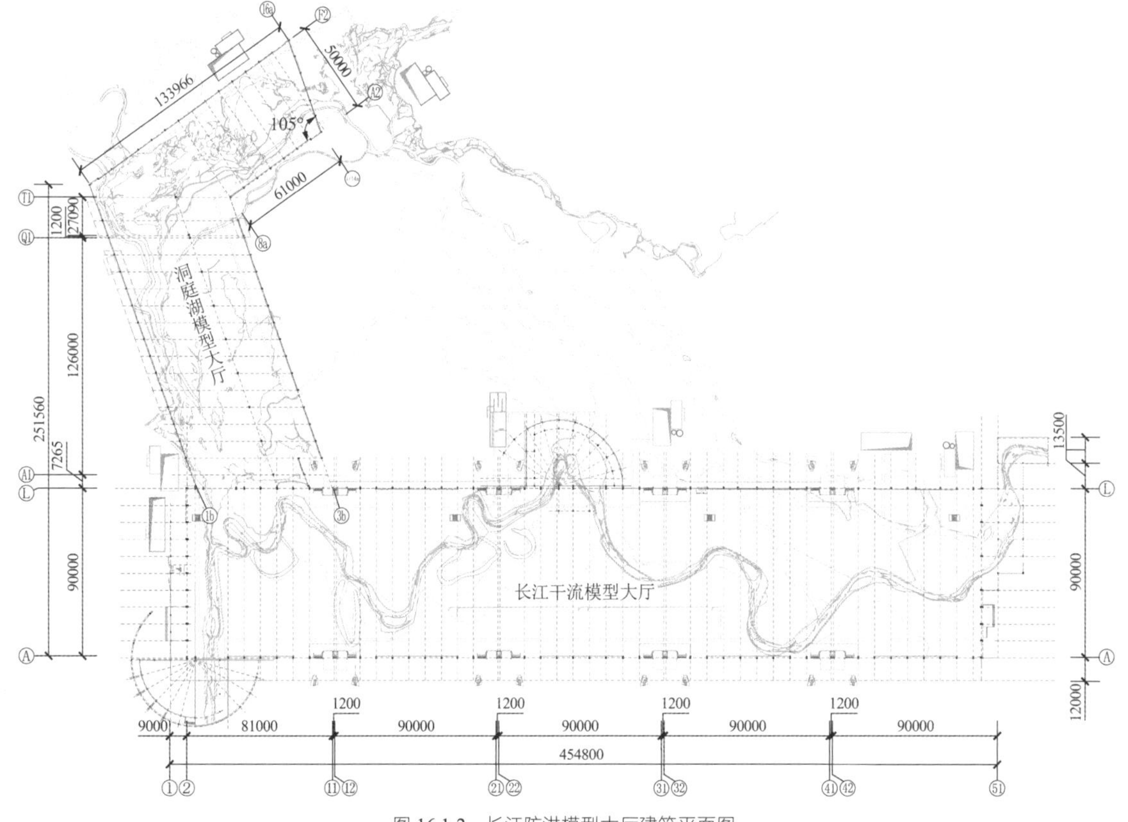

图 16.1-2　长江防洪模型大厅建筑平面图

长江防洪模型大厅干流大厅主体部分采用 120m 跨钢管提篮拱 + 吊杆 + 90m 跨预应力网架杂交空间结构。通过采用提篮拱及其吊杆作为屋盖网架的中间支座，将网架单向 90m 跨受力变为双向 90m × 90m 受力，充分发挥了网架空间受力的优势。该技术措施使本工程取得了较好的经济指标和建筑效果。

16.1.2 设计条件

本工程建筑结构安全等级为二级，结构设计使用年限为 50 年，混凝土结构耐久性为 50 年，建筑抗震设防为标准设防类，地基基础设计等级为乙级，建筑物耐火等级为一级。

本工程抗震设防烈度 6 度，设计基本地震加速度值为 0.05g，设计地震分组为第一组。建筑场地类别为Ⅱ类。上部结构的嵌固端取为基础顶面。

项目所在地基本风压 $0.35kN/m^2$（50 年重现期），基本雪压 $0.50kN/m^2$（50 年重现期）。最高基本气温 37℃，最低基本气温−5℃（对暴露室外的钢管拱采用极端温度叠加太阳辐射升温）。

工程岩土工程地质勘察报告揭示，地表以下依次为耕植土层、淤泥质黏土、硬塑状粉质黏土层、硬塑状黏土层、含砾黏土层。其中，含砾黏土层埋深较浅，该层地基承载力特征值为 480kPa。

16.2 建筑特点

16.2.1 450m × 90m 的无柱大空间

模型大厅现为水利部长江中下游河湖治理与防洪重点实验室。其功能为：通过建筑地面的河流湖泊模型研究河湖治理与水沙资源综合利用理论与技术、防洪减灾与水沙调控技术、环境变化对流域防洪及生态环境影响机理与对策、河湖水域岸线保护技术等。现实体模型模拟范围自长江干流枝城至螺山河段，全长约 380km，模型水平比例尺为 1：400，垂直比例尺为 1：100，变率为 4。

由于河道模型的弯曲及河流模型的变换，建筑功能需求为 450m × 90m 的单层无柱大空间。建筑屋盖平面的长宽比为 5，短向为 90m 单跨。另外，试验工艺要求屋盖下沿纵向一侧悬挂参观廊道。建筑室内的典型需求如图 16.2-1 所示。

图 16.2-1 建筑室内典型功能需求

16.2.2 投资及工期严格限制的试验研究用建筑

建筑物主要功能为科学研究试验，平常情况下使用人数较少。

项目部分利用世行贷款建设。6.63 万 m^2 建筑面积的建筑安装（含供水供砂系统）投资为 8100 万元人民币，土建（含装修）投资额须控制在 1200 元/m^2 以内。在限定的投资条件下，实现建筑结构的安全性符合规范要求、实现建筑物的基本功能需求、兼顾建筑物的简洁美观效果，是本次设计的重点。

16.3 体系与分析

16.3.1 方案对比

项目屋盖造价占整个土建造价的比例较高，屋盖结构的经济性是整个项目造价控制的关键。基于前述跨度大、造价低的特点，常规的屋盖形式有：单向钢管立体桁架体系（桁架方案）、单向张弦桁架体系（张弦桁架方案）、圆柱面钢网壳（柱面网壳方案）、普通钢网架方案。

由于相贯焊钢管桁架单价比网架单价高，加之檩条费用较大（因檩条跨度较大），故桁架方案的经济指标不如普通钢网架方案。张弦桁架方案所占的高度较大，尽管用钢量比网架方案省，但围护面积增加较多，且不便于悬挂参观廊道，故与普通钢网架方案比亦没有优越性。圆柱面钢网壳用钢量指标较好，但为了保证室内净高，需要更大的跨度（如 120～150m）及更大的占地面积；更主要的是，因干流大厅与洞庭湖厅水域相连，圆柱网壳落地将阻断水域模型或需做复杂的转换；另外，柱面网壳方案需要更大的金属板围护面积；故柱面网壳方案与普通钢网架方案相比，亦没有优越性。

相比之下，钢网架技术经济指标最好，但业主方对普通网架方案的建筑造型很不满意。如何在不突破投资限制（1200 元/m^2）的条件下，使该工程建筑与结构的造型与众不同，成了本工程设计的难题。

采用普通的钢网架后，因钢网架单向受力（单跨 90m），为保证跨中挠度满足限值要求，网架高度将达 8～9m。因杆件长度不能过长、网格不能过大，只能做三层网架（三层弦杆），其中性层处弦杆仅为构造所需，因而经济指标不好且施工不便，围护面积也大。另外，因网架单向受力，沿纵向的弦杆仅起联系作用，不能发挥网架空间受力的优越性。因此，如何将网架由单向受力转变为双向受力成为解决问题的关键。因室内不允许设立柱，因此只能考虑两侧斜拉或中部悬吊两类方案。其中，中部悬吊又有悬索吊挂和拱吊挂两种形式。

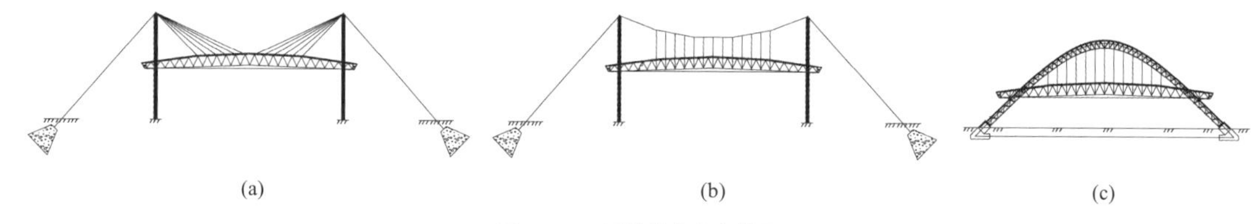

图 16.3-1 屋盖结构方案简图

对于斜拉方案（图 16.3-1a）和悬索吊挂方案（图 16.3-1b），因塔柱不宜受弯（否则更不经济），需要在外侧设置锚碇。此锚碇只能采用混凝土自重式锚碇，费用较高且伸出室外较远，影响水域模型。相比之下，采用拱悬挂方案（图 16.3-1c），因拱基础水平推力可以靠设置水平拉梁自平衡，费用较低亦较可靠，但用钢量较前两者大。经综合考虑，选用拱悬吊方案，如图 16.3-2、图 16.3-3 所示。

钢屋盖通过 4 道横向伸缩缝分为 5 块 90m × 90m（内跨）的网架（从左至右依次为 A1～A5），在横向伸缩缝上方设置 4 组钢管提篮拱，每组提篮拱下设两组吊杆分别悬挂伸缩缝两侧的网架。选用此方案后，在控制造价的同时，建筑造型大为改观。

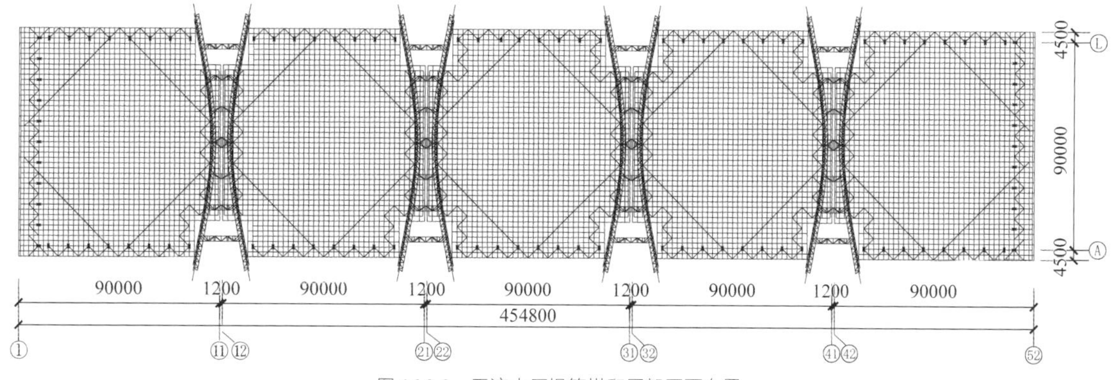

图 16.3-2　干流大厅提篮拱和网架平面布置

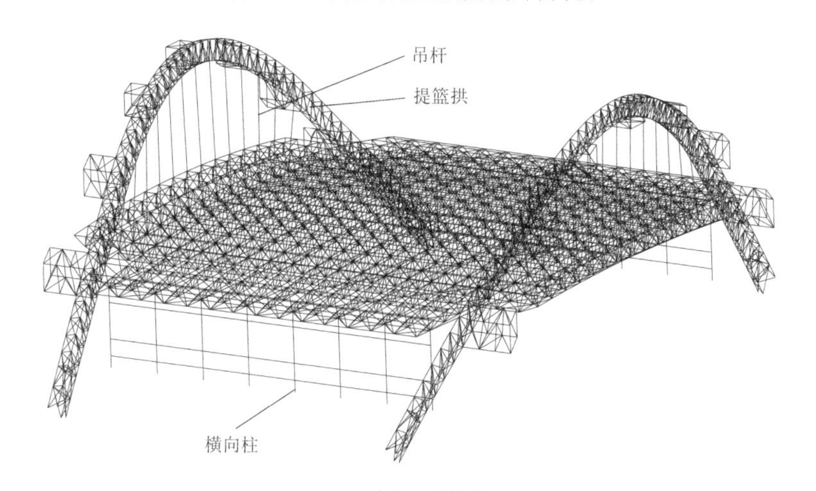

图 16.3-3　中间区结构单元模型

16.3.2　结构布置

干流模型大厅两侧及两端分别设置现浇钢筋混凝土纵向排架和横向框架，柱距 9m，两侧边柱截面 800 × 1600mm，采用扩展式独立柱基。干流大厅由于纵向超长，沿纵向设置 4 道横向变形缝（伸缩缝兼防震缝），缝位置分别位于 11、21、31、41 轴处（见图 16.3-2），大厅结构主体部分被分为 5 × 90m 独立的 5 块（A1～A5 区）。

1．提篮拱设计

如图 16.3-4、图 16.3-5 所示，每组提篮拱由两榀单拱通过七榀横向连系桁架构成，形成独立、稳定的空间体系。提篮拱跨度$L = 120$m，矢高$f = 45.5$m，矢跨比$f/L \approx 1/2.64$。

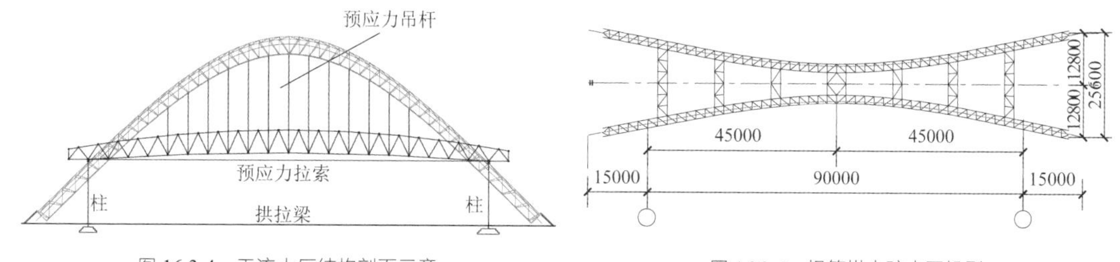

图 16.3-4　干流大厅结构剖面示意　　图 16.3-5　提篮拱上弦水平投影

每榀单拱横截面为四根钢管弦杆组成的倒梯形，高$h = 3.5$m，高跨比$h/L \approx 34.3$。单拱轴线所在平面与竖向平面夹角为 11.3°。与平行拱相比，提篮拱的侧向稳定性更好且建筑造型更优美。

提篮拱采用 Q345B 钢，拱弦杆一般为$\phi 325 \times 12$。因提篮拱受力不大，故除拱脚局部外不需要采用钢管混凝土弦杆。

该工程按如下方法确定单拱的合理轴线：在拱竖向控制内力工况为 1.2 × 恒荷载 + 1.4 × 活荷载下，将吊杆的集中力分段等效为均布力，然后令每段的总弯矩为零。该工程钢管拱在室外部分仅为自重，这部分合理拱轴接近直线，而在室内部分，越靠近跨中吊点，荷载越大；另外，由于网架下弦一侧吊有参观廊道，使得合理拱轴左右不对称。最终确定的合理拱轴由七段二次抛物线组成。

2．预应力钢网架设计

（1）网架结构布置

采用提篮拱后，每片网架均变为周边支承网架，双向受力。按周边支承比较了三种形式的网架：正交正放四角锥网架（正放四角锥方案）、上弦斜放下弦正放四角锥网架（斜放四角锥方案）、上弦正放下弦斜放棋盘形四角锥网架（棋盘形方案）。

在用钢量方面，斜放四角锥方案、棋盘形方案几乎一致，均比正放四角锥方案小；在空间刚度方面，正放四角锥方案比斜放四角锥方案、棋盘形方案大；在杆件受力方面，斜放四角锥方案、棋盘形方案中上弦压杆短而下弦拉杆长，杆件受力较合理且节点汇集的杆件数量少，节点简单；在屋面系统方面，上弦正放便于布置檩条和屋面板，且边缘也宜于布置天沟，正放四角锥方案、棋盘形方案优于斜放四角锥方案。但应注意到，斜放四角锥方案、棋盘形方案用钢量较小的主要原因之一在于，其角部支座为拉力支座，使内力分布较为均匀。但该工程由于采用吊杆及盆式橡胶支座，难以实现拉力支座，故斜放四角锥方案、棋盘形方案的优越性大打折扣。

考虑到正放四角锥构件布置规则简单，便于分条、分片安装施工等，该工程采用正放四角锥网架，见图 16.3-6、图 16.3-7。网架跨中高 5.0m，边柱支座处高 3.0m，网格为 4.5m × 4.5m，上、下弦沿建筑横向均为圆弧面，上弦坡度为 8%，下弦跨中高出边支座 1600mm。节点采用螺栓球与焊接球的混合球节点。

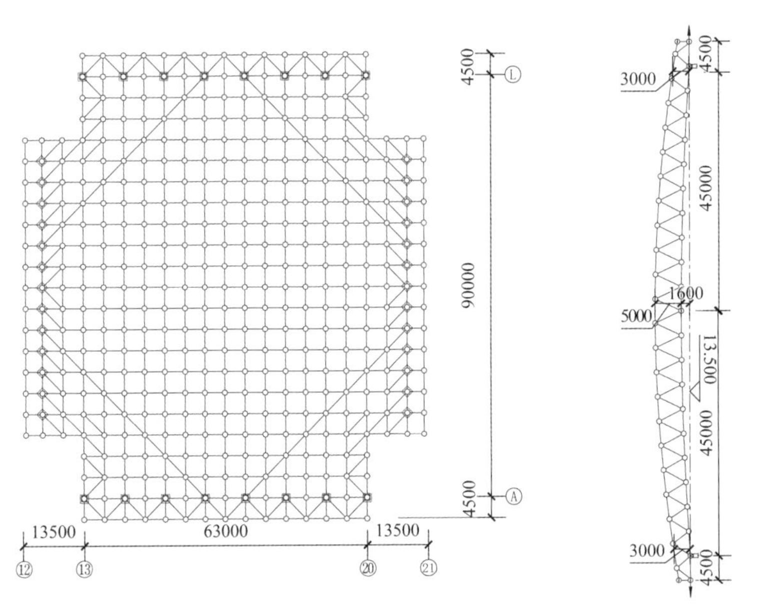

图 16.3-6　A3 区网架下弦杆布置图　　　图 16.3-7　A3 区网架横剖面图

正放四角锥网架跨中弯矩峰值较大，内力分布很不均匀。在每两相邻边的中点连线处设置斜向上下弦杆，形成斜向桁架，这些斜向桁架减少了跨中弯矩峰值，使内力分布较为均匀。斜向上下弦杆同时亦增强了网架面内刚度及整体性。这是该工程网架的设计特点之一。

另外，正放四角锥在面内为正方形，有一个自由度，故网架需要靠周边支座提供的水平约束来实现几何不变。但该工程吊杆及盆式橡胶支座均不能提供有效的水平约束，为此在网架下弦周边网格沿对角线均设置了斜杆。此做法另一个好处是便于下弦拉索的预压力扩散，这是该工程网架设计的另一特点。

（2）预应力拉索设计

该工程网架跨高比为 1/18，在恒荷载及活荷载标准值作用下的跨中挠度达 268mm，边柱支座水平位移（向外）达 39mm（考虑温度作用后达 52mm），均较大。

沿网架横向下弦每 9m（两格）设一束水平拉索，即 A1、A5 区网架下弦设 7 道拉索，A2～A4 区网架下弦设 8 道拉索。每束拉索预拉力为 620kN。设置拉索后，跨中挠度减小为 172mm，减少了 36%；支座位移减小了 22mm，预应力引起的向内的支座位移与结构自重下向外的支座位移大致相当，即在结构自重工况和拉索等效荷载作用下，支座基本不动（这也是确定张拉力的条件）。

下弦设置水平拉索的主要目的在于减小网架挠度，设置拉索的同时也减小了支座位移和用钢量（因跨中力臂加大）。设置拉索后，跨中拉杆拉力减小，扩大了螺栓球的应用范围。

下弦拉索张拉端详图见图 16.3-8。为使拉索对准支座球心穿越，可将下弦杆通过十字板转换为两根水平管，拉索从两水平管穿过支座球心。下弦拉索和锚具与吊杆相同，索最大拉应力标准值小于 $0.40f_{ptk}$。

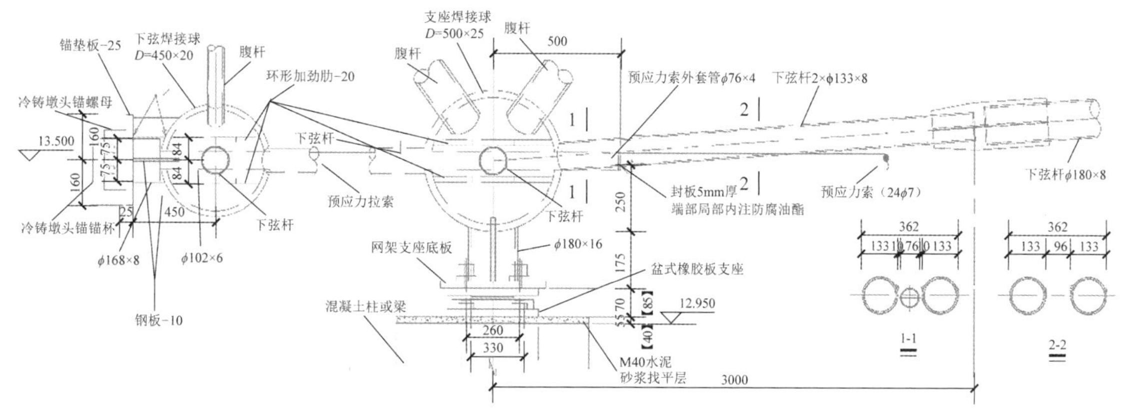

图 16.3-8　A 区网架下弦拉索张拉端节点及穿球节点详图

（3）网架柱顶支座设计

本工程网架跨度较大，支座转角亦较大（达 0.535°），不宜选用板式橡胶支座，而适于采用转动、滑动能力更强的盆式橡胶支座。

边柱横向为高达 15m 的竖向悬臂柱，减小网架支座对边柱的横向水平推力很有意义。选用的盆式橡胶支座带有聚四氟乙烯滑板，摩擦系数不超过 0.05，故边柱所受的横向最大水平推力（竖向荷载下）仅为支座竖向荷载的 0.05 倍。为保证网架不产生刚体位移，在两侧框架中部各两柱顶处设置了单向滑动铰支座，其余各柱顶处设置双向滑动铰支座，各滑动支座均设有限位板。

3．钢管拱吊杆设计

吊杆采用由低松弛 1670MPa 级$\phi5$ 镀锌钢丝组成的半平行高强钢丝束成品索，吊杆护层为双层热挤高密度聚乙烯（HDPE）。锚具采用冷铸镦头锚。索最大拉力标准值小于 $0.4f_{ptk}$。

每榀钢管拱下设 2 × 13 根吊杆，分别支承相邻两区网架。吊杆上吊点设置在钢管拱下弦处，为便于设置吊点，钢管拱采用倒梯形的截面形式，上吊点即设在下弦杆之间的横杆上，见图 16.3-9。

由于横杆传递至弦杆（主管）节点处的主要为剪力和弯矩而非轴力，故现有管节点强度验算公式不能采用。该工程采用主管节点局部加厚及主管内设两个加劲环板来解决这一问题。

设计要求吊杆张拉应在网架下弦拉索张拉完毕、屋面系统及参观廊道全部施工完毕、网架跨中临时支撑（不包括吊杆下端点处的支撑）全部拆除后进行。各吊杆张拉力控制条件：吊杆下的临时支撑不再承受网架（所有恒荷载）的重量、吊杆下端点与临时支撑点间处于即将提离的临界状态。

吊杆张拉的过程就是吊杆下临时支撑所承担的荷载向吊杆转移的过程。在这一过程中，下吊点（网架处）始终没有位移，而上吊点（拱）不断下挠。

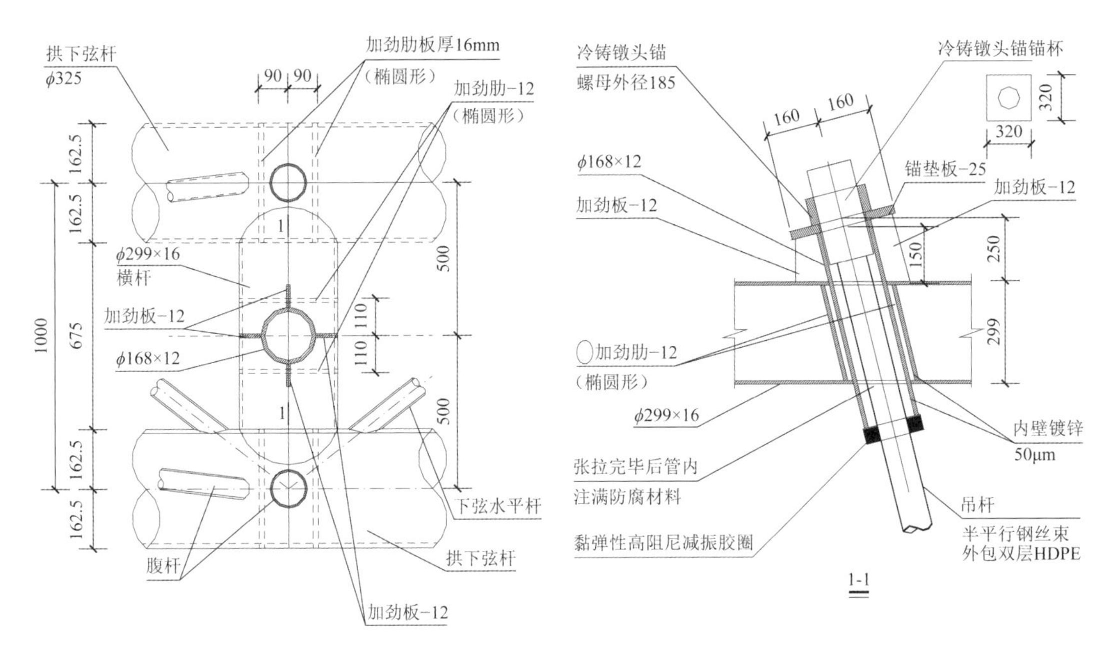

图 16.3-9 钢管拱吊杆上吊点详图

16.3.3 结构分析

1. 提篮拱计算分析

拱的受力有两个阶段：吊杆张拉阶段、形成结构整体阶段。在第一阶段，即吊杆张拉阶段，拱所受的力为自重及吊杆传递的荷载P_1，吊杆张拉完毕后P_1等于张拉前网架在包括自重在内的恒荷载作用下吊杆下端支撑点处的支座反力；拱在这一阶段的变形是独自完成的，与网架没有变形协调的关系。在第二阶段，拱、吊杆、网架组成了一个整体，在活荷载及温度作用下（不再含拱自重），三者具有变形协调的关系，此时进行整体分析（吊杆不考虑预应力）可以求出吊杆在活荷载及温度作用下的力P_2，那么拱所受的总的吊杆的力即为$P_1 + P_2$。得到吊杆在各工况下的内力后，再将吊杆内力分别作用在拱和网架上，对拱和网架的杆件进行调整，循环这一过程，直至拱和网架杆件均不需要调整。在循环计算三次后，拱构件和网架构件均满足强度和稳定性要求。

本工程应用大型通用有限元程序 ANSYS 对提篮拱进行稳定性分析。

采用 BEAM188 单元模拟钢拱构件，将吊杆上的内力作为拱的荷载直接作用在提篮拱吊点上，建立提篮拱有限元模型。分别将 1.0 × 永久荷载 + 1.0 × 屋面均布活荷载、1.0 × 永久荷载 + 1.0 × 半跨屋面活荷载、1.0 × 永久荷载 + 1.0 × 屋面均布活荷载 + 1.0 × 风荷载、拱半跨荷载、半边拱荷载下的吊杆内力（以下简称标准组合值）作用在拱吊点上，考虑结构自重，分别计算结构的线性屈曲临界荷载、考虑几何非线性的极限荷载、考虑材料非线性的极限荷载、考虑几何材料双重非线性的极限荷载、同时考虑初始缺陷的双重非线性的极限荷载，由相应的荷载-位移全过程曲线验证提篮拱的稳定承载能力。

在 1.0 × 永久荷载 + 1.0 × 屋面均布活荷载作用下，结构第一阶线性特征值屈曲的临界荷载为 18.21 倍标准组合值，屈曲模态为拱平面外的反对称失稳（图 16.3-10 左）；第五阶线性特征值屈曲的临界荷载为 27.44 倍标准组合值，屈曲模态为拱平面内的反对称失稳（图 16.3-10 右）。

打开大变形开关，考虑结构的几何非线性。在 1.0 × 永久荷载 + 1.0 × 屋面均布活荷载作用下，结构考虑几何非线性的极限荷载约为 18 倍荷载标准组合值。结构的荷载-位移曲线基本上成直线形式，曲线斜率随荷载增大仅有轻微减小。这表明，拱在大变形下的刚度减小很小，几何非线性对拱的承载能力影响较小。这主要是因为拱的矢高比较大，结构的几何非线性影响不大。

对 Q345 钢材采用双线性随动强化模型，屈服强度取 345MPa，屈服后切线模量为 0，对结构进行考虑材料非线性的分析。在 1.0 × 永久荷载 + 1.0 × 屋面均布活荷载作用下，结构的极限荷载为 6.3 倍荷载标准组合值。

打开大变形开关，对钢材采用同上的双线性随动强化模型，对结构进行考虑几何和材料的双重非线性的分析。在 1.0 × 永久荷载 + 1.0 × 屋面均布活荷载作用下，结构的极限荷载约为 6.0 倍荷载标准组合值。

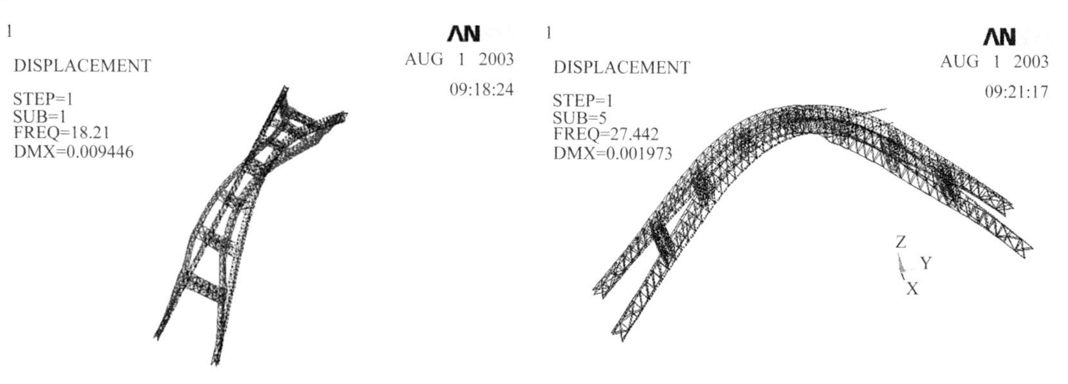

图 16.3-10 提篮拱在活荷载标准组合下特征值屈曲模态

采用一致缺陷模态法，将结构的第一阶屈曲模态作为结构初始缺陷的形态，缺陷最大值取结构跨度的 1/300，对结构进行考虑几何和材料的双重非线性的分析。在永久荷载 + 满跨屋面活荷载的荷载分布形态下，结构的极限荷载约为 5.65 倍荷载标准组合值。由于拱的矢高比较大，拱对缺陷的敏感性较小。综合其他工况组合分析结果，提篮拱的稳定性满足要求。

2. 网架计算分析

对网架的设计采用循环计算的方式，即首先在网架支柱处和吊杆处竖向固定支承的条件下设计网架（同时计入水平拉索预应力），可得出网架在恒荷载下吊杆处竖向固定支承的支座反力，此支座反力即为吊杆张拉力，亦为吊杆在恒荷载下的内力；然后建立整体结构模型，对整体模型进行分析，得到吊杆在活荷载、风载和温度作用（不含恒荷载）下的内力；再将组合后的吊杆内力分别作用在拱和网架上（取消吊点处竖向固定支承），分别对拱和网架的杆件进行调整。循环这一过程，直至拱和网架杆件均不需要调整。

网架设计考虑自重、均布屋面活荷载、半跨屋面活荷载、雪荷载、半跨雪荷载、吊挂荷载、风荷载、温度作用等工况，共计 42 种荷载组合。网架的单独设计分析采用浙江大学 MST 程序。

3. 结构整体分析验算

通过前述的循环计算方法分别完成了拱和网架的设计计算，但由于该工程结构形式复杂，结构设计必须考虑到拱、吊杆、网架和拉索的相互影响，因此尚须预先考虑到施工方法的影响，明确各个拉索的作用、开始工作时间及设计目标状态，对拱、吊杆、网架、拉索（包括预应力）均同时参与工作的整体结构分析验算，以确保结构安全、可靠。

（1）预期施工方案

设计时预期的施工方案如下：

第一步：施工钢管拱。

第二步：施工钢网架。在网架吊杆下端点处设置固定支撑，使下吊点支座在网架施工时固定在设计标高，在此条件下完成网架屋面板系统、廊道系统的施工。

第三步：张拉网架下弦拉索。拉索张拉完毕，除网架吊杆下端点处固定支撑外，网架其余支撑均可撤除；此时，检测网架跨中变位、网架支座位移和支座转角。

第四步：张拉钢管拱的吊杆。使下吊点支座与其下部支撑刚好脱离，此时网架下吊点作用于固定支撑的反力为零，下吊点的竖向位移亦趋近于零。

第五步：撤去网架下吊点处的支撑，对拱和网架进行检测。

（2）预应力拉索的模拟

网架下弦拉索张拉施工时，网架周边有支承柱及吊杆下端点支撑。此时，在网架自重作用下，可采用降温法模拟拉索预应力。采用影响矩阵法（16.4.1节）求解，使每根拉索达到620kN时（自重工况下）预应力索的初始预拉应变及每根拉索的等效降温。

吊杆张拉施工完毕后，吊杆下端点支座作用于固定支撑的反力为零，吊杆下端点的竖向位移亦趋近于零。建立整体结构模型，采用影响矩阵迭代法编制程序，求解使每根吊杆下端点竖向位移为零时（恒荷载工况下）吊杆的初始预拉应变，并由此确定每根吊杆所对应的降温。

（3）结构整体分析

通过降低拉索温度模拟预应力，建立整体结构模型进行整体分析，通过将等效降温工况叠加进各工况组合验算构件在各工况下的强度和稳定性。

整体分析结果表明，网架水平预应力拉索能有效减小网架挠度。而提篮拱和预应力吊杆能有效提供网架横向的竖向弹性支承，从而达到提高结构跨越能力的目的。

16.4 专项设计

16.4.1 拱基础设计

建筑场地较浅处存在④层含砾黏土（硬～坚塑状），地基承载力特征值达 480kPa，框架主体部分采用天然地基上的柱下独立基础。

对拱基础的设计，首先要确定是采用双铰拱还是无铰拱，即拱脚与基础是铰接还是刚接。显然，采用双铰拱后，拱脚处的弯矩在任何工况下均为零，拱基础受力合理且较节约，同时可减小拱脚处的拱构件截面。但通过稳定分析发现，双铰拱的临界荷载明显低于无铰拱的，即无铰拱的稳定性更好。故该工程拱脚与基础采用刚接。拱基础以层④含砾黏土（硬～坚塑状）为持力层，采用扩展基础，见图 16.4-1。

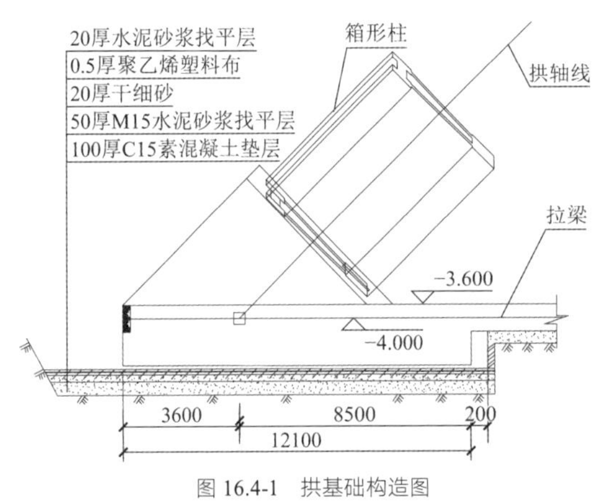

图 16.4-1　拱基础构造图

拱基础设计最关键的问题是如何抵抗拱脚水平推力。该工程每榀单拱最大横向水平推力设计值为 2132kN，由于层④土较好，可利用被动土压力来抵抗。但考虑到该工程作为水利科研项目，经常需挖水池、排水沟等，故采用预应力拉梁来平衡拱脚水平推力。

预应力水平拉梁净长 98.6m，按在拱脚最大推力下不消压设计。为便于拱基基坑尽早回填，拉梁一次张拉完毕。为保证拉梁受压后不失稳，在跨中两个位置设置了侧向及上下约束点。侧向约束点可采用木方顶紧坑壁，上下约束点通过地锚杆来实现。

由于拉梁按不消压设计，拉梁截面面积A越大则拱脚水平变位ΔL越小（$2\Delta L = NL/EA$）。但截面过大，材料费用将增加。该工程按$\Delta L < 8$mm 控制，拉梁截面取 800×800mm。预应力拉梁采用 1860MPa 级ϕ15.2 无粘结钢绞线。

因拱脚沿建筑纵向亦有水平分力，故两榀单拱基础之间亦设有预应力拉梁。

为保证拉梁中预压应力得以建立，在拱基础及拉梁下设置了由 20mm 厚干细砂和 0.5mm 厚聚乙烯塑料布组成的滑动层。

16.4.2 预应力网架的张拉模拟分析

由于建筑要求结构纵向无中柱，通过采用提篮拱/吊杆体系取代了结构横向的柱子来实现相应的支座功能，建造过程需实现结构重量自临时胎架向提篮拱的转移。由此，设计明确以下施工要求：

1）网架下弦拉索张拉在屋面系统安装前进行；

2）网架下弦拉索张拉完毕、屋面系统及参观廊道全部施工完毕、跨中临时支承（不包括吊杆下端点处的支撑）全部拆除后才进行吊杆张拉。

3）各吊杆张拉力控制条件：①各吊杆张拉力达到结施图纸中的设计张拉力值，吊杆下的临时支承不再承受网架的重量；②吊杆下锚固点与临时支承点处于即将提离的临界状态。

受实际条件约束，拉索施工必须分先后张拉。由于受结构空间整体性的影响，后张拉的索将对先张拉的索力有影响。所以，要使全部拉索张拉完毕后的索力达到设计索力目标值，必须先确定张拉顺序，再通过验算对张拉过程中的相互影响进行分析，最后算出张拉值。施工张拉值相当于设计目标值会有超张拉或少张拉两种情况，主要由张拉顺序和张拉次数决定，施工中尽量减低超张拉或少张拉的幅度。

张拉可分为一次张拉和多次张拉两种。一次张拉和多次张拉都需要考虑先后张拉的相互影响，只是程度不同而已。张拉次数越多超张拉越小，施工风险固然越小。但是，多次张拉要求的施工人力、设备台班及施工时间都是按一次张拉的倍数计算。由于受到现场施工进度需要和其他条件约束，难以进行多次张拉。所以，在保证结构安全的前提下尽量减少张拉次数。经有限元计算校核，本工程一次张拉是可以达到设计要求的。

在拉索张拉施工过程中，结构是分阶段参与工作的。结构位置不同，参与工作的先后和程度有很大的差别。这些施工过程中，结构构件中建立的应力效应和变形在时间上是有连续性的。为此，利用 ANSYS 程序的单元生死功能，连续地模拟了施工的进行过程，即对张拉施工过程进行了施工各工况的全程跟踪模拟分析。

采用影响矩阵法求解使每根拉索达到目标索力时索的初始预拉应变，并由此确定每根拉索的等效降温。设整个结构中以目标索力为设计要求的索单元数为$\boldsymbol{m}$，而以目标位移为设计要求的索单元数为$\boldsymbol{n}$，其他非预应力杆元数为p，$\boldsymbol{P}_0$对应于目标状态下的节点荷载向量，目标索力向量为$\boldsymbol{F}^{\mathrm{t}}$，目标位移向量为$\delta^{\mathrm{t}}$，则混合影响矩阵法的求解步骤如下：

（1）分别令第$i(i = 1,2,\cdots,m)$（m为整个结构中以目标索力为设计要求的索单元数）根张力索的初始形变增加一单位形变，即$\boldsymbol{d}_{\mathrm{p}i}^{\mathrm{t}} = -1$，其余索的初始形变增加为零，求解方程$\boldsymbol{K}\delta = \boldsymbol{F}_0 + \boldsymbol{T}^{\mathrm{T}}\boldsymbol{K}_e\boldsymbol{D}$（$\boldsymbol{K}_e$为单元刚度矩阵），可求得第$\boldsymbol{i}$根张力索的$\boldsymbol{d}_{\mathrm{p}i}^{\mathrm{t}} = -1$时，第$j$根张力索在目标状态下的索力变化$F_{ij}^{\mathrm{t}}(j =$

$1,2,\cdots,m$)；

（2）分别对第$i(i=1,2,\cdots,n)$根吊杆赋予一单位初始形变，其余吊杆和拉索的初始形变为零。求解方程$\boldsymbol{K\delta}=\boldsymbol{F}_0+\boldsymbol{T}^{\mathrm{T}}\boldsymbol{K}_e\boldsymbol{D}$，可求得第$i$根吊杆在单位初始应变时，第$j$根吊杆的下挂点位移和第$k$根拉索的索力。

（3）构造影响矩阵$G=[F_{ij}^{\mathrm{t}}]_{m\times m}$；

（4）求解影响矩阵方程：$\boldsymbol{GD}^{\mathrm{t}}=\boldsymbol{H}$，式中$\boldsymbol{D}^{\mathrm{t}}$为待确定的索初始形变向量。求解该线性方程组，即可得到对应于设计要求的目标索力的初始形变$\boldsymbol{D}^{\mathrm{t}}$（初始预拉应变）。

按以上方法，网架拉索张拉采取从中间开始向两边同时对称推进的顺序，四对拉索（中间向两边依次为索对 1～索对 4）分四批次张拉。以网架 A2 的拉索张拉验算为例，张拉方案及对应索力变化详见下表。

A2 网架水平拉索张拉值及张拉过程索力变化（N）　　表 16.4-1

工序	工况	索对 4 左	索对 3 左	索对 2 左	索对 1 左	索对 1 右	索对 2 右	索对 3 右	索对 4 右
1	张拉索对 1				635050	635050			
2	张拉索对 2			627270	619980	619980	627270		
3	张拉索对 3		625740	615580	612580	612580	615580	625740	
4	张拉索对 4	615470	613270	610820	609490	609490	610820	613270	615470
5	屋面板安装后	619970	619930	619900	619880	619880	619900	619930	619970

①拉索张拉力及索力变化分析

从表 16.4-1 结果看出，后张的索对先张的索的索力有一定幅度的影响，尤其以边索的张拉影响最大，也即在考虑施工张拉顺序前提下确定各根索所需要的张拉索力是完全有必要的。同时，超张拉幅度最大小于 5.0%，证明该网架体系中拉索索力相关性不大。

另外，从在网架自重下张拉完全部拉索后的索力到上屋面荷载后的索力变化分析，索力从 610kN 左右增加到 620kN。一方面反映了屋面荷载对下弦拉索的影响，另一方面也反映了拉索作为 90m 跨的水平支座，有足够的刚度提供有效抵抗网架的水平推力作用。

结果表明，张拉完成后拉索轴力值分布的离散性小，且与原设计索力（620kN）最大偏差量不足 0.2%，达到设计要求。

②位移结果分析

网架自重作用下的网架跨中竖向位移为 64.1mm，全部拉索张拉完后变为 28.8mm，拉索张拉的反拱明显减小了网架的竖向挠度。屋面板安装完毕后网架跨中竖向位移为 46.1mm，满足规范要求。另外，网架水平面内纵向、横向位移都较小，最大值约为 7mm 且呈对称分布。

③网架杆件安全分析

网架杆件应力虽然随张拉的进行而稍有增大，但总的应力值较低，最大拉、压应力均不到 120MPa。另外，通过构件稳定验算，发现个别压杆稳定承载力不足并进行了更换。

16.4.3　提篮拱与网架间吊杆的张拉模拟分析

吊杆按照对称 4 根拉索为一批次的分批方式进行张拉，张拉可从中间向两边推进或从两边向中间推进。通过反复试算发现，后者超张拉幅度较小，吊杆下节点位移较小，较为接近设计要求，所以选定从两边向中间同时 4 根吊杆对称张拉的张拉方案。

（1）吊杆张拉力及吊杆力变化分析

拱与 A2 网架相连吊杆张拉值及张拉过程索力（N）　　表 16.4-2

吊杆号	工况						
	工序 1	工序 2	工序 3	工序 4	工序 5	工序 6	工序 7
1	69498	48414	36563	36405	48240	62228	65921
2	0	61838	42029	33301	34982	41639	44101
3	0	0	95184	72495	60962	59913	60369
4	0	0	0	128340	96765	83887	80656
5	0	0	0	0	167010	135580	126250
6	0	0	0	0	0	142490	122970
7	0	0	0	0	0	0	138890
8	0	0	0	0	0	143300	123960
9	0	0	0	0	170510	139970	130880
10	0	0	0	129520	99385	87417	84464
11	0	0	90899	70127	60077	60081	60967
12	0	52084	35653	28631	32226	40515	43871
13	86503	71794	62713	64687	79488	96242	101850

从表 16.4-2 中可以看出，与前面该网架拉索相比，吊杆索力在张拉过程中波动性较大，这主要由于“拱 + 吊杆 + 网架”体系比“网架 + 拉索”体系复杂，吊杆索力相互间的相关性较大造成。一次张拉的最大超张拉幅度虽然达到 30%，但绝对值不超过设计最大目标值 139kN，吊杆最大应力仅为 132MPa，吊杆安全度仍很大。张拉完成后拉索轴力值分布与原设计索力偏差很小，达到设计要求。

（2）支撑轴力变化分析

A2 网架下吊点处临时支撑竖向力（N）　　表 16.4-3

支撑号	工况							
	未张拉吊杆	工序 1	工序 2	工序 3	工序 4	工序 5	工序 6	工序 7
1	63740	0	9598	20567	23043	13490	742	0
2	41270	37802	0	0	0	0	0	0
3	58184	59242	46775	0	0	0	0	0
4	79141	79981	80250	51397	0	0	0	0
5	124480	125300	125440	125590	74491	0	0	0
6	122040	122540	122640	123740	125660	73395	0	0
7	136710	136850	136860	137760	141190	140590	84562	0
8	123040	123600	123660	124610	126540	81551	0	0
9	129480	130270	130380	130550	87970	0	0	0
10	83337	84001	84189	63071	0	0	0	0
11	59425	60029	54135	0	0	0	0	0
12	41728	40923	0	0	0	0	0	0
13	98151	15396	25345	34784	34874	21134	4042	0

从表 16.4-3 中可见，临时支撑轴力在吊杆逐对张拉的过程中，轴力从原有的支座反力相应地逐步减少，也有波动的情况，但到最后吊杆张拉完毕时全变成 0kN。从施工各工况及最后状态可见，张拉吊杆

达到取代临时支撑作为支座的作用。

（3）位移结果分析

吊杆上下节点位移值（mm）　表 16.4-4

工序	7 号吊杆		10 号吊杆	
	上节点（1837）位移	下节点（676）位移	上节点（1840）位移	下节点（595）位移
1	6.71E-01	−1.45E-02	−3.26	−8.91E-03
2	9.80E-01	−1.45E-02	−3.65	−8.93E-03
3	5.98E-01	−1.46E-02	−5.17	−6.69E-03
4	−1.44	−1.50E-02	−8.71	5.82E-01
5	−6.37	−1.49E-02	−11.6	6.89E-01
6	−1.26	−8.97E-03	−13.0	3.81E-01
7	−1.63	2.84E-01	−13.5	2.33E-01

从表 16.4-4 中可见，张拉过程中，吊杆下端与网架相连节点最大节点位移为向上 0.284mm。张拉完毕后，13 根吊杆下节点网架平均位移不到 0.27mm。另一方面，吊杆上端与提篮拱相连最大节点位移为向下 16.3mm。两者相比可见，张拉过程中拉杆引起网架的竖向位移即几乎为 0，达到只取代支座而不上提网架的预期效果。

16.4.4 结构损伤敏感性分析

长江防洪模型大厅采用钢拱桥技术，通过钢管提篮拱和预应力吊杆，为预应力网格结构提供支承，将结构从单向传力转变为双向传力，营造了 450m × 90m 的无柱大空间，实现了建筑效果、结构形式和经济指标高度的统一。对这样大型、复杂的杂交结构，其在局部破坏的情况下将会产生什么样的后果，是结构工程师必须考虑的。

将空间网格结构因小概率事件导致局部构件或节点失效时结构自行调整内力、阻止破坏过程延续、抵抗结构整体连续性倒塌的能力，定义为空间网格结构损伤免疫力。损伤免疫力可以反映结构整体可靠性对局部构件的敏感性。结构对其中的某些构件是非常敏感的，这些构件的破坏将导致结构很大范围的破坏甚至整体结构的连续倒塌（可靠性大幅降低）。研究结构体系损伤免疫力的目的在于找出结构体系中的薄弱环节，从而要么避免结构中出现这些薄弱环节，要么通过对这些薄弱环节的代价较小的加强，使结构体系承受意外事故的能力大幅提高、结构体系可靠度大幅提高。

结构损伤免疫力可以反映局部破坏对整体性能的影响程度，所以也可以反映结构构件在整体中的相对重要性。在结构设计、施工和使用过程中，应对重要部位予以更高的保证，这是提高结构安全性的重要方法。

以损伤后不引起其他构件失效为准则，网格结构在某杆件或节点破坏、在某种荷载作用情况下的免疫力可用免疫力系数来表达：

$$\xi_{d_i} = P_u/S$$

式中：ξ_{d_i}——结构在损伤d_i下的免疫力系数；

P_u——将破坏杆件或节点从结构中除去后（将局部杆件或节点的破坏定义为结构的损伤），剩余结构在不允许构件超出设计强度情况下的最大承载力，即认为任一构件超出设计强度时结构失效（对压杆采用稳定验算应力）；

S——荷载标准值。

1. 网架构件损伤免疫力分析

采用承受轴向拉压的杆单元模型，在武汉大学钢结构辅助设计软件 USSCAD 中建立整体结构分析模型，将 1.0 × 恒荷载 + 1.0 × 屋面活荷载 + 1.0 × 吊挂荷载 + 1.0 × 拉索预应力（下称工况组合一）作用在结构上（以一对拉力等效水平拉索及吊杆的作用），依次除去每根构件，以不出现剩余构件失效（应力小于钢材设计强度 215N/mm^2，对压杆采用稳定验算应力）的结构承载力为标准衡量损伤免疫力，得到的免疫力系数分布见图 16.4-2（图中未给出免疫力系数的杆件，其免疫力系数大于 1.0）。通过进一步的全过程分析，可以得到如下结论：

（1）支座腹杆的破坏所引起的相继破坏较少。从图 16.4-2 可看出，支座腹杆的免疫力系数较小，约为 0.6。进一步全过程分析表明，由于支座较多，支座腹杆失效后有较多的替代传力路径，其失效后所引起的相继破坏较少。如 2514 号支座腹杆破坏后仅引起相邻的 2333 号杆的失效（在 1.0 倍工况组合一之下）。

（2）腹杆的破坏对结构影响很小。从图 16.4-2 可看出，除支座处的腹杆外，腹杆的免疫力系数均较大，即这部分腹杆的失效不致产生余下构件的相继屈服。

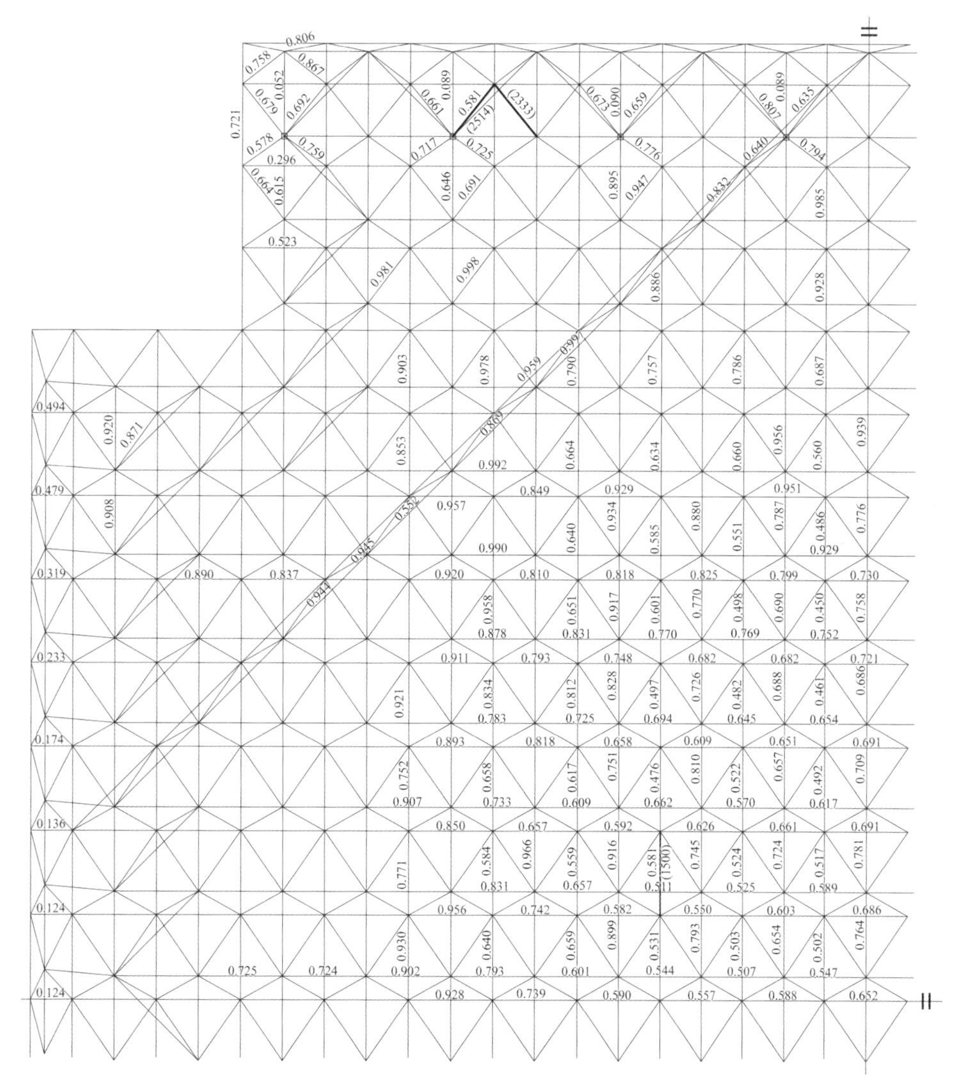

图 16.4-2　A3 区网架构件损伤免疫力系数分布图

（3）跨中上下弦杆免疫力较小，失效后将产生一定范围的影响，应着重保证这些构件的安全性。如在删除 1500 号杆件（跨中一上弦杆）后，在 1.0 倍工况组合一之下，将有 16 根构件相继发生破坏。但这 16 根构件失效后，整体结构仍然可以继续承载。

（4）吊杆附近的上弦杆的破坏将引起相应节点几何可变，但不致导致较多连锁失效。从图 16.4-2 可看出，吊杆附近与边界垂直的上弦杆的免疫力系数亦较小，在 0.124～0.479 之间。这是因为在这些杆件失效后，相应网架边节点将几何可变。将该杆件及相应几何可变节点除去，对剩余结构进行全过程分析可以发现，剩余结构在该荷载水平下不再产生连锁破坏。

（5）拉索两端下弦杆的破坏迅速导致相邻杆件的破坏，但破坏过程会立即停止。从图 16.4-2 可看出，拉索两端下弦杆的免疫力系数较小，在 0.052～0.090 之间。这是因为在这些杆件失效后，拉索锚固点相连的杆件将承受很大的预压力，由于相邻杆件沿拉索方向的刚度很小，相邻杆件应力急剧增大。将该杆件及相应拉索锚固点除去、删除该处的预压力作用，对剩余结构进行全过程分析可以发现，剩余结构在该荷载水平下不再产生连锁破坏。

2．预应力吊杆损伤免疫力分析

将工况组合一作用在结构上，根据对称性，依次取消各吊杆，对结构进行全过程分析。从分析结果可以看出，单根吊杆的失效在 1.0 倍工况组合一这一荷载水平下，将会使余下 2～5 根构件产生相继屈服，不致产生较大范围的相继破坏。这表明，在较低活荷载水平下加强部分杆件后更换吊杆是可行的。

对结构进行全过程分析表明，若所有吊杆均失效，结构将由于跨中同一节间纵向上弦杆的相继屈服而变为机构，进而发生整体倒塌；若网架一侧所有吊杆均失效，结构将由于产生很大的位移而发生破坏。

3．水平预应力拉索损伤免疫力分析

将工况组合一作用在结构上，根据对称性，依次取消各对预拉力，对结构进行全过程分析。所得结果表明，水平拉索的失效在 1.0 倍工况组合一之下不致产生相继破坏。这同时表明，在该荷载水平下单根分批次换拉索是可行的。

4．节点损伤免疫力分析

在工况组合一作用下，对该结构节点的损伤免疫力进行分析。节点损伤免疫力大小分布情况和杆件损伤免疫力分布情况大致相同：吊杆附近免疫力小的节点的破坏将迅速引起少量杆件的失效；支座节点、跨中节点的破坏将引起一定范围的相继失效，但在这些相继破坏后结构仍能继续承载。

对该结构在 1.0 × 恒荷载 + 1.4 × 风荷载 + 1.0 × 拉索预应力、1.2 × 恒荷载 + 1.0 × 拉索预应力等几种不同工况组合下，在局部杆件、局部节点、局部预应力索、局部吊杆破坏的情况下的进行损伤免疫力分析，同样可以得到与前述工况下相似的结论。

本节分析的主要结论如下：

1）由于长江防洪模型大厅结构布置规则、传力路径明确直接、存在合理的冗余约束等原因，整体结构损伤免疫力较好，在设计荷载水平下，不会出现局部构件破坏导致整体倒塌的情况；

2）对长江防洪模型大厅结构，跨中上下弦杆、跨中节点、支座节点处损伤免疫力相对较小，失效后将产生一定范围的相继屈服，施工时应着重保证这些构件的可靠性，结构使用期间也应加强这些部位及构件的维护和检修。

16.5 预应力施工过程监测

长江防洪模型大厅通过格构式拱与预应力网架的杂交组合，巧妙地实现了结构荷载的合理传递。在建造过程中，准确实现网架重量从临时胎架到提篮拱的转移是确保设计意图的关键。东南大学对这一结构的预应力拉索和吊杆张拉过程进行了监测。

16.5.1 监测内容及方法

（1）水平拉索和竖向吊杆张拉过程中的索力监测。采用了两种方法对水平拉索（竖向吊杆）的索力进行测试。一种是通过在索端部安装振弦式压力传感器测试由拉索锚固后的索力，另一种是在索的跨内安装加速度传感器来测试拉索的索力。在索上安装加速度传感器，加速度传感器采集的时域信号经过模数转换仪和数据分析仪，输入微机进行存储并通过傅里叶变换进行时域-频域转换，从而提取索的自振频率。在自振频率的提取基础上，利用倍频关系识别索的关键频率，根据下式间接地推算索力：

$$T = \left(\frac{\omega \mu l}{\pi}\right)^2 \rho$$

式中：T为索力；ω为关键频率；l为索长；μ为索长调整系数；ρ为索的线密度。

（2）杆件应力测试。杆件应力在张拉过程中会随张拉阶段变化而变化，如张拉出现异常情况，则杆件应力也会发生较大的突变，所以对于杆件应力的测试也十分必要。因此，在网壳杆件上安装应变片采集杆件的应变数据，监测的构件分布见图 16.5-1。

（3）盆式橡胶支座滑移测试。在水平拉索的盆式橡胶与柱顶安装机械位移计及固定安装架，测试张拉阶段的支座位移，监测支座分布见图 16.5-2。

（4）张拉过程中的竖向变形测试。张拉过程中的竖向变形是反映张拉效果的重要指标，也是预应力对结构作用的最直观的表现。随着张拉阶段的顺序进行，结构在预应力作用下的反拱度会逐渐增大，预应力对结构的作用也逐步建立。在此采用垂线法测试了张拉过程中网壳的竖向变形。监测变形观测点分布见图 16.5-2。

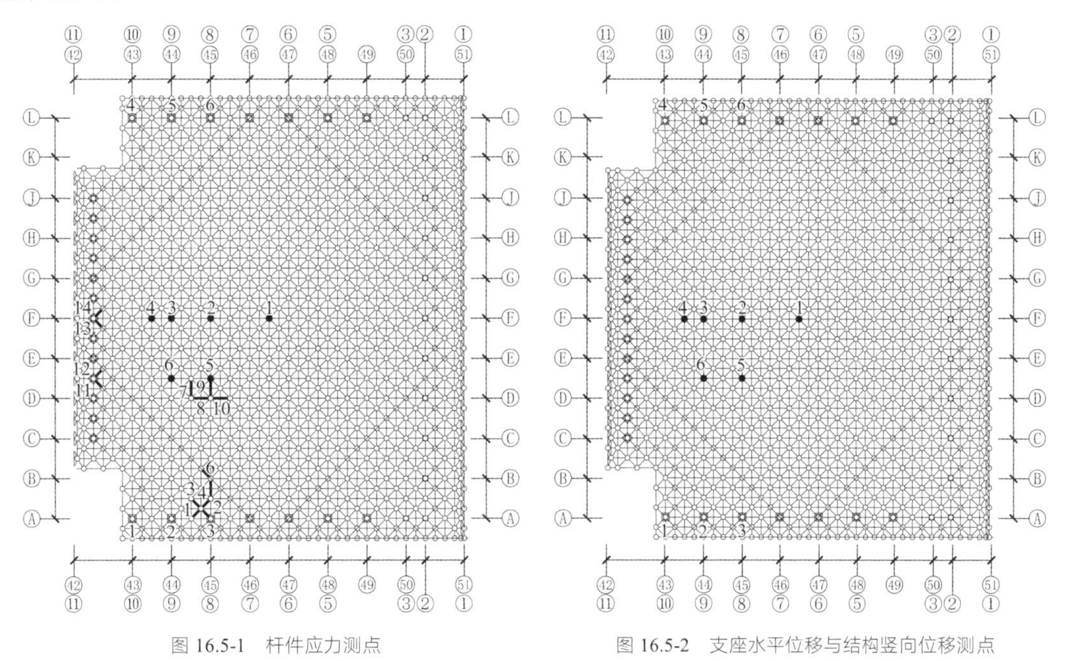

图 16.5-1　杆件应力测点　　图 16.5-2　支座水平位移与结构竖向位移测点

16.5.2 监测结果及分析

1. 水平拉索索力

压力传感器测试的索力与加速度传感器推定的索力结果基本一致。相邻索张拉的影响比较小，A5 区所有索张拉完成后，A5 区拉索建立了与设计要求基本一致的索力，误差在 5%以下。由表 16.5-1 可知，在 A1 区所有索张拉完成后，测试结果得到的 A1 区拉索索力与设计要求基本一致，误差均在 5%以下，由此表明水平拉索张拉达到设计要求。

A1 区拉索索力测试值（kN） 表 16.5-1

工况		1	2	3	4	5	6	7
张拉阶段一	测试值				638			
	理论值				644			
张拉阶段二	测试值			625	619	626		
	理论值			628	624	633		
张拉阶段三	测试值		620	608	610	600	615	
	理论值		625	616	614	618	624	
张拉阶段四	测试值	607	605	601	598	600	605	608
	理论值	615	613	611	610	610	612	615

2．杆件应力

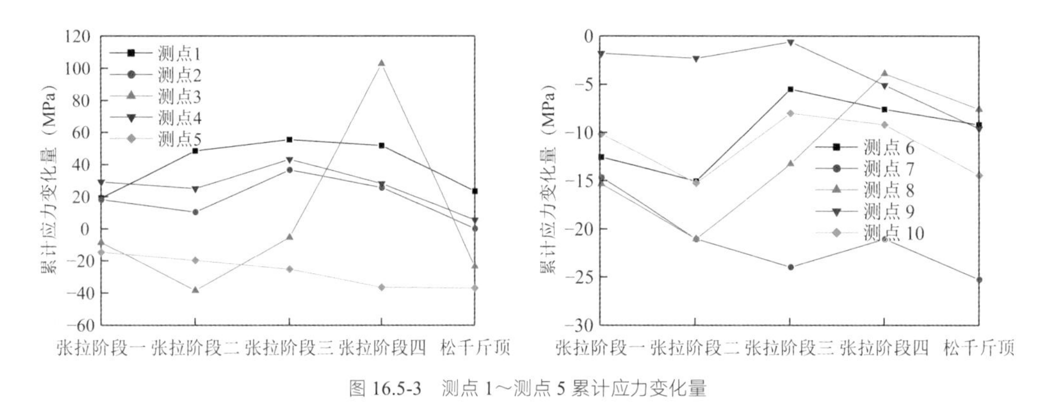

图 16.5-3 测点 1～测点 5 累计应力变化量

由图 16.5-3 可知，水平拉索张拉时，杆件应力阶段增量普遍比较小。3 和 8 两根杆件在其中一阶段变化较大，与理论不符，而在其他阶段又符合较好。这可能是由于测试时施工现场的干扰因素较多，从而产生测试误差所致。在松开网架吊点处千斤顶后，各杆件累计增量则均较小，普遍在 30MPa 以内，与理论计算值基本吻合。

3．滑动支座位移

滑动支座位移阶段变化量（单位：mm，向内移动为正） 表 16.5-2

采样阶段		编号					
		1	2	3	4	5	6
张拉阶段一	增量	0.04	0.07	0.2	0.07	0.1	0.2
	累计	0.04	0.07	0.2	0.07	0.1	0.2
张拉阶段二	增量	−0.08	0.05	1.47	−0.15	0.09	2.04
	累计	−0.04	0.12	1.67	−0.08	0.19	2.24
张拉阶段三（34℃）	增量	−1.11	3.07	0.05	−0.38	3.72	0.21
	累计	−1.15	3.19	1.72	−0.46	3.91	2.45
温度变化引起位移（升温 7.5℃）	增量	−0.37	−0.21	−0.38	−0.38	−0.70	−0.07
	累计	−1.52	2.98	1.34	−0.84	3.21	2.38
张拉阶段四（温度 41.5℃）	增量	5.37	0.21	0.03	9.07	1.08	0.19
	累计	3.85	3.19	1.37	8.23	4.29	2.57
松千斤顶	增量	0.25	0.04	0.04	1.00	1.65	0.17
	累计	4.10	3.23	1.41	9.23	5.94	2.74

由表 16.5-2 可知，在松开网架吊点处千斤顶后，滑动支座位移最大为 9.23mm，滑动支座在各张拉阶段的滑动量都较小。由此表明滑动支座与柱顶之间存在一定的摩擦，滑动支座的滑动能力受到限制，因而在各阶段的滑动量较理论值有些许偏差。

4．网架竖向位移

竖向位移阶段变化量（单位：mm，向上为正） 表 16.5-3

采样阶段		测点编号					
		1	2	3	4	5	6
张拉阶段一	增量	3	1	1	0	0	1
	累计	3	1	1	0	0	1
张拉阶段二	增量	4	3	1.9	2.1	4	1
	累计	7	4	2.9	2.1	4	2
张拉阶段三	增量	5	4	2.6	2.9	4	3
	累计	12	8	5.5	5	8	5
张拉阶段四	增量	4	4	4	4	4	3.5
	累计	16	12	9.5	9	12	8.5
松网架千斤顶	增量	−3	−3	−3.5	−4	−3	−3.5
	累计	13	9	6	5	9	5

由表 16.5-3 可知，在各张拉阶段，结构的反拱值均较小，这与拉索预拉力基本平衡结构自重工况下的挠度这一设计意图是基本吻合的，但其中也存在一定误差。产生误差的原因主要有：

1）结构各部分间环境温度的差异；

2）滑动支座滑动能力的偏差，滑动支座的变形受到支座与柱顶间摩擦的限制，使得结构在张拉时的竖向变形受到限制；

3）网架在千斤顶顶升复位、水平拉索张拉时，千斤顶的支撑并没有卸掉，支撑对网壳仍然具有支撑作用，也即结构在自重作用下的向下变形未全部完成，因此水平拉索张拉时要先克服这步部分变形，才能使结构产生反拱，故而反拱值出现了一些可接受的偏差。

5．竖向吊杆索力

拱 G1（A2）区吊杆张拉完成后索力测试值（kN） 表 16.5-4

编号	DG1	DG2	DG3	DG4	DG5	DG6	DG7
预拉力	63.1	40.2	59.8	80.9	115.2	115.8	130.7

表 16.5-4 可知，在 G1（A2）区所有索张拉完成后，测试结果得到的 A1 区拉索索力与设计要求基本一致，误差均在 5%以下，由此表明竖向吊杆张拉达到设计要求。

16.6 结语

长江防洪模型大厅为造价严格受限的科学试验类建筑，为营造 450m × 90m 的河流模型试验空间，创新性地提出了拱支预应力网架结构这一巧妙的混合结构体系。这一结构体系在保证建筑物功能的同时，获得了严谨、硬朗而不失谦和的外观效果。通过本工程的实践，可为类似工程提供主要的借鉴之处为：

（1）该工程拱支预应力网架混合结构的整体工作性能较好。提篮拱通过预应力吊杆能有效地提供网架两端的竖向弹性支承，将网架结构由单向受力转变为双向受力，从而显著提高结构的跨越能力，并使用钢量明显减少。

（2）拱支预应力网架结构在拱吊杆张拉过程中，需要进行吊点处的索内力控制和支撑点处位移双重控制。设计阶段通过分阶段分离模型的迭代计算方法实现了结构的设计校核。施工过程模拟中，通过影响矩阵法、影响矩阵法迭代法进行了整体结构分析，保证了结构设计和施工过程中的安全性。

（3）正放四角锥网架中，在两邻边的中点连线处设置斜向上下弦杆，形成暗置斜向桁架，这一做法可减小跨中弯矩峰值，使内力分布趋于均匀，并增强了网架的整体性。

（4）水平预应力拉索能显著减小网架跨中弯矩值，减小网架挠度，提高结构刚度。

（5）长江防洪模型大厅结构布置规则、传力路径明确直接、存在合理的冗余约束，整体结构对局部缺陷不敏感，不会出现局部构件破坏导致整体倒塌的情况。拱吊杆、网架中跨中上下弦杆、跨中节点、支座节点处失效后将产生一定范围的相继屈服，施工时应着重保证这些构件的可靠性，结构使用期间也应加强这些部位及构件的维护和检修。

（6）A 区屋盖钢结构，每组提篮拱用钢量为 169t，按屋盖水平投影面积计算为 18kg/m^2（Q345B）；钢网架（含节点）用钢量为 43kg/m^2（Q235B）；吊杆、拉索用钢量为 1.3kg/m^2；总用钢量约为 62kg/m^2。该结构在保证良好的建筑效果的同时，取得了较好的技术经济指标。

（7）拱支预应力网架结构中，各子结构间内力和变形与施工过程密切相关，需加强施工方案论证和施工过程监测，以确保实现设计意图并且保证工程结构的安全。该工程钢结构及预应力由东南大学负责检测，实测挠度与预应力等与理论计算值基本吻合。

参考资料

[1] 长江防洪模型大厅结构设计与分析[J]. 建筑结构, 2010(3): 1-5.

[2] 长江防洪模型大厅结构损伤免疫力及换索分析[J]. 建筑结构, 2010(3): 6-8.

[3] 提篮拱/吊杆/拉索网架空间结构施工分析[J]. 建筑科学, 2009(11).

[4] 拱支预应力网架结构的预应力全过程分析方法[J]. 工程力学, 2007(12).

结构设计团队

李　霆、刘炳清、李宏胜、王　颢、骆顺心、建慧城、陆祖欣。

获奖信息

2007 年中国建筑学会优秀建筑结构设计三等奖；

2008 年中国勘察设计协会优秀工程勘察设计三等奖。

第17章

鄱阳湖模型试验大厅

17.1 工程概况

17.1.1 建筑概况

鄱阳湖模型试验大厅位于江西省共青城市，属于鄱阳湖模型试验研究基地后续工程，是一项综合性、基础性的公益研究平台建设项目。基地建成后，将成为一个集科学研究、学术交流、科普旅游于一体的开放型高层次科技平台。

鄱阳湖模型试验大厅总建筑面积 22323m²，平面尺寸为 180m × 110m，大厅屋面标高为 20.9m，大厅屋盖与主体结构为一个整体，为单层大跨屋盖建筑。大厅两侧局部设夹层，用于布置控制室、设备及储放室、会议室、值班室等相关科研及辅助用房。大厅纵向两侧柱距为 15m 和 7.5m，两端柱距为 5.4m 和 6.4m。建筑造型效果图如图 17.1-1 所示，建筑立面图、剖面图及平面图见图 17.1-2～图 17.1-5。

图 17.1-1 模型试验大厅效果图

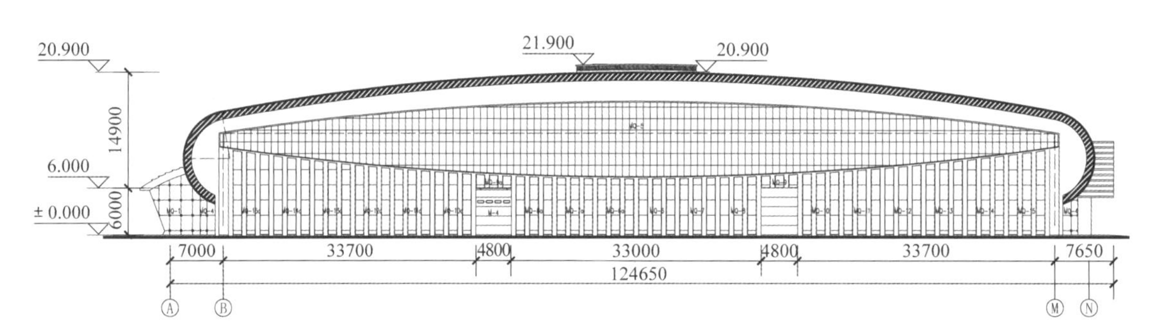

图 17.1-2 建筑立面图

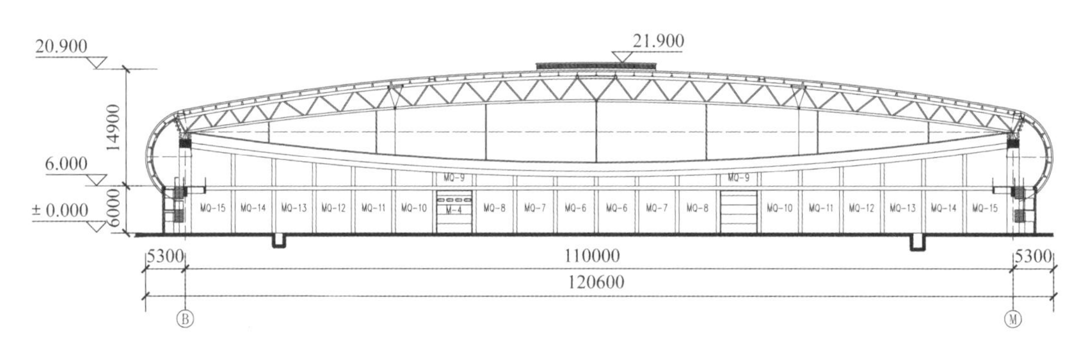

图 17.1-3 建筑剖面图

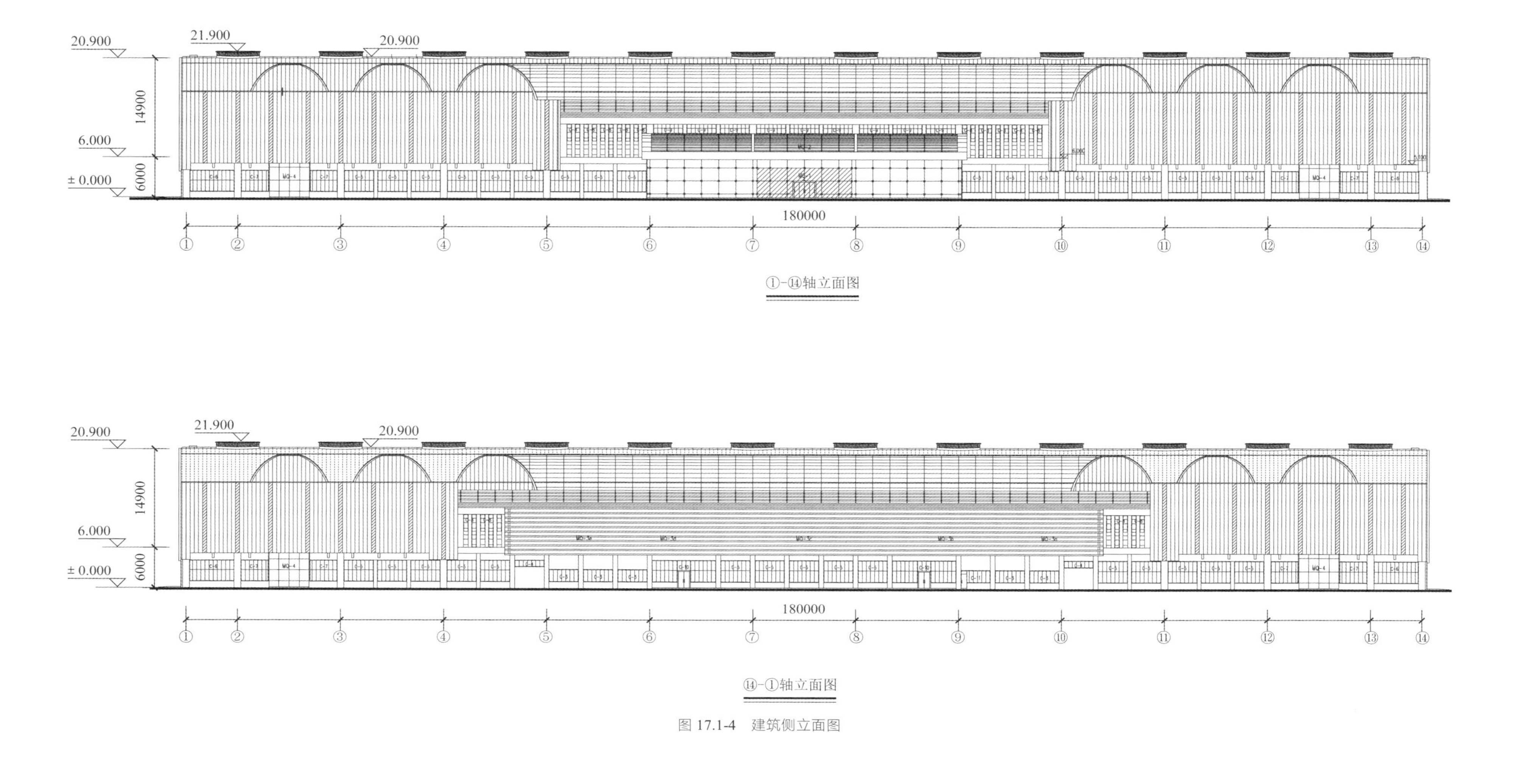

图 17.1-4 建筑侧立面图

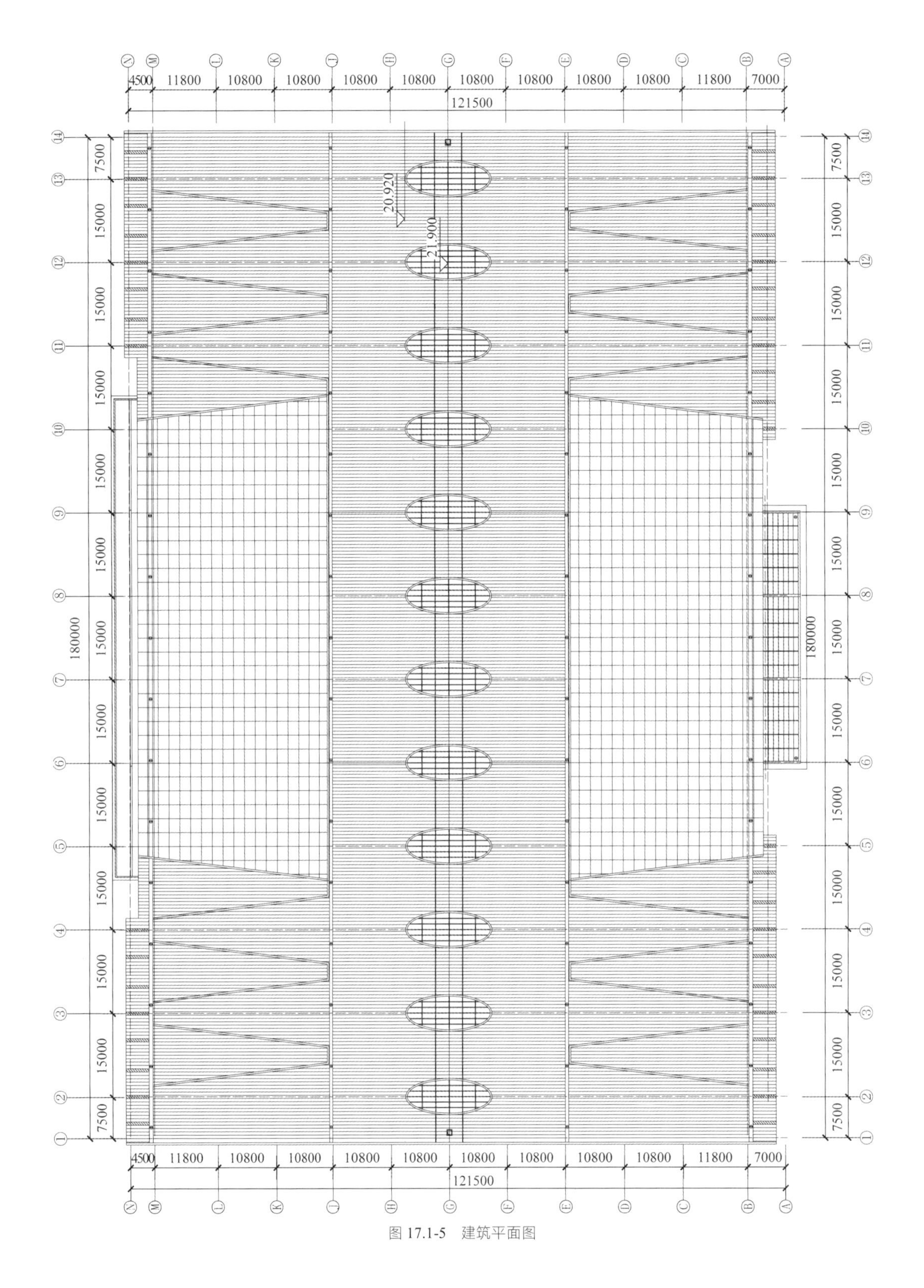

图 17.1-5 建筑平面图

17.1.2 设计条件

1. 主体控制参数表（表 17.1-1）

主体控制参数表 表 17.1-1

项目	标准
结构设计基准期	50 年

建筑结构安全等级		大跨钢结构一级，其他二级
地基基础设计等级		甲级
地基土液化等级		可不考虑液化
抗震设防类别		丙类
设计地震动参数	抗震设防烈度	6 度
	基本地震加速度	0.05g
	设计地震分组	第一组
	场地类别	Ⅱ类
	场地特征周期	0.35s
	水平地震影响系数最大值	0.04
阻尼比	钢结构屋盖	0.03
	混凝土结构	0.05
钢筋混凝土结构抗震等级		三级

2．楼面荷载（表 17.1-2）

楼面及屋面活荷载　　表 17.1-2

项次	类别		标准值/（kN/m^2）	组合系数ψ_c	准永久系数Ψ_q
1	不上人屋面	保温防水屋面	1.5	0.7	0
		其他	0.5	0.7	0
2	办公室、会议室、休息室		2.0	0.7	0.5
3	学术报告室		2.5	0.7	0.5
4	卫生间		2.5	0.7	0.5
5	楼梯间		3.5	0.7	0.3
6	走廊		2.5	0.7	0.3
7	控制室		7.0	0.7	0.8

注：荷载按《建筑结构荷载规范》GB 50009—2012 采用。

屋面恒荷载：压型钢板屋面 0.50kN/m^2，采光玻璃屋面 0.80kN/m^2，保温防水屋面 3.86kN/m^2。

楼面恒荷载：玻化砖楼面 0.7kN/m^2，抗静电架空地板楼面 1.0kN/m^2，水泥砂浆楼面 0.7kN/m^2，防滑玻化楼面 1.9kN/m^2。

3．风荷载

项目基本风压$W_0 = 0.45$kN/m^2（风敏感建筑，$n = 100$ 年），地面粗糙度为 A 类，设计时依据《建筑结构荷载规范》GB 50009—2012、建筑外形及场地条件类似工程《长江航道模型试验大厅风洞试验报告》，确定不同风向角下的风压分布。屋盖结构的体型系数（图 17.1-6）取值如下：

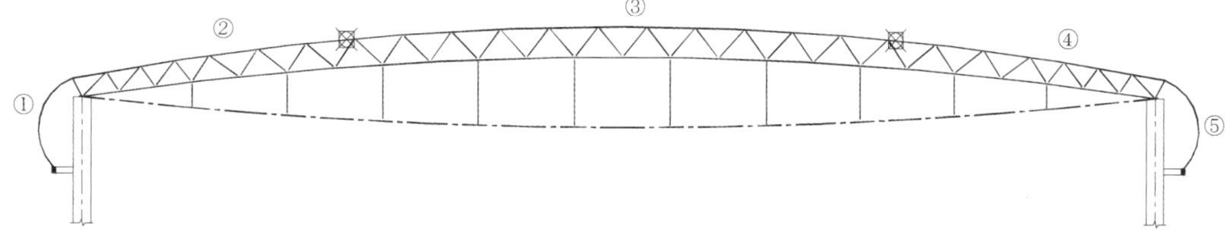

图 17.1-6　屋盖结构体型系数分布示意图

（1）左侧来风

$\mu_{s1}=2.0$（风压），$\mu_{s2}=-0.8$（风吸），$\mu_{s3}=-0.8$（风吸），

$\mu_{s4}=-0.5$（风吸），$\mu_{s5}=-1.0$（风吸）

（2）右侧来风

$\mu_{s1}=-1.0$（风吸），$\mu_{s2}=-0.5$（风吸），$\mu_{s3}=-0.8$（风吸），

$\mu_{s4}=-0.8$（风吸），$\mu_{s5}=2.0$（风压）

屋盖结构的风振系数取 1.5。

注：体型系数下标 1～5 对应图 17.1-6 中的①～⑤。

4．雪荷载

基本雪压$S_0=0.7\text{kN/m}^2$，积雪分布系数均匀分布为$\mu_r=1.0$；据《建筑结构荷载规范》GB 50009—2012，大跨屋面（跨度$L>100\text{m}$），积雪不均匀分布系数按图 17.1-7 取值。

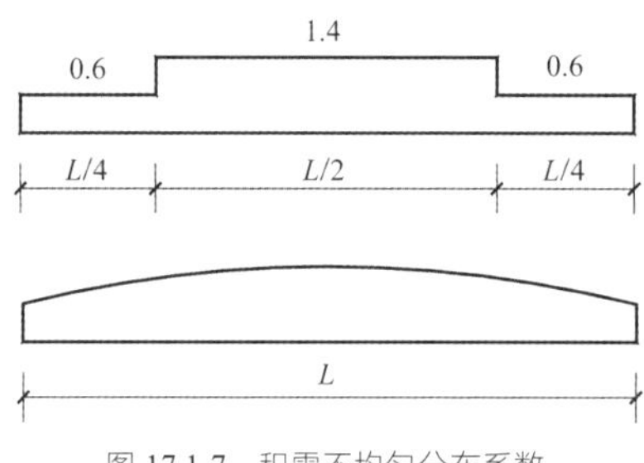

图 17.1-7　积雪不均匀分布系数

5．温度作用

共青城年平均气温 16.7℃，最高月平均气温 33℃，最低月平均气温 3℃。历年极端最高气温 40.4℃，历年极端最低气温−11.2℃。由于不能准确确定施工日期，考虑施工在大多数月份结构合拢的可行性，施工合拢温度取为 10～25℃。

（1）屋盖钢结构

升温：$40.4-10=30.4$℃，取 31℃；

降温：$-11.2-25=-36.2$℃，取−37℃。

（2）混凝土结构（±0.000m 以上）

升温：$33-10=23$℃，取 23℃；

降温：$3-25=-22$℃，取−22℃。

17.2　建筑特点

为体现现代建筑的高科技感，建筑造型主要以弧线为表达方式。在屋顶和侧面开窗，充分保证了其自然通风和采光，节约了人工电力消耗。完整的弧面形象，清爽、明丽的色彩搭配，建筑表皮与结构形式美的辉映成彰，整个建筑线条张弛有度、结构紧凑，造型细节的处理使建筑精致、柔美。另外，大厅中部为模型试验区，主要用于布置枢纽模型和赣江河道模型，为满足试验的需要，内部不设柱，形成 180m × 110m 的无柱大空间。

建筑整体采用浅色的建筑外墙材料和浅色屋面，充分增加了大面积建筑表面的反射，减少夏季建筑对太阳能量的吸收。建筑外墙与屋面构造采用可重复使用的隔热和保温材料，保证实现物质层面的生产环境优化，实现社会效益、环境效益和经济效益的统一。

17.3 体系与分析

17.3.1 方案对比

模型试验大厅屋盖及主体结构为一个整体，结构纵向长 180m，不设缝，结构总高度 20m。模型大厅下部主体结构为现浇钢筋混凝土框架结构，纵向两侧及横向两端为框架结构，中间横向为钢筋混凝土排架结构。

对于上部屋盖，结构体系可采用钢筋混凝土拱 + 吊索 + 钢结构屋盖、钢拱 + 吊索 + 钢结构屋盖预应力网架结构、普通网架结构、张拉索架（梁）结构、斜拉或悬索结构等。其中，钢筋混凝土拱 + 吊索 + 钢结构屋盖、钢拱 + 索 + 结构屋盖和斜拉或悬索结构主要用于桥梁工程和大跨度公共建筑，但其建筑立面造型与本项目不符，不能采用；预应力网架结构和普通网架结构对于 110m 跨度的屋盖，其经济指标较差，且杆件数量众多，施工周期长，室内的视觉效果差；张拉索桁架（梁）结构是针对超大跨度空间建筑出现的一种新型结构形式，相对于网架结构，其具有自重轻、造价低、杆件少、外观效果好等优点。

因此，综合考虑建筑立面造型、施工因素及项目经济性，模型试验大厅屋盖采用张弦桁架结构。

17.3.2 结构布置

1. 屋盖结构布置

综合考虑建筑造型、施工及经济因素，大厅屋盖采用张弦桁架结构。普通的张弦桁架结构，其主受力桁架一般采用平行的布置方式，如图 17.3-1 所示，为平面受力构件。这种布置方式往往具有以下缺点：

（1）为保证张拉时的侧向稳定，上弦桁架较宽；

（2）屋盖的整体水平刚度偏弱，需较多的连系桁架；

（3）建筑造型单调。

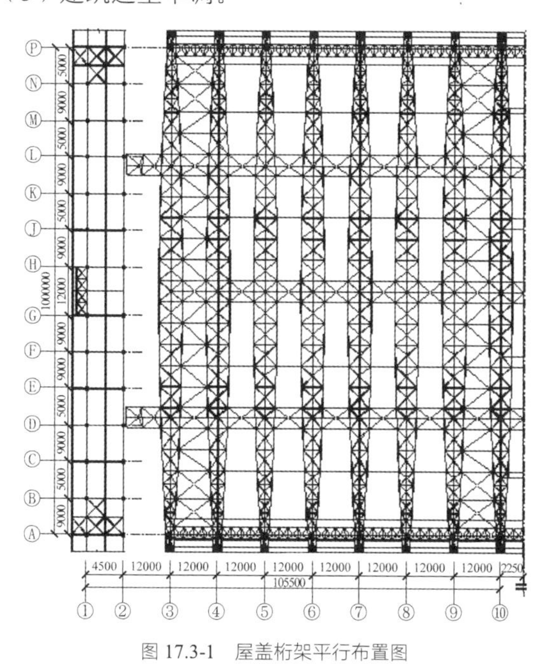

图 17.3-1 屋盖桁架平行布置图

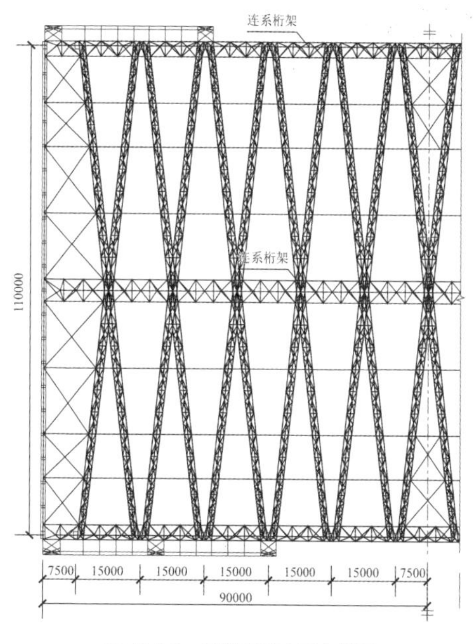

图 17.3-2 屋盖桁架交叉布置图

因此，为改善常规张弦桁架平面外的稳定性及建筑效果，本项目采用了一种新型的交叉张弦梭形桁架结构。张弦桁架一端固定铰接于一侧混凝土柱顶的框架梁上，另一端设置单向滑动铰支座，支承于另一侧混凝土柱顶的框架梁上。由于大厅屋盖为一个整体，长度方向不设缝，为了减小温度作用，释放两端桁架支座X方向的自由度。张弦桁架平面外设置适当数量的连系桁架。每榀张弦桁架由两肢单榀张弦桁架斜交而成，呈X形，跨度110m，各榀中心间距15m，如图17.3-2所示。

张弦桁架跨中高度为11m，高跨比为1/10。上部桁架为变截面倒三角形立体钢管桁架，桁架高度从边部的2m渐变为中部的3m，高跨比为1/37，桁架宽度从中部的2m，渐变为边部的1.4m，如图17.3-3所示。与普通张弦桁架相比，交叉张弦桁架为空间受力构件，如图17.3-4、图17.3-5所示，空间刚度大，平面外的稳定性好，建筑造型更加美观。

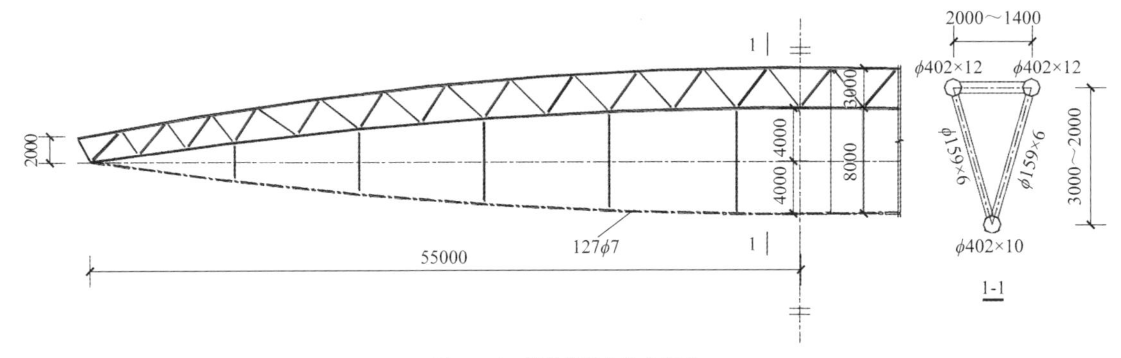

图17.3-3　张弦桁架结构立面图

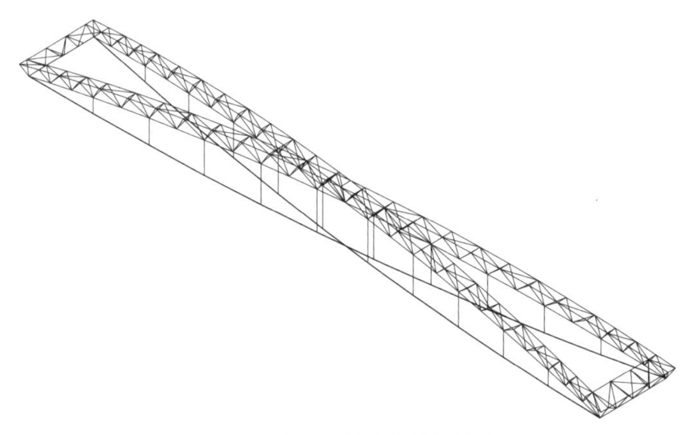

图17.3-4　交叉张弦桁架标准榀轴测图

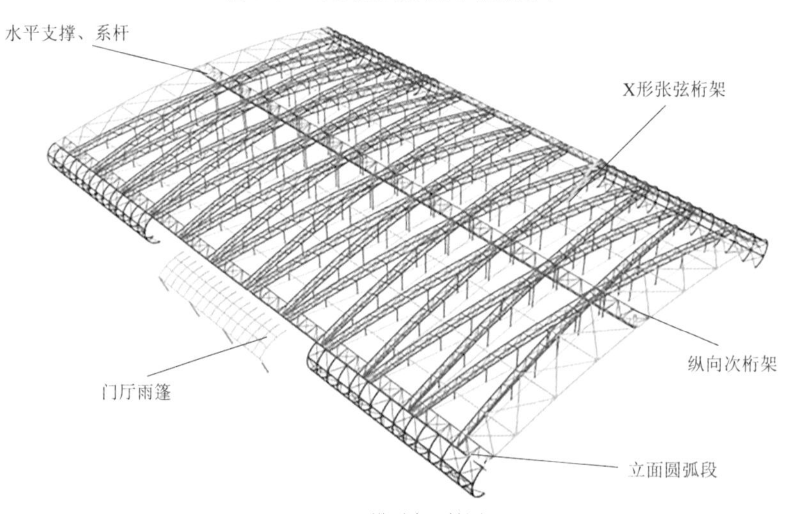

图17.3-5　模型大厅轴测图

为保证屋盖结构在水平面面内的整体刚度并保证桁架的稳定性，沿纵向设置三道（张弦桁架中部及两端）连系桁架，并设置相应的纵横向水平支撑和刚性系杆。施工时，每榀X形张弦桁架的两肢务必同时同步张拉，且连系桁架应待张拉后安装。

桁架上弦截面主要规格$\phi402\times12$，桁架下弦截面主要规格$\phi402\times10$，靠近支座处的下弦截面规格$\phi402\times20$。材质均为 Q345B，桁架弦杆与腹杆间为相贯焊接连接。腹杆截面主要规格为$\phi245\times8$、$\phi180\times6$、$\phi159\times6$。张弦桁架拉索选用 127ϕ7，截面面积为 4888mm^2，为双层 HDPE 护套镀锌半平行钢丝束组成的钢丝拉索，其抗拉强度标准值为 1570MPa，拉索锚具采用 40Cr 钢。张弦桁架和柔性索间的撑杆为$\phi299\times8$。

2．桁架节点设计

为了避免施工时钢拉索在交叉时的碰撞，设计时采用了比较新颖的索夹节点，索夹布置如图 17.3-6 所示。为保证竖直撑杆与上部张弦桁架和下部索为理想铰接，上部采用销轴，下部采用索球铰。撑杆与上部张弦桁架连接节点如图 17.3-7 所示，采用销轴节点。撑杆与下部索球的索夹节点如图 17.3-8 所示，用撑杆直接穿过索球连接，为防止撑杆与索球间的滑动，在撑杆上的索球上下面处加焊了球面形钢板。交叉张弦桁架中的弦杆及腹杆中的交叉节点利用暗插节点板实现等强连接，如图 17.3-9 和图 17.3-10 所示。

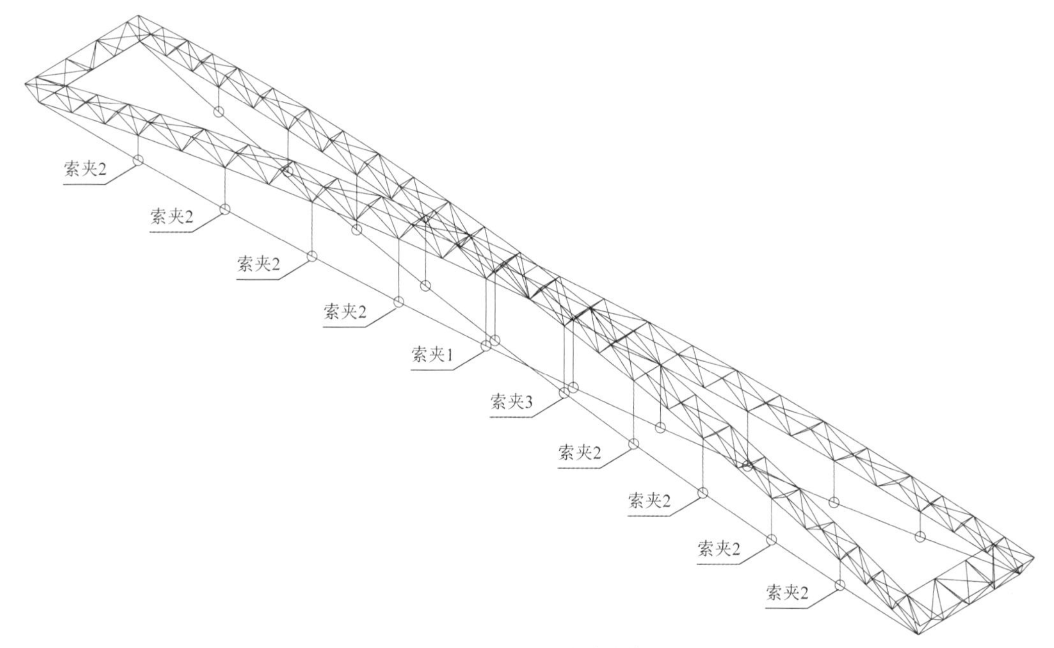

图 17.3-6　交叉张弦桁架索夹布置图

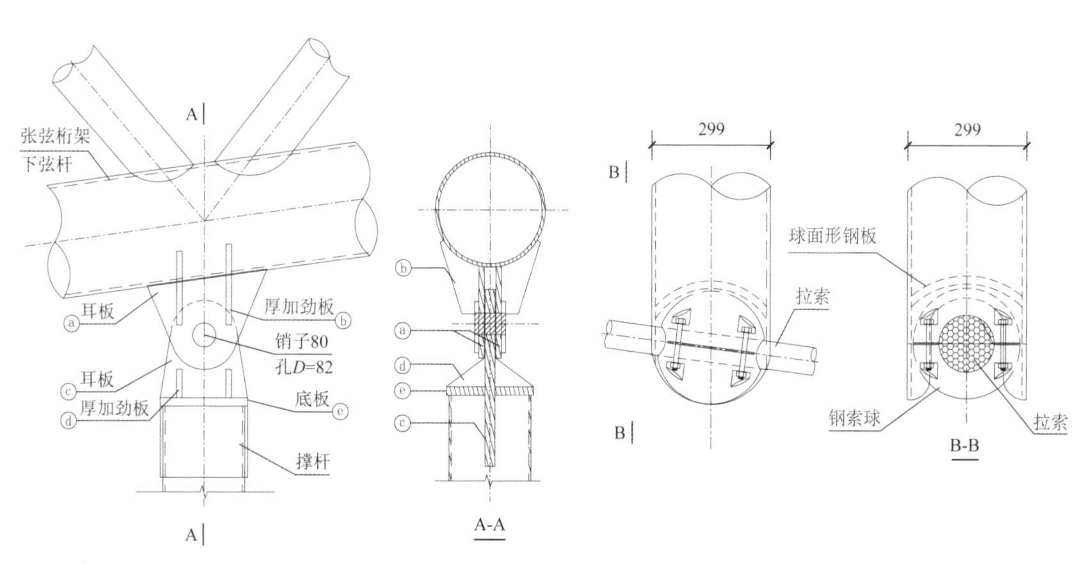

图 17.3-7　撑杆与张弦桁架连接节点

图 17.3-8　撑杆与索球连接节点详图

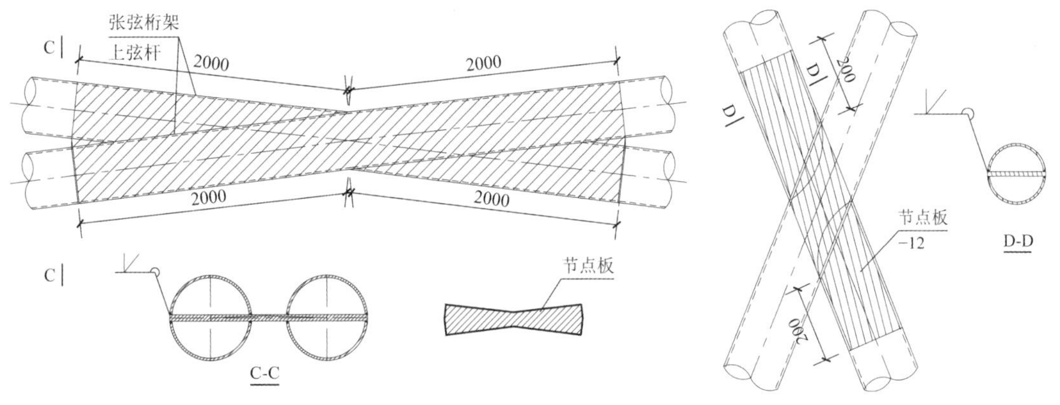

图 17.3-9　桁架上弦交叉杆件连接节点详图　　图 17.3-10　桁架交叉腹杆连接节点详图

3．桁架支座布置

桁架支座布置如图 17.3-11 所示，其中固定铰支座和单向滑动铰支座采用抗拉球型钢支座，并符合《桥梁球型支座》GB/T 17955 要求。支座要求可万向转动，容许转角 0.02rad，容许竖向抗压承载力为 1500kN，滑动方向容许最大滑移量±150mm，使用年限大于 50 年，且满足结构耐久性要求。山墙处框架梁与张弦桁架的节点为固定铰支座，采用平板支座。

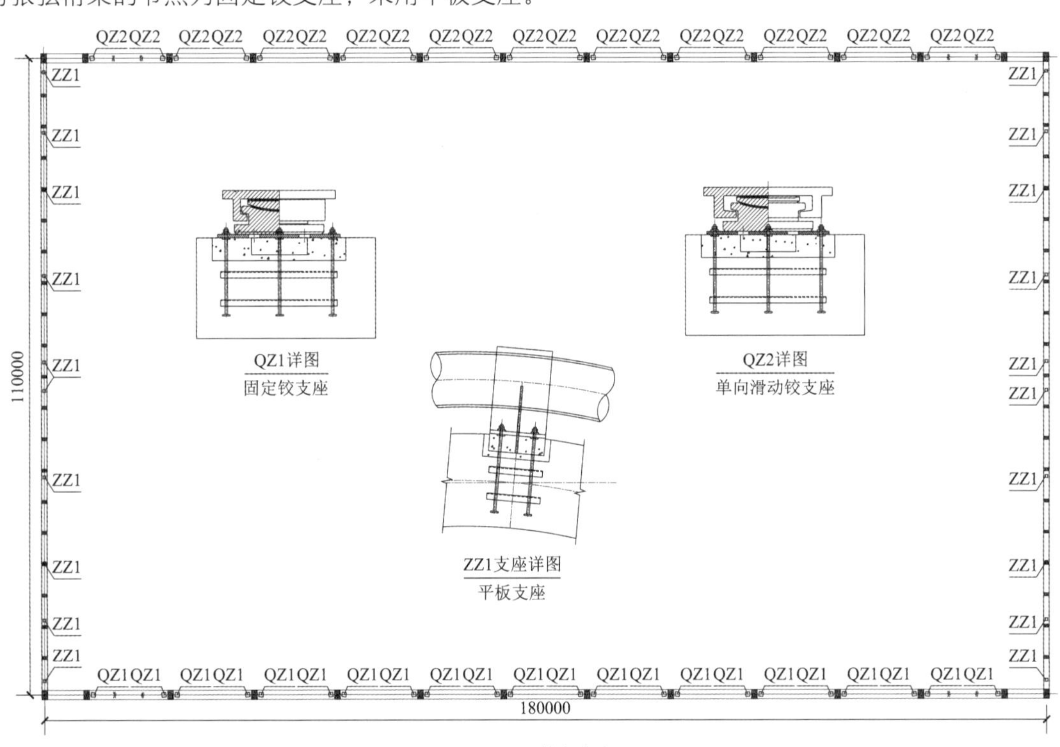

图 17.3-11　屋盖支座布置图

4．下部结构布置

屋盖下部采用现浇钢筋混凝土框排架结构，结构柱顶梁不间断，连为一个整体，仅在中间层的纵向梁板中设两道伸缩缝，以释放温度应力。两端山墙柱为抗风，柱底与基础刚接，柱顶与屋盖铰接。因此，下部结构沿纵向形成框架，沿横向形成排架（悬臂柱）。其中，纵向框架柱截面 1000mm × 1600mm、1020mm × 1620mm、1250mm × 1600mm，横向框架柱截面 1000mm × 500mm。柱的混凝土强度等级 C40，梁板的混凝土强度等级为 C30。

模型试验大厅建筑地基基础设计等级为甲级，采用柱下钢筋混凝土扩展基础，基础持力层为黏土层，地基承载力特征值f_{ak} = 220kPa，埋深为 2～3m。

17.3.3 结构分析

1. 拉索预拉力确定

作为张弦桁架结构，桁架分析的重点在于确定合适的拉索预拉力。对于本项目，拉索预拉力值确定的原则如下：

（1）在任何情况下，钢索不退出工作；

（2）结构挠度满足控制指标；

（3）结构构件的应力水平满足设计标准；

（4）钢索张拉完成后，结构能够自然脱离施工支撑。

根据施工方案，选取单榀交叉张弦桁架进行独立张拉分析，分析模型包括交叉上弦桁架、拉索、撑杆、桁架纵向连系及支撑胎架。采用通用有限元软件 ANSYS 建立交叉张弦桁架预应力施工有限元分析模型，如图 17.3-12 所示，分析考虑几何非线性、材料非线性分析及应力刚化效应。

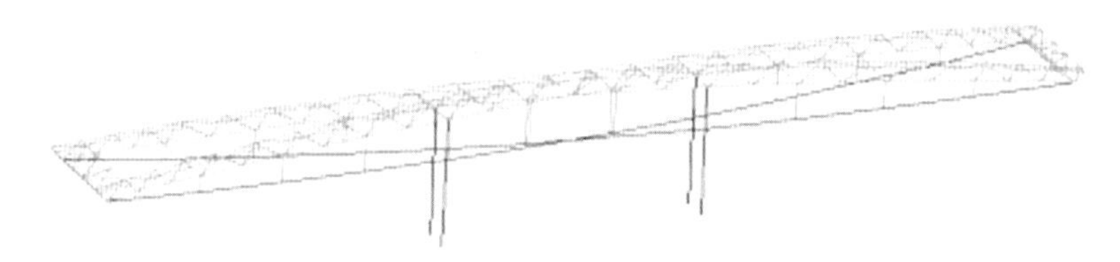

图 17.3-12 预应力施工分析计算模型

为确保交叉张弦桁架张拉成型时基本脱离支撑胎架，利用分级张拉的方法详细分析了交叉张弦桁架在不同索力作用下桁架位移的变化情况，分级张拉拉力值如表 17.3-1 所示。

预应力分级张拉表（kN） 表 17.3-1

张拉分级	1	2	3	4	5	6	7	8	9	10	11
张拉力T	50	55	60	65	70	75	80	85	90	95	100

经过大量计算分析，张弦桁架在仅受自身自重的情况下（不含水平支撑、屋面檩条及屋面板等），索力-竖向位移、索力-横向位移关系曲线如图 17.3-13 和图 17.3-14 所示。由图可知，当拉索预拉力约为 800kN 时，交叉张弦桁架基本脱离了支撑胎架，张弦桁架上弦杆在自重作用下的最大位移为 32.1mm。因此，拉索理论施工张拉力可取 800kN，实际施工张拉时，应以控制钢桁架脱离支撑胎架+30mm～+50mm 范围内为原则，在达到竖向位移控制目标的前提下，张拉力在±8%以内进行调整。

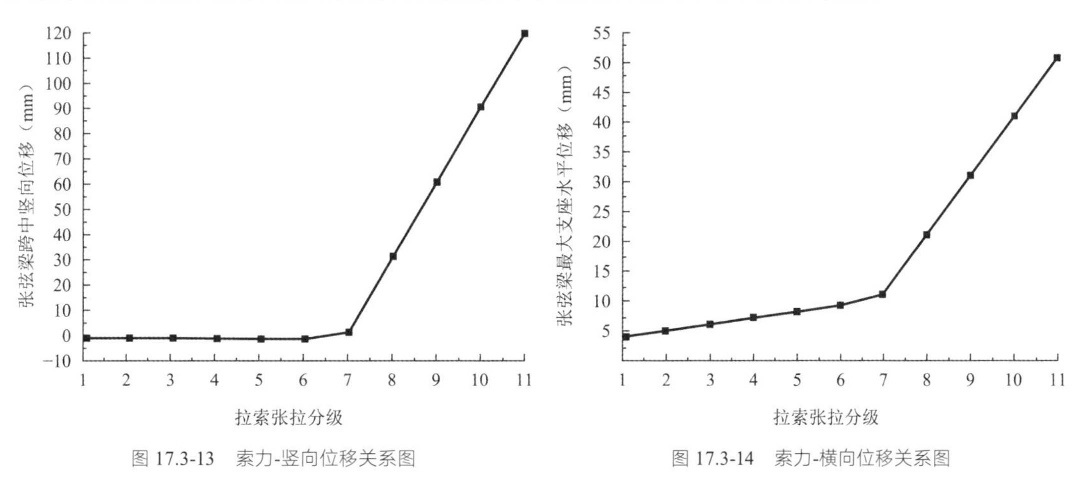

图 17.3-13 索力-竖向位移关系图

图 17.3-14 索力-横向位移关系图

2. 屋盖整体分析

屋盖整体分析时，考虑自重、预应力、均布活荷载、半跨布置活荷载、不均匀布置雪荷载、南北向风荷载、东西向风荷载、温度作用、水平及竖向地震作用共11种单工况，典型工况组合见表17.3-2。

典型工况组合 表17.3-2

组合工况（荷载）		恒荷载		活荷载		雪荷载		风	水平地震	温度	竖向地震
		不利	有利	不利	有利	不利	有利				
1	恒＋活	1.35	1.00	0.98	0.00	—	—	—	—	—	—
2	恒＋活＋雪	1.35	1.00	0.98	0.00	0.98	0.00	—	—	—	—
3	恒＋风＋活	1.20	1.00	0.98	0.00	—	—	1.40	—	—	—
4	恒＋活＋雪＋风	1.20	1.00	1.40	0.00	0.98	0.00	0.84	—	—	—
5	恒＋温度＋雪	1.20	1.00	—	—	0.98	0.00	—	—	1.10	—
6	恒＋活＋雪＋温度	1.20	1.00	1.40	0.00	0.98	0.00	—	—	0.77	—
7	恒＋温度＋风＋活	1.20	1.00	0.98	0.00	—	—	0.84	—	1.10	—
8	恒＋雪＋风＋温度	1.20	1.00	—	—	1.40	0.00	0.84	—	0.77	—
9	恒＋风＋雪＋温度	1.20	1.00	—	—	0.98	0.00	1.40	—	0.71	—
10	恒＋温度＋风＋雪	1.20	1.00	—	—	0.98	0.00	0.84	—	1.10	—
11	恒＋活+雪＋温度＋风	1.20	1.00	1.40	0.00	0.98	0.00	0.84	—	0.77	—
12	恒＋雪＋活＋温度＋风	1.20	1.00	0.98	0.00	1.40	0.00	0.84	—	0.77	—
13	恒＋温度＋雪＋活＋风	1.20	1.00	0.98	0.00	0.98	0.00	0.84	—	1.10	—
14	恒＋风＋温度＋雪＋活	1.20	1.00	0.98	0.00	0.98	0.00	1.40	—	0.77	—
15	恒＋活＋水平地震＋温度	1.20	1.00	0.6	0.50	—	—	—	1.30	0.44	—
16	恒＋活＋风＋水平地震＋温度	1.20	1.00	0.6	0.50	—	—	0.28	1.30	0.44	—
17	恒＋活＋风＋水平地震＋竖向地震＋温度	1.20	1.00	0.6	0.50	—	—	0.28	1.3/0.5	0.44	0.5/1.3

注：①屋面活荷载不与雪荷载同时考虑
②温度一栏的组合系数

对钢结构：分项系数1.1×组合系数0.7（与非地震荷载组合时）

分项系数1.1×组合系数0.4（与地震组合时）

对混凝土结构：分项系数1.4×开裂刚度折减0.75×组合系数0.7（与非地震荷载组合时）

分项系数1.4×开裂刚度折减0.75×组合系数0.4（与地震组合时）

采用SAP2000 v14软件建立结构整体分析模型，考虑上下部结构的相互影响，如图17.3-15所示。其中，张弦桁架杆件采用框架单元，钢索采用杆单元，钢索预应力采用等效降温模拟（索线膨胀系数$1.84\times10^{-5}℃^{-1}$，等效降温−55℃）。弦杆间刚接，腹杆、撑杆、系杆铰接于弦杆，索与撑杆间无滑移。屋盖支座布置图如图17.3-11所示，对铰支座，释放相关单元的转动自由度；对滑动铰支座，释放相应方向的平动自由度。

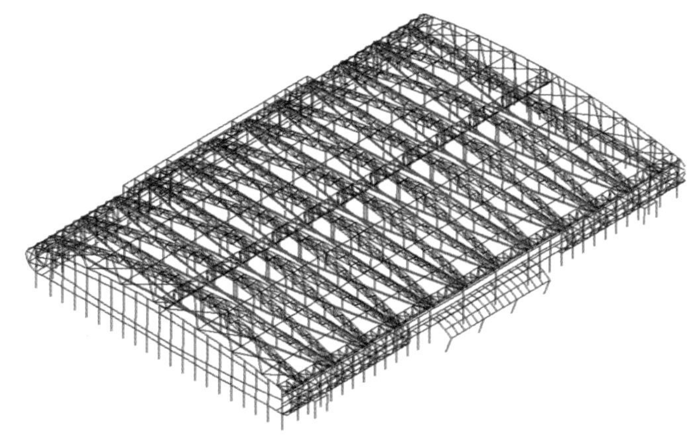

图17.3-15 结构计算整体模型

分析结果表明，各种工况组合下拉索中的最大拉应力为 572MPa，最大应力比为 0.36，拉索选择符合规范要求；（1.0 × 恒荷载 + 1.4 × 风荷载 + 1.0 × 预应力）组合下，最小拉力设计值为 220kN，拉索在风吸力作用下未退出工作状态。计算结果表明，初始预张力的确定是合适的。张弦桁架挠度计算结果如表 17.3-3 所示。张弦桁架最大挠跨比为 1/325，规范挠度比限值为 1/250，满足有关规范限值要求。

张弦桁架挠度计算结果　　表 17.3-3

工况组合	挠度	对应跨度	挠跨比
1.0 × 恒荷载 + 1.0 × 均布雪荷载 + 1.0 × 预应力	−338.5mm	110m	1/325
1.0 × 恒荷载 + 1.0 × 非均布雪荷载 + 1.0 × 预应力	−317.6mm	110m	1/346

另外，当存在风荷载时，风荷载的上吸力抵抗了屋盖部分竖向恒荷载和活荷载，对屋盖结构有利；温度作用对屋盖结构竖向挠度影响不大，但对水平侧移有影响。

3．屋盖整体稳定分析

采用 MIDAS Gen 软件对整体结构（不包括屋面檩条）进行弹性屈曲分析。由于钢屋盖的风荷载以风吸为主，故屈曲荷载工况选取 1.0 × 恒荷载 + 1.0 × 雪荷载和 1.0 × 恒荷载 + 1.0 × 半跨雪荷载。屈曲分析时，以预应力张拉后的结构刚度作为初始刚度，屈曲因子取正值。两种屈曲工况作用下的结构的屈曲因子见表 17.3-4 所示。两种工况下的第一阶屈曲模态如图 17.3-16 和图 17.3-17 所示，均为屋盖整体平面外失稳。

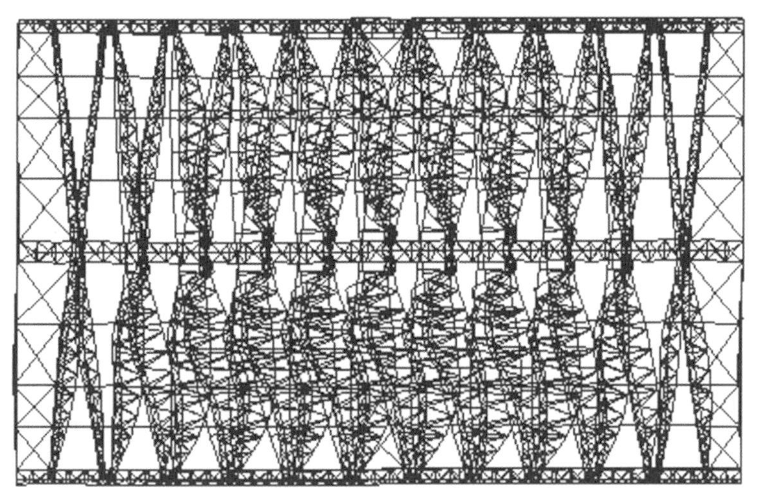

图 17.3-16　1.0 × 恒荷载 + 1.0 × 雪荷载一阶屈曲模态

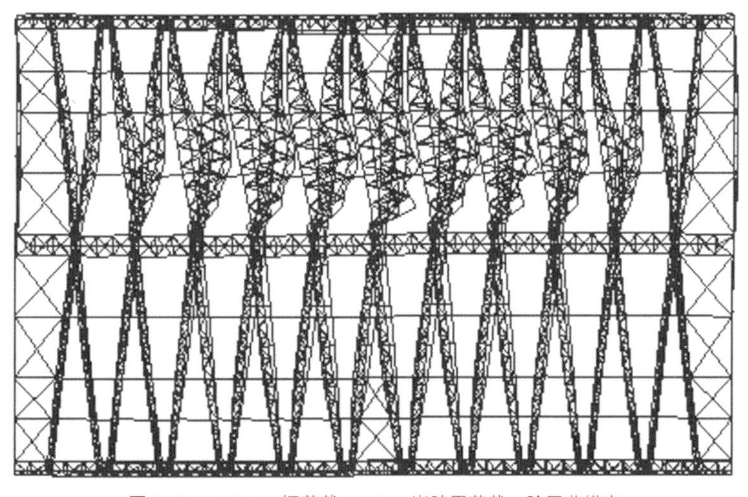

图 17.3-17　1.0 × 恒荷载 + 1.0 × 半跨雪荷载一阶屈曲模态

结构屈曲因子　　表 17.3-4

荷载工况	结构屈曲因子		
	第一阶	第二阶	第三阶
1.0×恒荷载＋1.0×雪荷载	19.400	20.951	21.264
1.0×恒荷载＋1.0×半跨雪荷载	23.277	23.679	23.718

由屈曲分析结果可知，在1.0×恒荷载＋1.0×雪荷载作用下，结构屈曲系数较小。以预应力张拉后的结构刚度作为初始刚度，考虑结构几何非线性，计算屋盖结构在1.0×恒荷载＋1.0×雪荷载作用下的极限承载力。非线性分析时，利用一致缺陷模态法引入几何初始缺陷，最大缺陷值为最大跨度（110m）的1/300，即367mm。张弦桁架跨中节点处沿Z方向的荷载-位移全过程曲线，如图17.3-18所示。

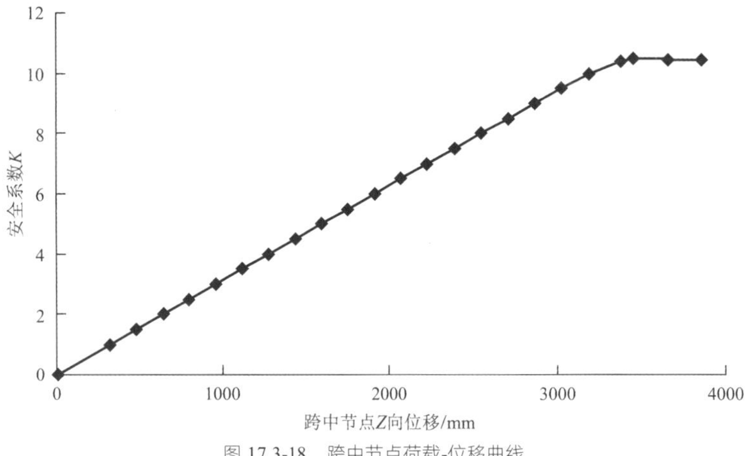

图 17.3-18　跨中节点荷载-位移曲线

由图17.3-18可知，当安全系数K达到10.0时，节点处沿Z方向的位移达到3193mm，计算结果不收敛，可以认为达到结构极限承载能力。计算得到的安全系数K大于4.2，满足《空间网格技术规程》JGJ 7—2010的要求。结构整体失稳时，屋盖结构的变形图如图17.3-19所示。

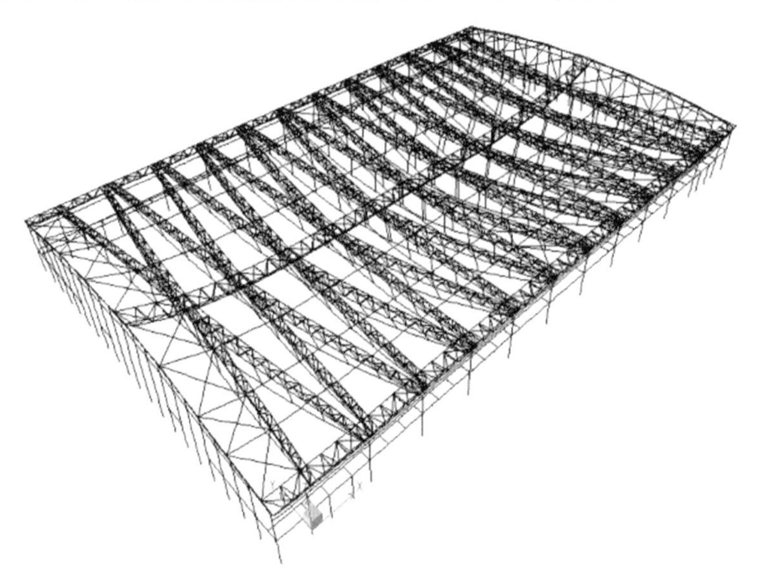
图 17.3-19　失稳后屋盖的变形形状

4．下部结构分析

对整体结构进行抗震验算，结构低阶振型以索平面外的振动为主，主体结构自振周期如表17.3-5所示，振型如图17.3-20～图17.3-22所示。抗震分析结果表明，结构地震效应主要由竖向地震效应控制，水平地震作用对结构设计不起控制作用。

主体结构自振周期 表 17.3-5

自振周期/s	第 17 阶振型	第 23 阶振型	第 24 阶振型
	1.100（上下振动）	0.870（横向平动）	0.850（纵向平动）

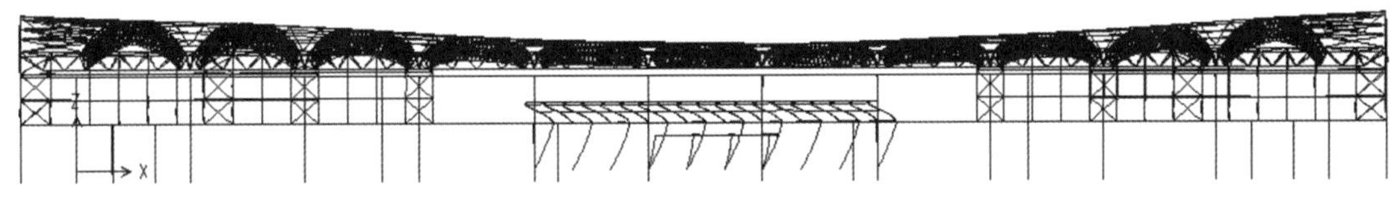
图 17.3-20 结构第 17 阶振型（上下振动）

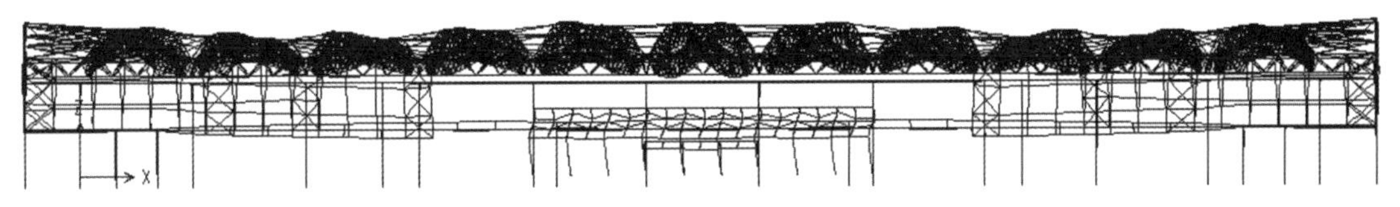
图 17.3-21 结构第 23 阶振型（横向平动）

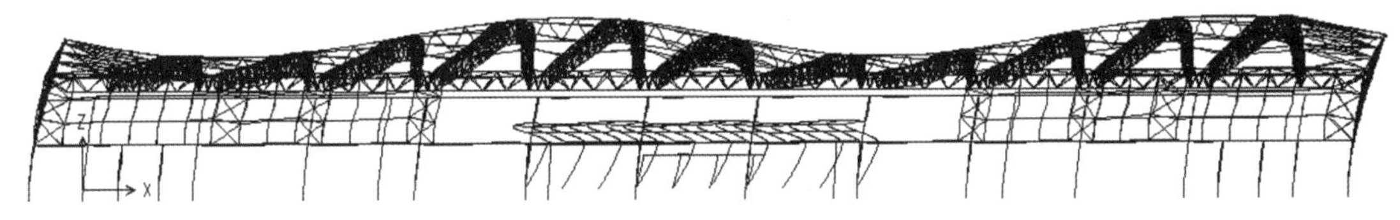
图 17.3-22 结构第 24 阶振型（纵向平动）

水平荷载作用下，柱顶侧移计算结果如表 17.3-6 所示。柱顶最大侧移比 1/724，小于规范限值 1/550，满足规范要求。

柱顶侧移计算结果 表 17.3-6

作用	地震		风荷载			
	*X*向	*Y*向	*X*向正	*X*向负	*Y*向正	*Y*向负
柱顶侧移比	1/2999	1/2553	1/1177	1/1176	1/724	1/1351

17.4 专项设计

17.4.1 预应力施工过程控制

对于预应力张弦桁架，施工过程控制与结构设计密不可分。在结构设计中，需要根据实际的每一个重要施工阶段进行结构分析。根据项目的具体情况，将张弦桁架的施工分为以下几个典型阶段：

（1）在胎架上进行单榀桁架拼装，张拉钢索，使桁架脱模、反拱，并达到初始预张力；

（2）安装纵向连系桁架；

（3）安装屋面系统。

结构设计分析时，按照以上施工顺序利用 MIDAS Gen 对张弦桁架进行了施工全过程的数值模拟，获得了各典型工作状态下结构的响应，作为施工中实时监测和施工控制的依据，如图 17.4-1～图 17.4-6 所示。

施工中，以上各阶段的结构几何位移需要严格控制在误差范围内，另外最主要的是确保索中施加的预应力值与设计值一致。为此，在各施工阶段要对一些受力较大杆件的内力、控制点的节点位移、索中的拉力值进行监控。

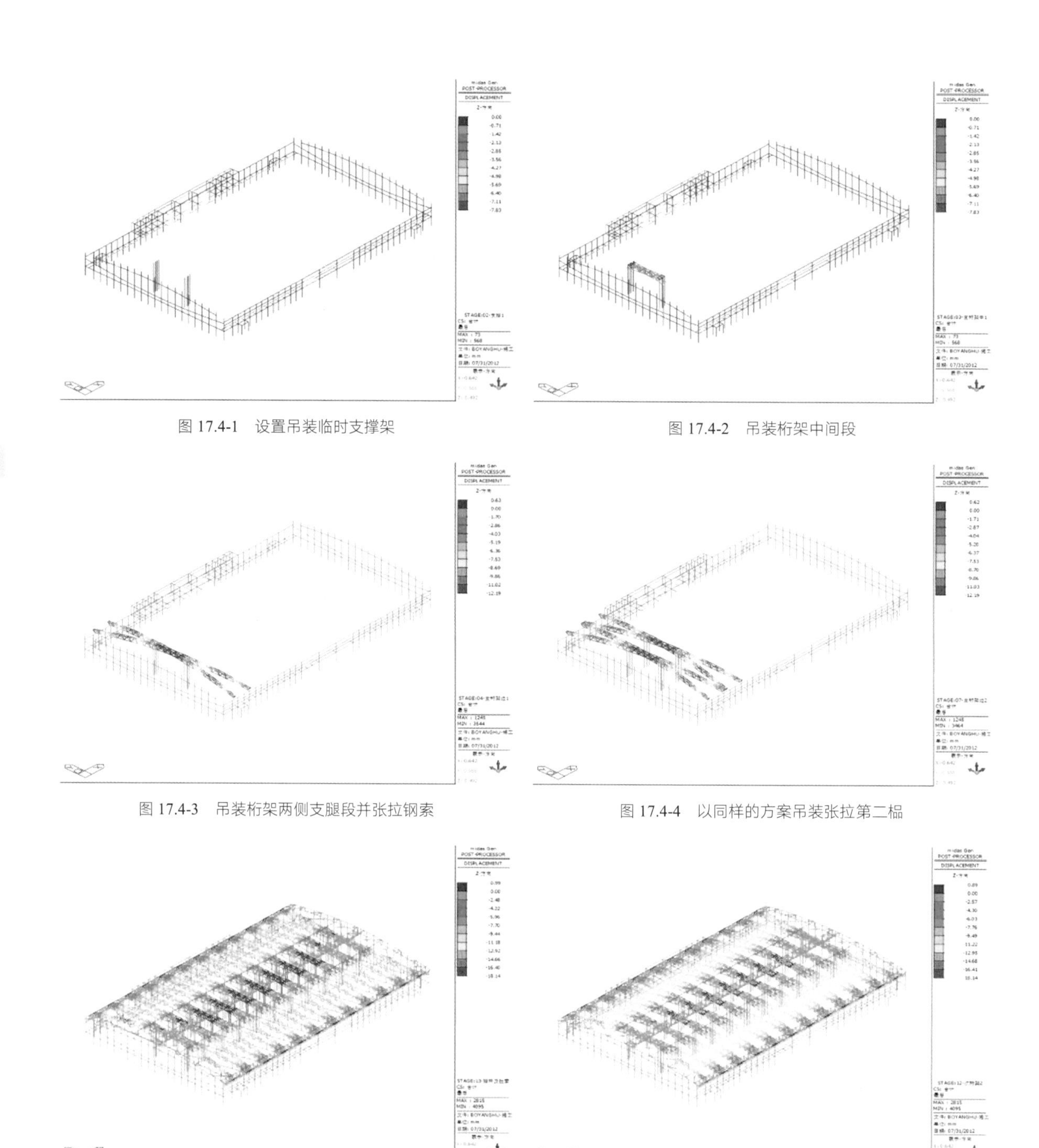

图 17.4-1　设置吊装临时支撑架

图 17.4-2　吊装桁架中间段

图 17.4-3　吊装桁架两侧支腿段并张拉钢索

图 17.4-4　以同样的方案吊装张拉第二榀

图 17.4-5　安装纵向连系桁架

图 17.4-6　屋盖主体钢结构安装完成

桁架位移控制点位置分以下几个部位：①每榀两端支座，共 4 点；②跨中两点；③两 4 分点处共 4 点进行监测。在关键部位杆件中粘贴应变片监控杆件轴应力及弯矩引起的次应力，跨中弦杆与腹杆共布置 38 个单片。张拉支座节点为新型节点板和圆钢筒组合的全焊接张拉支座节点，与支座节点连接构件众多，节点空间受力，应力状态复杂，对支座节点关键部位进行施工阶段的应力监测，以确保施工安全。单应变片布置在支座连接处倒三角桁架下弦圆钢管和腹杆圆钢管上。应变花布置在焊接支座节点的主圆管和下部加肋区钢板处（鉴于节点对称性，单侧布置），监测板件的局部三向应力增量。

监控时要对结构内力与节点位移进行双控，只有监测结果与设计值接近，才可以进行下一阶段的施工。预应力施工时，在施工全过程模拟的基础上，实时监测结构的内力与变形，对张拉过程进行施工控制、调整，以保证张拉的精度和结构的安全性。

张弦桁架在实际使用中，平面外有很强的支撑系统，可以保证其整体稳定性。但在对桁架施加预应力和桁架单榀吊装时，支撑不存在，需要对张弦桁架的稳定性进行校核。利用 MIDAS Gen 对一榀 X 形桁架进行了弹性屈曲分析。在保证结构自重不变的情况下，加大索的预张力。张弦桁架在第一、第二屈曲模态（图 17.4-7、图 17.4-8）的屈曲因子分别为 33.5 和 37.5。这表明，张拉桁架时，张弦桁架的整体稳定可以保证。

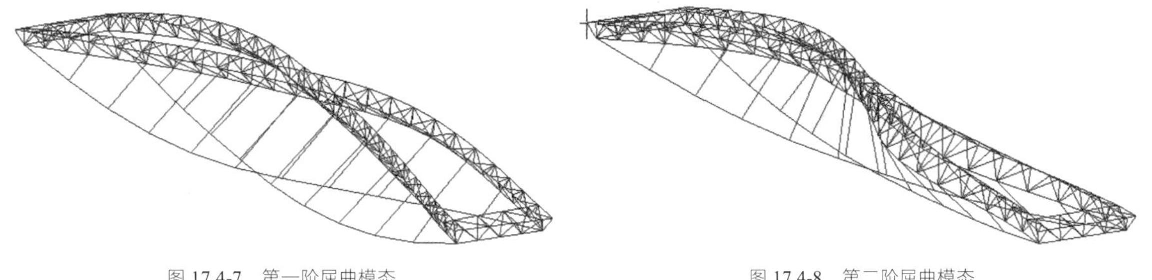

图 17.4-7　第一阶屈曲模态　　图 17.4-8　第二阶屈曲模态

17.4.2　支座节点设计

对于大跨度张弦立体桁架结构，其张拉支座通常采用铸钢节点。然而，铸钢节点传力不直接，铸造工艺复杂，质量不易保证，成本高，制作工期长。为降低成本，可采用全焊接球形张拉支座节点，但焊接球往往过大，难以制作且传力不直接。为解决这一难题，发明了一种新型节点板和圆钢筒组合的全焊接张拉支座节点（专利号 ZL2013 2 0782464.3），如图 17.4-9 和图 17.4-10 所示。该张拉支座节点传力直接，安全度高，制作简单，可显著降低工程成本，缩短工期。节点板板厚 30mm，支座底板板厚 50mm，穿索钢管采用厚钢管 P480 × 35，穿索钢管端板板厚 100mm，材质为 Q345GJC-Z35。

对于新型全焊接张拉支座节点，在支座处相交的杆件比较多，节点构造与受力均比较复杂。为此，利用有限元分析软件 ANSYS，选取最不利荷载组合对节点进行有限元分析，如图 17.4-11 所示。有限元模型采用 SOLID45 单元，分析结果如图 17.4-12 和图 17.4-13 所示。根据分析结果，支座节点具有很好的刚度，变形很小，最大变形不到 1.1mm；大部分区域应力很小，最大应力 253MPa，在容许范围内。该支座的安全性满足要求。

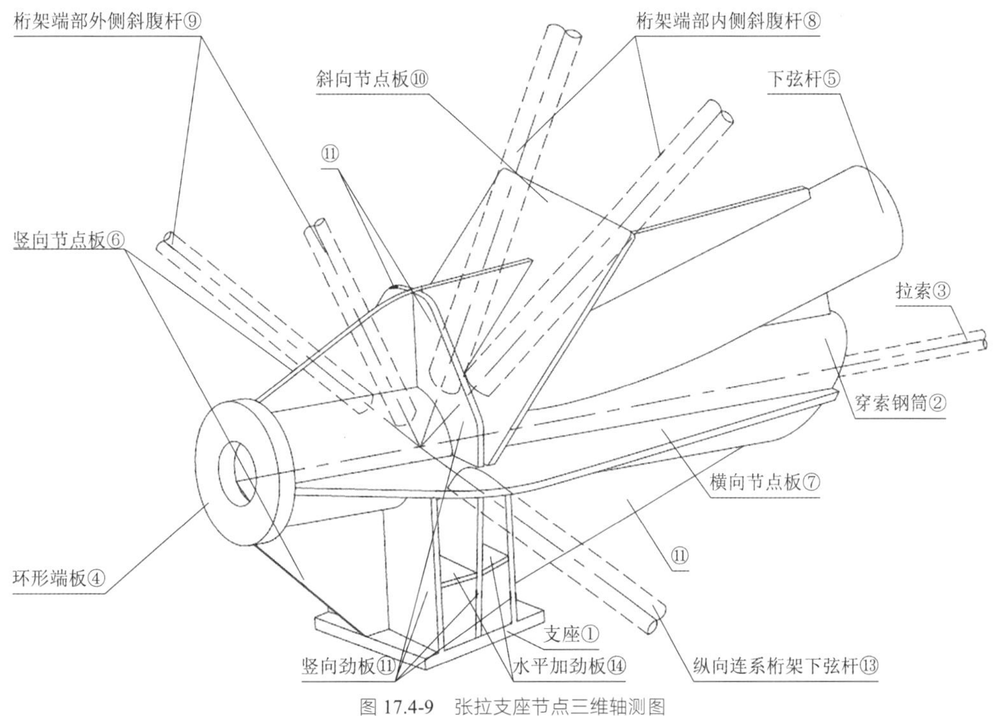

图 17.4-9　张拉支座节点三维轴测图

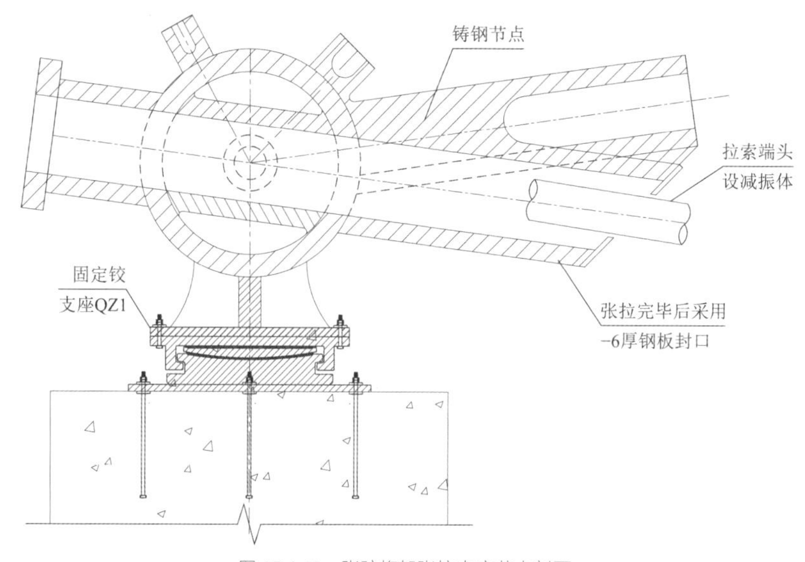

图 17.4-10　张弦桁架张拉支座节点剖面

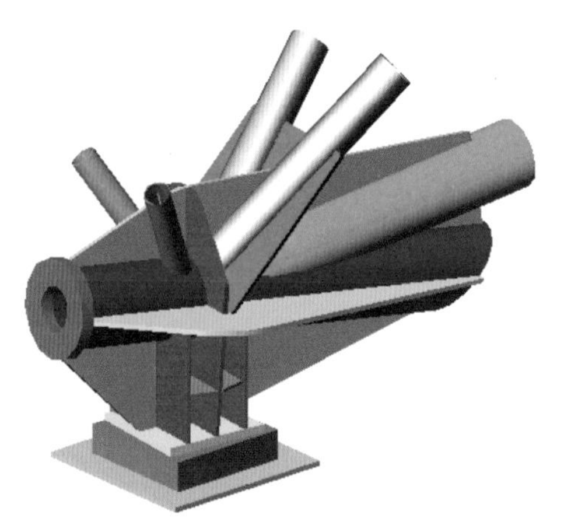

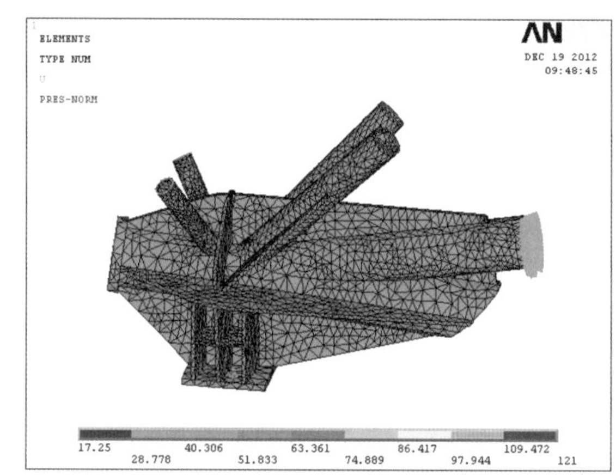

图 17.4-11　节点 ANSYS 有限元网格

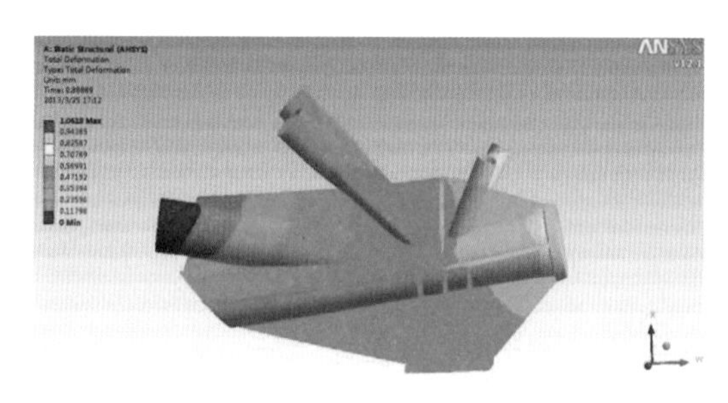

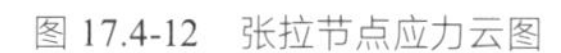

图 17.4-12　张拉节点应力云图

图 17.4-13　张拉节点位移云图

17.5 结构检测

17.5.1　支座节点应力检测

根据设计及施工安装要求，检测单位对第 5、第 6 榀交叉张弦桁架支座节点进行监测，监测支座节点共有⑧M^5—⑨B 轴和⑧M^6—⑦B 轴（注：右上角 5、6 表示从右至左的第 5 榀和第 6 榀）两端支座 4 个，如图 17.5-1 所示，共有 32 个单应变片和 48 个应变花。

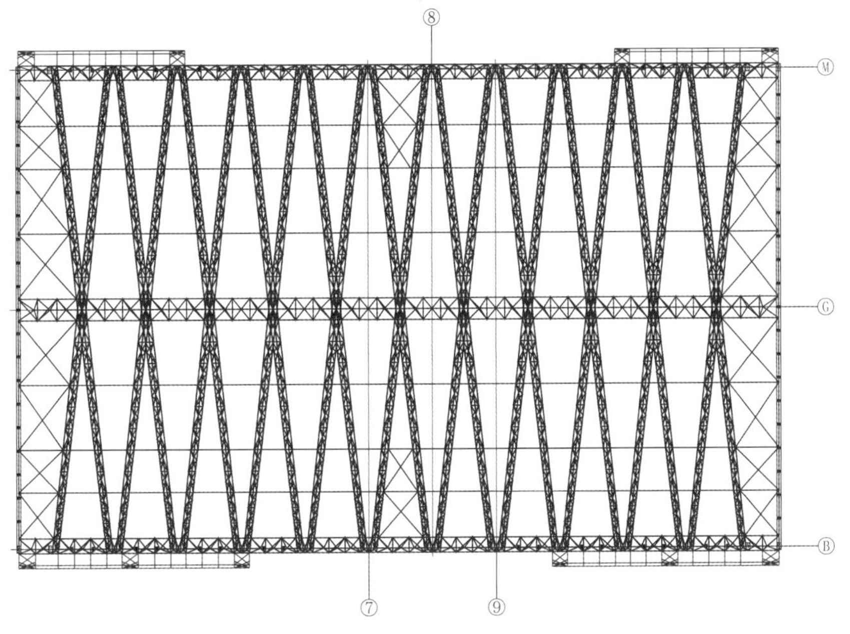

图 17.5-1　检查桁架示意图

应变花布置在焊接支座节点的主圆管和下部加肋区钢板处（鉴于节点对称性，单侧布置），监测板件的局部三向应力增量，如图 17.5-2 所示。单应变片布置在支座连接处倒三角桁架下弦圆钢管和腹杆圆钢管上，每个支座节点在距肢杆 A 和 B 的端口 200mm 处沿管径各布置 4 个单向应变片（共 8 片），应变片沿圆钢长度方向布置，监测桁架的轴应力，如图 17.5-3 所示。

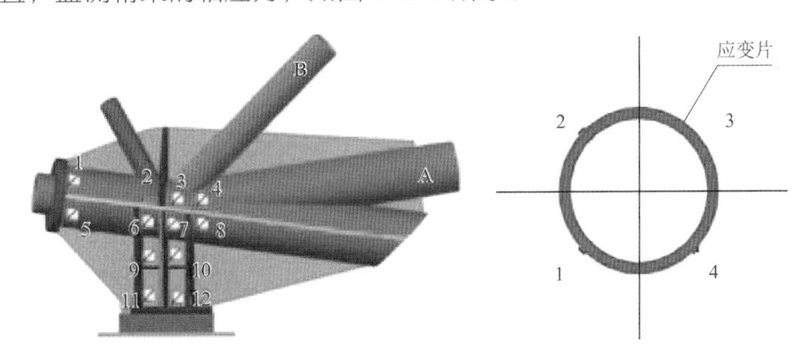

图 17.5-2　单向应变片布置图　　　　图 17.5-3　三向应变花布置图

17.5.2　支座节点监测结果

（1）支座与倒三角桁架下弦圆管相连的圆管处，张拉过程中其压应力增量基本呈线性增长，压应力最大增量约为 35MPa；与腹杆相连的圆管处，张拉过程中应力增量水平很低，基本在 11.7MPa 以内。

（2）支座节点处的主受力焊接钢板在张拉过程中应力增量较小，在 3.6～29.4MPa 之间。

17.5.3　施工阶段索力监测

由于采用常规的频率法已难以精确测定张弦梁、张弦桁架和张弦网格结构这类平面索杆系的索力，因此本项目采用一种测试平面索杆系索力的平面外频率法。鉴于平面索杆系的平面外和平面内的自振特性差异大，平面外刚度远小于平面内刚度，低阶自振模态以平面外振动为主，因此将平面索杆系中的连续短索转化为平面外的长索，通过实测平面外自振频率，建立索力-平面外自振频率的关系公式来确定索力。平面外频率法工程应用，如图 17.5-4 所示。

图 17.5-4 测试平面索杆系索力的平面外频率法工程应用

另外，在与支座节点应力测试相对应的两榀交叉桁架上各选择一根拉索（共两根拉索）。在拉索一端的索头上布置压力传感器，进行配套监测。压力传感器放置在索头锚具与钢构支撑面之间，共布置两个压力传感器。

17.5.4 施工阶段索力监测结果

1. 频率法索力测试结果

张拉完成时（屋面檩条安装完毕）各榀索力测试结果　　表 17.5-1

拉索榀号	测试索力/kN	理论索力/kN	索力偏差/kN	误差比
第 1 榀	2372	2200	172	7.82%
第 2 榀	2352	2200	152	6.91%
第 3 榀	2221	2200	21	0.95%
第 4 榀	2255	2200	55	2.50%
第 5 榀	2310	2200	110	5.00%
第 6 榀	2166	2200	−31	−1.55%
第 7 榀	2239	2200	39	1.77%
第 8 榀	2173	2200	−27	−1.23%
第 9 榀	2065	2200	−135	−6.14%
第 10 榀	2161	2200	−39	−1.77%
第 11 榀	2195	2200	−5	−0.23%

由表 17.5-1 可以看出，各榀拉索索力分布均匀，偏差均低于 8%。其中，最大索力偏差出现在第一榀处，偏差量为 172kN，误差比为 7.82%。

2. 压力传感器索力测试结果

压力传感器实测的索力与数值模拟分析得到的理论值的对比表　　表 17.5-2

施工阶段	拉索编号	测试索力/kN	理论索力/kN	索力偏差/kN	误差比
单榀张拉完成	6-2	813	800	13	1.63%
	7-1	847	800	47	5.55%
纵向连系桁架	6-2	1095	1100	−5	−0.46%
	7-1	1055	1100	−45	−4.27%

续表

施工阶段	拉索编号	测试索力/kN	理论索力/kN	索力偏差/kN	误差比
屋面系统完成	6-2	1252	1290	−38	−2.95%
	7-1	1348	1280	68	5.31%

由表 17.5-2 可以看出，6-2 轴拉索的实测索力与理论值误差比仅为−2.95%，7-1 轴为 5.31%。符合实际张拉力与理论计算索力偏差±8%的张拉要求。

3．频率计测试法与压力传感器测试法索力测试结果对比

索力测试结果对比　　表 17.5-3

拉索编号	未安装屋面檩条/kN			屋面檩条安装完成/kN		
	频率法	压力传感器法	偏差	频率法	压力传感器法	偏差
6-2	765	813	48	1157	1095	62
7-1	755	847	92	1069	1055	14

由表 17.5-3 可以看出，频率法与压力传感器法测试结果较为接近，最大偏差为 92kN。

4．拉索索力测试结论

（1）檩条安装后，频率计实测各榀索力与理论值偏差小于 8.00%，基本满足设计要求。

（2）屋面系统安装后，压力传感器实测索力与理论值偏差−2.95%和 5.31%，满足设计要求。

（3）频率法与压力传感器法测试结果较为接近，最大偏差为 92kN。对比结果显示，实测索力与理论值误差满足要求。

17.6 结语

鄱阳湖模型试验大厅本着节约用地、尊重环境、巧妙布局的原则进行设计，经过客观分析基地环境、统筹规划、整体布局为先导，力求达到功能合理。建筑外部简约、宁静、明快、庄重、大方，充分体现了现代化科研基地的高端概念及对科研人员的心理关怀。建筑设计不仅满足功能，还积极采用了绿色建筑的技术和产品，与总体规划、环境设计、智能化设计等共同实现社会效益、环境效益和经济效益的统一。

结构设计中，主要完成了以下几方面的创新性工作：

（1）新型的交叉张弦梭形桁架设计与分析

鄱阳湖模型试验大厅采用了 110m 跨度的新型交叉张弦桁架结构，改善了常规张弦桁架平面外的稳定性，建筑造型优美，结构轻巧优雅，受力明确，用钢量省，适用于大跨度钢结构工程，具有很好的经济效益和社会效益。本项目屋盖钢结构型钢用钢量为 1426t，投影面积为 19800m^2，用钢量指标为 72kg/m^2。张拉支座、拉索、索夹、索球及桁架节点板总用钢量为 366t，投影面积为 19800m^2，用钢量指标为 18.5kg/m^2。

（2）新型非球形全焊接张拉支座设计与分析

对于大跨度张弦立体桁架结构，其张拉支座通常采用铸钢节点。本项目将传统的铸钢节点调整为新型节点板和圆钢筒组合的全焊接张拉支座节点，并通过有限元分析及现场检测，验证了支座的安全性和可靠性。张拉支座节点传力直接、安全度高、制作简单，可显著降低工程成本、缩短工期。

另外，本项目全过程监测张弦桁架变形、拉索内力和各设计控制点应力，并与设计分析结果比较，确保工程安全。

参考资料

[1] 中南建筑设计院股份有限公司. 鄱阳湖模型试验研究基地后续工程结构计算书[R], 2012.

[2] 南京东大现代预应力工程有限责任公司. 鄱阳湖交叉张弦桁架结构拉索方案预应力施工分析报告[R], 2013.

[3] 南京东大现代预应力工程有限责任公司. 鄱阳湖模型试验大厅屋盖交叉张弦桁架支座节点和拉索索力测试分析报告[R], 2013.

设计团队

李 霆、张 慎、王 颢、黄 波。

获奖信息

2014 年中国钢结构金奖（国家优质工程）;

2016 年湖北省优秀工程勘察设计优秀工程设计二等奖;

2016 年中国建筑学会第九届全国优秀建筑结构设计奖三等奖;

2017 年全国优秀工程勘察设计行业奖优秀建筑结构专业二等奖、建筑工程设计三等奖;

2017—2018 年中国建筑学会建筑设计奖工业建筑专项一等奖、结构专业二等奖。